토목구조기술사 합격 바이블 제3판 3권

프리스트레스트

이 책은 기본서 위주의 이론과 최신의 KDS 설계기준과 편람, 학회지 등의 주요 내용을 정리하고 있으며, 기존의 기출 문제를 분석하여 최대한 이론을 바탕으로 작성하였다.

토목구조기술사 합격 바이블 제3판 3권

프리스트레스트

안시준, 최성진 저

머리말

인류의 수명이 지금처럼 길어진 10대 요인 중 가장 중요한 요인이 의학의 발전과 더불어 사회 기반시설의 발전이라고 합니다. 상하수도가 놓이면서 오염으로 인한 전염병 등 질병의 전파가 늦어지고, 험한 지형에 교량과 터널을 이용한 도로가 만들어지면서 사람의 이동이 수월해졌습니다. 인류는 모르는 사이에 인류복지를 실현하는 중요한 역할을 토목기술자가 최일선에서 수행하고 있다는 사실을 잊고 있었는지도 모릅니다.

기술은 빠르게 변하고 있습니다. 그 변화의 중심에는 바로 AI(Artificial Intelligence)가 있습니다. 과거에 인간이 만든 모든 피조물은 인간의 명령에 따라 움직였는데 이 AI는 스스로 생각하고 판단한다고 합니다(유발 하라리). 어떻게 하면 구조기술자가 이 변화하는 흐름 속에서 주도적인 역할을 할까? 업종의 경계가 없어지고 업종 간 융복합되고, 심지어 기획-설계(디자인)-홍보-판매-피드백 순의 시간적 흐름도 순서가 없어지는 시대의 한복판에 서 있습니다. 빅데이터, 사물인터넷(Iot), 인공지능, 공간정보 등을 이용하여 기존의 요소기술을 조합한 새로운 업역을 창출해서 우리 구조기술자가 그것들의 플랫폼 역할을 해야 합니다. 부화뇌동할 필요는 없지만 시작은 하여야 하는 시점입니다.

토목구조기술사는 수치적인 감이 있어야 하고 과목도 다양해서 시험 준비가 만만치 않습니다. 과거와 달리 지금은 학원이 있기는 하나 학원에 다닌다고 공부를 잘하는 것이 아니라는 사실은 잘 알고 계실 것입니다. 최소 하루에 4시간 집중해서 6개월은 하셔야 시험을 볼 수 있습니다. 기술사를 취득한다고 해서 많은 것이 달라지지는 않지만, 자기만족이라는 성취감과 자신감이라는 귀한 선물을 얻어 세상을 사는 데 힘이 될 것입니다.

기술사가 되시면 헬기를 타고 아래를 내려보듯 과업 전체를 보시기 바랍니다. 그리고 복잡하다고 생각되시면 목적물의 기능성, 안전성, 미관, 경제성을 차례로 생각하십시오.

개정판을 준비하면서 안시준 님께서 바쁜 가운데에도 장시간에 걸쳐 자료를 수집하고, 바뀐 기준을 정리하는 등 힘든 과정을 거쳐 애써 주신 덕분에 좋은 책이 세상에 나오게 되었습니다. 이 책이 많은 분에게 도움이 되리라 확신합니다.

기술사가 되는 날까지
Never, Never, Never, Give up

2025년 12월
최 성 진 올림

'토목구조기술사'라는 길을 함께 걸어가고자 하는 분들에게 조금이나마 도움이 되고자 하는 마음으로 『토목구조기술사 합격 바이블』을 처음 세상에 선보인 지 벌써 10년이 흘렀습니다.

이 책을 처음 집필하게 된 계기는 방대한 기술사 시험 범위와 자료를 체계적으로 정리한 책이 필요하다는 생각에서 시작되었습니다. 저 또한 수험생 시절, 정리되지 않은 자료 속에서 어려움을 겪으며 '누군가 이 내용을 일목요연하게 정리해 두었더라면 얼마나 좋았을까'라는 생각을 늘 해왔습니다.

이번 3판을 준비하면서 과목별로 정리하다 보니, 과거와 현재의 설계기준이 혼재되어 출제되고 있어 수험생들에게 많은 혼란을 주고 있다는 생각이 들었습니다. 그나마 다행스러운 것은 과거 설계기준 변경에 따른 혼선과 허용응력설계법, 강도설계법, 한계상태설계법의 혼용 문제들이 KDS 기준 체계로 정비되면서 체계적이고 명확하게 정리되어 가고 있다는 점입니다.

이론에서부터 실무에 이르기까지, 전문 기술사를 준비하는 수험생들에게 요구되는 지식과 역량은 더욱 폭넓어지고 있습니다. 단순한 공학적 문제뿐만 아니라, 관계 법령과 기술기준, 신기술, 그리고 제도 변화까지도 폭넓은 이해를 필요로 합니다. 실제 최근 기출문제를 분석해 보면, 구조역학 19%, 철근콘크리트 17%, 프리스트레스트 9%, 강구조 13%, 교량공학 27%, 동역학 및 내진 6%, 가시설 및 지하시설물 등 3%로 구성되어 있으며, 건설기술진흥법, 중대재해처벌법, BIM, CM, 건설사업관리 등 다양한 관계 법령·제도와 관련된 문제도 약 6% 정도 출제되고 있습니다. 특히, 계산문제의 비중은 1교시에서 점차 낮아지고 있으며, 2~4교시 선택 문제로 이동하는 경향을 보이고 있습니다. 또한, KDS 기준의 개정과 새로운 제도 도입에 관련된 문제들도 꾸준히 출제되고 있어, 수험생 여러분께서는 과목별 학습 비중을 잘 조절하여 대비하시기 바랍니다.

기술사라는 길은 언제나 그렇듯 많은 시간과 노력이 필요한 과정입니다. 바쁜 일상과 어려운 환경 속에서도 꿈을 향해 도전하는 모든 수험생께 진심 어린 응원과 찬사를 보냅니다. 지금 흘리고 있는 땀과 노력이 반드시 값진 결실로 돌아오리라 믿습니다. 처음 품었던 목표와 꿈을 끝까지 잊지 마시고, 포기하지 마시기를 바랍니다.

최근의 설계기준에 대한 이론과 출제경향을 반영해 개정한 본 수험서가 부족하나마 수험생 여러분에게 도움이 되기를 바랍니다.

마지막으로, 언제나 저를 인도해주시는 하나님께 감사드리며, 사랑하는 가족의 변함없는 응원에도 이 자리를 빌려 깊은 감사의 마음을 전합니다.

2025년 12월

안 시 준 올림

차 례

Chapter 01

재료 및 일반사항

01 재료 및 일반사항

01 PSC의 특징

1. PSC의 장단점

장점	단점
① 고강도 콘크리트 사용으로 재료가 절감, 내구성이 좋다.	① RC에 비해 강성이 작아서 변형이 크고 진동하기 쉽다.
② RC보에 비해 복부의 폭을 얇게 할 수 있어 단면적이 감소하고 부재의 자중이 줄어든다.	② 내화성이 불리하다.
③ RC보에 비해 탄성적이고 복원성이 높다.	③ 공사가 복잡하므로 고도의 기술을 요한다.
④ 균열을 억제해 전단면을 유효하게 이용한다.	④ 부속 재료 및 그라우팅의 비용 등 공사비가 증가된다.
⑤ 조립식 강절 구조로 시공이 용이하다.	
⑥ 전단강도와 비틀림강도가 증가해 안전율이 높다.	

2. PSC와 RC의 비교 [80회]

【기출유형 ①】 RC보와 PSC보의 저항모멘트 비교

구분	특징
역학적 거동	① PSC는 RC에 비해 고강도 콘크리트와 고강도 강재 사용. RC에서는 고강도 강재를 사용할 수 없음(균열 폭 제한) ② PSC는 콘크리트 전단면이 유효하게 내력을 발휘할 수 있으나 RC는 인장측의 콘크리트를 무시 ③ PSC는 사용하중하에서는 균열이 발생하지 않음. 그러나 초과하중으로 균열이 발생하더라고 초과하중이 제거되면 균열은 사라짐 ④ 긴장재를 절곡 또는 포물선으로 배치할 경우 긴장력의 수직분력만큼의 전단력을 감소시킬 수 있음. 따라서 주인장응력(사인장응력)이 작아져서 경량이며 작은(slim) 단면의 부재설계 가능 ⑤ 저항 모멘트 발생 메카니즘이 상이. 즉, RC에서는 인장력이나 압축력이 증가하여 저항모멘트가 증가하나, PSC에서는 모멘트의 팔길이가 증가하여 저항모멘트가 증가 ⑥ 일단 균열이 발생한 후에는 PSC나 RC나 거동은 유사. 그러나 PSC의 긴장재의 응력은 균열발생 후 급속도로 증가

구분	특징
사용성 안전성 경제성	① PSC는 균열이 발생하지 않도록 설계되어 내구성, 수밀성이 양호하고 충격하중이나 반복하중에 대한 저항력도 RC에 비하여 크다. ② 콘크리트의 전단면이 유효 → 경량구조, 장대구조, 미관양호 ③ 동일 단면에 대하여 균열이 발생하지 않으므로 처짐이 미소 ④ 구조물의 안전성이 높음 → Prestressing 작업 중 최대응력을 받음 ⑤ Post-Tensioned Precast 부재의 연결시공이 가능. 분할시공, 현장치기 시공이 가능 ⑥ PSC는 RC에 비해 강성이 작으므로 진동되기 쉽고 변형되기 쉬움 ⑦ 고강도 강재는 고온하에서 강도가 급격히 감소(내화성능 취약) ⑧ PSC는 RC에 비하여 여러 단계의 응력 검토과정을 거침. 그러나 하중크기나 방향에 민감하여 설계, 제조, 운반 및 가설 시 세심한 주의가 요구 ⑨ PSC는 RC에 비해 고가. 즉 재료의 단가가 비싸고(고강도 콘크리트, 고강도 강재) 정착장치, Sheath 등의 부수장치와 그라우팅 비용이 추가

02 PSC의 사용재료

1. 콘크리트

1) 콘크리트의 요구품질

 ① 압축강도가 높아야 한다.

 ② 건조수축과 크리프가 작아야 한다.

 ③ PSC의 설계기준 강도 f_{ck} : 포스트텐션방식(30MPa 이상), 프리텐션방식(35MPa 이상)

2) 배합 시 유의사항

 ① w/c비는 최대한 작게 한다.

 ② 단위시멘트량은 필요한 범위 내에서 최소화한다.

 ③ 시공이 가능한 범위 내에서 물의 양을 최소화한다.

 ④ 알맞은 입도를 가진 양질의 골재를 사용한다.

3) 시공 시 유의사항

 ① 적당한 진동다지기를 하여 밀도 높은 콘크리트를 시공한다.

 ② 품질관리와 시공관리를 엄격하게 하여 균일한 품질의 콘크리트를 생산한다.

 ③ 부재 전체를 균등한 습윤상태로 양생하여 국부적인 건조가 일어나지 않도록 한다.

4) 콘크리트의 압축강도

보통강도 콘크리트의 압축응력과 변형률 곡선은 다음의 포물선 식에 따른다.

$$f_c = 0.85 f_{ck} \left[1 - \left(1 - \frac{\varepsilon_c}{\varepsilon_{co}} \right)^n \right]$$

프리스트레스트 콘크리트는 시간 경과에 따라 압축강도를 정확히 계산하는 것이 중요하므로 시간에 따른 강도를 다음의 식에 따라 계산할 수 있다.

① 1종 시멘트 $f_{c(t)} = f_{ck(28)} \left(\dfrac{t}{4 + 0.85t} \right)$

② 3종 시멘트 $f_{c(t)} = f_{ck(28)} \left(\dfrac{t}{2.3 + 0.92t} \right)$

프리스트레스트 콘크리트 부재에는 일반적으로 30MPa 이상의 고강도 콘크리트가 사용된다. 강도 콘크리트의 압축응력-변형률 곡선의 특성은 다음과 같다.

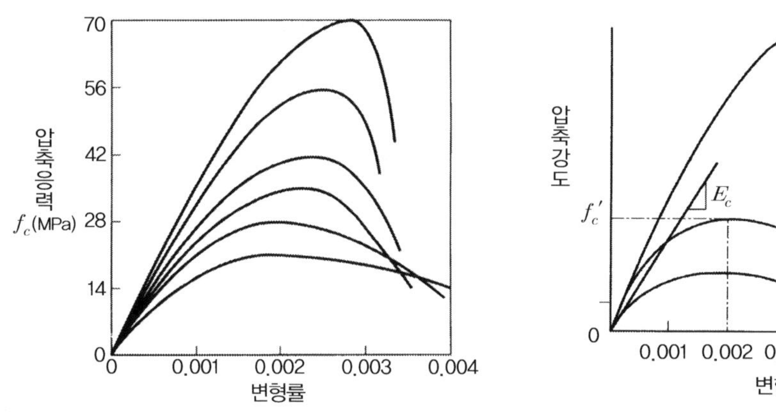

(콘크리트의 응력-변형률 곡선)

① 탄성계수의 증가 : 콘크리트의 압축강도가 증가하면 콘크리트의 탄성계수도 증가한다.
② 압축강도에 상응하는 변형률의 증가 : 보통 콘크리트의 최대강도 시 압축변형률(ϵ_{co})은 대략 0.002 정도이며, 압축강도가 증가함에 따라 최대강도 시 압축변형률도 0.0025~0.003으로 증가한다.
③ 압축응력-변형률 곡선의 변화 : 보통 강도 시 포물선에 가깝게 나타나지만, 고강도 콘크리트일수록 선형에 가깝게 나타난다. 따라서 고강도 콘크리트의 응력-변형률 곡선 내부의 면적은 보통강도 콘크리트의 응력-변형률 곡선 내부의 면적보다 작다.

④ 취성적 파괴 : 고강도 콘크리트는 최대압축강도 도달 이후 응력이 급격하게 감소하여 취성적
  파괴형상을 보인다.

5) 콘크리트의 크리프 [94회]

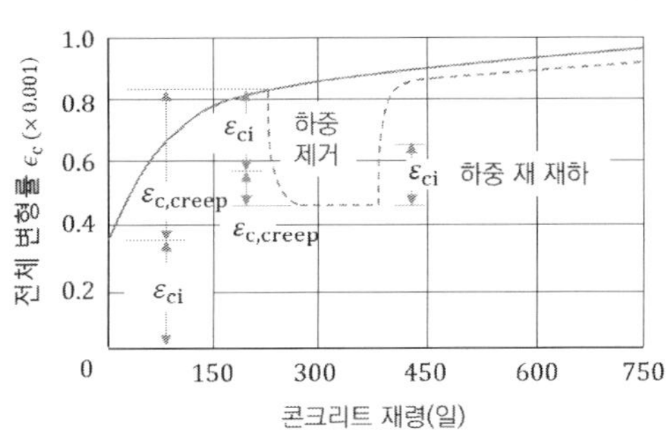

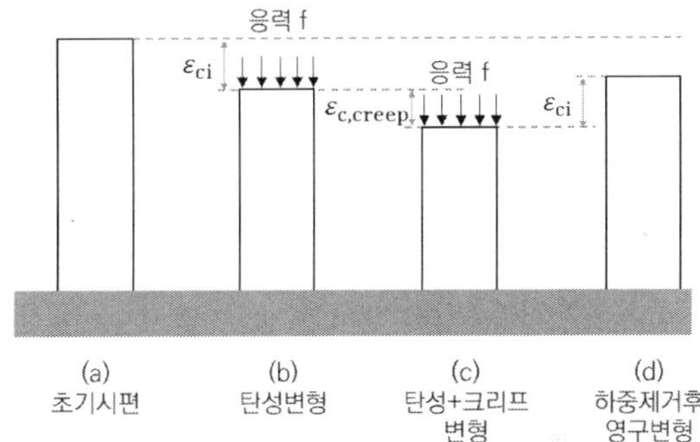

① 크리프(creep) 변형은 하중의 증가 없이 시간이 경과함에 따라 변형이 계속되는 상태를 말하
  며, 크리프 변형에 영향을 미치는 요인으로는 w/c가 클수록, 단위시멘트량이 많을수록, 응력
  이 높을수록, 상대습도가 높을수록, 콘크리트의 강도와 재령이 클수록 크게 발생하며, 고온증
  기양생을 할수록 작게 발생한다. 기타 시멘트의 종류, 골재의 품질, 공시체의 치수의 영향을
  받는다.
② 크리프 변형은 초기 28일 동안에 1/2이 발생하며, 이후 3~4개월 이내 3/4, 2~5년 후에 모든
  변형이 완료된다.
③ 보통의 RC 구조물은 주로 자중에 의해 크리프 현상이 일어나지만, PSC 구조물에서는 프리스
  트레스에 의하여 크리프 현상이 일어난다.
④ 콘크리트 크리프 계수
  (1) Davis-Glanville의 법칙
      크리프 변형률은 작용응력(또는 그로 인해 일어난 탄성 변형률)에 비례하며, 그 비례상수는
      압축응력의 경우나 인장응력의 경우나 모두 같다. 이것을 크리프에 관한 Davis-Glanville
      의 법칙이라고 한다. 이 법칙은 콘크리트의 작용응력이 압축강도의 60% 이하인 경우에 성
      립한다.

$$\epsilon_c = C_u \epsilon_e = C_u \frac{f_c}{E_c} \qquad \therefore \ C_u = \frac{\epsilon_c}{\epsilon_e}$$

(2) 유효 탄성계수법(Effective Modulus Method)[86회]

$$\epsilon_c = \epsilon_e + \epsilon_{cr} = \epsilon_e + C_u\epsilon_e = (1+C_u)\epsilon_e, \quad \therefore E_{eff} = \frac{f_c}{\epsilon_c} = \frac{f_c}{(1+C_u)\epsilon_e} = \frac{E_c}{(1+C_u)}$$

(3) Branson의 임의의 시간(t)에서의 크리프 계수(C_t)

$$C_t = \frac{t^{0.60}}{10+t^{0.60}}C_u, \ C_u(\text{최종 크리프 계수}), \ t(\text{재하 후의 시간(일)})$$

(4) Whitney의 법칙

동일한 콘크리트에서 단위응력에 대한 크리프 변형의 진행은 일정 불변이다

시간 t_1에서 t의 크리프 변형도는

$$\epsilon_{t-t_1} = \epsilon_t - \epsilon_{t_1} = \epsilon_e(C_t - C_{t1}) = \frac{\sigma}{E_c}(C_t - C_{t1})$$

6) 콘크리트의 건조수축

콘크리트의 건조수축은 단위시멘트량과 단위수량의 영향을 크게 받으며, 그 밖에 골재의 종류와 최대치수, 시멘트의 종류와 품질, 다지기 방법과 양생상태, 부재의 단면치수의 영향을 받는다.

$$\epsilon_{sh} \fallingdotseq 800 \times 10^{-6}(\text{습윤양생한 최종 건조수축 변형률})$$

습윤양생한 콘크리트의 건조수축량 $\epsilon_{sh.t} = \dfrac{t}{35+t}\epsilon_{sh.u}, \ t(day)$

2. PS 강재 [129회/98회/93회/78회/70회]

【 기출유형 ① 】 프리스트레싱 강재에 요구되는 재료성능과 역학적 특징
【 기출유형 ② 】 PS 강연선과 PS 강봉의 장단점을 응력–변형률 개념을 포함하여 설명
【 기출유형 ③ 】 PSC용 강재로 사용되는 PS강선, PS 강봉, PSC강연선에 요구되는 성질

1) PS 강재의 요구품질

요구품질	품질내용
높은 인장강도	PSC에서는 릴랙세이션, 건조수축, 크리프 등으로 각종 손실이 발생하며, 초기 프리스트레스의 손실 이후에도 PSC가 성립하기 위해서는 초기에 높은 인장응력으로 긴장해 두어야 하므로 고강도강재가 필요하다.
높은 항복비	PSC 강재는 항복비(항복응력/인장강도의 비)가 80% 이상 되어야 하며, 될 수 있으면 85% 이상인 것이 좋다. 이것은 PSC 강재의 응력–변형도 곡선이 상당히 큰 응력까지 직선이어야 한다는 것을 의미한다.

요구품질	품질내용
낮은 릴랙세이션	PSC 강재를 어떤 인장력으로 긴장한 채 그 길이를 일정하게 유지하면 시간이 지남에 따라 PSC 강재의 응력이 감소하는데, 이러한 현상을 릴랙세이션이라고 한다. 릴랙세이션이 크면 프리스트레스가 감소하므로 장기간에 걸친 릴랙세이션이 작아야 한다. PSC 강선 및 강연선의 릴랙세이션은 3% 이하, 강봉은 1.5% 이하를 요구한다.
연성(Ductility) 과 인성(Toughness)	파괴에 이르기까지 높은 응력에 견디며 큰 변형을 나타내는 재료의 성질을 인성(ductility)이라고 하며, 인성이 큰 재료는 연신율(elongation)도 크다. 고강도강은 일반적으로 연강에 비하여 연신율과 인성이 낮으나 PSC 강재에는 어느 정도의 연신율이 요구됨. 또 PSC 강재는 조립과 배치를 위한 구부림 가공, 정착장치나 접속장치 접착을 위한 구부림 가공, 접착시킬 때 일어나는 휨이나 물림 등에 의하여 강도를 저하시키지 않기 위해서는 연신율이 될 수 있는 대로 큰 것이 좋다.
응력부식 저항성	높은 응력을 받는 상태에서 급속하게 녹이 슬거나, 녹이 보이지 않더라도 조직이 취약해지는 현상을 응력부식이라 하며, PSC 강재는 항상 높은 응력을 받고 있어 응력부식 저항성이 커야 한다.
콘크리트와 부착강도	부착형의 PSC 강재는 부착강도가 커야하며, 프리텐션 방식에서는 특히 중요한 사항임. 부착강도를 높이기 위해서는 몇 개의 강선을 꼰 PSC 강연선이나 이형 PSC 강재를 사용하는 것이 좋다.
피로강도	도로교나 철도교와 같이 하중 변동이 큰 구조물에 사용할 PSC 강재는 피로 강도를 조사해 두어야 한다.
직선성	곧은 상태로 출하되는 PSC 강봉은 문제가 없지만, 타래로 감아서 출하되는 PSC 강재는 풀어서 사용하는데, 이때 도로 둥글게 감기지 않고 곧게 잘 펴져야 한다. 즉 직선성이 좋아야 하는데, 시공시 중요한 사항이며, 타래의 지름이 소선의 지름의 150배 이상인 것이 좋다.

2) 고강도 PS 강재의 필요성 ^{115회/114회/103회/90회/78회}

【 기출유형 ① 】 프리스트레스트 콘크리트에서 고강도 강재의 필요성, 강도 상향 시 장단점과 검토사항
【 기출유형 ② 】 PSC 강선을 고강도로 사용하는 이유, 응력-변형률 선도를 이용하여 설명
【 기출유형 ④ 】 저강도의 일반강재보다 고강도의 PSC 강선을 사용하는 이유

PSC에서는 PS 강재의 릴랙세이션, 콘크리트의 건조수축, 크리프 등으로 말미암아 처음에 도입한 프리스트레스가 시간이 지남에 따라 감소한다. 이와 같이 초기 프리스트레스가 감소한 후에도 PSC가 성립하기 위해서는 소요의 유효프리스트레스가 남아 있어야 하며 이를 위해서 PS 강재를 높은 인장응력으로 긴장해 두어야 하므로 고강도 강재가 필요하다.

① 일반적인 강재를 사용하여 인장을 하면 초기 변형률이 작으며($\epsilon = f_i / E_s$), 이를 크리프나 건조수축에 의한 변형률과 비교하면 거의 비슷한 값이 된다. 두 값이 비슷하면 초기 긴장력에 의한 변형률이 거의 0에 가까워져 유효 프리스트레스가 남지 않게 되면서, 손실률이 커지게 된다.

② PSC 강재의 경우에는 초기 인장강도가 커서 초기 변형률이 크며, 크리프와 건조수축에 의한 손실 변형률을 고려해도 상당한 변형률을 유지하게 된다. 즉, 손실률이 작다는 것을 의미한다. 그러므로 PSC 강재는 고강도 강재가 필요하게 된다.

③ 프리스트레스의 유효율

$$R = \frac{f_{se}}{f_{pi}} = 1 - \frac{\Delta f_p}{f_{pi}}$$

여기서, R은 프리스트레스 유효율(Effective Prestress Ratio) 또는 잔류 프리스트레스계수 (Residual Prestress Factor)라고 한다.

④ 응력-변형률도

초기 긴장 후 동일한 변형률 손실이 발생할 시에 손실량은 고강도 강재가 다소 많을지라도 프리스트레스 유효율에서는 높음을 알 수 있다.

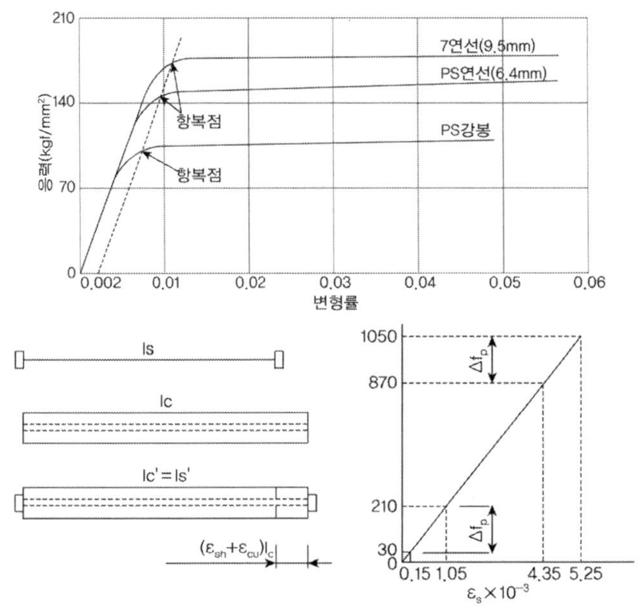

(프리스트레스용 강재의 응력변형률도)

⑤ 일반강재를 긴장재로 사용하여 초기긴장을 할 경우 프리스트레싱에 의한 철근의 늘음길이가 건조수축과 크리프에 의한 단축량과 비슷해져서 PS손실률이 커져서 효율이 떨어진다. 마찬가지로 PS 강봉과 PS 강연선을 비교하면, PS 강봉에 비해 PS 강연선의 인장강도가 더 크므로 인장강도를 더 크게 작용시키게 되면 그 늘음길이가 더 커져서 건조수축과 크리프에 의한 단축량을 제외하고도 PS 강봉에 비해 PS 강연선의 잔류변형률이 커서 프리스트레싱 효율이 더 좋아지게 된다.

⑥ 최초에 긴장재에 준 인장응력이 클수록 유효인장응력과 최초에 준 인장응력의 비가 커져서 프리스트레싱 효율이 좋아진다. 이는 최초에 긴장재에 줄 수 있는 인장변형률이 클수록 콘크리

트의 크리프와 건조수축에 의한 변형률을 빼고 남는 변형률이 최초에 준 변형률에 비하여 큰 값이 된다.

즉, 프리스트레싱의 효율을 좋게 하려면 최초에 긴장재에 준 인장응력이 커야 하고, 이것이 PSC에서 고강도 강재를 긴장재로 사용해야 하는 이유이다.

⑦ 적용 예

콘크리트의 건조수축과 크리프에 의한 신축량 $\triangle l_c = (\epsilon_{sh} + \epsilon_{cr})l_c$

강재응력 감소량 $\triangle f_s = (\epsilon_{sh} + \epsilon_{cr})E_s$

(1) 일반 철근의 긴장력 감소

보통의 철근을 긴장재로 사용하고 초기 긴장을 한 경우 프리스트레싱에 의한 철근의 늘음 길이는 건조수축과 크리프에 의한 단축량은 다음 식과 같다.

$f_{si} = 210\text{MPa}$인 경우, $\epsilon_{si} = 210/2.0 \times 10^5 = 1.05 \times 10^{-3}$

철근의 늘음길이 $\epsilon_{si}l_s = 1.05 \times 10^{-3}l_s$

콘크리트의 건조수축과 크리프에 의한 변형률 $\fallingdotseq 0.90 \times 10^{-3}$

콘크리트 부재의 신축량 $(\epsilon_{sh} + \epsilon_{cr})l_c = 0.90 \times 10^{-3}l_c$

보통의 철근을 사용하면 그 늘음 길이가 건조수축과 크리프에 의한 단축량과 거의 비슷함 $(l_s \fallingdotseq l_c)$을 알 수 있다. 이 경우 콘크리트의 건조수축과 크리프에 의한 감소량은

$$\triangle f_s = (\epsilon_{sh} + \epsilon_{cr})E_s = 0.9 \times 10^{-3} \times 2.0 \times 10^5 = 180\text{MPa}$$

$$f_{se} = f_{si} - \triangle f_s = 210 - 180 = 30\text{MPa}$$

그러므로, 손실률은 180/210 = 86% 정도가 된다.

(2) 고강도 강재의 긴장력 감소

철근 대신 고강도 강재를 사용하여 1,050MPa 정도로 긴장 시, 건조수축과 크리프에 의한 강재응력의 감소량인 180MPa를 제외하고도 870MPa 정도가 남아 있게 된다.

$$f_{si} = 1,050\text{MPa}$$인 경우, $\epsilon_{si} = 1050/2.0 \times 10^5 = 5.25 \times 10^{-3}$

$$\triangle f_{pe} = (\epsilon_{sh} + \epsilon_{cr})E_p = 0.9 \times 10^{-3} \times 2.0 \times 10^5 = 180\text{MPa}$$

$$f_{pe} = f_\pi - \triangle f_p = 1050 - 180 = 870\text{MPa}$$

또는 건조수축 및 크리프 변형 후 남은 변형률

$$5.25 \times 10^{-3} - 0.90 \times 10^{-3} = 4.35 \times 10^{-3}$$

$$\therefore f_{pe} = \epsilon_s E_p = 4.35 \times 10^{-3} \times 2.0 \times 10^5 = 870\text{MPa}$$

그러므로, 손실률은 180/1,050 = 17% 정도가 된다.

⑧ 최초에 긴장재에 준 인장응력이 클수록 유효인장응력과 최초에 준 인장응력의 비가 커져서 프리스트레싱 효율이 좋아진다는 것을 보여준다. 즉, 최초에 긴장재에 줄 수 있는 인장변형률이 클수록 콘크리트의 크리프와 건조수축에 의한 변형률을 빼고 남는 변형률이 최초에 준 변형률에 비하여 큰 값이 된다.

즉, 프리스트레싱의 효율을 좋게 하려면 최초에 긴장재에 준 인장응력이 커야 하고, 이것이 PSC에서 고강도 강재를 긴장재로 사용해야 하는 이유이다.

⑨ PSC 강재는 각종 손실에 의해서 소멸되고도 상당히 큰 프리스트레스 힘이 남도록 긴장할 수 있는 인장강도가 큰 고장력 강재를 사용하여야 한다. PS 강봉에 비해 PS 강연선이 인장강도가 더 크기 때문에 유효 프리스트레스력이 더 커서 PS 도입에 더욱 효과적이며, 다만 PS 강봉에 비해 재료 자체의 단가가 비싸기 때문에 경제성 측면에서는 다소 떨어질 수도 있다.

3) PSC 릴랙세이션 [67회]

【 기출유형 ① 】 PS 강재의 릴랙세이션

PS 강재를 긴장한 채 일정한 길이로 유지해 두면, 시간의 경과와 더불어 인장응력이 감소한다. 이러한 현상을 릴랙세이션이라고 한다. 인장력을 받는 PS 강재의 길이를 고정했을 때 시간이 지남에 따라서 강재의 인장응력이 감소하는 현상을 말한다. 콘크리트에 발생하는 크리프의 경우 압축하중이 일정한 상태에서 콘크리트의 변형률은 증가하지만 릴랙세이션은 변형률이 일정한 상태에서 강재의 인장응력이 감소된다. 프리스트레스트 부재에서는 릴랙세이션과 크리프가 동시에 발생하기 때문에 두 현상은 서로 영향을 준다. 이로 인해 응력은 감소하고 변형이 증가하는 현상이 나타나며, 릴랙세이션은 다음과 같이 두 가지로 구분된다.

① 순릴랙세이션(pure relaxation) : 일정한 변형률하에서 일어나는 인장응력의 감소량을 최초에 준 PS 강재의 인장응력에 대한 백분율로 나타낸 것을 말한다. 강재의 재료적 성질에 의해서 발생하는 현상이다.

$$\text{순릴랙세이션 값} \quad = \quad \frac{\text{시간 경과 후의 인장응력}}{\text{초기 인장응력}} \quad (\%)$$

② 겉보기 릴랙세이션(apparent relaxation) : PS 강재는 콘크리트의 건조수축이나 크리프 등의 변형으로 최초에 준 PS 강재의 인장 변형률이 시간의 경과와 더불어 감소하기 때문에 그 릴랙세이션은 보통의 릴랙세이션 시험방법으로 측정한 값보다 작은 값이 된다. 겉보기 릴랙세이션은 강재 자체의 순릴랙세이션과 크리프 및 건조수축의 영향을 동시에 고려한 값이다. 즉, 크리프와 건조수축에 의해 강재의 변형률이 감소하므로 겉보기 릴랙세이션은 순릴랙세이션 값보다 작다.

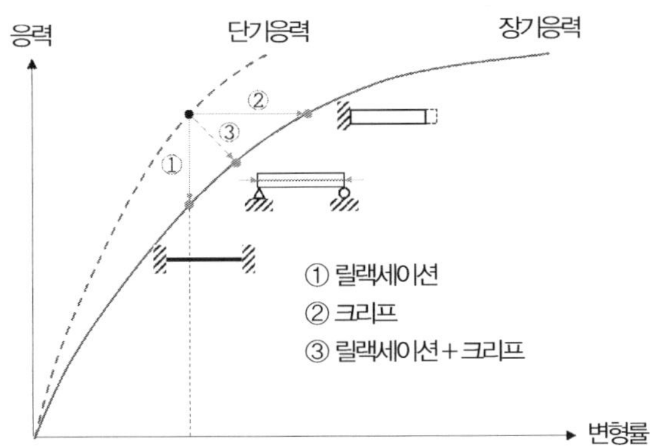

PS 강재는 일정한 인장응력으로 긴장한 채로 두면 재하와 동시에 일어나는 탄성변형률 외에 시간의 경과와 더불어 크리프 변형률도 발생하며 릴랙세이션과 크리프는 서로 표리(表裏)의 관계에 있으며 그 발생기구는 동일하여 한쪽을 알면 다른 쪽은 계산에 의하여 그 양을 추정할 수 있다.

PSC 부재에서는 도입된 프리스트레스 힘이 시간과 더불어 감소하기 때문에 크리프로 취급하는 것보다는 릴랙세이션으로 취급하는 것이 타당하다. 따라서 설계기준에서는 릴랙세이션을 설계에 고려하도록 규정하고 있다. 그러나 콘크리트 사장교의 PSC 케이블의 크리프처럼 크리프가 문제가 되는 경우도 있으며, PS 강재의 크리프는 그 인장강도의 1/2 정도 이하의 응력에서는 일어나지 않지만 그 이상의 응력이 되면 응력이 클수록 또 고온일수록 크게 일어난다.

③ 릴랙세이션의 영향 인자

  (1) 시간 : 시간이 지나면 릴랙세이션은 증가한다. 인장력을 가한 초기에는 릴랙세이션에 의해 급격하게 응력이 감소하지만 시간이 지남에 따라서 응력감소 비율은 줄어든다.

  (2) 초기응력 : 릴랙세이션은 강재에 작용하는 인장력이 클수록 증가한다. 긴장재의 인장강도(f_{py})와 초기긴장응력(f_{pi})의 비율(f_{pi}/f_{py})이 커지면 릴랙세이션은 증가한다. Magura 실험에 의하면 $f_{pi}/f_{py} = 0.55$ 이하에서는 릴랙세이션이 발생하지 않았으며 $f_{pi}/f_{py} = 0.9$에서 1,000시간 경과 후 릴랙세이션에 의한 응력감소는 10%였다.

  (3) 온도 : 인장력을 받는 강재의 온도가 높을수록 릴랙세이션은 증가한다. $f_{pi}/f_{py} = 0.7$인 강재가 섭씨 20°C에서 1,000시간이 경과하면 릴랙세이션에 의한 응력감소는 1% 이하이나, 섭씨 100°C에서는 약 10% 응력이 감소한다.

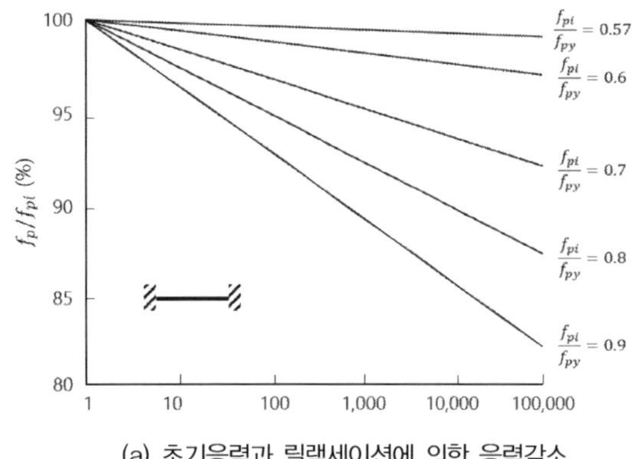

(a) 초기응력과 릴랙세이션에 의한 응력감소

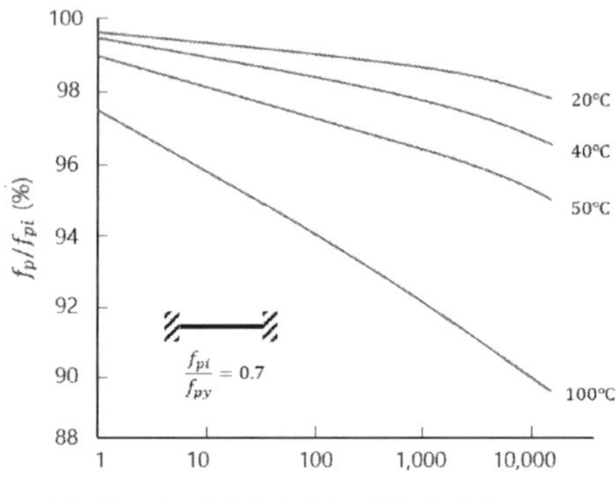

(b) 온도와 릴랙세이션에 의한 응력감소

④ 겉보기 릴랙세이션에 의한 응력손실 산정

 (1) Magura의 겉보기 릴랙세이션 값

   (a) 포스트 텐션, 긴장 이후부터 어느 임의의 시점까지

$$\frac{f_p}{f_{pi}} = 1 - \frac{\log_{10}t}{10}\left(\frac{f_{pi}}{f_{py}} - 0.55\right)\frac{f_{pi}}{f_{py}} \geq 0.55$$

   f_p : 긴장 후 t 시간 경과 후의 PS 강재의 인장응력

   f_{pi} : 프리스트레스 도입 직후의 PS 강재의 인장응력

   f_{py} : PS 강재의 항복점 응력

   (b) 프리텐션 방식, 일정 기간별

   총 릴랙세이션에서 프리스트레스 도입 전에 이미 일어난 릴랙세이션 제외

$$\frac{f_p}{f_{pi}} = 1 - \left(\frac{\log_{10}t_n - \log_{10}t_r}{10}\right)\left(\frac{f_{pi}}{f_{py}} - 0.55\right)\frac{f_{pi}}{f_{py}} \geq 0.55$$

   (c) 간략식 $f_{re} = \gamma f_{pi}$

PS 강재의 종류	겉보기 릴랙세이션 γ
PS 강선 및 PS 강연선	5%
PS 강봉	3%
저 릴랙세이션 PS 강재	1.5%

 (2) 도로교 설계기준(한계상태설계법, 2016)

   (a) 보통 릴랙세이션 강선과 강연선 $\dfrac{f_p}{f_{pi}} = 1 - \left(5.39\rho_{1000}e^{6.7\mu}\left(\dfrac{t}{1000}\right)^{0.75(1-\mu)}10^3\right)$

(b) 저릴랙세이션 강선과 강연선
$$\frac{f_p}{f_{pi}} = 1 - \left(0.66\rho_{1000}e^{9.1\mu}\left(\frac{t}{1000}\right)^{0.75(1-\mu)}10^3\right)$$

(c) 열연 강봉
$$\frac{f_p}{f_{pi}} = 1 - \left(1.98\rho_{1000}e^{8\mu}\left(\frac{t}{1000}\right)^{0.75(1-\mu)}10^3\right)$$

ρ_{1000} : 평균기온 20℃에서 긴장 이후 1,000시간 경과했을 때 릴랙세이션 손실(%)

$\mu = f_{pi}/f_{pu}$

4) PSC 피로강도

PSC 부재 속의 PS 강재는 활하중이 작용하면 인장응력이 증가하고 활하중이 제거되면 감소하여 원래의 인장응력으로 돌아간다. 그러나 인장응력의 증감은 보통의 경우 50~70MPa 정도에 지나지 않는다. 한편 PS 강재는 활하중이 작용하기 전에 매우 큰 인장응력을 받기 때문에 피로를 일으키는 일 없이 증가될 수 있는 응력의 범위는 그리 크지 않다. 그러나 활하중에 의한 인장응력의 증가는 활하중 작용 전에 작용하고 있는 인장응력에 비해 매우 작기 때문에 실제의 PSC 구조물에서 피로의 위험이 있을 정도로 큰 응력 변화는 일어나지 않는다. 따라서 사용하중의 범위에서는 PS 강재의 피로로 인하여 PSC 부재가 파괴되는 일은 없다. 설계기준상에서는 다음의 인장응력 변동 범위 내에서는 별도의 피로검토를 할 필요 없다고 규정하고 있다.

긴장재의 위치 및 부위	인장응력의 변동 범위
연결부 또는 정착부	140MPa
그 밖의 부위	160MPa

5) PSC 응력부식 ^{99회/84회}

【 기출유형 ① 】 PS 강재 응력부식과 지연파괴의 원인 및 방지 대책

① PS 강재의 응력부식 : 강재는 높은 응력 상태에서 무응력 상태보다 일반적으로 녹이 잘 슨다. PS 강재는 긴장 후에 늘 고응력 상태에 있으므로 빨리 그라우팅을 하여 녹스는 것을 방지해야 하는데 높은 응력하에서 강재에 녹이 빨리 슬거나 표면에 녹이 보이지 않더라도 조직이 취약해지는 현상을 응력부식이라고 한다.

② 응력부식의 원인 : 원인은 분명하지 않으나 점식(pitting)과 같은 과도한 녹이나 작은 흠이 응력집중을 일으키고 이로 인하여 분자 간 결합이 파괴되어 부식작용을 촉진하기 때문이라 생각한다. 점식이 있거나 작은 흠이 있는 강재는 가려내어 사용하지 않는 것이 바람직하다. 지름이 작은 타래에 강재를 감아놓은 경우 응력이 작용하고 있는 상태로 방치되므로 응력부식의 원인이 된다. 오일 템퍼선도 원인이 된다.

③ 피해

   (1) 재긴장을 위해 그라우팅을 늦추고 있을 때 쉬스 안의 강선이 부식된다.

   (2) 그라우팅이 충분하지 않은 경우 부식이 발생되므로 강선을 교체하여야 한다.

   (2) 지연파괴에 의해 PC 강선이 갑자기 파단된다.

④ 대책

   (1) PS 강재의 방청

   (2) 긴장 후 즉시 그라우팅 실시

   (3) 쉬스관을 충분히 충진되도록 그라우팅을 실시

6) PSC 지연파괴

일반적으로 PC 부재는 균열이 발생하지 않으며 또는 균열이 발생하더라도 하중이 없어지면 금방 아물게 되는 특성이 있으므로 PC 강재의 부식에 대한 염려는 RC보다 덜하다. 그러나 허용응력 이하로 긴장해 놓은 PC 강재가 긴장 후 몇 시간 또는 수십 시간이 경과한 후에 별안간 끊어지는 수가 있다. 이러한 현상을 지연파괴(delayed fracture)라 한다.

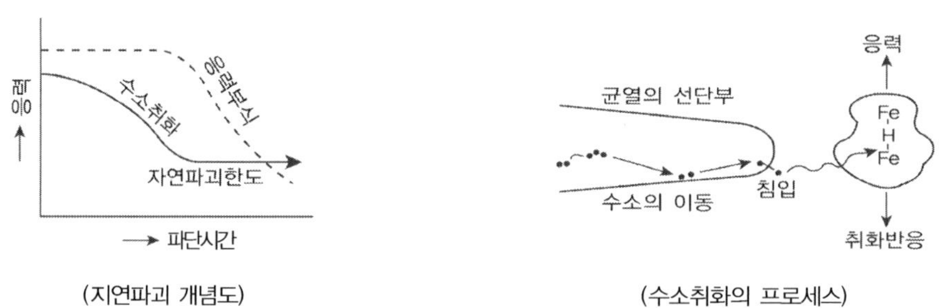

(지연파괴 개념도)   (수소취화의 프로세스)

① 원인 : 지연파괴는 수중, 다습한 환경, 산성 환경하의 지속하중 재하 시 수소의 의한 취화(수소취화)로 인해 발생된다고 하며, 일반적으로 수소원자가 외부로부터 금속조직 내로 침투 후 확산하여 미소공간과 같은 비교적 입계에 존재하는 결함에서 수소분자가 되어 큰 가스압을 발생시켜 파괴에 이르는 수소가스 면압설이 가장 유력하다고 알려졌다.

   (1) 재료에 하중을 가하고 그 상태의 하중을 일정하게 유지할 때 외견상으로는 거의 소성변형을 일으키지 않고 어느 시간 후에 갑자기 취성 파괴하는 현상으로 철강의 소재, 기기, 구조물 등이 제조 후 불특정한 시간에 대해 돌연 발생하는 파괴현상이다.

   (2) 거시적으로 보아 부재에 정적하중이 작용하고 있을 때 그 크기가 항복점보다 훨씬 낮은 응력이라 할지라도 장시간 부하될 경우에 외견상 소성변형을 동반함이 없이 돌연히 취성적으로 파괴하는 현상을 지연파괴라고 한다. 환경유발파괴(environment assisted cracking)라고도 한다.

(3) 발생하는 응력이 취성파괴나 연성파괴를 일으키는 레벨보다 훨씬 작고 또 그 시간변동 성분도 피로균열을 일으키는 것보다 훨씬 작은데 돌연파괴가 발생한다. 지연파괴의 부하응력과 시간 사이의 특성은 피로에서의 S-N선에 가까운 형태로 되기 때문에 정적인 피로파괴라고도 불린다.

(4) 철강재료에 생기는 지연파괴의 매커니즘으로는 응력부식파괴(stress corrosion cracking), 수소취성파괴(hydrogen embrittlement cracking)가 지연파괴에 속하며 각각의 프로세스 는 독립하거나 또는 철과 물이 공존하는 환경에서는 동시에 진행된다.

(5) 수소취화의 프로세스 개념 : 수소는 원자 반지름이 작기 때문에 철강 속에 쉽게 침입하고 결정격자를 통과한다. 용접이음에서는 피복제 등에서 수분 또는 수소가 들어오며 응력이 작용한 상태에서 수소가스환경에 접촉되고 있어도 수소가 침입하고 취하가 생긴다. 또 철 과 수분의 부식반응의 결과로서 수소가 생기고 그것이 다시 철 속에 침입하게 된다.

② 대책 : 부식 환경, 재료 원인, 인장응력 발생의 복합적인 작용에 의해서 발생되므로 부식이 발 생되지 않도록 공장제조에서부터 현장에서 사용할 때까지 PC 강재가 비를 맞지 않도록 하고 불 결하지 않은 곳에 보관하는 등의 세심한 보호를 하여야 하며, 재료의 용접이나 가공 시에도 잔 류응력이나 열환경 변화에 따라 열응력이 남지 않도록 하는 것이 중요하다. 또한 점식(pitting) 과 같이 과도한 녹이나 작은 흠이 발생해 응력집중이 되지 않도록 하는 것이 중요하다. 점식이 있거나 과도한 흠이 있는 강재는 가려내고, 되도록 프리스트레스력을 도입한 직후 그라우팅을 실시하거나 방청 작업을 하는 등의 조치가 요구된다. 주요 지연파괴 대책은 다음과 같다.

(1) 표면 도장처리 철저
(2) 응력 집중부와 급격한 단면변화를 최소화
(3) 볼트 노출부가 부식되지 않도록 관리
(4) 용접 상세 선택 시 주의

7) PS 강선과 PS 강연선의 종류와 기호

종류			기호
PS 강선	원형선	A종	SWPC 1AN, SWPC 1AL
		B종	SWPC 1BN, SWPC 1BL
	이형선		SWPD 1N, SWPD 1L
PS 강연선	2연선		SWPC 2N, SWPC 2L
	이형 3연선		SWPD 3N, SWPD 3L
	7연선	A종	SWPC 7AN, SWPC 7AL
		B종	SWPC 7BN, SWPC 7BL
	19연선		SWPC 19N, SWPC 19L

① 원형선 B종은 A종보다 인장강도가 100MPa 높은 종류를 나타낸다.

② 7연선 A종은 인장강도 1,720MPa급, B종은 1,860MPa급을 나타낸다.

③ 릴랙세이션 규격값에 보통 선은 N, 낮은 선은 L의 기호를 끝에 붙인다.

④ 19연선에서 단면이 28.6mm인 것은 실형이나 워링톤형으로 하고, 그 외의 19연선 단면은 실형으로 한다.

8) 긴장재의 제조과정

① 패턴팅(patenting) : 강재의 재질을 균질하게 하고 강도를 향상시키는 열처리 공정

② 피클링(pickling) : 강재 표면에 있는 산화막을 제거하는 공정

③ 담금질(quenching), 뜨임(tempering) : 약 800℃로 가열된 강재를 급속하게 냉각하고 다시 약 450℃의 낮은 고온으로 가열하여 내부 응력을 감소시키며 인성을 증대시키는 공정

④ 냉간 인발(cold drawing) : 강재를 다이스(dies, 원추형의 긴 구멍이 뚫린 판)에 통과시켜 일정한 지름과 강도를 갖게 하는 공정

⑤ 응력제거(stress-relieving) : 강재에 다시 500℃ 정도의 열을 가하여 기계적 가공을 하고 표면 경화에 의해 내부 응력을 제거하는 공정

⑥ 안정화(stabilizing) : 강재가 영구적인 길이(permanent elongation)를 갖게 하기 위하여 긴장된 상태에서 열을 가하는 공정. 강재의 기계적 성질이 향상되고 릴랙세이션이 감소됨

⑦ 입금가공(indenting) 및 크림핑(crimping) : 부착을 향상시키고 치수 등을 표시하기 위하여 강재의 표면에 펀치를 눌러 일정한 형상을 만드는 공정

TIP **|PSC 강연선의 특징 및 제조공정|**

1. PS 강재의 특징

① PS강선의 인장강도는 고강도 철근의 4배, PS 강봉은 약 2배

② 인장강도의 크기 : PS 강봉 < PS강선 < PS 강연선

③ 지름이 작은 것일수록 인장강도나 항복점 응력은 커지고 파단 시 연신율은 작아진다.

④ 뚜렷한 항복점이 없다(KS규정 : 0.2%의 잔류변형률을 나타내는 응력을 항복점으로 한다).

2. 강연선(7연선)의 제조공정

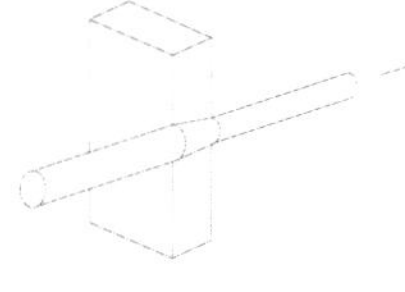

원재료
고탄소강의 경강선인 피아노선재나 합금강 선재

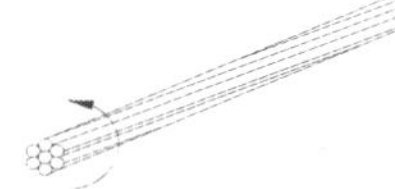

Patenting
약 800°C로 가열한 후 500~600°C까지 급냉, 일종의 담금질로 강을 균일한
조직으로 바꿈(높은 인장강도와 항복강도 목적)

냉각 인발 가공
다이스(dise)라고 하는 원추형의 긴 구멍을 통과시킴으로써 소정의 지름과 강
도를 갖게 함(강도 향상 목적)

연선화
한 개의 소선 둘레에 6개의 소선을 S연선으로 모아 만듦

블루잉(blueing), 저온열처리
냉각 가공한 강선은 잔류변형으로 항복강도가 낮게 때문에 최종 공정에서 저온열처리를 실시한다. 블
루잉을 통해서 항복점은 높아지고 릴랙세이션이 작아진다.

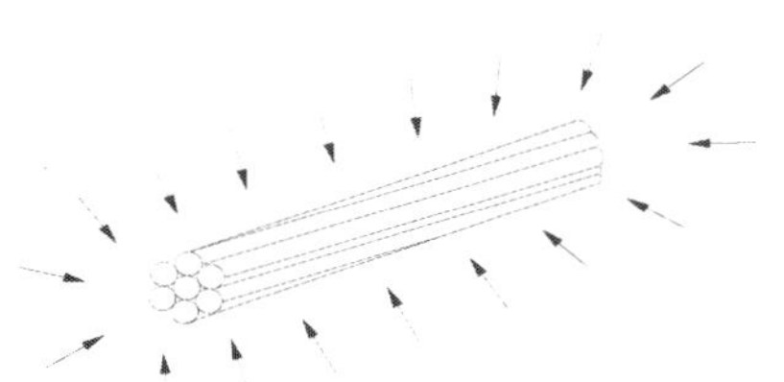

응력 제거 → 응력 제거 강연선
약 350°C로 가열한 후 서서히 식힌다.

변형조절 → 저릴랙세이션 강연선
강선에 인장력을 가하며 약 350°C로 가열
한다.

KS 규격

국내의 한국산업표준(KS)에서 규정하는 프리스트레스트 강재의 표준규격에서 다음 기호의 의미를 ①의 예시와 같이 ②~④를 설명하시오.

$$\underset{\text{SWPC}}{①}\quad \underset{7}{②}\quad \underset{\substack{A\\B\\C\\D}}{③}\quad \underset{\substack{N\\L}}{④}$$

예시) ① : 프리스트레스트 원형 강연선

풀 이

▶ 기호설명

KS D 7001에서 규정한 KS PC 강선 및 PC 강연선 규정에 따라 정의되며, SWPC는 PC에 사용되는 강선 및 강연선으로

① 프리스트레스트 원형 강연선을 의미한다. 그 외 SWPD가 있으며 이는 프리스트레스트 이형 강형선을 의미한다.

② 강연선의 수를 의미하며, 주어진 조건에서는 7연선을 의미한다. 그 외 1, 2, 3, 19연선이 있다.

③ A, B, C, D는 인장강도의 크기를 의미하며, 일반적으로 원형선에선 A에서 D로 한 단계씩 변화할 때마다 인장강도가 $100N/mm^2$ 이상 증가한다. SWPC 7연선의 경우 A는 인장강도가 $1,720N/mm^2$이며, B는 $1,860N/mm^2$, C는 $2,160N/mm^2$, D는 $2,360N/mm^2$이다.

④ N과 L은 릴랙세이션 표준값에 따라 보통선의 경우 N, 낮은선의 경우 L로 표기한다.

종류			기호	단면
PC 강선	원형선	A종	SWPC1AN, SWPC1AL	
		B종	SWPC1BN, SWPC1BL	
	이형선		SWPD1N, SWPD1L	
PC 강연선	2연선		SWPC2N, SWPC2L	
	이형 3연선		SWPD3N, SWPD3L	
	7연선	A종	SWPC7AN, SWPC7AL	
		B종	SWPC7BN, SWPC7AL	
		C종	SWPC7CL	
		D종	SWPC7DL	
	19연선		SWPC19N, SWPC19L	

PSC와 RC, PRC

PRC(Prestressed Reinforced Concrete) 구조에 대해 설명하고 PRC 구조를 RC(Reinforced Concrete) 구조, PC(Prestressed Concrete) 구조와 비교하시오.

풀 이

▶ PRC 구조 개요

PRC 구조는 프리스트레스트 콘크리트(PC)의 일종으로 PC와 RC의 중간적인 형태를 말한다. PC 구조는 사용 한계 상태에서의 균열의 발생을 허용하지 않지만, PRC 구조는 사용 한계 상태에서의 균열의 발생을 허용하고 도입한 프리스트레스 철근에 의해 균열을 제어하는 구조 형식이다. 파셜프리스트레스트 콘크리트(Partially Prestressed Concrete)라고도 하며, PC 구조에 비해 철근이 증가하고 있지만 PC 구조의 양을 줄일 수 있기 때문에 적절하게 적용할 경우 시공성, 경제성 등을 향상시킬 수 있는 특징이 있다. 텐던을 긴장하여 하중의 대부분을 분담하게 하고, 하중의 일부에 의해서 생기는 인장응력을 철근이 부담하게 한다. 이때 철근의 역할은 ① 프리스트레스 전달 직후의 보의 강도를 보강한다. ② 보의 취급, 운반 및 가설도중에 발생하는 과대하중에 대한 안전성을 높인다. ③ 설계하중이 작용할 때 보의 소요강도를 보강한다.

1) PRC의 특징

장점	단점
① 솟음의 조정이 용이하다.	① 균열이 조기에 발생할 수 있다.
② 텐던이 절약된다.	② 과대하중에 의해 처짐량이 크다.
③ 긴장 정착비가 절약된다.	③ 설계하중에 주인장응력이 크게 발생할 수 있다.
④ 구조물의 탄력이 증가한다(연성, toughness 증가).	④ 동일 강재량에 비해 극한 휨강도가 감소한다.
⑤ 철근이 경제적으로 이용된다.	

2) PRC(파셜 프리스트레스 보)의 프리스트레스 힘 조절 방법
① 텐던을 적게 사용하는 방법 : 강재 절약, 극한강도 감소
② 텐던의 일부를 긴장하지 않는 방법 : 정착비 절약, 극한강도 감소
③ 모든 텐던을 약간 낮게 긴장하는 방법 : 정착비 절약 없음, 극한강도 감소
④ 텐던의 양을 적게 사용하고 완전히 긴장하되 일부는 철근으로 보강하는 방법 : 극한강도 증가, 균열 전 큰 탄력

3) PRC(파셜 프리트스레싱) 휨설계

① 강도이론에 의한 방법 : 설계강도를 소요강도와 같게 되도록 콘크리트 단면과 강재량을 먼저 결정한 후 사용하중하에서 처짐과 균열을 검사하고 필요하면 단면을 수정한다.

② 하중평형에 의한 방법 : 총 사하중과 평형이 될 수 있도록 프리스트레스 힘과 편심을 먼저 산정하고 긴장재는 허용인장응력을 다 발휘하는 것으로 보고 긴장재 단면적을 구한다.

▶ PRC 구조 비교

RC를 개선해 전단면이 유효하게 사용될 수 있도록 콘크리트에 인장응력이 발생되지 않는 구조인 PC는 상대적으로 단면이 작아 자중이 적고, 균열을 허용하지 않는 특성을 갖는다. 그러나 긴장재의 배치를 통해 인장응력이 발생하지 않도록 하는 방식에는 긴장력의 크기 등의 한계로 인해 일정 부분 균열이 발생될 수 있다. 따라서 균열을 일부 허용하면서 그 균열에 대한 제어를 철근에 부담시키도록 하는 방식이 PRC 형식으로 일종의 PC를 개선한 방식으로 볼 수 있다.

구분		PRC	PC	RC
저항방식		콘크리트 + 철근 + 텐던	콘크리트 + 텐던	콘크리트 + 철근
		긴장재 모멘트 팔 길이 중요 부족 시 철근이 부담	긴장재 모멘트 팔 길이 중요	콘크리트는 압축력, 철근은 인장력 부담, 중심 간 거리로 저항
균열		균열 허용	비균열상태 혹은 비균열과 균열의 중간 상태	균열 허용
		사용하중에서 응력계산 시 균열단면으로 고려	사용하중에서 응력계산 시 비균열단면으로 고려	별도 조건 없음
		균열제어를 위해 균열단면 해석을 실시하고, 표피철근 배치	별도 조건 없음	균열제어를 위해 균열단면 해석을 실시하고, 표피철근 배치
단면 특징		부재 복부 폭이 줄어 자중 경감	부재 복부 폭이 줄어 자중 경감	상대적으로 복부 폭이 큼
		RC보에 비해 탄성적이고 복원성이 높음	RC보에 비해 탄성적이고 복원성이 높음	상대적으로 복원성이 낮음
		RC에 비해 강성이 작아서 변형이 크고 진동하기 쉬움	RC에 비해 강성이 작아서 변형이 크고 진동하기 쉬움	PC에 비해 진동이 작음

PSC 강재 특성

프리스트레싱 강재에 요구되는 재료성능과 역학적 특징에 대하여 설명하시오.

풀 이

▶ PSC 강재 개요

PSC에서는 PS 강재의 릴랙세이션, 콘크리트의 건조수축, 크리프 등으로 말미암아 처음에 도입한 프리스트레스가 시간이 지남에 따라 감소한다. 이와 같이 초기 프리스트레스가 감소한 후에도 PSC가 성립하기 위해서는 소요의 유효프리스트레스가 남아 있어야 하며, 이를 위해서 PS 강재를 높은 인장응력으로 긴장해 두어야 하므로 고강도 강재가 필요하다.

▶ PS 강재의 요구품질

요구품질	품질내용
높은 인장강도	PSC에서는 릴랙세이션, 건조수축, 크리프 등으로 각종 손실이 발생하며, 초기 프리스트레스의 손실 이후에도 PSC가 성립하기 위해서는 초기에 높은 인장응력으로 긴장해 두어야 하므로 고강도강재가 필요하다.
높은 항복비	PSC 강재는 항복비(항복응력/인장강도의 비)가 80% 이상 되어야 하며, 될 수 있으면 85% 이상인 것이 좋다. 이것은 PSC 강재의 응력−변형도 곡선이 상당히 큰 응력까지 직선이어야 한다는 것을 의미한다.
낮은 릴랙세이션	PSC 강재를 어떤 인장력으로 긴장한 채 그 길이를 일정하게 유지하면 시간이 지남에 따라 PSC 강재의 응력이 감소하는데 이러한 현상을 릴랙세이션이라고 한다. 릴랙세이션이 크면 프리스트레스가 감소하므로 장기간에 걸쳐 릴랙세이션이 작아야 한다. PSC 강선 및 강연선의 릴랙세이션은 3% 이하, 강봉은 1.5% 이하를 요구한다.
연성(Ductility)과 인성(Toughness)	파괴에 이르기까지 높은 응력에 견디며 큰 변형을 나타내는 재료의 성질을 인성(ductility)이라고 하며, 인성이 큰 재료는 연신율(elongation)도 크다. 고강도강은 일반적으로 연강에 비하여 연신율과 인성이 낮으나 PSC 강재에는 어느 정도의 연신율이 요구된다. 또 PSC 강재는 조립과 배치를 위한 구부림 가공, 정착장치나 접속장치 접착을 위한 구부림 가공, 접착시킬 때 일어나는 휨이나 물림 등에 의하여 강도를 저하시키지 않기 위해서는 연신율이 될 수 있는 대로 큰 것이 좋다.
응력부식 저항성	높은 응력을 받는 상태에서 급속하게 녹이 슬거나, 녹이 보이지 않더라도 조직이 취약해지는 현상을 응력부식이라 하며, PSC 강재는 항상 높은 응력을 받고 있어 응력부식 저항성이 커야 한다.
콘크리트와 부착강도	부착형의 PSC 강재는 부착강도가 커야 하며, 프리텐션 방식에서는 특히 중요한 사항이다. 부착강도를 높이기 위해서는 몇 개의 강선을 꼰 PSC 강연선이나 이형 PSC 강재를 사용하는 것이 좋다.
피로강도	도로교나 철도교와 같이 하중 변동이 큰 구조물에 사용할 PSC 강재는 피로 강도를 조사해 두어야 한다.
직선성	곧은 상태로 출하되는 PSC 강봉은 문제가 없지만, 타래로 감아서 출하되는 PSC 강재는 풀어서 사용하는데, 이때 도로 둥글게 감기지 않고 곧게 잘 펴져야 한다. 즉 직선성이 좋아야 하는데, 시공 시 중요한 사항이며, 타래의 지름이 소선의 지름의 150배 이상인 것이 좋다.

　【115회 1-11】 PSC 구조물 재료가 갖추어야 할 최소 조건

PSC 재료

프리스트레스트 콘크리트(PSC) 구조에 사용되는 콘크리트와 PS 강재의 재료 특성

풀 이

> ## 개요

프리스트레스트 콘크리트 구조물은 콘크리트의 전단면을 유효하게 내력을 발휘할 수 있도록 하는 구조적 이점을 위해서 고강도의 콘크리트와 강재를 활용해야 하기 때문에 사용재료에 대한 요구 품질이 RC에 비해 높은 특성을 가진다.

장점	단점
① 고강도 콘크리트를 사용하므로 내구성이 좋다. ② RC보에 비해 복부의 폭을 얇게 할 수 있어 부재의 자중이 줄어든다. ③ RC보에 비해 탄성적이고 복원성이 높다. ④ 전단면을 유효하게 이용한다. ⑤ 조립식 강절 구조로 시공이 용이하다. ⑥ 부재에 확실한 강도와 안전율을 갖게 한다.	① RC에 비해 강성이 작아서 변형이 크고 진동하기 쉽다. ② 내화성이 불리하다. ③ 공사가 복잡하므로 고도의 기술을 요한다. ④ 부속 재료 및 그라우팅의 비용 등 공사비가 증가된다.

> ## PSC 콘크리트와 PS 강재의 특성

PS 도입 후 강재의 릴랙세이션과 콘크리트의 건조수축, 크리프 등은 처음 도입한 프리스트레스의 감소를 유발한다. 때문에 초기 프리스트레스가 감소한 후에도 PSC가 성립하기 위해서는 소요의 유효프리스트레스가 남아 있어야 하며 이를 위해서 PS 강재는 높은 인장응력으로 긴장하기 위한 고강도 강재가 필요하며, 콘크리트는 고강도 콘크리트이면서도 건조수축과 크리프가 적은 재료가 적용되어야 한다.

PSC 콘크리트	PS 강재
① 압축강도가 높아야 한다. ② 건조수축과 크리프가 작아야 한다. ③ PSC의 설계기준 강도 f_{ck} 　– 포스트텐션방식(30MPa 이상) 　– 프리텐션방식(35MPa 이상)	① 높은 인장강도 ② 높은 항복비 ③ 낮은 릴랙세이션 ④ 높은 연신율(인성) 요구 ⑤ 응력부식 저항성능 ⑥ 직선성능

➤ **프리스트레스트 콘크리트 재료의 요구조건**

1) 콘크리트의 요구품질
   ① 압축강도가 높아야 한다.
   ② 건조수축과 크리프가 작아야 한다.
   ③ PSC의 설계기준 강도 f_{ck} : 포스트텐션방식(30MPa 이상), 프리텐션방식(35MPa 이상)

2) PS 강재의 요구품질
   ① 높은 인장강도 : PSC에서는 릴랙세이션, 건조수축, 크리프 등으로 각종 손실이 발생하며, 초기 프리스트레스의 손실 이후에도 PSC가 성립하기 위해서는 초기에 높은 인장응력으로 긴장해 두어야 하므로 고강도 강재가 필요하다.
   ② 높은 항복비 : PSC 강재는 항복비(항복응력/인장강도의 비)가 80% 이상 되어야 하며, 될 수 있으면 85% 이상인 것이 좋다. 이것은 PSC 강재의 응력-변형도 곡선이 상당히 큰 응력까지 직선이어야 한다는 것을 의미한다.
   ③ 낮은 릴랙세이션 : PSC 강재를 어떤 인장력으로 긴장한 채 그 길이를 일정하게 유지하면 시간이 지남에 따라 PSC 강재의 응력이 감소하는데, 이러한 현상을 릴랙세이션이라고 한다. 릴랙세이션이 크면 프리스트레스가 감소하므로 장기간에 걸친 릴랙세이션이 작아야 한다. PSC 강선 및 강연선의 릴랙세이션은 3% 이하, 강봉은 1.5% 이하를 요구한다.
   ④ 연성(ductility)과 인성(toughness) : 파괴에 이르기까지 높은 응력에 견디며 큰 변형을 나타내는 재료의 성질을 인성(ductility)이라고 하며, 인성이 큰 재료는 연신율(elongation)도 크다. 고강도강은 일반적으로 연강에 비하여 연신율과 인성이 낮으나 PSC 강재에는 어느 정도의 연신율이 요구된다. 또 PSC 강재는 조립과 배치를 위한 구부림 가공, 정착장치나 접속장치에 접착시키기 위한 구부림 가공, 접착시킬 때 일어나는 휨이나 물림 등에 의하여 강도를 저하시키지 않기 위해서는 연신율이 될 수 있는 대로 큰 것이 좋다.
   ⑤ 응력부식 저항성 : 높은 응력을 받는 상태에서 급속하게 녹이 슬거나, 녹이 보이지 않더라도 조직이 취약해지는 현상을 응력부식이라 하며, PSC 강재는 항상 높은 응력을 받고 있으므로 응력부식에 대한 저항성이 커야 한다.
   ⑥ 콘크리트와 부착강도 : 부착형의 PSC 강재는 부착강도가 커야하며, 프리텐션 방식에서는 특히 중요한 사항이다. 부착강도를 높이기 위해서는 몇 개의 강선을 꼰 PSC 강연선이나 이형 PSC 강재를 사용하는 것이 좋다.
   ⑦ 피로강도 : 도로교나 철도교와 같이 하중 변동이 큰 구조물에 사용할 PSC 강재는 피로 강도를 조사해 두어야 한다.
   ⑧ 직선성 : 곧은 상태로 출하되는 PSC 강봉은 문제가 없지만, 타래로 감아서 출하되는 PSC 강재는 풀어서 사용하는데, 이때 도로 둥글게 감기지 않고 곧게 잘 펴져야 한다. 즉 직선성이 좋아야 하는데, 시공 시 중요한 사항으로 타래의 지름이 소선의 지름의 150배 이상인 것이 좋다.

PS 강연선과 PS 강봉

PS 강연선과 PS 강봉의 장단점을 응력-변형률 개념을 포함하여 설명하시오.

풀 이

▶ 개요

PSC 구조물은 콘크리트에 PS 강연선이나 PS 강봉 등을 이용하여 미리 콘크리트에 압축력을 도입하여 사용하중하에 부재 내 콘크리트에 인장응력이 발생하지 않도록 하여 콘크리트 전단면이 유효하게 사용할 수 있도록 한 부재로 초기 PS 도입 시에 손실되는 PS력을 제외한 유효 프리스트레스력이 클수록 단면의 효율성이 더 좋아지므로 프리스트레스 강재로 사용되는 재료의 요구 특성에 맞도록 설계하는 것이 바람직하다.

(PS 강봉)

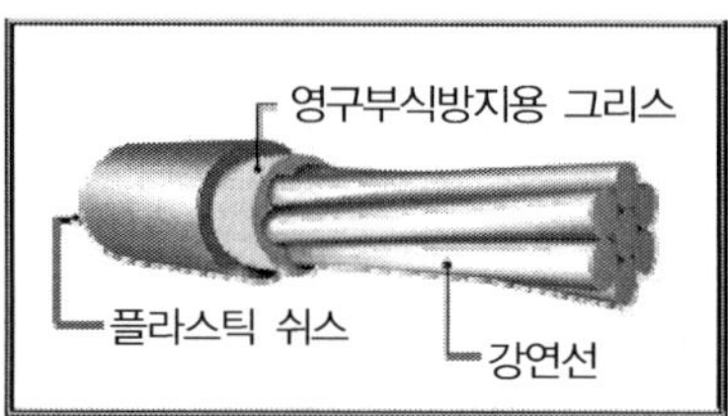

(PS 강연선)

▶ PSC 강재에 요구되는 성질

1) 높은 인장강도 : PSC에서는 릴랙세이션, 건조수축, 크리프 등으로 각종 손실이 발생한다. 초기 프리스트레스의 손실 이후에도 PSC가 성립하기 위해서는 초기에 높은 인장응력으로 긴장해 두어야 하므로 고강도강재가 필요하다.

2) 높은 항복비 : 항복응력/인장강도의 비를 항복비라고 하는데 PSC 강재는 항복비가 80% 이상 되어야 하며, 될 수 있으면 85% 이상인 것이 좋다. 이것은 PSC 강재의 응력-변형도 곡선이 상당히 큰 응력까지 직선이어야 한다는 것을 의미한다.

3) 적은 릴랙세이션 : PSC 강재를 어떤 인장력으로 긴장한 채 그 길이를 일정하게 유지하면 시간이 지남에 따라 PSC 강재의 응력이 감소하는데, 이러한 현상을 릴랙세이션이라고 한다. 릴랙세이션이 크면 프리스트레스가 감소하므로 장기간에 걸친 릴랙세이션이 작아야 한다. PSC 강선 및 강연선의 릴랙세이션은 3% 이하, 강봉은 1.5% 이하를 요구한다.

4) 적당한 연성과 인성(靭性) : 파괴에 이르기까지 높은 응력에 견디며 큰 변형을 나타내는 재료의 성질
을 인성(ductility)이라고 하며, 인성이 큰 재료는 연신율(elongation)도 크다. 고강도강은 일반적
으로 연강에 비하여 연신율과 인성이 낮으나 PSC 강재에는 어느 정도의 연신율이 요구된다. 또
PSC 강재는 조립과 배치를 위한 구부림 가공, 정착장치나 접속장치에 접착시키기 위한 구부림 가
공, 접착시킬 때 일어나는 휨이나 물림 등에 의하여 강도를 저하시키지 않기 위해서는 연신율이 될
수 있는 대로 큰 것이 좋다.

5) 응력부식에 대한 저항성 : 높은 응력을 받는 상태에서 급속하게 녹이 슬거나, 녹이 보이지 않더라도
조직이 취약해지는 현상을 응력 부식이라 하며, PSC 강재는 항상 높은 응력을 받고 있으므로 응력
부식에 대한 저항성이 커야 한다.

6) 콘크리트와의 부착성 : 부착형의 PSC 강재는 부착강도가 커야 하며, 프리텐션 방식에서는 특히 중
요한 사항이다. 부착강도를 높이기 위해서는 몇 개의 강선을 꼰 PSC 강연선이나 이형 PSC 강재를
사용하는 것이 좋다.

7) 피로강도 : 도로교나 철도교와 같이 하중 변동이 큰 구조물에 사용할 PSC 강재는 피로 강도를 조사
해 두어야 한다.

8) 직선(直線)성 : 곧은 상태로 출하되는 PSC 강봉은 문제가 없지만, 타래로 감아서 출하되는 PSC 강
재는 풀어서 사용하는데, 이때 도로 둥글게 감기지 않고 곧게 잘 펴져야 한다. 즉 직선성이 좋아야
하는데, 시공 시 중요한 사항이며, 타래의 지름이 소선의 지름의 150배 이상인 것이 좋다.

▶ PS 강연선과 PS 강봉의 장단점

PSC 강재는 각종 손실에 의해서 소멸되고도 상당히 큰 프리스트레스 힘이 남도록 긴장할 수 있는
인장강도가 큰 고장력 강재를 사용하여야 한다. PS 강봉에 비해 PS 강연선이 인장강도가 더 크기
때문에 유효프리스트레스력이 더 커서 PS 도입에 더욱 효과적이며, 다만 PS 강봉에 비해 재료자
체의 단가가 비싸기 때문에 경제성 측면에서는 다소 떨어질 수도 있다.

① 일반적인 강재를 사용하여 인장을 하면 초기 변형률이 작으며($\epsilon = f_i / E_s$), 이를 크리프나 건
조수축에 의한 변형률과 비교하면 거의 비슷한 값이 된다. 두 값이 비슷하면 초기 긴장력에 의
한 변형률이 거의 0에 가까워져 유효 프리스트레스가 남지 않게 되면서, 손실률이 커지게 된다.

② PSC 강재의 경우에는 초기 인장강도가 커서 초기 변형률이 크며, 크리프와 건조수축에 의한
손실 변형률을 고려해도 상당한 변형률을 유지하게 된다. 즉, 손실률이 작다는 것을 의미한다.
그러므로 PSC 강재는 고강도 강재가 필요하게 된다.

③ 프리스트레스의 유효율

$$R = \frac{f_{se}}{f_{pi}} = 1 - \frac{\Delta f_p}{f_{pi}}$$

여기서, R은 프리스트레스 유효율(Effective Prestress Ratio) 또는 잔류 프리스트레스계수 (Residual Prestress Factor)라고 한다.

④ 응력–변형률도
  초기 긴장 후 동일한 변형률 손실이 발생할 시에 손실량은 고강도 강재가 다소 많을지라도 프리스트레스 유효율에서는 높음을 알 수 있다.

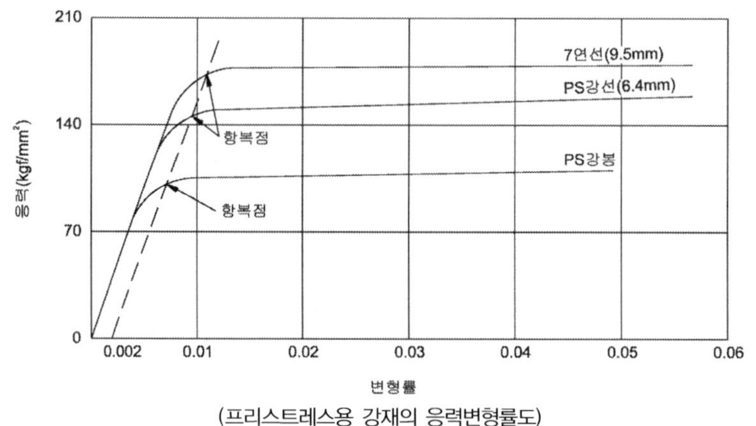

(프리스트레스용 강재의 응력변형률도)

⑤ 일반강재를 긴장재로 사용하여 초기긴장을 할 경우 프리스트레싱에 의한 철근의 늘음길이가 건조수축과 크리프에 의한 단축량과 비슷해져서 PS 손실률이 커져서 효율이 떨어진다.
  마찬가지로 PS 강봉과 PS 강연선을 비교하면, PS 강봉에 비해 PS 강연선의 인장강도가 더 크므로 인장강도를 더 크게 작용시키게 되면 그 늘음길이가 더 커져서 건조수축과 크리프에 의한 단축량을 제외하고도 PS 강봉에 비해 PS 강연선의 잔류변형률이 커서 프리스트레싱 효율이 더 좋아지게 된다.

⑥ 최초에 긴장재에 준 인장응력이 클수록 유효인장응력과 최초에 준 인장응력의 비가 커져서 프리스트레싱 효율이 좋아진다. 이는 최초에 긴장재에 줄 수 있는 인장변형률이 클수록 콘크리트의 크리프와 건조수축에 의한 변형률을 빼고 남는 변형률이 최초에 준 변형률에 비하여 큰 값이 된다.
  즉, 프리스트레싱의 효율을 좋게 하려면 최초에 긴장재에 준 인장응력이 커야 하고, 이것이 PSC에서 고강도 강재를 긴장재로 사용해야 하는 이유이다.

⑦ 다만 재료의 경제성에서 보았을 때 PS 강연선이 PS 강봉에 비해 고가이므로, 경제적인 측면에서 다소 불리할 수 있으나, 부재에서 요구되는 유효 프리스트레스력의 크기에 따라 사용부재의 개수가 결정되므로 경제성이나 시공성 및 기타 유지관리성능을 비교·검토하여 사용하는 것이 바람직하다.

고강도 PSC

프리스트레스트 콘크리트(PSC) 거더에서 강연선 강도를 1,870MPa에서 2,400MPa의 고강도로 상향할 때 장단점 및 검토할 사항을 설명하시오.

풀 이

▶ 개요

프리스트레스트 콘크리트(PSC)에서는 PS 강재의 릴랙세이션, 콘크리트의 건조수축, 크리프 등으로 말미암아 처음에 도입한 프리스트레스가 시간이 지남에 따라 감소한다. 초기 프리스트레스가 감소한 후에도 PSC가 성립하기 위해서는 소요의 유효프리스트레스가 남아 있어야 하며 이를 위해서 PS 강재를 높은 인장응력으로 긴장해 두어야 하기 때문에 일반적으로 고강도 강재를 강연선으로 사용한다.

▶ 고강도 강연성 상향 시 장단점 및 검토사항

PSC 강재는 각종 손실에 의해서 소멸되고도 상당히 큰 프리스트레스 힘이 남도록 긴장할 수 있는 인장강도가 큰 고장력 강재를 사용하여야 한다. 따라서 PS 강연선의 인장강도가 더 커지면 유효프리스트레스력이 더 커서 PS 도입에 더욱 효과적이 된다. 그러나 응력이 집중되면 그만큼 피로강도나 응력 부식, 지연파괴 등에서는 더 불리한 특성이 있기 때문에 이에 대한 세심한 검토와 설계가 필요하다.

1) 프리스트레스의 유효율(높은 인장강도) : PSC에서는 릴랙세이션, 건조수축, 크리프 등으로 초기 프리스트레스의 손실 이후의 잔류된 프리스트레스트에 대한 검토가 필요하다. 고강도 강연선이 더 높다.

$$R = \frac{f_{se}}{f_{pi}} = 1 - \frac{\Delta f_p}{f_{pi}}$$

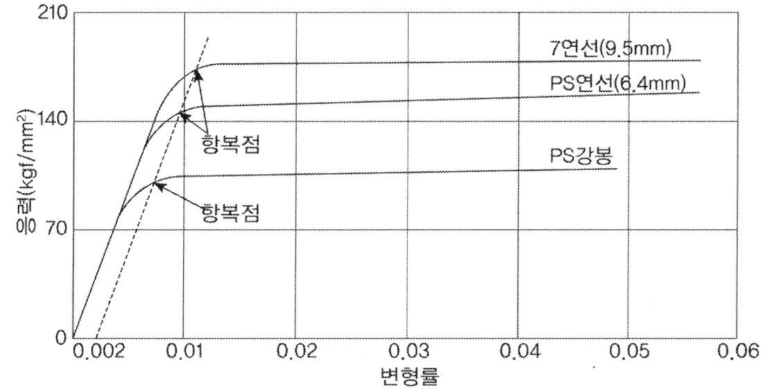

2) 높은 항복비 : 항복응력/인장강도의 비를 항복비라고 하는데 PSC 강재는 항복비가 80% 이상 되어야 하며, 될 수 있으면 85% 이상인 것이 좋다. 이것은 PSC 강재의 응력－변형도 곡선이 상당히 큰 응력까지 직선이어야 한다는 것을 의미한다.

3) 적은 릴랙세이션 : PSC 강재를 어떤 인장력으로 긴장한 채 그 길이를 일정하게 유지하면 시간이 지남에 따라 PSC 강재의 응력이 감소하는데, 이러한 현상을 릴랙세이션이라고 한다. 릴랙세이션이 크면 프리스트레스가 감소하므로 장기간에 걸친 릴랙세이션이 작아야 한다. PSC 강선 및 강연선의 릴랙세이션은 3% 이하를 요구한다.

4) 적당한 연성과 인성(靭性) : 파괴에 이르기까지 높은 응력에 견디며 큰 변형을 나타내는 재료의 성질을 인성(ductility)이라고 하며, 인성이 큰 재료는 연신율(elongation)도 크다. 고강도강은 일반적으로 연강에 비하여 연신율과 인성이 낮으나 PSC 강재에는 어느 정도의 연신율이 요구된다. 또 PSC 강재는 조립과 배치를 위한 구부림 가공, 정착장치나 접속장치에 접착시키기 위한 구부림 가공, 접착시킬 때 일어나는 휨이나 물림 등에 의하여 강도를 저하시키지 않기 위해서는 연신율이 될 수 있는 대로 큰 것이 좋다.

5) 응력부식에 대한 저항성 : 높은 응력을 받는 상태에서 급속하게 녹이 슬거나, 녹이 보이지 않더라도 조직이 취약해지는 현상을 응력부식이라 하며, PSC 강재는 항상 높은 응력을 받고 있으므로 응력부식에 대한 저항성이 커야 한다.

6) 콘크리트와의 부착성 : 부착형의 PSC 강재는 부착강도가 커야 하며, 프리텐션 방식에서는 특히 중요한 사항이다. 부착강도를 높이기 위해서는 몇 개의 강선을 꼰 PSC 강연선이나 이형 PSC 강재를 사용하는 것이 좋다.

7) 피로강도 : 도로교나 철도교와 같이 하중 변동이 큰 구조물에 사용할 PSC 강재는 피로강도에 대해 검토해야 한다.

8) 직선(直線)성 : 곧은 상태로 출하되는 PSC 강봉은 문제가 없지만, 타래로 감아서 출하되는 PSC 강재는 풀어서 사용하는데, 이때 도로 둥글게 감기지 않고 곧게 잘 펴져야 한다. 즉 직선성이 좋아야 하는데, 시공 시 중요한 사항이며, 타래의 지름이 소선의 지름의 150배 이상인 것이 좋다.

고강도 강재

프리스트레스트 콘크리트 구조에서 고강도 강재를 사용한 이유에 대하여 설명하시오.

풀 이

▶ 개요

PSC에 사용되는 강재는 낮은 릴랙세이션과 응력부식의 저항성, 콘크리트의 부착강도, 피로강도와 직선성이 요구되며, 이와 함께 높은 인장강도와 항복비, 높은 연성과 인성이 요구된다. 이는 각종 손실에도 불구하고 콘크리트에 프리스트레스가 도입되도록 하기 위함이다.

▶ 고강도 강재 사용 이유

PSC에서는 PS 강재의 릴랙세이션, 콘크리트의 건조수축, 크리프 등으로 말미암아 처음에 도입한 프리스트레스가 시간이 지남에 따라 감소한다. 이와 같이 초기 프리스트레스가 감소한 후에도 PSC가 성립하기 위해서는 소요의 유효프리스트레스가 남아 있어야 하며 이를 위해서 PS 강재를 높은 인장응력으로 긴장해 두어야 하므로 고강도 강재가 필요하다.

① 일반적인 강재를 사용하여 인장을 하면 초기 변형률이 작으며($\epsilon = f_i/E_s$), 이를 크리프나 건조수축에 의한 변형률과 비교하면 거의 비슷한 값이 된다. 두 값이 비슷하면 초기 긴장력에 의한 변형률이 거의 0에 가까워져 유효 프리스트레스가 남지 않게 되면서, 손실률이 커지게 된다.

② PSC 강재의 경우에는 초기 인장강도가 커서 초기 변형률이 크며, 크리프와 건조수축에 의한 손실 변형률을 고려해도 상당한 변형률을 유지하게 된다. 즉, 손실률이 작다는 것을 의미한다. 그러므로, PSC 강재는 고강도 강재가 필요하게 된다.

③ 프리스트레스의 유효율

$$R = \frac{f_{se}}{f_{pi}} = 1 - \frac{\Delta f_p}{f_{pi}}$$

여기서, R은 프리스트레스 유효율(effective prestress ratio) 또는 잔류 프리스트레스계수(residual prestress factor)라고 한다.

④ 응력-변형률도
초기 긴장 후 동일한 변형률 손실이 발생할 시에 손실량은 고강도 강재가 다소 많을지라도 프리스트레스 유효율에서는 높음을 알 수 있다.

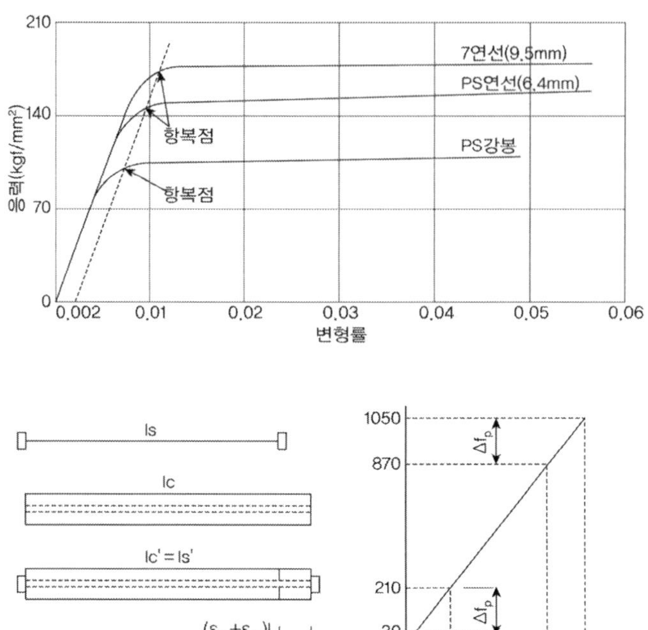

(프리스트레스용 강재의 응력변형률도)

⑤ 일반강재를 긴장재로 사용하여 초기긴장을 할 경우 프리스트레싱에 의한 철근의 늘음길이가 건조수축과 크리프에 의한 단축량과 비슷해지고 PS 손실률이 커져서 효율이 떨어진다. 마찬가지로 PS 강봉과 PS 강연선을 비교하면, PS 강봉에 비해 PS 강연선의 인장강도가 더 크므로 인장강도를 더 크게 작용시키게 되면 그 늘음길이가 더 커져서 건조수축과 크리프에 의한 단축량을 제외하고도 PS 강봉에 비해 PS 강연선의 잔류변형률이 커서 프리스트레싱 효율이 더 좋아지게 된다.

⑥ 최초에 긴장재에 준 인장응력이 클수록 유효인장응력과 최초에 준 인장응력의 비가 커져서 프리스트레싱 효율이 좋아진다. 이는 최초에 긴장재에 줄 수 있는 인장변형률이 클수록 콘크리트의 크리프와 건조수축에 의한 변형률을 빼고 남는 변형률이 최초에 준 변형률에 비하여 큰 값이 된다. 즉, 프리스트레싱의 효율을 좋게 하려면 최초에 긴장재에 준 인장응력이 커야 하고, 이것이 PSC에서 고강도 강재를 긴장재로 사용해야 하는 이유이다.

⑦ PSC 강재는 각종 손실에 의해서 소멸되고도 상당히 큰 프리스트레스 힘이 남도록 긴장할 수 있는 인장강도가 큰 고장력 강재를 사용하여야 한다. PS 강봉에 비해 PS 강연선이 인장강도가 더 크기 때문에 유효 프리스트레스력이 더 커서 PS 도입에 더욱 효과적이며, 다만 PS 강봉에 비해 재료 자체의 단가가 비싸기 때문에 경제성 측면에서는 다소 떨어질 수도 있다.

PSC 부식

PS 강연선의 주요 부식 중 매크로셀 부식(macro-cell corrosion)에 대하여 설명하시오.

풀 이

▶ 개요

시간의 경과와 함께 성능이 저하되거나 변질 또는 본래의 상태로 환원되는 현상을 열화라고 하며, 금속의 열화는 부식으로 표현한다. 강재의 열화(부식)는 산화, 중성화(탄산화), 염해, 전기적 부식, 응력변화에 의한 열화 등 여러 종류가 있으며, 이 중 전기적 부식에 의한 열화 중 광범위한 범위에서 발생하는 전기부식을 거시적 전지부식(macro-cell)이라고 한다.

▶ 매크로셀 부식(macro-cell corrosion)

강재에 온도, 응력, 습기 등 환경적 불균일에 의해 전위차가 생기면 전자가 움직이게 되고 전자의 요동에 따라 전지가 형성되어 전류가 흐르게 된다. 이 전류를 부식전류라 하며, 발생 범위에 따라 국부전지부식(micro-cell corrosion), 거시적 전지부식(macro-cell corrosion)으로 구분한다.

1) 국부전지부식(micro-cell corrosion) : 부분적인 범위에서 발생하며 내부 불순물, 표면상태, 외부접촉물질의 불균일 등으로 인해 미소전지가 형성되어 철근이나 강연선의 국부적 부식을 유발한다.

2) 거시적 전지부식(macro-cell corrosion) : 이종토양, 콘크리트 관통, 이종금속, 신구관 접속, 염해 등으로 인한 거대전지가 형성되어 광범위한 범위에서 발생된다. 긴장한 PS 강연선은 금속이 국부적으로 응력을 받으면 금속 내부에 전위차가 빠르게 확산되어 전기적 부식을 유발하게 된다. 이때에는 강재 내부의 결정립계에 미세균열이 발생되며 설계 기준강도보다 낮은 응력에서 파괴를 유발하는 지연파괴를 유발할 수 있다.
실례로 염화물에 의해 영향을 받는 경우 PS 강연선은 초기에 콘크리트 표면과 가까운 최외각 강연선의 최상단부이 염화물에 먼저 영향을 주게 되며 이로 인해 강연선의 부식이 진행된다. 강연선에 부식된 녹 등은 강연선 간 사이의 공간에 침투하게 되며 전체 공간으로 퍼지게 되는데, 강연선의 가닥은 꼬여져 있는 나선형이기 때문에 최상단 강연선, 즉 영향을 받는 강연선은 위치에 따라 바뀌게 되고 이로 인해서 각 지점들이 동시에 부식되는 매크로셀 부식이 발생될 수 있다. 이 때문에 강연선은 초기에 부식 여부를 검출하여 관리하는 것이 중요하며, 눈으로 확인하는 것보다는 염화물 프로파일데이터 수집을 통해 부식 개시에 대한 잔류시간 추정이나 별도의 비파괴 검사기법 등에 대한 개발이 필요하다.

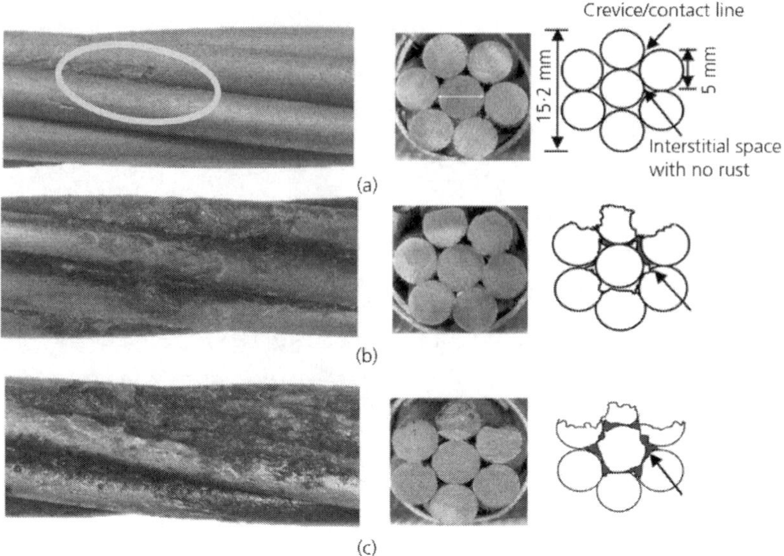

7연선의 부식 패턴 (a) mild (b) moderate (c) severe corrosion

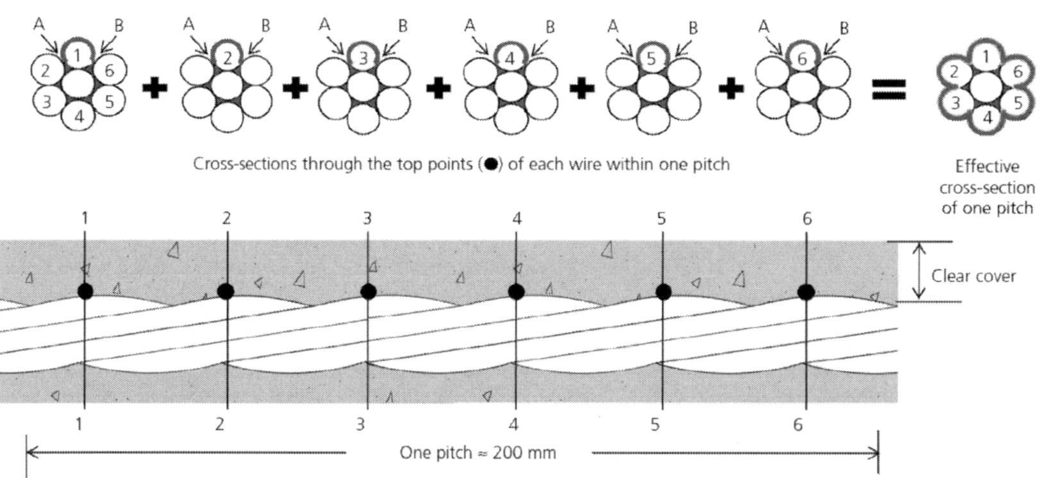

(PS 강연선의 부식 전파매커니즘)

PS 지연파괴

프리스트레스트 콘크리트 부재에 사용되는 PS 강재의 지연파괴(delayed fracture)를 설명하시오.

풀 이

▶ 지연파괴 개요

일반적으로 PC 부재는 균열이 발생하지 않으며 또는 균열이 발생하더라도 하중이 없어지면 금방 아물게 되는 특성이 있으므로 PC 강재의 부식에 대한 염려는 RC보다 덜하다. 그러나 허용응력 이하로 긴장해 놓은 PC 강재가 긴장 후 몇 시간 또는 수십 시간이 경과한 후에 별안간 끊어지는 수가 있다. 이러한 현상을 지연파괴라 한다.

▶ 원인 및 대책

1) 원인

지연파괴(delayed failure)는 수중, 다습한 환경, 산성 환경하의 지속하중 재하 시 수소의 의한 취화(수소취화)로 인해 발생된다고 하며, 일반적으로 수소원자가 외부로부터 금속조직 내로 침투 후 확산하여 미소공간과 같은 비교적 입계에 존재하는 결함에서 수소분자가 되어 큰 가스압을 발생시켜 파괴에 이르는 수소가스 면압설이 가장 유력하다고 알려졌다.

① 재료에 하중을 가하고 그 상태의 하중을 일정하게 유지할 때 외견상으로는 거의 소성변형을 일으키지 않고 어느 시간 후에 갑자기 취성파괴하는 현상으로 철강의 소재, 기기, 구조물 등이 제조 후 불특정한 시간에 대해 돌연 발생하는 파괴 현상이다.

② 거시적으로 보아 부재에 정적하중이 작용하고 있을 때 그 크기가 항복점보다 훨씬 낮은 응력이라 할지라도 장시간 부하될 경우에 외견상 소성변형을 동반함이 없이 돌연히 취성적으로 파괴하는 현상을 지연파괴라고 한다. 환경유발파괴(environment assisted cracking)라고도 한다.

③ 발생하는 응력이 취성파괴나 연성파괴를 일으키는 레벨보다 훨씬 작고 또 그 시간변동 성분도 피로균열을 일으키는 것보다 훨씬 작은데 돌연파괴가 발생한다. 지연파괴의 부하응력과 시간 사이의 특성은 피로에서의 S-N선에 가까운 형태로 되기 때문에 정적인 피로파괴라고도 불린다.

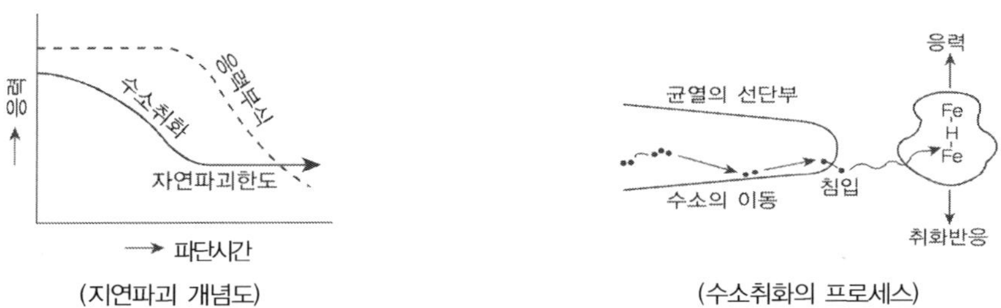

(지연파괴 개념도)   (수소취화의 프로세스)

④ 철강재료에 생기는 지연파괴의 매커니즘으로는 응력부식파괴(stress corrosion cracking), 수소취성파괴(hydrogen embrittlement cracking)가 지연파괴에 속하며 각각의 프로세스는 독립하거나 또는 철과 물이 공존하는 환경에서는 동시에 진행된다.

⑤ 수소취화의 프로세스 개념 : 수소는 원자 반지름이 작기 때문에 철강 속에 쉽게 침입하고 결정격자를 통과한다. 용접이음에서는 피복제 등에서 수분 또는 수소가 들어오며 응력이 작용한 상태에서 수소가스환경에 접촉되고 있어도 수소가 침입하고 취하가 생긴다. 또 철과 수분의 부식반응의 결과로서 수소가 생기고 그것이 다시 철 속에 침입하게 된다.

⑥ 강교량에서 보고된 지연파괴 사례로는 마찰접합용 고장력 볼트(F11T)의 지연파괴와 미국 포인트 플레전트(Point Pleasant)의 실버 브리지(Silver Bridge) 붕괴 사고에서 나타난 아이바 응력 부식에 의한 지연파괴가 대표적이다.

2) 대책

부식 환경, 재료 원인, 인장응력 발생의 복합적인 작용에 의해서 발생되므로 부식이 발생되지 않도록 공장제조에서부터 현장에서 사용할 때까지 PC 강재가 비를 맞지 않도록 하고 불결하지 않은 곳에 보관하는 등의 세심한 보호를 하여야 하며, 재료의 용접이나 가공 시에도 잔류응력이나 열환경 변화에 따라 열응력이 남지 않도록 하는 것이 중요하다. 또한 점식(pitting)과 같이 과도한 녹이나 작은 흠이 발생해 응력집중이 되지 않도록 하는 것이 중요하다.

점식이 있거나 과도한 흠이 있는 강재는 가려내고 되도록 프리스트레스력을 도입한 직후 그라우팅을 실시하거나 방청 작업을 하는 등의 조치가 요구된다. 주요 지연파괴 대책은 다음과 같다.

① 표면 도장처리 철저

② 응력집중부와 급격한 단면 변화를 최소화

③ 볼트 노출부가 부식되지 않도록 관리

④ 용접 상세 선택 시 주의

⑤ 강교에 사용하는 고장력 볼트는 F10T 이하를 사용

PS 강재 응력부식과 지연파괴

PS 강재의 응력부식 및 지연파괴에 대하여 설명하고 발생 원인과 방지 대책에 대하여 설명하시오.

풀 이

▶ 개요

PS 구조물의 특성상 PS 강재는 높은 응력상태에 있게 되고 이에 따라 높은 인장강도와 항복비가 요구된다. 강재가 높은 응력 상태에 있게 되면 무응력상태보다 녹이 잘 슬게 되며, 긴장상태가 지속되면서 갑작스런 파단이 나타날 수 있는데 이런 현상을 각각 PS 강재의 응력부식과 지연파괴라고 한다.

▶ PS 강재의 응력 부식

강재는 높은 응력 상태에서 무응력 상태보다 일반적으로 녹이 잘 슨다. PS 강재는 긴장 후에 늘 고응력 상태에 있으므로 빨리 그라우팅을 하여 녹스는 것을 방지해야 한다. 높은 응력하에서 강재에 녹이 빨리 슬거나 표면에 녹이 보이지 않더라도 조직이 취약해지는 현상을 응력부식이라고 한다.

1) 응력 부식의 원인 : 점식(pitting)과 같은 과도한 녹이나 작은 흠이 응력 집중을 일으키고 이로 인하여 분자 간 결합이 파괴되어 부식 작용을 촉진하기 때문인 것으로 알려져 있다. 때문에 점식이 있거나 작은 흠이 있는 강재는 가려내어 사용하지 않는 것이 바람직하다. 지름이 작은 타래에 강재를 감아 놓은 경우 응력이 작용하고 있는 상태로 방치되므로 응력 부식의 원인이 되며, 오일 템퍼션도 응력 부식을 일으키는 원인이 될 수 있다.

2) 응력 부식으로 인한 피해
   ① 재긴장을 위해 그라우팅을 늦추고 있을 때 쉬스 안의 강선이 부식된다.
   ② 그라우팅이 충분하지 않은 경우 부식이 발생되므로 강선을 교체하여야 한다.
   ③ 지연파괴에 의해 PC 강선이 갑자기 파단된다.

3) 응력 부식 방지 대책
   ① PS 강재의 방청
   ② 긴장 후 즉시 그라우팅 실시
   ③ 쉬스관을 충분히 충진되도록 그라우팅을 실시

일반적으로 PC 부재는 균열이 발생하지 않으며 또는 균열이 발생하더라도 하중이 없어지면 금방 아물게 되는 특성이 있으므로 PC 강재의 부식에 대한 염려는 RC보다 덜하다. 그러나 허용응력 이하로 긴장해 놓은 PC 강재가 긴장 후 몇 시간 또는 수십 시간이 경과한 후에 별안간 끊어지는 수가 있다. 이러한 현상을 지연파괴(delayed fracture)라 한다.

1) 지연파괴 원인과 대책 : 그 원인은 분명하지 않아 이를 방지하기 위해서는 공장제조에서부터 현장에서 사용할 때까지 PC 강재가 비를 맞지 않도록 하고 불결하지 않은 곳에 보관하는 등의 세심한 보호가 중요하다.

PSC 열화

PS 강재의 열화에 대하여 설명하시오.

풀 이

> **개요**

강재는 높은 응력 상태에서 무응력 상태보다 일반적으로 녹이 잘 슨다. PS 강재는 긴장 후에 늘 고응력 상태에 있으므로 빨리 그라우팅을 하여 녹스는 것을 방지해야 하는데, 높은 응력하에서 강재에 녹이 빨리 슬거나 표면에 녹이 보이지 않더라도 조직이 취약해지는 현상을 응력부식 또는 열화라고 한다. PS 강재의 열화는 지연파괴 등을 유발할 수 있어 적절한 관리가 중요하다.

> **열화의 원인 및 피해 대책**

1) 열화의 원인

열화의 원인은 분명하지 않으나 점식(pitting)과 같은 과도한 녹이나 작은 흠이 응력집중을 일으키고 이로 인하여 분자 간 결합이 파괴되어 부식작용을 촉진되기 때문인 것으로 추정된다. 점식이 있거나 작은 흠이 있는 강재는 가려내어 사용하지 않는 것이 바람직하다. 지름이 작은 타래에 강재를 감아놓은 경우 응력이 작용하고 있는 상태로 방치되므로 열화의 원인이 된다.

2) 열화의 피해

① 재긴장을 위해 그라우팅을 늦추고 있을 때 쉬스 안의 강선이 부식된다.
② 그라우팅이 충분하지 않는 경우 부식이 발생되므로 강선을 교체하여야 한다.
③ 지연파괴에 의해 PC 강선이 갑자기 파단된다.

3) 열화 대책

① PS 강재의 방청
② 긴장 후 즉시 그라우팅 실시
③ 쉬스관을 충분히 충진되도록 그라우팅을 실시

Chapter 02

구조물의 설계법

구조물의 설계법

01 PSC 구조물의 설계법

프리스트레스트 구조물은 균열발생 하중이 비교적 높고 설계조건에 따라 균열을 허용하지 않는 비균열 부재, 일부 균열을 허용하는 부분균열부재, 균열을 허용하는 균열부재로 구별하여 설계하기 때문에 콘크리트 부재와 상이한 해석법을 이용한다. 부재에 따라서 탄성해석법을 이용하거나 허용응력법, 강도설계법, 한계상태설계법을 적용하며 철근콘크리트에 비해 검토해야 할 설계단계가 더 많다.

구분	PSC 콘크리트 단계별 설계방법
해석단계	① 긴장력 도입, 즉시응력손실 : 탄성해석법 ② 추가고정하중 후 장기응력손실 : 탄성해석법 ③ 활하중 작용 후 사용성 검토 : 허용응력설계법 ④ 전체 하중 작용 후 강도 검토 : 강도설계법, 한계상태설계법

02 PSC 구조물의 탄성해석법 132회/119회/85회/62회

【 기출유형 ① 】 프리스트레스트 콘크리트 해석의 3가지 기본개념 설명
【 기출유형 ② 】 프리스트레스트 콘크리트의 하중평형의 개념 설명

PSC 구조물의 탄성해석법에 따라 외부하중에 의한 응력을 산정하며, 탄성해석법에 따른 프리스트레스트 구조물의 해석 기본개념은 응력개념, 내력개념, 하중평형의 개념으로 구분할 수 있다.

1. 균등질 보의 개념(Homogeneous beam concept, 응력개념 stress concept)

콘크리트에 프리스트레스를 도입하면 소성재료인 콘크리트가 탄성체로 전환된다는 개념으로 프리스트레스로 인하여 콘크리트에 인장력이 작용하지 않으므로 균열발생이 없어 탄성재료로 거동한다는 개념이다. 하중은 프리스트레스로 인한 힘과 하중에 의한 힘이 존재한다.

1) 하중에 의한 인장응력을 PS에 의한 압축응력으로 상쇄

2) 콘크리트에 균열이 발생되지 않는 한 하중과 PS에 의한 응력, 변형도, 처짐을 각각 계산하여 superposition으로 합산

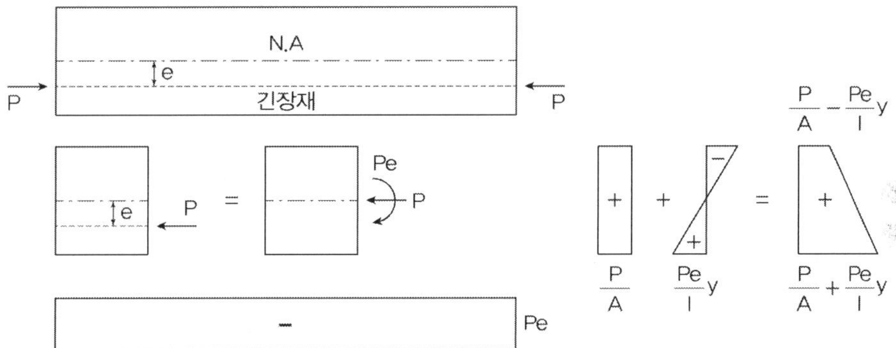

2. 내력모멘트의 개념(Internal force concept, 강도 개념 strength concept)

PSC보를 RC보처럼 생각하여 콘크리트는 압축력을 받고 긴장재는 인장력을 받게 하여 두 힘의 우력 모멘트로 외력에 의한 휨모멘트에 저항한다는 개념이다.

1) PSC는 고강도 강재를 사용하여 균열의 발생을 방지할 수 있게 한 RC의 일종으로 보고 이 개념을 이용하여 극한강도를 결정한다.

2) 다만, RC와 달리 균열이 없어 전단면이 유효하므로 인장부의 콘크리트 단면도 유효하다고 보며, 하중의 증가에 따라 팔길이(jd)가 증가하여 저항모멘트가 커진다.

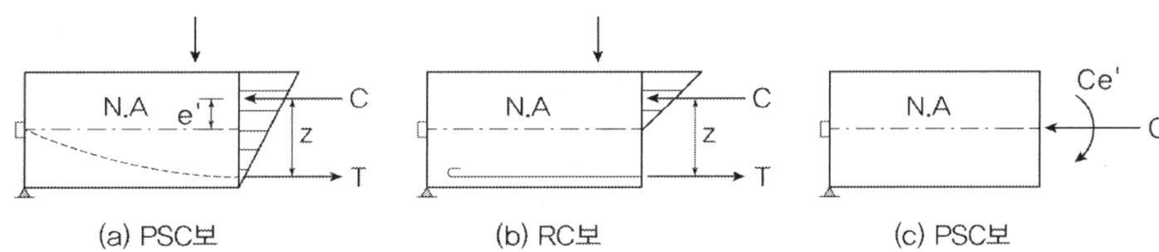

(a) PSC보   (b) RC보   (c) PSC보

3. 하중평형의 개념(Load balancing concept, 등가하중의 개념 Equivalent transverse loading)

PS에 의해 부재에 작용하는 힘과 부재에 작용하는 외력이 평행이 되게 한다는 개념이다.

1) PS의 작용이 연직하중과 비긴다면 휨부재는 주어진 작용 하에서 휨응력을 받지 않는다.

2) 수직응력만 받는 부재로 전환되어 복잡한 구조물의 설계와 해석을 단순화시킨다(사장교의 케이블).

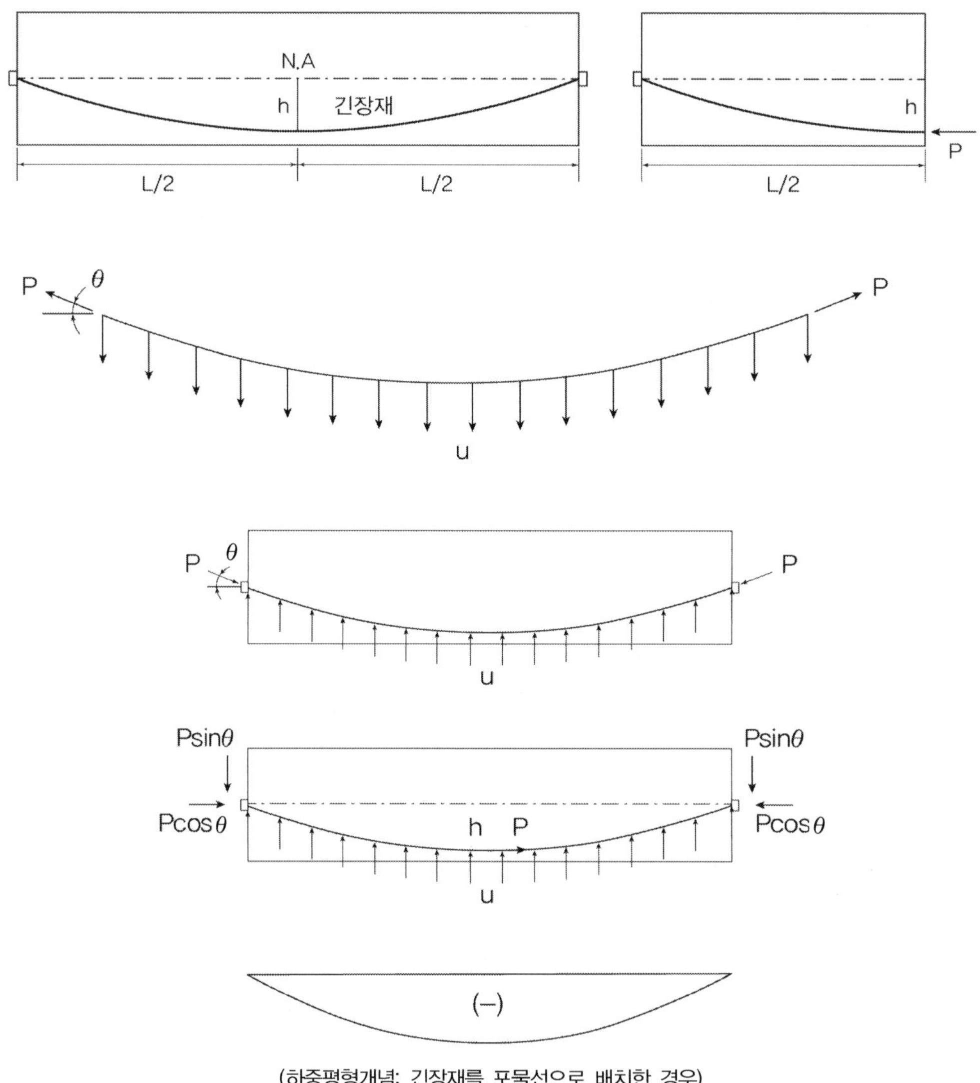

(하중평형개념: 긴장재를 포물선으로 배치한 경우)

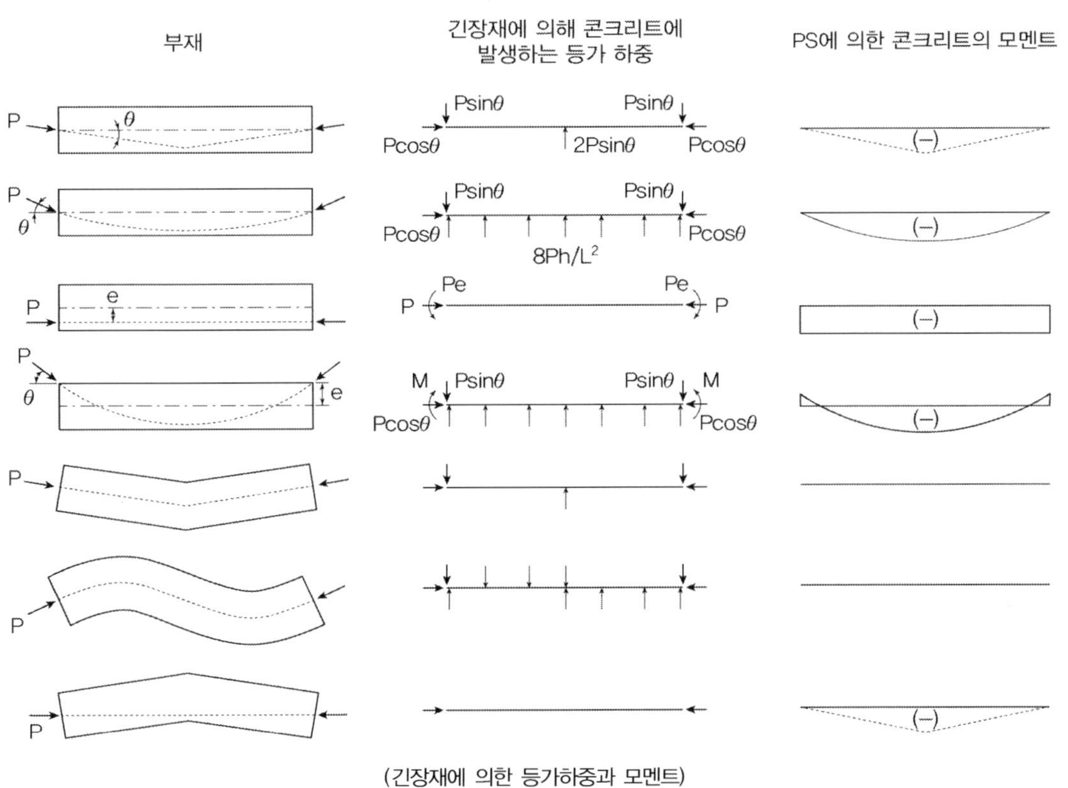

(긴장재에 의한 등가하중과 모멘트)

1. PSC 구조물 설계법의 비교

구분	허용응력 설계법(ASD, WSD)	강도설계법(USD, PD)	한계상태설계법(LSD, LRFD)
정의	철근콘크리트를 탄성체로 가정하고 탄성이론에 의해 재료의 허용응력 이내로 설계	철근과 콘크리트의 비탄성 거동인 극한강도를 기초로 설계하중이 단면저항력 이내가 되도록 설계	신뢰성이론에 근거하여 안전성과 사용성을 하나의 개념으로 보고 각각의 한계상태에서 확률론적으로 안전성을 확보하는 설계
기본 가정	① Bernoulli의 정리 성립 ② 변형률은 중립축 거리 비례 ③ 콘크리트 탄성계수는 정수 ④ 콘크리트 휨인장응력 무시	① Bernoulli의 정리 성립 ② 변형률은 중립축 거리 비례 ③ 압축 con 최대변형률은 0.003 ④ 콘크리트 휨인장응력 무시 ⑤ 등가압축응력블록 가정 ⑥ 철근은 선형탄성-완전소성	한계상태 구분 ① 극한한계상태 ② 사용한계상태 ③ 피로 및 파단 한계상태 ④ 극한상황한계상태
설계 개념	① 콘크리트 $f_c \leq f_{ca}$ ② 철근 $f_s \leq f_{sa}$ ③ 안전율 : 극한응력/허용응력	소요강도 $\leq$ 설계강도 $\sum \gamma_i L_i \leq \phi S_n$	각각의 한계상태에 대하여 소요강도 $\leq$ 설계강도 $\sum \gamma_i Q_i \leq \phi R_n$
장점	전통성, 친근성, 단순성, 경험, 편리성	안전도 확보, 하중특성 반영, 재료특성반영	신뢰성, 안전율 조정성, 거동 재료무관시방서, 경제성
단점	신뢰도, 임의성, 보유내하력 설계형식	사용성 별도 검토, 경제성, LSD에 비해 비합리적	변화, S/W, 이론에 치중, 보정

2. 설계법별 주요내용

1) 허용응력설계법

허용응력설계법은 선형이론을 적용하기 때문에 해석이 용이하다는 이점이 있지만 비합리적인 개념이 포함되어 있다. 허용응력법의 특성과 문제점으로는

① 콘크리트와 철근의 역학적 거동을 완전탄성으로 가정하고 응력-변형률 곡선 중 후크의 법칙이 성립되는 구간만을 설계에 반영한다. 그러나 실제 콘크리트 구조물은 응력과 변형률이 비선형적 관계에 있고, 낮은 하중에서도 균열이 발생하며 크리프와 건조수축의 영향으로 후크의 법칙을 적용하는 $f_{ck}/3$ 이하에서도 완전하게 탄성거동을 하지 않는다.

② 재료에만 안전율이 적용된다. 이로 인해 하중의 종류(고정하중, 활하중, 지진하중, 풍하중 등)가 다르게 작용하는 부재에 일정한 안전율을 적용하기 때문에 각 하중에 적합한 안전율을 설정할 수 없고 비경제적인 설계가 되기 쉽다.

③ 재료의 일부 응력을 사용해 설계하므로 부재의 극한상태의 파괴강도를 정확하게 파악하기 어렵다. 내진설계에서 적용되는 성능설계의 경우 각 부재에 대한 정확한 내력 평가가 요구되나 허용응력설계법은 부재의 내력을 정확하게 평가할 수 없기 때문에 적용이 어렵다.

비고 | 긴장재의 허용응력 |

프리스트레스트 콘크리트 부재에 긴장력을 가했을 때 긴장재의 응력이 지나치게 큰 경우 긴장재가 파단될 위험이 있어 국내설계기준에서는 긴장재의 인장응력을 다음과 같이 제한하고 있다.

1. KDS 14 20 60(강도설계법, 2022)

① 긴장 시의 긴장재의 인장응력 : $f_{pj} \leq 0.80 f_{pu}$ 또는 $f_{pj} = 0.94 f_{py}$ 중 작은 값

② 프리스트레스트 도입 직후 긴장재의 인장응력 : $f_{pi} \leq 0.74 f_{pu}$ 또는 $f_{pi} = 0.82 f_{pj}$ 중 작은 값

③ 정착구와 커플러의 위치에서 긴장력 도입 직후 포스트텐션 긴장재의 인장응력 : $f_{pi} \leq 0.70 f_{pu}$

2. 도로교설계기준(한계상태설계법, 2016)

① 긴장 시의 긴장재의 인장응력 : $f_{pj} \leq 0.80 f_{py}$ 또는 $f_{pj} = 0.9 f_{p0,2k}$(0.2% 오프셋 항복강도) 중 작은 값

② 프리스트레스트 도입 직후 긴장재의 인장응력 : $f_{pi} \leq 0.75 f_{pu}$ 또는 $f_{pi} = 0.85 f_{pj}$ 중 작은 값

2) 강도설계법

강도설계법은 허용응력설계법과 달리 재료의 내력을 최대한 사용하는 설계법이다. 허용응력설계에서는 재료 강도의 일부만 사용하고 나머지 강도를 이용하여 안전율을 확보하는 반면, 강도설계법에서는 재료의 최대응력을 설계에 반영해 강도와 외력에 두 개의 안전율을 별도로 적용한다. 내력과 외력에 각각 강도감소계수(ϕ, strength reduction factor)와 하중계수(γ_i, load factor)를 곱해 내부저항력(ϕR_n)이 하중계수를 고려한 외부하중($\gamma_i Q_i$) 이상이 되도록 한다.

$$\phi R_n \geq \gamma_i Q_i$$

① 콘크리트와 강재의 최대 내력을 설계에 반영하므로 허용응력설계법에 비해 경제적이다.

② PSC 부재는 힘의 종류에 따라서 연성률을 포함한 파괴의 양상이 달라지며, 외력도 종류에 따라서 예측 가능 신뢰도가 달라질 수 있다. 강도설계법은 힘과 하중 특성을 고려하고 부재와 하중의 종류에 따라 별개의 안전율을 적용하여 이들 특성을 설계에 합리적으로 반영할 수 있다.

③ 강도설계법의 경우 부재의 단면력을 구하는 응력계산은 탄성하중에 의한 경우가 많고 소성변형을 고려하여 단면력을 구하는 경우는 드물다. 또한 하중계수는 경험적으로 그 값을 결정하는 경우가 많다.

1. 강도감소계수 ϕ

실제 구조물의 시공 숙련도, 재료의 불균일성, 단면의 부족 등을 고려해 강도감소계수 적용

구분	세부조건	강도감소계수
포스트텐션 정착 영역	–	0.85
스트럿–타이 모델	–	0.75
긴장재 묻힘길이가 정착길이보다 작은 프리텐션 부재의 휨단면	부재의 단부에서 전달길이 단부까지	0.75
	전달길이 단부에서 정착길이 단부 사이	0.75~0.85

2. 하중계수 γ_i

KDS 14 강도설계법에서는 하중계수를 곱하여 소요강도 U를 다음과 같이 산정하도록 규정한다.

$$U = 1.4(D + F)$$

$$U = 1.2(D + F + T) + 1.6(L + \alpha_H H_v + H_h) + 0.5(L_r \text{ 또는 } S \text{ 또는 } R)$$

$$U = 1.2D + 1.6(L_r \text{ 또는 } S \text{ 또는 } R) + (1.0L \text{ 또는 } 0.65W)$$

$$U = 1.2D + 1.3W + 1.0L + 0.5(L_r \text{ 또는 } S \text{ 또는 } R)$$

$$U = 1.2(D + H_v) + 1.0E + 1.0L + 0.2S + (1.0H_h \text{ 또는 } 0.5H_h)$$

$$U = 1.2(D + F + T) + 1.6(L + \alpha_H H_v) + 0.8H_h + 0.5(L_r \text{ 또는 } S \text{ 또는 } R)$$

$$U = 0.9(D + H_v) + 1.3W + (1.6H_h \text{ 또는 } 0.8H_h)$$

$$U = 0.9(D + H_v) + 1.0E + (1.0H_h \text{ 또는 } 0.5H_h)$$

다만, α_H는 $h \leq 2\text{m}$일 때 $\alpha_H = 1.0$이며, $h > 2\text{m}$일 때 $\alpha_H = 1.05 - 0.025h \geq 0.875$

3. 강도감소계수와 하중계수의 고려 이유

강도감소계수(저항계수) ϕ에 고려된 불확실성	하중계수 γ에 고려된 불확실성
① 실험한 재료 강도의 불확실성	① 하중 크기에 대한 불확실성
② 실험한 재료와 구조물에 사용되는 재료 사이의 차이에 대한 불확실성	② 하중 분포에 대한 불확실성
③ 저항 계산에 영향을 주는 구조 치수에 대한 불확실성	③ 하중 영향의 구조 해석법에 대한 불확실성
④ 강도 예측법에 대한 불확실성	④ 하중 영향 추정에 영향을 주는 구조 치수에 대한 불확실성

3) 한계상태설계법

2016년 개정된 도로교설계기준(한계상태설계법)에서는 Eurocode 2 기준을 근거하여 하중계수와 철근과 콘크리트의 재료계수를 이용하여 설계하고 있다. 한계상태설계법은 기존의 명확하지 못한 파괴확률을 확률론적 신뢰도를 이용해 일정 기간에 지정된 한계상태에 도달하지 않을 확률을 확률과 통계이론을 통해 정립해 신뢰성을 향상시킨다.

1. 강도감소계수(재료계수) ϕ

재료강도의 불확실성, 부재 치수의 불확실성, 강도 예측의 불확실성 고려

한계상태	하중조합	콘크리트 계수 ϕ_c	철근, 프리스트레스트 계수 ϕ_s
극한한계상태	극한하중조합 I, II, III, IV (정상 및 임시 설계상황)	0.65	0.90
	극단하중조합 I, II (극단 및 지진 설계상황)	0.85	1.0
사용한계상태	사용하중조합	1.0	1.0
피로하중상태	피로하중조합	1.0	1.0

2. 하중계수 γ_i

하중조합	고정하중	활하중	수압부력	구조풍하중	차량풍하중	마찰력	평균온도하중	극단(사고)하중 지진	설하중	차량충돌	선박충돌
극단하중 I	γ_p	1.8	1.0	–	–	1.0	0.5/1.2	–	–	–	–
극단하중 II		1.4	1.0	–	–	1.0	0.5/1.2	–	–	–	–
극단하중 III		–	1.0	1.4	–	1.0	0.5/1.2	–	–	–	–
극단하중 IV		–	1.0	–	–	1.0	0.5/1.2	–	–	–	–
극단하중 V		1.4	1.0	0.4	1.0	1.0	0.5/1.2	–	–	–	–
극단상황 I	γ_p	γ_{EQ}	1.0	–	–	1.0	–	1.0	–	–	–
극단상황 II		0.5	1.0	–	–	1.0	–		1.0	1.0	1.0
사용하중 I	1.0	1.0	1.0	0.3	1.0	1.0	0.5/1.2	–	–	–	–
사용하중 II	1.0	1.3	1.0	–	–	1.0	0.5/1.2	–	–	–	–
사용하중 III	1.0	0.8	1.0	–	–	1.0	0.5/1.2	–	–	–	–
사용하중 IV	1.0	–	1.0	–	–	1.0	0.5/1.2	–	–	–	–
피로하중	–	0.75	–	–	–	–	–	–	–	–	–

3. 프리스트레스트 힘에 대한 고정하중에 대한 계수(γ_p)

하중의 종류		하중계수 최대	최소
구조부재와 비구조적 부착물		1.25 1.50(극한한계 IV)	0.90
말뚝부 마찰력		1.80	0.45
포장과 시설물		1.50	0.65
수평토압	주동	1.50	1.35
	정지	0.90	0.90

하중의 종류		하중계수	
		최대	최소
구조부재와 비구조적 부착물		1.25 1.50(극한한계 IV)	0.90
말뚝부 마찰력		1.80	0.45
포장과 시설물		1.50	0.65
수평토압	주동	1.50	1.35
	정지	0.90	0.90
연직토압	전체 안정	1.00	–
	옹벽 및 교대	1.35	1.00
	강성 암거	1.30	0.90
	뼈대형 강성암거	1.35	0.90
	연성암거	1.95	0.90
	박스형 연성 강재암거	1.50	0.90
상재토하중		1.50	0.75
시공 중 발생하는 구속응력		1.0	1.0
프리스트레스트힘	세그멘탈 콘크리트교량의 상부, 하부구조	1.0	
	비세그멘탈 콘크리트교량 상부구조	1.0	
	비세그멘탈 콘크리트교량 하부구조	–	
	$-\ I_g$(전단면 2차 모멘트)를 사용하는 경우	1.0	
	$-\ I_e$(유효단면 2차 모멘트)를 사용하는 경우	0.5	
	강재 하부구조	1.0	
크리프, 건조수축	세그멘탈 콘크리트교량의 상부, 하부구조	구조부재와 비구조적 부착물 γ_p	
	비세그멘탈 콘크리트교량 상부구조	1.0	
	비세그멘탈 콘크리트교량 하부구조	–	
	$-\ I_g$(전단면 2차 모멘트)를 사용하는 경우	0.5	
	$-\ I_e$(유효단면 2차 모멘트)를 사용하는 경우	1.0	
	강재 하부구조	1.0	

4. 하중수정계수(η_i)

교량의 연성, 여용성, 중요성을 고려하여 적용한다.

PSC의 기본개념

프리스트레스 콘크리트의 해석서 3가지 기본 개념에 대하여 설명하시오.

풀 이

▶ 개요

프리스트레스트콘크리트의 기본 개념은 크게 3가지로 구분한다. 탄성거동을 기본으로 하는 균등질 보의 개념(응력 개념), RC보처럼 생각하여 콘크리트는 압축력을, 긴장재는 인장력을 받게 하여 우력 휨모멘트로 외력에 저항하는 내력 모멘트 개념(강도 개념), 그리고 PS에 의해 부재에 작용하는 힘과 부재에 작용하는 외력이 평행하다는 하중평형의 개념이다.

▶ 보의 중앙 단면에서의 콘크리트 응력 산정

1) 응력 개념

콘크리트에 프리스트레스를 도입하면 소성재료인 콘크리트가 탄성체로 전환된다는 개념으로 프리스트레스로 인하여 콘크리트에 인장력이 작용하지 않으므로 균열발생이 없어 탄성재료로 거동한다는 개념이다. 하중은 프리스트레스로 인한 힘과 하중에 의한 힘이 존재한다.

① 하중에 의한 인장응력을 PS에 의한 압축응력으로 상쇄된다.

② 콘크리트에 균열이 발생되지 않는 한 하중과 PS에 의한 응력, 변형도, 처짐을 각각 계산하여 Superposition으로 합산할 수 있다.

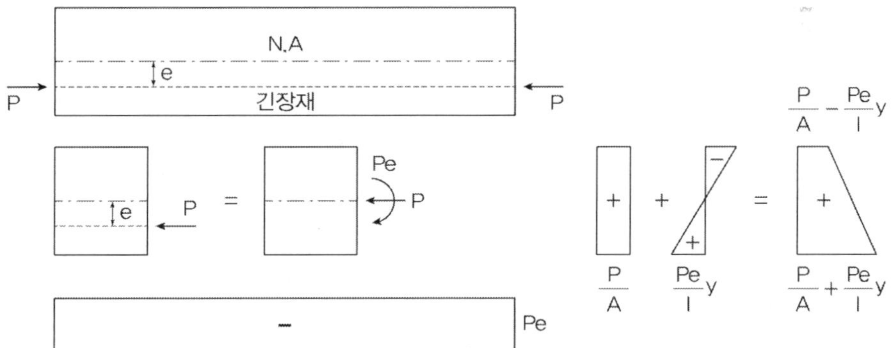

2) 강도 개념

PSC보를 RC보처럼 생각하여 콘크리트는 압축력을 받고 긴장재는 인장력을 받게 하여 두 힘의 우력 모멘트로 외력에 의한 휨모멘트에 저항한다는 개념이다.

① PSC는 고강도 강재를 사용하여 균열의 발생을 방지할 수 있게 한 RC의 일종으로 보고 이 개념을 이용하여 극한강도를 결정한다.

② 다만, RC와 달리 균열이 없어 전단면이 유효하므로 인장부의 콘크리트 단면도 유효하다고 보며, 하중의 증가에 따라 팔길이(jd)가 증가하여 저항모멘트가 커진다.

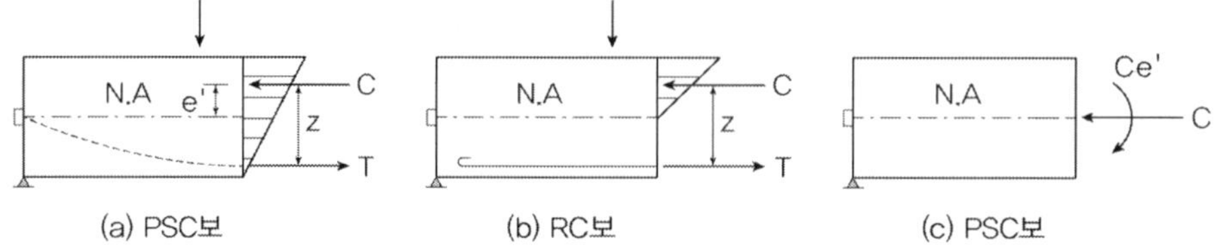

3) 하중평형개념

PS에 의해 부재에 작용하는 힘과 부재에 작용하는 외력이 평행이 되게 한다는 개념이다.

① PS의 작용이 연직하중과 비긴다면 휨부재는 주어진 작용 하에서 휨응력을 받지 않는다.

② 수직응력만 받는 부재로 전환되어 복잡한 구조물의 설계와 해석을 단순화시킨다.

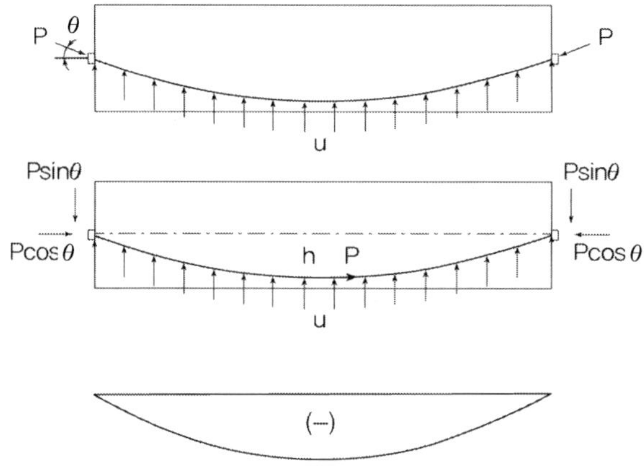

(하중평형개념: 긴장재를 포물선으로 배치한 경우)

PSC의 세 가지 개념에 따른 응력 산정

아래 그림과 같이 긴장재를 포물선 형상으로 배치한 단순지지된 프리스트레스트 콘크리트(PSC) 보의 경간중앙에서 콘크리트의 상연응력과 하연응력을 응력 개념, 강도 개념, 하중평형 개념 3가지 방법으로 구하시오(단, 유효 프리스트레스 힘 $Pe = 3,300\text{kN}$, 보 중앙에서 편심량 $e_{중앙} = 250\text{mm}$, 보의 자중(w_d)과 등분포 활하중($w_l = 17.58\text{kN/m}$)이 작용하고, 경간 $l = 20\text{m}$, 프리스트레스트 콘크리트의 단위중량 $\gamma_c = 24.525\text{kN/m}^3$으로 고려한다).

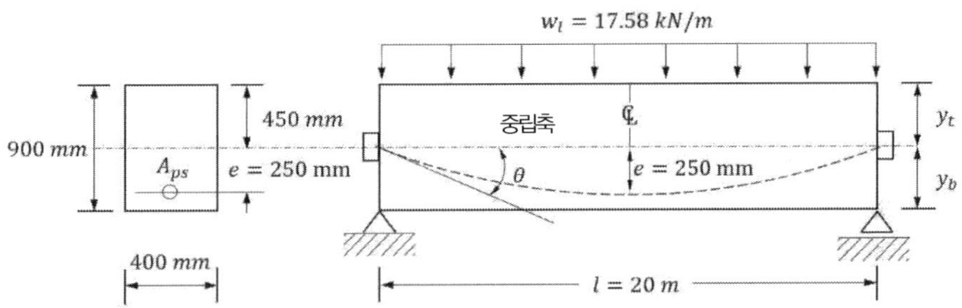

▶ 개요

프리스트레스트 콘크리트의 기본개념은 크게 3가지로 구분한다. 탄성거동을 기본으로 하는 균등질 보의 개념(응력 개념), RC보처럼 생각하여 콘크리트는 압축력을 긴장재는 인장력을 받게하여 우력 휨모멘트로 외력에 저항하는 내력 모멘트 개념(강도 개념), 그리고 PS에 의해 부재에 작용하는 힘과 부재에 작용하는 외력이 평행하다는 하중평형의 개념이다.

▶ 보의 중앙 단면에서의 콘크리트 응력 산정

1) 응력 개념

콘크리트에 프리스트레스를 도입하면 소성재료인 콘크리트가 탄성체로 전환된다는 개념으로 프리스트레스로 인하여 콘크리트에 인장력이 작용하지 않으므로 균열발생이 없어 탄성재료로 거동한다는 개념이다. 하중은 프리스트레스로 인한 힘과 하중에 의한 힘이 존재한다.

① 하중에 의한 인장응력을 PS에 의한 압축응력으로 상쇄된다.

② 콘크리트에 균열이 발생되지 않는 한 하중과 PS에 의한 응력, 변형도, 처짐을 각각 계산하여 Superposition으로 합산할 수 있다.

(1) 자중에 의한 모멘트(M_{d1})

$$A_c = 400 \times 900 = 360,000\text{mm}^2, \quad w_d = 24.525 \times 360,000 \times 10^{-6} = 8.829\text{kN/m}$$

$$\therefore M_d = \frac{w_{d1}l^2}{8} = \frac{8.829 \times 20^2}{8} = 441.45\text{kNm}$$

(2) 활하중에 의한 모멘트(M_l)

$$w_l = 17.58\text{kN/m}$$

$$M_l = \frac{w_l l^2}{8} = \frac{17.58 \times 20^2}{8} = 879\text{kNm}$$

(3) 지간 중앙부 응력 산정

$$I = \frac{bh^3}{12} = \frac{400 \times 900^3}{12} = 24,300,000,000\text{mm}^4, \quad y_t = y_b = 450, \quad e_p = 250\,\text{mm}$$

$$Z_t = Z_b = \frac{I}{y_{t(b)}} = 54,000,000\text{mm}^3$$

(상부) $f_t = \dfrac{P_i}{A} - \dfrac{P_i e}{Z_t} + \dfrac{M_{d+l}}{Z_t}$

$$= \frac{3300 \times 10^3}{360000} - \frac{3300 \times 10^3 \times 250}{54000000} + \frac{(441.5 + 879) \times 10^6}{54000000} = 18.3\text{MPa}$$

(하부) $f_b = \dfrac{P_i}{A} + \dfrac{P_i e}{Z_b} - \dfrac{M_{d+l}}{Z_b} = 0\text{MPa}$

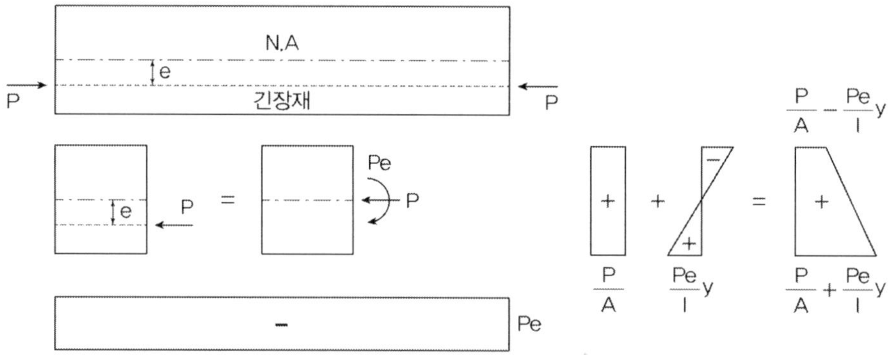

2) 강도 개념

PSC보를 RC보처럼 생각하여 콘크리트는 압축력을 받고 긴장재는 인장력을 받게 하여 두 힘의 우력 모멘트로 외력에 의한 휨모멘트에 저항한다는 개념이다.

하중에 의한 휨모멘트 $M = M_d + M_l = 1320.45\text{kNm}$, PS 강재에 작용하고 있는 인장력을 P라고 하면, (a)의 그림에서와 같이 C=T=P이고, 이때 $M = Cz = Tz = Pz$이 성립된다. 이때 프리스트레스 힘 P는 일정하므로 하중에 의한 휨모멘트 M이 커질수록 z가 커지게 되고 따라서 e'도 커지게 된다.

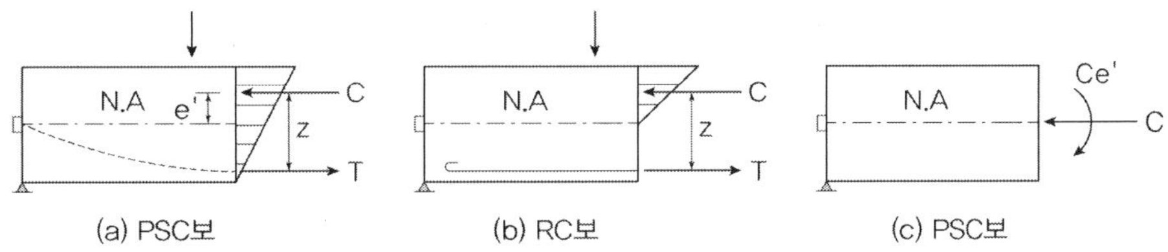

$$T = P = 3,300\text{kN}, \quad z = \frac{M}{P} = 400.14\text{mm}$$

여기서, 중앙단면에서 $e = 250\text{mm}$이고, $h = 900\text{mm}$이므로 보의 하단으로부터 P의 작용점까지의 거리는 200mm에 위치한다. 따라서 C의 작용점은 보의 하단으로부터

$$200 + z = 200 + 400.14 = 600.14\text{mm}$$

따라서, 콘크리트 C의 편심거리 $e' = 600.14 - 450 = 149.86\text{mm}$이므로 편심모멘트는

$$Ce' = 3,300 \times 0.14986 = 494.538\,\text{kNm}$$

중앙단면의 콘크리트 응력은 다음과 같이 산정된다.

$$f_c = \frac{C}{A} \pm \frac{Ce'}{Z} = \frac{3,300 \times 10^3}{360,000} \pm \frac{494.538 \times 10^6}{54,000,000} = 9.16 \pm 9.16$$

$$\therefore (\text{상부})f_t = 18.3\,\text{MPa}, \quad (\text{하부})f_b = 0$$

3) 하중평형개념

긴장재에 의해 콘크리트 중앙부에 발생하는 등가하중

$$\frac{ul^2}{8} = Pe \quad \therefore u = \frac{8Pe}{l^2} = \frac{8 \times 3300 \times 0.25}{20^2} = 16.5\text{kN/m}$$

따라서 상쇄되어 발생하는 등분포 하중 $w = w_d + w_l - u = 8.829 + 17.58 - 16.5 = 9.909\text{kN/m}$

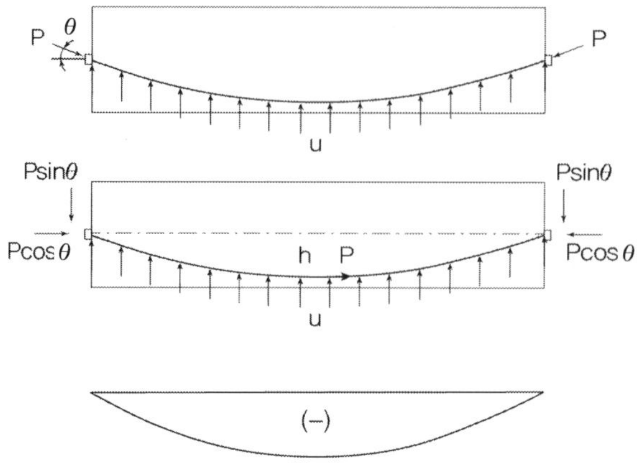

(하중평형개념: 긴장재를 포물선으로 배치한 경우)

$$\therefore \ M = \frac{1}{8}wl^2 = \frac{1}{8} \times 9.909 \times 20^2 = 495.4\text{kNm}, \quad \pm \frac{M}{Z} = \frac{495.4 \times 10^6}{54,000,000} = 9.17\text{MPa}$$

$$\theta = \tan^{-1}\left(\frac{e}{L/2}\right) = \tan^{-1}\left(\frac{0.25}{10}\right) = 1.43°, \quad \text{축방향력 } P\cos\theta \fallingdotseq P$$

$$(\text{상부}) \ f_t = \frac{P_i}{A} + \frac{M}{Z_t} = \frac{3300 \times 10^3}{360000} + \frac{495.4 \times 10^6}{54000000} = 9.17 + 9.17 = 18.3\text{MPa}$$

$$(\text{하부}) \ f_b = \frac{P_i}{A} - \frac{M}{Z_b} = \frac{3300 \times 10^3}{360000} - \frac{495.4 \times 10^6}{54000000} = 9.17 - 9.17 = 0\text{MPa}$$

PSC 세 가지 해석 개념

그림과 같이 긴장재를 포물선으로 배치한 보의 중앙 단면에서의 콘크리트 응력을 다음의 세 가지 개념을 사용하여 구하시오(단, 프리스트레스 힘 P=2,700kN, 지간 중앙 단면에서 긴장재의 편심량 e=25cm이다. 자중 외의 활하중 w_l=12.6kN/m가 작용하며, 지간 L=20m, 단면(A)=40×90cm이고, 콘크리트의 단위 중량은 25kN/m³이다).

1) 응력개념(균등질 보의 개념)
2) 강도개념(내력모멘트의 개념)
3) 하중평형개념(등가하중의 개념)

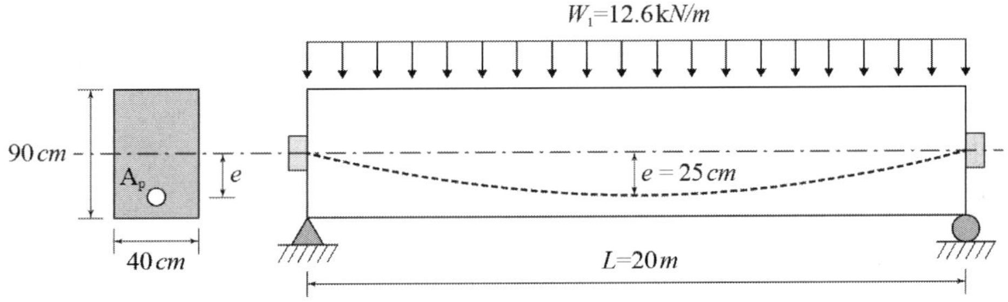

풀 이

➤ 개요

프리스트레스트 콘크리트의 기본 개념은 크게 3가지로 구분된다. 첫째, 탄성거동을 기본으로 하는 균등질 보의 개념(응력 개념), 둘째, RC보처럼 생각하여 콘크리트는 압축력을 긴장재는 인장력을 받게 하여 우력 휨모멘트로 외력에 저항하는 내력 모멘트 개념(강도 개념), 셋째, PS에 의해 부재에 작용하는 힘과 부재에 작용하는 외력이 평행하다는 하중평형의 개념이다.

➤ 보의 중앙 단면에서의 콘크리트 응력 산정

1) 응력 개념

콘크리트에 프리스트레스를 도입하면 소성재료인 콘크리트가 탄성체로 전환된다는 개념으로 프리스트레스로 인하여 콘크리트에 인장력이 작용하지 않으므로 균열 발생이 없어 탄성재료로 거동한다는 개념이다. 하중은 프리스트레스로 인한 힘과 하중에 의한 힘이 존재한다.

① 하중에 의한 인장응력을 PS에 의한 압축응력으로 상쇄된다.
② 콘크리트에 균열이 발생되지 않는 한 하중과 PS에 의한 응력, 변형도, 처짐을 각각 계산하여 Superposition으로 합산할 수 있다.

(1) 자중에 의한 모멘트(M_{d1})

$$A_c = 400 \times 900 = 360,000 \text{mm}^2, \quad w_d = 25 \times 360,000 \times 10^{-6} = 9\text{kN/m}$$

$$\therefore M_d = \frac{w_{d1}l^2}{8} = \frac{9 \times 20^2}{8} = 450\text{kNm}$$

(2) 활하중에 의한 모멘트(M_l)

$$w_l = 12.6\text{kN/m}$$

$$M_l = \frac{w_l l^2}{8} = \frac{12.6 \times 20^2}{8} = 630\text{kNm}$$

(3) 지간 중앙부 응력 산정

$$I = \frac{bh^3}{12} = \frac{400 \times 900^3}{12} = 24,300,000,000\text{mm}^4, \ y_t = y_b = 450, \ e_p = 250\,\text{mm}$$

$$Z_t = Z_b = \frac{I}{y_{t(b)}} = 54,000,000\text{mm}^3$$

(상부) $f_t = \dfrac{P_i}{A} - \dfrac{P_i e}{Z_t} + \dfrac{M_{d+l}}{Z_t} = \dfrac{2700 \times 10^3}{360000} - \dfrac{2700 \times 10^3 \times 250}{54000000} + \dfrac{(450 + 630) \times 10^6}{54000000}$

$$= 15.0\text{MPa}$$

(하부) $f_b = \dfrac{P_i}{A} + \dfrac{P_i e}{Z_b} - \dfrac{M_{d+l}}{Z_b} = 0\text{MPa}$

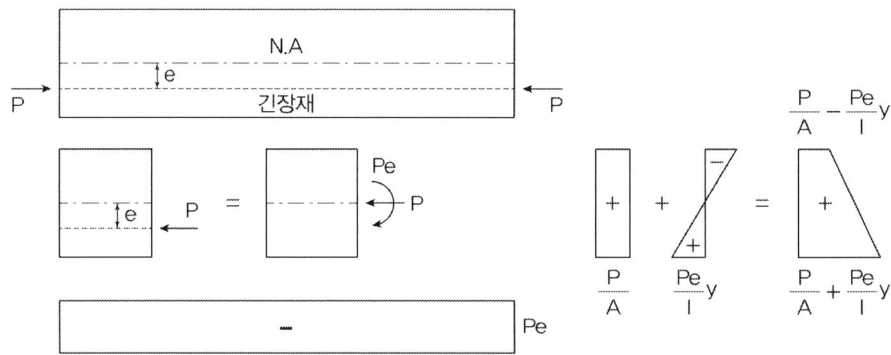

2) 강도 개념

PSC보를 RC보처럼 생각하여 콘크리트는 압축력을 받고 긴장재는 인장력을 받게 하여 두 힘의 우력 모멘트로 외력에 의한 휨모멘트에 저항한다는 개념이다.

① PSC는 고강도 강재를 사용하여 균열의 발생을 방지할 수 있게 한 RC의 일종으로 보고 이 개념을 이용하여 극한강도를 결정한다.

② 다만, RC와 달리 균열이 없어 전단면이 유효하므로 인장부의 콘크리트 단면도 유효하다고 보며, 하중의 증가에 따라 팔길이(jd)가 증가하여 저항모멘트가 커진다.

하중에 의한 휨모멘트 $M = M_d + M_l = 1080\,\text{kNm}$, PS 강재에 작용하고 있는 인장력을 P라고 하면, (a)의 그림에서와 같이 C = T = P이고, 이때 $M = Cz = Tz = Pz$이 성립된다. 이때 프리스트레스 힘 P는 일정하므로 하중에 의한 휨모멘트 M이 커질수록 z가 커지게 되고 따라서 e'도 커지게 된다.

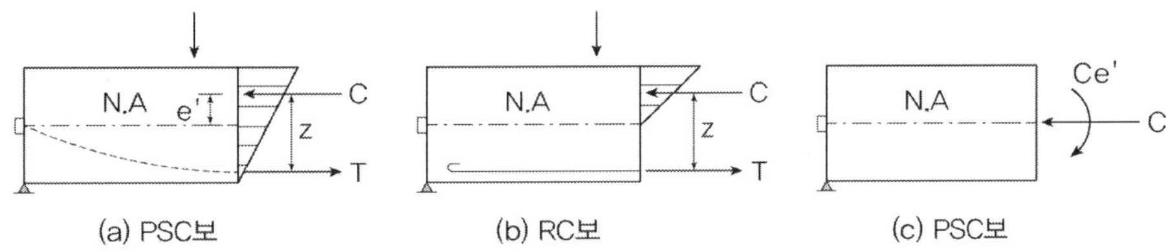

$$T = P = 2{,}700\,\text{kN}, \quad z = \frac{M}{P} = 400\,\text{mm}$$

여기서, 중앙단면에서 $e = 250\,\text{mm}$이고, $h = 900\,\text{mm}$이므로 보의 하단으로부터 P의 작용점까지의 거리는 200mm에 위치한다. 따라서 C의 작용점은 보의 하단으로부터

$$200 + z = 200 + 400 = 600\text{mm}$$

따라서, 콘크리트 C의 편심거리 $e' = 600 - 450 = 150\text{mm}$이므로 편심모멘트는

$$Ce' = 2{,}700 \times 0.15 = 405\,\text{kNm}$$

중앙단면의 콘크리트 응력은 다음과 같이 산정된다.

$$f_c = \frac{C}{A} \pm \frac{Ce'}{Z} = \frac{2{,}700 \times 10^3}{360{,}000} \pm \frac{405 \times 10^6}{54{,}000{,}000} = 7.5 \pm 7.5$$

$$\therefore (상부) f_t = 15.0\,\text{MPa}, \quad (하부) f_b = 0$$

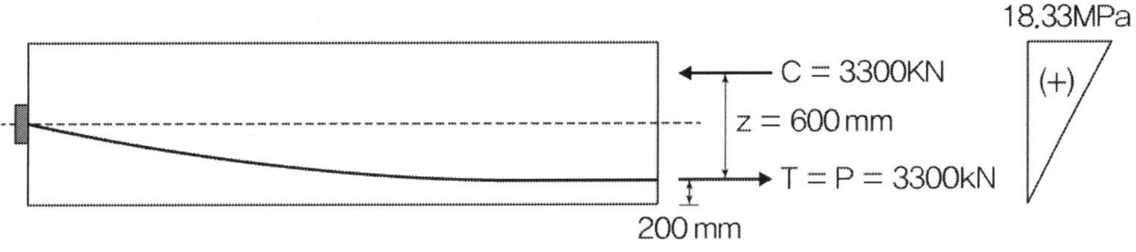

3) 하중평형 개념

PS에 의해 부재에 작용하는 힘과 부재에 작용하는 외력이 평행이 되게 한다는 개념이다.

① PS의 작용이 연직하중과 비긴다면 휨부재는 주어진 작용하에서 휨응력을 받지 않는다.

② 수직응력만 받는 부재로 전환되어 복잡한 구조물의 설계와 해석을 단순화시킨다(사장교의 케이블).

긴장재에 의해 콘크리트 중앙부에 발생하는 등가하중

$$\frac{ul^2}{8} = Pe \quad \therefore \ u = \frac{8Pe}{l^2} = \frac{8 \times 2700 \times 0.25}{20^2} = 13.5\,\text{kN/m}$$

따라서 상쇄되어 발생하는 등분포 하중 $w = w_d + w_l - u = 9 + 12.6 - 13.5 = 8.1\,\text{kNm}$

$$\therefore \ M = \frac{1}{8}wl^2 = \frac{1}{8} \times 8.1 \times 20^2 = 405\,\text{kNm}, \quad \pm\frac{M}{Z} = \frac{405 \times 10^6}{54,000,000} = 7.5\,\text{MPa}$$

$$\theta = \tan^{-1}\left(\frac{e}{L/2}\right) = \tan^{-1}\left(\frac{0.25}{10}\right) = 1.43°, \quad \text{축방향력} \ P\cos\theta \fallingdotseq P$$

$$(\text{상부}) \ f_t = \frac{P_i}{A} + \frac{M}{Z_t} = \frac{2700 \times 10^3}{360000} + \frac{405 \times 10^6}{54000000} = 7.5 + 7.5 = 15.0\,\text{MPa}$$

$$(\text{하부}) \ f_b = \frac{P_i}{A} - \frac{M}{Z_b} = \frac{2700 \times 10^3}{360000} - \frac{405 \times 10^6}{54000000} = 7.5 - 7.5 = 0\,\text{MPa}$$

PSC 긴장력

긴장재를 절곡 배치한 프리스트레스트 콘크리트 부재가 그림과 같이 단순지지되어 있다. 부재의 단부에는 프리스트레싱에 의한 압축력 P가 작용하고 있다. 경간의 중앙에 집중하중(F)을 작용시켜서 경간 중앙의 콘크리트 최하단(A점) 응력이 영(0)이 되게 하는 집중하중(F)의 크기를 구하시오.

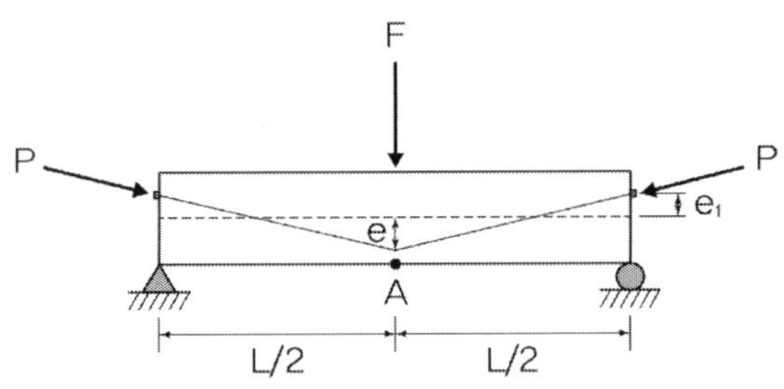

조건

(1) 단면조건 : 500mm(폭) × 1,000(높이),　길이 L = 20m
(2) 콘크리트 단위중량 : $\gamma_c = 25\mathrm{kN/m^3}$
(3) 프리스트레스 힘 : P = 3,000kN
(4) 편심거리 : 경간중앙에서의 긴장재의 편심거리 $e = 250\mathrm{mm}$, 단부에서의 편심거리 $e_1 = 50\mathrm{mm}$

풀 이

▶ 개요

탄성거동을 기본으로 응력 개념, 강도 개념, 하중평형의 개념을 이용해 풀이할 수 있다.

▶ 보의 단면계수

$$A = 500 \times 1000 = 500,000 \mathrm{mm^2}$$

$$I_x = \frac{bh^3}{12} = \frac{500 \times 1000^3}{12} = 4.16 \times 10^{10} \mathrm{mm^4}$$

$$Z_t = Z_b = \frac{I_x}{y_{t(b)}} = 83,333,333.3 \mathrm{mm^3}$$

➤ 보의 중앙 단면에서의 콘크리트 응력 산정

(1) 자중에 의한 모멘트(M_{d1})

$$A_c = 500 \times 1000 = 150{,}000\,\text{mm}^2, \quad w_d = 25 \times 150{,}000 \times 10^{-6} = 3.75\,\text{kN/m}$$

$$\therefore\ M_d = \frac{w_{d1}l^2}{8} = \frac{3.75 \times 20^2}{8} = 187.5\,\text{kNm}$$

(2) 집중하중에 의한 모멘트(M_l)

$$M_l = \frac{FL}{4} = 5F\,\text{kNm}$$

(3) PS력에 의한 발생 모멘트

PS력과 도심과 일치시키기 위해 지점부 e_1에 의해 발생하는 부모멘트 Pe_1이 단부에 작용하는 것으로 하고, 편심을 $e + e_1$으로 치환할 수 있다. 그러나 PS력에 의해 A점 단면에서 발생하는 모멘트는 Pe로 동일하다.

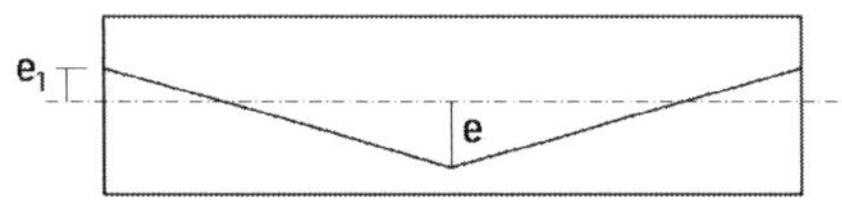

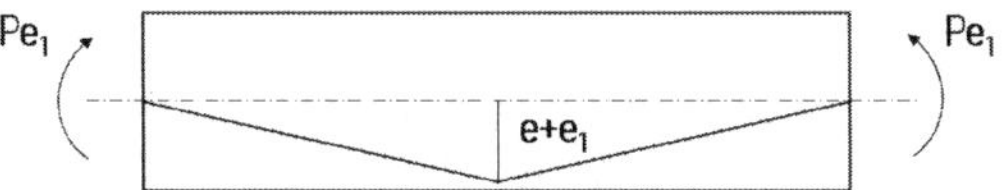

$$M_{P(A)} = P(e + e_1) - Pe_1 = Pe$$

(4) 중앙 하단 발생 응력

$$f_b = \frac{P}{A} + \frac{Pe}{Z_b} - \frac{M_{d+l}}{Z_b} = 0$$

$$= \frac{3000}{500{,}000} + \frac{3000 \times 250 - 187.5 \times 10^3 - 5000F}{83{,}333{,}333.3} = 0$$

$$\therefore\ F = 212.5\,\text{kN}$$

도입과 손실

도입과 손실

01 PSC의 도입

1. 프리스트레스트 콘크리트의 종류

프리스트레스트 콘크리트의 종류는 긴장방법, 균열 발생 여부, 긴장재의 형상 등에 따라 구분할 수 있다.

1) 긴장방법에 의한 구분

① 프리텐션 공법(pre-tension method) : 콘크리트 타설 전에 긴장재를 먼저 긴장하는 공법으로 주로 프리캐스트 부재의 제작에 사용된다.

② 포스트텐션 공법(post-tension method) : 콘크리트 타설 후 긴장재를 긴장하는 공법으로 주로 현장타설 부재에 사용된다.

2) 인장응력 허용 유무에 의한 구분

① 완전긴장공법(full prestressing method) : 초기에 긴장력을 충분하게 가하여 외부하중을 받은 후에도 프리스트레스트 콘크리트 부재에 인장응력이 발생하지 않도록 하는 공법으로 자중만이 작용할 때 완전긴장공법을 적용할 경우 전체하중이 작용하면 인장응력이 발생해 부분긴장공법 부재가 될 수 있다.

② 부분긴장공법(partial prestressing method) : 초기 긴장력이 충분하지 않아 외부하중이 작용하면 부재에 인장응력이 발생하고 경우에 따라서는 균열 발생을 허용하는 공법이다. 이러한 부재는 일반철근이 긴장재와 함께 사용되는 경우가 많다.

3) 긴장재와 콘크리트의 부착 여부에 의한 구분

① 부착 긴장재(bonded tendon) : 콘크리트 안에 묻혀 있는 덕트와 덕트 안에 있는 긴장재 사이의 공간을 모르타르에 의해 충전하는 공법이다.

② 비부착 긴장재(unbonded tendon) : 포스트텐션공법의 경우에 해당되며 덕트 안에 있는 긴장재 사이를 메우지 않고 긴장재에 방청재 등을 도포하고 사용하는 공법이다.

포스트 텐션 부재 덕트 안의 빈공간으로 인한 부식을 차단하기 위해 모르타르를 주입해 공간을 메우는 것을 그라우팅(grouting)이라고 한다. 그라우팅은 강알칼리 성분인 모르타르로 긴장재를 감싸 부식을 방지하며 모르타르와 긴장재 사이에 부착력이 작용하도록 하는 것을 목적으로 한다.

① 그라우팅 작업은 긴장재에 인장력을 가한 후 가급적 빠른 시간 내에 하는 것이 좋다.

② 원활한 주입을 위해 w/c 비율을 40~50%로 하는 것이 일반적이며 외부 온도에 따라 조강시멘트나 감수제를 사용할 수 있다.

③ 그라우팅 재료는 유동성이 커야 하며 충분한 강도(50MPa 이상)를 가져야 한다. 긴장재의 부식을 촉진할 수 있는 염화물, 질산염, 황산염 등은 그라우팅 재료에 포함되어서는 안된다.

④ 그라우팅은 경화 시 수축하지 않아야 한다. 일반적으로 확장재를 혼합해 사용하며 이는 경화 시 물은 위로 뜨고 시멘트는 가라앉아 덕트 상부의 공극(air pocket) 발생을 억제하기 위해서이다.

⑤ 그라우팅 전에 덕트 안에 공기를 불어 먼지 등을 제거한 후 주입해야 한다. 주입 시에도 긴장재의 가장 아래쪽 위치에서 주입하거나 부재의 양쪽 끝에서 주입해야 하고 긴장재의 최상부에 구멍을 뚫어 재료가 밖으로 새어나오는지 확인하고 재료가 도중에 막히지 않고 공간을 충분하게 메웠는지 확인해야 한다.

⑥ 온도가 5℃ 이하에서는 그라우팅을 하지 않아야 한다.

⑦ 그라우팅 시 주입 압력이 너무 높을 경우 덕트가 막혔을 가능성이 있으며 이 경우 큰 압력으로 주입할 경우 덕트 주변 콘크리트에 균열이 발생할 수 있으므로 주의가 필요하다.

4) 정착장치 사용 여부에 의한 구분

① 단부 정착 긴장재(end-anchored tendon) : 긴장재가 정착장치에 의하여 정착되는 경우로 포스트텐션공법이 해당된다.

② 단부 비정착 긴장재(non end-anchored tendon) : 긴장재가 정착장치에 의하여 정착되지 않고 긴장재와 콘크리트의 부착력에 의하여 힘이 전달되는 공법으로 프리텐션공법이 해당된다.

5) 긴장재의 노출 여부에 의한 구분

① 내부 긴장재(internal tendon) : 긴장재가 콘크리트 내부에 묻혀 있는 경우

② 외부 긴장재(external tendon) : 긴장재가 콘크리트 외부에 있는 경우로 주로 보수보강에 적용된다. 외부 긴장 시 부식되기 쉽고 화재 등 고온에 취약한 단점이 있어 주의가 필요하다.

6) 긴장재의 형상에 의한 구분

① 원형 긴장재(circular tendon) : 원형이나 원형에 가깝게 설치된 긴장재로 원자로 용기나 원형 저장탱크, 사일로(silo) 등에 사용된다.
② 선형 긴장재(linear tendon) : 선형이나 선형에 가깝게 설치되는 긴장재로 건물의 보, 슬래브, 교량 등에 사용된다.

7) 긴장 횟수에 의한 구분

① 일시 긴장공법 : 한번에 모든 긴장력을 가하는 공법으로 시공이 용이하나 부재에 과대하중 또는 과소하중이 가해질 수 있다.
② 단계 긴장공법 : 몇 차례 단계별로 긴장력을 가하는 공법으로 부재의 과대 혹은 과소 하중을 가하지 않고 비교적 정확하게 의도한 하중을 가할 수 있으나 시공이 번거로운 단점이 있다.

2. PS 긴장재의 긴장방법 ^{127회/119회}

【 기출유형 ① 】 프리스트레싱 도입 방법 설명
【 기출유형 ② 】 화학적 프리스트레스트 콘크리트

긴장방법	특 징
기계적 방법	Jack을 사용하여 텐던을 긴장하여 정착하는 방법으로 Pretension, Post-tension방식이 가장 보편적으로 쓰이는 방법으로 실제로 가장 많이 쓰이는 방법이다.
화학적 방법	팽창시멘트를 사용하여 콘크리트가 팽창하므로 강재를 구속하면 강재는 긴장되고 콘크리트는 압축되는 방법으로서 실용상 문제점이 많다.
전기적 방법	PSC 강재에 전기를 흘려서 그 저항으로 가열되어 늘어난 텐던을 콘크리트에 정착하는 방법이다.
Pre-Flex 방법	벨기에에서 개발된 방법으로 고강도 강재의 보에 실제로 작용할 하중보다 작은 하중을 가해서 휨을 받게 한 다음 고강도의 콘크리트를 쳐서 경화시키면 보가 원래의 상태로 돌아가려고 하기 때문에 콘크리트 압축응력이 작용하게 하는 방법이다.

3. 프리스트레싱 방법 ^{131회}

1) 프리텐션 방식

① PS 강재를 긴장하여 인장대 양쪽의 지주에 고정하는 작업
② 콘크리트를 치는 작업
③ PS 강재의 인장응력을 콘크리트에 전달하는 작업

<table>
<tr><th>롱라인 공법</th><th>단일 몰드 공법(같은 치수 대량 제조 시 경제적)</th></tr>
<tr><td>
</td><td>
</td></tr>
</table>

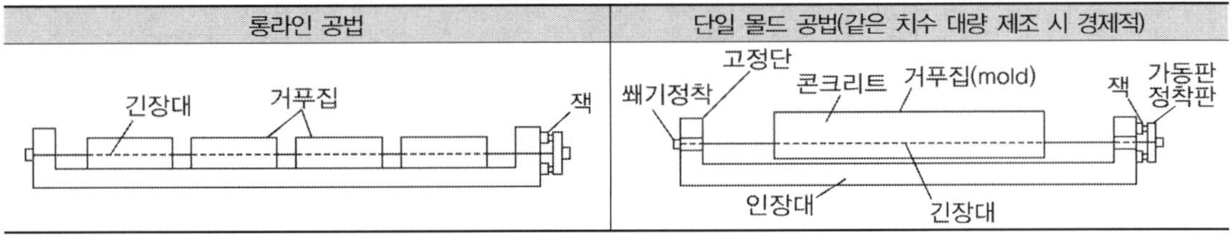

2) 포스트텐션 방식

① 쉬스를 배치하고 콘크리트를 치는 작업

② PS 강재를 긴장하여 정착하는 작업

③ 부착시키는 부재에서는 그라우팅을 주입하는 작업

4. 긴장재의 정착방법

<table>
<tr><th>정착방법</th><th>특징</th></tr>
<tr><td rowspan="2">쐐기식 공법</td><td>
</td></tr>
<tr><td>PS 강재와 정착장치 사이의 마찰력을 이용한 쐐기 작용으로 PS 강재를 정착하는 방법으로 PS 강선, PS 강연선의 정착에 주로 쓰인다.
① 프레시네 공법(Freyssinet공법, 프랑스) : 12개의 PS 강선을 같은 간격의 다발로 만들어 하나의 긴장재를 구성, 한 번에 긴장하여 1개의 쐐기로 정착하는 공법
② VSL공법(Vorspann System Losiger공법, 독일): 지름 12.4mm 또는 지름 12.7mm의 7연선 PS 스트랜드를 앵커헤드의 구멍에서 하나씩 쐐기로 정착하는 공법, 접속장치에 의해 PC케이블을 이어 나갈 수 있고 재긴장도 가능하다.
③ CCL공법(영국)
④ Magnel공법(벨기에)</td></tr>
<tr><td rowspan="2">지압식 공법</td><td>
</td></tr>
<tr><td>① 리벳머리식 : PS 강선 끝을 못머리와 같이 제두가공하여 이것을 지압판으로 지지하는 방법
• BBRV공법(스위스) : 리벳머리식 정착의 대표적인 공법으로 보통 지름 7mm의 PS 강선 끝을 제두기라는 특수한 기계로 냉간 가공하여 리벳머리를 만들고 이것을 앵커헤드로 지지</td></tr>
</table>

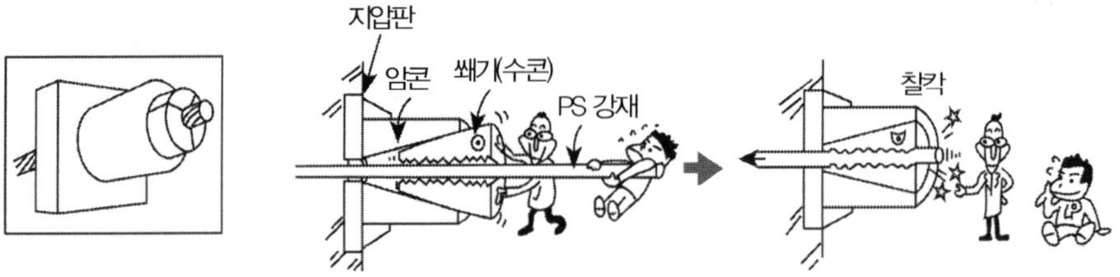

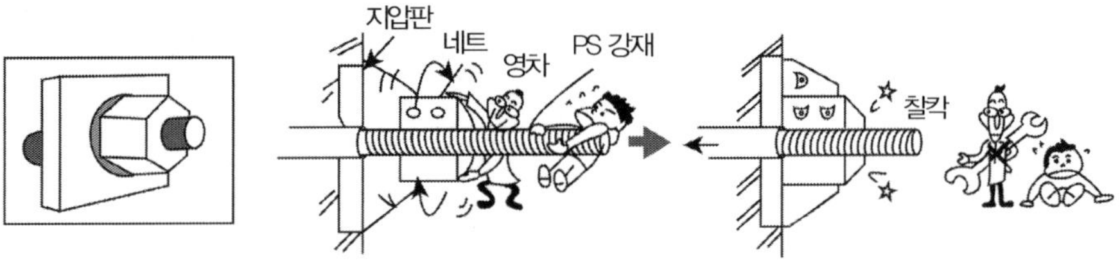

정착방법	특징
지압식 공법	② 너트식 : PS 강봉 끝의 전조된 나사에 너트를 끼워서 정착판에 정착하는 방법으로 PS 강봉의 정착에 주로 쓰임. Dywidag공법, Lee-McCall공법이 대표적 • 디비닥공법(Dywidag 공법, 독일) : PS 강봉 단부의 전조나사에 특수 강재 너트를 끼워 정착판에 정착하는 방법으로 커플러(coupler)를 사용하여 PS 강봉을 쉽게 이어나갈 수 있다. 장대교 가설에 많이 이용되며 캔틸레버 가설공법 적용이 가능하다.
루프식 공법	루프(Loop) 모양으로 가공한 PS 강선 또는 강연선을 콘크리트 속에 묻어 넣어 콘크리트와 부착 또는 지압에 의해 정착하는 방법 • Leoba 공법, Baur-Leonhardt 공법(정착용 가동 블록 이용)

5. 긴장재의 정착장치

공법 구분	형상 및 특징
프레시네 공법 Freyssinet 공법, 프랑스	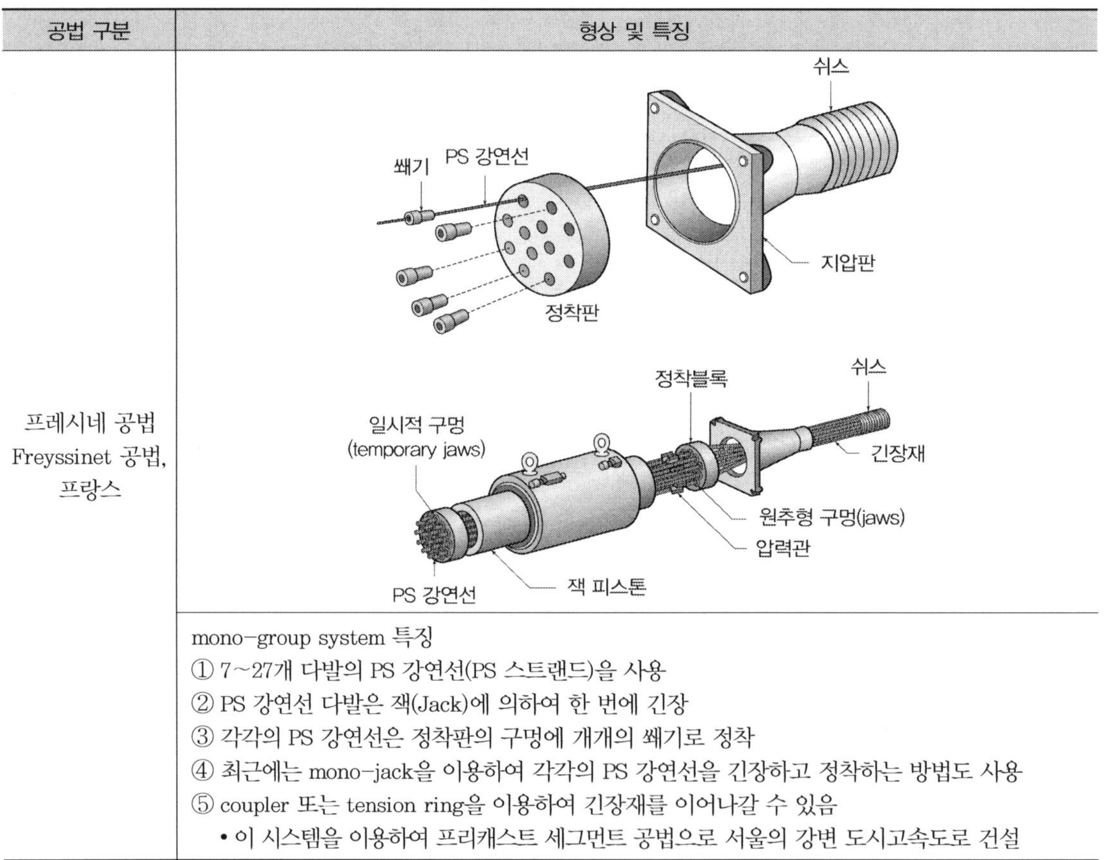
	mono-group system 특징 ① 7~27개 다발의 PS 강연선(PS 스트랜드)을 사용 ② PS 강연선 다발은 잭(Jack)에 의하여 한 번에 긴장 ③ 각각의 PS 강연선은 정착판의 구멍에 개개의 쐐기로 정착 ④ 최근에는 mono-jack을 이용하여 각각의 PS 강연선을 긴장하고 정착하는 방법도 사용 ⑤ coupler 또는 tension ring을 이용하여 긴장재를 이어나갈 수 있음 • 이 시스템을 이용하여 프리캐스트 세그먼트 공법으로 서울의 강변 도시고속도로 건설

공법 구분	형상 및 특징
VSL 공법 Vorspann System Losiger 공법, 독일	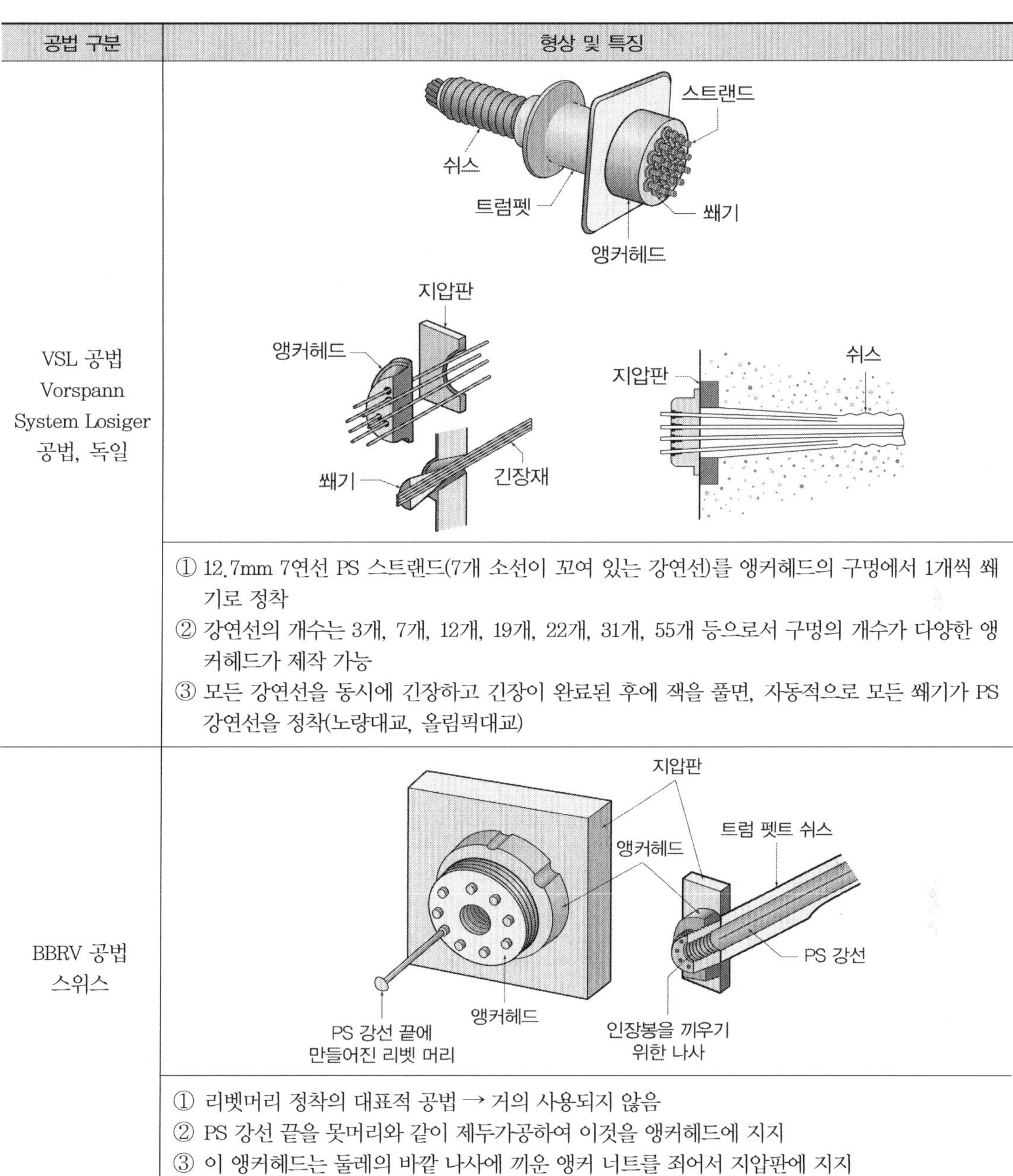 ① 12.7mm 7연선 PS 스트랜드(7개 소선이 꼬여 있는 강연선)를 앵커헤드의 구멍에서 1개씩 쐐기로 정착 ② 강연선의 개수는 3개, 7개, 12개, 19개, 22개, 31개, 55개 등으로서 구멍의 개수가 다양한 앵커헤드가 제작 가능 ③ 모든 강연선을 동시에 긴장하고 긴장이 완료된 후에 잭을 풀면, 자동적으로 모든 쐐기가 PS 강연선을 정착(노량대교, 올림픽대교)
BBRV 공법 스위스	 ① 리벳머리 정착의 대표적 공법 → 거의 사용되지 않음 ② PS 강선 끝을 못머리와 같이 제두가공하여 이것을 앵커헤드에 지지 ③ 이 앵커헤드는 둘레의 바깥 나사에 끼운 앵커 너트를 죄어서 지압판에 지지

공법 구분	형상 및 특징
디비닥공법 Dywidag공법, 독일	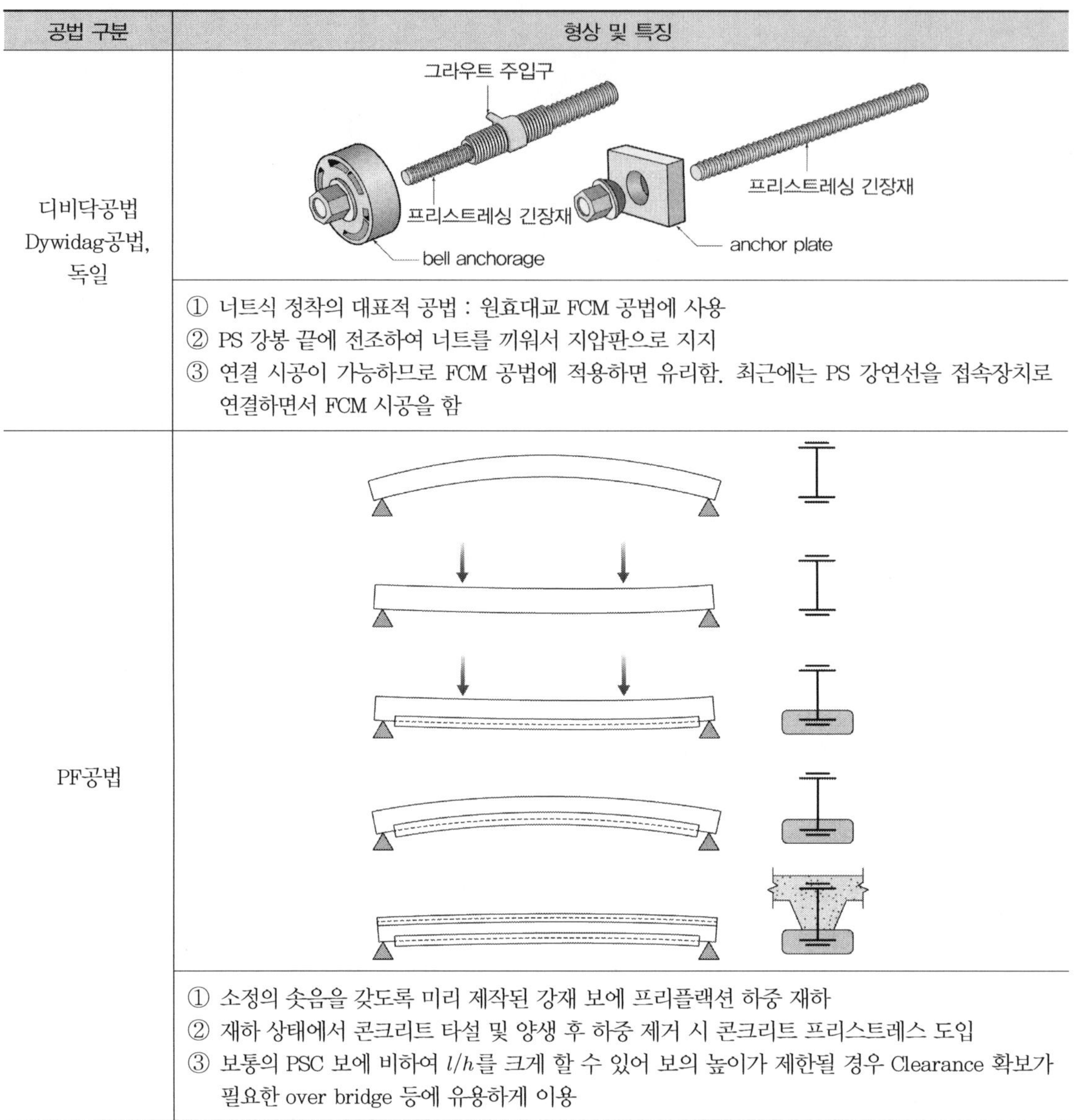 ① 너트식 정착의 대표적 공법 : 원효대교 FCM 공법에 사용 ② PS 강봉 끝에 전조하여 너트를 끼워서 지압판으로 지지 ③ 연결 시공이 가능하므로 FCM 공법에 적용하면 유리함. 최근에는 PS 강연선을 접속장치로 연결하면서 FCM 시공을 함
PF공법	① 소정의 솟음을 갖도록 미리 제작된 강재 보에 프리플렉션 하중 재하 ② 재하 상태에서 콘크리트 타설 및 양생 후 하중 제거 시 콘크리트 프리스트레스 도입 ③ 보통의 PSC 보에 비하여 l/h를 크게 할 수 있어 보의 높이가 제한될 경우 Clearance 확보가 필요한 over bridge 등에 유용하게 이용

프리스트레스는 초기에 PS 강재를 긴장할 때 긴장장치에서 측정된 인장응력과 같지 않은데, 이는 PS 강재의 긴장 작업 중이나 긴장 작업 후에 여러 원인에 의해 인장응력이 손실되기 때문이다. 최종적으로 긴장재에 작용하는 인장력을 유효 프리스트레스 힘(P_e)으로 나타내며, 즉시 손실과 시간적 손실을 합한 긴장재의 총 손실은 재킹 힘(P_j)의 20~35% 범위이다.

$$P_e = RP_i, \qquad R : 프리스트레스\ 힘의\ 유효율(effectiveness\ ratio)$$

$$\frac{P_i - P_e}{P_i} = 1 - R$$

일반적인 유효율(R) : 프리텐션 방식(0.800), 포스트텐션 방식(0.855)

1. 프리스트레스트의 응력손실 구분

1) 응력손실의 구분

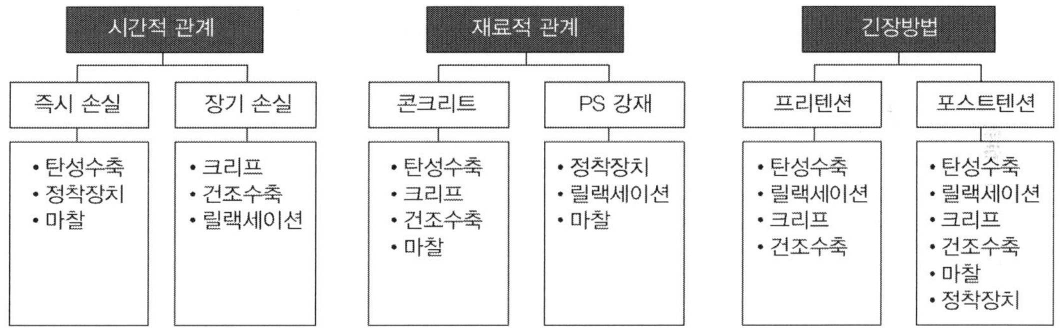

2) 구조설계기준의 응력손실 계산

장기응력손실은 시간이 경과함에 따라 변화하기 때문에 계산을 통해 산정하는 것은 쉽지 않다. 이로 인해 설계기준에서는 다음의 세 가지 방법을 이용해 응력손실을 구분하여 계산하도록 하고 있다.

① 전체 응력손실에 대한 일괄 계산법(lump sum estimates of total losses) : 즉시 응력손실과 장기 응력손실을 모두 모은 후 시간 경과 후에 발생할 수 있는 응력손실의 전체값을 한번에 대략적으로 산정하는 방법

② 각각의 응력손실에 대한 일괄 계산법(lump sum estimates of separates losses) : 즉시 응력손실과 장기 응력손실의 각각의 항목을 별개로 계산한 후에 이를 합하여 전체 응력손실을 대략적으로 계산하는 방법

③ 시간 변화를 고려한 계산법(time-step method) : 정밀한 응력손실을 계산하고자 할 때 시간이 경과함에 따라 변화하는 응력손실을 시간에 대한 함수로 계산하고 응력손실 상호 간의 영향을 고려하여 계산하는 방법

2. 즉시 응력손실 : PSC 도입 시 일어나는 손실

1) 콘크리트의 탄성수축, 탄성변형(elastic shortening)

콘크리트에 긴장력이 전달될 때 콘크리트 부재가 탄성수축하면서 발생하는 응력손실로 프리텐션 부재와 포스트텐션 부재가 각각 다르게 발생한다. 긴장재를 동시 긴장하는 경우에는 탄성변형에 의한 손실량은 무시한다.

① 프리텐션 방식 : 긴장재를 긴장 후 콘크리트를 타설하며 긴장력이 콘크리트 부재에 압축력으로 작용된다. 이때 PS 강선은 콘크리트와 완전 부착으로 동시에 단축되며 강재의 도심위치에서의 변형률은 콘크리트와 긴장재가 같다.

강재의 도심위치에서 $\epsilon_c = \epsilon_p$

$$\frac{f_{cs}}{E_c} = \frac{\triangle f_{el}}{E_p} \qquad \therefore \ \triangle f_{el} = \frac{E_p}{E_c} f_{cs} = n f_{cs}$$

여기서, $f_{cs} = \dfrac{P_i}{A_c} + \dfrac{P_i}{I_c} e_p^2 - \dfrac{M_d}{I_c} e_p = \dfrac{P_i}{A_c}\left(1 + \dfrac{e_p^2}{r^2}\right) - \dfrac{M_d}{I_c} e_p$: 강재도심에서 콘크리트응력

초기응력(f_{pi})은 탄성수축과 함께 마찰에 의한 응력손실 등의 영향을 받아 변화하므로 정확한 계산을 위해서는 이들 응력손실의 상호관계를 고려해야 한다. 그러나 이 값들의 상호관계를 고려해 미리 계산하기는 어렵고 탄성수축에 의한 응력손실이 크지 않기 때문에 긴장 시의 응력을 직접 사용(f_{pj})하거나, 일반적으로 긴장 시의 응력(f_{pj})을 10% 감소시킨 값을 초기응력(f_{pi})으로 사용한다.

$$f_{pi} \simeq 0.9 f_{pj}$$

② 포스트텐션 방식 : 포스트텐션 방식은 경화한 콘크리트 부재를 받침으로 하여 긴장재를 재킹하므로 콘크리트 부재는 단축하나 긴장재의 인장력은 콘크리트 부재가 탄성수축된 후에 측정되기 때문에 콘크리트의 탄성변형으로 인한 인장력 감소는 없다. 다만, 프리스트레스가 순차적으로 도입되기 때문에 이로 인하여 콘크리트 탄성수축이 단계적 발생으로 긴장력 손실이 발생한다.

$$\therefore \ \triangle f_{el} = \frac{1}{2} n f_{cs} \times \frac{N-1}{N}$$

2) 마찰에 의한 손실, PS와 쉬스 사이의 마찰(friction loss) [91회]

【 기출유형 ① 】 곡률 반경 R인 원호에 배치된 PS 강재의 곡률마찰로 인한 긴장력 손실 계산

프리텐션 부재는 미리 긴장재를 긴장한 후에 콘크리트를 타설하기 때문에 마찰에 의한 응력손실은 발생하지 않는다. 포스트텐션 부재에서 강재의 인장력과 쉬스와의 마찰로 인하여 발생되며 긴장재의 끝에서 중심으로 갈수록 마찰에 의한 손실이 작아진다.

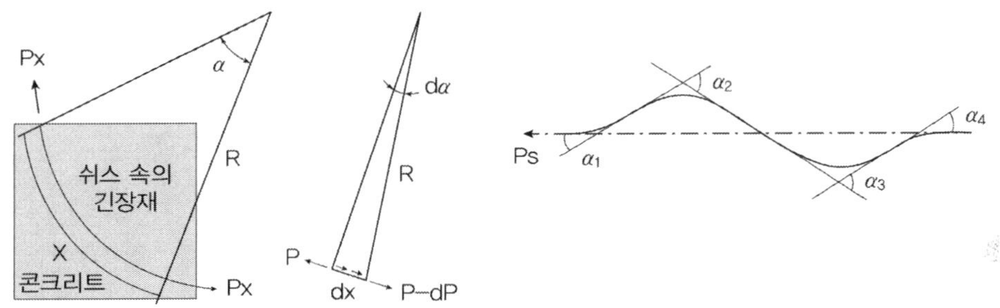

① 곡률마찰(curvature friction) : 긴장재가 곡선으로 배치된 부재에서 발생하는 응력손실로, 긴장재의 강도변화에 의한 손실이다.

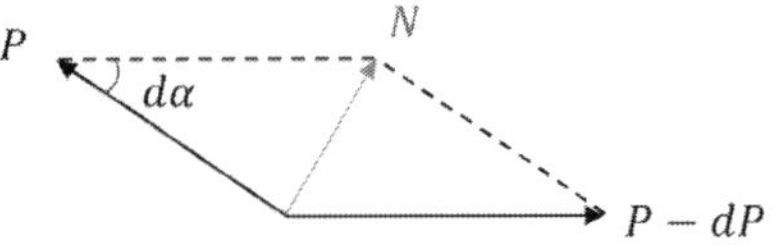

$$N = Pd\alpha \qquad d\alpha = \frac{dx}{R} \qquad \therefore \ N = P\frac{dx}{R}$$

P의 수직분력 N에 의한 마찰력 μN $\qquad dP = -\mu N$

$$dP = -\mu \frac{P}{R} dx = -\mu P d\alpha \qquad \therefore \ \frac{dP}{P} = -\mu d\alpha$$

양변을 적분하면, $\displaystyle \int \frac{dP}{P} = -\int \mu d\alpha$, $\ \ln P = -\mu \alpha + C$,

$$P = e^{-\mu\alpha + C} = e^{-\mu\alpha} e^{C}, \quad P_0 = e^{C} \qquad\qquad \therefore \ P_x = P_0 e^{-\mu\alpha}$$

② 파상마찰(wobbling friction) : 긴장재가 곡선뿐 아니라 직선으로 배치된 부재에서도 발생한다. 이는 콘크리트 안에 묻혀 있는 덕트와 긴장재가 직선이 아니라 부분적으로 구부러져 있어 긴장재를 잡아당길 경우 긴장재와 덕트가 접촉하면서 마찰력이 발생하기 쉽기 때문이다.

인장단으로부터 거리 x인 단면까지의 파상의 영향으로 인한 각 변화를 βl이라고 하면, 위의 식의 α 대신 βl을 대입하면 되므로,

$$\therefore \ P_x = P_0 e^{-\mu\beta l} = P_0 e^{-kl} \ (\because \ \text{let} \ \mu\beta = k)$$

③ 곡률마찰과 파상마찰 모두 고려하는 경우

긴장 단부에서 임의의 점 x까지 떨어진 위치에서의 긴장력과 긴장재의 응력은

$$P_x = P_0 e^{-(\mu\alpha + kl)}, \quad f_x = f_{pj} e^{-(\mu\alpha + kl)}$$

이때의 인장력과 인장응력 손실량은 다음과 같다.

$$\triangle P = P_0 - P_x = P_0 [1 - e^{-(\mu\alpha + kl)}], \ \triangle f_{fr} = f_0 [1 - e^{-(\mu\alpha + kl)}]$$

KDS 14 20 60 프리스트레스트 콘크리트구조 설계기준에서는 다음과 같이 규정하고 있다.

(1) $\mu\alpha + kl > 0.3$ $\qquad P_{px} = P_{pj} e^{-(kl_{px} + \mu_p \alpha_{px})}$

(2) $\mu\alpha + kl \leq 0.3$ $\qquad P_{px} = \dfrac{P_{pj}}{(1 + kl_{px} + \mu_p \alpha_{px})}$

④ 각도변화 α 산정

$$\tan\frac{\alpha}{2} = \frac{m}{x/2} = \frac{2m}{x}, \ m \fallingdotseq 2y \ \& \ \tan\frac{\alpha}{2} \fallingdotseq \frac{\alpha}{2}$$

$$\frac{\alpha}{2} = \frac{4y}{x} \qquad\qquad \therefore \ \alpha = \frac{8y}{x} \quad (radian)$$

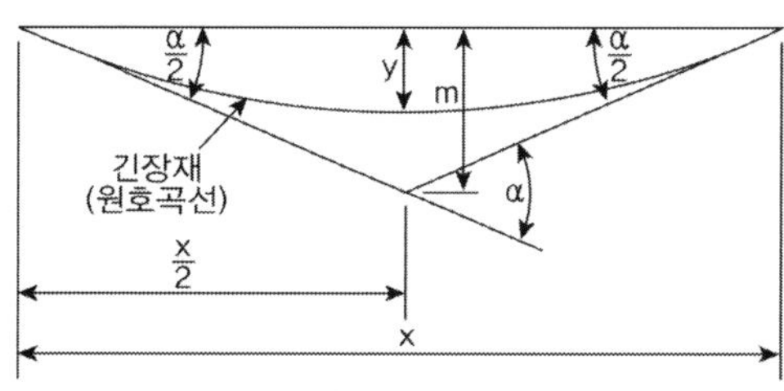

3) 정착장치의 활동(anchorage slip)

긴장한 PS 강재를 정착할 때, 정착장치에서 PS 강재가 활동하거나 또는 정착장치가 변형되거나 하여 긴장재의 인장력이 감소하는 현상으로 정착장치의 활동량은 긴장작업 시 초과 긴장(overstressing) 함으로써 보정할 수 있다.

① 비부착 긴장재 : PS 강재와 쉬스 사이에 마찰이 없는 경우로 그리스 등으로 방청 처리할 경우

$$\triangle f_{pAS} = E_{ps} \frac{\triangle l_{AS}}{l_p} \rightarrow \text{인장력 손실량} \ \triangle P_{pAS} = A_p E_p \frac{\triangle l_{AS}}{l}$$

② 부착 긴장재 : PS 강재와 쉬스 사이에 마찰이 있는 경우로 일반적인 포스트 텐션 방식에서는 PS텐던과 쉬스 사이에 마찰이 있기 때문에 정착장치의 활동으로 인한 인장력의 손실은 정착장 치 근처, 즉 인장단에 가까운 부위에 한정되며 인장단에서 멀어지면 그 영향이 미미하다.

마찰력은 PS 긴장되면 $a \rightarrow b$로 작용하지만, 정착장치의 미끌림 Δl_{AS}이 발생하면 콘크리트 압축력을 가하는 방향과 반대방향인 $b \rightarrow a'$로 작용된다.

방향이 서로 다른 두 마찰력은 동일한 곡선과 파상마찰계수에 의해 영향을 받기 때문에 ab와 $a'b$의 경사각은 동일하고 대칭을 이룬다.

(1) PS 강재가 직선 배치될 경우

파상마찰만 존재하므로 길이 l_{set}에서 정착장치의 미끌림에 의해 발생하는 PS 강재 응력 f_{px}과 부재 단부에서 PS 강재응력 f_{pa}는 마찰에 의한 응력손실에 의해 계산할 수 있다.

$$f_{px} = f_{pj} \times e^{-kl_{set}}, \quad f_{pa} = f_{px} \times e^{-kl_{set}} = f_{pj} \times e^{-2kl_{set}}$$

PS 강재 긴장 시의 늘어난 길이와 응력 이완 후의 수축된 길이는 동일하므로 음영 부분의 응력변화(Δf_{pAS})와 후크의 법칙을 이용하면,

$$\Delta l_{AS} = \int_0^{l_{set}} \frac{f_{pj} \times e^{-kl_{set}}}{E_{ps}} dx - \int_0^{l_{set}} \frac{f_{px} \times e^{-kl_{set}}}{E_{ps}} dx$$

$$= \frac{f_{pj} \times (1 - e^{-kl_{set}})}{kE_{ps}} - \frac{f_{px} \times (1 - e^{-kl_{set}})}{kE_{ps}} = \frac{f_{pj} \times (1 - e^{-kl_{set}})^2}{kE_{ps}}$$

$$1 - e^{-kl_{set}} = \sqrt{\frac{\Delta l_{AS} \times kE_{ps}}{f_{pj}}}, \quad 1 - e^{-kl_{set}} \approx kl_{set} \quad \therefore l_{set} = \sqrt{\frac{\Delta l_{AS} \times E_{ps}}{kf_{pj}}}$$

a점에서 응력 및 마찰에 의한 응력손실은

$$\frac{f_{pa}}{f_{pj}} = 1 - 2kl_{set}, \quad \Delta f_{pAS} = \Delta f_{pa} = f_{pj} - f_{pa}$$

(2) PS 강재가 곡선 배치될 경우

곡률마찰과 파상마찰 모두 존재하므로

$$f_{px} = f_{pj} \times e^{-(\mu\alpha + kl_{set})}, \quad f_{pa} = f_{px} \times e^{-(\mu\alpha + kl_{set})} = f_{pj} \times e^{-2(\mu\alpha + kl_{set})}$$

$$\Delta l_{AS} = \int_0^{l_{set}} \frac{f_{pj} \times e^{-(\mu\alpha + kl_{set})}}{E_{ps}} Rd\alpha - \int_0^{l_{set}} \frac{f_{px} \times e^{-(\mu\alpha + kl_{set})}}{E_{ps}} Rd\alpha$$

$$= \frac{f_{pj} \times R\alpha\left(1 - e^{-(\mu\alpha + kl_{set})}\right)^2}{E_{ps}(\mu\alpha + kl_{set})} \qquad \therefore l_{set} = \sqrt{\frac{\Delta l_{AS} \times E_{ps}}{\left(\dfrac{\mu}{R} + k\right)f_{pj}}}$$

a점에서 응력 및 마찰에 의한 응력손실은

$$\frac{f_{pa}}{f_{pj}} = 1 - 2(\mu\alpha + kl_{set}), \qquad \Delta f_{pAS} = \Delta f_{pa} = f_{pj} - f_{pa}$$

(3) 간략식

$$\text{삼각형 면적} \quad \frac{1}{2}\Delta f_{pa}l_{set} = l_{set} \times \left(A_p E_p \frac{\Delta l_{AS}}{l_{set}}\right)$$

$$1 : p = l_{set} : \frac{1}{2}\Delta f_{pa} \rightarrow \Delta f_{pa} = 2pl_{set} \quad \therefore l_{set} = \sqrt{\frac{A_p E_p \Delta l_{AS}}{p}} \quad p \text{는 기울기}$$

3. 장기 응력손실 : PSC 도입 후 일어나는 손실

1) 릴랙세이션에 의한 응력손실

릴랙세이션은 강재 자체의 재료적인 성질에 의해 발생하는 순릴랙세이션과 크리프와 건조수축에 의해 영향을 받는 겉보기 릴랙세이션으로 구분되며 실제 구조물에서는 겉보기 릴랙세이션을 이용하여 응력손실을 산정한다. 시간, 초기응력, 온도 등에 의해 영향을 받으며 일반적으로 Magura 등이 실험을 통해 산정된 계산식을 이용한다.

① 간편식 $\qquad \Delta f_{pR} = \gamma f_{pi}$

② Magura 긴장 후 임의의 시점 $\qquad \Delta f_{pR} = f_{pi}\dfrac{\log_{10}t}{10}\left(\dfrac{f_{pi}}{f_{py}} - 0.55\right), \quad \dfrac{f_{pi}}{f_{py}} \geq 0.55$

$\quad f_{pi}$: 프리스트레스 도입 직후의 PS 강재의 인장응력

$\quad f_{py}$: PS 강재의 항복점 응력

③ Magura 일정 기간별

총 릴랙세이션에서 프리스트레스 도입 전에 이미 일어난 릴랙세이션 제외

$$\Delta f_{pR} = f_{pi}\left(\frac{\log_{10}t_n - \log_{10}t_r}{10}\right)\left(\frac{f_{pi}}{f_{py}} - 0.55\right), \quad \frac{f_{pi}}{f_{py}} \geq 0.55$$

다만, 도로교설계기준(한계상태설계법, 2016)에서는 PS 강재의 릴랙세이션을 강재의 종류에 따라 다음과 같이 구분하여 적용하도록 규정하고 있다.

(1) 보통 릴랙세이션 강선과 강연선 $\quad \Delta f_{pR} = f_{pi}{}' \left[5.39\rho_{1000}e^{6.7\mu}\left(\dfrac{t}{1000}\right)^{0.75(1-\mu)}10^{-3}\right]$

(2) 저릴랙세이션 강선과 강연선 $\quad \Delta f_{pR} = f_{pi}{}' \left[0.66\rho_{1000}e^{9.1\mu}\left(\dfrac{t}{1000}\right)^{0.75(1-\mu)}10^{-3}\right]$

(3) 열연 강봉 $\quad\quad\quad\quad\quad\quad\quad\quad\quad \Delta f_{pR} = f_{pi}{}' \left[1.98\rho_{1000}e^{8.0\mu}\left(\dfrac{t}{1000}\right)^{0.75(1-\mu)}10^{-3}\right]$

ρ_{1000} : 평균기온 20°C에서 긴장 후 1,000시간 후 리랙세이션 손실(%), $\mu = f_{pi}/f_{pu}$

2) 크리프에 의한 응력손실

압축응력을 받아 수축하는 프리스트레스트 부재의 콘크리트 변형률은 PS 강재의 변형률과 동일하고, Davis-Glanville의 법칙에 의해 크리프 변형률(ϵ_{cc})은 탄성변형률(ϵ_{ce})에 비례하므로, 일정한 시간 경과 후의 그 비례상수(크리프계수)를 C_u 라고 하면,

$$\epsilon_{ps} = \epsilon_{cc} = C_u\epsilon_{ce} \quad\quad \Delta f_{pCR} = E_p(C_u\epsilon_{ce}) = E_p\left(C_u\frac{f_{cCR}}{E_c}\right) = C_u n f_{cCR}$$

긴장재 단면 중심에서 발생하는 콘크리트 응력(f_{cCR})은 탄성해석에 의해 다음과 같이 계산할 수 있다.

$$f_{cCR} = f_{cir} - f_{cds} = \left|\left(-\frac{P_i}{A_c} - \frac{P_i e}{I_c}e + \frac{M_D}{I_c}e\right)\right| - \frac{M_{SD}}{I_c}e$$

f_{cir} : 정착 직후 보의 사하중과 PS 힘에 의해 일어나는 긴장재 도심위치에서 콘크리트 응력 (압축응력, −)

f_{cds} : PS 도입할 때 존재하던 사하중을 제외한 그 후의 모든 사하중에 의해 일어나는 긴장재 도심 위치에서 콘크리트 응력(인장응력, +)

3) 건조수축에 의한 응력손실

건조수축은 시간, 상대습도, 시멘트의 종류, 단위 시멘트의 양, 부재의 크기, 온도, 골재의 종류, 혼화재 등 다양한 요소의 영향을 받기 때문에 설계에서는 상황에 따라서 정산식을 사용하거나 약산식을 사용하도록 하고 있다.

$$\epsilon_{ps} = \epsilon_{SH} = \frac{\Delta f_{pSH}}{E_{ps}} \quad\quad\quad \therefore \Delta f_{pSH} = E_{ps} \times \epsilon_{SH}$$

건조수축에서 극한 변형률은 일반적으로 $500\times10^{-6} \sim 1{,}000\times10^{-6}$으로 알려져 있다.
ACI 209 $\epsilon_{SH} = 780\times10^{-6}$, PCI 보고서 $\epsilon_{SH} = 800\times10^{-6}$

4) PS손실 저감 대책

① 재료 측면 대책

(1) 쉬스는 마찰손실을 줄이기 위해 파상마찰을 이용한다.

(2) PS 강재는 신축성이 좋고, 릴랙세이션이 작으며 항복비가 큰 것을 사용한다.

(3) 콘크리트는 건조수축이 작고 크리프가 작은 고강도 콘크리트를 사용한다.

② 시공 측면 대책

(1) 긴장 시 콘크리트의 응력 확인

(2) 긴장력 도입순서 준수

원인		적용부재	계산법
즉시손실	탄성수축	프리텐션	$\triangle f_{el} = \dfrac{E_p}{E_c} f_{cs} = n f_{cs}$
		포스트텐션	$\triangle f_{el} = \dfrac{1}{2} n f_{cs} \times \dfrac{N-1}{N}$
	마찰	포스트텐션	(1) $\mu\alpha + kl > 0.3 \qquad P_{px} = P_{pj} e^{-(kl_{px} + \mu_p \alpha_{px})}$ (2) $\mu\alpha + kl \leq 0.3 \qquad P_{px} = \dfrac{P_{pj}}{(1 + kl_{px} + \mu_p \alpha_{px})}$
	정착장치	포스트텐션 (비부착)	$\triangle f_{pAS} = E_{ps} \dfrac{\triangle l_{AS}}{l_p}$
		포스트텐션 (부착 : 직선배치)	$l_{set} = \sqrt{\dfrac{\triangle l_{AS} \times E_{ps}}{k f_{pj}}} , \qquad \dfrac{f_{pa}}{f_{pj}} = 1 - 2kl_{set}$
		포스트텐션 (부착 : 곡선배치)	$l_{set} = \sqrt{\dfrac{\triangle l_{AS} \times E_{ps}}{\left(\dfrac{\mu}{R} + k\right) f_{pj}}} , \qquad \dfrac{f_{pa}}{f_{pj}} = 1 - 2(\mu\alpha + kl_{set})$
		포스트텐션 (부착 : 약산)	$l_{set} = \sqrt{\dfrac{A_p E_p \triangle l_{AS}}{p}} , \qquad \triangle f_{pA} = \dfrac{2pl_{set}}{A_{ps}}$
장기손실	릴랙세이션	긴장 후 임의의 시점	$\triangle f_{pR} = f_{pi} \dfrac{\log_{10} t}{10} \left(\dfrac{f_{pi}}{f_{py}} - 0.55 \right)$
		일정 기간별	$\triangle f_{pR} = f_{pi} \left(\dfrac{\log_{10} t_n - \log_{10} t_r}{10} \right) \left(\dfrac{f_{pi}}{f_{py}} - 0.55 \right)$
	크리프	프리텐션, 포스트텐션	$\triangle f_{pCR} = C_u n f_{cCR}$ $f_{cCR} = f_{cir} - f_{cds} = \left\| \left(-\dfrac{P_i}{A_c} - \dfrac{P_i e}{I_c} e + \dfrac{M_D}{I_c} e \right) \right\| - \dfrac{M_{SD}}{I_c} e$
	건조수축	프리텐션, 포스트텐션	$\triangle f_{pSH} = E_{ps} \times \epsilon_{SH}$

프리스트레스

최대 도입 프리스트레스(Maximum Induced Prestress)

풀 이

▶ 개요

최대 도입 프리스트레스는 긴장력 작용 시에 강재에 가해지는 힘을 의미한다. 긴장력을 높이는 것은 손실에 대비하여 여유를 가질 수 있고, 재료 사용의 효율성이라는 측면에서 경제적일 수 있지만 높은 응력 하에서 피로강도의 감소, 부식 가능성의 증가 등 불리한 측면도 있다. 이 때문에 도로교설계기준(2016)에서는 긴장 시 최대 긴장력을 제한하고 있다.

▶ 최대 도입 프리스트레스(Maximum Induced Prestress) 규정

긴장 작업 시의 최대 긴장력은 정착장치에서의 활동과 마찰손실을 보상하기 전의 짧은 기간에 허용되는 것으로 프리스트레싱 강재의 최대응력으로 $0.8f_{pu}$ 또는 $0.9f_{py}$ 중 작은 값으로 하도록 규정하고 있다. 프리스트레싱 강재의 항복점이 뚜렷하지 않은 경우에는 f_{py} 대신 $f_{p0,2k}$(0.2% 오프셋 항복강도)의 값을 쓸 수 있도록 하였다.

$$\text{최대 긴장력 } P_0 = A_p f_{0,\max}, \qquad \text{여기서 } f_{0,\max} \text{는 } \min[\ 0.8f_{pu},\ 0.9f_{py}\ ]$$

만일 긴장력을 최종 프리스트레스 힘의 5% 정확도로 예측할 수 있다면 초과 긴장을 할 수 있으며, 이때 최대 프리스트레스 힘 P_0는 $0.95f_{py}A_p$만큼 증가시킬 수 있다.

긴장력은 긴장장치의 압력과 동시에 프리스트레싱 강재의 신장량을 같이 측정하여 정확성을 기할 수도 있다. 도로교 설계기준(2016)에서는 만일 긴장력을 최종 프리스트레스 힘의 5% 정확도로 예측할 수 있는 신뢰도가 있다면 초과 긴장을 할 수 있도록 하였다. 이때 최대 프리스트레스 힘 P_0는 $0.95f_{py}A_p$만큼 증가시킬 수 있다. 그러나 긴장력을 지나치게 높이면 영구변형이 발생하여 설계에서와 다른 변형의 문제가 발생한다. 따라서 충분한 측정의 정확도를 확보할 수 있을 때 사용될 수 있다. 일반적으로 어떤 경우에도 사용상태 I에서 모든 손실이 발생한 후에 강선의 응력이 $0.65f_{pu}$를 넘지 않아야 한다.

PSC 도입 방법

프리스트레싱 도입 방법에 대하여 설명하시오.

풀 이

▶ 개요

프리스트레싱을 도입하는 방법은 크게 프리텐션방식과 포스트텐션방식으로 구분된다. 또한 각각의 PSC를 도입하는 방식은 개발한 회사별로 조금씩 차이를 가지고 있다.

▶ 프리스트레싱 도입 방법

1) PS 강재의 긴장방법

긴장방법	특 징
기계적 방법	Jack을 사용하여 텐던을 긴장하여 정착하는 방법으로 Pretension, Post-tension 방식이 가장 보편적으로 쓰이는 방법으로 실제로 가장 많이 쓰이는 방법이다.
화학적 방법	팽창시멘트를 사용하여 콘크리트가 팽창하므로 강재를 구속하면 강재는 긴장되고 콘크리트는 압축되는 방법으로서 실용상 문제점이 많다.
전기적 방법	PSC 강재에 전기를 흘려서 그 저항으로 가열되어 늘어난 텐던을 콘크리트에 정착하는 방법이다.
Pre-Flex 방법	벨기에에서 개발된 방법으로 고강도 강재의 보에 실제로 작용할 하중보다 작은 하중을 가해서 휨을 받게 한 다음 고강도의 콘크리트를 쳐서 경화시키면 보가 원래의 상태로 돌아가려고 하기 때문에 콘크리트 압축응력이 작용하게 하는 방법이다.

2) PS 강재의 정착방법

정착방법	특징
쐐기식 공법	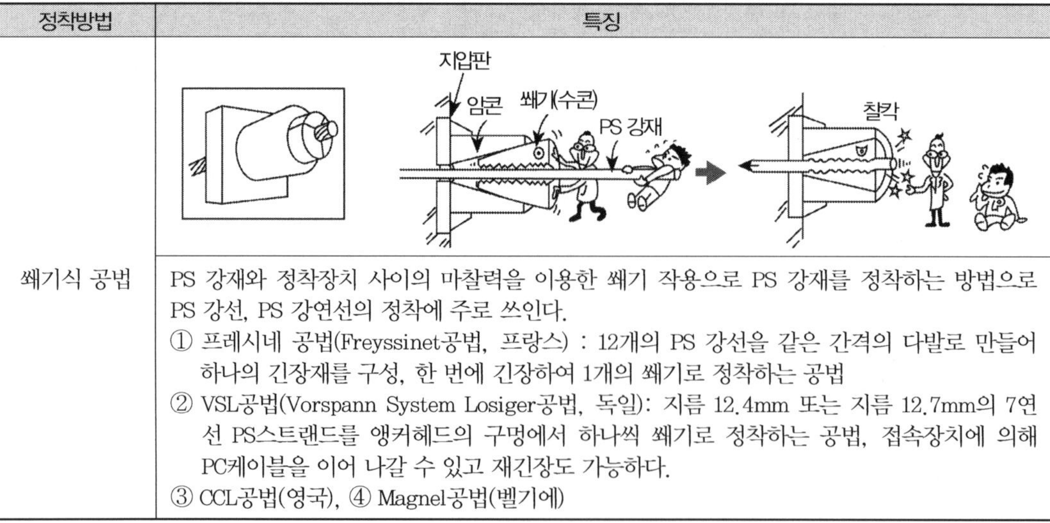 PS 강재와 정착장치 사이의 마찰력을 이용한 쐐기 작용으로 PS 강재를 정착하는 방법으로 PS 강선, PS 강연선의 정착에 주로 쓰인다. ① 프레시네 공법(Freyssinet공법, 프랑스) : 12개의 PS 강선을 같은 간격의 다발로 만들어 하나의 긴장재를 구성, 한 번에 긴장하여 1개의 쐐기로 정착하는 공법 ② VSL공법(Vorspann System Losiger공법, 독일): 지름 12.4mm 또는 지름 12.7mm의 7연선 PS스트랜드를 앵커헤드의 구멍에서 하나씩 쐐기로 정착하는 공법, 접속장치에 의해 PC케이블을 이어 나갈 수 있고 재긴장도 가능하다. ③ CCL공법(영국), ④ Magnel공법(벨기에)

정착방법	특징
지압식 공법	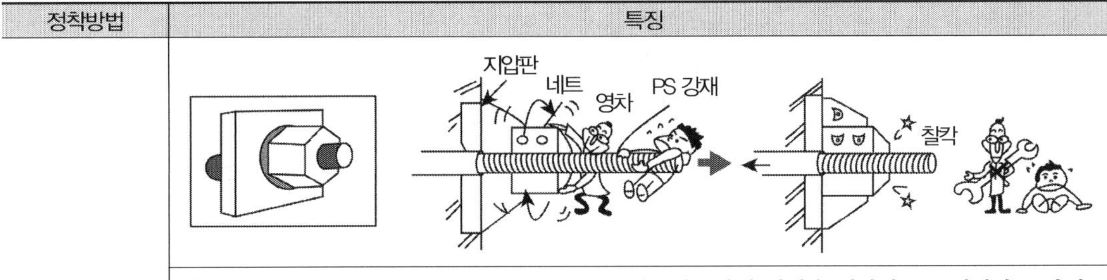 ① 리벳머리식 : PS 강선 끝을 못머리와 같이 제두가공하여 이것을 지압판으로 지지하는 방법 • BBRV공법(스위스) : 리벳머리식 정착의 대표적인 공법으로 보통 지름 7mm의 PS 강선 끝을 제두기라는 특수한 기계로 냉간 가공하여 리벳머리를 만들고 이것을 앵커헤드로 지지 ② 너트식 : PS 강봉 끝의 전조된 나사에 너트를 끼워서 정착판에 정착하는 방법으로 PS 강봉의 정착에 주로 쓰임. Dywidag공법, Lee-McCall공법이 대표적 • 디비닥공법(Dywidag 공법, 독일) : PS 강봉 단부의 전조나사에 특수 강재 너트를 끼워 정착판에 정착하는 방법으로 커플러(coupler)를 사용하여 PS 강봉을 쉽게 이어나갈 수 있다. 장대교 가설에 많이 이용되며 캔틸레버 가설공법 적용이 가능하다.

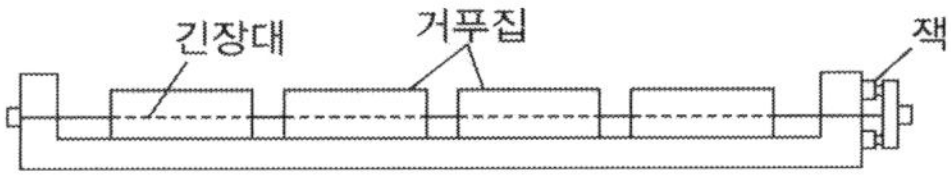

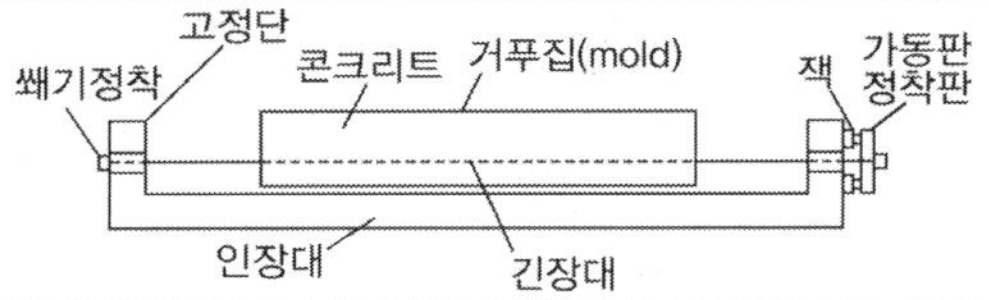

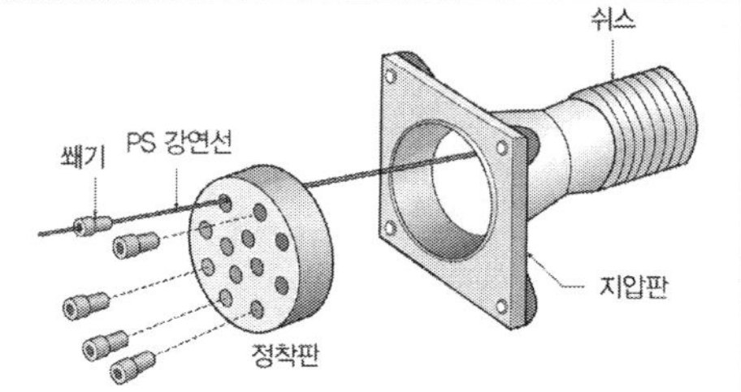

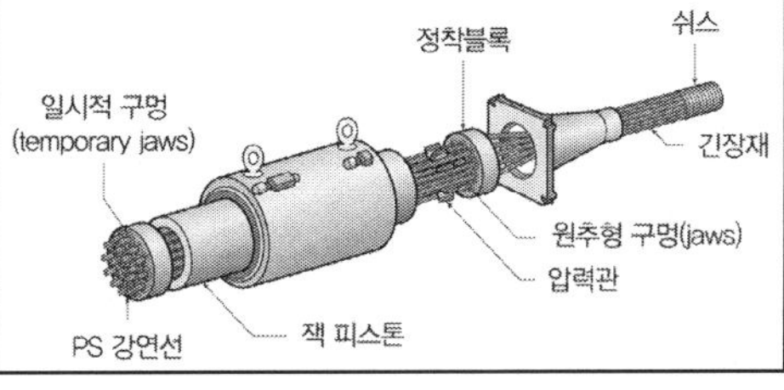

공법구분	형상	특징
VSL공법 Vorspann System Losiger공법, 독일		① 12.7mm 7연선 PS 스트랜드(7개 소선이 꼬여 있는 강연선)를 앵커 헤드의 구멍에서 1개씩 쐐기로 정착 ② 강연선의 개수는 3개, 7개, 12개, 19개, 22개, 31개, 55개 등으로서 구멍의 개수가 다양한 앵커헤드가 제작 가능 ③ 모든 강연선을 동시에 긴장하고 긴장이 완료된 후에 잭을 풀면, 자동적으로 모든 쐐기가 PS 강연선을 정착(노량대교, 올림픽대교)
BBRV공법 스위스		① 리벳머리 정착의 대표적 공법 – 거의 사용되지 않음 ② PS 강선 끝을 못머리와 같이 제두가공하여 이것을 앵커헤드에 지지 ③ 이 앵커헤드는 둘레의 바깥나사에 끼운 앵커 너트를 죄어서 지압판에 지지
디비닥공법 Dywidag공법, 독일		① 너트식 정착의 대표적 공법 : 원효대교 FCM 공법에 사용 ② PS 강봉 끝에 전조하여 너트를 끼워서 지압판으로 지지 ③ 연결 시공이 가능하므로 FCM 공법에 적용하면 유리함. 최근에는 PS 강연선을 접속장치로 연결하면서 FCM 시공을 함
PF공법		① 소정의 솟음을 갖도록 미리 제작된 강재 보에 프리플렉션 하중 재하 ② 재하상태에서 콘크리트 타설 및 양생 후 하중 제거 시 콘크리트 프리스트레스 도입 ③ 보통의 PSC 보에 비하여 l/h를 크게 할 수 있어 보의 높이가 제한될 경우 Clearance 확보가 필요한 over bridge 등에 유용하게 이용

화학적 프리스트레싱

화학적 프리스트레스트 콘크리트(Chemical Prestressed Concrete)

풀 이

▶ 개요

PS 강재에 인장응력을 주는 방법은 주로 기계적인 방법이 사용되나, 그 외에도 화학적 방법, 전기적 방법, 프리플렉싱 방법 등 다양한 방법이 있다. 화학적 프리스트레스트 콘크리트는 화학적 방법으로 PS 강재에 인장응력을 준 콘크리트를 말한다.

▶ 화학적 프리스트레스트 콘크리트

1) 화학적 프리스트레시트 콘크리트의 개념

팽창 시멘트를 사용한 콘크리트는 초기재령에서 팽창한다. 이 팽창을 강재로 구속하면 강재는 긴장되고 콘크리트는 압축하게 되는데 이것을 화학적 프리스트레싱 방법이라고 한다. 일반적으로 화학적 프리스트레스는 팽창재로 인한 길이 방향의 팽창이 양단의 구속판에 의해 구속되거나 철근과 같은 구속봉에 의해서 콘크리트의 응결 후에 콘크리트의 팽창이 구속됨으로써 발생된다. 팽창이 구속판 또는 구속봉에 의해 구속되어 구속봉에는 프리스트레인이 작용하고, 동시에 콘크리트에는 프리스트레스가 도입되는데 이것이 화학적 프리스트레스의 발생 매커니즘이다.

$$f_{cp} = \epsilon_s E_s \times \frac{A_s}{A_c}$$

여기서, f_{cp} : 화학적 프리스트레스
ϵ_s : 프리스트레인(철근의 변형률)
E_s : 철근의 탄성계수
A_s와 A_c : 철근과 콘크리트의 단면적

2) 화학적 프리스트레스트 콘크리트의 활용

팽창 시멘트를 사용한 콘크리트는 3방향으로 팽창하므로 그 이용이 제한된다. 즉 콘크리트 판이나 콘크리트 포장과 같이 2방향으로만 프리스트레싱을 필요로 하는 구조물에만 이용이 가능하다. 그러나 콘크리트 팽창에 의한 강재의 인장력은 경화 초기부터 일어나므로 경화 후의 콘크리트의 건조수축과 크리프로 인해 많은 양이 소멸되고 또 도입응력의 정확한 관리도 쉽지 않기 때문에 사용상에 제약이 따를 수 있다.

화학적 프리스트레스를 도입한 콘크리트로는 흄관, 박스암거, 프리캐스트 슬래브, 강관 라이닝 등의 프리캐스트 콘크리트를 예로 들 수 있는데 화학적 프리스트레싱 콘크리트는 현장에서 사용하는 재료에 따라 팽창량이 다르고, 기상조건 등의 외부조건에 따라 필요한 팽창량을 관리하는 것이 어렵기 때문에 현장타설용으로는 거의 사용되지 않고 제조관리가 비교적 용이한 프리캐스트 콘크리트 제품에 많이 사용되고 있다. 고속도로 강교량의 철근 콘크리트 슬래브 대신에 팽창 콘크리트를 사용하면 화학적 프리스트레스의 도입과 건조수축 저감효과로 인해 균열 감소효과를 가져올 수 있다는 연구결과도 있다.

프리텐션 공법

프리텐션(Pre-tesion) 공법의 장단점에 대하여 설명하시오.

풀 이

> ### 개요

프리스트레싱 방법은 미리 강선을 인장하고 콘크리트를 타설하는 프리텐셔닝(Pre-tensioning) 방식과 콘크리트 타설 후 굳은 콘크리트에 강선을 넣어 인장하는 포스트텐셔닝(Post-tensioning) 방식으로 구분된다. 프리텐션 방식은 별도의 정착장치나 덕트 등이 필요하지 않기 때문에 대량 생산에 적합하나 강재의 곡선배치가 제한적이기에 대규모 구조물에 적용하기 어렵다는 단점이 있다. 때문에 주로 프리캐스트 슬래브, 기초파일, 콘크리트 관 등 작은 구조물들에 적용된다.

> ### 프리스트레싱 방법 비교

프리텐션 공법은 주로 롱라인 공법(long ine)을 통해 PS 강재를 긴장 배치하고 그 사이에 여러 개의 거푸집을 동시에 설치하여 타설 후 긴장을 해제하는 대량생산방식을 적용하거나 단일 몰드(individual mold)를 통해 거푸집 자체를 인장대로 사용해 1개의 거푸집에 1개의 부재를 생산하는 방식을 이용한다.

구분	프리텐션(Pre-tension)	포스트텐션(Post-tension)
PS 도입	콘크리트 타설 전	콘크리트 타설 경화 후
인장재	직선형	직선 및 곡선
적용	PC 공장생산 방식	대형 현장 구조물
특징	균등한 긴장력과 품질	자유로운 형상 구현
시공방법	롱라인공법, 단일 몰드 공법	언본드 방식, 부착방식

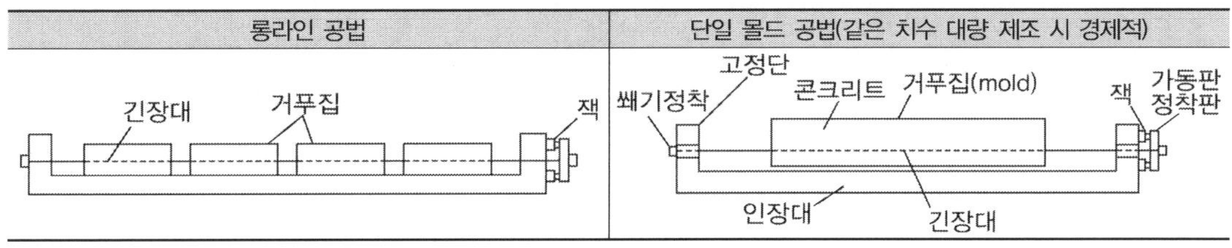

➤ **프리텐션 방식의 특징**

프리텐션 방식은 별도의 정착장치나 덕트 등이 필요하지 않고 공장에서의 대량생산에 적합한 장점이 있으나 강재를 곡선으로 배치하기 어려워 대규모 구조물에 적용이 어렵다. 이와 대조적으로 포스트텐션(Post-tension) 방식은 강선을 삽입하기 위한 덕트와 정착 장치를 설치하고 콘크리트를 타설한 후 충분히 경화한 뒤에 덕트에 강선을 넣고 인장하여 프리스트레스를 도입하는 방식으로, 대규모의 구조물에 적용이 가능하여 교량뿐 아니라 대규모 건축물에도 널리 적용되는 방식이다.

➤ **프리텐션 방식의 설계 시 고려사항**

1) 설계적 측면에서는 프리텐션 방식은 강재를 긴장한 이후에 콘크리트를 타설하기 때문에 강재와 콘크리트 간의 부착강도를 매우 중요한 요소로 고려해야 한다. 부착강도를 높이기 위해서는 몇 개의 강선을 꼰 PSC 강연선이나 이형 PSC 강재를 사용하는 것이 좋다.
2) 강재 긴장 후 콘크리트 타설로 즉시손실과 시간적 손실을 합한 긴장재의 총 손실이 포스트텐션(Effectiveness ratio, R=0.855)에 비해 프리텐션 방식(R=0.800)이 높다.

➤ **프리텐션 방식의 장단점**

장점	단점
① 별도의 정착장치나 덕트가 필요 없음	① 강재를 곡선 배치하기 어려움
② 강선 배치 후 콘크리트 타설로 대량 생산에 유리	② 현장의 대규모나 복잡한 구조물에 적용 곤란
③ 균등한 긴장력을 기대할 수 있음	③ 긴장된 강재와 콘크리트 간의 부착강도 고려 필요
④ 공장 제작으로 원가 절감이 가능하고 품질 확보에 유리함	④ 긴장 후 콘크리트 타설로 건조수축 등으로 인한 긴장력 손실이 상대적으로 높음

부착 강선과 비부착 강선의 거동

프리스트레스트 콘크리트(PSC) 구조에서 부착(Bonded) 강선, 비부착(Unbonded) 강선의 단면 응력에 대한 구조적 거동 특성을 설명하시오.

풀 이

▶ 개요

프리스트레스트 콘크리트 부재는 일반적으로 프리스트레스 강재가 단면 내부에 설치되고 또한 그라우팅으로써 부착되어 시공된다. 최근 들어 상대적으로 시공이 간편하고, 유지관리가 손쉬운 장점을 가지고 있는 비부착 강선을 갖는 PSC 부재가 장대 교량의 신설이나 기존 교량의 보강공사 등에 자주 이용되고 있다.

▶ 부착 강선, 비부착 강선의 구조적 거동 특성 차이

① 일반적으로 부착 강선을 갖는 PSC보의 해석은 콘크리트와 강선이 완전히 부착되어 거동한다는 가정 하에 단면 적합조건을 이용하게 되나, 비부착 강선을 갖는 부재는 부착 강선을 가진 부재와는 다르게 강선을 정착하는 정착부(anchorage)나 강선과 콘크리트가 접촉하는 부위에서만 부재와 일체거동을 하므로 강선의 응력이 부재의 전체 변형에 영향을 받는 것이 특징이다.

② 비부착 강선 중 외부 강선을 갖는 부재는 부재 변위가 발생할수록 편심량이 변화하여 편심량 변화로 인한 2차 효과가 발생하는 등의 특징을 가지고 있다.

③ 편향부 또는 콘크리트와 강선이 접촉하는 부위는 비부착 강선의 방향전환 역할을 수행하며 낮은 하중효과에서는 고정단처럼 거동하나, 하중효과가 증가하여 강선의 마찰력을 초과하면 슬립현상이 발생하여 강선의 이동 및 프리스트레스 효과가 급격히 감소하는 현상을 유발하는 것으로 알려져 있다.

④ 강선의 프리스트레스 효과에 의한 모멘트는 거의 전 구간에 동일한 부모멘트가 발생하게 되며, 다만 전달길이(transfer length)로 알려진 강선의 긴장력이 콘크리트로 완전히 전달되지 않는 구간(대략 단부에서 1m 내외 구간)만 직선 분포를 갖게 된다. 따라서 모든 하중이 작용하는 최종 상태에서 중앙부는 외력과 프리스트레스가 상쇄되어 발생 모멘트가 0에 근접하게 되지만 단부에서는 외력에 의한 모멘트가 적게 발생되어 결과적으로 큰 부모멘트가 발생하게 된다. 이러한 부모멘트는 PSC 거터 상부에 큰 인장응력을 발생시키고 이 응력으로 말미암아 상연에는 균열이 발생하는 문제점이 생긴다. 부착과 비부착 강연선의 개수를 최적화해 조정하면 모든 하중이 작용하는 최종상태에서는 외력과 프리스트레스가 상쇄되도록 단면력을 조정할 수 있다.

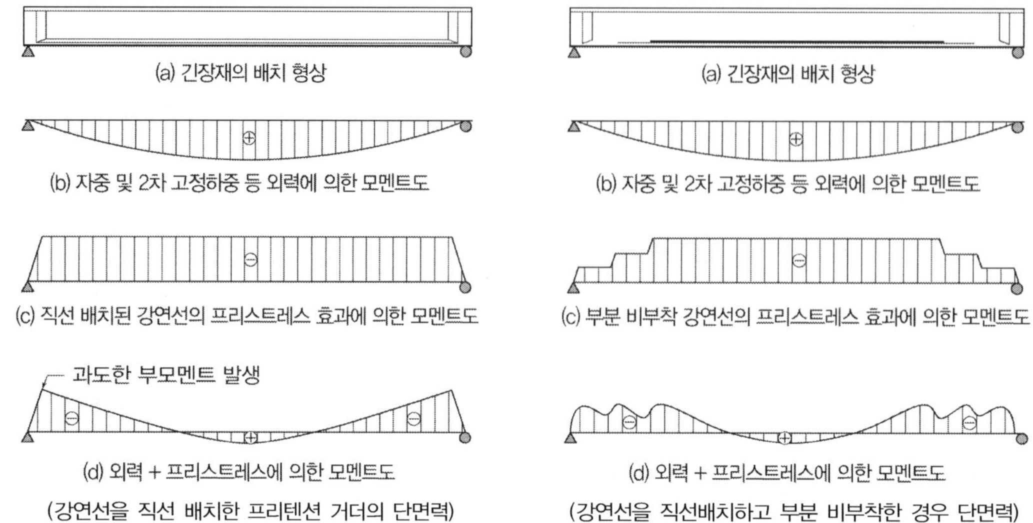

▶ 도로교설계기준의 제한사항

국내외 설계기준에서 제시하고 있는 비부착 강선의 개수 제한 및 정착 및 전달길이 규정을 적용하면 단면 응력 조절이 용이하지 못하여 거더 단부 상연에서 여전히 균열 발생의 가능성이 있게 되고, 반대로 비부착량을 임의로 과도하게 늘리면 균열의 제어는 용이하나 단부 구역의 취성파괴에 대한 위험이 증대된다.

국내에서는 프리스트레스 콘크리트 거더에 균열을 허용하지 않는 기술자들의 관습으로 인하여 단면 상연 균열의 억제에만 초점을 맞추고 강연선의 비부착량을 한계 이상으로 증가시키기도 하는데, 이 경우 반대로 전단강도가 취약해지는 역효과가 발생할 수 있다는 점을 간과할 수 있다. 이에 대하여 설계기준에서는 단면 내의 강연선 비부착량을 총량의 25% 내로 제한하고 있다. 국내에서는 다양한 제품을 프리텐션 공법으로 공장 제작하고 있지만 거더 제품에 관한 한 도로 및 운송의 제약으로 아직까지 제품에의 상용화 사례가 많지 않고, 거동에 대한 이해 또한 깊지 않아 강연선의 비부착량을 고려하지 않고 설계 및 시공을 수행하고 있는 실정이다.

PSC 그라우팅

내부 부착 긴장재를 갖는 포스트텐션 PSC 교량의 그라우트 미충전이 의심되는 경우 조사 방법을 설명하시오.

풀 이

기존 PSC 교량의 텐던 상태평가 기술개발(한국건설기술연구원, 2014)

➤ 개요

그라우트는 외부의 유해물질(염소이온, 물 등)로부터 강연선의 노출을 막는 보호막으로, 일반적인 RC 구조물의 부식이 철근의 산화(oxidation)를 통한 녹물 발생, 박리현상 등 사용성 위주의 문제를 발생시키는 것에 비하여, PC 구조물의 부식은 수소취화현상(hydrogen Embrittlement)을 통한 직접적인 강연선의 취성파괴로 교량의 안전성과 직결된다. 이러한 안정성 문제 해결 방안으로 그라우트는 강연선의 부식을 방지하는 가장 효과적인 수단으로 인식되고 있다.

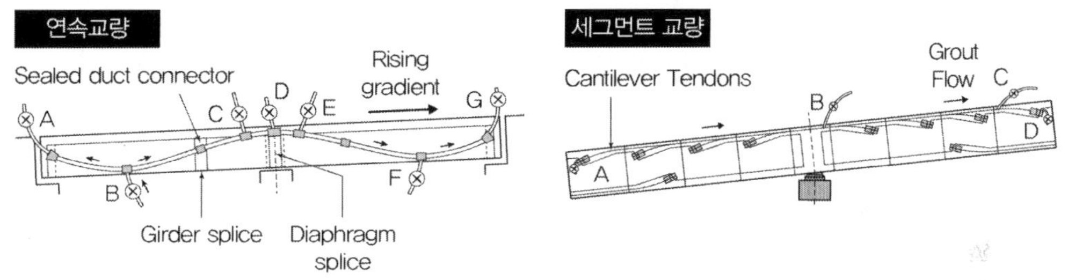

그러나 그라우트의 블리딩, 팽창률, 점도(유동성) 등에 의해 잔류공기가 배출되지 않아 그라우트 미충전으로 공극이 발생되는 구간에 강연선의 파단 등의 피해 사례가 발생할 수 있다.

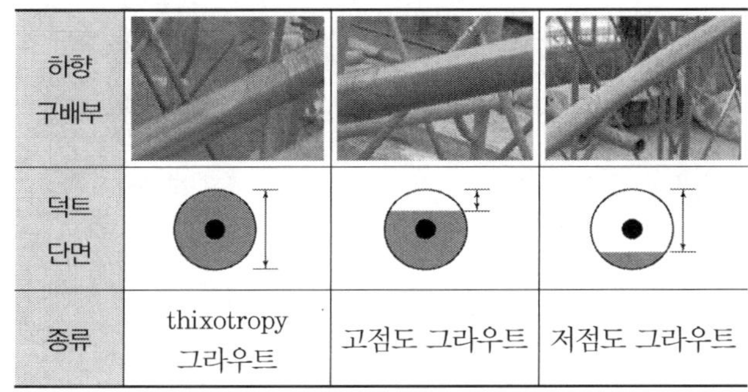

하향 구배부			
덕트 단면			
종류	thixotropy 그라우트	고점도 그라우트	저점도 그라우트

(점도에 따른 그라우트 충전)

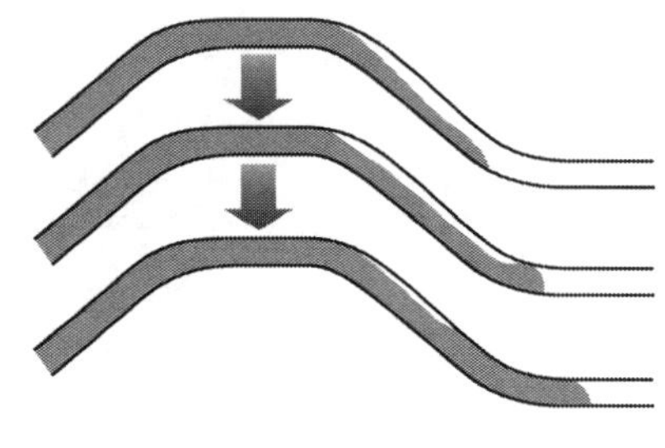

(저점도 그라우트 잔류공기 발생 매커니즘)

공용 중인 교량의 그라우팅 공극의 조사는 구조물의 파손을 최소화하기 위해서 주로 비파괴적인 방법이 사용된다. 탄성파를 이용한 동적 비파괴 기술이나 전자기파를 이용한 방법이 주로 사용된다.

1) 초음파법(Ultrasonic Method) : 초음파법의 기본원리는 탄성파를 구조체의 한쪽 면에서 가진하고 손상 또는 공극에서의 반사파의 도달시간을 가지고 손상 또는 공극 위치를 파악하는 것이다. 초음파법은 주로 ① 초음파 속도의 감쇠를 이용한 방법과 ② 반사파를 이용한 방법의 2가지 측정법이 있다. 두 방법은 공극의 존재 및 위치파악은 가능하지만 측정되는 범위 내에 기타 철근 및 덕트관 등의 영향을 받을 수 있기 때문에 PSC 구조물에서의 텐던 그라우팅 공극을 찾기에는 많은 어려움이 있다. 그러나 콘크리트의 동탄성계수를 찾는 방법으로는 적절한 것으로 판단되고 콘크리트의 정탄성계수와 동탄성계수의 관계, 정탄성계수와 강도와의 상관관계 등이 합리적인 범위 내에 있다고 가정한다면 초음파법은 콘크리트의 품질 검토를 위해서는 효율성이 높다.

① 충격반향기법(Impact-Echo, IE) : 콘크리트 구조체 표면에 응력파(탄성파)를 생성하여 가진된 표면과 내부의 공극 또는 바닥에서의 반사파의 연속적인 왕복신호를 가지고 내부 공극의 위치와 바닥의 위치를 파악할 수 있다.

② 전단파법(Ultrasonic Shear Wave, USW) : 기존의 압축파를 이용한 초음파 조사 방법과 유사하게, 20kHz 이상의 주파수 영역대를 사용하여 시험체에 전단파를 보내고, 내부 결함이나 기하학적 경계면에서 발생하는 반사파를 단일면 송·수신 방식으로 계측하는 전통적인 초음파 펄스-에코(Pulse-Echo) 기법이다.

③ 유도 초음파법(Guided Ultrasonic Wave, GUW) : 매개체에 일정한 각도로 초음파를 입사시켜 초음파의 반사, 굴절 및 중첩 등을 통하여 일정한 거리를 지나면서 매개체를 따라 진행하는 파가 만들어지는 것을 이용한다. 즉 초음파가 진행하는 동안 구조체(매개체)의 용접부, 부식, 균열, 두께 감소 등 결함에서 반사되어 돌아오는 파의 크기, 형태, 특성을 분석하여 구조물 건전성을 진단하는 데 이용하는 방법이다.

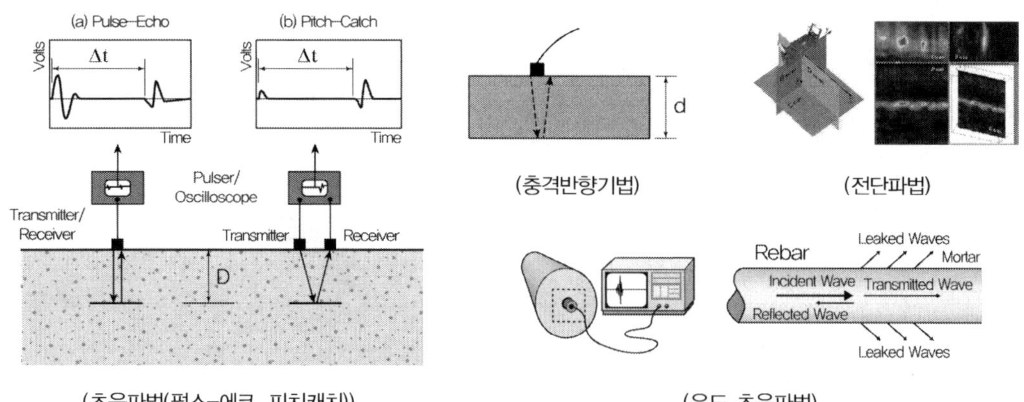

(초음파법(펄스-에코, 피치캐치))　　　(충격반향기법)　　　(전단파법)　　　(유도 초음파법)

2) 기타

① 표면파법(Surface Wave) : 본래 SASW(Spectrum Analysis of Surface Wave) 및 MASW (Multi Analysis of Surface Wave)는 다양한 층상 구조를 가진 대상체에서 충격에 의해 발생한 표면파가 파장(주파수)에 따라 서로 다른 깊이까지 침투한다는 원리에 기반한 지반 물리 탐사 기법이다. 층상 구조체에서는 표면파의 각 주파수(파장) 성분이 서로 다른 속도로 침투하기 때문에 표면파는 진행되는 각 층의 물리적 성분의 함수로 나타낼 수 있다. 현재까지 SASW와 MASW는 지층의 분포, 아스팔트 혹은 콘크리트 포장층을 확인하는 데 성공적으로 적용되어 왔으며, 최근에는 콘크리트 구조물의 건전성에 대한 비파괴 검사로도 확대되고 있다. 표면파법을 이용하면 초음파법에 의한 P파 및 표면파 속도보다 정확한 탄성파의 속도를 분석할 수 있으며, 위상속도분산곡선을 통하여 Impact-Echo 모드에 해당되는 주파수 영역까지 한 번에 알아낼 수 있는 장점을 가지고 있다. SASW보다는 다중 센서를 적용하는 MASW를 사용한다면 PSC 구조물의 공극의 존재 유무 및 위치 파악과 보다 정확한 탄성파 속도 측정으로 탄성계수 평가의 정확성을 향상시킬 수 있다.

② 충격파 응답법(Impulse Response, IR) : 주로 P파의 반사에 기인한 표면 반사기법으로, 2kHz까지의 과도 진동(transient vibration)을 유도할 수 있는 충격 해머에 의하여 작동된다. 충격 에너지(input)와 그에 따른 반응(output)이 표면에서 측정되고 푸리에 변환에 의한 힘과 시간에 따른 함수로(input) 푸리에 변환에 의한 응답-시간에 함수를(output) 나눠주면 충격 응답이 계산된다. 충격 응답 함수는 구조물의 특성을 나타내며 기하학적, 지지조건, 손상의 유무에 따라서 변화한다. 또한 모빌리티의 함수로 면적이 넓은 콘크리트 구조물의 강성 및 주기적 거동을 측정하여 손상 영역을 파악할 수 있으며 탄성계수와의 상관관계를 도출해 낼 수 있는 장점을 지닌 비파괴검사 방법이다. 아직 적용사례가 많지 않으나 다른 탄성파 시험에 비해 일관성 있는 데이터 획득이 가능하다는 장점을 가지고 있으므로 PSC 구조물의 그라우팅 공극, 탄성계수 등과 모빌리티 함수와의 상관관계를 도출해낼 수 있다면 향후 좋은 검사 방법으로 활용될 수 있다.

③ 지표면 레이다 투과법(GPR) : 유전 성질과 감쇠(dielectric properties & attenuation)에서의 변화를 통해 구조물의 열화를 평가하는 펄스-에코법이다. GPR은 교량에서 철근의 위치, 철근과 콘크리트 사이의 부착 상태, 포장층의 두께 등을 평가하는데 적용되어 왔다. 움직이는 안테나를 통해 파 에너지를 포장층에 투과하는 전자기파를 이용한다. 이런 전자기파는 포장 구조체를 통과하고 유전 성질이 다른 물질과의 경계면에서의 반사되는 반향(echo)을 생성하고 이런 반향들의 도달 시간과 진폭들이 구조물의 두께와 함수율(수분) 등의 성질을 파악하는 데 이용되는 것이다. GPR 방법은 유전 성질의 차이로 인한 매질 경계에서의 전자기파의 반사를 탐지하는 기법으로서 이를 바탕으로 매질이 달라지는 콘크리트와 철근 혹은 콘크리트와 텐던 경계를 구분하여 철근과 텐던의 위치 파악 및 주변 공극의 존재 여부를 알아낼 수 있다. 이는 이미 상용화된 GPR 장비를 바탕으로 적용 사례가 많이 존재한다. 하지만 GPR 기술의 물리적 특성상 텐던의 부식 및 탄성계수의 측정은 더 많은 연구가 필요하다.

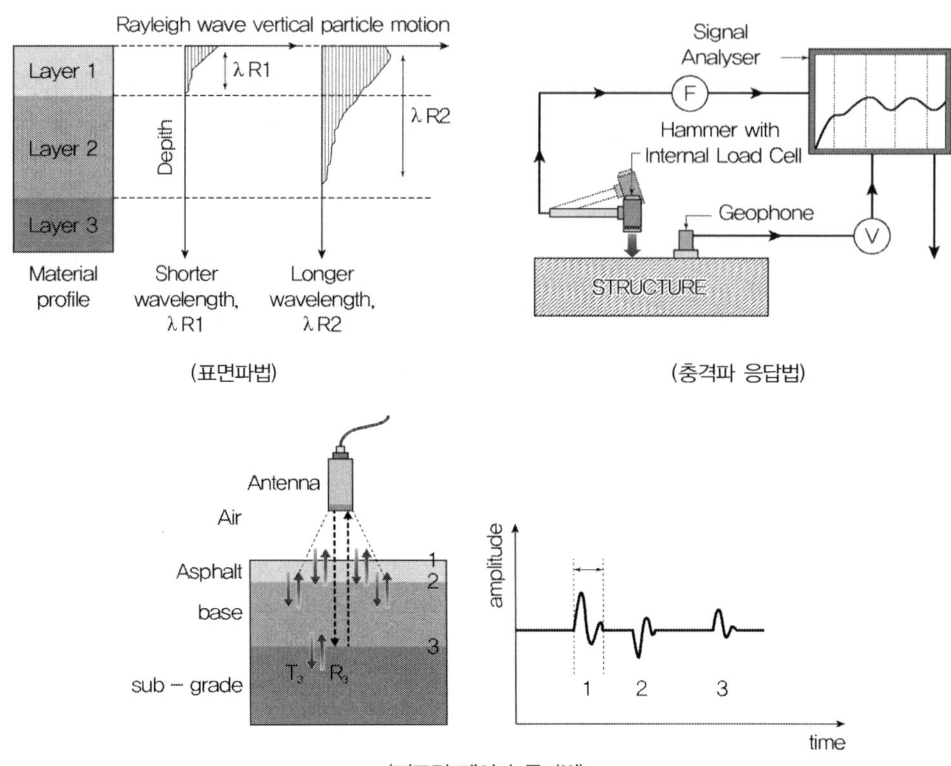

(표면파법)

(충격파 응답법)

(지표면 레이다 투과법)

PSC 손실

프리스트레스트 콘크리트에서 유효 프리스트레스 f_{pe} 를 결정하기 위해서 고려해야 할 프리스트레스 손실 원인을 설명하시오.

풀 이

▶ 개요

프리스트레스는 초기에 PS 강재를 긴장할 때 긴장장치에서 측정된 인장응력과 같지 않은데, 이는 PS 강재의 긴장 작업 중이나 긴장 작업 후에 여러 원인에 의해 인장응력이 손실되기 때문이다. 최종적으로 긴장재에 작용하는 인장력을 유효 프리스트레스 힘(P_e)으로 나타내며, 즉시손실과 시간적 손실을 합한 긴장재의 총 손실은 재킹 힘(P_j)의 20~35% 범위이다.

▶ 프리스트레스트 손실 원인

1) 즉시손실 : PSC 도입 시 일어나는 손실로 정착장치의 활동, PS와 쉬스 사이의 마찰, 콘크리트 탄성변형에 의해서 발생한다.

   ① 정착장치의 활동(anchorage slip) : 긴장한 PS 강재를 정착할 때, 정착장치에서 PS 강재가 활동하거나 또는 정착장치가 변형되거나 하여 긴장재의 인장력이 감소하는 현상으로 정착장치의 활동량은 긴장 작업 시 초과긴장(overstressing)함으로써 보정할 수 있다.

   ② PS와 쉬스 사이의 마찰(friction loss) : 강재의 인장력과 쉬스와의 마찰로 인하여 긴장재의 끝에서 중심으로 갈수록 작아지며 포스트 텐션 방식에만 발생된다.

   ③ 콘크리트의 탄성변형(elastic shortening) : 프리스트레스가 순차적으로 도입되기 때문에 이로 인하여 콘크리트 탄성수축이 단계적 발생으로 긴장력 손실이 발생한다. 긴장재를 동시 긴장하는 경우에는 탄성변형에 의한 손실량은 무시할 수 있다.

2) 장기손실 : PS 도입 후에 시간에 따라 일어나는 손실로 콘크리트의 크리프, 건조수축 및 PS 강재의 릴랙세이션에 의해 발생한다.

   ① 콘크리트의 크리프(creep)　$\triangle f_{cr} = E_p (C_u \epsilon_c) = E_p \left(C_u \dfrac{f_{cs}}{E_c} \right) = C_u n f_{cs}$

   ② 콘크리트의 건조수축(shrinkage)　$\triangle f_{sh} = E_p \epsilon_{sh}$

   ③ PS 강재의 릴랙세이션(relaxation)　$\triangle f_{re} = \gamma f_{pi}$

➤ **PS 손실 방지를 위한 저감대책**

1) 재료측면 대책

① 쉬스는 마찰손실을 줄이기 위해 파상마찰을 이용한다.
② PS 강재는 신축성이 좋고, 릴랙세이션이 작으며 항복비가 큰 것을 사용한다.
③ 콘크리트는 건조수축이 작고 크리프가 작은 고강도 콘크리트를 사용한다.

2) 시공측면 대책

① 긴장 시 콘크리트의 응력 확인
② 긴장력 도입 순서 준수

PSC 손실

프리텐션 부재와 포스트텐션 부재의 제작 단계별 긴장력 손실 발생 특성과 시간 경과에 따른 긴장응력 변화에 대하여 설명하시오.

풀 이

▶ 개요

프리스트레스는 초기에 PS 강재를 긴장할 때 긴장장치에서 측정된 인장응력과 같지 않은데, 이는 PS 강재의 긴장 작업 중이나 긴장 작업 후에 여러 원인에 의해 인장응력이 손실되기 때문이다. 최종적으로 긴장재에 작용하는 인장력을 유효 프리스트레스 힘(P_e)으로 나타내며, 즉시손실과 시간적 손실을 합한 긴장재의 총 손실은 재킹 힘(P_j)의 20~35% 범위이다.

$$P_e = RP_i, \quad R : \text{프리스트레스 힘의 유효율} \ \frac{P_i - P_e}{P_i} = 1 - R$$

일반적인 유효율(R) : 프리텐션 방식(0.800), 포스트텐션 방식(0.855)

▶ 프리텐션 부재의 제작 단계별 긴장력 손실 발생 특성

1) 프리텐션 부재의 즉시 손실량

　① 정착장치의 활동(anchorage slip) : 프리텐션 방식은 PS 강재와 쉬스 사이에 마찰이 없고 정착장치에서 강재의 긴장을 하지 않기 때문에 정착장치의 활동량은 고려하지 않고 긴장재의 변형에 의한 손실량만 고려한다.

$$\triangle f_{an} = E_p \frac{\triangle l}{l} \ \rightarrow \ \text{인장력 손실량} \ \triangle P_{an} = A_p E_p \frac{\triangle l}{l}$$

　② PS와 쉬스 사이의 마찰(friction loss) : 프리텐션 방식은 PS 강재와 쉬스 사이에 마찰이 없기 때문에 고려되지 않는다.

　③ 콘크리트의 탄성변형(elastic shortening) : 프리텐션 방식의 PS 강선은 콘크리트와 완전 부착으로 동시에 단축되므로 강재의 도심위치에서 $\epsilon_c = \epsilon_p$ 이다. 따라서 다음과 같이 탄성변형에 의한 손실량을 산정할 수 있다.

$$\frac{f_{cs}}{E_c} = \frac{\triangle f_{el}}{E_p} \qquad \therefore \ \triangle f_{el} = \frac{E_p}{E_c} f_{cs} = n f_{cs}$$

여기서, $f_{cs} = \dfrac{P_i}{A_c} + \dfrac{P_i}{I_c}e_p^2 - \dfrac{M_d}{I_c}e_p = \dfrac{P_i}{A_c}\left(1 + \dfrac{e_p^2}{r^2}\right) - \dfrac{M_d}{I_c}e_p$: 강재도심에서 콘크리트 응력

2) 프리텐션 부재의 장기손실량

① 콘크리트의 크리프(creep)

$$\triangle f_{cr} = E_p(C_u\epsilon_c) = E_p\left(C_u\dfrac{f_{cs}}{E_c}\right) = C_u n f_{cs}$$

(도로교 및 철도교 설계기준) $\triangle f_{cr} = 12f_{cir} - 7f_{cds}$

f_{cir} : 정착 직후 보의 사하중과 PS 힘에 의해 일어나는 긴장재 도심 위치에서 콘크리트 응력

f_{cds} : PS 도입할 때 존재하던 사하중을 제외한 그 후의 모든 사하중에 의해 일어나는 긴장재 도심 위치에서 콘크리트 응력

② 콘크리트의 건조수축(shrinkage)

$$\triangle f_{sh} = E_p\epsilon_{sh} \quad \epsilon_{sh} \fallingdotseq 800\times10^{-6}(습윤양생한\ 최종\ 건조수축\ 변형률)$$

(도로교 및 철도교 설계기준)

– 프리텐션 부재 : $\triangle f_{sh} = 119 - 1.05H_r$

③ PS 강재의 릴랙세이션(relaxation)

(1) 간편식

$$\triangle f_{re} = \gamma f_{pi}$$

(2) Magura 프리텐션 방식

총 릴랙세이션에서 프리스트레스 도입 전에 이미 일어난 릴랙세이션 제외

$$\triangle f_{re} = f_{pi}\left(\dfrac{\log_{10}t_n - \log_{10}t_r}{10}\right)\left(\dfrac{f_{pi}}{f_{py}} - 0.55\right) \quad \dfrac{f_{pi}}{f_{py}} \geq 0.55$$

▶ 포스트텐션 부재의 제작 단계별 긴장력 손실 발생 특성

1) 포스트텐션 부재의 즉시 손실량

① 정착장치의 활동(anchorage slip) : 긴장한 PS 강재를 정착할 때, 정착장치에서 PS 강재가 활동하거나 또는 정착장치가 변형되거나 하여 긴장재의 인장력이 감소하는 현상으로 정착장치의 활동량은 긴장 작업 시 초과긴장(overstressing)함으로써 보정할 수 있다. 일반적인 포스트텐션방식에서는 PS텐던과 쉬스 사이에 마찰이 있기 때문에 정착장치의 활동으로 인한 인장력의 손실은 정착장치 근처, 즉 인장단에 가까운 부위에 한정되며 인장단에서 멀어지면 그 영향이 미미하다.

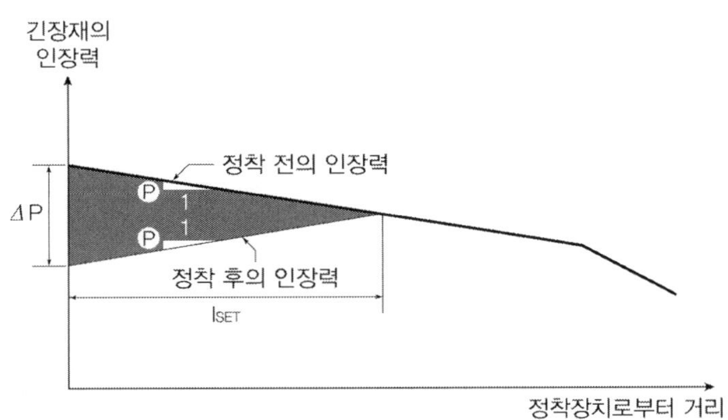

$$\text{삼각형 면적 } 0.5\triangle Pl_{set} = l_{set} \times \left(A_p E_p \frac{\triangle l}{l_{set}} \right)$$

$$1 : p = l_{set} : 0.5\triangle P \rightarrow \triangle P = 2pl_{set} \quad \therefore l_{set} = \sqrt{\frac{A_p E_p \triangle l}{p}}$$

② PS와 쉬스 사이의 마찰(friction loss) : 강재의 인장력과 쉬스와의 마찰로 인하여 긴장재의 끝에서 중심으로 갈수록 작아지며 포스트 텐션 방식에만 해당된다.

(1) 긴장재의 곡률마찰로 인한 손실 : 긴장재의 각도 변화에 의한 손실

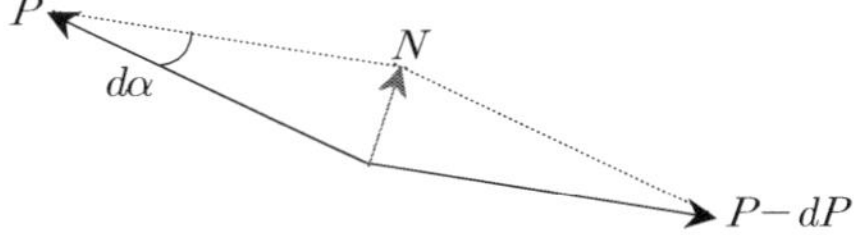

$$N = Pd\alpha \qquad d\alpha = \frac{dx}{R} \qquad\qquad \therefore N = P\frac{dx}{R}$$

P의 수직분력 N에 의한 마찰력 μN $\qquad dP = -\mu N$

$$dP = -\mu \frac{P}{R}dx = -\mu Pd\alpha \qquad\qquad \therefore \frac{dP}{P} = -\mu d\alpha$$

양변을 적분하면,

$$\int \frac{dP}{P} = -\int \mu d\alpha, \ \ln P = -\mu\alpha + C, \ P = e^{-\mu\alpha + C} = e^{-\mu\alpha}e^{C}, \ P_0 = e^{C}$$

$$\therefore P_x = P_0 e^{-\mu\alpha}$$

(2) 긴장재의 파상마찰로 인한 손실 : PS 강재의 길이의 영향에 의한 손실

인장단으로부터 거리 x인 단면까지의 파상의 영향으로 인한 각변화를 βl이라고 하면, 위의 식의 α 대신 βl을 대입하면 되므로,

$$\therefore P_x = P_0 e^{-\mu\beta l} = P_0 e^{-kl} \ (\because \text{let } \mu\beta = k)$$

(3) 곡률과 파상마찰 모두 고려하는 경우

$$P_x = P_0 e^{-(\mu\alpha + kl)} \rightarrow \text{인장력 손실량} \quad \triangle P = P_0 - P_x = P_0[1 - e^{-(\mu\alpha + kl)}]$$

$$\text{인장응력 손실량} \quad \triangle f_{fr} = f_0[1 - e^{-(\mu\alpha + kl)}]$$

단, $\mu\alpha + kl \leq 0.3$일 경우

$$P_x = P_0(1 - \mu\alpha - kl) \rightarrow \triangle P = P_0 - P_x = P_0(\mu\alpha + kl), \quad \triangle f_{fr} = f_0(\mu\alpha + kl)$$

③ 콘크리트의 탄성변형(elastic shortening) : 긴장재를 동시 긴장하는 경우에는 탄성변형에 의한 손실량은 무시한다. 포스트텐션 방식은 경화한 콘크리트 부재를 받침으로 하여 긴장재를 재킹하므로 콘크리트 부재는 단축하나 긴장재의 인장력은 콘크리트 부재가 탄성수축된 후에 측정되기 때문에 콘크리트의 탄성변형으로 인한 인장력 감소는 없다. 다만, 프리스트레스가 순차적으로 도입되기 때문에 이로 인하여 콘크리트 탄성수축이 단계적 발생으로 긴장력 손실이 발생한다.

$$\therefore \triangle f_{el} = \frac{1}{2} n f_{cs} \times \frac{N-1}{N}$$

(도로교 및 철도교 설계기준) $\triangle f_{el} = \dfrac{1}{2} \dfrac{E_p}{E_{ci}} f_{cir}$

2) 포스트텐션 부재의 장기손실량

① 콘크리트의 크리프(creep)

$$\triangle f_{cr} = E_p(C_u \epsilon_c) = E_p\left(C_u \frac{f_{cs}}{E_c}\right) = C_u n f_{cs}$$

(도로교 및 철도교 설계기준) $\triangle f_{cr} = 12 f_{cir} - 7 f_{cds}$

f_{cir} : 정착 직후 보의 사하중과 PS힘에 의해 일어나는 긴장재 도심위치에서 콘크리트 응력

f_{cds} : PS 도입할 때 존재하던 사하중을 제외한 그 후의 모든 사하중에 의해 일어나는 긴장재 도심 위치에서 콘크리트 응력

② 콘크리트의 건조수축(shrinkage)

$$\triangle f_{sh} = E_p \epsilon_{sh} \quad \epsilon_{sh} \fallingdotseq 800 \times 10^{-6} (\text{습윤양생한 최종 건조수축 변형률})$$

(도로교 및 철도교 설계기준)

• 포스트텐션 부재 : $\triangle f_{sh} = 0.8(119 - 1.05 H_r)$　　H_r : 연간 평균 상대습도

③ PS 강재의 릴랙세이션(relaxation)

  (1) 간편식

$$\triangle f_{re} = \gamma f_{pi}$$

  (2) Magura 포스트 텐션

$$\triangle f_{re} = f_{pi}\frac{\log_{10}t}{10}\left(\frac{f_{pi}}{f_{py}} - 0.55\right)\frac{f_{pi}}{f_{py}} \geq 0.55$$

    f_{pi} : 프리스트레스 도입 직후의 PS 강재의 인장응력

    f_{py} : PS 강재의 항복점 응력

긴장재 배치 형상에 따른 정착장치의 응력손실

포스트텐션 부재의 a, b, c 지점에서 발생하는 정착장치에 의한 응력 손실을 구하라.

1) 직선 PS 강재의 응력손실 계산 ① 비부착 강연선인 경우 ② 부착 강연선인 경우
2) 곡선 PS 강재의 응력손실 계산 ① 비부착 강연선인 경우 ② 부착 강연선인 경우

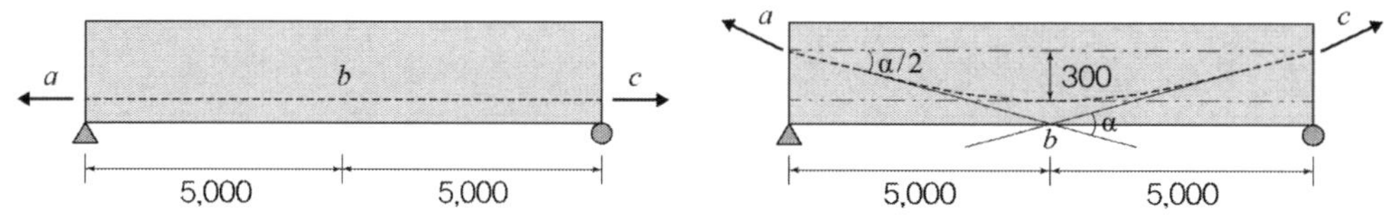

(1) 정착장치의 미끌림(Δl_{AS}) : 3mm
(2) 긴장재의 곡선마찰계수(μ_p) 0.25/rad, 파상마찰계수(k) 0.005/m
(3) PS 강재 : 7연선 9.3mm(SWPC 7AN, A_{ps} =51.61mm^2)가 12가닥 사용됨
$$f_{pu} = 1,780\text{MPa}, \; f_{py} = 1,500\text{MPa}, \; f_{pj} = 0.94 f_{py}$$

풀 이

▶ 직선 PS 강재의 응력 손실

1) 비부착긴장재의 경우

$$\triangle f_{pAS} = E_{ps} \frac{\Delta l_{AS}}{l_p} = 200,000 \times \frac{3}{10,000} = 60 \, \text{MPa}$$

60MPa는 부재 abc 전체에 일정하게 작용한다.

2) 부착긴장재의 경우

$$f_{pj} = 0.94 f_{py} = 0.94 \times 1,500 = 1,410 \, \text{MPa}$$

① 정밀식

위치 a에서 $l_{px} = 0$, $f_{px} = f_{pj} \times e^{-kl_{set}} = 1,410 \, \text{MPa}$

위치 b에서 $l_{px} = 5$, $f_{px} = f_{pj} \times e^{-kl_{set}} = 1,410 \times e^{-0.005 \times 5} = 1,375.2 \, \text{MPa}$

위치 c에서 $l_{px} = 10$, $f_{px} = f_{pj} \times e^{-kl_{set}} = 1,410 \times e^{-0.005 \times 10} = 1,341.2\,\text{MPa}$

$$l_{set} = \sqrt{\frac{\Delta l_{AS} \times E_{ps}}{k f_{pj}}} = \sqrt{\frac{3 \times 200,000}{0.005/1,000 \times 1,410}} = 9,225\,\text{mm}$$

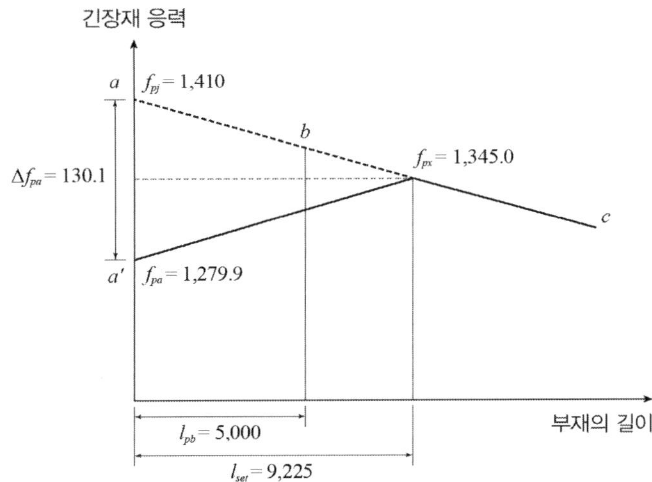

a점의 응력 $\dfrac{f_{pa}}{f_{pj}} = 1 - 2kl_{set}$ $\therefore f_{pa} = \left(1 - 2 \times 0.005 \times \dfrac{9225}{1000}\right) \times 1410 = 1,279.9\,\text{MPa}$

b점의 응력 $l_{set} : (\Delta f_{pa}/2) = l_{pb} : (x - f_{pa})$ $\therefore f_{pb} = 1,315.2\,\text{MPa}$

$\Delta f_{pAS} = \Delta f_{pb} = f_{pj} - f_{pb} = 1,410 - 1,315.2 = 94.8\,\text{MPa}$

c점의 응력 l_{set}(=9,225mm)이 더 작으므로 응력손실은 없다.

② 약산식

$A_{ps} = 12 \times 51.61 = 619.32\,\text{mm}^2$

$p = \dfrac{P_{pj} - P_{px}}{l_{px}} = \dfrac{(f_{pj} - f_{px})A_{ps}}{l_{px}} = \dfrac{(1410.0 - 1375.2) \times 619.32}{5000} = 4.31\,\text{N/mm}$

$\therefore l_{set} = \sqrt{\dfrac{A_p E_p \Delta l_{AS}}{p}} = \sqrt{\dfrac{619.32 \times 200,000 \times 3}{4.31}} = 9,285\,\text{mm}$

a점의 응력 $f_{pa} = f_{pj} - \Delta f_{pa} = f_{pj} - \dfrac{2p l_{set}}{A_{ps}} = 1410 - \dfrac{2 \times 4.31 \times 9,285}{619.32} = 1,280.8\,\text{MPa}$

$$\Delta f_{pAS} = \Delta f_{pa} = f_{pj} - f_{pa} = 1,410 - 1,280.8 = 129.2\,\text{MPa}$$

b점의 응력 $l_{set} : (\Delta f_{pa}/2) = l_{pb} : (x - f_{pa})$ $\therefore f_{pb} = 1,315.6\,\text{MPa}$

$$\Delta f_{pAS} = \Delta f_{pb} = f_{pj} - f_{pb} = 1,410 - 1,315.6 = 94.4\,\text{MPa}$$

c점의 응력 l_{set} (=9,225mm)이 더 작으므로 응력손실은 없다.

➤ 곡선 PS 강재의 응력 손실

1) 비부착긴장재의 경우

$$\Delta f_{pAS} = E_{ps}\frac{\Delta l_{AS}}{l_p} = 200,000 \times \frac{3}{10,000} = 60\,\text{MPa}$$

60MPa는 부재 abc 전체에 일정하게 작용한다.

2) 부착긴장재의 경우

$$f_{pj} = 0.94 f_{py} = 0.94 \times 1,500 = 1,410\,\text{MPa}$$

① 정밀식

$$f_{px} = f_{pj} \times e^{-(\mu\alpha + kl_{set})}, \quad f_{pa} = f_{px} \times e^{-(\mu\alpha + kl_{set})} = f_{pj} \times e^{-2(\mu\alpha + kl_{set})}$$

$$\alpha = \frac{8y}{x} = \frac{8 \times 300}{10,000} = 0.24, \quad R = \frac{l_p}{\alpha} = \frac{10,000}{0.24} = 41.667\,\text{mm}$$

$$l_{set} = \sqrt{\frac{\Delta l_{AS} \times E_{ps}}{\left(\frac{\mu}{R} + k\right)f_{pj}}} = \sqrt{\frac{3 \times 200,000}{\left(\frac{0.25}{41,667} + \frac{0.005}{1,000}\right)1,410}} = 6,220\,\text{mm}$$

위치 a에서 $\dfrac{f_{pa}}{f_{pj}} = 1 - 2(\mu\alpha + kl_{set}), \quad \alpha_{px} = 0.24 \times \dfrac{6,220}{10,000} = 0.149$

$$f_{pa} = \left(1 - 2\left(0.25 \times 0.149 + 0.005 \times \frac{6,220}{1,000}\right)\right) \times 1,410 = 1,217.3\,\text{MPa}$$

$$\Delta f_{pAS} = \Delta f_{pa} = f_{pj} - f_{pa} = 1,410 - 1,217.3 = 192.7\,\text{MPa}$$

위치 b에서 $l_{set} : (\Delta f_{pa}/2) = l_{pb} : (x - f_{pa})$ $\therefore f_{pb} = 1,294.8\,\text{MPa}$

$$\Delta f_{pAS} = \Delta f_{pb} = f_{pj} - f_{pb} = 1,410 - 1,294.8 = 115.2\,\text{MPa}$$

위치 c에서 l_{set} (=6,220mm)이 더 작으므로 응력손실은 없다.

② 약산식

$$A_{ps} = 12 \times 51.61 = 619.32\,\mathrm{mm}^2$$

$$p = \frac{P_{pj} - P_{px}}{l_{px}} = \frac{(f_{pj} - f_{px})A_{ps}}{l_{px}} = \frac{(1410.0 - 1334.5) \times 619.32}{5000} = 9.35\,\mathrm{N/mm}$$

$$\therefore l_{set} = \sqrt{\frac{A_p E_p \triangle l_{AS}}{p}} = \sqrt{\frac{619.32 \times 200,000 \times 3}{9.35}} = 6,304\,\mathrm{mm}$$

a점의 응력 $f_{pa} = f_{pj} - \Delta f_{pa} = f_{pj} - \dfrac{2pl_{set}}{A_{ps}} = 1410 - \dfrac{2 \times 9.35 \times 6,304}{619.32} = 1,219.7\,\mathrm{MPa}$

$$\Delta f_{pAS} = \Delta f_{pa} = f_{pj} - f_{pa} = 1,410 - 1,219.7 = 190.3\,\mathrm{MPa}$$

b점의 응력 $l_{set} : (\Delta f_{pa}/2) = l_{pb} : (x - f_{pa}) \quad \therefore f_{pb} = 1,295.2\,\mathrm{MPa}$

$$\Delta f_{pAS} = \Delta f_{pb} = f_{pj} - f_{pb} = 1,410 - 1,295.2 = 114.8\,\mathrm{MPa}$$

c점의 응력 l_{set} (=9,225mm)이 더 작으므로 응력손실은 없다.

PSC 부착 강선과 비부착 강선

그림과 같이 등분포하중 w=8kN/m을 받는 길이 L=12.0m의 PSC 거더에 대하여 다음을 구하시오 (단, 탄성계수비 n=8).

1) 부착(bonded)강선과 비부착(unbonded)강선의 구조 특성 및 차이점

2) 중앙 단면에서 등분포하중(w)에 의해 추가되는 부착 강선의 응력과 비부착 강선의 응력

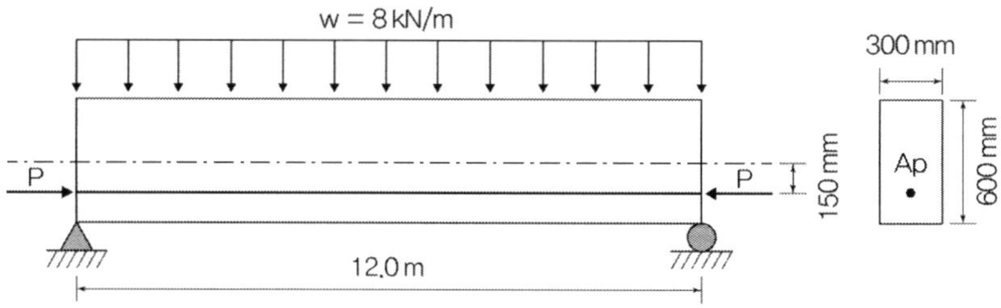

▶ 부착과 비부착 강선의 구조특성과 차이점

부착 강선은 PS 강재와 콘크리트가 일체로 되어 변형하므로 PS 강재 위치에서 콘크리트와 PS 강재의 변형률은 서로 같은 특성을 갖는 반면, 비부착 강선은 콘크리트의 응력과 PS 강재의 응력이 비례하지 않는다. 마찰의 영향을 무시한다면 PS 강재의 응력은 어느 곳에서도 같다. 이 경우 PS 강재의 응력은 PS 강재 도심 위치에 있는 콘크리트가 얼마나 변형하는가에 따라 결정된다.

1) 부착 강선의 PS 강재의 응력

$$\epsilon_c = \epsilon_p \ : \ \frac{f_c}{E_c} = \frac{f_p}{E_p} \quad \therefore f_p = nf_c = n\frac{M}{I}e_p$$

2) 비부착 강선

임의 단면의 PS 강재 도심 위치에서 콘크리트의 변형률은

$$\epsilon_c = \frac{f_c}{E_c} = \frac{M}{E_c I_c}e_p$$

따라서 PS 강재의 평균변형률은

$$\frac{\Delta l}{l} = \int \frac{1}{l}\frac{M}{E_c I_c}e_p dx$$

외력 M에 의해 증가되는 PS 강재의 평균응력은

$$f_p = E_p \frac{\Delta l}{l} = \int \frac{E_p}{l} \frac{M}{E_c I_c} e_p dx = \frac{n}{l} \int \frac{M}{I} e_p dx$$

휨모멘트도는 포물선이고 긴장재도 포물선으로 배치되는 것이 보통이므로, 보의 중앙단면의 모멘트와 도심에서 강재도심까지의 거리를 각각 M_0, e_0 라고 하고, I가 전 길이에 걸쳐 일정하다면

$$f_p = \frac{8}{15} n \frac{M_0 e_0}{I} \fallingdotseq \frac{1}{2} n \frac{M_0 e_o}{I}$$

▶ 부착과 비부착 강선의 중앙단면에서의 응력

1) 단면계수

$$A_c = 300 \times 600 = 180,000 \text{mm}^2$$

$$I_c = \frac{300 \times 600^3}{12} = 5,400,000,000 \text{mm}^4$$

2) 휨모멘트 산정

$$w_d = 25 \times A_c = 4.5 \text{kN/m}, \ w_l = 18 \text{kN/m}, \qquad \therefore \ w = 4.5 + 18 = 22.5 \text{kN/m}$$

$$\therefore \ M = \frac{1}{8} w L^2 = 405 \text{kNm}$$

3) 부착 강선 중앙단면의 응력 산정

$$\therefore \ f_p = n f_c = n \frac{M}{I} e_p = 8 \times \frac{405 \times 10^6}{5,400,000,000} \times 150 = 90 \text{MPa}$$

4) 비부착 강선 중앙단면의 응력 산정

$$\therefore \ f_p = \frac{8}{15} n \frac{M_0}{I} e_0 = \frac{8}{15} \times 8 \times \frac{405 \times 10^6}{5,400,000,000} \times 150 = 48 \text{MPa}$$

PSC 손실양

다음과 같은 3경간 연속보에 포스트텐션 방식을 적용하려고 한다. 텐던은 15mm의 직경을 가지는 20가닥의 강연선으로 구성되며, $f_{pu} = 1,900\text{MPa}$, $A_{ps} = 2,800\text{mm}^2$, $E_p = 200,000\text{MPa}$의 재료특성을 갖는다. 또한 $0.75f_{pu}$의 긴장력을 가지도록 양쪽 단부에서 동시에 긴장하며, 곡률마찰계수 $\mu = 0.30$, 파상마찰계수 $K = 0.0025/\text{m}$, 앵커리지 세트 $\Delta_{set} = 7\text{mm}$로 가정한다.

1) 긴장력 도입에 의해 예상되는 신장(expected elongation)을 계산하시오.
2) 정착(anchoring) 후 긴장력 변화를 계산하시오.

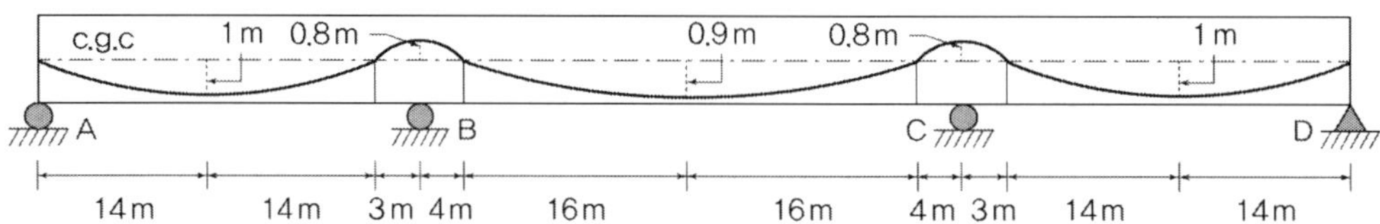

풀 이

▶ 개요

프리스트레스를 도입할 때 발생되는 즉시 손실의 원인은 정착장치의 활동, PS 강재와 쉬스 사이의 마찰, 콘크리트의 탄성변형에 의해서 발생되며 이로 인해서 발생되는 즉시손실량을 제외한 긴장력의 평균값으로 긴장재의 신장량을 개략적으로 산정할 수 있다.

▶ PS 손실량 산정

$$f_{pj} = 0.75f_{pu} = 1425\,\text{MPa}$$

1) 콘크리트의 탄성변형으로 인한 손실

양쪽 단부에서 동시에 긴장하므로 탄성변형으로 인한 손실은 없다.

2) 긴장재와 쉬스의 마찰로 인한 손실

① AB(DC) 구간(긴장재 중심선 상부 구간 제외)

$$\alpha = \frac{8y}{x} = \frac{8}{28} = 0.282714\,(\text{rad}) \quad \therefore \ \mu\alpha + kl = 0.3 \times 0.2827 + 0.0025 \times 28 = 0.1557 < 0.3$$

$$\Delta f_{fr(AB)} = 1425 \times 0.1557 = 221.9\,\text{MPa}$$

② BC구간(긴장재 중심선 상부 구간 제외)

$$\alpha = \frac{8y}{x} = \frac{7.2}{32} = 0.225\,(\text{rad}) \qquad \therefore \mu\alpha + kl = 0.3 \times 0.225 + 0.0025 \times 32 = 0.1475 < 0.3$$

$$\Delta f_{fr(BC)} = 1425 \times 0.1475 = 210.188\,\text{MPa}$$

③ 지점부 긴장재 중심선 상부구간

$$\alpha \fallingdotseq \frac{8y}{x} = \frac{6.4}{7} = 0.914\,(\text{rad}) \qquad \therefore \mu\alpha + kl = 0.3 \times 0.914 + 0.0025 \times 7 = 0.2917 < 0.3$$

$$\Delta f_{fr(\text{지점})} = 1425 \times 0.2917 = 415.673\,\text{MPa}$$

3) 정착장치 활동으로 인한 손실

긴장재의 길이 l은 전체 보의 길이와 같다고 가정하면, $l = 102\text{m}$

앵커리리지 세트 $\Delta_{set} = 7\text{mm}$이므로

$$\Delta f_{an} = E_p \frac{\Delta_{set}}{l} = 200000 \times \frac{7}{102000} = 13.73\,\text{MPa}$$

포스트 텐션보에 있어서 플라스틱 쉬스에 수용된 강연선의 경우와 긴장재의 곡률이 작은 경우 이외는 정착장치의 활동의 영향은 정착장치 근처에 국한되므로 지간 중앙까지는 활동의 영향이 없는 것으로 가정한다.

4) 정착 후 긴장력의 변화 및 평균 유효긴장력 산정

구간	f_{pj}	Δf_{el}	Δf_{fr}	Δf_{an}	즉시손실량	유효 긴장응력
AB	1425	0	221.9	13.7	235.6	1189.4
B지점	1425	0	415.7	0	415.7	1009.3
BC	1425	0	210.2	0	210.2	1214.8
중앙	1425	0	210.2	0	210.2	1214.8
C지점	1425	0	415.7	0	415.7	1009.3
CD	1425	0	221.9	13.7	235.9	1189.4

$$P_{av} = A_{ps}\left[\frac{1}{2}(1189.4+1009.3)\times31 + \frac{1}{2}(1009.3+1214.8)\times40 + \frac{1}{2}(1189.4+1009.3)\times31\right]\frac{1}{102}$$

$$= 2800 \times 1104.33 = 3092.13\,\text{kN}$$

$$\therefore \text{긴장재의 늘음길이 } \Delta = \frac{P_{av}l}{A_p E_p} = 563.21\,\text{mm}$$

PSC 손실량

다음 그림과 같은 3경간 연속보에 포스트텐션 방식을 적용할 경우, 다음에 대하여 설명하시오.

1) 긴장력 도입에 의한 신장량을 구하시오.
2) 정착 후 긴장력 변화를 비교하시오.

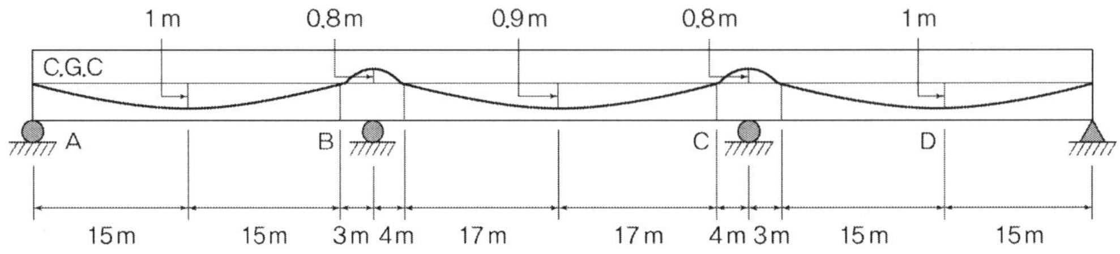

조건

PS 강재는 15mm의 직경을 갖는 20가닥의 강연선으로 구성되며, $f_{pu} = 1,960$MPa, $A_{ps} = 2,800$mm^2, $E_p = 200,000$MPa의 재료 특성을 갖는다. 또한, $0.75f_{pu}$의 긴장력을 갖도록 양쪽 단부에서 동시에 긴장하며, 곡률 마찰계수 $\mu = 0.28$, 파상마찰계수 $k = 0.0024$/m, 정착장치 활동량 $\Delta_{set} = 6$mm로 가정한다.

풀 이

➤ 개요

프리스트레스를 도입할 때 발생되는 즉시 손실의 원인은 정착장치의 활동, PS 강재와 쉬스 사이의 마찰, 콘크리트의 탄성변형에 의해서 발생되며 이로 인해서 발생되는 즉시손실량을 제외한 긴장력의 평균값으로 긴장재의 신장량을 개략적으로 산정할 수 있다.

➤ PS 손실량 산정

$$f_{pj} = 0.75f_{pu} = 1,470 \text{ MPa}$$

1) 콘크리트의 탄성변형으로 인한 손실

양쪽 단부에서 동시에 긴장하므로 탄성변형으로 인한 손실은 없다.

2) 긴장재와 쉬스의 마찰로 인한 손실

① AB(DC) 구간 (긴장재 중심선 상부 구간 제외)

$$\alpha = \frac{8y}{x} = \frac{8}{30} = 0.2667(\text{rad}) \qquad \therefore \mu\alpha + kl = 0.28 \times 0.2667 + 0.0024 \times 30 = 0.1467 < 0.3$$

$$\Delta f_{fr(AB)} = 1,470 \times 0.1467 = 215.6\text{MPa}$$

② BC구간 (긴장재 중심선 상부 구간 제외)

$$\alpha = \frac{8y}{x} = \frac{7.2}{34} = 0.2118(\text{rad}) \qquad \therefore \mu\alpha + kl = 0.28 \times 0.2118 + 0.0024 \times 34 = 0.1409 < 0.3$$

$$\Delta f_{fr(BC)} = 1,470 \times 0.1409 = 207.1\text{MPa}$$

③ 지점부 긴장재 중심선 상부구간

$$\alpha \fallingdotseq \frac{8y}{x} = \frac{6.4}{7} = 0.914(\text{rad}) \qquad \therefore \mu\alpha + kl = 0.28 \times 0.914 + 0.0024 \times 7 = 0.2727 < 0.3$$

$$\Delta f_{fr(지점)} = 1,470 \times 0.2727 = 400.9\text{MPa}$$

3) 정착장치 활동으로 인한 손실

긴장재의 길이 l은 전체 보의 길이와 같다고 가정하면, $l = 108\text{m}$

앵커리리지 셋트 $\Delta_{set} = 6\text{mm}$이므로

$$\Delta f_{an} = E_p \frac{\Delta_{set}}{l} = 200,000 \times \frac{6}{108,000} = 11.11\text{MPa}$$

포스트 텐션보에 있어서 플라스틱 쉬스에 수용된 강연선의 경우와 긴장재의 곡률이 작은 경우 이외는 정착장치의 활동의 영향은 정착장치 근처에 국한되므로 지간 중앙까지는 활동의 영향이 없는 것으로 가정한다.

▶ 긴장력 도입에 의한 신장량과 정착 후 긴장력 변화

구간	f_{pj}	Δf_{el}	Δf_{fr}	Δf_{an}	즉시손실량	유효 긴장응력
AB	1470	0	215.6	11.11	226.7	1243.3
B지점	1470	0	400.9	0	400.9	1069.1
BC	1470	0	207.1	0	207.1	1262.9
중앙	1470	0	207.1	0	207.1	1262.9
C지점	1470	0	400.9	0	400.9	1069.1
CD	1470	0	215.6	11.11	226.7	1243.3

$$P_{av} = A_{ps}\left[\frac{1}{2}(1243.3 + 1069.1) \times 33 + \frac{1}{2}(1069.1 + 1262.9) \times 42 + \frac{1}{2}(1069.1 + 1243.3) \times 33\right]\frac{1}{108}$$

$$= 2800 \times 1160.01 = 3248.0\text{kN}$$

$$\therefore \text{긴장재의 늘음길이 } \Delta = \frac{P_{av}l}{A_p E_p} = 626.4\text{mm}$$

PSC 손실량 산정

7연선 12.4mm(SWPC 7AN)의 PS 강연선 12개의 단일 덕트로 된 포스트텐션 보에서 콘크리트 재령이 28일 되는 날 잭 인장력 1,360kN으로 동시에 긴장하였다. 1단(왼쪽 단부)에서만 재킹하였으며 정착장치에서 긴장재는 2.54mm 활동하였다. 보의 자중은 8,140N/m, L = 15.2m, 중앙부 e = 31cm이다.

1) 지속하중으로서 자중만 고려하여 5년 후의 프리스트레스 손실을 계산하라.
2) 긴장재의 늘음길이를 계산하라.

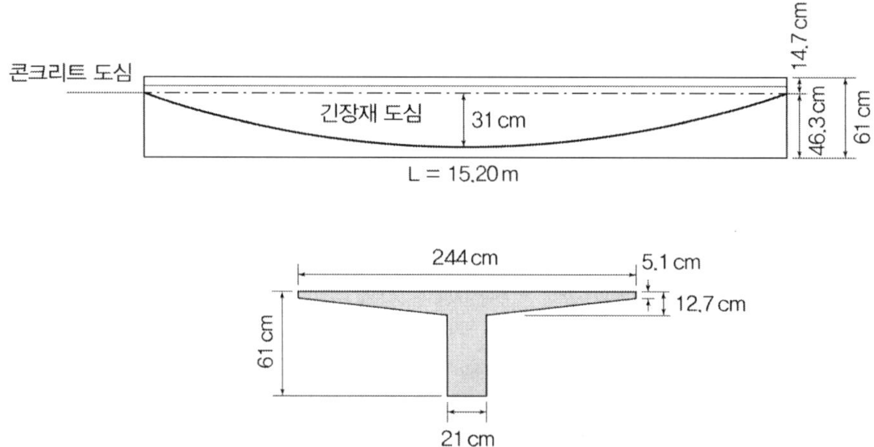

조건

$A_p = 12 \times 92.90 = 1114.8\,\text{mm}^2$, $A_c = 338,000\,\text{mm}^2$, $I_c = 917 \times 10^7\,\text{mm}^4$, $r^2 = 27,100\,\text{mm}^2$

$f_{ck} = 35\,\text{MPa}$, $E_c = 2.7 \times 10^4\,\text{MPa}$, $E_p = 2.0 \times 10^5\,\text{MPa}$, $C_u = 2.35$

$f_{py} = 1500\,\text{MPa}$, $f_{pu} = 1750\,\text{MPa}$, $\mu = 0.2$, $k = 0.003$

풀 이

▶ 즉시 손실

1) 콘크리트의 탄성변형

하나의 잭으로 일시에 긴장하므로 탄성변형에 의한 손실은 없다.

$$\triangle f_{el} = 0$$

2) 긴장재와 쉬스의 마찰 손실

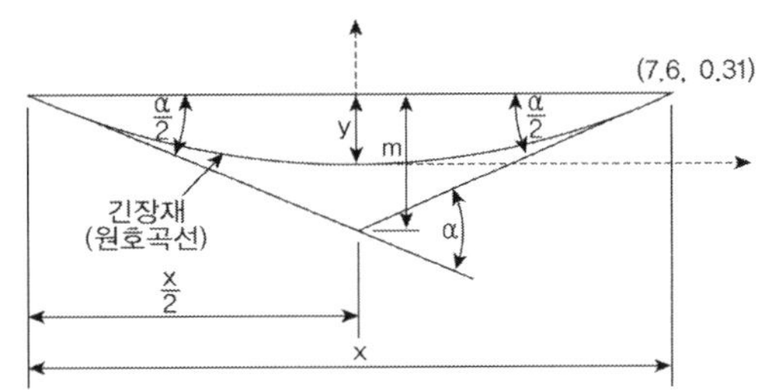

$$\alpha = \frac{8y}{x} = \frac{8 \times 31}{15200} = 0.163\,(radian)$$

$$\therefore \ \mu\alpha + kl = 0.2 \times 0.163 + 0.003 \times 15.2 = 0.078 < 0.3$$

 |2차 방정식을 활용한 α 산정|

$$y = ax^2 \ \therefore \ a = 0.005367$$

$$y' = 2ax \ \therefore \ y'_x = 7.6\,\mathrm{m} = 0.081579$$

$$\tan\theta_{end} = y'_x = 7.6\,\mathrm{m} = 0.081579 \approx \theta_{center} \ \therefore \ \alpha = 2\theta_{end} = 0.163$$

(1) 보의 전 길이에 걸쳐 일어난 긴장재 응력의 손실량은

$$\triangle f_{fr} = f_o(\mu\alpha + kl) = \frac{P_j}{A_p}(\mu\alpha + kl) = \frac{1360 \times 10^3}{1114.8} \times 0.078 = 95\,\mathrm{N/mm^2}$$

$$(\because f_{pj} = 1220\,\mathrm{MPa})$$

(2) 지간 중앙에서의 마찰손실량은 전체 손실량의 1/2

$$\frac{1}{2}\triangle f_{fr} = 47.5\,\mathrm{N/mm^2}$$

3) 정착장치 활동에 의한 손실

    (1) 정착장치의 활동의 영향을 정착장치 근처로 국한하여 인장력의 손실이 없다고 볼 경우

$$\triangle f_{an} = 0\,(지간중앙, 우측단)$$

    (2) 정착장치의 활동의 영향을 고려할 경우

        지간 중앙에서의 초기 인장력 P_i

$$P_i = A_p f_{pi} = A_p(f_{pj} - \triangle f_{el} - \triangle f_{fr}) = 1114.8 \times (1220 - 47.5) = 1307\,\mathrm{kN}$$

긴장재의 단위길이당 마찰손실(p)은

$$p = \frac{(1360 - 1307) \times 10^3}{15200/2} = 7\,\text{N/mm}$$

$$\therefore l_{set} = \sqrt{\frac{A_p E_p \triangle l}{p}} = \sqrt{\frac{1114.8 \times 2.0 \times 10^5 \times 2.54}{7}}$$

$$= 8990\,\text{mm} > 7600\,\text{mm}\left(\frac{1}{2} \times 15600\right)$$

$$\triangle P = 2pl_{set} = 2 \times 7 \times 8990 = 125,860\,\text{N} = 126\,\text{kN}$$

$$\therefore P_i = P_j - \triangle P = 1360 - 126 = 1234\,\text{kN}$$

$$f_{pi} = \frac{P_i}{A_p} = \frac{1,234,000}{1114.8} = 1107\,\text{N/mm}^2$$

인장단에서 활동으로 인한 긴장재의 응력손실은

$$\therefore \triangle f_{an} = f_{pj} - f_{pi} = 1220 - 1107 = 113\,\text{N/mm}^2$$

지간중앙에서는

$$P_i = 1,234,000 + 7 \times \frac{15,200}{2} = 1287.2\,\text{kN}, \quad f_{pi} = \frac{P_i}{A_p} = \frac{1,287,000}{1114.8} = 1155\,\text{N/mm}^2$$

지간중앙에서 활동으로 인한 긴장재의 응력손실은

$$\therefore \triangle f_{an} = \frac{1,307,00 - 1,287,200}{1114.8} = 17.8\,\text{N/mm}^2$$

우측단에서는 정착장치 활동의 영향이 미치지 않으므로

$$P_i = A_p f_{pi} = A_p (f_{pj} - \triangle f_{el} - \triangle f_{fr}) = 1114.8 \times (1220 - 95) = 1254\,\text{kN}$$

$$f_{pi} = \frac{1,254,000}{1114.8} = 1125\,\text{N/mm}^2, \quad \triangle f_{an} = 0$$

4) 즉시손실 합계

구분	$\triangle f_{el}$	$\triangle f_{fr}$	$\triangle f_{an}$	$\Sigma \triangle f$
인장단	0	0	113	113(N/mm^2)
지간중앙	0	47.5	17.8	65.3(N/mm^2)
우측단	0	95	0	95(N/mm^2)

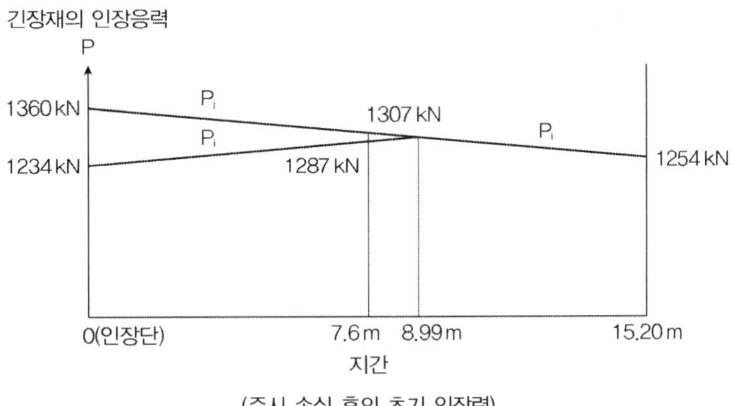

(즉시 손실 후의 초기 인장력)

➤ 시간적 손실

1) 콘크리트의 크리프

$$\triangle f_{cr} = E_p(C_u \epsilon_c) = E_p\left(C_u \frac{f_{cs}}{E_c}\right) = C_u n f_{cs}$$

크리프의 진행과 함께 진행하는 건조수축과 릴랙세이션에 의한 프리스트레스 힘의 점진적 손실을 계산하기 위해서 근사적으로 프리스트레스 힘을 $0.9P_i$로 본다.

지간 중앙단면에서 $0.9P_i = 0.9 \times 1287.2 = 1158.5 \, \text{kN}$

보의 자중에 의한 지간 중앙에서의 최대 휨모멘트는

$$M_d = \frac{1}{8}wl^2 = \frac{1}{8} \times 8140 \times (15.2 \times 10^3)^2 = 2.35 \times 10^6 \, \text{Nmm}$$

긴장재 도심위치에서 콘크리트 응력

$$f_{cs} = \frac{P_i}{A_c} + \frac{P_i}{I_c}e_p^2 - \frac{M_d}{I_c}e_p = \frac{P_i}{A_c}\left(1 + \frac{e_p^2}{r^2}\right) - \frac{M_d}{I_c}e_p$$

$$= \frac{1158500}{33800}\left(1 + \frac{310^2}{27100^2}\right) - 235\frac{\times 10^6}{917 \times 10^7} \times 310 = 7.5 \, \text{N/mm}^2$$

$$n = \frac{E_p}{E_c} = \frac{2.0 \times 10^5}{2.7 \times 10^4} = 7.4$$

중앙단면에서 크리프로 인한 손실

$$\therefore \triangle f_{cr} = C_u n f_{cs} = 2.35 \times 7.4 \times 7.5 = 130.4 \, \text{N/mm}^2$$

인장단에서는 $0.9P_i = 0.9 \times 1234 = 1110.6\,\text{kN}$

$$M_d = 0,\ e_p = 0,\ f_{cs} = \frac{P_i}{A_c} = \frac{1110600}{33800} = 3.28\,\text{N/mm}^2$$

$$\therefore\ \triangle f_{cr} = 2.35 \times 7.4 \times 3.28 = 57\,\text{N/mm}^2$$

우측단에서는

$$M_d = 0,\ e_p = 0,\ f_{cs} = \frac{0.9 \times 1254000}{33800} = 3.34\,\text{N/mm}^2$$

$$\therefore\ \triangle f_{cr} = 2.35 \times 7.4 \times 3.34 = 58\,\text{N/mm}^2$$

2) 콘크리트의 건조수축

건조수축의 손실은 최종 수축 변형률에 근거를 두어야 하며, 콘크리트 재령 28일에서 PS 강재를 긴장 정착하였으므로 이 시점에서 건조수축은 최종 수축률의 44%(또는 50%)가 발생한 것으로 가정한다.

$$\triangle f_{sh} = E_p \epsilon_{sh}\ \ \epsilon_{sh} \fallingdotseq 800 \times 10^{-6} (\text{습윤양생한 최종 건조수축 변형률})$$

따라서 긴장정착 이후에 긴장재 응력에 영향을 줄 건조수축 변형률 $\epsilon_{sh}{}'$ 는

$$\epsilon_{sh}{}' = 800 \times 10^{-6} \times (1 - 0.44) = 448 \times 10^{-6}$$

5년 후 건조수축으로 인한 긴장재 응력의 손실은

$$\triangle f_{sh} = E_p \epsilon_{sh} = 2.0 \times 10^5 \times 448 \times 10^{-6} = 89.6\,\text{N/mm}^2$$

3) PS의 릴랙세이션

크리프와 건조수축 및 릴랙세이션의 조합된 영향에 의한 긴장재 응력의 점진적 손실은 $0.9f_{pi}$로 감소된 프리스트레스를 계산에 사용하여 결정한다.

중앙단면에서

$$0.9f_{pi} = 0.9 \times 1155 = 1040\,\text{N/mm}^2,\ t = 5^{yaer} = 5 \times 365 \times 24 = 43800^{hr}$$

$$\triangle f_{re} = f_{pi} \times \frac{\log_{10}t}{10}\left(\frac{f_{pi}}{f_{py}} - 0.55\right) = 1040 \times \frac{\log_{10}43800}{10}\left(\frac{1040}{1500} - 0.55\right) = 67.5\,\text{N/mm}^2$$

$\triangle f_{re} = \gamma f_{pi}$, $\gamma = 5\%$(PS 강연선), 1.5%(저릴랙세이션)

$\triangle f_{re} = 0.05 \times 1040 = 52\,\text{N/mm}^2$(Magura값이 보다 보수적이다)

인장단에서는 $0.9 f_{pi} = 0.9 \times 1107 = 996.3\,\text{N/mm}^2$, $\triangle f_{re} = 50.8\,\text{N/mm}^2$

우측단에서는 $0.9 f_{pi} = 0.9 \times 1125 = 1012.5\,\text{N/mm}^2$, $\triangle f_{re} = 58.7\,\text{N/mm}^2$

4) 시간적 손실 합계

구분	시간적 손실 합계				$f_{pe}\,(N/mm^2)$		$P_e\,(kN)$
	$\triangle f_{cp}$	$\triangle f_{sh}$	$\triangle f_{re}$	$\Sigma \triangle f$	$f_{pi} - \Sigma \triangle f$		$f_{pe} A_p$
인장단	130.4	89.6	67.5	287.5(N/mm²)	1,155−287.5	867.5	967
지간중앙	57	89.6	50.8	197.4(N/mm²)	1,107−197.4	909.6	1014
우측단	58	89.6	58.7	206.3(N/mm²)	1,125−918.7	918.7	1023

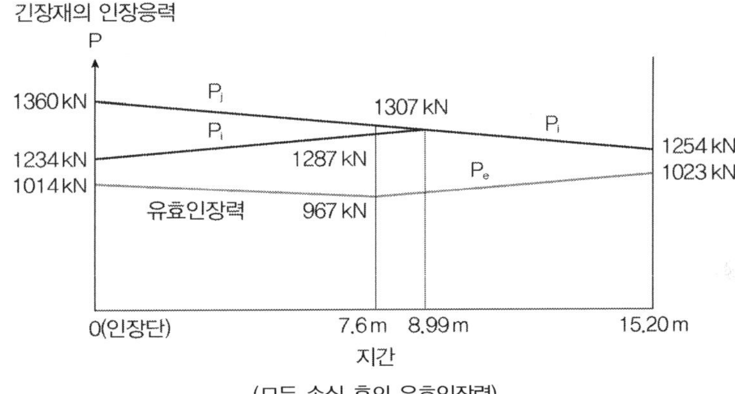

(모든 손실 후의 유효인장력)

▶ 긴장재의 늘음 길이 계산

긴장 시의 늘음 길이 계산을 위해서 즉시 손실량(마찰손실량)을 제외한 인장력의 평균값을 산정하여 늘음량을 계산한다.

$$\triangle = \frac{P_{avg}\,l}{A_p E_p}$$

1) 평균 인장력 산정

$\quad$ 인장단 : $(1220) \times 1114.8 = 1360\,kN$

$\quad$ 지간중앙 : $(1220 - 47.5) \times 1114.8 = 1307\,kN$

$\quad$ 우측단 : $(1220 - 95.0) \times 1114.8 = 1254\,kN$

$$P_{avg} = \frac{\left[\dfrac{1}{2}(1360 + 1307) + \dfrac{1}{2}(1307 + 1254)\right]}{2} = 1307\,kN$$

$$\therefore \triangle = \frac{1307 \times 10^3 \times 15200}{1114.8 \times 2.0 \times 10^5} = 89\,mm$$

PSC 손실량 산정

다음 그림에서 프리스트레스 콘크리트보 B' 점(B점 하부 0.5m 지점)의 주응력을 구하시오(콘크리트 단위중량 $w_c = 25\text{kN/m}^3$, 강선곡률마찰계수 $\mu = 0.25$, 강선파형마찰계수 $k = 0.006$, 정착장치 활동량 $\triangle = 0$, $E_{ps} = 2.0 \times 10^5\text{MPa}$, $f_{pu} = 1,900\text{MPa}$, $f_{py} = 1,600\text{MPa}$, $A_p = 1,960\text{mm}^2$, $P_j = 2,800\text{kN}$).

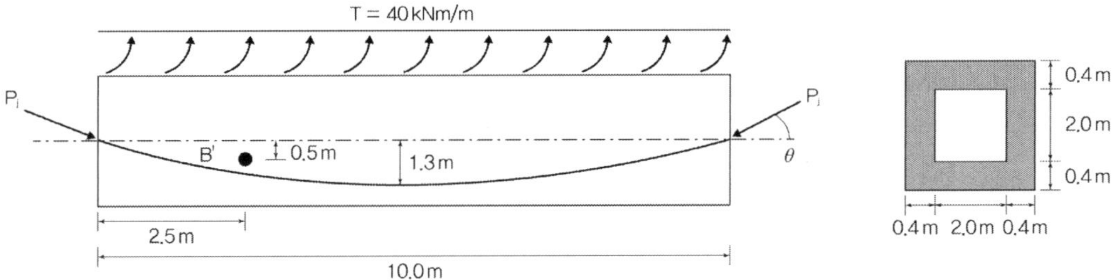

풀 이

▶ PS 즉시 손실량 산정

1) 탄성수축에 의한 손실(elastic shortening)

동시긴장한다고 가정하면 0

2) 정착장치의 활동(anchorage slip)

정착장치 활동량 0

3) 마찰손실량 산정(Friction loss)

① 곡률마찰(α 산정) 및 파상마찰 산정

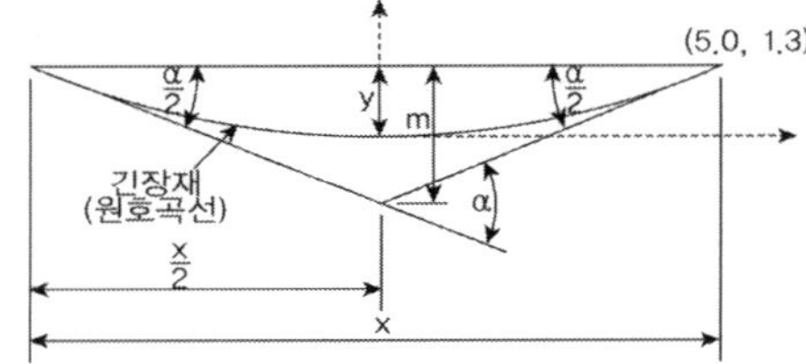

$$y = ax^2 \quad \therefore \ a = 0.052$$
$$y' = 2ax \quad y'_x = 5.0\text{m} = 0.52$$
$$\tan\theta_{end} = y'_x = 5.0\text{m} = 0.52 \approx \theta_{center}$$
$$\therefore \ \alpha = 2\theta_{end} = 1.04$$

Check. $\alpha = \dfrac{8y}{x} = \dfrac{8 \times 1.3}{10} = 1.04\,(radian)$ (OK)

$$\therefore \ \mu\alpha + kl = 0.25 \times 1.04 + 0.006 \times 10.0 = 0.32 > 0.3$$

② 마찰손실량 산정

$$P_x = P_0 e^{-(\mu\alpha + kl)} \rightarrow \text{인장력 손실량} \qquad \triangle P = P_0 - P_x = P_0[1 - e^{-(\mu\alpha + kl)}]$$

$$\triangle P = 2800 \times [1 - e^{-0.32}] = 766.78\,\text{kN}$$

$$\therefore P_e = P_j - \triangle P = 2800 - 766.78 = 2033.22\,\text{kN}$$

➤ 부재력 산정

$$\theta = \frac{\alpha}{2} = 0.52\,(rad) = 29.8° \quad \frac{h}{L} = \frac{1.3}{10} > \frac{1}{12}$$

$$P_x = P_e \cos\theta = 1764.53\,\text{kN}, \ P_y = P_e \sin\theta = 1010.15\,\text{kN}$$

$$w_d = (2.8^2 - 2.0^2) \times 25 = 96\,\text{kN/m}$$

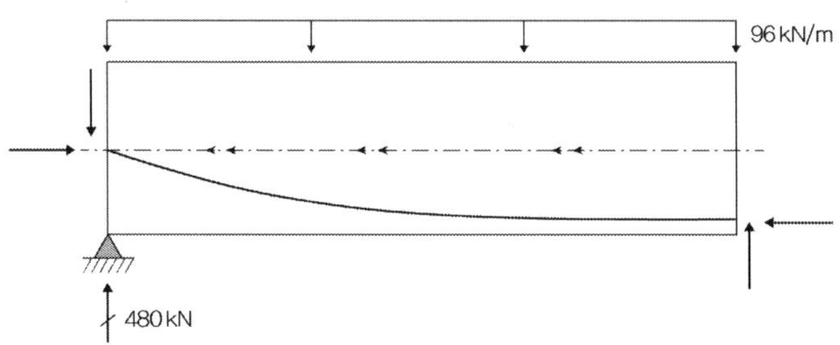

$$\frac{ul^2}{8} = Pe \quad \therefore u = \frac{8 \times 1764 \times 1.3}{10^2} = 183.46\,\text{kN/m}$$

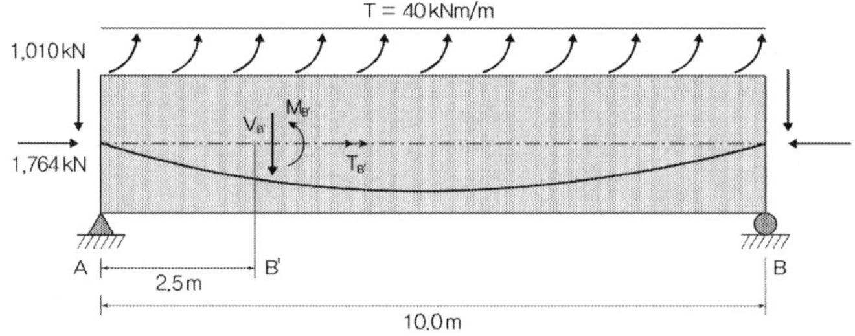

$$R_A = 1010 - 87.46 \times 5 = 572.720\,\text{kN}(\downarrow)$$

$$T_A = 40 \times 5 = 200\,\text{kNm}$$

$$V_{B'} = 1010 - 572.72 - 87.46 \times 2.5 = 218.64\,\text{kN}(\downarrow)$$

$$M_{B'} = R_A \times 2.5 + 87.46 \times \frac{2.5^2}{2} - 1010 \times 2.5 = -819.9\,\text{kNm}(\downarrow)$$

$$T_{B'} = T_A - 40 \times 2.5 = 100\,\text{kNm}(\leftarrow)$$

➤ **응력 산정**

$$A_c = 2.8^2 - 2.0^2 = 3.84 \times 10^6 \, \text{mm}^2 \qquad I_c = \frac{1}{12}(2.8^4 - 2.0^4) = 3.789 \times 10^{12} \, \text{mm}^4$$

$$Q_{B'} = 2.8 \times 0.4 \times 1.2 + 0.8 \times 0.5 \times 0.25 = 1.644 \times 10^6 \, \text{cm}^3$$

$$A_m = 2.4^2 = 5.76 \, \text{m}^2$$

$$\therefore \; f_c = \frac{P}{A} - \frac{Pe}{I}y + \frac{M}{I}y = 6.625 \qquad \tau_v = \frac{VQ}{Ib} = 1530 \qquad \tau_T = \frac{T}{2A_m t} = 0.217$$

PSC 손실과 긴장

다음 그림과 같이 경간장 30m의 포스트텐션 보에서 곡선으로 배치된 긴장재를 왼쪽 지점(A)의 단부에서 인장력을 도입할 때 다음을 구하시오(단, 텐던의 배치는 원호 형상으로 가정).

1) 쐐기 정착 전 긴장재의 신장량
2) 쐐기 정착 후 중앙부(B점)의 즉시 손실량
3) 쐐기 정착 후 긴장력 분포도(A점, B점, C점)

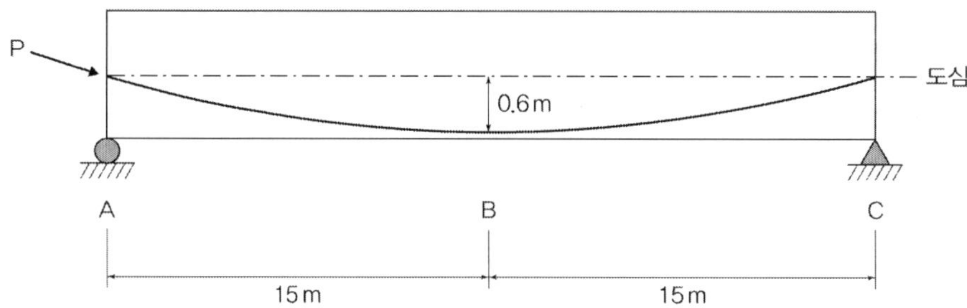

조건

(1) 연장 : L=30.0m, 편심거리 : 0.6m
(2) 사용텐던 : SWPC7BL 15.2mm(A_{ps} =138.7mm^2, f_{pu} =1,860MPa) − 22가닥 강연선
(3) 도입 긴장력 : 4,250kN
(4) 탄성계수 : E_p =200GPa
(5) 곡률마찰계수 : μ =0.2/radian, 파상마찰계수 K=0.002/m
(6) 쐐기 정착장치의 활동량 : 6mm

풀 이

➤ 쐐기 정착 전 긴장재의 신장량

도입긴장력 P_0 작용 시 긴장재의 신장량 $\delta = \dfrac{P_0 L}{A_p E_p}$ 로부터 산정

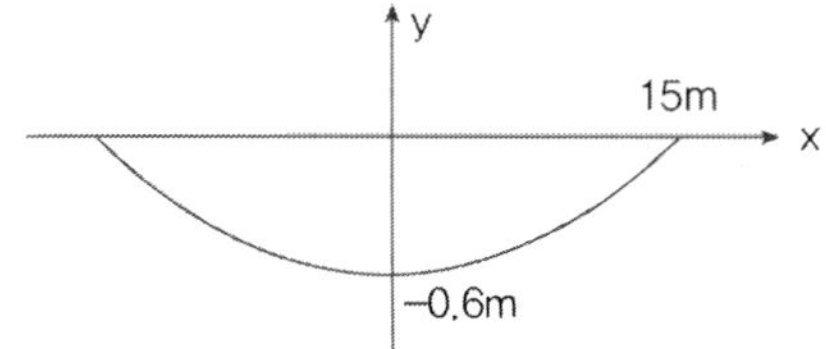

$y = ax^2 - 0.6$ 으로부터
$y = 0.002667x^2 - 0.6$
$\therefore \dfrac{\partial y}{\partial x} = 0.00533x$

$$L = \int_{-15}^{15} \sqrt{dx^2 + dy^2} = \int_{-15}^{15} \sqrt{1 + \left(\frac{dy}{dx}\right)^2} = 30.0319\text{m}$$

$$\therefore \delta = \frac{P_0 L}{A_p E_p} = \frac{4250 \times 10^3 \times 30.0319 \times 10^3}{138.7 \times 22 \times 200 \times 10^3} = 209.143\text{mm}$$

➤ 쐐기 정착 후 중앙부(B점)의 즉시 손실량과 긴장력 분포도

1) 마찰손실 : 곡률과 파상마찰 모두 고려하는 경우

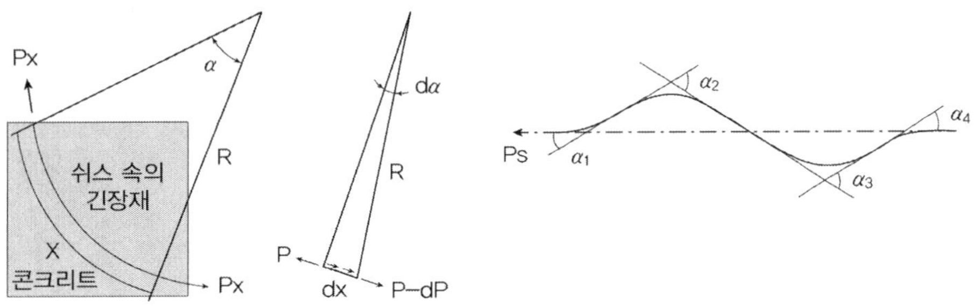

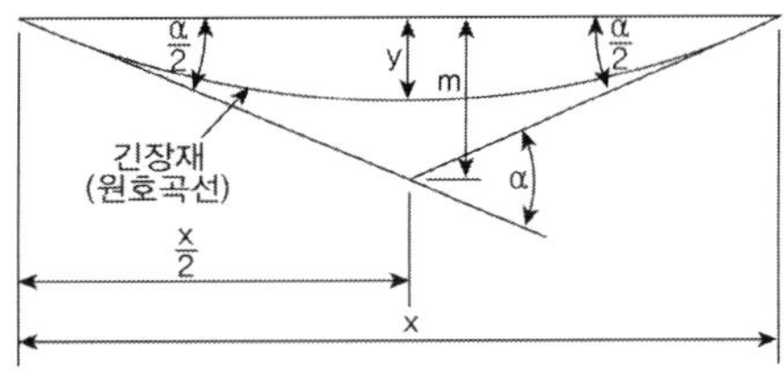

긴장재는 포물선으로 배치되어 있지만, 이것을 원호로 보고 각 변화를 계산하면,

$$\tan\frac{\alpha}{2} = \frac{m}{x/2} = \frac{2m}{x}, \qquad\qquad m \fallingdotseq 2y \ \& \ \tan\frac{\alpha}{2} \fallingdotseq \frac{\alpha}{2}$$

$$\frac{\alpha}{2} = \frac{4y}{x} \qquad\qquad \therefore \alpha = \frac{8y}{x} = \frac{8 \times 0.6}{30} = 0.16\,(radian)$$

$$\mu\alpha + kl = 0.2 \times 0.16 + 0.002 \times 30 = 0.092 \leq 0.3$$

$\mu\alpha + kl \leq 0.3$이므로, 마찰로 인하여 보 전 길이에 걸쳐 일어날 긴장재 응력의 손실량은

$$\therefore \triangle P = P_0 - P_x = P_0(\mu\alpha + kl) = 391\text{kN}$$

따라서 지간 중앙단면에서의 마찰손실은 보의 전 길이에 일어나는 마찰손실의 1/2이므로 중앙에서의 손실량은 $\Delta P_B = 391/2 = 195.5\text{kN}$

2) 정착장치의 활동 : PS 강재와 쉬스 사이에 마찰이 있는 경우

$$p = \frac{195500}{15000} = 13.03\,\text{N/mm(kN/m)}$$

$$\therefore l_{set} = \sqrt{\frac{A_p E_p \Delta l}{p}} = \sqrt{\frac{138.7 \times 22 \times 200 \times 10^3 \times 6}{13.03}} = 16763.6\,\text{mm} > \ L/2(=15\text{m})$$

따라서 정착장치의 활동의 영향이 지간 중앙단면 너머까지 영향을 미친다.

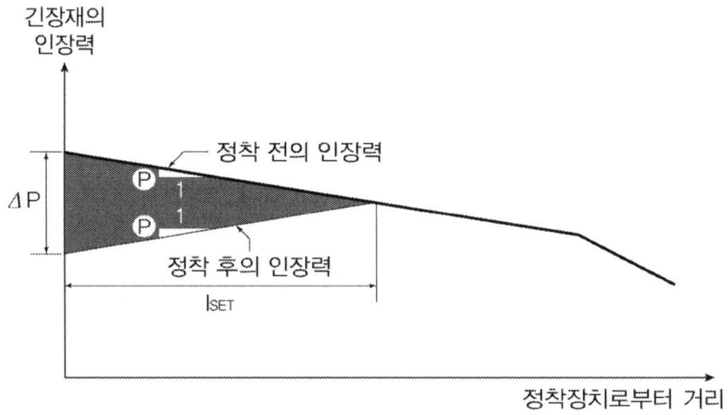

삼각형 면적 $0.5 \Delta P l_{set} = l_{set} \times \left(A_p E_p \dfrac{\Delta l}{l_{set}} \right)$

$1 : p = l_{set} : 0.5 \Delta P \ \rightarrow \ \Delta P = 2 p l_{set} = 2 \times 13.03 \times 16763.6 = 436.86\,\text{kN}$

$\therefore$ 인장단에서의 긴장재의 인장력 $P_{iA} = P_j - \Delta P = 4250 - 436.86 = 3813.14\,\text{kN}$

따라서 쐐기 정착 후 B점의 즉시 손실량은

$\therefore P_{iB} = 3813.14 + 13.03 \times 15 = 4008.59\,\text{kN}$

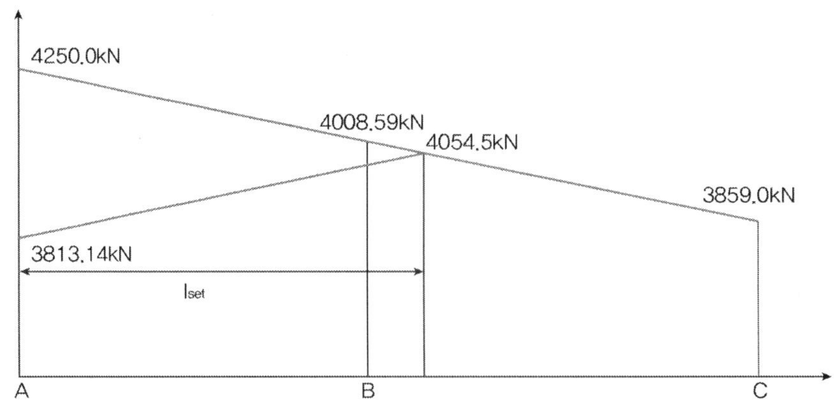

PSC 긴장과 손실

그림의 a지점에서 편측 긴장된 포스트텐션 콘크리트 단순보의 양단부 a, c와 중앙부 b 지점에서 정착장치의 활동과 마찰을 고려하여 주어진 조건에 따라 PS 강재의 응력손실을 구하고, 부재 길이(x축)에 대한 긴장재의 응력(y축)변화를 그림으로 나타내시오.

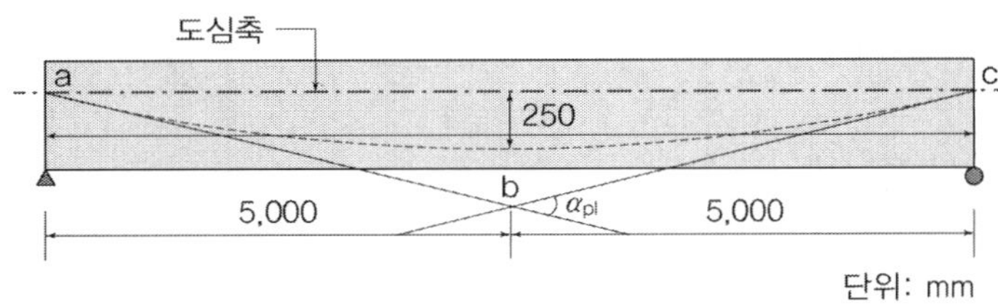

조건

(1) 정착장치의 활동 $\triangle l_{AS} = 3\text{mm}$

(2) 긴장재의 곡률마찰계수 $\mu_p = 0.25/\text{rad}$, 파상마찰계수 $k = 0.005/\text{rmm}$,

  응력손실 $\triangle f_{px} = f_{pj} \cdot \left(\mu_p \cdot \alpha_{px} + k \cdot l_{px} \right)$

(3) PS강재 : 7연선 9.3mm(단면적 $A_{ps} = 51.61\text{mm}^2$) 12가닥(긴장 후 덕트 내부 그라우팅)

  탄성계수 $E_{ps} = 200,000\text{MPa}$

  인장강도 $f_{pu} = 1,780\text{MPa}$, 항복강도 $f_{py} = 1,500\text{MPa}$, 긴장응력 $f_{pj} = 0.94 f_{py}$

(4) 정착장치에 의한 응력손실 발생길이 : $l_{set} = \sqrt{\dfrac{\triangle l_{AS} \cdot E_{ps}}{f_f}}$, f_f : 단위길이당 마찰손실 응력

풀 이

➤ 개요

PSC 긴장력 도입에 따른 즉시 손실량만 산정한다.

➤ 즉시 손실량

1) 마찰손실 : 곡률과 파상마찰 모두 고려하는 경우

  긴장재는 포물선으로 배치되어 있지만, 이것을 원호로 보고 각 변화를 계산하면,

$$\tan \frac{\alpha}{2} = \frac{m}{x/2} = \frac{2m}{x}$$

여기서, $m \fallingdotseq 2y$, $\tan\dfrac{\alpha}{2} \fallingdotseq \dfrac{\alpha}{2}$ 이므로 $\dfrac{\alpha}{2} = \dfrac{4y}{x}$

$$\therefore \alpha = \frac{8y}{x} = \frac{8 \times 250}{10000} = 0.20\,(radian)$$

$$\therefore \mu\alpha + kl = 0.25 \times 0.20 + 0.005 \times 10$$

$$\mu\alpha + kl \leq 0.3$$

$\mu\alpha + kl \leq 0.3$이므로,

마찰로 인하여 보 전 길이에 걸쳐 일어날 긴장재 응력의 손실량은 주어진 식으로부터

$$f_{pj} = 0.94 f_{py} = 0.94 \times 1500 = 1,410\text{MPa}$$

$$\therefore \Delta f_{px} = f_{pj}(\mu_p \alpha_{px} + kl_{px}) = 0.1 f_{pj} = 141\text{MPa}$$

따라서 지간 중앙단면에서의 마찰손실은 보의 전 길이에 일어나는 마찰손실의 1/2이므로
중앙에서의 손실량은 $\Delta f_{pB} = 141/2 = 70.5\text{MPa}$

2) 정착장치의 활동 : PS 강재와 쉬스 사이에 마찰이 있는 경우

$$\Delta P_B = \Delta f_{pB} \times A_{ps} = 70.5 \times 51.61 \times 12 = 43,662\text{N}$$

$$f_f = \frac{43662}{5000} = 8.73\text{N/mm(kN/m)}$$

$$\therefore l_{set} = \sqrt{\frac{\Delta l_{AS} E_{ps}}{f_f}} = \sqrt{\frac{3 \times 200,000}{8.73}} = 262.125\text{mm} < \text{L/2(=5m)}$$

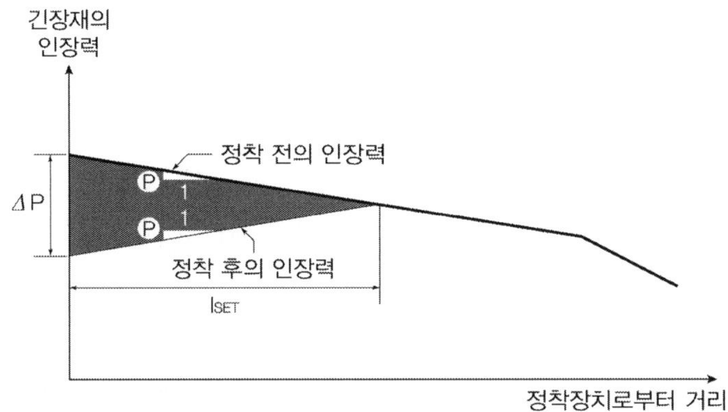

삼각형 면적 $0.5\triangle Pl_{set} = l_{set} \times \left(A_p E_p \dfrac{\triangle l}{l_{set}} \right)$

$1 : f_f = l_{set} : 0.5\triangle P \rightarrow \triangle P = 2f_f l_{set} = 2 \times 8.73 \times 262.125 = 4,576.7\text{N}$

인장단에서의 긴장재의 인장력

$P_{iA} = f_{pj}A_{ps} = 1410 \times 51.61 \times 12 = 873.2\text{kN}$

$P_{iA}{}' = f_{pj}A_{ps} - \triangle P = 873.2 - 436.86 = 868.7\text{kN}$

따라서 쐐기 정착 후 B, C점의 즉시손실량은

$P_{iB} = 873.2 - 8.73 \times 5 = 829.6\text{kN}$

$P_{iB} = 873.2 - 8.73 \times 10 = 785.9\text{kN}$

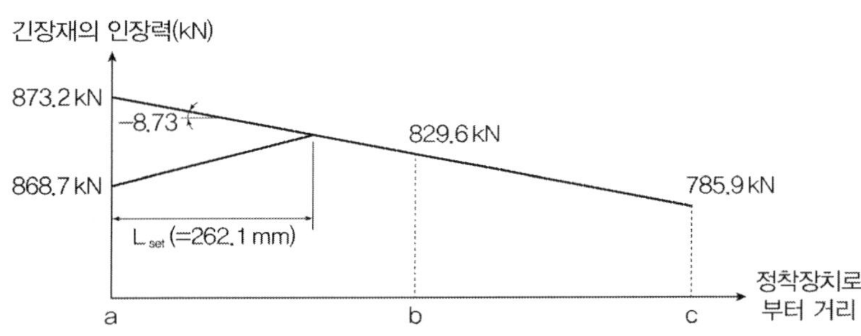

FCM 긴장응력

다음 그림과 같이 단계별로 긴장력을 도입하는 FCM 구조물을 계획하고자 한다. SEG.1에서 최초에 8m의 텐던 2개를 긴장하고, SEG.2를 가설한 후 16m의 텐던 2개를 긴장한다. 각 텐던의 모든 위치는 도심으로부터 400mm로 동일하며 직선으로 배치할 때 지점 A에서 초기손실 발생 직후 텐던의 긴장응력을 구하시오(단, 1개의 텐던은 6개의 강연선으로 구성).

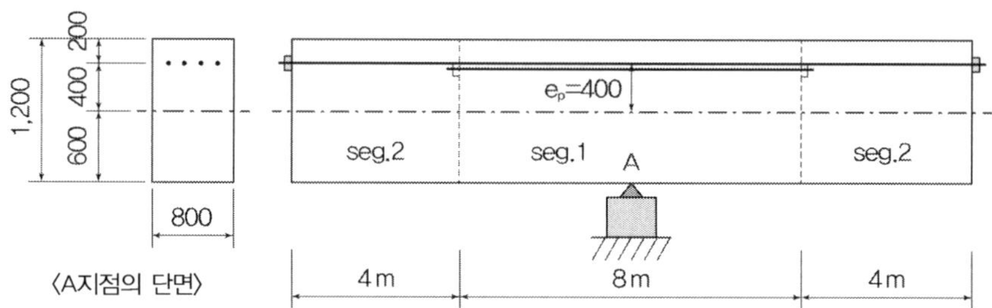

조건

(1) 프리스트레싱 강연선(개당) : $A_{ps} = 92.9\text{mm}^2$, $P_{pu} = 160\text{kN}$
(2) 양단 긴장조건으로 잭에 의한 인장력은 인장강도의 75%를 적용한다.
(3) 정착구의 활동량은 6mm이며, 곡률마찰계수와 파상마찰계수는 모두 0으로 가정한다.
(4) 긴장력 도입 시 콘크리트의 탄성계수 $E_{ci} = 26{,}400\text{MPa}$, 강재의 탄성계수 $E_s = 200{,}000\text{MPa}$, 탄성계수비 $n_p = 7.6$을 적용한다.
(5) 콘크리트 자중은 25kN/m^3이며, 쉬스에 의한 콘크리트 단면공제는 없다.

풀 이

➤ 개요

단계별 긴장에 따른 응력을 산정한다.

➤ SEG1 긴장 시 A점의 긴장응력

1) 필요 상수 산정

① 긴장력 $P_{pj} = 0.75 P_{pu} = 0.75 \times 160 = 120\,\text{kN}$

$$f_{pj} = \frac{P_{pj}}{A_p} = \frac{120 \times 10^3}{6 \times 92.9} = 215.28\,\text{N/mm}$$

② 콘크리트 단면적 $A_c = A_g = 1200 \times 800 = 960{,}000\,\text{mm}^2$

③ $e_p = 400\,\text{mm}$

④ $I_c = \dfrac{800 \times 1200^3}{12} = 1.152 \times 10^{11} \text{mm}^4$

⑤ 부재자중 $w_d = 25 \times 0.8 \times 1.2 = 24\text{kN/m}$

부재자중으로 인한 A점의 작용 모멘트 $M_d = \dfrac{w_d \times 8^2}{2} = 768\text{kNm}$

2) 콘크리트의 탄성변형으로 인한 손실

처음 긴장한 긴장재는 동시 긴장 시 탄성 수축과 동시에 발생하기 때문에 긴장력 감소가 없지만 두 번째 긴장재를 긴장 정착하면 이 탄성수축으로 인해 첫 번째 긴장재의 인장력이 감소한다.

두 번째 긴장력으로 인한 콘크리트의 압축응력은

$$f_{cs} = \frac{P_{s1} + P_{s2}}{A_c} + \frac{(P_{s1} + P_{s2})e_p}{I_c} \times e_p - \frac{M_d}{I_c} \times e_p$$

$$= \frac{(2 \times 240) \times 10^3}{960,000} + \frac{(2 \times 240) \times 10^3}{1.152 \times 10^{11}} \times 400^2 - \frac{768 \times 10^6}{1.152 \times 10^{11}} \times 400 = -1.5\text{MPa(인장)}$$

최초에 긴장한 PS 강재의 손실은

$$\Delta f_{el} = E_p \epsilon_p = E_p \epsilon_c = n f_{cs} \text{이므로,}$$
$$n f_{cs} = 7.6 \times 1.5 = 11.4 \,\text{N/mm}^2$$

3) 긴장재와 쉬스의 마찰로 인한 손실

곡률 마찰계수와 파상 마찰계수 모두 0이므로 긴장재와 쉬스의 마찰로 인한 손실은 없다.

4) SEG1 정착장치 활동으로 인한 손실

PS 강재와 쉬스 사이에 마찰이 없는 경우

$$\triangle f_{an} = E_p \frac{\triangle l}{l} \qquad \therefore \text{인장력 손실량} \ \triangle P_{an} = A_p E_p \frac{\triangle l}{l}$$

$$\triangle P_{an} = A_p E_p \frac{\triangle l}{l} = 2 \times 6 \times 92.9 \times 200,000 \times \frac{6}{8000} \times 10^{-3} = 167.22\text{kN}$$

$$\triangle f_{an} = E_p \frac{\triangle l}{l} = 200,000 \times \frac{6}{16000} = 75\,\text{N/mm}^2$$

$$f_f = \frac{167220}{4000} = 41.805\,\text{N/mm(kN/m)}$$

$$\therefore l_{set} = \sqrt{\frac{\triangle l_{AS} E_{ps}}{f_f}} = \sqrt{\frac{6 \times 200,000}{41.805}} = 169.42\text{mm} < \text{L/2}(=4\text{m})$$

따라서, 정착장치 활동으로 인해 A점에 발생하는 손실은 없다.

5) A점에서의 1차 긴장으로 인한 긴장력과 긴장응력

$$f_{S1} = f_{pj} - n f_{cs} = 215.28 - 11.4 = 203.88 \text{ N/mm}^2$$

$$P_{S1} = A_p(f_{pj} - n f_{cs}) = 2 \times 6 \times 92.9 \times (215.28 - 11.4) \times 10^{-3} = 227.28 \text{kN}$$

➤ SEG2 긴장 시 A점의 긴장응력

1) 콘크리트의 탄성변형으로 인한 손실

양쪽 단부에서 동시에 긴장하므로 2번째 긴장재의 탄성변형으로 인한 손실은 없다.

2) 긴장재와 쉬스의 마찰로 인한 손실

곡률 마찰계수와 파상 마찰계수 모두 0이므로 긴장재와 쉬스의 마찰로 인한 손실은 없다.

3) SEG2 정착장치 활동으로 인한 손실

① SEG 2

$$\triangle P_{an} = A_p E_p \frac{\triangle l}{l} = 2 \times 6 \times 92.9 \times 200,000 \times \frac{6}{16000} \times 10^{-3} = 83.61 \text{kN}$$

$$\triangle f_{an} = E_p \frac{\triangle l}{l} = 200,000 \times \frac{6}{16000} = 75 \text{N/mm}^2$$

$$f_f = \frac{83610}{8000} = 10.45 \text{N/mm(kN/m)}$$

$$\therefore l_{set} = \sqrt{\frac{\triangle l_{AS} E_{ps}}{f_f}} = \sqrt{\frac{6 \times 200,000}{10.45}} = 338.85 \text{ mm} < \text{L/2(=4m)}$$

따라서, 정착장치 활동으로 인해 A점에 발생하는 손실은 없다.

4) A점에서의 2차 긴장으로 인한 긴장력과 긴장응력

$$f_{S2} = f_{pj} = 215.28 \text{N/mm}^2$$

$$P_{S2} = A_p f_{pj} = 2 \times 6 \times 92.9 \times 215.28 \times 10^{-3} = 240 \text{kN}$$

➤ A에서 초기손실 발생 직후 텐던의 긴장응력

SEG1과 SEG2 긴장재의 평균긴장응력은

$$f_s = \frac{1}{2}(203.88 + 215.28) = 209.58 \text{N/mm}^2$$

Chapter 04

휨설계

휨설계

01 PSC 휨설계 일반

프리스트레스트 콘크리트 구조는 단면응력 상태가 초기 긴장력이 작용하는 단계, 초기 응력손실이 발생한 이후 추가 고정자중이 작용하는 단계, 장기 응력손실이 발생한 이후 최종하중이 작용하는 단계 등으로 구분되기 때문에 철근 콘크리트 부재에 비해 단면응력을 검토하는 단계가 복잡하다.

사용하중에 대한 설계에서는 균열 발생 여부에 따라 부재를 비균열등급, 부분균열등급, 균열등급의 세 종류로 구분하고 탄성해석법이나 허용응력설계법을 이용해 설계하며, 극한하중에서는 철근콘크리트와 동일하게 강도설계법이나 한계상태설계법을 이용해 설계한다.

① 사용하중하의 프리스트레스트 콘크리트 휨설계 : 허용응력설계법, 탄성해석법

② 극한하중하의 프리스트레스트 콘크리트 휨설계 : 강도설계법, 한계상태설계법

1. 균열 발생 전후의 PSC 거동

1) 균열 발생 전 거동 : 하중—응력, 하중—변형 직선관계 성립으로 완전 탄성체에 가까운 거동

　　① 단면의 응력은 선형 직선 분포

　　② 응력과 처짐은 콘크리트의 총단면이 유효하다고 보고 탄성이론에 의해 계산

2) 균열 발생 후 거동 : 단면의 인장 측의 최대응력이 콘크리트의 휨인장 강도(파괴계수)에 도달하면 균열 발생

　　① 콘크리트의 인장 저항이 없어지므로 철근 콘크리트와 비슷한 거동을 나타냄

　　② 단면 특성이 하중의 크기와 함께 변화하므로 하중—응력, 하중—처짐의 관계는 비선형

2. 일반적인 PSC 휨 거동 ^{78회/133회}

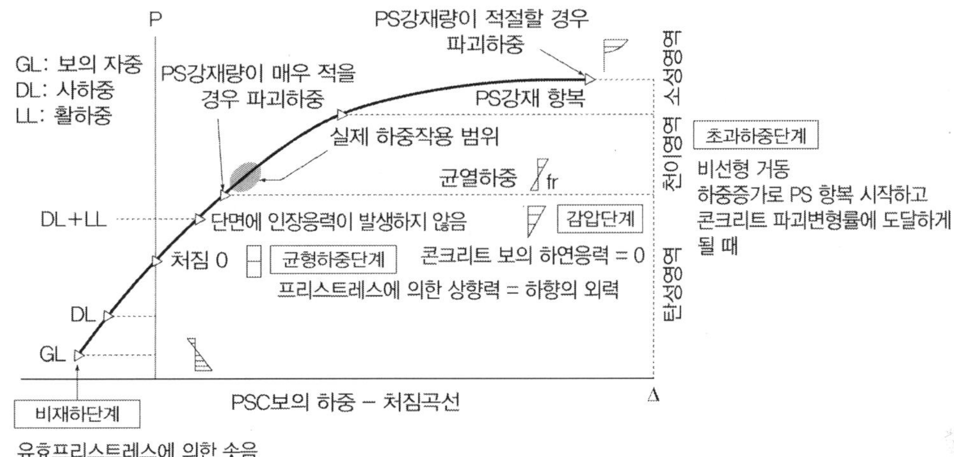

1) 비재하 단계

초기 PS 힘 P_i가 작용하면 그 편심으로 인한 모멘트 때문에 보에는 즉각적인 상향의 솟음(δ_{pi})이 일어나고, 이것이 PS 손실에 의하여 솟음이 감소된 후에 보의 자중으로 인한 하향의 처짐(δ_d)이 일어나며, 이것이 PS에 의한 솟음과 겹쳐진다.

2) 균형하중 단계

추가 고정하중이 실리면 보는 아래로 δ_{d1} 만큼 처지지만 이 보는 여전히 솟음 상태에 있다. 여기서 얼마간의 활하중이 실리면 균형하중 단계에 이른다. 이때 보는 균일한 압축응력이 작용하고 처짐은 0으로 된다.

3) 감압 단계

활하중이 더 실리면 보 하면의 콘크리트 응력이 0으로 되는 감압 단계에 이른다. 그리고 보의 응력은 균열하중에 도달할 때까지 또는 그 이상에 이르기까지 직선적으로 증가한다. 실제로 사용하중은 감압 단계와 부분적으로 균열이 발생하는 단계 사이에 있는 것이 보통이다. 균열하중을 초과할 때까지 콘크리트와 PC 강재가 모두 탄성 영역에 있더라도 보의 균열은 비선형 반응을 나타낸다.

4) 초과하중 단계

하중이 더 증가해서 PC 강재가 항복을 시작하고 콘크리트가 파괴변형에 달하게 될 때를 초과하중 단계라 한다. 파괴에 가까워지면 비선형적인 거동을 보인다.

3. PSC 강재량에 따른 거동 ^{81회}

1) 과보강 PSC : PS 강재량이 과다한 단면으로 PS 강재가 항복하기 전에 콘크리트가 압축파괴에 이른다. 커다란 소성변형 수반하지 않고 급격한 파괴를 일으킨다.

2) 저보강 PSC : PS 강재량이 지나치게 적은 단면으로 균열 발생과 동시에 콘크리트의 인장력이 PS 강재로 이동한다. 강재응력이 인장강도에 도달하여 급격한 취성파괴가 발생한다.

3) PS 강재량이 적당한 단면(그림 g) : PS 강재의 응력은 항복강도 f_{py} 를 넘어 콘크리트의 최대변형률은 한계값(ϵ_u)에 도달하게 되어 파괴된다.

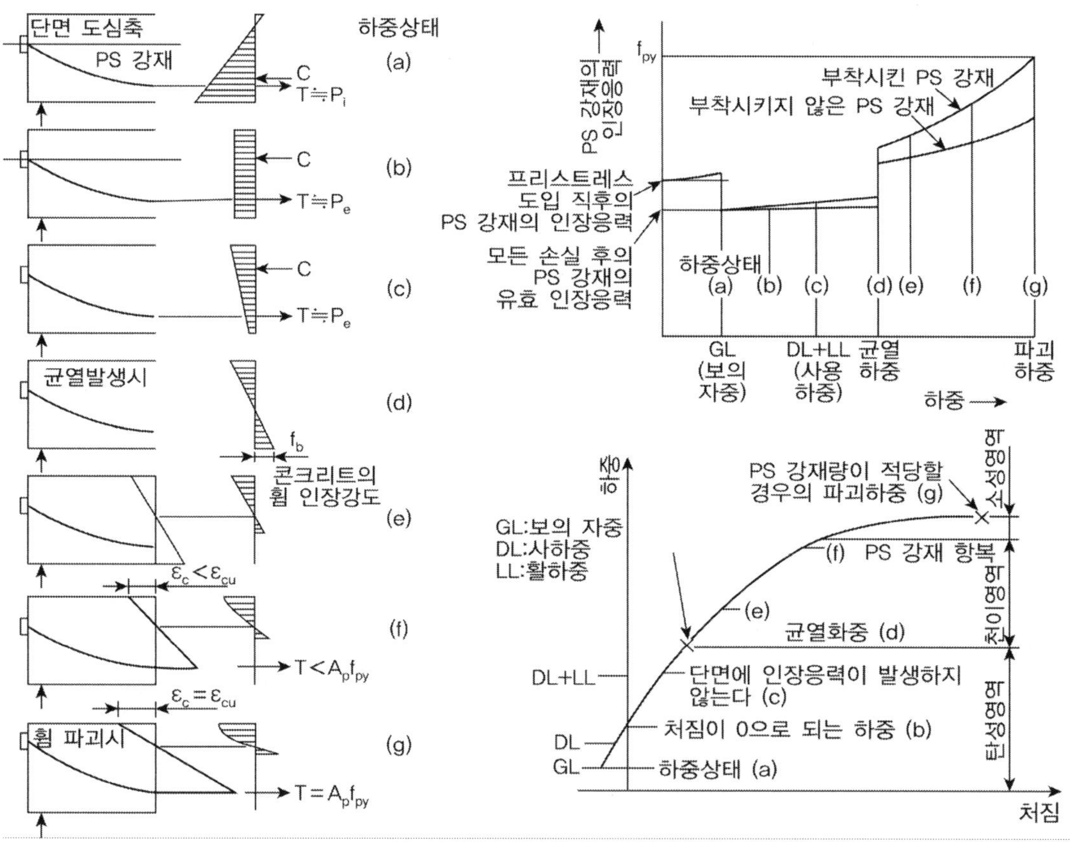

4. PSC 설계 및 성능 검증 한계상태

프리스트레스트 콘크리트를 설계할 때에는 프리스트레스트를 도입하는 상태에 대한 성능 검증, 시공 중의 구조 시스템과 하중 상태에 대한 성능 검증, 완공 후 하중작용에 따른 극한한계상태와 사용한계상태 등 여러 단계에 대한 성능 검증이 필요하다.

1) 프리스트레스트 도입 단계의 성능 검증

긴장력 도입 방식에 따라 프리텐션과 포스트텐션 방식으로 구분해 정착구역의 성능을 검증한다.
  ① 프리텐션 : 긴장력 도입 시 콘크리트의 응력, 긴장재의 전달길이(transfer length)
  ② 포스트텐션 : 긴장력 도입 시 콘크리트의 응력, 지압응력, 파열응력, 할렬응력

2) 시공 중의 구조 시스템 성능 검증

장대교량이나 고층 건물과 같은 대규모 구조물의 시공 중 구조 시스템 변화에 따른 하중상태 변화에 대해 성능 검증을 수행한다.

3) 완공 후 파괴 방지와 사용성능 검증

파괴 방지를 위해 극한한계상태 또는 강도한계상태에 대해 안정성능을 만족하도록 휨모멘트, 전단력과 비틀림, 축력 등에 대해 성능 검증을 수행한다. 공용 중 사용성은 사용한계상태에서 응력, 균열, 처짐, 피로 등에 대해 검토한다.

1. 압력선과 한계핵 ^{72회/73회/85회/93회/113회}

> 【 기출유형 ① 】 PSC보의 압력선과 핵심, 한계핵
> 【 기출유형 ② 】 포스트텐션 PS 콘크리트 단순보의 단면계획 효율적인 단면계획 및 긴장재 배치방법

1) 압력선

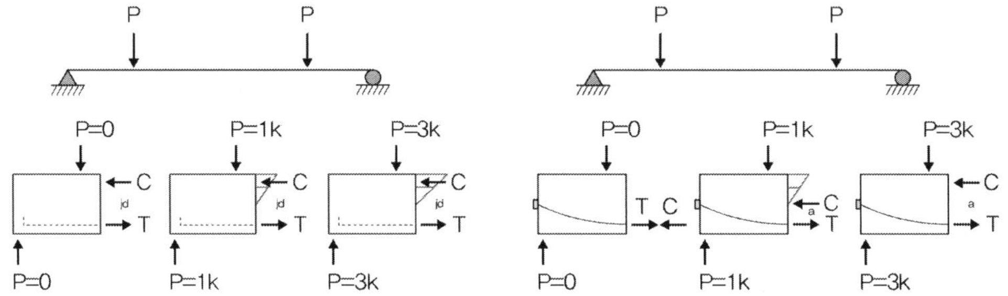

RC 보에서 외력모멘트가 증가하면 내력모멘트인 저항모멘트의 팔길이(jd)는 일정하고 콘크리트 압축력(C)과 철근인장력(T)이 증가하여 저항하나, PSC 보는 압축력과 인장력의 변화는 적은 대신 jd값이 변해 외력의 휨모멘트 증가에 저항한다. 여기서, PS력의 작용선을 압력선(thrust line) 또는 C선(C–Line)이라 한다.

2) 핵심

PS력이 작용할 경우 인장응력이 발생하지 않도록 하는 강선의 작용한계점은 도심 상부와 도심 하부 2곳에 존재하며 이를 각각 상핵점 및 하핵점이라 하고 상핵점과 하핵점 사이에 긴장력이 작용하는 경우 단면에는 인장응력이 발생치 않으며 이 영역을 핵심이라 한다.

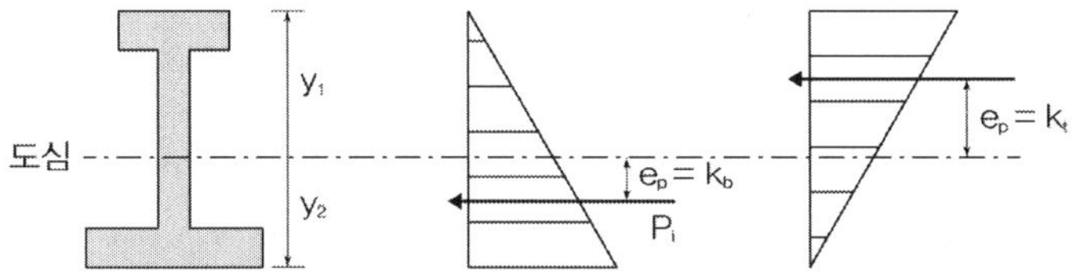

(1) 하핵거리 k_b : PS만 작용 시 단면의 상부응력이 0이 되는 편심거리

$$f_t = \frac{P_i}{A_c} - \frac{P_i e_p}{I} y_1 = \frac{P_i}{A_c}\left(1 - \frac{e_p}{r_c^2} y_1\right) = 0 \quad \therefore e_p = k_b = \frac{r_c^2}{y_1}$$

(2) 상핵거리 k_t : PS만 작용 시 단면의 하부응력이 0이 되는 편심거리

$$f_b = \frac{P_i}{A_c} + \frac{P_i e_p}{I} y_2 = \frac{P_i}{A_c}\left(1 + \frac{e_p}{r_c^2} y_2\right) = 0 \quad \therefore e_p = k_t = -\frac{r_c^2}{y_2} \ (\ominus : \text{도심상단 위치 의미})$$

2. 상한 편심거리와 하한 편심거리 ^{95회}

【 기출유형 ① 】 PSC 보의 단면에서 한계핵 및 긴장재의 편심거리 산정

1) 상한 편심거리

설계하중 상태(PS 손실 완료, 자중 및 활하중 포함)에서 허용응력을 초과하지 않기 위한 편심거리

$$(\text{상연응력}) \ f_t = \frac{P_e}{A_c} - \frac{P_e e_p}{Z_1} + \frac{M_{d1}}{Z_1} + \frac{M_{d2} + M_l}{Z_1} \leq f_{cw} \ (\oplus \text{응력}) \qquad (1)$$

$$(\text{하연응력}) \ f_b = \frac{P_e}{A_c} + \frac{P_e e_p}{Z_2} - \frac{M_{d1}}{Z_2} - \frac{M_{d2} + M_l}{Z_2} \geq f_{tw} \ (\ominus \text{응력}) \qquad (2)$$

2) 하한 편심거리

하중을 재하하지 않은 상태(PS 도입 직후, 자중 포함)에서 콘크리트 응력이 허용응력을 초과하지 않기 위한 긴장재의 편심거리

$$(\text{상연응력}) \ f_t = \frac{P_i}{A_c} - \frac{P_i e_p}{Z_1} + \frac{M_{d1}}{Z_1} \geq f_{ti} \ (\ominus \text{응력}) \qquad (3)$$

$$(\text{하연응력}) \ f_b = \frac{P_i}{A_c} + \frac{P_i e_p}{Z_2} - \frac{M_{d1}}{Z_2} \leq f_{ci} \ (\oplus \text{응력}) \qquad (4)$$

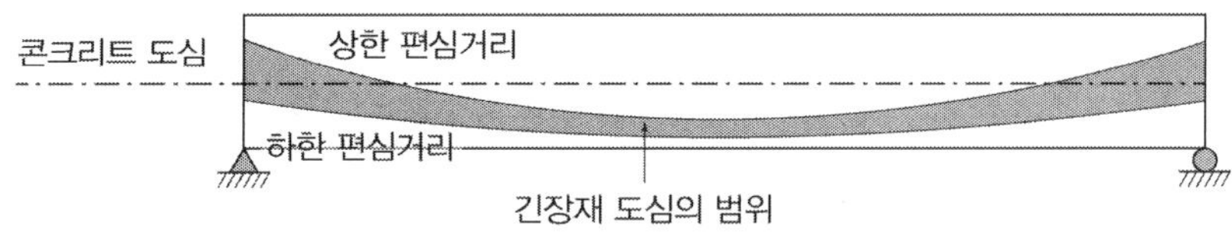

3) 필요 단면계수 유도

$$P_e = R P_i \ \text{라고 하면}(R : \text{유효율}),$$

$$R \times (1)\text{식} - (3)\text{식} : \ \frac{(1-R)M_{d1} + M_{d2} + M_l}{Z_2} \leq R f_{ci} - f_{tw}$$

$$\therefore Z_2 \geq \frac{(1-R)M_{d1} + M_{d2} + M_l}{R f_{ci} - f_{tw}}$$

$$R \times (2)식 - (4)식 : \frac{(R-1)M_{d1} - M_{d2} - M_l}{Z_1} \leq Rf_{ti} - f_{cw}$$

$$\therefore Z_1 \geq \frac{(1-R)M_{d1} + M_{d2} + M_l}{f_{cw} - Rf_{ti}}$$

3. 편심거리 제한

1) 제한 범위 내에 긴장재 도심이 존재하면 콘크리트 응력은 허용응력 이내가 된다.

2) 긴장재 배열에 상관없이 긴장재 도심은 상한과 하한거리 내에 있어야 한다.

3) 단면이 너무 크거나 긴장력이 과대하면 그 제한범위가 넓어진다.

4) 단면이 작거나 긴장력이 작으면 긴장재의 배치 범위가 단면 밖으로 나가거나 제한폭이 좁다. 이 경우에는 단면을 수정하거나 PS력을 수정해야 하며 최적의 PS 강재 배치는 PS 강재를 상한과 하한 편심거리 사이에 배치한다.

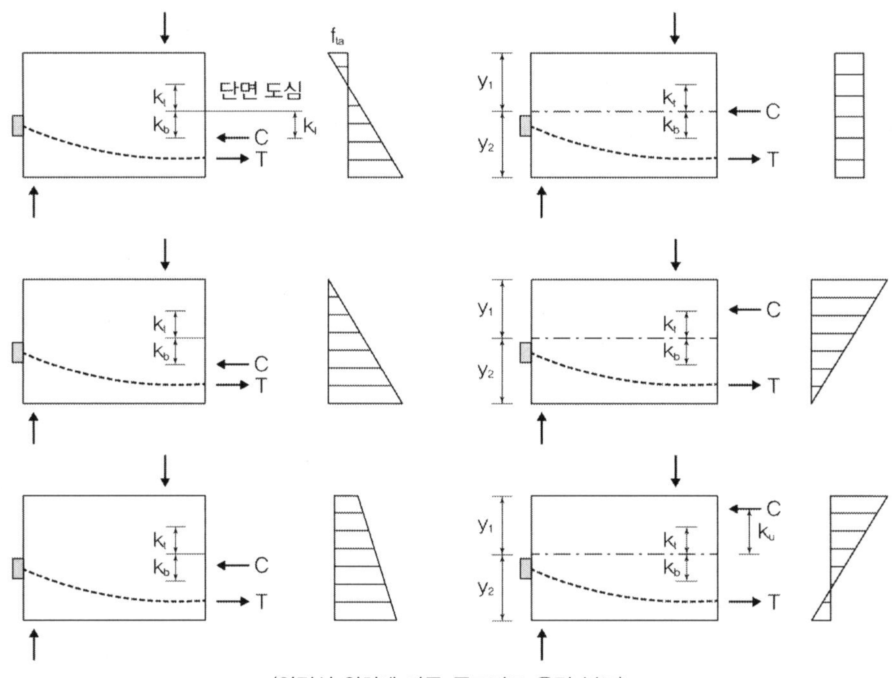

(압력선 위치에 따른 콘크리트 응력 분포)

4. 휨효율 계수 ^{94회/103회/113회/135회}

1) 일반적으로 콘크리트 단면에 대한 단면계수의 비 Z/A_c가 단면의 휨효율의 척도로 사용되며 이는 상핵거리와 하핵거리를 의미한다.

$$Z_1 = \frac{I_c}{y_1}, \ Z_2 = \frac{I_c}{y_2} \quad \therefore \ \frac{Z_1}{A_c} = \frac{I_c}{A_c y_1} = \frac{r_c^2}{y_1} = k_b, \ \frac{Z_2}{A_c} = \frac{I_c}{A_c y_2} = \frac{r_c^2}{y_2} = k_t$$

2) Z/A_c가 큰 보는 Z/A_c가 작은 보에 비하여 재료를 보다 효율적으로 사용하였음을 의미하며, 비대칭 단면에 있어서는 Z_1/A_c 및 Z_2/A_c가 동시에 최대가 되게 하는 것이 바람직하다.

3) 따라서 가장 효율적인 단면은 회전반경이 가장 큰 단면으로 상하의 핵거리가 가장 큰 단면이다. 이러한 단면은 콘크리트 면적이 단면의 상하면 가까이에 집중되어 있다.

4) 단면계수의 비를 무차원화하여 하나의 식으로 표현한 것을 휨효율계수(Q : efficiency factor of flexure)라고 한다.

$$\frac{k_b}{y_2} = \frac{r_c^2}{y_1 y_2} = Q, \ \frac{k_t}{y_1} = \frac{r_c^2}{y_1 y_2} = Q, \ Q = \frac{r_c^2}{y_1 y_2} \times \frac{y_1 + y_2}{h} = \frac{k_t + k_b}{h} \ (h = y_1 + y_2)$$

5) 비교적 얇은 복부와 플랜지를 가지는 I형과 T형 단면은 두꺼운 복부와 플랜지 단면보다 Q값이 크다. 일반적으로 잘 설계된 I형 보는 0.50 정도의 Q계수를 가지며 Q가 0.45보다 작으면 투박한 단면이 되고 0.55보다 크면 실용상 문제가 있는 너무 얇은 단면으로 된다.

PSC 휨균열

PSC 부재에 사용하중에 의한 휨 응력이 발생할 경우 휨 균열의 폭에 관계되는 요인과 균열제어에 대한 기준을 설명하시오.

풀 이

▶ 개요

PSC 부재는 콘크리트에 프리스트레스를 도입하면 소성재료인 콘크리트가 탄성체로 전환되어 프리스트레스로 인하여 콘크리트에 인장력이 작용하지 않으므로 균열 발생이 없어 탄성재료로 거동한다는 개념이다. 따라서 PSC는 사용하중하에서는 균열이 발생하지 않고, 초과하중으로 균열이 발생하더라도 초과하중이 제거되면 균열은 사라진다는 개념을 갖고 있다.

PSC 부재는 균열이 발생 전에는 하중—응력, 하중—변형관계가 직선 관계가 성립되어 완전 탄성체에 가까운 거동을 보이기 때문에 응력과 처짐에 대한 검토 시 콘크리트의 총 단면이 유효하다고 보고 탄성이론에 의해 계산한다. 그러나 단면의 인장 측의 최대응력이 콘크리트의 휨 인장강도(파괴계수)에 도달하면 균열이 발생했다고 보고, 콘크리트의 인장저항 없어지므로 철근 콘크리트와 비슷한 거동 나타내며, 단면특성이 하중의 크기와 함께 변화하므로 하중—응력, 하중—처짐이 비선형 관계가 된다.

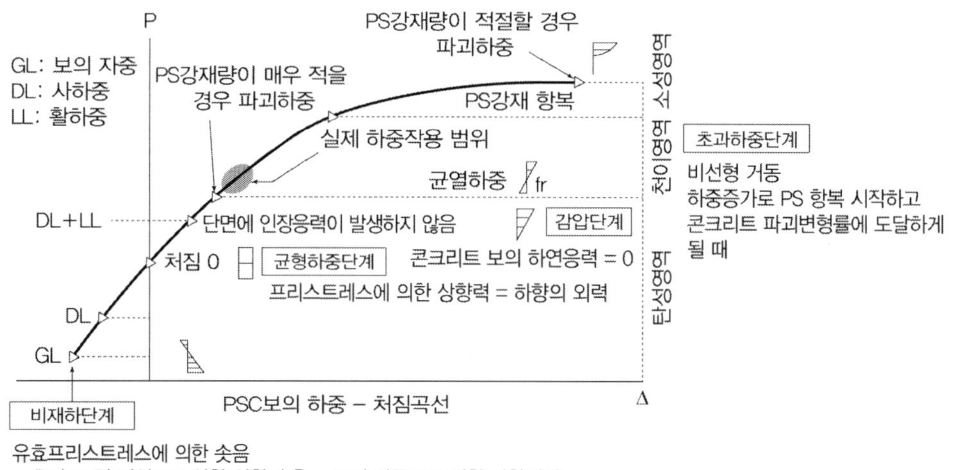

유효프리스트레스에 의한 솟음
= 초기 PS력 편심으로 인한 상향 솟음 + 보의 자중으로 인한 하향처짐

(PSC의 휨 거동)

▶ 휨 균열 폭 관계 요인과 균열제어 기준

PSC 휨 부재는 균열 발생 여부에 따라 그 거동이 달라지며 응력의 계산이나 사용성의 검토에 이러한 점을 고려하도록 하고 있다. 콘크리트 구조설계기준에서는 PSC 휨 부재를 균열의 정도에 따라 다음과 같이 3가지로 등급을 구분하고 구분된 등급에 따라 응력 및 사용성을 검토하도록 규정한다. 여기서 등급의 구분은 미리 압축을 가한 인장구역(precompressed tensile zone)에서 사용하중으로 계산된 인장연단 응력 f_t 에 따라서 분류한다.

구분	PSC 부재			RC 부재
	비균열등급	부분균열등급	균열등급	
사용하중에 의한 연단 인장응력	$f_t \le 0.63\sqrt{f_{ck}}$	$0.63\sqrt{f_{ck}} < f_t \le 1.0\sqrt{f_{ck}}$	$f_t > 1.0\sqrt{f_{ck}}$	조건 없음
거동	비균열 상태	비균열과 균열의 중간 상태	균열 상태	균열 상태
사용하중에서의 응력 계산 시 단면 성질	비균열 전단면	비균열 전단면	균열 단면	조건 없음
허용응력	적용구분 / 허용응력(MPa) / 비고: PS 도입 직후 — 휨 압축응력 $0.60f_{ci}$ (단순지지 단부 이외), $0.70f_{ci}$ (단순지지 단부); 휨 인장응력 $0.25\sqrt{f_{ci}}$ (단부 이외), $0.50\sqrt{f_{ci}}$ (단부) [초과 시 추가강재배치]. 사용하중 작용 시 — 휨 압축응력 $0.45f_{ck}$ (유효 PS + 지속하중), $0.60f_{ck}$ (유효 PS + 전체하중)			조건 없음
처짐 계산 시 근거	비균열 전단면 전단면 2차 모멘트(I_g)	균열단면 유효단면 2차 모멘트(I_e)	균열단면 유효단면 2차 모멘트(I_e)	유효단면 2차 모멘트(I_e)
균열제어	조건 없음	조건 없음	$s = \min\left[375\left(\dfrac{\chi_{cr}}{\Delta f_{ps}}\right) - 2.5c_c,\ 300\left(\dfrac{\chi_{cr}}{\Delta f_{ps}}\right)\right]$	
균열제어를 위한 f_s 계산	–	–	균열단면 해석	$\dfrac{M}{A_s}$, $0.6f_y$
표피철근	불필요	불필요	$h > 900\,\text{mm}$일 때, $h/2$지점까지 양측면 배근 $D10{-}D16$철근 $A_s \le 280\,\text{mm}^2/\text{m}$배근	

※ 2방향 프리스트레스트콘크리트 슬래브는 $f_t \le 0.5\sqrt{f_{ck}}$ 를 만족하는 비균열등급 부재로 설계되어야 한다.

균열등급의 PSC부재에서는 RC와 마찬가지로 피복두께를 고려하여 적절한 철근간격을 배치하도록 하여 간접적으로 균열을 제어하도록 규정하고 있다.

이는 실험적 연구에 따라 사용하중이 작용할 때 균열 폭은 철근의 응력에 따라 직접적으로 변화하며 인장영역에 잘 분포된 굵기가 가는 여러 개의 철근 배치가 굵은 몇 가닥의 철근을 배치하는 것보다 균열을 조정하는 데 더 효과적으로 나타났기 때문이다.

PSC 하중단계별 변화

프리스트레스트 콘크리트 보의 하중작용 단계별 응력변화와 균열 발생 전·후에 대한 보의 거동에 대하여 설명하시오.

풀 이

▶ **개요**

PSC 보의 하중작용 단계별 응력변화는 유효프리스트레스에 의한 솟음이 발생하는 비재하단계, PS로 인한 상향력과 외력에 의한 하향력이 균형을 이루는 단계, 콘크리트 보의 하연응력이 0을 가지는 감압 단계, 비선형 거동을 보이는 초과하중단계로 구분할 수 있다. 균열 전후의 보의 거동은 균열 전 완전 탄성체에 가까운 거동을 하다가 균열이 발생 후에는 RC와 유사한 비선형 거동을 보인다.

▶ **PSC 보의 하중작용 단계별 응력 변화**

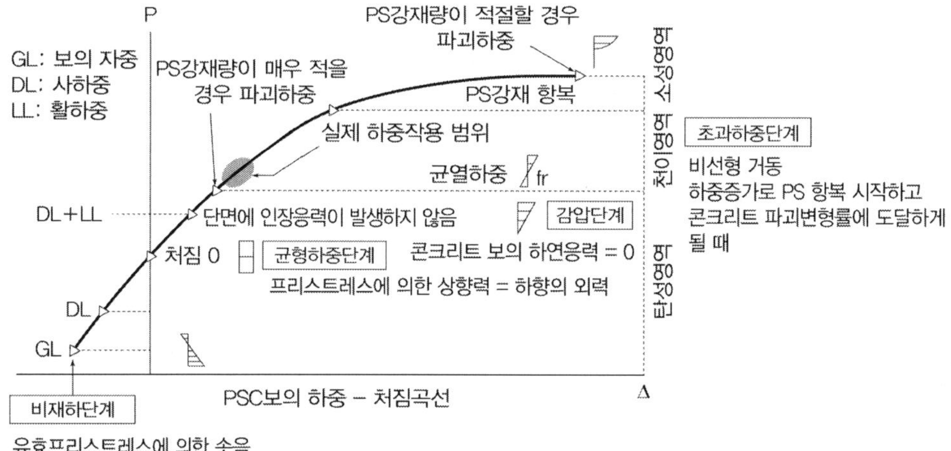

유효프리스트레스에 의한 솟음
= 초기 PS력 편심으로 인한 상향 솟음 + 보의 자중으로 인한 하향처짐

1) 비재하 단계 : 초기 PS 힘 P_i가 작용하면 그 편심으로 인한 모멘트 때문에 보에는 즉각적인 상향의 솟음(δ_{pi})이 일어나고, 이것이 PS 손실에 의하여 솟음이 감소된 후에 보의 자중으로 인한 하향의 처짐(δ_d)이 일어나며, 이것이 PS에 의한 솟음과 겹쳐진다.

2) 균형하중 단계 : 추가 고정하중이 실리면 보는 아래로 δ_{d1} 만큼 처지지만 이 보는 여전히 솟음 상태에 있다. 여기서 얼마간의 활하중이 실리면 균형하중단계에 이른다. 이때 보는 균일한 압축응력이 작용하고 처짐은 0으로 된다.

3) 감압 단계 : 활하중이 더 실리면 보 하면의 콘크리트 응력이 0으로 되는 감압 단계에 이른다. 그리고 보의 응력은 균열하중에 도달할 때까지 또는 그 이상에 이르기까지 직선적으로 증가한다. 실제로 사용하중은 감압 단계와 부분적으로 균열이 발생하는 단계 사이에 있는 것이 보통이다. 균열하중을 초과할 때까지 콘크리트와 PC 강재가 모두 탄성영역에 있더라도 보의 균열은 비선형 반응을 나타낸다.

4) 초과 하중 단계 : 하중이 더 증가해서 PC 강재가 항복을 시작하고 콘크리트가 파괴변형에 달하게 될 때를 초과하중단계라 한다. 파괴에 가까워지면 비선형적인 거동을 보인다.

➤ **PSC 보의 균열 발생 전후 거동**

1) 균열 발생 전 거동 : 하중—응력, 하중—변형 직선관계성립으로 완전 탄성체에 가까운 거동

    ① 단면의 응력은 선형 직선 분포
    ② 응력과 처짐은 콘크리트의 총단면이 유효하다고 보고 탄성이론에 의해 계산

2) 균열 발생 후 거동 : 단면의 인장 측 최대응력이 콘크리트의 휨인장 강도(파괴계수)에 도달하면 균열 발생

    ① 콘크리트의 인장저항이 없어지므로 철근 콘크리트와 비슷한 거동을 나타냄
    ② 단면 특성이 하중의 크기와 함께 변화하므로 하중—응력, 하중—처짐의 관계는 비선형

I형 단면의 휨효율

I형 구조 단면의 휨효율에 대하여 설명하시오.

풀 이

> **개요**

일반적으로 휨효율은 단면의 형상에 비해 휨에 대한 저항성능을 나타내는 단면계수의 비 Z/A_c 가 단면의 휨효율의 척도로 사용된다. Z/A_c가 큰 보는 Z/A_c가 작은 보에 비하여 재료를 보다 효율적으로 사용하였음을 의미하며, 비대칭 단면에 있어서는 Z_1/A_c 및 Z_2/A_c가 동시에 최대가 되게 하는 것이 바람직하다.

> **I형 구조 단면의 휨효율**

PSC 구조나 판형교에서 주로 사용되는 I형 구조 단면의 휨효율을 판단할 때 단면계수의 비를 주로 사용하며, PSC I형 보에서는 단면계수의 비는 상핵거리와 하핵거리를 의미한다.

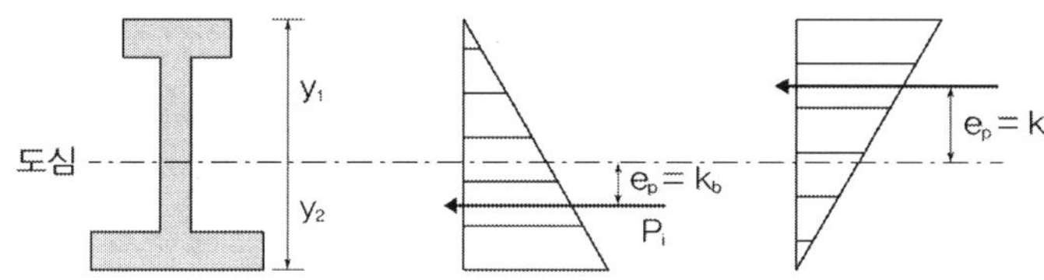

$$Z_1 = \frac{I_c}{y_1}, \; Z_2 = \frac{I_c}{y_2} \quad \therefore \; \frac{Z_1}{A_c} = \frac{I_c}{A_c y_1} = \frac{r_c^2}{y_1} = k_b, \; \frac{Z_2}{A_c} = \frac{I_c}{A_c y_2} = \frac{r_c^2}{y_2} = k_t$$

또한, 단면계수의 비를 무차원화하여 표현하여 하나의 식으로 표현하는 휨효율계수(Q : efficiency factor of flexure)도 함께 사용된다. 비교적 얇은 복부와 플랜지를 가지는 I형과 T형 단면은 두꺼운 복부와 플랜지 단면보다 Q값이 크다. 일반적으로 잘 설계된 I형 보는 0.50 정도의 Q계수를 가지며 Q가 0.45보다 작으면 투박한 단면이 되고 0.55보다 크면 실용상 문제가 있는 너무 얇은 단면으로 된다.

$$\frac{k_b}{y_2} = \frac{r_c^2}{y_1 y_2} = Q, \; \frac{k_t}{y_1} = \frac{r_c^2}{y_1 y_2} = Q, \; Q = \frac{r_c^2}{y_1 y_2} \times \frac{y_1 + y_2}{h} = \frac{k_t + k_b}{h} \; (h = y_1 + y_2)$$

휨효율

플랜지가 넓은 박스형 거더(Wide Flange Prestressed Concrete)의 장단점에 대해서 설명하시오.

풀 이

▶ 개요

전체하중에 비하여 자중이 비교적 작은 짧은 지간의 보에 대하여는 직사각형 단면이 유리하다. 직사각형 단면은 제작비가 싸서 경제적인 장점이 있으나 핵거리가 짧아서 압축력의 크기가 제한된다는 단점이 있다. 이러한 단점 때문에 장지간 보에 대하여는 플랜지가 넓은 와이드 플랜지(Wide flange) PSC가 적용되고 있다.

보통의 지간 또는 장지간의 보에 대하여는 플랜지(flange)가 있는 단면이 채택된다. 이러한 단면들은 하중이 실리지 않은 상태에서 콘크리트 응력이 허용응력을 초과하는 일이 없이 긴장재 도심을 단면 아래에 둘 수 있다. 또한 사용하중 또는 극한하중 하에서 긴장재의 인장력과 콘크리트 압축력 사이의 거리를 최대로 되게 한다.

▶ 와이드 플랜지 PSC의 특징

1) 콘크리트의 허용응력 : 긴장재의 긴장 시(하중 비재하 시) 콘크리트의 응력이 허용응력을 초과하는 일 없이 긴장재 도심을 단면 아래 둘 수 있다(I형 단면).

2) 팔거리 최대화 : 사용하중 및 극한하중하에서 긴장재의 인장력과 콘크리트의 압축력 사이의 거리(팔길이)를 최대로 되게 한다.

3) 상부유용 및 휨강도 : 상부 플랜지가 넓어서 교량의 상판이나 건물의 마루로 유용하다. 또한 콘크리트 압축응력이 허용응력 이하이므로 긴장능력이 향상되어 휨강도가 좋다.

4) 연성파괴 유도 : 극한하중하에서 콘크리트 응력을 낮게 유지하기 위해서 넓은 상부 플랜지를 이용하면서 PS 강재의 항복을 선행시키도록 유도하여 연성파괴된다.

5) 하부플랜지의 과도한 압축위험 : 총 하중에 대한 자중의 비(M_{d1}/M_t)가 큰 장지간 보에서 PS 도입 시 하부 플랜지를 과도하게 압축할 위험이 있다.

6) 휨효율 : Z/A_c(Q)가 커서 휨효율이 좋다.

PSC 핵거리와 휨효율

다음 그림의 PSC 거더 단면 A, B에 대하여 상·하핵(core) 거리와 휨효율 계수를 구하고 구조 성능을 비교 설명하시오.

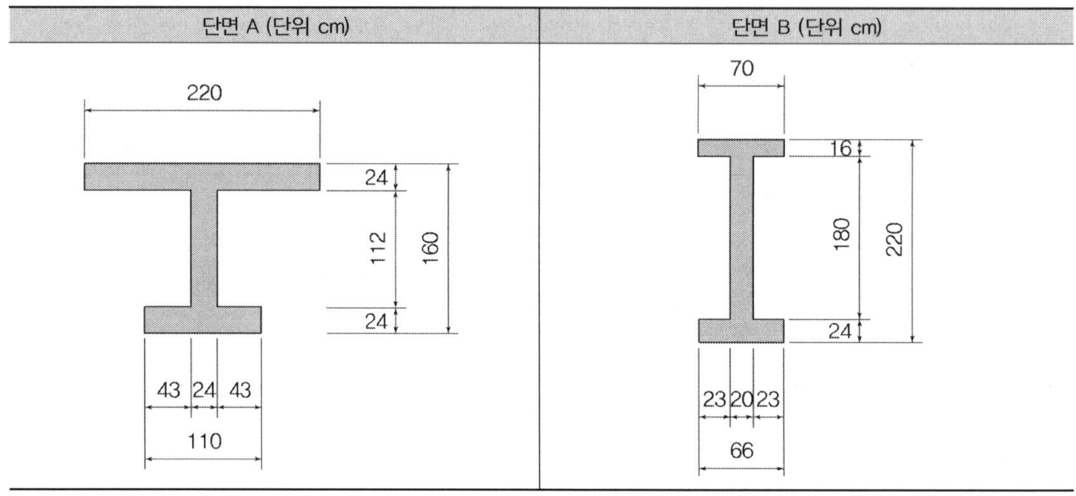

풀 이

➤ 개요

PS력이 작용할 경우 인장응력이 발생하지 않도록 하는 강선의 작용한계점은 도심 상부와 도심 하부 2곳에 존재하며 이를 각각 상핵점 및 하핵점이라 하고 상핵점과 하핵점 사이에 긴장력이 작용하는 경우 단면에는 인장응력이 발생하지 않으며 이 영역을 핵심이라 한다.

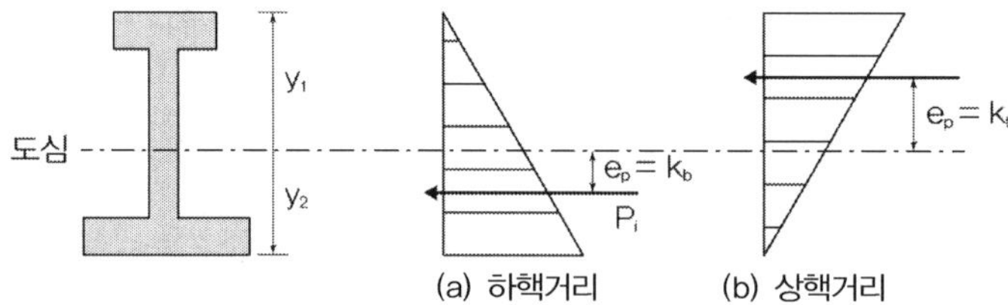

1) 하핵거리 k_b : PS만 작용 시 단면의 상부응력이 0이 되는 편심거리

$$f_t = \frac{P_i}{A_c} - \frac{P_i e_p}{I} y_1 = \frac{P_i}{A_c}\left(1 - \frac{e_p}{r_c^2} y_1\right) = 0 \quad \therefore e_p = k_b = \frac{r_c^2}{y_1}$$

2) 상핵거리 k_t : PS만 작용 시 단면의 하부응력이 0이 되는 편심거리

$$f_b = \frac{P_i}{A_c} + \frac{P_i e_p}{I} y_2 = \frac{P_i}{A_c}\left(1 + \frac{e_p}{r_c^2} y_2\right) = 0 \quad \therefore e_p = k_t = -\frac{r_c^2}{y_2}\,(\ominus: \text{도심 상단 위치 의미})$$

3) 휨효율 계수 : 일반적으로 콘크리트 단면에 대한 단면계수의 비 Z/A_c가 단면의 휨효율의 척도로 사용되며, 이는 상핵거리와 하핵거리를 의미한다. 이 단면계수의 비를 무차원화하여 하나의 식으로 표현한 것을 휨효율계수(Q : efficiency factor of flexure)라고 한다.

$$Z_1 = \frac{I_c}{y_1}, \ Z_2 = \frac{I_c}{y_2} \ \therefore \ \frac{Z_1}{A_c} = \frac{I_c}{A_c y_1} = \frac{r_c^2}{y_1} = k_b, \ \frac{Z_2}{A_c} = \frac{I_c}{A_c y_2} = \frac{r_c^2}{y_2} = k_t$$

$$\frac{k_b}{y_2} = \frac{r_c^2}{y_1 y_2} = Q, \quad \frac{k_t}{y_1} = \frac{r_c^2}{y_1 y_2} = Q, \quad Q = \frac{r_c^2}{y_1 y_2} \times \frac{y_1 + y_2}{h} = \frac{k_t + k_b}{h} \ (h = y_1 + y_2)$$

▶ 상·하핵거리와 휨효율 계수

1) 단면 A

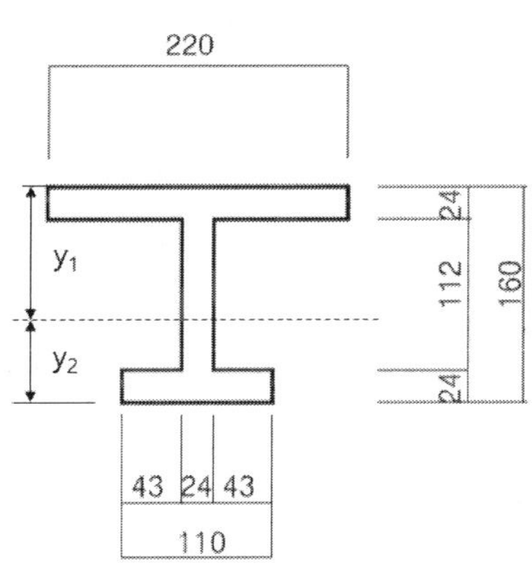

$$A = 220 \times 24 + 112 \times 24 + 110 \times 24 = 10,608 \text{cm}^2$$

$$y_2 = \frac{220 \times 24 \times 148 + 112 \times 24 \times 80 + 110 \times 24 \times 12}{10,608}$$
$$= 96.9231 \text{cm}$$

$$y_1 = 63.0769 \text{cm}$$

$$I = \frac{220 \times 24^3}{12} + (220 \times 24) \times 148^2 + \frac{24 \times 112^3}{12}$$
$$+ (24 \times 112) \times 80^2 + \frac{110 \times 24^3}{12} + (110 \times 24) \times 12^2$$
$$= 136,426,496 \text{cm}^4$$

$$r_c^2 = \frac{I}{A} = 12860.7 \text{cm}^2$$

$$\therefore \text{하핵거리 } e_p = k_b = \frac{r_c^2}{y_1} = 203.89 \text{cm}, \ \text{상핵거리 } e_p = k_t = -\frac{r_c^2}{y_2} = -132.69 \text{cm}$$

$$\text{휨효율계수 } Q = \frac{r_c^2}{y_1 y_2} = 2.104$$

2) 단면 B

$$A = 70 \times 16 + 180 \times 20 + 66 \times 24 = 6304\,cm^2$$

콘크리트 도심

$$y_2 = \frac{70 \times 16 \times 212 + 180 \times 20 \times 114 + 66 \times 24 \times 12}{6304}$$

$$= 105.782\,cm$$

$$y_1 = 114.218\,cm$$

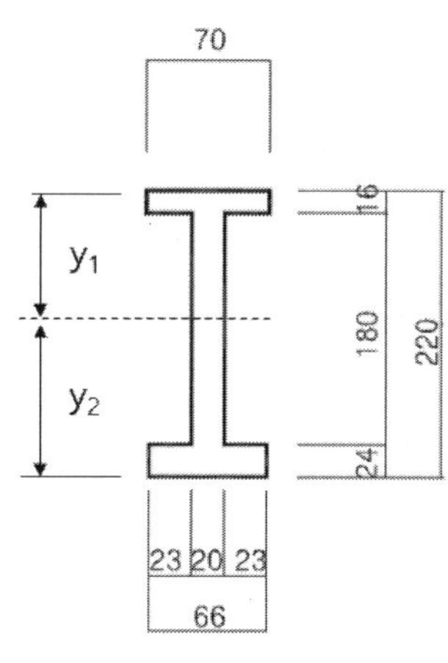

$$I = \frac{70 \times 16^3}{12} + (70 \times 16) \times 212^2 + \frac{20 \times 180^3}{12}$$

$$+ (20 \times 180) \times 114^2 + \frac{66 \times 24^3}{12} + (66 \times 24) \times 12^2$$

$$= 1.0717 \times 10^8\,cm^4$$

$$r_c^2 = \frac{I}{A} = 17,000.5\,cm^2$$

$$\therefore \text{하핵거리 } e_p = k_b = \frac{r_c^2}{y_1} = 148.84\,cm, \quad \text{상핵거리 } e_p = k_t = -\frac{r_c^2}{y_2} = -160.712\,cm$$

$$\text{휨효율계수 } Q = \frac{r_c^2}{y_1 y_2} = 1.407$$

➤ 구조성능 비교

B단면에 비해 A단면의 휨효율계수가 약 50% 정도 더 크다. 일반적으로 콘크리트 단면에 대한 단면계수의 비 Z/A_c가 단면의 휨효율의 척도로 사용되며 이는 상핵거리와 하핵거리를 의미한다. 이 단면계수의 비를 무차원화하여 하나의 식으로 표현한 것이 휨효율계수이므로, B단면이 A단면에 비해 재료를 더 효율적으로 사용한 것으로 볼 수 있다. 두 단면 모두 핵거리가 부재의 크기보다 크기 때문에 콘크리트 응력이 허용응력을 초과하지 않고 긴장재 도심을 단면 내에 둘 수 있다. 다만, 비대칭 단면은 상핵거리와 하핵거리 동시에 최대로 하는 것이 바람직한데, A단면의 경우 B단면에 비해 하핵거리는 크지만 상핵거리는 작기 때문에 A단면은 정모멘트부에 B단면은 부모멘트부에 배치하는 것이 더 효율적이다.

PSC 거더의 형상

단순 PSC 거더의 지점부와 중앙부의 단면 형상을 다르게 구성하는 이유를 역학적으로 설명하시오.

풀 이

➤ 개요

단순교에서의 전단력과 휨모멘트의 분배에 따라서 거더교의 단면 형상에 차이가 발생되며, 이로 인해서 지점부와 중앙부의 단면 형상이 다르게 구성된다. 또한 PSC 거더교의 경우 텐던에 긴장력을 도입하고 긴장력에 대해 긴장 도입부에서의 지압력, 파열력 등에 저항하기 위해서는 도입부에 단면 형상이 크게 요구되므로 효율적 단면 설계를 위해 별도의 단면으로 구성되고 있다.

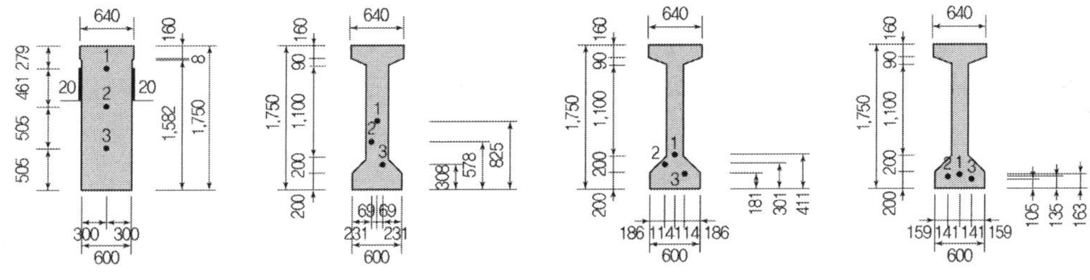

(PSC 표준도 : 단부 ↔ 중앙)

➤ 지점부와 중앙부의 단면 형상

1) 지점부

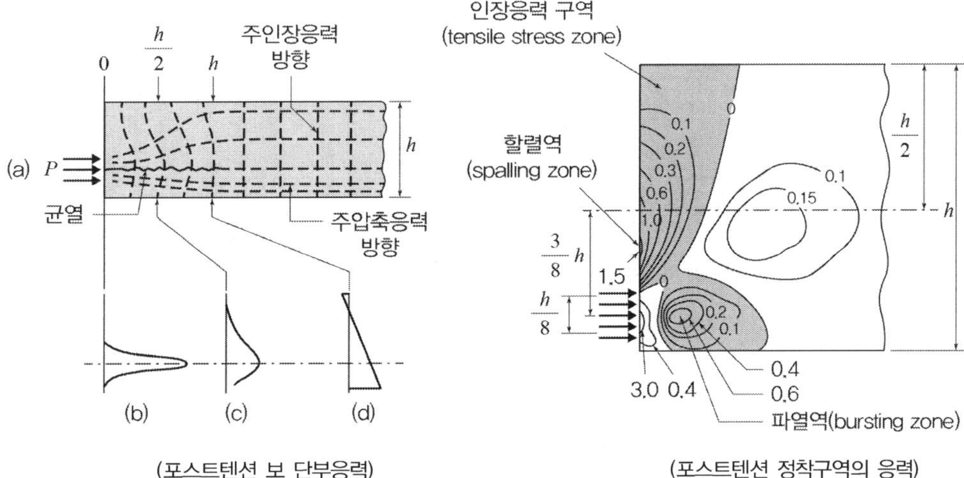

(포스트텐션 보 단부응력)

(포스트텐션 정착구역의 응력)

① 단순보에서는 지점부에서 전단력이 최대가 되며 전단응력을 최소화하기 위해서는 단면적이 커야 한다. 따라서 중앙부의 단면보다는 단면 형상이 커지게 된다.

② PS력이 도입되는 단부에서는 정착부의 안정성 확보를 위해서 포스트 텐션 보와 같은 경우에는 정착구역(anchorage zone)에서 PS력에 의해 균열, 박리, 국부적 파괴를 야기할 수 있다. 따라서 이에 대해 압축응력, 파열응력, 할렬응력, 종방향 단부 인장력에 대해 고려해야 한다.

③ 이로 인하여 단부(지점부)에서는 중앙부와 다르게 단면이 적용되는 것이 일반적이다.

2) 중앙부

① 중앙부 단면에서는 PS력에 의해 휨효율이 크게 적용하기 위해서는 PS 텐던을 하부에 배치한다.

② 일반적으로 휨효율의 척도는 상핵거리와 하핵거리로 표현되며, Z/A_c가 큰 보는 Z/A_c가 작은 보에 비하여 재료를 보다 효율적으로 사용하였음을 의미한다. 비대칭 단면에 있어서는 Z_1/A_c 및 Z_2/A_c가 동시에 최대가 되게 하는 것이 바람직하다. 따라서 가장 효율적인 단면은 회전반경이 가장 큰 단면으로 상하의 핵거리가 가장 큰 단면이다. 이러한 단면은 콘크리트 면적이 단면의 상하면 가까이에 집중되어 있다.

$$Z_1 = \frac{I_c}{y_1}, \ Z_2 = \frac{I_c}{y_2} \quad \therefore \ \frac{Z_1}{A_c} = \frac{I_c}{A_c y_1} = \frac{r_c^2}{y_1} = k_b, \ \frac{Z_2}{A_c} = \frac{I_c}{A_c y_2} = \frac{r_c^2}{y_2} = k_t$$

③ 단면계수의 비를 무차원화하여 표현하여 하나의 식으로 표현한 것을 휨효율계수(Q ; efficiency factor of flexure)라고 한다. 비교적 얇은 복부와 플랜지를 가지는 I형과 T형 단면은 두꺼운 복부와 플랜지 단면보다 Q값이 크다. 일반적으로 잘 설계된 I형 보는 0.50 정도의 Q계수를 가지며 Q가 0.45보다 작으면 투박한 단면이 되고 0.55보다 크면 실용상 문제가 있는 너무 얇은 단면으로 된다.

$$\frac{k_b}{y_2} = \frac{r_c^2}{y_1 y_2} = Q, \ \ \frac{k_t}{y_1} = \frac{r_c^2}{y_1 y_2} = Q, \ \ Q = \frac{r_c^2}{y_1 y_2} \times \frac{y_1 + y_2}{h} = \frac{k_t + k_b}{h} \ \ (h = y_1 + y_2)$$

▶ 단부와 중앙부의 단면 형상의 차이

단부에서는 전단응력의 최소와 함께, PS력에 의해 발생되는 압축응력, 파열응력, 할렬응력, 종방향 단부 인장력을 최소화하기 위해서 단면 형상이 중앙부에 비해 뭉뚱한 형상이 필요한 반면, 중앙부에서는 PS력에 의해 휨효율을 최대화하기 위해서는 I형 모양의 단면 형상이 요구된다.

긴장재의 배치 범위

다음 그림과 같은 단경간 PSC 거더에서 지간 중앙, 1/4 지간, 지점에서의 긴장재의 배치 범위를 정하시오.

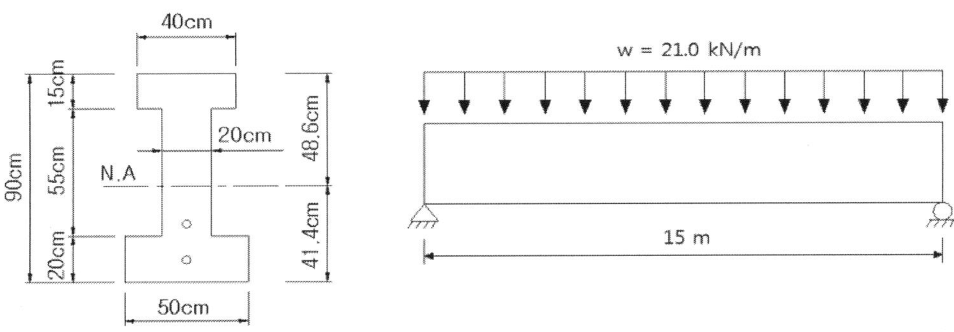

조건

거더의 자중은 6.75kN/m이며 등분포 활하중(w)은 21.0kN/m이다. PS 도입 직후의 허용휨압축응력 $f_{ci}=$ 16.8MPa, 허용휨인장응력 $f_{ti}=1.3$MPa이며, PS 손실 발생 후의 허용휨압축응력 $f_{cs}=16.0$MPa, 허용휨인장응력 $f_{ts}=3.2$MPa이다.

초기 프리스테레스힘 $P_i=2,100$kN이며, 유효율은 85%로 본다. 단면 상연에 대한 단면계수 $Z_1=48,597$cm^{3}이고, 하연에 대한 단면계수 $Z_2=57,074$cm^{3}이며, 단면적 $A_c=2,700$cm^{2}이다(단 모멘트는 정수로 산정하며, 배치 범위는 소수점 한 자리, cm 단위로 정리).

풀 이

➤ 개요

상한편심과 하한편심을 산정하여 배치한다.

➤ 모멘트의 산정

$$w_D = 6.75\,\text{kN/m},\ w_{D+L} = 27.75\,\text{kN/m}$$

구분	중앙 $\left(M=\dfrac{wl^2}{8}\right)$	1/4 지점 $\left(M=\dfrac{3wl^2}{32}\right)$	지점
M_d	189.844kNm	142.383kNm	0
M_{d+l}	780.469kNm	585.351kNm	0

▶ 긴장력 도입 직후(하한 편심거리 산정)

$$(\text{상연응력})\ f_t = \frac{P_i}{A_c} - \frac{P_i e_p}{Z_1} + \frac{M_{d1}}{Z_1} \geq f_{ti} \quad \therefore e_p \leq \frac{Z_1}{P_i}\left(\frac{P_i}{A_c} + \frac{M_d}{Z_1} - f_{ti}\right) \qquad ①$$

$$(\text{하연응력})\ f_b = \frac{P_i}{A_c} + \frac{P_i e_p}{Z_2} - \frac{M_{d1}}{Z_2} \leq f_{ci} \quad \therefore e_p \leq \frac{Z_2}{P_i}\left(f_{ci} - \frac{P_i}{A_c} + \frac{M_d}{Z_2}\right) \qquad ②$$

구 분	중앙	1/4 지점	지점
①식의 e_p	30.0cm	27.7cm	21.0cm
②식의 e_p	33.5cm	31.2cm	24.5cm

▶ PS력 손실 후(상한 편심거리 산정)

$$P_e = 0.85 P_i$$

$$(\text{상연응력})\ f_t = \frac{P_e}{A_c} - \frac{P_e e_p}{Z_1} + \frac{M_{d1}}{Z_1} + \frac{M_{d2} + M_l}{Z_1} \leq f_{cw}$$

$$\therefore e_p \geq \frac{Z_1}{P_e}\left(\frac{P_e}{A_c} + \frac{M_{d+l}}{Z_1} - f_{cw}\right) \qquad ③$$

$$(\text{하연응력})\ f_b = \frac{P_e}{A_c} + \frac{P_e e_p}{Z_2} - \frac{M_{d1}}{Z_2} - \frac{M_{d2} + M_l}{Z_2} \geq f_{tw}$$

$$\therefore e_p \geq \frac{Z_2}{P_e}\left(f_{tw} - \frac{P_e}{A_c} + \frac{M_{d+l}}{Z_2}\right) \qquad ④$$

구분	중앙	1/4 지점	지점
①식의 e_p	30.0cm	27.7cm	21.0cm
②식의 e_p	33.5cm	31.2cm	24.5cm

▶ 긴장재 배치

대칭 구조물이므로 1/2 단면에 대해서 표현하면,

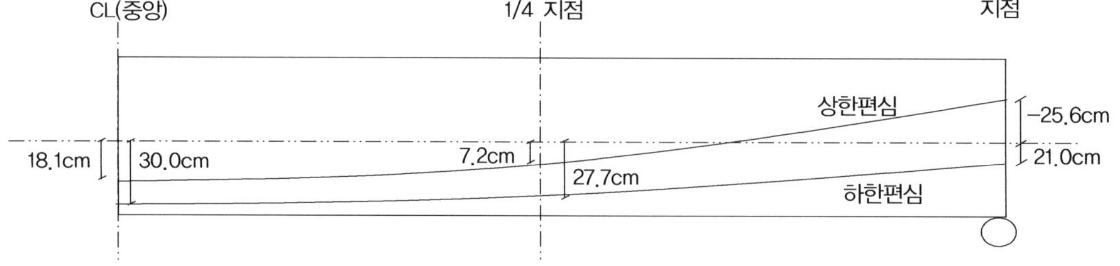

PSC 긴장재 배치 범위

그림과 같이 PSC 단면을 단순보로 설계하고자 한다.

1) 중앙단면에 대한 긴장재 배치 범위에 대하여 단계별로 편심 관계식 유도를 통해 해석하고 설계 시에 효과적인 긴장재들의 도심배치방법에 대해 설명하시오.
2) 또한 중앙 C단면이 휨에 대하여 효율적 단면 형상을 갖기 위한 척도를 설명하시오.

조건

$f_{ci} = 30\text{MPa} \qquad f_{cai} = 18\text{MPa} \qquad f_{tai} = 1.37\text{MPa}$

$f_{cc} = 40\text{MPa} \qquad f_{ca} = 16\text{MPa} \qquad f_{ta} = 3.16\text{MPa}$

$M_{d1} = 105.0\text{kNm} \qquad M_{d2} + M_l = 485\text{kNm}$

$P_i = 1,850\text{kN} \qquad P_e = 1,550\text{kN}$

$Z_{1(상연)} = 56.0 \times 10^6 \text{mm}^6 \qquad Z_{2(하연)} = 53.5 10^6 \text{mm}^6$

$A_c = 225,000\text{mm}^2 \qquad r_c^2 = 59,000\text{mm}^2$

$y_1 = 400\text{mm} \qquad y_2 = 350\text{mm}$

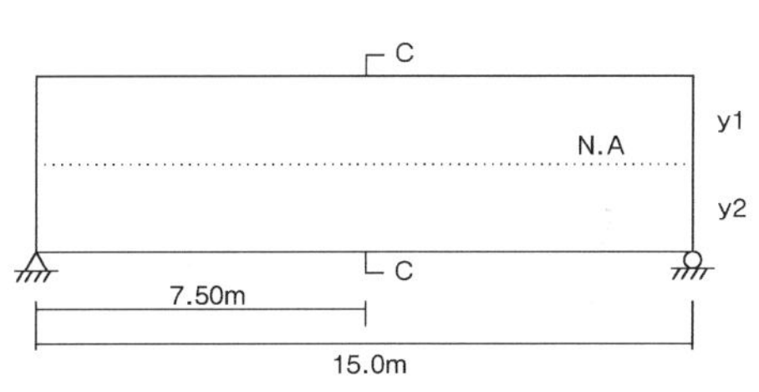

풀 이

▶ 단계별 긴장재의 배치 범위

1) 긴장력 도입직후(하한 편심거리 산정)

$$(상연응력) \quad f_t = \frac{P_i}{A_c} - \frac{P_i e_p}{Z_1} + \frac{M_{d1}}{Z_1} \geq f_{tai} \qquad \therefore e_p \leq \frac{Z_1}{P_i}\left(\frac{P_i}{A_c} + \frac{M_d}{Z_1} - f_{tai}\right)$$

$$\therefore e_p \leq \frac{56.0 \times 10^6}{1850 \times 10^3}\left(\frac{1850 \times 10^3}{225000} + \frac{105 \times 10^6}{56.0 \times 10^6} - (-1.37)\right) = 347.11\,\text{mm}$$

$$(하연응력) \quad f_b = \frac{P_i}{A_c} + \frac{P_i e_p}{Z_2} - \frac{M_{d1}}{Z_2} \leq f_{cai} \qquad \therefore e_p \leq \frac{Z_2}{P_i}\left(f_{cai} - \frac{P_i}{A_c} + \frac{M_d}{Z_2}\right)$$

$$\therefore e_p \leq \frac{53.5 \times 10^6}{1850 \times 10^3}\left(18 - \frac{1850 \times 10^3}{225000} + \frac{105 \times 10^6}{53.5 \times 10^6}\right) = 339.52\,\text{mm}$$

$\therefore$ 긴장력 도입 직후 중앙점에서 하한 편심거리

$$e_p = \min[347.11\text{mm},\ 339.52\text{mm}] = 339.52\text{mm}$$

2) PS력 손실 후(상한 편심거리 산정)

$$(상연응력)\ f_t = \frac{P_e}{A_c} - \frac{P_e e_p}{Z_1} + \frac{M_{d1}}{Z_1} + \frac{M_{d2} + M_l}{Z_1} \leq f_{ca}$$

$$\therefore e_p \geq \frac{Z_1}{P_e}\left(\frac{P_e}{A_c} + \frac{M_{d1} + M_{d2} + M_l}{Z_1} - f_{ca}\right)$$

$$\therefore e_p \geq \frac{56.0 \times 10^6}{1550 \times 10^3}\left(\frac{1550 \times 10^3}{225000} + \frac{(105 + 485) \times 10^6}{56.0 \times 10^6} - 16\right) = 51.47\,\text{mm}$$

$$(하연응력)\ f_b = \frac{P_e}{A_c} + \frac{P_e e_p}{Z_2} - \frac{M_{d1}}{Z_2} - \frac{M_{d2} + M_l}{Z_2} \geq f_{ta}$$

$$\therefore e_p \geq \frac{Z_2}{P_e}\left(f_{ta} - \frac{P_e}{A_c} + \frac{M_{d1} + M_{d2} + M_l}{Z_2}\right)$$

$$\therefore e_p \geq \frac{53.5 \times 10^6}{1550 \times 10^3}\left(-3.16 - \frac{1550 \times 10^3}{225000} + \frac{(105 + 485) \times 10^6}{53.5 \times 10^6}\right) = 33.80\,\text{mm}$$

$$\therefore 긴장력 도입 직후 중앙점에서 상한 편심거리\ e_p = \max[51.47\text{mm},\ 33.79\text{mm}] = 51.47\text{mm}$$

➤ 긴장재 배치

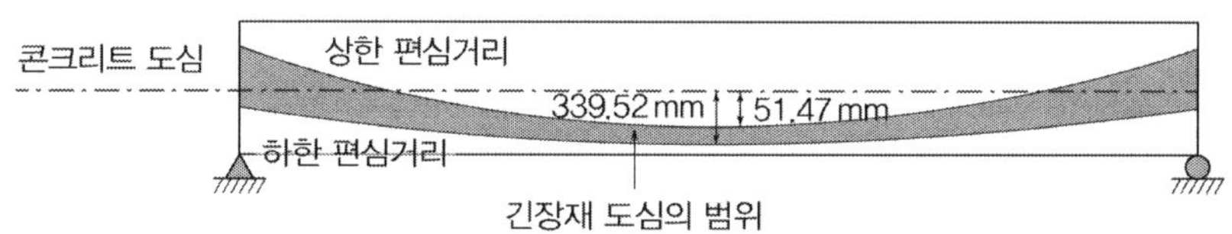

① 상하한 편심거리 제한 범위 내에 긴장재 도심이 존재하면 콘크리트 응력은 허용응력 이내가 된다.

② 긴장재 배열에 상관 없이 긴장재 도심은 상한과 하한거리 내에 있어야 한다.

③ 단면이 너무 크거나 긴장력이 과대하면 그 제한범위가 넓어진다.

④ 단면이 작거나 긴장력이 작으면 긴장재의 배치 범위가 단면 밖으로 나가거나 제한폭이 좁다. 이 경우에는 단면을 수정하거나 PS력을 수정해야 하며 최적의 PS 강재 배치는 PS 강재를 상한과 하한 편심거리 사이에 배치한다.

➤ 도심 중앙에서 효율적인 단면 형상

① 일반적으로 콘크리트 단면에 대한 단면계수의 비 Z/A_c가 단면의 휨효율의 척도로 사용되며 이는 상핵거리와 하핵거리를 의미한다.

$$Z_1 = \frac{I_c}{y_1}, \ Z_2 = \frac{I_c}{y_2} \ \therefore \ \frac{Z_1}{A_c} = \frac{I_c}{A_c y_1} = \frac{r_c^2}{y_1} = k_b, \ \frac{Z_2}{A_c} = \frac{I_c}{A_c y_2} = \frac{r_c^2}{y_2} = k_t$$

② Z/A_c가 큰 보는 Z/A_c가 작은 보에 비하여 재료를 보다 효율적으로 사용하였음을 의미하며, 비대칭 단면에 있어서는 Z_1/A_c 및 Z_2/A_c가 동시에 최대가 되게 하는 것이 바람직하다.

③ 따라서 가장효율적인 단면은 회전반경이 가장 큰 단면으로 상하의 핵거리가 가장 큰 단면이다. 이러한 단면은 콘크리트 면적이 단면의 상하면 가까이에 집중되어 있다.

④ 단면계수의 비를 무차원화하여 표현하여 하나의 식으로 표현한 것을 휨효율계수(Q : efficiency factor of flexure)라고 한다.

$$\frac{k_b}{y_2} = \frac{r_c^2}{y_1 y_2} = Q, \ \frac{k_t}{y_1} = \frac{r_c^2}{y_1 y_2} = Q, \ Q = \frac{r_c^2}{y_1 y_2} \times \frac{y_1 + y_2}{h} = \frac{k_t + k_b}{h} \ (h = y_1 + y_2)$$

⑤ 비교적 얇은 복부와 플랜지를 가지는 I형과 T형 단면은 두꺼운 복부와 플랜지 단면보다 Q값이 크다. 일반적으로 잘 설계된 I형 보는 0.50 정도의 Q계수를 가지며 Q가 0.45보다 작으면 투박한 단면이 되고 0.55보다 크면 실용상 문제가 있는 너무 얇은 단면으로 된다.

PSC 휨응력

다음 그림과 같이 지간이 12.0m인 단순보이고, 자중 외에 8,180N/m가 작용하는 프리텐션 보가 있다. PS 강재는 7연선을 사용하였으며 편심거리(e_p)는 130mm이다. 프리스트레스 도입 직후의 프리스트레스 힘 P_i는 766kN이다. 콘크리트의 건조수축, 크리프 및 PS 강재의 릴랙세이션에 의한 프리스트레스의 시간적 손실이 15%일 때, 보의 중앙 단면에서 상·하연의 휨응력을 구하시오.

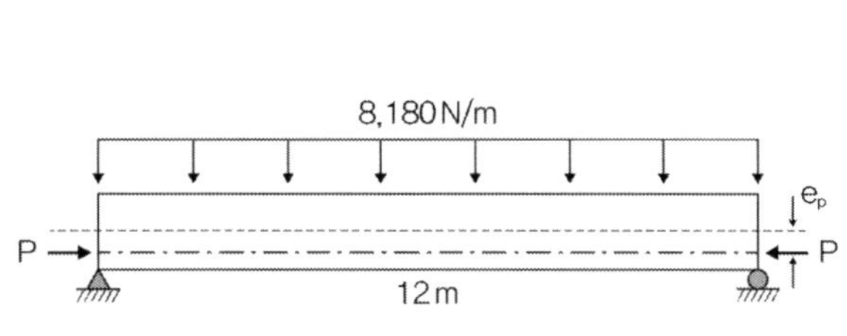

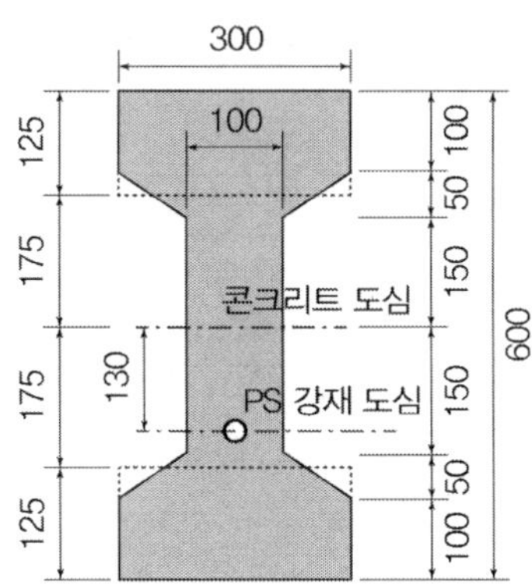

풀 이

▶ 단면계수 산정

$$A = 300 \times 125 \times 2 + 175 \times 2 \times 100 = 110,000 \text{mm}^2$$

$$I = \frac{300 \times 600^3}{12} - \frac{200 \times 350^3}{12} = 4.685 \times 10^9 \text{mm}^4$$

▶ 유효 프리스트레스력과 부재력

1) 유효 프리스트레스

$$P_e = (1 - 0.15)P_i = 0.85 \times 766 = 651.1 \text{kN}$$

2) 자중에 의한 중앙부 휨모멘트

$$w_{d1} = 25 \text{ kN/m}^3 \times A = 2.75 \text{kN/m}$$

$$M_{d1} = \frac{w_{d1}L^2}{8} = \frac{2.75 \times 12^2}{8} = 49.5 \text{kNm}$$

3) 자중 외 하중에 의한 중앙부 휨모멘트

$$M_{d2} = \frac{w_{d2}L^2}{8} = \frac{8.18 \times 12^2}{8} = 147.24 \text{kNm}$$

➤ 보의 중앙 단면에서 상·하연의 휨응력

1) 상연응력

$$f_t = \frac{P_e}{A} - \frac{P_e e_p}{I} y_t + \frac{(M_{d1} + M_{d2})}{I} y_t$$

$$= \frac{651.1 \times 10^3}{110,000} - \frac{651.1 \times 10^3 \times 130}{4.685 \times 10^9} \times 300 + \frac{(49.5 + 147.24) \times 10^6}{4.685 \times 10^9} \times 300$$

$$= 13.10 \text{MPa(C)}$$

2) 하연응력

$$f_t = \frac{P_e}{A} + \frac{P_e e_p}{I} y_t - \frac{(M_{d1} + M_{d2})}{I} y_t$$

$$= \frac{651.1 \times 10^3}{110,000} + \frac{651.1 \times 10^3 \times 130}{4.685 \times 10^9} \times 300 - \frac{(49.5 + 147.24) \times 10^6}{4.685 \times 10^9} \times 300$$

$$= -1.26 \text{MPa(T)}$$

PSC 초기 프리스트레스력

거더에 바닥판이 합성된 지간장이 30.0m인 합성거더교에서 다음 조건과 같을 때, 지간 중앙부 하연에서 인장응력이 발생하지 않을 최소 초기 프리스트레스 힘(P)을 구하시오(단, 충격계수는 0.25, 유효율은 0.85, 긴장은 바닥판 합성 이전에 하는 것으로 가정).

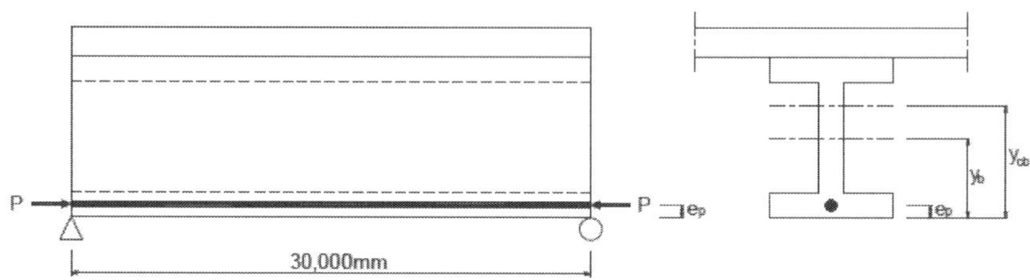

조건

(1) 합성 전 단면의 제원
- 단면적(A) = 670,000mm^2
- 단면2차 모멘트(I) = 330×10^{9}mm^4

- 도심에서 단면하연까지의 거리(y_b) = 950mm
- 단면하연에서 긴장재 도심까지의 거리(e_p) = 100mm

(2) 합성 후 단면의 제원
- 단면적(A_c) = 1,200,000mm^2
- 단면 2차 모멘트(I_c) = 770×10^{9}mm^4

- 도심에서 단면 하연까지의 거리(y_{cb}) = 1,450mm

(3) 하중
- 합성 전 고정하중(w_d) = 15.0kN/m
- 합성 후 고정하중(w_{cd}) = 5.0kN/m

- 거더자중에 의한 등분포하중(w_{sw}) = 15.0kN/m
- 활하중에 의한 지간 중앙부 최대 휨모멘트 = 1,600kNm

풀 이

➤ 지간 중앙 하단부 응력 산정

1) 지간 중앙부 모멘트

① 거더 자중
$$\frac{w_{sw}L^2}{8} = \frac{15 \times 30^2}{8} = 1,687.5\text{kN} \cdot \text{m}$$

② 합성 전 고정하중
$$\frac{w_d L^2}{8} = \frac{15 \times 30^2}{8} = 1,687.5\text{kN} \cdot \text{m}$$

③ 합성 후 고정하중
$$\frac{w_{cd}L^2}{8} = \frac{5 \times 30^2}{8} = 562.5\text{kN} \cdot \text{m}$$

④ 활하중
$$1,600\text{kN} \cdot \text{m}$$

⑤ 충격하중
$$1,600 \times 0.25 = 400\text{kN} \cdot \text{m}$$

2) 외력에 의한 지간 중앙부 하연응력

① 거더자중에 의한 응력

$$\frac{1,687.5\,\text{kN}\cdot\text{m}}{0.330\text{m}^4} \times 0.95\text{m} = 4,858.0\text{kN/m}^2 = 4.858\text{MPa}$$

② 합성 전 고정하중

$$\frac{1,687.5\,\text{kN}\cdot\text{m}}{0.330\text{m}^4} \times 0.95\text{m} = 4,858.0\text{kN/m}^2 = 4.858\text{MPa}$$

③ 합성 후 고정하중

$$\frac{562.5\,\text{kN}\cdot\text{m}}{0.770\text{m}^4} \times 1.45\text{m} = 1,059.3\text{kN/m}^2 = 1.059\text{MPa}$$

④ 활하중 및 충격하중

$$\frac{(1600+400)\,\text{kN}\cdot\text{m}}{0.770\text{m}^4} \times 1.45\text{m} = 3,766.2\ \text{kN/m}^2 = 3.766\text{MPa}$$

⑤ 외력에 의한 응력의 합

$$4.858 + 4.858 + 1.059 + 3.766 = 14.541\text{MPa}$$

▶ 유효 프리스트레스 힘에 의한 단면 하연에서의 응력

$$\frac{P_e}{0.67\,m^2} + \frac{P_e \times (0.95-0.1)\,\text{m}}{0.330\,\text{m}^4} \times 0.95\text{m} = P_e\left(\frac{1}{0.67} + \frac{0.85}{0.33}\times 0.95\right)$$
$$= 3.940 P_e\,(\text{Pa})$$

$3.940 P_e > 14.541\text{MPa}$이어야 하므로 $P_e > 3.691\text{MN}$

유효율이 0.85이므로, 초기프리스트레스 힘을 P라 하면, $P > \dfrac{3.691}{0.85}\,\text{MN}$

∴ 최소프리스트레스 힘은 4,342kN 이상이어야 한다.

휨응력 검토

양쪽으로 3m의 캔틸레버를 가지는 경간 12m의 포스트텐션 거더를 설계하려고 한다. 예비설계를 통해 단면과 긴장재의 편심을 그림에 나타내었으며, 인장강도 1860MPa, 직경 13mm, 공칭단면적 99mm²의 저릴랙세이션 강연선(low relaxation strand)을 사용하는 것으로 결정하였다. 거더의 자중 외에 프리캐스트 슬래브의 자중 7.5kN/m 및 추가 고정하중 2.4kN/m, 사용하중 상태에서의 활하중 10kN/m이 작용한다. 긴장력을 가하는 당시 14일 재령의 콘크리트 강도는 35MPa이며, 설계기준압축강도는 50MPa라 할 때 다음과 같은 사항을 계산하시오.

1) 그림의 중앙경간(C) 및 지점(B)부의 극한강도 요구조건을 만족하는 강연선의 개수를 결정하시오.
2) 초기 긴장력을 주는 시점에서 $0.4A_p f_{pu}$의 긴장력 및 보의 자중만이 작용한다고 할 때, 중앙경간(C) 및 지점(B)의 응력상태를 검토하시오. 또한 필요한 경우 프리스트레스량을 조정하며, 마찰에 의한 긴장력 손실을 무시하는 것으로 가정하시오.

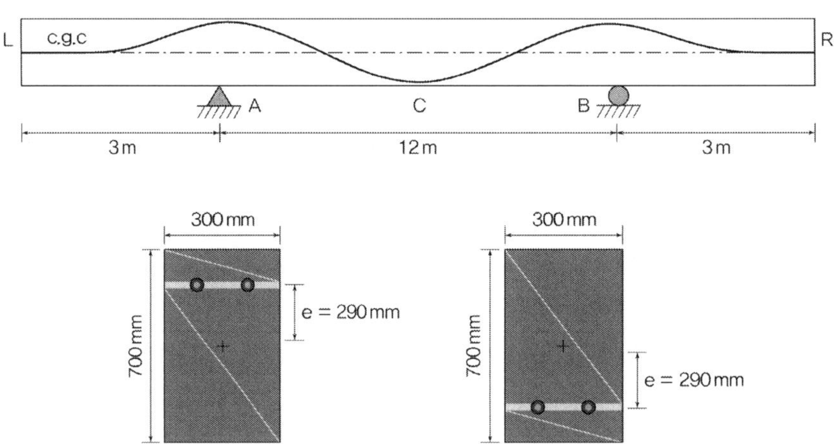

풀 이

➤ 단면력 산정

거더의 자중	$25\text{kN/m}^3 \times 0.3 \times 0.7 = 5.25\text{kN/m}$
프리캐스트 슬래브의 자중	7.5kN/m
추가 고정하중	2.4kN/m
총 고정하중	15.15kN/m
활하중	10kN/m
∴ 계수하중	$w_u = 1.2w_d + 1.6w_l = 34.18\,\text{kN/m} > 1.4w_d$

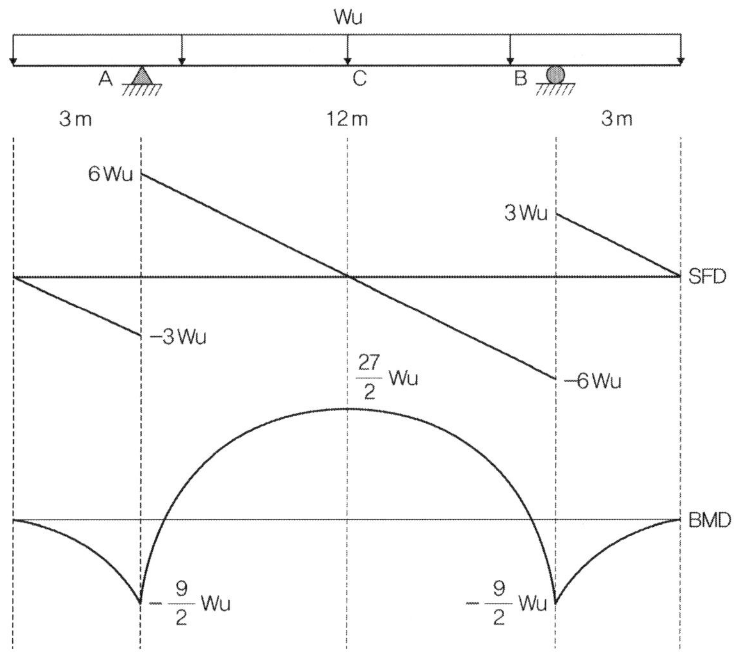

$$\therefore\ M_C = \frac{27}{2}w_u = 461.43\,\text{kNm},\quad M_B = -\frac{9}{2}w_u = -153.81\,\text{kNm}$$

▶ 중앙경간(C) 및 지점(B)부의 극한강도 요구조건을 만족하는 강연선의 개수

1) 중앙경간(C)

$d_p = 350 + 290 = 640\,\text{mm}$

$f_{pu} = 1,860\text{MPa}$, 이때의 마찰에 의한 긴장력 손실은 무시하므로 $f_{pe} \geq 0.5f_{pu}$ 라고 가정한다.

따라서 PS 강재가 부착된 부재의 $f_{ps} = f_{pu}\left[1 - \dfrac{\gamma_p}{\beta_1}\left(\rho_p \dfrac{f_{pu}}{f_{ck}} + \dfrac{d}{d_p}(w - w')\right)\right]$

여기서 저릴랙세이션 강재를 사용하므로 $\gamma_p = 0.28$

$\quad \beta_1 = 0.85 - 0.007(f_{ck} - 28) = 0.696 > 0.65$

$\rho_p = \dfrac{A_p}{bd_p}$

$$\therefore f_{ps} = f_{pu}\left[1 - \frac{\gamma_p}{\beta_1}\left(\rho_p \frac{f_{pu}}{f_{ck}}\right)\right] = 1860\left[1 - \frac{0.28}{0.696}\frac{A_p}{300 \times 640} \times \frac{1860}{50}\right]$$

$$= 0.144978\left[12829.5 - A_p\right]$$

$$\text{C} = \text{T}\text{로부터, } a = \frac{A_p f_{ps}}{0.85 f_{ck} b}$$

$$\therefore \phi M_n = \phi A_p f_{ps}\left(d_p - \frac{a}{2}\right) = \phi A_p f_{ps}\left(640 - \frac{1}{2}\frac{A_p f_{ps}}{0.85 f_{ck} b}\right) : A_p \text{에 관한 다차 방정식}$$

$$\phi M_n = M_C$$

$$\therefore A_p = 502.232\,\text{mm}^2 \text{ 공칭단면적 99mm}^2\text{의 저릴랙세이션 강연선 6개 적용}$$

2) 지점(B)

$$\phi M_n = M_B$$

$$\therefore A_p = 156.652\,\text{mm}^2 \text{ 공칭단면적 99mm}^2\text{의 저릴랙세이션 강연선 2개 적용}$$

▶ 초기 긴장력을 주는 시점에서 $0.4\,A_p f_{pu}$ 의 긴장력 및 보의 자중만 작용 시 응력검토

거더의 자중 $25\text{kN/m}^3 \times 0.3 \times 0.7 = 5.25\text{kN/m}$

거더 자중으로 인한 모멘트 $M_C = \dfrac{27}{2} w = 70.875\,\text{kNm}, \quad M_B = -\dfrac{9}{2} w_u = -23.625\,\text{kNm}$

$$I = \frac{bh^3}{12} = \frac{300 \times 700^3}{12} = 8.575 \times 10^9\,\text{mm}^4, \quad Z = \frac{I}{y} = 2.45 \times 10^7\,\text{mm}^3$$

프리스트레스 도입 직후의 허용응력

$$f_{ta} = -0.25\sqrt{f_{ci}} = -0.25\sqrt{35} = -1.479\,\text{MPa}$$
$$f_{ca} = 0.6 f_{ci} = 21\,\text{MPa}$$

마찰 등에 의한 긴장력 손실은 무시한다고 가정하고, 강연선 양은 위에서 계산된 값을 적용한다.

$$A_{p(C)} = 6 \times 99 = 594\,\text{mm}^2, \quad A_{p(B)} = 2 \times 99 = 198\,\text{mm}^2$$

1) 중앙경간(C)

$$(\text{상부}) \; f_t = \frac{P_i}{A} - \frac{P_i e}{Z} + \frac{M_d}{Z} = \frac{0.4 f_{pu} A_p}{A_c} - \frac{0.4 f_{pu} A_p e}{Z} + \frac{M_C}{Z}$$

$$\therefore f_t = \frac{0.4 \times 1860 \times 6 \times 99}{300 \times 700} - \frac{0.4 \times 1860 \times 6 \times 99 \times 290}{2.45 \times 10^7} + \frac{70.875 \times 10^6}{2.45 \times 10^7} = -0.23\,\text{MPa}$$

$$f_t > f_{ta}(=-1.479\text{MPa})\text{이므로} \qquad\qquad \text{O.K}$$

(하부) $f_b = \dfrac{P_i}{A} + \dfrac{P_i e}{Z} - \dfrac{M_d}{Z} = \dfrac{0.4 f_{pu} A_p}{A_c} + \dfrac{0.4 f_{pu} A_p e}{Z} - \dfrac{M_C}{Z}$

$\therefore f_b = \dfrac{0.4 \times 1860 \times 6 \times 99}{300 \times 700} + \dfrac{0.4 \times 1860 \times 6 \times 99 \times 290}{2.45 \times 10^7} - \dfrac{70.875 \times 10^6}{2.45 \times 10^7} = 4.44\,\text{MPa}$

$f_b < f_{ca}(=21\text{MPa})$이므로 $\qquad\qquad\qquad\qquad$ O.K

2) 지점(B)

(상부) $f_t = \dfrac{P_i}{A} + \dfrac{P_i e}{Z} - \dfrac{M_d}{Z} = \dfrac{0.4 f_{pu} A_p}{A_c} + \dfrac{0.4 f_{pu} A_p e}{Z} - \dfrac{M_B}{Z}$

$\therefore f_t = \dfrac{0.4 \times 1860 \times 2 \times 99}{300 \times 700} + \dfrac{0.4 \times 1860 \times 2 \times 99 \times 290}{2.45 \times 10^7} - \dfrac{23.625 \times 10^6}{2.45 \times 10^7} = 1.48\,\text{MPa}$

$f_t < f_{ca}(=21\text{MPa})$이므로 $\qquad\qquad\qquad\qquad$ O.K

(하부) $f_b = \dfrac{P_i}{A} - \dfrac{P_i e}{Z} + \dfrac{M_d}{Z} = \dfrac{0.4 f_{pu} A_p}{A_c} - \dfrac{0.4 f_{pu} A_p e}{Z} + \dfrac{M_B}{Z}$

$\therefore f_b = \dfrac{0.4 \times 1860 \times 2 \times 99}{300 \times 700} - \dfrac{0.4 \times 1860 \times 2 \times 99 \times 290}{2.45 \times 10^7} + \dfrac{23.625 \times 10^6}{2.45 \times 10^7} = -0.078\,\text{MPa}$

$f_b > f_{ta}(=-1.479\text{MPa})$이므로 $\qquad\qquad\qquad\qquad$ O.K

PSC 응력 산정

다음 그림은 길이가 4.8 m인 포스트텐션 보의 중앙단면을 나타낸 것이다. 덕트(5×7.6cm) 속에는 516mm²의 긴장재가 있다. 긴장재를 1,000MPa로 긴장 정착할 때, 정착 장치에서의 활동 및 콘크리트의 탄성 변형에 의해 5%의 손실이 발생한다. 단, 콘크리트 단위중량은 25kN/m³, 콘크리트 단면적은 덕트의 면적을 무시하고 총 단면적으로 계산한다.

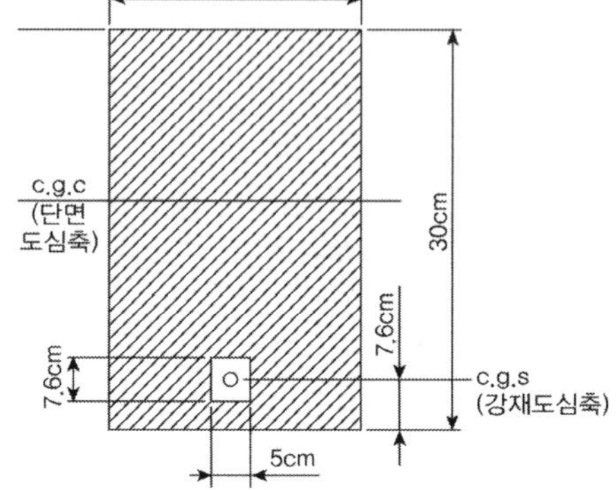

1) 프리스트레스에 의한 지간 중앙단면의 상·하연응력을 계산하시오.
2) 프리스트레스 도입 직후의 상·하연응력을 계산하시오.

풀 이

▶ 단면의 상수

$$A_c = 200 \times 300 = 60,000 \, \text{mm}^2$$

$$y_t = y_b = \frac{300}{2} = 150 \, \text{mm}$$

$$I_c = \frac{200 \times 300^3}{12} = 4.5 \times 10^8 \, \text{mm}^4$$

도입 직후 긴장력 $P_i = 1000 \times 516 \times (1 - 0.05) = 490 \, \text{kN}$

긴장재의 편심거리 $e_p = 150 - 76 = 74 \, \text{cm}$

▶ 초기 프리스트레스력에 의한 상하연 콘크리트 응력

$$f_{t(b)} = \frac{P_i}{A_c} \pm \frac{P_i e_p}{I_c} y_{t(b)} = 8.2 \pm 12.1 \qquad \therefore f_t = -3.9 \, \text{MPa}, \, f_b = 20.3 \, \text{MPa}$$

▶ 프리스트레스 도입 직후 중앙단면 상하연의 응력

$$w_d = 25 \, \text{kN/m}^3 \times \frac{60,000}{10^6} = 1.5 \, \text{kN/m}$$

$$\therefore M_d = \frac{1}{8} \times 1.5 \times 4.8^2 = 4.32 \, \text{kNm}, \, f_d = \pm \frac{M_d}{I_c} y = \pm 1.4 \, \text{MPa}$$

$$\therefore f_t = -3.9 + 1.4 = -2.5 \, \text{MPa}, \, f_b = 20.3 - 1.4 = 18.9 \, \text{MPa}$$

03 PSC 휨강도 해석

프리스트레스트 콘크리트 부재의 휨강도 해석은 평형조건과 적합조건을 만족하도록 역학이론에 따라 해석한다. 콘크리트와 프리스트레싱 강재에 작용하는 응력과 힘은 각각의 응력-변형률 관계에 따른다. 휨 파괴는 단면의 압축연단이 콘크리트의 극한변형률에 도달하는 상태로 휨 작용에 의한 변형률 분포는 변형전의 평면이 변형 후에도 평면을 유지한다는 베르누이의 가정에 따라 선형 변형률 분포로 가정한다. 휨강도 해석에서 콘크리트의 인장응력은 무시해도 큰 오차가 발생하지 않기 때문에 무시하고 설계한다.

프리스트레스트 콘크리트 부재의 휨강도 해석은 철근 콘크리트 부재와 유사하게 적용된다. 그러나 프리스테리싱 강재는 항복하기 전의 탄성 상태에서 변형률 증가에 따라 선형으로 응력이 증가하지만 철근과 달리 항복한 이후에도 응력이 비선형으로 증가하는 응력-변형률 곡선의 특성을 가지고 있다. 긴장력 도입에 따라 강재에 이미 변형률이 발생한 상태에서 하중에 의하여 강재의 변형률과 응력이 더 증가하게 되므로 휨강도 해석은 상대적으로 복잡한 과정을 필요하다. 정해를 구하기 위한 해석은 변형률 적합해석(strain compatiblility analysis)을 수행하며 근사해법을 통해 휨 강도 해석을 수행할 수도 있다.

1) PSC의 휨파괴

　① 균열 발생과 동시에 PS 강재의 파단(균형파괴)
　② PS 강재응력이 항복강도 도달 후 콘크리트 압축파괴(저보강 PSC)
　③ PS 강재응력이 항복강도 도달 이전 콘크리트 압축파괴(과보강 PSC)

2) 극한강도 상태에서 콘크리트 응력분포

　가정사항 ① 탄성거동(Plane remains plane)
　　　　　　② 콘크리트의 인장응력 무시
　　　　　　③ 콘크리트 압축연단의 최대변형률 0.0033

1. 변형률 적합해석 90회/97회/98회

【 기출유형 ① 】　PSC 부재의 해석에 사용되는 가정, 하중에 의한 PS 강재의 응력 변화
【 기출유형 ② 】　변형률 적합조건을 이용한 휨강도 산정

평형조건과 적합조건을 만족하도록 휨강도를 해석하는 방법으로 프리스트레싱 강재의 응력-변형률 관계를 (1) 비선형 관계로 고려할 것인지 (2) 2개의 직선 형태로 가정해 이용할 것인지에 따라 구분될 수 있다. 비선형 관계를 고려한 해석은 이론적으로 가장 실제에 가까운 휨강도를 얻을 수 있으며 비선형 관계는 Ramberg-Osgood 함수를 이용해 수식으로 나타낼 수 있다. 다만 매우 번거롭고 복잡한 과정이 필요하기 때문에 재료나 하중의 변동성과 불확실성이 있는 실제 구조물의 설계에서는 응력-변형률 관계를 이상화하여 해석에 이용한다.

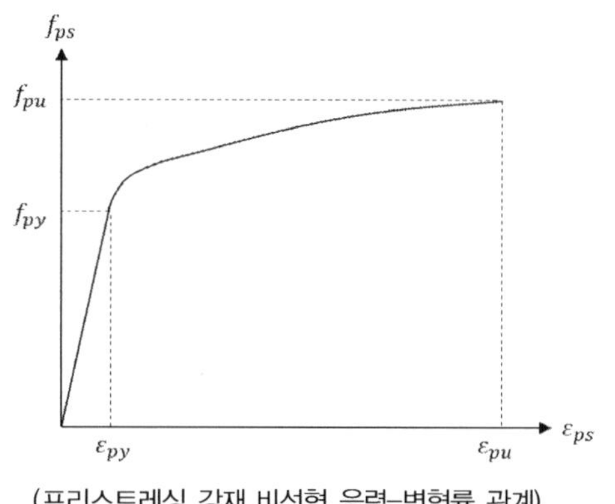

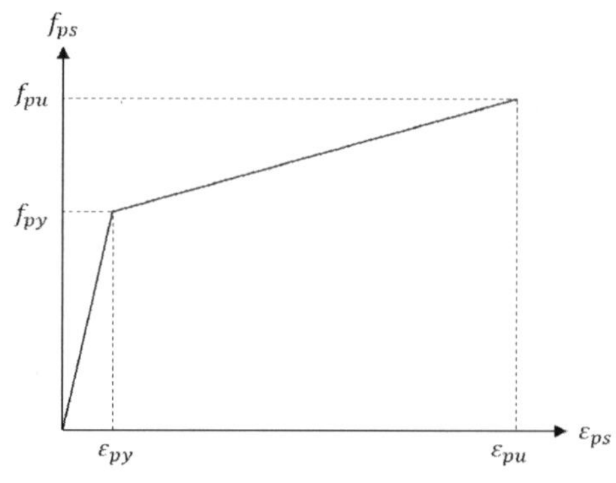

(프리스트레싱 강재 비선형 응력–변형률 관계) (프리스트레싱 강재 2직선 응력–변형률 관계)

1) 변형률 적합해석에 의한 공칭 휨강도 산정

$$f_{ps} = E_p(\epsilon_1 + \epsilon_2 + \epsilon_3)$$

① ϵ_1 (PS 모든 손실 후의 변형량)　　$\epsilon_1 = \epsilon_{pe} = \dfrac{f_{pe}}{E_p} = \dfrac{P_e}{A_p E_p}$

② ϵ_2 (PS 강재 도심에서 콘크리트 응력 0일 때 하중단계)

❶→❷일 때, 강재 변형률 증가량 ϵ_2 는 콘크리트 변형률 감소율과 같으므로,

$$f_c = \frac{P_e}{A_c} + \frac{P_e e_p}{I}y = \frac{P_e}{A_c} + \frac{P_e e_p}{r^2 A_c}e_p = \frac{P_e}{A_c}\left(1 + \frac{e_p^2}{r_c^2}\right) \qquad \because r^2 = \frac{I}{A}$$

$$\therefore \epsilon_2 = \frac{P_e}{E_c A_c}\left(1 + \frac{e_p^2}{r_c^2}\right)$$

③ ϵ_3 (극한하중, 부재의 파괴단계)

$$c : \epsilon_{cu} = (d_p - c) : \epsilon_3 \qquad\qquad \therefore \epsilon_3 = \epsilon_{cu} \times \frac{(d_p - c)}{c}$$

④ $\epsilon_{ps} = \epsilon_1 + \epsilon_2 + \epsilon_3$

    (1) $\epsilon_{ps} > \epsilon_{py}$: 저보강 단면, 항복응력 f_{py} 보다 큰 값의 응력 f_{ps} 결정

    (2) $\epsilon_{ps} < \epsilon_{py}$: 과보강 단면, 총 변형률 ϵ_{ps} 에 E_p 를 곱해 응력을 산정

⑤ 시산법(trial and error)을 통한 해석 절차

    (1) P_e 로부터 ϵ_1, ϵ_2 산정   (2) ϵ_3 가정

    (3) ϵ_{ps} 산정   (4) f_{ps} 산정

    (5) A_{ps} 를 곱하여 인장력 T 산정   (6) C = T로부터 중립축 c산정

    (7) ϵ_{cu}, d_p, c로부터 ϵ_3 산정   (8) 가정한 값과 산출된 값 반복 비교

    (9) C와 T 사이의 거리 산출하고 휨강도 산정

2) KDS 14 20 60 강도설계법(2021)

강도설계법은 공칭 휨강도에 강도감소계수를 곱하여 설계휨강도를 결정한다. 강도감소계수는 최외각 긴장재의 순인장변형률을 기준으로 한다. 순인장변형률을 ϵ_{ps} 에서 ϵ_1 을 제외한 변형률이므로 $\epsilon_2 + \epsilon_3$ 이다. 통상 ϵ_2 는 매우 작은 값이므로 이를 무시해도 좋다.

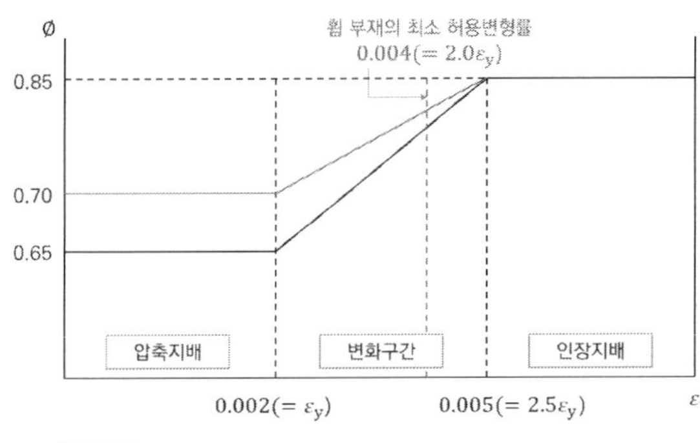

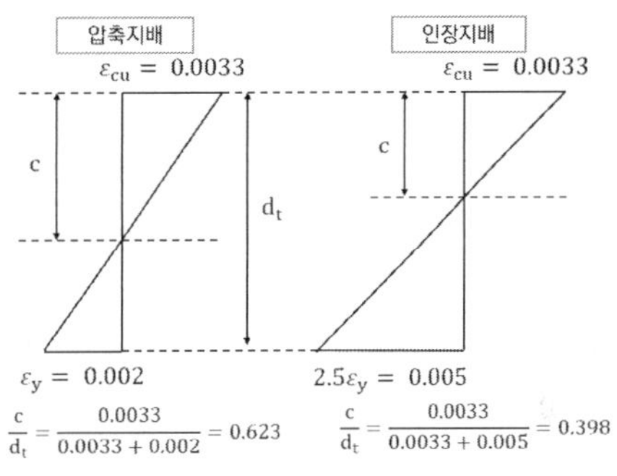

3) KDS 24 14 21 교량 설계기준(한계상태설계법), 2016년 도로교 설계법(한계상태설계법)

설계기준재료강도에 재료계수를 적용하고 단면해석을 통하여 설계휨강도를 결정한다. 콘크리트의 경우 포물선–사각형, 직사각형 또는 사다리꼴 형태의 압축응력분포에 1.0보다 작은 재료계수 ϕ_c(0.65)를 곱한 압축응력분포를 휨강도해석에 이용한다. 프리스트레싱 강재에 대해서는 비선형 응력–변형률 관계 또는 2직선으로 이상화된 응력–변형률 관계에 1.0보다 작은 재료계수 ϕ_s (0.90)를 곱한다.

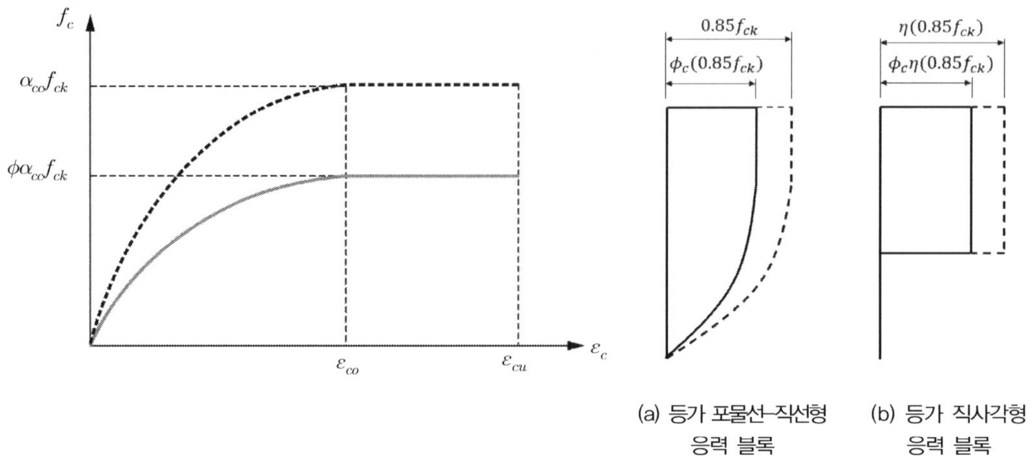

(a) 등가 포물선-직선형
응력 블록

(b) 등가 직사각형
응력 블록

이상화한 프리스트레싱 강재에 재료계수를 적용하여 설계휨강도 해석을 수행할 때는 탄성구간의 직선에서 항복강도 f_{py}에 재료계수 ϕ_s를 곱한 값의 응력을 설계항복강도로 하고, 이 때 변형률 ϵ_{pyd}를 설계항복변형률로 한다.

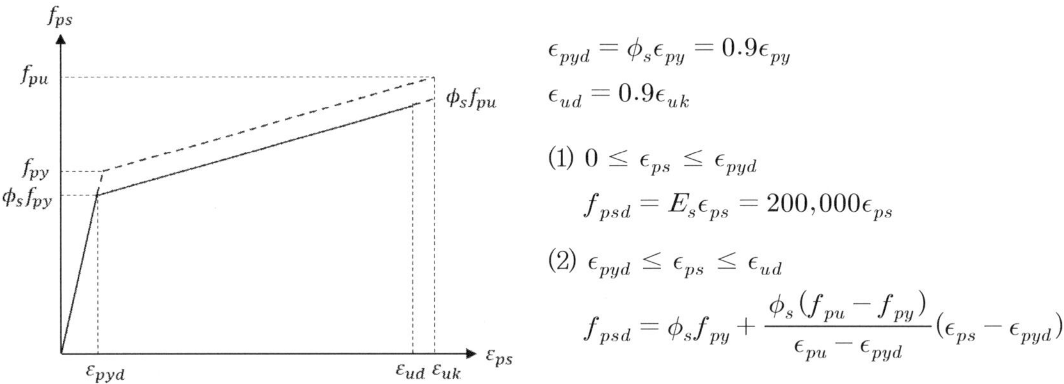

$$\epsilon_{pyd} = \phi_s\epsilon_{py} = 0.9\epsilon_{py}$$

$$\epsilon_{ud} = 0.9\epsilon_{uk}$$

(1) $0 \le \epsilon_{ps} \le \epsilon_{pyd}$

$$f_{psd} = E_s\epsilon_{ps} = 200,000\epsilon_{ps}$$

(2) $\epsilon_{pyd} \le \epsilon_{ps} \le \epsilon_{ud}$

$$f_{psd} = \phi_s f_{py} + \frac{\phi_s(f_{pu}-f_{py})}{\epsilon_{pu}-\epsilon_{pyd}}(\epsilon_{ps}-\epsilon_{pyd})$$

강연선 구분	$\phi_s f_{py}$	ϵ_{pyd}(설계항복)	ϵ_{ud}(설계극한)	항복 후 직선관계
SWPC7AN	1,332	0.00666	0.0315	$f_{psd} = 0.9(8,696\epsilon_{ps}+1,416)$
SWPC7AL	1,404	0.00702	0.0315	$f_{psd} = 0.9(5,882\epsilon_{ps}+1,514)$
SWPC7BN	1,422	0.00711	0.0315	$f_{psd} = 0.9(10,332\epsilon_{ps}+1,498)$
SWPC7BL	1,512	0.00756	0.0315	$f_{psd} = 0.9(6,767\epsilon_{ps}+1,623)$
SWPC7CN	1,746	0.00900	0.0315	$f_{psd} = 0.9(8,800\epsilon_{ps}+1,852)$
SWPC7CL	1,944	0.00972	0.0315	$f_{psd} = 0.9(9,917\epsilon_{ps}+2,053)$

2. 설계휨강도 근사해법

변형률 적합해석의 반복과정을 단순화하기 위한 방법으로 긴장력에 의하여 발생하는 프리스트레싱 강재의 변형률을 무시하고 단면이 파괴될 때 프리스트레싱 강재의 응력을 간단히 구하는 방법으로 다음의 두 가지 방식으로 구분된다.

① 항복 후 프리스트레싱 강재의 응력을 수식으로 결정하는 방법(강도설계법) : 콘크리트 압축연단이 파괴될 때 프리스트레싱 강재에 작용하는 응력을 수식으로 구해 휨강도를 해석

② 항복 후 프리스트레싱 강재의 응력을 항복응력으로 일정하게 적용하는 방법(한계상태설계법) : 프리스트레싱 강재의 응력–변형률 관계를 철근과 같이 선형탄성–완전소성으로 가정해 휨강도를 해석하는 방법, 콘크리트 압축연단이 파괴될 때 프리스트레싱 강재의 응력이 항복강도 f_{py} 로 일정하다고 가정한다.

1) KDS 14 20 60 강도설계법(2021) 근사해법

유효 긴장응력 f_{pe} 가 인장강도의 1/2 이상이면 극한상태에서 긴장재가 항복한 이후의 상태로 판정하고 2번째 직선에 존재하는 응력을 근사식으로 계산

① PS 강재응력은 f_{ps} 를 사용한다($f_{py} \leq f_{ps} \leq f_{pu}$)

② 근삿값의 사용조건 : $f_{pe} \geq 0.5 f_{pu}$

③ f_{ps} 산정

    (1) PS 강재가 부착된 부재(Bonded PS)　　$f_{ps} = f_{pu}\left[1 - \dfrac{\gamma_p}{\beta_1}\left(\rho_p \dfrac{f_{pu}}{f_{ck}} + \dfrac{d}{d_p}(w - w')\right)\right]$

       (a) γ_p(PS 강재의 종류에 따른 계수)

$$f_{py}/f_{pu} \geq 0.80 \,(강봉) \qquad\qquad : \quad \gamma_p = 0.55$$
$$f_{py}/f_{pu} \geq 0.85 \,(응력 제거 강재) \qquad : \quad \gamma_p = 0.40$$
$$f_{py}/f_{pu} \geq 0.90 \,(저릴랙세이션 강재) \quad : \quad \gamma_p = 0.28$$

       (b) 긴장재 비 $\rho_p = \dfrac{A_p}{bd_p}$

$$w = \rho \dfrac{f_y}{f_{ck}}, \quad \rho = \dfrac{A_s}{bd} \;(인장철근 강재지수)$$

$$w' = \rho' \dfrac{f_y}{f_{ck}}, \quad \rho' = \dfrac{A_s{}'}{bd} \;(압축철근 강재지수)$$

       ※ 압축철근을 고려할 때는 $\left[\rho_p \dfrac{f_{pu}}{f_{ck}} + \dfrac{d}{d_p}(\omega - \omega')\right] \geq 0.17, \; d' \leq 0.15 d_p$

(2) PS 강재가 부착되지 않은 부재(Unbonded PS)

$$l/h \leq 35(\text{일반적인 보}) \quad f_{ps} = f_{pe} + 70 + \frac{f_{ck}}{100\rho_p} < [f_{py},\ f_{pe} + 420]\,(\text{MPa})$$

$$l/h > 35(\text{슬래브}) \quad f_{ps} = f_{pe} + 70 + \frac{f_{ck}}{300\rho_p} < [f_{py},\ f_{pe} + 210]\,(\text{MPa})$$

※ 비부착 긴장재는 최소부착 철근량 A_s 배치

$A_s = 0.004 A_{ct}$, A_{ct}(콘크리트 단면의 도심 축과 인장연단 사이의 단면적)

④ 긴장재의 강재지수를 이용한 인장지배단면의 한계변형률

인장재의 강재지수 $w_p = \rho_p \dfrac{f_{ps}}{f_{ck}} = \dfrac{A_p}{bd_p}\dfrac{f_{ps}}{f_{ck}}$

강재의 변형률이 0.005(인장지배단면)일 때

중립축의 위치 $c = 0.375d$, 콘크리트 압축력 $C = 0.85f_{ck}\beta_1 bc = 0.32f_{ck}\beta_1 bd$

$$T = A_{ps}f_{ps} = \rho_p f_{ps} bd_p$$

$$C = T \ ; \ \rho_p \frac{f_{ps}}{f_{ck}} = 0.32\beta_1$$

∴ 인장지배단면 조건 $w_p \leq 0.32\beta_1$

3) KDS 24 14 21 교량 설계기준(한계상태설계법), 2016년 도로교 설계법(한계상태설계법)

항복 이후에도 항복강도로 일정한 응력을 가지는 단순화한 근사해법으로 설계휨강도를 산정한다.
이 때에도 설계기준재료강도에 재료계수를 적용하고 단면해석으로 설계휨강도를 결정한다.

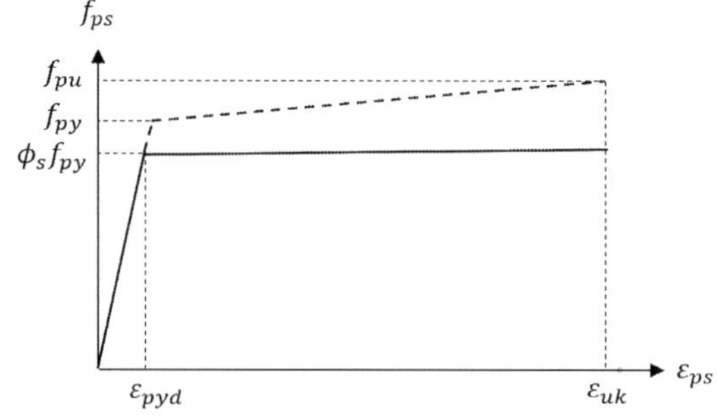

3. 연성 보장 설계와 강재량의 제한

구조물 설계에서 계수하중보다 큰 하중이 작용하여 파괴되더라도 구조물이 연성으로 파괴되도록 설계되어야 한다. 연성파괴를 보장하기 위해서는 최대 강재량의 제한, 최소 강재량의 제한, 부착 강재의 최소량 등의 조건을 만족시켜야 한다.

1) KDS 14 20 60 강도설계법(2021)의 연성보장

① 휨부재의 최소강재량

강재량이 단면에 비하여 너무 작으면 갑작스러운 파괴를 야기시킨다. 이는 균열이 발생하자마자 갑작스러운 파괴(그림의 (d)단계)를 야기할 수 있어 바람직하지 못하기 때문에 균열이 발생하더라도 일정구간 하중에 견딜 수 있도록 하여 처짐을 수반한 후 파괴의 징후를 보이도록 연성파괴 유도를 위해 필요하다.

『PS 강재와 철근의 전체 강재량이 계수 모멘트 M_u 를 전달하는 데 필요로 하는 양보다 작아서는 안 된다 → 균열하중의 1.2배 이상의 계수하중에 견디도록 설계』

$$M_u\left(= \phi M_n\right) \geq 1.2 M_{cr}$$

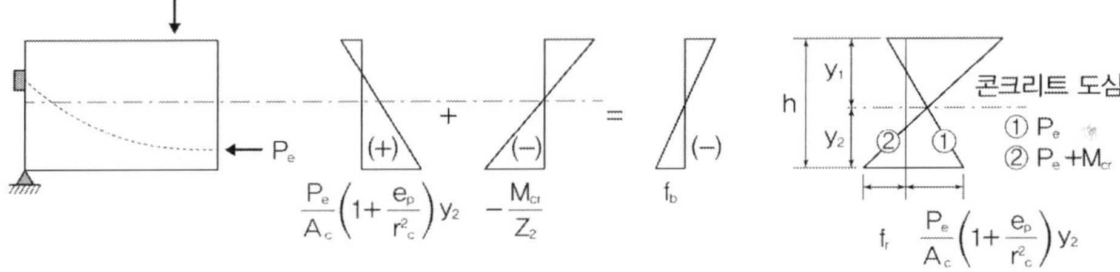

$$f_b = -f_r = \frac{P_e}{A_c}\left(1+\frac{e_p}{r^2_c}y_2\right) - \frac{M_{cr}}{Z_2}, \; f_r = 0.63\lambda\sqrt{f_{ck}}$$

$$\therefore M_{cr} = f_r Z_2 + P_e\left(\frac{r^2_c}{y_2} + e_p\right) \quad 균열에 대한 안전율 \; S.F_{cr} = \frac{M_{cr} - M_{d1} - M_{d2}}{M_l}$$

(균열모멘트 : 압력선 C를 PS 강재 도심으로부터 상핵점까지 이동시키는 데 소요되는 모멘트)

예외 조건 (1) 2방향 비부착(unbonded) 포스트텐션 슬래브 $A_s = 0.004 A_{ct}$ 부착철근 배치

(2) 2방향 플랫 슬래브 : 사용하중에 의한 콘크리트 인장응력이 $0.17\sqrt{f_{ck}}$ 초과한 정모멘트부 $A_s = N_c / 0.5 f_y$, 부모멘트부 $0.00075 A_{cf}$ 부착철근 배치

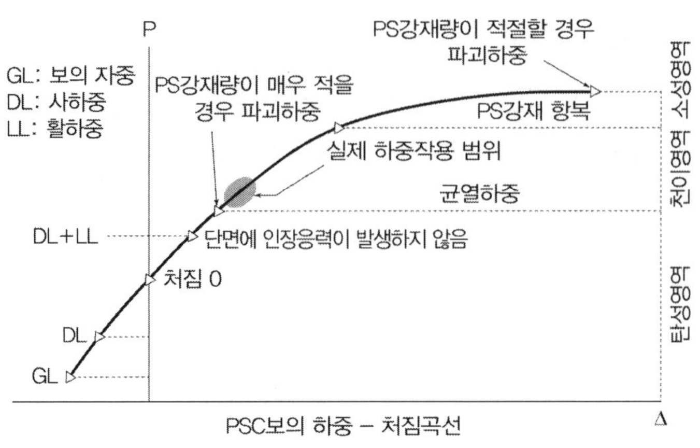

② 휨부재의 최대강재량

연성파괴를 유도하기 위한 목적으로 콘크리트 단면에 대한 강재비(Percentage of reinforce-ment)를 규정한다. 최대강재량 이내인 경우 저보강 PSC로 분류하고 최대강재량 이상인 경우 과보강 PSC로 분류한다.

(1) 긴장재만 가지는 보 $\quad \omega_p \leq 0.32\beta_1 \left(\omega_p = \rho_p \dfrac{f_{ps}}{f_{ck}}, \ \rho_p = \dfrac{A_p}{bd_p}\right)$

(2) 긴장재와 철근을 가지는 직사각형 단면 보 $\quad \omega_p + \dfrac{d}{d_p}(\omega - \omega') \leq 0.36\beta_1$

$$\omega = \rho \frac{f_y}{f_{ck}} \text{(인장철근 강재지수)}, \ \rho = \frac{A_s}{bd},$$

$$\omega' = \rho' \frac{f_y}{f_{ck}} \text{(압축철근 강재지수)}, \ \rho' = \frac{A_s{}'}{bd}$$

(3) 긴장재와 철근을 가지는 I형, T형보 $\quad \omega_{pw} + \dfrac{d}{d_p}(\omega_w - \omega_w') \leq 0.36\beta_1$

$$\omega_{pw} = \rho_p \frac{f_{ps}}{f_{ck}}, \ \rho_p = \frac{A_{pw}}{b_w d_p}, \ \omega_w = \rho \frac{f_y}{f_{ck}}, \ \rho = \frac{A_s}{b_w d}, \ \omega_w' = \rho' \frac{f_y}{f_{ck}}, \ \rho' = \frac{A_s{}'}{b_w d}$$

(4) 과보강보인 경우의 휨강도 산정 : 압축부의 강도로 지배

$\quad$ (직사각형 단면) $M_n = f_{ck}bd_p^2(0.36\beta_1 - 0.08\beta_1^2)$

$\quad$ (T형보) $M_n = f_{ck}b_w d_p^2(0.36\beta_1 - 0.08\beta_1^2) + 0.85f_{ck}(b - b_w)t_f\left(d_p - \dfrac{t_f}{2}\right)$

3) 한계상태설계법의 연성보장

인장력을 부담하는 강재의 양이 너무 적어도 취성의 휨파괴가 발생할 수 있으므로 한계상태설계법에서는 긴장재의 부식 가능성을 고려하여 최소 긴장재량을 검토하도록 하고 있다. 활하중의 일부만을 고려한 주기하중조합(사용하중조합 III)에 따른 휨모멘트에 의하여 균열이 발생할 수 있는 가상의 긴장재 양을 구하고 이 긴장재의 양으로 계산된 휨강도($M_{n,rs}$)가 이 사용하중조합의 휨모멘트(M_{sIII}) 이상이면 최소 긴장재량을 만족하는 것으로 판단한다.

$$\frac{P_{e,cr}}{A_c} + \frac{P_{e,cr}e_p}{S_{ten}} - \frac{M_{sIII}}{S} = -f_{ctm}, \quad P_{e,cr} = \frac{\dfrac{M_{sIII}}{S} - f_{ctm}}{\dfrac{1}{A_c} + \dfrac{e_p}{S}}, \quad A_{p,r} = \frac{P_{e,cr}}{f_{pe}}$$

만약 이를 만족하지 못하는 경우에는 균열휨모멘트를 기준으로 다음의 식에 따라 최소철근을 배치해야 한다.

$$A_{s,\min} = \frac{M_{cr}}{z_s f_y}$$

비부착 긴장재를 사용하거나 외부 긴장 방식으로 긴장하는 프리스트레스트 콘크리트 부재의 경우 휨 파괴가 발생하더라도 취성의 파괴양상을 보이지 않도록 다음의 조건을 만족하도록 최소철근을 배치해야 한다.

$$M_d \geq 1.15 M_{cr}$$

변형률 적합해석 : 강도설계법과 한계상태설계법

다음 포스트텐션 I형 단면에 SWPC7BL 15.2mm($A_{ps1} = 138.7\text{mm}^2$) 강연선 3가닥이 배치되어 있다.

1) KDS 14 20 00 콘크리트구조설계기준의 포물선–사각형 응력분포와 강재의 2선형 응력–변형률 관계식을 이용하여 변형률 적합해석으로 이 단면의 설계 휨강도 M_d를 구하라.

2) 교량설계기준(한계상태설계법)의 포물선–사각형 응력분포와 강재의 2선형 응력–변형률 관계식을 이용하여 변형률 적합해석으로 이 단면의 설계 휨강도 M_d를 구하라.

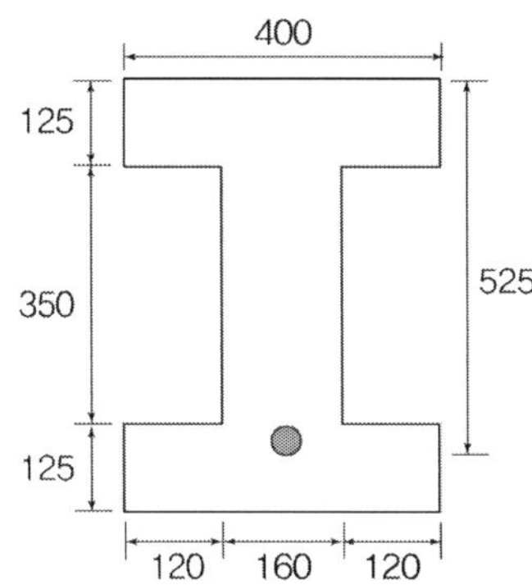

콘크리트의 설계기준압축강도 $f_{ck} = 35\text{MPa}$, 콘크리트의 탄성계수 $E_c = 28,800\text{MPa}$, 단면적 $A_c = 156,000\text{mm}^2$, 단면2차 모멘트 $I = 6.343 \times 10^9 \text{mm}^4$, 단면의 회전반지름 $r_c^2 = 40,660\text{mm}^2$, 단면 도심으로부터 텐던의 편심 $e_p = 225\text{mm}$, 그라우팅으로 부착된 텐던의 유효 긴장력 $P_e = 430\text{kN}$

풀 이

➤ 강재의 변형률 산정

1) 유효 긴장력에 의한 강재의 변형률 ϵ_1

텐던의 단면적 $A_{ps} = 3 \times 138.7 = 416.1\,\text{mm}^2$

유효 인장응력 $f_{pe} = \dfrac{P_e}{A_{ps}} = \dfrac{430 \times 10^3}{416.1} = 1,033\,\text{MPa}$

강재 변형률 $\epsilon_1 = \dfrac{f_{pe}}{E_p} = \dfrac{1,033}{200,000} = 0.00517$

2) 콘크리트 영응력 상태의 강재 변형률 ϵ_2

$$\epsilon_2 = \frac{P_e}{E_c A_c}\left(1 + \frac{e_p^2}{r_c^2}\right) = \frac{430 \times 10^3}{28,800 \times 156,000}\left(1 + \frac{225^2}{40,660}\right) = 0.00021$$

▶ 강도설계법에 따른 휨강도 산정

1) ϵ_3의 산정

$f_{py} = 1,680\text{MPa}, \ f_{pu} = 1,860\text{MPa} \quad \therefore \ \epsilon_{py} = 0.0084, \ \epsilon_{pu} = 0.035$

SWPC7BL 강연선이 $\epsilon_{py} \leq \epsilon_{ps} \leq \epsilon_{pu}$ 에서 항복강도는 $f_{ps} = 6,767\epsilon_{ps} + 1,623$

$\epsilon_{ps} = \epsilon_1 + \epsilon_2 = \epsilon_3 = 0.00538 + \epsilon_3$

① Assume $\epsilon_3 = 0.018, \quad \epsilon_{ps} = 0.02338, \quad f_{ps} = 1,781\text{MPa} \quad \therefore \ T = A_{ps}f_{ps} = 741.1\text{kN}$

$\quad C = \alpha(0.85f_{ck})bc = 0.80 \times 0.85 \times 35 \times 400 \times c = 9,520c$

$\quad C = T \ ; \ c = \dfrac{741,100}{9,520} = 77.8\,\text{mm}$

$\quad \therefore \ \epsilon_3 = \epsilon_{cu} \times \dfrac{(d_p - c)}{c} = 0.0033 \times \dfrac{525 - 77.8}{77.8} = 0.0190 \neq \text{Assumed } \epsilon_3 = 0.018 \quad \text{N.G}$

② Assume $\epsilon_3 = 0.019, \quad \epsilon_{ps} = 0.02438, \quad f_{ps} = 1,788\text{MPa} \quad \therefore \ T = A_{ps}f_{ps} = 744.0\text{kN}$

$\quad C = \alpha(0.85f_{ck})bc = 0.80 \times 0.85 \times 35 \times 400 \times c = 9,520c$

$\quad C = T \ ; \ c = \dfrac{744,000}{9,520} = 78.2\,\text{mm}$

$\quad \therefore \ \epsilon_3 = \epsilon_{cu} \times \dfrac{(d_p - c)}{c} = 0.0033 \times \dfrac{525 - 78.2}{78.2} = 0.0189 \neq \text{Assumed } \epsilon_3 = 0.019 \quad \text{N.G}$

③ Assume $\epsilon_3 = 0.0189, \quad \epsilon_{ps} = 0.02428, \quad f_{ps} = 1,787\text{MPa} \quad \therefore \ T = A_{ps}f_{ps} = 743.6\text{kN}$

$\quad C = \alpha(0.85f_{ck})bc = 0.80 \times 0.85 \times 35 \times 400 \times c = 9,520c$

$\quad C = T \ ; \ c = \dfrac{743,600}{9,520} = 78.1\,\text{mm}$

$\quad \therefore \ \epsilon_3 = \epsilon_{cu} \times \dfrac{(d_p - c)}{c} = 0.0033 \times \dfrac{525 - 78.1}{78.1} = 0.0189 \quad \text{O.K}$

2) 설계 휨강도

$\quad \epsilon_t \approx \epsilon_3 = 0.0189 > 0.005 \qquad \therefore \ \phi = 0.85$

$\quad \therefore \ M_d = \phi T(d_p - \beta c) = 0.85 \times 743,600(525 - 0.4 \times 78.1) \times 10^{-6} = 312\text{kN}$

➤ 한계상태설계법에 따른 휨강도 산정

1) ϵ_3의 산정

$f_{py} = 1,680\text{MPa}, \; f_{pu} = 1,860\text{MPa} \qquad \therefore \; \epsilon_{py} = 0.0084, \; \epsilon_{pu} = 0.035$

$\epsilon_{pyd} = \phi_s \epsilon_{py} = 0.9\epsilon_{py} = 0.00756, \; \epsilon_{ud} = 0.9\epsilon_{uk} = 0.0315$

SWPC7BL 강연선이 $\epsilon_{pyd} \leq \epsilon_{ps} \leq \epsilon_{ud}$에서 항복강도는 $f_{psd} = 0.9(6,767\epsilon_{ps} + 1,623)$

① Assume $\epsilon_3 = 0.0125$, $\epsilon_{ps} = 0.01788$, $f_{psd} = 1,570\text{MPa}$ $\quad \therefore \; T_d = A_{ps}f_{psd} = 653.3\text{kN}$

$$C = \alpha(0.85f_{cd})bc = \alpha(0.85\phi_c f_{ck})bc = 0.80 \times (0.85 \times 0.65 \times 35) \times 400 \times c = 6,188c$$

$$C = T \; ; \; c = \frac{653,300}{6,188} = 105.6\,\text{mm}$$

$$\therefore \; \epsilon_3 = \epsilon_{cu} \times \frac{(d_p - c)}{c} = 0.0033 \times \frac{525 - 105.6}{105.6} = 0.0131 \neq \text{Assumed } \epsilon_3 = 0.0125 \quad \text{N.G}$$

② Assume $\epsilon_3 = 0.0131$, $\quad \epsilon_{ps} = 0.01848$, $\quad f_{psd} = 1,573\text{MPa}$ $\quad \therefore \; T_d = A_{ps}f_{psd} = 654.5\text{kN}$

$$C = \alpha(0.85f_{cd})bc = \alpha(0.85\phi_c f_{ck})bc = 0.80 \times (0.85 \times 0.65 \times 35) \times 400 \times c = 6,188c$$

$$C = T \; ; \; c = \frac{645,500}{6,188} = 105.8\,\text{mm}$$

$$\therefore \; \epsilon_3 = \epsilon_{cu} \times \frac{(d_p - c)}{c} = 0.0033 \times \frac{525 - 105.8}{105.8} = 0.0131 \qquad \text{O.K}$$

2) 설계 휨강도

$$\therefore \; M_d = T(d_p - \beta c) = 654,500(525 - 0.4 \times 105.8) \times 10^{-6} = 316\,\text{kN}$$

예 제

변형률 적합해석 : 한계상태설계법

다음의 포스트텐션 I형 단면에 SWPC7BL 15.2mm($A_{ps1}=138.7\text{mm}^2$) 강연선 3가닥과 SD400 D16 철근 2개($A_s=397\text{mm}^2$)가 유효깊이 535mm 위치에 추가로 배치되어 있다. 교량설계기준(한계상태설계법)의 포물선–사각형 응력분포와 강재의 2선형 응력–변형률 관계식을 이용하여 변형률 적합해석으로 이 단면의 설계 휨강도 M_d를 구하라.

조건

- 콘크리트의 설계기준압축강도 $f_{ck}=35\text{MPa}$
- 콘크리트의 탄성계수 $E_c=28{,}800\text{MPa}$
- 단면적 $A_c=156{,}000\text{mm}^2$
- 단면2차 모멘트 $I=6.343\times10^9\text{mm}^4$
- 단면의 회전반지름 $r_c^2=40{,}660\text{mm}^2$
- 단면 도심으로부터 텐던의 편심 $e_p=225\text{mm}$
- 그라우팅으로 부착된 텐던의 유효 긴장력 $P_e=430\text{kN}$

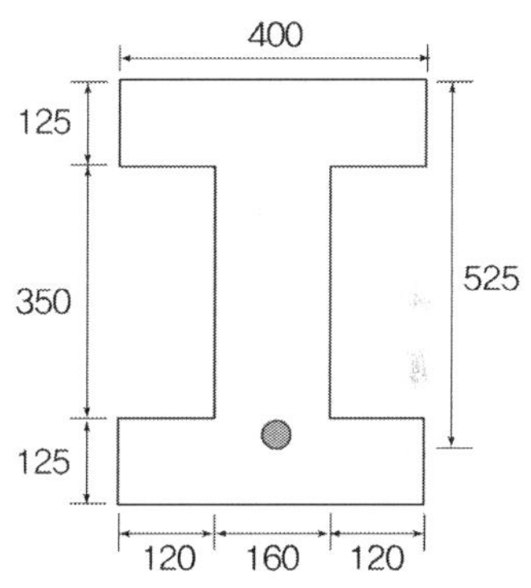

풀 이

➤ 강재의 변형률 산정

1) 유효 긴장력에 의한 강재의 변형률 ϵ_1

텐던의 단면적 $A_{ps}=3\times138.7=416.1\,\text{mm}^2$

유효 인장응력 $f_{pe}=\dfrac{P_e}{A_{ps}}=\dfrac{430\times10^3}{416.1}=1{,}033\,\text{MPa}$

강재 변형률 $\epsilon_1=\dfrac{f_{pe}}{E_p}=\dfrac{1{,}033}{200{,}000}=0.00517$

2) 콘크리트 영응력 상태의 강재 변형률 ϵ_2

$$\epsilon_2=\frac{P_e}{E_cA_c}\left(1+\frac{e_p^2}{r_c^2}\right)=\frac{430\times10^3}{28{,}800\times156{,}000}\left(1+\frac{225^2}{40{,}660}\right)=0.00021$$

➤ **한계상태설계법에 따른 휨강도 산정**

1) ϵ_3의 산정

$$f_{py} = 1{,}680\text{MPa}, \quad f_{pu} = 1{,}860\text{MPa} \qquad\qquad \therefore\ \epsilon_{py} = 0.0084, \quad \epsilon_{pu} = 0.035$$

$$\epsilon_{pyd} = \phi_s \epsilon_{py} = 0.9\epsilon_{py} = 0.00756, \quad \epsilon_{ud} = 0.9\epsilon_{uk} = 0.0315$$

SWPC7BL 강연선이 $\epsilon_{pyd} \leq \epsilon_{ps} \leq \epsilon_{ud}$에서 항복강도는 $f_{psd} = 0.9(6{,}767\epsilon_{ps} + 1{,}623)$
극한상태에서 긴장재와 철근이 모두 항복한 이후라고 가정한다.

① Assume $\epsilon_3 = 0.012, \quad \epsilon_{ps} = 0.01738, \quad f_{psd} = 1{,}567\text{MPa} \quad \therefore\ T_d = A_{ps}f_{psd} = 652.0\text{kN}$

유효깊이 $d_s = 535\text{mm}$, $A_s = 357\text{mm}^2$이므로, 철근이 항복하는 경우 인장력은

$$T_{sd} = \phi_s A_s f_y = 0.9 \times 357 \times 400 \times 10^{-3} = 128.5\text{kN}$$

$$T = T_d + T_{sd} = 780.5\text{kN}$$

$$C = \alpha(0.85 f_{cd})bc = \alpha(0.85\phi_c f_{ck})bc = 0.80 \times (0.85 \times 0.65 \times 35) \times 400 \times c = 6{,}188c$$

$$C = T\ ;\ c = \frac{780{,}500}{6{,}188} = 126.1\,\text{mm}$$

$$\therefore\ \epsilon_3 = \epsilon_{cu} \times \frac{(d_p - c)}{c} = 0.0033 \times \frac{525 - 126.1}{126.1} = 0.0105 \neq \text{Assumed } \epsilon_3 = 0.012\ \text{N.G}$$

② Assume $\epsilon_3 = 0.0105, \quad \epsilon_{ps} = 0.01588, \quad f_{psd} = 1{,}557\text{MPa} \quad \therefore\ T_d = A_{ps}f_{psd} = 647.9\text{kN}$

유효깊이 $d_s = 535\text{mm}$, $A_s = 357\text{mm}^2$이므로, 철근이 항복하는 경우 인장력은

$$T_{sd} = \phi_s A_s f_y = 0.9 \times 357 \times 400 \times 10^{-3} = 128.5\text{kN}$$

$$T = T_d + T_{sd} = 776.4\text{kN}$$

$$C = \alpha(0.85 f_{cd})bc = \alpha(0.85\phi_c f_{ck})bc = 0.80 \times (0.85 \times 0.65 \times 35) \times 400 \times c = 6{,}188c$$

$$C = T\ ;\ c = \frac{776{,}400}{6{,}188} = 125.5\,\text{mm}$$

$$\therefore\ \epsilon_3 = \epsilon_{cu} \times \frac{(d_p - c)}{c} = 0.0033 \times \frac{525 - 125.5}{125.5} = 0.0105 \qquad \text{O.K}$$

$$\epsilon_s = \epsilon_{cu} \times \frac{(d_s - c)}{c} = 0.0108 > \epsilon_y(= 0.002) \qquad \text{O.K}$$

2) 설계 휨강도

$$\therefore\ M_d = T_{pd}(d_p - \beta c) + T_{sd}(d_s - \beta c)$$

$$= [647.9(525 - 0.4 \times 125.5) + 128.5(535 - 0.4 \times 125.5)] \times 10^{-3} = 371\text{kN}$$

변형률 적합조건

등가직사각형 응력분포와 강연선의 항복 후 직선관계식을 이용한 변형률 적합조건을 이용하여, 폭이 400mm, 높이가 600mm인 직사각형 단면 보의 공칭휨강도 M_n을 구하시오(단, 긴장재 위치의 콘크리트 변형률이 0인 상태에서 추가로 프리스트레싱 강재에 발생될 것으로 예상되는 최초 변형률 $\epsilon_3 = 0.01634$로 가정).

〈콘크리트〉
- $f_{ck} = 35\text{MPa}$, $E_c = 28{,}800\text{MPa}$, $\epsilon_{cu} = 0.003$, $\beta_1 = 0.8$
- $A_c = 240{,}000\text{mm}^2$, $I_c = 7.2 \times 10^9 \text{mm}^4$, $r^2 = 30{,}000\text{mm}^2$

〈강연선〉
- SWPC7BL 15.2mm-3가닥($A_p = 138.7\text{mm}^2 \times 3 = 416.1\text{mm}^2$)
- $E_p = 200{,}000\text{MPa}$, $e_p = 200\text{mm}$, $d_p = 500\text{mm}$
- 유효긴장력 $P_e = 500\text{kN}$

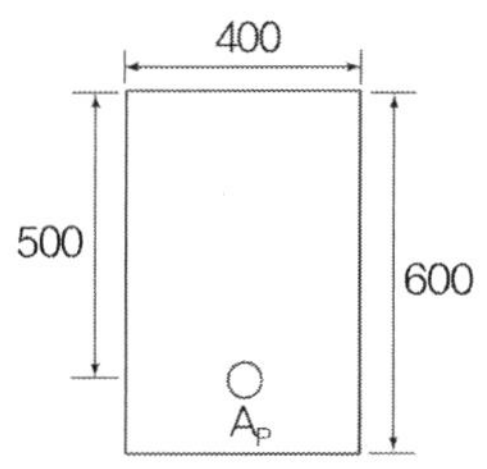

강연선 기호	항복강도	인장강도	항복변형률	극한변형률	항복 후 직선관계식
SWPC7BL	1680MPa	1860MPa	0.0084	0.035	$f_{ps} = 6767\epsilon_{ps} + 1623$

➤ 개요

PSC의 휨강도 산정은 변형률 적합식에 의한 방법과 실험식에 의한 방법으로 구분하여 적용할 수 있다. PS 강재의 인장응력 f_{ps}는 보가 파괴될 때의 PS 강재응력으로서 그 크기는 f_{py}와 f_{pu} 사이에 존재하며 정확한 값을 알지 못한다. f_{ps}의 정확한 값은 변형률 적합조건에 의해서 구할 수 있고, 그렇지 못할 경우에는 설계기준에서 주어지는 근사식을 사용할 수 있다.

➤ 변형률 적합조건(strain compatibility analysis)을 이용한 방법

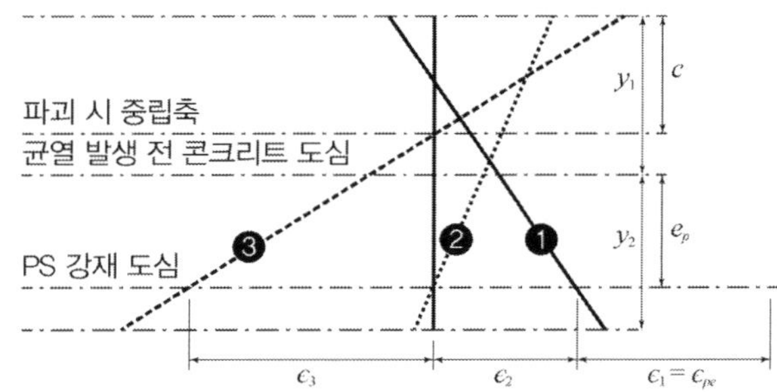

1) ϵ_1 (PS 모든 손실 후의 변형량)

$$\epsilon_1 = \epsilon_{pe} = \frac{f_{pe}}{E_p} = \frac{P_e}{A_p E_p} = \frac{500 \times 10^3}{416.1 \times 200000} = 0.00601$$

2) ϵ_2 (PS 강재도심에서 콘크리트 응력 0일 때 하중단계)

❶→❷일 때, 강재 변형률 증가량 ϵ_2는 콘크리트 변형률 감소율과 같으므로,

$$f_c = \frac{P_e}{A_c} + \frac{P_e e_p}{I} y = \frac{P_e}{A_c} + \frac{P_e e_p}{r^2 A_c} e_p = \frac{P_e}{A_c}\left(1 + \frac{e_p^2}{r_c^2}\right) \quad \because r^2 = \frac{I}{A}$$

$$\therefore \epsilon_2 = \frac{P_e}{E_c A_c}\left(1 + \frac{e_p^2}{r_c^2}\right) = \frac{500 \times 10^3}{28800 \times 240000}\left(1 + \frac{200^2}{30000}\right) = 0.00017$$

3) ϵ_3 (극한하중, 부재의 파괴단계)

$$c \ : \ \epsilon_{cu} \ = \ (d_p - c) \ : \ \epsilon_3$$

$$\therefore \epsilon_3 = \epsilon_{cu} \times \frac{(d_p - c)}{c} \ \fallingdotseq 0.01634 \ (주어진 \ 조건에서 \ 가정한 \ 값)$$

4) 공칭 휨강도 산정

$$\epsilon_{ps} = \epsilon_1 + \epsilon_2 + \epsilon_3 = 0.00601 + 0.00017 + 0.01634 = 0.02252$$

$$\therefore f_{ps} = 6767\epsilon_{ps} + 1623 = 1775.4\text{MPa}$$

$$a = \frac{A_p f_{ps}}{0.85 f_{ck} b} = \frac{416.1 \times 1775.4}{0.85 \times 35 \times 400} = 62.08\text{mm}$$

$$\therefore M_n = A_p f_{ps}\left(d - \frac{a}{2}\right) = 416.1 \times 1775.4 \times \left(500 - \frac{62.08}{2}\right) = 346.4\text{kNm}$$

PSC 휨강도(변형률 적합조건)

그림과 같이 긴장력이 도입된 긴장재와 도입되지 않은 긴장재가 조합되어 사용된 직사각형 단면이 있다. 변형률 적합조건을 이용하여 콘크리트 압축 측 최외단 압축변형률이 0.003에 도달하였을 때의 공칭휨강도를 구하시오.

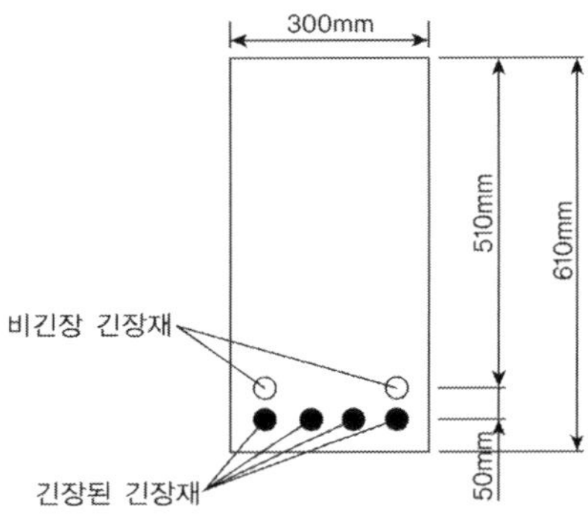

조건

- $f_{ck} = 35\text{MPa}$
- $f_{pu} = 1{,}860\text{MPa}$
- $f_{py} = 0.9 f_{pu}$
- 저릴랙세이션 긴장재 : 6개(지름 12.7mm, 공칭단면적 98.71mm^2)
- 긴장응력 $0.75 f_{pu}$
- 프리스트레스 손실량 218.5MPa
- $\beta_1 = 0.80$(중립축의 깊이 c에 대한 콘크리트 응력 분포 사각형의 깊이 a와의 비)
- 비긴장 긴장재의 초기 가정응력, $f_1 = 1{,}533\text{MPa}$
- 긴장된 긴장재의 초기 가정응력, $f_2 = 1{,}825\text{MPa}$

단, 저릴랙세이션 긴장재의 응력-변형률 관계는 다음 식을 이용하시오.

- $\epsilon_{ps} \le 0.0086$일 때, $f_{ps} = E_{ps} \times \epsilon_{ps}$

- $\epsilon_{ps} > 0.0086$일 때, $f_{ps} = f_{pu} - \left(\dfrac{0.04}{\epsilon_{ps} - 0.007} \right) \times 6.9$

▶ PSC의 휨강도 구하는 방법

1) 변형률 적합조건을 이용하는 방법

2) 실험식을 이용하는 방법

① Bonded PS
$$f_{ps} = f_{pu}\left[1 - \frac{\gamma_p}{\beta_1}\left(\rho_p \frac{f_{pu}}{f_{ck}} + \frac{d}{d_p}(w - w')\right)\right] \qquad (f_{pu} \geq 0.5f_{pe})$$

② Unbonded PS
$$f_{ps} = f_{pe} + 70 + \frac{f_{ck}}{100\rho_p} \leq f_{py},\ f_{pe} + 420\,(\text{MPa}) \qquad (l \leq 35)$$

$$f_{ps} = f_{pe} + 70 + \frac{f_{ck}}{300\rho_p} \leq f_{py},\ f_{pe} + 210\,(\text{MPa}) \qquad (l > 35)$$

▶ Given

$$\beta_1 = 0.8,\ f_{pu} = 1860\,\text{MPa},\ f_{py} = 0.9f_{pu} = 1674\,\text{MPa},\ f_j = 0.75f_{pu} = 1395\,\text{MPa},$$
$$\triangle f = 218.5\,\text{MPa}$$
$$A_{p1} = 2 \times 98.71 = 197.42\,\text{mm}^2,\ A_{p2} = 4 \times 98.71 = 394.84\,\text{mm}^2$$
$$f_{pe} = f_j - \triangle f = 1395 - 218.5 = 1176.5\,\text{MPa}$$

▶ C = T

$$0.85f_{ck}ab = A_{p1}f_1 + A_{p2}f_2\,(\text{Assume } f_1 = 1533\,\text{MPa},\ f_2 = 1825\,\text{MPa})$$
$$0.85f_{ck}(\beta_1 c)b = 197.42 \times 1533 + 394.84 \times 1825 = 1,023,228 \quad \therefore c \gg d \qquad \text{N.G}$$

1) Assume c = 300mm

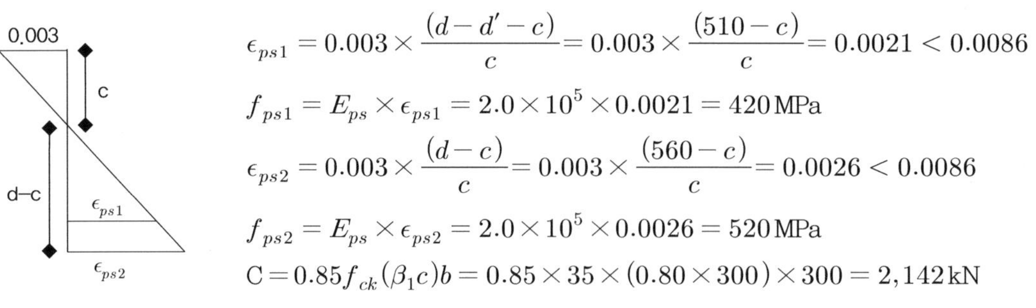

$$\epsilon_{ps1} = 0.003 \times \frac{(d - d' - c)}{c} = 0.003 \times \frac{(510 - c)}{c} = 0.0021 < 0.0086$$
$$f_{ps1} = E_{ps} \times \epsilon_{ps1} = 2.0 \times 10^5 \times 0.0021 = 420\,\text{MPa}$$
$$\epsilon_{ps2} = 0.003 \times \frac{(d - c)}{c} = 0.003 \times \frac{(560 - c)}{c} = 0.0026 < 0.0086$$
$$f_{ps2} = E_{ps} \times \epsilon_{ps2} = 2.0 \times 10^5 \times 0.0026 = 520\,\text{MPa}$$
$$C = 0.85f_{ck}(\beta_1 c)b = 0.85 \times 35 \times (0.80 \times 300) \times 300 = 2,142\,\text{kN}$$

$$T = A_{p1}f_1 + A_{p2}f_2 = 197.42 \times 420 + 394.84 \times 520 = 288.2\,\text{kN} \quad \therefore C \gg T \qquad \text{N.G}$$

→ c값을 줄여서 재가정!

2) Reassume c = 100 mm

$$\epsilon_{ps1} = 0.003 \times \frac{(d - d' - c)}{c} = 0.003 \times \frac{(510 - c)}{c} = 0.0123 > 0.0086$$

$$f_{ps1} = f_{pu} - \left(\frac{0.04}{\epsilon_{ps} - 0.007}\right) \times 6.9 = 1854.8 \, \text{MPa}$$

$$\epsilon_{ps2} = 0.003 \times \frac{(d - c)}{c} = 0.003 \times \frac{(560 - c)}{c} = 0.0138 > 0.0086$$

$$f_{ps1} = f_{pu} - \left(\frac{0.04}{\epsilon_{ps} - 0.007}\right) \times 6.9 = 1855.9 \, \text{MPa}$$

$$\text{C} = 0.85 f_{ck}(\beta_1 c)b = 0.85 \times 35 \times (0.80 \times 100) \times 300 = 714 \, \text{kN}$$

$$\text{T} = A_{p1}f_1 + A_{p2}f_2 = 197.42 \times 1854.8 + 394.84 \times 1855.9 = 1099.0 \, \text{kN}$$

$$\therefore \text{C} \ll \text{T} \quad \text{N.G}$$

$\rightarrow$ c값을 늘여서 재가정하거나 변형률을 기준으로 검토 수행!

3) Reassume $\epsilon_{ps1} < 0.0086$ & $\epsilon_{ps2} > 0.0086$

$$0.85 f_{ck}(\beta_1 c)b = A_{p1} E_p \left[\epsilon_c \times \frac{(510 - c)}{c}\right] + A_{p2}\left[f_{pu} - \left(\frac{0.04}{\epsilon_{ps} - 0.007}\right) \times 6.9\right]$$

$$0.85 \times 35(0.85c) \times 300 = 197.42 \times 2.0 \times 10^5 \times \left[0.003 \times \frac{(510 - c)}{c}\right]$$

$$+ 394.84 \times \left[1860 - \left(\frac{0.04}{0.003 \times \frac{(560 - c)}{c} - 0.007}\right) \times 6.9\right]$$

$$\therefore \text{c} = 139.47 \, \text{mm}$$

$$\text{check } \epsilon_{ps1} = 0.003 \times \frac{(510 - c)}{c} = 0.00797 < 0.0086,$$

$$\epsilon_{ps2} = 0.003 \times \frac{(560 - c)}{c} = 0.009046 > 0.0086 \qquad \text{O.K}$$

➤ **공칭휨강도** ϕM_n

$$\epsilon_{ps2} = 0.009046 > 0.005 \quad \phi = 0.85$$

$$\phi M_n = 0.85\left[A_{p1}f_{ps1}\left(510 - \frac{0.8 \times 139.47}{2}\right) + A_{p2}f_{ps2}\left(560 - \frac{0.8 \times 139.47}{2}\right)\right]$$

$$= 433.96 \, \text{kNm}$$

➤ **Check** M_{cr}

$$Z_b = \frac{bh^2}{6} = \frac{300 \times 610^2}{6} = 18,605,000\,\text{mm}^3$$

$$1.2M_{cr} = 1.2\left[P_{pe}\frac{Z_b}{A_c} + P_{pe}e + f_r Z_b\right]$$

$$= 1.2\left[1176.5 \times 394.84 \times \frac{18605000}{300 \times 610} + 1176.5 \times 394.84\,(560 - 139.47)\right.$$

$$\left. + 0.63\sqrt{f_{ck}} \times 18605000\right] = 311.92\,\text{kNm}$$

$$\therefore\ \phi M_n > 1.2M_{cr} \qquad \text{O.K}$$

PSC T형보의 설계 : 근사해법

다음과 같은 T형보 단면에 대해 주어진 조건으로 다음 물음에 대하여 답하시오.

1) 긴장재의 인장응력 f_{ps}를 산정하고, 강재지수에 대하여 검토하시오.

2) 보의 균열모멘트 M_{cr}을 산정하시오.

3) 설계휨강도 ϕM_n을 산정하고, 보의 극한상태에 대한 안전도를 검토하시오.

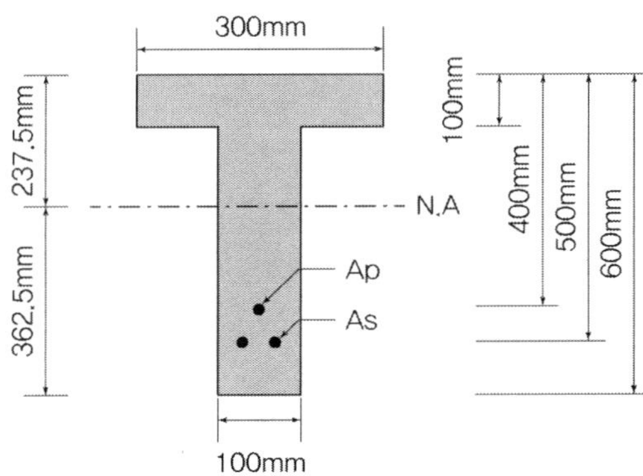

조건

$$f_{ps} = f_{pu}\left[1 - \frac{\gamma_p}{\beta_1}\left(\rho_p \frac{f_{pu}}{f_{ck}} + \frac{d}{d_p}w\right)\right]$$

$f_{ck} = 40\text{MPa}, \quad E_c = 28{,}000\text{MPa}, \quad A_c = 80{,}000\text{mm}^2, \quad I_c = 2.75 \times 10^9 \text{mm}^4$

$A_s = 350\text{mm}^2, \quad f_y = 500\text{MPa}, \quad A_p = 700\text{mm}^2, \quad \beta_1 = 0.84, \quad \gamma_p = 0.4$

$f_{pu} = 1{,}850\text{MPa}, \quad P_i = 960\text{kN},$ 프리스트레스 감소율 15%

풀 이

➤ 개요

PS 강재의 인장응력 f_{ps}는 보가 파괴될 때의 PS 강재의 응력으로서 그 크기는 f_{py}와 f_{pu} 사이에 존재하며 정확한 값을 알지 못한다. f_{ps}의 정확한 값은 변형률 적합조건에 의해서 구해야 하나 그렇지 못할 경우에는 주어진 설계기준의 근사식을 사용할 수 있다.

➤ **긴장재의 인장응력 f_{ps} 산정과 강재지수 검토**

1) 인장응력 f_{ps} 산정

$$P_e = RP_i = (1 - 0.15) \times 960 = 816\text{kN}$$

$$f_{pe} = \frac{P_e}{A_p} = \frac{816 \times 10^3}{700} = 1,165.7\text{MPa}$$

$$\frac{f_{pe}}{f_{pu}} = \frac{1165.7}{1850} = 0.63 > 0.50 \qquad \therefore \text{설계기준 공식에 따라 } f_{ps}\text{를 산정한다.}$$

$$\rho = \frac{A_s}{b_w d} = \frac{350}{300 \times 500} = 0.0023, \quad w = \rho \frac{f_y}{f_{ck}} = 0.0023 \times \frac{500}{40} = 0.02916$$

$$\rho_p = \frac{A_p}{b_w d_p} = \frac{700}{300 \times 400} = 0.0058, \ \beta_1 = 0.84, \ \gamma_p = 0.4$$

$$\therefore f_{ps} = f_{pu}\left[1 - \frac{\gamma_p}{\beta_1}\left(\rho_p \frac{f_{pu}}{f_{ck}} + \frac{d}{d_p} w\right)\right]$$

$$= 1,850 \times \left[1 - \frac{0.4}{0.84}\left(0.0058 \times \frac{1,850}{40} + \frac{500}{400} \times 0.02916\right)\right] = 1,581.6\text{MPa}$$

2) 강재지수

긴장재와 철근을 가지는 I형 또는 T형 단면 보의 강재지수

$$w_{pw} + \frac{d}{d_p}(w_w - w_{w'}) \leq 0.36\beta_1$$

여기서, $w_{pw} = \rho_p \dfrac{f_{ps}}{f_{ck}} = 0.0058 \times \dfrac{1581.6}{40} = 0.2293, \ w_w = \rho \dfrac{f_y}{f_{ck}} = 0.0023 \times \dfrac{500}{40} = 0.02875$

$$w_{w'} = \rho' \frac{f_y}{f_{ck}} = 0$$

$$\therefore w_{pw} + \frac{d}{d_p}(w_w - w_{w'}) = 0.2293 + \frac{500}{400} \times 0.02875 = 0.26527 \leq 0.36\beta_1 = 0.3024$$

따라서 연성파괴되는 저보강 PSC보를 만족한다.

➤ **보의 균열모멘트 M_{cr}**

$$f_r = 0.63\sqrt{f_{ck}} = 0.63\sqrt{40} = 3.984\text{MPa}$$

$$Z_2 = \frac{I_c}{y_2} = \frac{2.75 \times 10^9}{362.5} = 7,586,207\text{mm}^3, \qquad r_c^2 = \frac{I_c}{A_c} = \frac{2.75 \times 10^9}{80000} = 34,375\text{mm}^2$$

$$-f_r = \frac{P_e}{A_c}\left(1 + \frac{e_p}{r_c^2}y^2\right) - \frac{M_{cr}}{Z_2} \text{ 로부터,}$$

$$\therefore M_{cr} = f_r Z_2 + P_e\left(\frac{r_c^2}{y_2} + e_p\right)$$

$$= 3.984 \times 7,586,207 + 816 \times 10^3 \times \left(\frac{34,375}{362.5} + (400 - 237.5)\right) = 240.2 \text{kNm}$$

▶ 설계휨강도와 보의 극한상태 안전도

1) 단면 형상 결정

$$a = \frac{A_p f_{ps}}{0.85 f_{ck} b} = \frac{700 \times 1581.6}{0.85 \times 40 \times 300} = 108.5 \text{mm} \,\rangle\, t_f \quad \therefore \text{ T형 단면으로 계산한다.}$$

2) T형보의 설계휨강도 산정

$$A_{pf} f_{ps} = 0.85 f_{ck} t_f (b - b_w) = 0.85 \times 40 \times 100 \times (300 - 100) = 680,000 \text{N}$$

$$A_{pw} f_{ps} = A_p f_{ps} + A_s f_y - A_{pf} f_{ps} = 700 \times 1581.6 + 350 \times 500 - 680,000 = 602,120 \text{N}$$

$$\therefore a = \frac{A_{pw} f_{ps}}{0.85 f_{ck} b_w} = \frac{602,120}{0.85 \times 40 \times 100} = 177.09 \text{mm}$$

$$\therefore M_n = A_{pw} f_{ps}\left(d_p - \frac{a}{2}\right) + A_{pf} f_{ps}\left(d_p - \frac{t_f}{2}\right) + A_s f_y (d - d_p)$$

$$= 602,120 \times \left(400 - \frac{177.09}{2}\right) + 680,000 \times \left(400 - \frac{100}{2}\right) + 350 \times 500 \times (500 - 400)$$

$$= 443.03 \text{kNm}$$

$$\therefore M_d = \phi M_n = 0.85 \times 443.03 = 376.58 \text{ kNm}$$

3) 극한상태 안전도 검토

$$\frac{M_d}{M_{cr}} = 1.57 > 1.2 \quad \text{O.K}$$

∴ 극한상태에서 안전한 설계기준의 조건을 만족한다.

PS 강재응력 : 근사해법

하중에 의한 PS강연선의 발생응력을 PS강연선과 콘크리트 간의 부착/비부착의 경우로 구분하여 설명하시오.

풀 이

▶ 개요

PSC의 취성파괴를 방지하고 연성파괴를 유도하기 위한 목적으로 강재비를 규정하고 있다. 일반적으로 콘코리트 설계기준에서 공칭 휨강도를 산정할 때는 부착된 PS 강재는 강재비에 따라 응력을 산정하도록 규정하고 있으며, 부착되지 않은 PS 강재의 경우에는 슬래브와 보로 구분해 PS 강재응력을 산정하도록 규정하고 있다.

▶ PS 강재응력

PSC의 휨강도 산정을 위한 강재응력은 변형률 적합식에 의한 방법과 실험식에 의한 방법으로 구분하여 적용할 수 있다. PS 강재의 인장응력 f_{ps} 는 보가 파괴될 때의 PS 강재의 응력으로서 그 크기는 f_{py} 와 f_{pu} 사이에 존재하고 정확한 값을 알지 못하며, f_{ps} 의 정확한 값은 변형률 적합조건에 의해서 구할 수 있다. 그렇지 못할 경우에는 설계기준에서 주어진 근사식을 사용할 수 있다. 콘크리트 설계기준(2007)에 따른 PS 강재응력 $f_{ps}(f_{py} \leq f_{ps} \leq f_{pu})$ 산정 시 부착/비부착에 따른 산정 방법은 다음과 같다.

① PS 강재가 부착된 부재(Bonded PS)

$$f_{ps} = f_{pu}\left[1 - \frac{\gamma_p}{\beta_1}\left(\rho_p \frac{f_{pu}}{f_{ck}} + \frac{d}{d_p}(w - w')\right)\right]$$

γ_p(PS 강재의 종류에 따른 계수) ① $f_{py}/f_{pu} \geq 0.80$(강봉)   : $\gamma_p = 0.55$

                              ② $f_{py}/f_{pu} \geq 0.85$(응력제거 강재)   : $\gamma_p = 0.40$

                              ③ $f_{py}/f_{pu} \geq 0.90$(저릴랙세이션 강재) : $\gamma_p = 0.28$

$$\rho_p = \frac{A_p}{bd_p} \text{(강재비)}, \quad w = \rho\frac{f_y}{f_{ck}}, \quad \rho = \frac{A_s}{bd} \quad \text{(인장)}, \quad w' = \rho'\frac{f_y}{f_{ck}}, \quad \rho' = \frac{A_s{}'}{bd} \text{(압축)}$$

② PS 강재가 부착되지 않은 부재(Unbonded PS)

$$l/h \leq 35\text{(일반적인 보)} \quad f_{ps} = f_{pe} + 70 + \frac{f_{ck}}{100\rho_p} < \ [f_{py}, \quad f_{pe} + 420] \ (MPa)$$

$$l/h > 35\text{(슬래브)} \qquad f_{ps} = f_{pe} + 70 + \frac{f_{ck}}{300\rho_p} < \ [f_{py}, \quad f_{pe} + 210] \ (MPa)$$

PSC 휨설계

다음 그림과 같은 단순보의 지간 중앙단면에 대해서 설계하시오(단, 2차 고정하중 = 6kN/m, 활하중 = 5kN/m, 초기프리스트레스 P_i = 1,360kN, 장기손실 = 15% 가정, PS강연선 : SWPC 7B / D12.7).

1) PS 도입 시 콘크리트 상하부 응력을 계산하고 허용응력과 비교
2) 전 설계하중이 작용할 때 콘크리트 상하부응력을 계산하고 허용응력과 비교
3) 균열모멘트를 계산하고 균열에 대한 안전율을 계산
4) 공칭휨강도를 계산하고 안전성을 검토

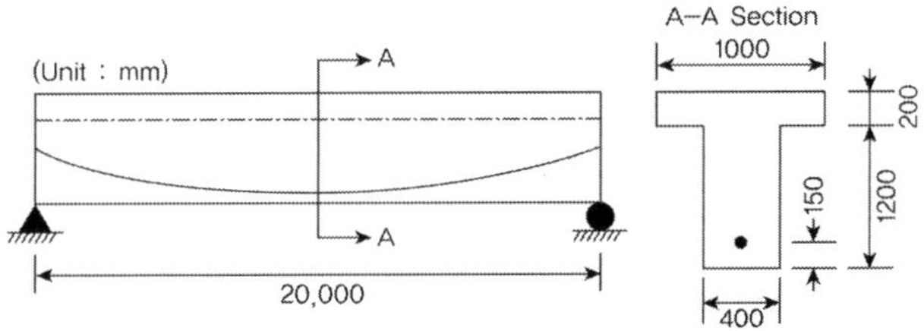

$\gamma_c = 25\text{kN/m}^3$, $A_p = 1000\text{mm}^2$, $E_p = 2.0 \times 10^5\text{MPa}$

$f_{py} = 1{,}500\text{MPa}$, $f_{pu} = 1700\text{MPa}$, $f_{ck} = 40\text{MPa}$

$E_c = 2.6 \times 10^4\text{MPa}$, $f_{ci} = 30\text{MPa}$, $f_{ps} = 0.9 \times f_{pu}$, $f_r = 0.63\sqrt{f_{ck}}$

프리스트레스 도입 직후	허용 휨 압축응력	$0.6f_{ci}$
	허용 휨 인장응력	$0.25\sqrt{f_{ci}}$
사용하중이 작용할 때	허용 휨 압축응력	$0.6f_{ck}$
	허용 휨 인장응력	$0.5\sqrt{f_{ck}}$

▶ 단면계수 산정

$$A_c = 1000 \times 200 + 400 \times 1200 = 680{,}000mm^2$$

A–A Section

$$y_b = \frac{1000 \times 200 \times 1300 + 1200 \times 400 \times 600}{680000} = 805.882\,\text{mm}$$

$$y_t = 1400 - 805.882 = 594.118\,\text{mm}$$

$$I = \frac{1000 \times 200^3}{12} + 1000 \times 200 \times (594.118 - 100)^2 + \frac{400 \times 1200^3}{12}$$
$$+ 400 \times 1200 \times (805.882 - 600)^2 = 1.27443 \times 10^{11}\,\text{mm}^4$$

$$Z_b = \frac{I}{y_b} = \frac{1.27443 \times 10^{11}}{805.882} = 1.5814 \times 10^8\,\text{mm}^3$$

$$Z_t = \frac{I}{y_t} = \frac{1.27443 \times 10^{11}}{594.118} = 2.1451 \times 10^8\,\text{mm}^3$$

$$e_p = 805.882 - 150 = 665.882\,\text{mm}$$

➤ 모멘트 산정

1) 자중(M_{d1}) : $w_{d1} = 25\,\text{kN/m}^3 \times A_c \times 10^{-6} = 25 \times 680,000 \times 10^{-6} = 17\,\text{kN/m}$

$$M_{d1} = \frac{w_{d1}l^2}{8} = \frac{17 \times 20^2}{8} = 850\,\text{kNm} = 8.5 \times 10^8\,\text{N}\,\text{mm}$$

2) 2차 고정하중(M_{d2}) : $w_{d2} = 6\,\text{kN/m}$

$$M_{d2} = \frac{w_{d3}l^2}{8} = \frac{6 \times 20^2}{8} = 300\,\text{kNm} = 3.0 \times 10^8\,\text{Nmm}$$

3) 활하중(M_l) : $w_l = 5\,\text{kN/m}$

$$M_l = \frac{w_l l^2}{8} = \frac{5 \times 20^2}{8} = 250\,\text{kNm} = 2.5 \times 10^8\,\text{Nmm}$$

4) 총 사용하중 모멘트(M_t)

$$M_t = M_{d1} + M_{d2} + M_l = 14.0 \times 10^8\,\text{Nmm}$$

5) 계수하중 모멘트(M_u)

$$M_u = 1.2M_d + 1.6M_l = 1.2 \times (850 + 300) + 1.6 \times 250 = 17.8 \times 10^8\,\text{Nmm}$$

▶ 허용응력 및 균열모멘트 산정

$$P_i = 1360\,\text{kN}, \ P_e = 0.85 \times 1360 = 1156\,\text{kN}$$

1) 프리스트레스 도입 직후 허용응력

$$f_{ta} = -\,0.25\,\sqrt{f_{ci}} = -\,0.25\,\sqrt{30} = -\,1.369\,\text{MPa}$$

$$f_{ca} = 0.6 f_{ci} = 18\,\text{MPa}$$

2) 사용하중 작용 시 허용응력

$$f_{tw} = -\,0.5\,\sqrt{f_{ck}} = -\,3.16\,\text{MPa}$$

$$f_{cw} = 0.6 f_{ck} = 24\,\text{MPa}$$

3) 균열모멘트 산정

$$f_{cr} = 0.63\,\sqrt{f_{ck}} = 3.98\,\text{MPa}$$

$$f_b = -\,f_{cr} = \frac{P_e}{A} + \frac{P_e e}{Z_b} - \frac{M_{cr}}{Z_b} \ \therefore \ M_{cr} = \frac{P_e Z_b}{A} + P_e e + f_{cr} Z_b$$

$$M_{cr} = \frac{1156 \times 10^3 \times 1.5814 \times 10^8}{680,000} + 1156 \times 10^3 \times 655.88 + 3.98 \times 1.5814 \times 10^8$$

$$= 1656.4\,\text{kNm}$$

$$\therefore \ 1.2 M_{cr} = 1987.7\,\text{kNm}$$

▶ 프리스트레스 도입 직후 콘크리트 상하부 응력

1) 지간중앙부 상부 응력

$$f_t = \frac{P_i}{A} - \frac{P_i e}{Z_t} + \frac{M_{d1}}{Z_t} = \frac{1360 \times 10^3}{680,000} - \frac{1360 \times 10^3 \times 655.88}{2.1451 \times 10^8} + \frac{8.5 \times 10^8}{2.1451 \times 10^8} = 1.804\,\text{MPa}$$

$$\therefore \ f_t (= 1.804\,\text{MPa}) \ > \ f_{ta} (= -\,1.369\,\text{MPa}) \qquad \text{O.K}$$

2) 지간중앙부 하부 응력

$$f_b = \frac{P_i}{A} + \frac{P_i e}{Z_b} - \frac{M_{d1}}{Z_b} = \frac{1360 \times 10^3}{680,000} + \frac{1360 \times 10^3 \times 655.88}{1.5814 \times 10^8} - \frac{8.5 \times 10^8}{1.5814 \times 10^8} = 2.266\,\text{MPa}$$

$$\therefore \ f_b (= 2.266\,\text{MPa}) \ < \ f_{ca} (= 18\,\text{MPa}) \qquad \text{O.K}$$

➤ 전하중 작용 시 콘크리트 상하부 응력

1) 지간중앙부 상부 응력(사용하중)

$$f_t = \frac{P_e}{A} - \frac{P_e e}{Z_t} + \frac{M_{d1} + M_{d2} + M_l}{Z_t}$$

$$= \frac{1156 \times 10^3}{680,000} - \frac{1156 \times 10^3 \times 655.88}{2.1451 \times 10^8} + \frac{14.0 \times 10^8}{2.1451 \times 10^8} = 4.692\,\text{MPa}$$

$$\therefore f_t (= 4.692\text{MPa}) \ < \ f_{cw}(= 24\text{MPa}) \qquad\qquad \text{O.K}$$

2) 지간중앙부 하부 응력

$$f_b = \frac{P_e}{A} + \frac{P_e e}{Z_b} - \frac{M_{d1} + M_{d2} + M_l}{Z_b}$$

$$= \frac{1156 \times 10^3}{680,000} + \frac{1156 \times 10^3 \times 655.882}{1.5814 \times 10^8} - \frac{14.0 \times 10^8}{1.5814 \times 10^8} = -2.358\,\text{MPa}$$

$$\therefore f_b (= -2.358\text{MPa}) \ > \ f_{tw}(= -3.16\text{MPa}) \qquad \text{O.K}$$

➤ 공칭 휨강도 산정

$$f_{ps} = 0.9 f_{pu} = 0.9 \times 1,700 = 1,530\,\text{MPa}$$

$$a = \frac{A_{ps} f_{ps}}{0.85 f_{ck} b} = \frac{1,000 \times 1,530}{0.85 \times 40 \times 1000} = 45\text{mm} < t_f (= 200\text{mm}) \quad \therefore \ \text{직사각형 보로 간주한다.}$$

$$f_{pe} = \frac{P_e}{A_p} = \frac{1,156 \times 10^3}{1,000} = 1,156\,\text{MPa} \geq 0.5 f_{pu} = 850\,\text{MPa}$$

여기서 설계기준에 따라 f_{ps} 를 다시 산정하면,

$$\frac{f_{py}}{f_{pu}} = \frac{1500}{1700} = 0.88 > 0.85 \qquad \therefore \ \gamma_p = 0.40 \,(\text{응력 제거 강재})$$

$$\beta_1 = 0.85 - 0.007(40 - 28) = 0.766 > 0.65$$

$$\rho_p = \frac{A_p}{b d_p} = \frac{1000}{1000 \times 1250} = 0.0008, \ \omega = \rho \frac{f_y}{f_{ck}} = 0$$

$$\therefore f_{ps} = f_{pu}\left[1 - \frac{\gamma_p}{\beta_1}\left(\rho_p \frac{f_{pu}}{f_{ck}} + \frac{d}{d_p}(\omega - \omega') \right) \right]$$

$$= 1700 \times \left[1 - \frac{0.40}{0.766}\left(0.0008 \times \frac{1700}{40} \right) \right] = 1669.82\,\text{MPa}$$

문제에서 주어진 $f_{ps} = 0.9f_{pu} = 1530\,\mathrm{MPa}$가 보다 안전측이므로 주어진 식으로 검토한다.

최대강재량 검토

$$\omega_p\left(= \rho_p\frac{f_{ps}}{f_{ck}}= 0.0008 \times \frac{1530}{40} = 0.0306\right) < 0.32\beta_1(= 0.32 \times 0.766 = 0.245) \quad \therefore \text{ 저보강보}$$

$$M_n = A_p f_{ps}\left(d_p - \frac{a}{2}\right) = 1000 \times 1530 \times \left(1250 - \frac{45}{2}\right) = 1878.08\,\mathrm{MPa}$$

$$\phi M_n < 1.2M_{cr}(= 1987.7\,\mathrm{MPa}) \qquad \text{최소강재량 만족 못함(연성파괴 유도 목적)}$$

설계기준식으로 재검토한다.

$$f_{ps} = 1669.82\,\mathrm{MPa}$$

$$a = \frac{A_{ps}f_{ps}}{0.85f_{ck}b} = \frac{1000 \times 1669.82}{0.85 \times 40 \times 1000} = 49.11\,\mathrm{mm} < t_f(= 200\,\mathrm{mm}) \quad \therefore \text{ 직사각형 보로 간주한다.}$$

$$M_n = A_p f_{ps}\left(d_p - \frac{a}{2}\right) = 1000 \times 1669.82 \times \left(1250 - \frac{49.11}{2}\right) = 2046.27\,\mathrm{MPa}$$

➤ Check ϕ

① 주어진 식으로 산정할 경우

$$\frac{c}{d_t} = \frac{45/0.766}{1250} = 0.0470 < 0.375\left(= \frac{0.003}{0.008}\right) \qquad \therefore \phi = 0.85$$

$$\therefore \phi M_n = 0.85 \times 1878.08 = 1596.37\,MPa < 1.2M_{cr} \qquad \text{최소강재량 만족 못함(취성파괴)}$$

② 설계기준의 식으로 산정할 경우

$$\frac{c}{d_t} = \frac{49.11/0.766}{1250} = 0.05129 < 0.375\left(= \frac{0.003}{0.008}\right) \therefore \phi = 0.85$$

$$\therefore \phi M_n = 0.85 \times 2046.27 = 1739.33\,MPa < 1.2M_{cr} \qquad \text{최소강재량 만족 못함(취성파괴)}$$

➤ 균열에 대한 안전율

① 주어진 식으로 산정할 경우 $\qquad \therefore \dfrac{\phi M_n}{M_{cr}} = \dfrac{1596.37}{1656.4} = 0.964$

② 설계기준의 식으로 산정할 경우 $\quad \therefore \dfrac{\phi M_n}{M_{cr}} = \dfrac{1739.33}{1656.4} = 1.05$

➤ **결론**

주어진 단면은 최대강재량은 만족하나 최소강재량 조건을 만족하지 못하므로 취성파괴를 야기할 수 있다. 따라서 강선량 A_p량을 증가시키거나 파셜 프리스트레스로 보고 보강철근으로 보강시켜서 설계하는 것이 바람직하다.

① 강선량 증가하는 방법

$$\phi M_n = \phi A_p f_{ps}\left(d_p - \frac{a}{2}\right) = M_u\left(\fallingdotseq 1.2 M_{cr}\left(= 2000\text{kNm}\right)\right)$$

$$A_p = 1253\,\text{mm}^2 \qquad \therefore A_{p(use)} = 1300\,\text{mm}^2$$

$$a = \frac{A_p f_{ps}}{0.85 f_{ck} b} = \frac{1300 \times 1530}{0.85 \times 40 \times 1000} = 58.5\,\text{mm} < t_f$$

$$\frac{c}{d_t} = \frac{58.5/0.766}{1250} = 0.0611 < 0.375\left(= \frac{0.003}{0.008}\right)\ \phi = 0.85$$

$$\therefore\ \phi M_n = 0.85 \times 1300 \times 1530 \times \left(1250 - \frac{58.5}{2}\right) = 2063.9\text{MPa}\ >\ 1.2 M_{cr}$$

② 파셜프리스트레스로 보고 보강철근으로 보강하는 방법

$$f_y = 400\,\text{MPa},\ d = d_p$$

$$\phi M_n = \phi\left[A_p f_{ps}\left(d_p - \frac{a}{2}\right) + A_s f_y\left(d - \frac{a}{2}\right)\right] = M_u\left(\fallingdotseq 1.2 M_{cr}\left(= 2000\text{kNm}\right)\right)$$

$$= 0.85\left[1878.08\text{kNm} + A_s f_y\left(d - \frac{a}{2}\right)\right] = 2000\,\text{kNm}$$

$$\therefore\ A_s = 967.13\,\text{mm}^2$$

$$a = \frac{A_p f_{ps} + A_s f_y}{0.85 f_{ck} b} = \frac{1000 \times 1530 + 967.13 \times 400}{0.85 \times 40 \times 1000} = 56.38P\text{mm} < t_f$$

$$\frac{c}{d_t} < 0.375\left(= \frac{0.003}{0.008}\right) \qquad \phi = 0.85$$

$$\therefore\ \phi M_n = 0.85 \times \left[1000 \times 1530 \times \left(1250 - \frac{56.38}{2}\right) + 967.13 \times 400 \times \left(1250 - \frac{56.38}{2}\right)\right]$$

$$= 1990.72\text{kNm} > 1.2 M_{cr}\left(= 1987.7\text{kNm}\right)$$

저보강보의 파괴 특성

과소보강 부착된 PS 콘크리트 보의 전형적인 하중-처짐 선도를 도시하여 설명하시오.

풀 이

▶ 저보강보의 파괴 특성

PS 강재응력이 항복강도보다 큰 경우에도 콘크리트가 압축파괴에 도달하여 연성파괴가 발생되는 보를 저보강보라 하며, 균열 발생 후 균열 환산단면적의 휨강성과 평행하게 휨강성이 변하다가 파괴되는 특성이 있다.

① PS 강선량이 매우 작은 경우 균열이 발생하며 보가 파괴된다.

② 적당량의 PS 강선을 사용하는 경우 PS 강재가 항복 후에도 소정의 변형이 발생한 후 파괴된다.

▶ 과보강보의 파괴 특성

PS 강재가 항복강도에 이르기 전에 콘크리트가 먼저 파괴되어 취성파괴 현상을 보이는 보를 과보강 보라 하며 파괴하중에 이르기까지 비균열 환산단면적의 휨강성을 유지하다가 사전 징조 없이 갑자기 취성파괴를 일으키는 특징이 있다.

① 과보강보의 경우 파괴를 야기하는 하중의 크기가 변한다.

② 균열이 발생된 후 균열환산단면적의 휨강성과 평행하게 휨강성이 변하다가 파괴되는 경향을 보여 파괴의 전조가 나타나지 않는 취성파괴를 한다.

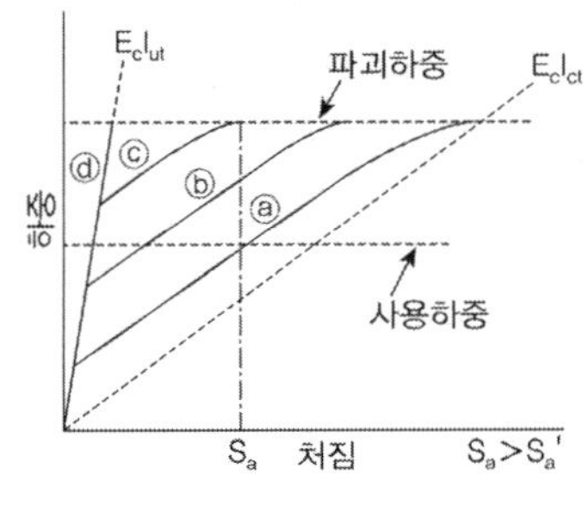

(a) 저보강보의 하중-처짐곡선

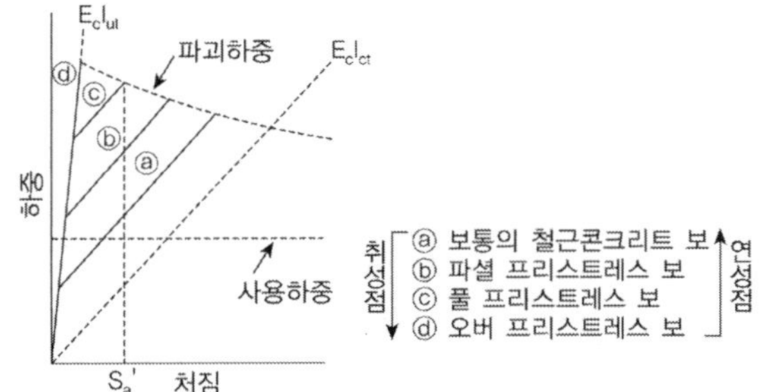

(b) 과보강보의 하중-처짐곡선

(저보강보와 과보강보의 파괴 형태)

연성파괴

휨을 받는 콘크리트 보에서 보의 급작스런 파괴, 즉 취성파괴를 방지하고 연성파괴를 유도하기 위해 두고 있는 규정을 철근 콘크리트(RC)보와 프리스트레스트 콘크리트(PSC)보로 나누어 설명하시오.

풀 이

▶ 개요

휨을 받는 콘크리트 보에서 급작스럽게 파괴되는 취성파괴는 사전인지나 확인이 불가하기 때문에 바람직하지 않은 설계로, 콘크리트 부재에서는 취성파괴를 방지하고 연성파괴를 유도하기 위해서 철근이나 프리스트레스트의 강재량을 제한하는 규정을 두고 있다.

▶ 연성파괴 유도

강재가 과보강되면 강재가 파괴되기 전에 콘크리트가 먼저 파괴되게 되며 이로 인해 취성파괴가 발생한다. 연성파괴를 위해서는 콘크리트 단면이 극한변형률 $\epsilon_c = 0.003$에 도달할 때 강재로 보강된 인장 부분에서도 강재가 항복하도록 균형파괴를 유도한다.

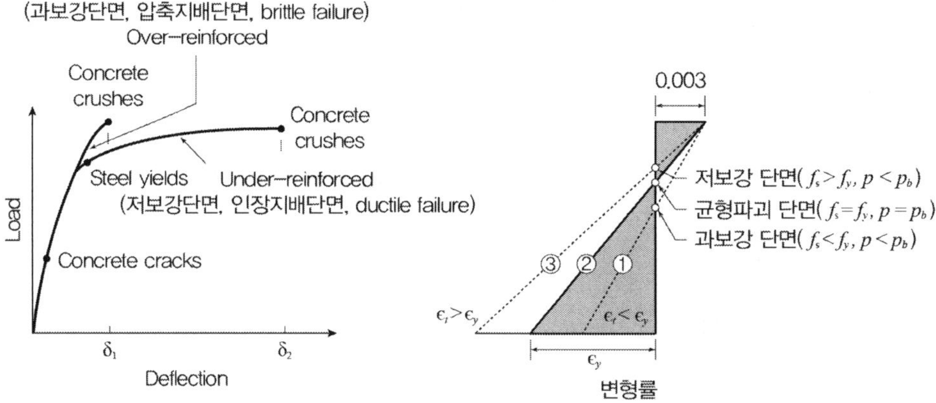

1) 철근 콘크리트(RC)보

철근 콘크리트(RC)보에서는 압축지배단면, 인장지배단면, 변화구간의 3가지 구간으로 구분하여 강도수정계수를 달리 적용하고 연성파괴를 유도한다. 연성파괴를 유도하기 위해 저보강된 경우에는 일정 부분 강도 발현을 위한 최소철근비 규정을 두고 있으며, 과보강된 경우에는 콘크리트가 먼저 급속하게 파괴되는 것을 방지하기 위해 최대 철근비 규정을 두고 있다.

① 인장지배단면은 콘크리트가 한계변형률($\epsilon_{cu} = 0.003$) 도달 이전에 철근이 항복에 도달($\epsilon_s \geq \epsilon_y$)하여 철근이 먼저 항복한다.

② 중립축이 최초에 압축측 연단에 가까이 있어 하중증가에 따라 중립축이 위로 상승하며 이로 인하여 철근이 변형률이 빠르게 증가한다(철근 먼저 항복).

③ 철근 먼저 항복하므로 파괴 시 충분한 연선을 가지고 파괴 징후를 알 수 있다.

④ 다만, 아주 저보강 단면(lightly reinforced section)의 경우 분쇄파괴(Brittle failure)가 발생하는데 이는 콘크리트 인장응력이 파괴계수($f_r = 0.63\sqrt{f_{ck}}$) 초과 시 균열이 발생하며 인장응력을 철근에 전가 철근의 단면적이 너무 적으면 인장력에 저항하지 못하고 과다하게 늘어지면서(snap) 파괴가 발생한다. 이러한 파괴를 방지하고 연성파괴를 유도하기 위해서 상한한계인 최외단 순인장변형률($\epsilon_{t.\min}$) 이상 되도록 하고 하한한계로 최소철근비 규정을 준수해야 한다(하한한계 : snapping 방지, 상한한계 : 철근과다방지, brittle failure 방지).

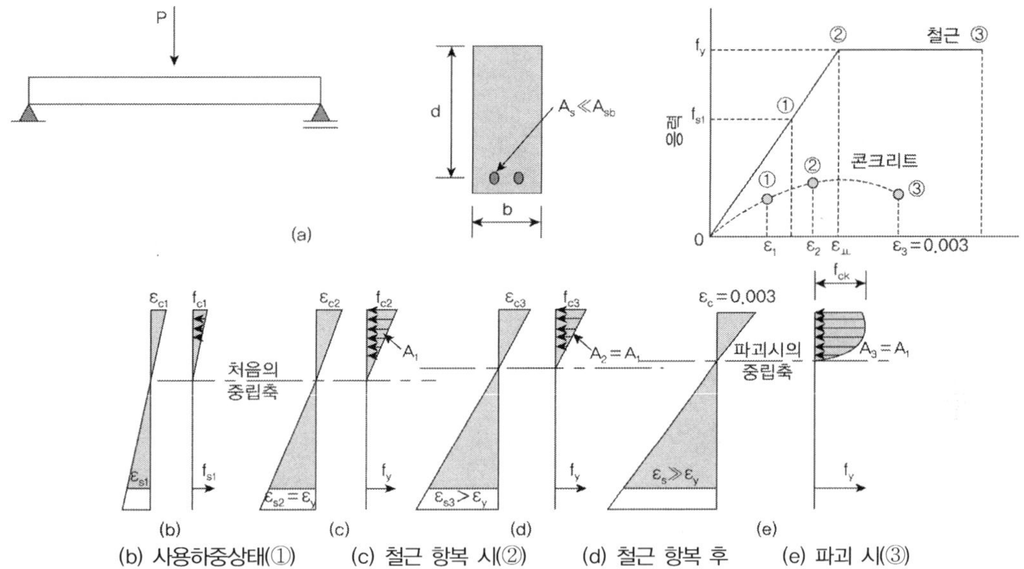

⑤ 분쇄파괴를 방지하기 위한 최소철근비 : ACI 기준에서 최소철근비($\rho_{s.\min}$)는 소요면적보다 큰 면적을 사용한 경우로, $M_n \geq 2.5 M_{cr}$로 규정한다.

$$M_{cr}(\text{무근}) = T_c\left(\frac{2}{3}h\right) = \left(\frac{1}{2}f_r\frac{h}{2}b_w\right)\left(\frac{2}{3}h\right) = \frac{f_r b_w h^2}{6} \quad (\text{또는}) \quad M_{cr} = f_r\frac{I_g}{y_t} = \frac{f_r b_w h^2}{6}$$

$$M_n = A_s f_y d \simeq M_{cr} = \frac{f_r b_w h^2}{6} \qquad \therefore A_s = \frac{f_r b_w h^2}{6 f_y d}$$

여기서 $f_r = 0.63\sqrt{f_{ck}}$, $h \simeq d$

$$A_s = \frac{0.63\sqrt{f_{ck}}}{6f_y}b_w d \quad \rightarrow [\ \times 2.5(\text{S.F})] \qquad\qquad \therefore A_{s.\min} = \frac{0.25\sqrt{f_{ck}}}{f_y}b_w d$$

$$\rightarrow [f_{ck} = 28\text{MPa},\ \times 2.5(\text{S.F})] \qquad \therefore A_{s.\min} = \frac{1.4}{f_y}b_w d$$

$$\therefore \rho_{s.\min} = \max\left[\frac{1.4}{f_y},\ \frac{0.25\sqrt{f_{ck}}}{f_y}\right]$$

⑥ 최대철근비(최소허용 인장 변형률)

$$\epsilon_t \neq \epsilon_y, \quad \frac{c}{d_t} = \frac{\epsilon_c}{\epsilon_c + \epsilon_t}, \quad \rho_{\max} = 0.85\beta_1\frac{f_{ck}}{f_y}\frac{c}{d_t} = 0.85\beta_1\frac{f_{ck}}{f_y}\left(\frac{\epsilon_c}{\epsilon_c + \epsilon_t}\right) = \frac{\epsilon_c + \epsilon_y}{\epsilon_c + \epsilon_{t_{\min}}}\rho_b$$

2) 프리스트레스트 콘크리트(PSC)보

PSC의 휨 파괴는 철근 콘크리트(RC)보와 마찬가지로 균열과 동시에 PS 강재가 파단하는 균형파괴, PS 강재응력이 항복강도 도달 후 콘크리트가 압축파괴되는 저보강 PSC 파괴, PS 강재응력이 항복강도 도달 이전에 콘크리트가 압축 파괴되는 과보강 PSC 파괴로 구분되며, 과보강 PSC일수록 콘크리트가 먼저 파괴되기 때문에 취성파괴가 현상이 발생된다. RC와 마찬가지로 저보강 PSC의 경우에도 PS 강재량이 매우 적을 경우에 급격하게 파단이 발생될 수 있어 최소강재량 규정을 두고 있으며, 과보강으로 인한 취성파괴 방지를 위해 최대강재량 규정을 두고 있다.

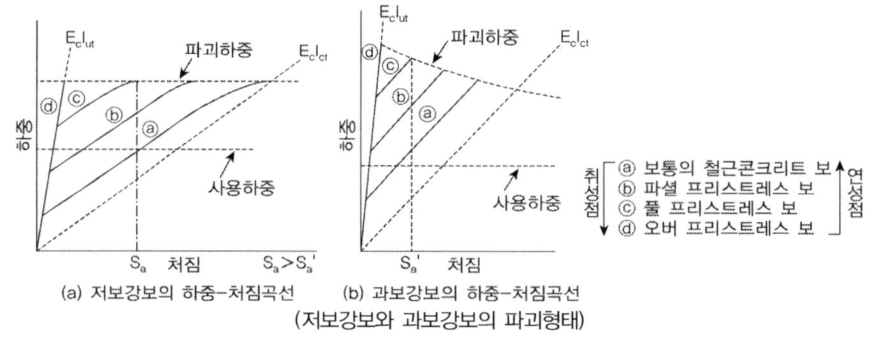

(저보강보와 과보강보의 파괴형태)

① PS 강재응력이 항복강도보다 큰 경우에도 콘크리트가 압축파괴에 도달하여 연성파괴가 발생되는 보를 저보강보라 하며, 균열 발생 후 균열 환산단면적의 휨강성과 평행하게 휨강성이 변하다가 파괴되는 특성이 있다.

② PS 강선량이 매우 작은 경우 균열이 발생하며 보가 급격히 파괴될 수 있다. 적당량의 PS 강선을 사용하는 경우 PS 강재가 항복 후에도 소정의 변형이 발생한 후 파괴된다.

③ PS 강재가 항복강도에 이르기 전에 콘크리트가 먼저 파괴되어 취성파괴 현상을 보이는 보를 과보강보라 하며 파괴하중에 이르기까지 비균열 환산단면적의 휨강성을 유지하다가 사전 징조 없이 갑자기 취성파괴를 일으키는 특징이 있다.

④ 과보강보의 경우 파괴를 야기하는 하중의 크기가 변한다. 균열이 발생된 후 균열환산단면적의 휨강성과 평행하게 휨강성이 변하다가 파괴되는 경향을 보여 파괴의 전조가 나타나지 않는 취성파괴를 한다.

⑤ PSC 휨부재의 최소강재량 : 강재량이 단면에 비하여 너무 작으면 갑작스러운 파괴를 야기시킨다. 이는 균열이 발생하자마자 갑작스러운 파괴를 야기할 수 있어 바람직하지 못하기 때문에 균열이 발생하더라도 일정 구간 하중에 견딜 수 있도록 하여 처짐을 수반한 후 파괴의 징후를 보이도록 연성파괴 유도를 위해 필요하다.

『PS 강재와 철근의 전체 강재량이 계수 모멘트 M_u를 전달하는 데 필요로 하는 양보다 작아서는 안 된다 → 균열하중의 1.2배 이상의 계수하중에 견디도록 설계』

$$M_u\left(= \phi M_n\right) \geq 1.2 M_{cr}$$

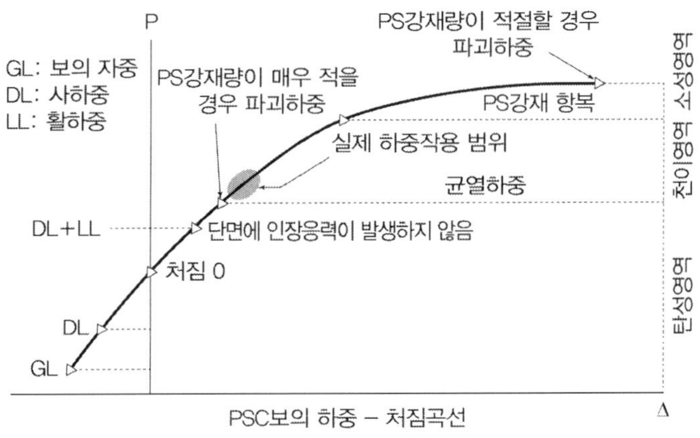

⑥ PSC 휨부재의 최대강재량 : 연성파괴를 유도하기 위한 목적으로 콘크리트 단면에 대한 강재비(Percentage of reinforcement)를 규정한다. 최대강재량 이내인 경우 저보강 PSC로 분류하고 최대강재량 이상인 경우 과보강 PSC로 분류한다.

(1) 긴장재만 가지는 보

$$\omega_p \leq 0.32\beta_1 \left(\omega_p = \rho_p \frac{f_{ps}}{f_{ck}}, \ \rho_p = \frac{A_p}{bd_p} \right)$$

(2) 긴장재와 철근을 가지는 직사각형 단면 보

$$\omega_p + \frac{d}{d_p}(\omega - \omega') \leq 0.36\beta_1$$

(3) 긴장재와 철근을 가지는 I형, T형보

$$\omega_{pw} + \frac{d}{d_p}(\omega_w - \omega_w') \leq 0.36\beta_1$$

취성파괴 방지 : 강재량의 제한

한계상태설계법에서 PSC 구조물의 취성파괴 방지에 대하여 설명하시오.

풀 이

▶ 개요

휨을 받는 콘크리트나 PSC 구조물에서 급작스럽게 파괴되는 취성파괴는 사전인지나 확인이 불가하기 때문에 바람직하지 않은 설계로, 취성파괴를 방지하고 연성파괴를 유도하기 위해서 최소 철근을 배치하거나 프리스트레스트의 강재량을 제한하는 규정을 두고 있다. PSC 구조물의 취성파괴는 PSC 응력부식, 지연파괴 등과 같은 재료적인 원인에 의해서 발생할 수 있고, 저보강 PSC와 같이 균열 발생과 동시에 콘크리트 인장력이 PS 강재로 이동하며 강재응력이 인장강도에 급격히 도달해 발생하는 구조적인 원인에 의할 수도 있다.

▶ 한계상태설계법에서 PSC 구조물의 취성파괴 방지

한계상태설계법(KDS 24 14 21)에서는 프리스트레스트 구조물에 대해서 부재의 취성파괴를 피하여 설계하도록 규정하고 있으며, 휨 및 축력이 작용하는 부재의 극한한계상태 검증 시에 급작스럭 취성파괴를 방지하기 위해 다음의 두가지 방법 중 하나를 선택해 설계하도록 규정한다.

1) 프리스트레스트 강재량의 제한

사용하중조합-III에 의해 관찰 가능한 휨균열이 발생할 수 있도록, 긴장재 수를 가상으로 감소시켜서 남아 있는 긴장재가 사용하중조합-III에 의해 발생하는 휨모멘트를 저항할 수 있도록 하는 방법

2) 최소철근량 배치

무근 콘크리트의 휨균열 모멘트에 저항을 할수 있도록 이에 준하는 최소철근량을 배치하는 방법

$$A_{s,\min} = \frac{M_{cr}}{z_s f_y}$$

여기서, M_{cr} : 프리스트레스 영향을 무시한 거더의 균열휨모멘트
z_s : 철근만에 의한 단면 내부팔길이

비부착 PSC 휨부재의 최소부착철근

비부착긴장재가 배치된 모든 프리스트레스트 콘크리트 휨부재에 최소 부착철근이 배치되도록 규정하고 있는 이유에 대하여 설명하시오.

풀 이

▶ 개요

국내 프리스트레스트 콘크리트 구조기준(KDS 14 20 60)에서는 비부착긴장재가 배치된 프리스트레스트 콘크리트 휨부재에는 콘크리트 단면의 도심 축과 인장연단 사이의 단면적의 4% 이상 최소 부착철근량을 배치하도록 규정하고 있다.

▶ 비부착 PSC 휨부재의 최소부착철근 규정

1) 두께가 일정한 2방향 플랫 슬래브를 제외한 비부착긴장재가 배치된 모든 휨부재는 다음의 최소 부착철근량을 배치해야 한다.

$$A_s = 0.004 A_{ct} , \quad A_{ct} \text{(콘크리트 단면의 도심 축과 인장연단 사이의 단면적)}$$

2) 두께가 일정한 2방향 플랫 슬래브에 대한 최소 부착철근량은 다음 규정을 따라야 한다.

① 모든 프리스트레스 손실을 고려한 후 사용하중에 의한 콘크리트의 인장응력이 $0.17\sqrt{f_{ck}}$ 를 초과하는 경우 정모멘트 구역에 배치할 최소 부착철근량 $A_s = N_c/(0.5 f_y)$

여기서, f_y 는 400MPa를 초과하지 않아야 하며, 계산된 최소 부착철근량은 가능한 한 인장연단에 가깝게 미리 압축을 가한 인장구역에 균등하게 배치해야 한다.

② 기둥받침부의 부모멘트 구역에는 최소 부착철근량 $A_s = 0.00075 A_{cf}$ 를 각 방향으로 배치해야 한다. 계산된 최소 부착철근은 기둥받침부 전면에서 각각 $1.5h$ 떨어진 슬래브폭 내에 4개 이상의 철근 또는 철선을 각 방향으로 300mm 이하의 간격으로 배치하여야 한다.

▶ 비부착 PSC 휨부재의 최소 부착철근 규정 사유

비부착 PSC 휨부재는 시공성이 우수 하고 재긴장이 가능해 유지보수가 용이한 특징을 가지나 콘크리트와 부착되지 않아 구조적 일체성이 낮아 하중분산 효과가 제한적이고 부착력이 없기 때문에 균열 제어 능력이 떨어지고 균열 발생이 넓게 파질 수 있다. 이로 인해 연쇄파괴 가능성과 내구성 문제가 있는 단점이 있다. 이러한 단점을 보완하기 위해서 콘크리트와 PSC 강선과의 부착성능을 향상시켜 하중분산과 균열제어의 특성을 최소한으로 보장하기 위해 최소 부착철근 규정을 두고 있다.

 # 사용한계상태 휨설계 검증

사용하중단계는 유효긴장력(P_e)과 전체 사용하중($M_D + M_{SD} + M_L$)이 작용하는 단계로 KDS 14 설계기준에서는 사용하중을 받는 휨부재의 설계 등급을 균열 발생여부와 균열의 크기에 따라 다음의 3가지로 구분하도록 하고 있다. 이는 PSC 휨부재는 균열 발생 여부에 따라 그 거동이 달라지며 응력의 계산이나 사용성의 검토에 이러한 점을 고려하기 위해서이다. 여기서 등급의 구분은 미리 압축을 가한 인장구역에서 사용하중으로 계산된 인장연단 응력 f_t에 따라서 분류한다.

1. 프리스트레스트 콘크리트 등급 구분 및 허용응력(KDS 14 20 60 강도설계법) [81회/95회]

【 기출유형 ① 】 PSC 휨부재의 균열등급
【 기출유형 ② 】 PSC 휨부재 비균열, 부분균열, 완전균열별 응력경계조건, 거동특성

1) 프리스트레스트 콘크리트의 등급에 따른 허용응력

구분	PSC 부재			RC 부재
	비균열등급	부분균열등급	균열등급	
사용하중에 의한 연단 인장응력	$f_t \le 0.63\sqrt{f_{ck}}$	$0.63\sqrt{f_{ck}} < f_t \le 1.0\sqrt{f_{ck}}$	$f_t > 1.0\sqrt{f_{ck}}$	조건 없음
거동	비균열 상태	비균열과 균열의 중간 상태	균열 상태	균열 상태
사용하중에서의 응력 계산 시 단면 성질	비균열 전단면	비균열 전단면	균열 단면	조건 없음

	적용구분		허용응력(MPa)	비고		
허용응력	PS 도입 직후	휨 압축응력	$0.60f_{ci}$	단순지지 단부 이외		조건 없음
			$0.70f_{ci}$	단순지지 단부		
		휨 인장응력	$0.25\sqrt{f_{ci}}$	단부 이외	초과 시 추가강재배치	
			$0.50\sqrt{f_{ci}}$	단부		
	사용하중 작용 시	휨 압축응력	$0.45f_{ck}$	유효 PS + 지속하중		
			$0.60f_{ck}$	유효 PS + 전체하중		

구분	비균열등급	부분균열등급	균열등급	RC 부재
처짐 계산 시 근거	비균열 전단면 전단면 2차 모멘트(I_g)	균열단면 유효단면 2차 모멘트(I_e)	균열단면 유효단면 2차 모멘트(I_e)	유효단면 2차 모멘트(I_e)
균열제어	조건 없음	조건 없음	$s = \min\left[375\left(\dfrac{\chi_{cr}}{\Delta f_{ps}}\right) - 2.5c_c, \ 300\left(\dfrac{\chi_{cr}}{\Delta f_{ps}}\right)\right]$	
균열제어를 위한 f_s 계산	–	–	균열단면 해석	$\dfrac{M}{A_s}, \ 0.6f_y$
표피철근	불필요	불필요	$h > 900\,\text{mm}$일 때, $h/2$지점까지 양측면 배근 $D10-D16$철근 $A_s \le 280\,\text{mm}^2/\text{m}$배근	

※ 2방향 프리스트레스트콘크리트 슬래브는 $f_t \le 0.5\sqrt{f_{ck}}$를 만족하는 비균열등급 부재로 설계되어야 한다.

2) PS 강재의 허용응력

적용 범위	허용응력
긴장할 때 긴장재의 인장응력	$\min\,[0.8f_{pu},\quad 0.94f_{py}]$
PS 도입 직후의 인장응력	$\min\,[0.74f_{pu},\quad 0.82f_{py}]$
접착구와 커플러의 위치에서 PS 도입 직후 포스트텐션 긴장재의 인장응력	$0.7f_{pu}$

3) 초기하중단계

PS 긴장력(P_j)에서 즉시 손실량을 제외한 초기 긴장력(P_i)과 자중(M_D)이 작용한다.

상부(인장) $f_t = -\dfrac{P_i}{A_c} + \dfrac{P_i e}{I_c}y_t - \dfrac{M_D}{I_c}y_t \leq 0.25\sqrt{f_{ci}}$ (단순 단부 이외), $0.50\sqrt{f_{ci}}$ (단순 단부)

하부(압축) $f_b = -\dfrac{P_i}{A_c} - \dfrac{P_i e}{I_c}y_b + \dfrac{M_D}{I_c}y_b \leq 0.6f_{ci}$ (단순 단부 이외), $0.7f_{ci}$ (단순 단부)

※ 인장력이 허용력을 초과한 경우 추가 부착강재 배치, 이때 인장철근의 허용응력은 $0.6f_y$ ($\leq$210MPa)

4) 사용하중단계

PS 긴장력(P_j)은 즉시 손실량과 장기 손실량을 제외한 유효 긴장력(P_e)이 작용하고, 전체 사용하중($M_T = M_D + M_{SD} + M_L$)이 작용한다.

상부(압축) $f_c = -\dfrac{P_e}{A_c} + \dfrac{P_e e}{I_c}y_t - \dfrac{M_T}{I_c}y_t \leq 0.45f_{ck}$ (지속하중), $0.60f_{ck}$ (전체하중)

하부(인장) $f_t = -\dfrac{P_e}{A_c} - \dfrac{P_e e}{I_c}y_b + \dfrac{M_T}{I_c}y_b$

$f_t \leq 0.63\sqrt{f_{ck}}$ (비균열등급), $0.63\sqrt{f_{ck}} < f_t \leq \sqrt{f_{ck}}$ (부분균열등급), $f_t > \sqrt{f_{ck}}$ (균열등급)

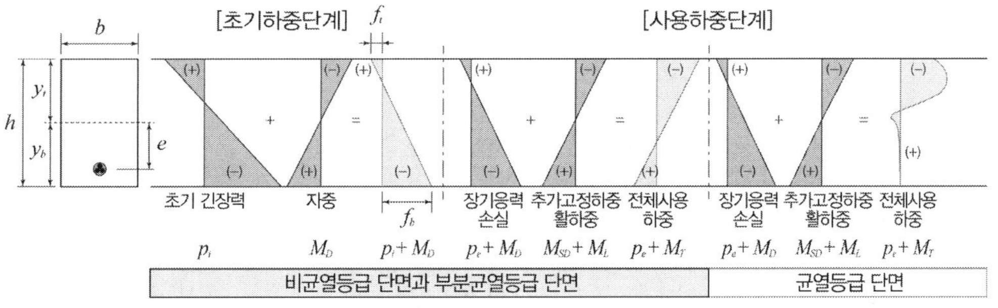

2. 한계상태설계법의 응력 한계상태 검증

1) 프리스트레스트 콘크리트의 등급에 따른 허용응력

KDS 24 10 교량설계기준(한계상태설계법)에서도 프리스트레스를 도입한 직후와 사용하중이 작용하는 상태의 두가지 단계로 나누어 응력을 검증하도록 하고 있다. 긴장력 도입 직후는 강도설계법과 동일하게 압축응력의 허용응력을 $0.6f_{ci}$로 규정한다. 다만, 프리텐션의 경우 실험이나 경험적 지식으로 긴장력에 의한 종방향 균열이 발생되지 않는 것이 입증될 수 있다면 $0.7f_{ci}$까지 허용할 수 있다. 긴장력 도입 직후 인장응력 한계에 대해서는 명시적으로 규정하고 있지 않으나 균열의 발생은 바람직하지 않으므로 콘크리트의 인장강도를 응력 한계로 하거나 인장응력이 발생하지 않도록 하여야 한다.

$$\text{상부(인장) } f_t = -\frac{P_i}{A_c} + \frac{P_i e}{I_c}y_t - \frac{M_D}{I_c}y_t$$

$$\text{하부(압축) } f_b = -\frac{P_i}{A_c} - \frac{P_i e}{I_c}y_b + \frac{M_D}{I_c}y_b \leq 0.6f_{ci}(\text{일반 기준}),\ 0.7f_{ci}(\text{프리텐션, 입증된 경우})$$

사용하중상태에서는 설계등급에 따라 다른 기준을 적용한다. 구조물의 노출환경 등급을 결정하고 강재의 종류와 긴장 방법을 고려해 최소설계등급을 확인해야 한다. 설계 등급은 최소 설계등급 이상으로 선정하고 선정된 설계등급을 적용할 사용한계상태 하중조합을 결정해 영응력 한계상태를 만족하는지 검증한다.

교량설계기준(한계상태설계법)의 콘크리트 응력한계

적용	긴장력	검증응력	응력한계 또는 설계등급	하중상태 또는 하중조합
긴장력 도입 직후	P_i	휨압축응력	$0.6f_{ci}$	긴장력 도입 시기의 고정하중
사용하중 상태	$\gamma_{ps,u}P_e$ 또는 $\gamma_{ps,l}P_e$	휨압축응력	$0.6f_{ck}$	사용한계상태 하중조합-I
			$0.45f_{ck}$	사용한계상태 하중조합-V
		영응력	설계등급 A	사용한계상태 하중조합-I
			설계등급 B	사용한계상태 하중조합-III/IV
			설계등급 C	사용한계상태 하중조합-V

교량설계기준(한계상태설계법) 설계등급별 허용응력

적용	긴장력	검증응력	설계등급별로 허용하는 응력				
			A	B	C	D	E
사용 하중	$\gamma_{ps,u}P_e$ 또는 $\gamma_{ps,l}P_e$	사용한계상태 하중조합-I $A_{d,sI} = (D+PS)+(L+I)$	영응력압축	인장	인장	인장	인장
		사용한계상태 하중조합-III $A_{d,sIII} = (D+PS)+0.8(L+I)$	압축	영응력압축	인장	인장	인장
		사용한계상태 하중조합-V $A_{d,sV} = (D+PS)$	압축	압축	영응력압축	인장	인장

교량설계기준(한계상태설계법)의 노출환경에 따른 최소 설계등급

적용	최소 설계등급	
	부착 프리스트레싱	비부착 프리스트레싱 / 철근 콘크리트
건조 또는 영구 수중환경(E0, EC1)	D	E
부식성 환경(EC2, EC3, EC4)	C	E
고부식성 환경(ES1, ES2, ES3, ES4)	B	E

교량설계기준(한계상태설계법)의 설계등급에 따른 하중조합과 한계값

설계등급	영응력 한계상태	균열폭 한계상태	
	검증 하중조합	검증 하중조합	표면 한계균열폭(mm)
A	사용한계상태 하중조합 I	–	–
B	사용한계상태 하중조합 III / IV	사용한계상태 하중조합 I	0.2
C	사용한계상태 하중조합 V	사용한계상태 하중조합 III /IV	0.2
D	–	사용한계상태 하중조합 III /IV	0.2
E	–	사용한계상태 하중조합 V	0.3

사용한계상태에 대한 응력검증(검증 위치 : 인장측 연단)에서 응력을 해석할 때는 긴장력의 최댓값 $P_{e,\max}$와 최솟값 $P_{e,\min}$을 적용하여 유효 긴장력 P_e의 변동성을 고려한다. 교량설계기준(한계상태설계법)에서는 평균 유효긴장력 $P_{m,t}$를 기준으로 1.0보다 큰 값의 계수 $\gamma_{ps,u}$와 1.0보다 작은 계수 $\gamma_{ps,l}$을 적용해 긴장력의 상한값 $P_{k,u}$와 하한값 $P_{k,l}$을 다음과 같이 결정한다.

(상한값) $P_{k,u} = \gamma_{ps,u} P_{m,t}$
여기서, $\gamma_{ps,u} = 1.05$(프리텐션, 비부착 긴장재), $\gamma_{ps,u} = 1.1$(부착 긴장재 포스트텐션)

(하한값) $P_{k,l} = \gamma_{ps,l} P_{m,t}$
여기서, $\gamma_{ps,l} = 0.95$(프리텐션, 비부착 긴장재), $\gamma_{ps,l} = 0.90$(부착 긴장재 포스트텐션)

$$\text{상부 } f_t = -\frac{P_{k,u(l)}}{A_c} + \frac{P_{k,u(l)}e}{I_c}y_t - \frac{M_S}{I_c}y_t$$

$$\text{하부 } f_b = -\frac{P_{k,u(l)}}{A_c} - \frac{P_{k,u(l)}e}{I_c}y_b + \frac{M_S}{I_c}y_b$$

2) 강재에 대한 허용응력

강재의 비탄성 변형을 방지하고 부재의 과도한 균열 또는 변형을 방지하기 위해 검증한다.
사용한계상태 하중조합 I : $f_s \leq 0.8f_y$ 단, 활하중 고려하지 않는 크리프, 수축 등은 $1.0f_y$
사용한계상태 하중조합 V : $f_s \leq 0.65f_y$

사용한계상태의 설계검증 : 한계상태설계법

프리텐션 프리스트레스트 콘크리트 보의 경간 중앙에 직사각형 단면의 SWPC7BL 15.2mm ($A_{ps1} = 138.7\,\text{mm}^2$) 강연선 12가닥($A_{ps} = 1,664\,\text{mm}^2$)이 한 열에 4개씩 3열로 배치되어 있다. 콘크리트 설계기준 압축강도 $f_{ck} = 35\text{MPa}$, 단면적 $A_c = 480,000\text{mm}^2$, 단면 2차 모멘트 $I_g = 57.6 \times 10^9\,\text{mm}^4$, 단면 상단과 하단의 단면계수 $S_t = S_b = 96 \times 10^6\text{mm}^3$, 긴장재의 편심 $e_p = 400\text{mm}$, 텐던의 유효 긴장력 $P_e = 1,700\text{kN}$이다. 이 단면에 고정하중 휨모멘트 $M_D = 1,000\text{kNm}$와 활하중 휨모멘트 $M_L = 600\text{kNm}$가 작용할 때 교량설계기준(한계상태설계법)에 따라 영응력 한계상태를 기준으로 단면의 설계등급을 판정하고, 사용한계상태 하중조합–V에 대하여 단면의 응력을 검증하시오.

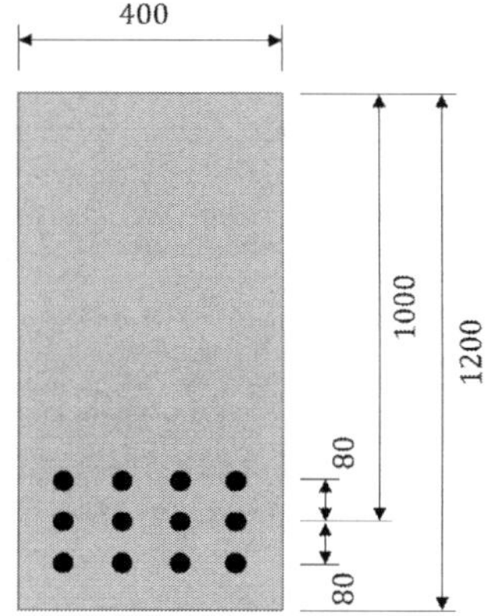

▶ 유효 긴장력의 상한값과 하한값

프리텐션 부재이므로 $\gamma_{ps,u} = 1.05$, $\gamma_{ps,l} = 0.95$

유효 긴장력의 상한값 $P_{k,u} = \gamma_{ps,u} P_{m,t} = 1.05 \times 1,700 = 1,785\,\text{kN}$

유효 긴장력의 하한값 $P_{k,l} = \gamma_{ps,l} P_{m,t} = 0.95 \times 1,700 = 1,615\,\text{kN}$

▶ 한계상태설계법에 따른 영응력 검증 및 설계등급 판정

1) 설계등급 A 검증

사용한계상태 하중조합 I에서 영응력 한계를 만족해야 한다.

$$M_{sI} = M_D + M_L = 1,000 + 600 = 1,600\,\text{kNm}$$

인장측 연단에 작용하는 응력의 하한값은

$$f_b = -\frac{P_{k,l}}{A_c} - \frac{P_{k,l}e}{S_b} + \frac{M_{sI}}{S_b} = \frac{1,615 \times 10^3}{480,000} + \frac{1,615 \times 10^3 \times 400}{96 \times 10^6} - \frac{1,600 \times 10^6}{96 \times 10^6}$$

$$= 3.4 + 6.7 - 16.7 = -6.6\,\text{MPa(인장)} < 0 \quad \therefore \text{영응력 한계를 만족하지 못한다.}$$

2) 설계등급 B 검증

사용한계상태 하중조합 III에서 영응력 한계를 만족해야 한다.

$$M_{sIII} = M_D + 0.8M_L = 1,000 + 0.8 \times 600 = 1,480\,\text{kNm}$$

인장측 연단에 작용하는 응력의 하한값은

$$f_b = -\frac{P_{k,l}}{A_c} - \frac{P_{k,l}e}{S_b} + \frac{M_{sIII}}{S_b} = \frac{1,615 \times 10^3}{480,000} + \frac{1,615 \times 10^3 \times 400}{96 \times 10^6} - \frac{1,480 \times 10^6}{96 \times 10^6}$$

$$= 3.4 + 6.7 - 15.4 = -5.3\,\text{MPa(인장)} < 0 \quad \therefore \text{영응력 한계를 만족하지 못한다.}$$

3) 설계등급 C 검증

사용한계상태 하중조합 V에서 영응력 한계를 만족해야 한다.

$$M_{sV} = M_D = 1,000\,\text{kNm}$$

인장측 연단에 작용하는 응력의 하한값은

$$f_b = -\frac{P_{k,l}}{A_c} - \frac{P_{k,l}e}{S_b} + \frac{M_{sV}}{S_b} = \frac{1,615 \times 10^3}{480,000} + \frac{1,615 \times 10^3 \times 400}{96 \times 10^6} - \frac{1,000 \times 10^6}{96 \times 10^6}$$

$$= 3.4 + 6.7 - 10.4 = -0.3\,\text{MPa(인장)} < 0 \quad \therefore \text{영응력 한계를 만족하지 못한다.}$$

$\therefore$ 사용한계상태 하중조합 I, III, V의 세 가지 하중조합에서 모두 연단에서 인장응력이 작용하므로 이 단면은 설계등급 D 또는 E이다.

▶ 사용한계상태 하중조합-V에서 단면의 응력

1) 하중조합 V에서 휨모멘트

$$M_{sV} = M_D = 1,000\,\text{kNm}$$

2) 콘크리트의 허용 휨 압축응력

사용한계상태 하중조합 V에서 콘크리트의 허용 휨 압축응력은 $0.45f_{ck} = 0.45 \times 35 = 15.7\,\text{MPa}$

3) 유효긴장력 상한값과 하한값 작용할 때 단면 상단의 응력

① 유효긴장력 상한값

$$f_t = -\frac{P_{k,u}}{A_c} + \frac{P_{k,u}e}{S_t} - \frac{M_{sV}}{S_t} = \frac{1,785\times10^3}{480,000} - \frac{1,785\times10^3\times400}{96\times10^6} + \frac{1,000\times10^6}{96\times10^6}$$

$$= 3.7 - 7.4 + 10.4 = 6.7\,\mathrm{MPa}(압축) \ < \ 0.45f_{ck} \quad \mathrm{O.K}$$

② 유효긴장력 하한값

$$f_t = -\frac{P_{k,l}}{A_c} + \frac{P_{k,l}e}{S_t} - \frac{M_{sV}}{S_t} = \frac{1,615\times10^3}{480,000} - \frac{1,615\times10^3\times400}{96\times10^6} + \frac{1,000\times10^6}{96\times10^6}$$

$$= 3.4 - 6.7 + 10.4 = 7.1\,\mathrm{MPa}(압축) \ < \ 0.45f_{ck} \quad \mathrm{O.K}$$

∴ 사용한계상태 하중조합 V에서 휨 압축응력에 대한 응력 한계를 만족한다.

3. 파셜 프리스트레스트 보(Partially prestressed beam) ^{69회/70회/108회/109회}

【 기출유형 ① 】 파셜 PSC 보의 구조적 특징과 설계 방법
【 기출유형 ② 】 파셜 PSC 보의 거동을 하중 처짐곡선을 그려 설명, 장단점

사용하중하에서 부재에 얼마간의 인장응력이 일어나는 것을 허용하여 설계될 때의 보를 파셜 프리스트레스트 보라고 하며, 파셜 프리스트레싱에 대해서는 인장을 받는 부분에 추가적인 철근이 사용된다.

1) 파셜 프리스트레스 보의 프리스트레스 힘 조절 방법

① 텐던을 적게 사용하는 방법 : 강재 절약, 극한강도 감소
② 텐던의 일부를 긴장하지 않는 방법 : 정착비 절약, 극한강도 감소
③ 모든 텐던을 약간 낮게 긴장하는 방법 : 정착비 절약 없음, 극한강도 감소
④ 텐던의 양을 적게 사용하고 완전히 긴장하되 일부는 철근으로 보강하는 방법 : 극한강도 증가, 균열 전 큰 탄력

2) 철근에 의해 보강된 파셜 프리스트레스 보

텐던을 긴장하여 하중의 대부분을 분담케 하고, 하중의 일부에 의해서 생기는 인장응력을 철근이 부담하게 한다. PSC보에 배치된 철근의 역할은 다음과 같다.
① 프리스트레스 전달 직후의 보의 강도를 보강한다.
② 보의 취급, 운반 및 가설 도중에 발생하는 과대하중에 대한 안전성을 높인다.
③ 설계하중이 작용할 때 보의 소요강도를 보강한다.

3) 특징

장점	단점
① 솟음의 조정이 용이하다.	① 균열이 조기에 발생할 수 있다.
② 텐던이 절약된다.	② 과대하중에 의해 처짐량이 크다.
③ 긴장 정착비가 절약된다.	③ 설계하중에 주인장응력이 크게 발생할 수 있다.
④ 구조물의 탄력이 증가한다(연성, toughness 증가).	④ 동일 강재량에 비해 극한 휨강도가 감소한다.
⑤ 철근이 경제적으로 이용된다.	

4) 파셜 프리트스레싱에 의한 휨설계

  ① 강도이론에 의한 방법 : 설계강도를 소요강도와 같게 되도록 콘크리트 단면과 강재량을 먼저 결정한 후 사용하중하에서 처짐과 균열을 검사하고 필요하면 단면을 수정한다.

    (1) 고정하중과 활하중을 고려한 계수하중으로 모멘트 M_u 를 산정하고, 부재의 공칭 휨강도를 $M_n = M_u / \phi$ 로 산정한다.

    (2) 내력 모멘트 팔길이는 PS 강재 도심부터 플랜지 두께의 중심까지의 거리로 가정(직사각형 단면은 0.8h로 가정)하고 파괴시의 PS 강재응력을 $0.9f_{pu}$ 로 취하여 긴장재의 소요 단면적을 산정한다.

$$A_p = \frac{M_n}{0.9f_{pu} \times z}$$

    (3) 콘크리트 응력분포를 등가 직사각형 분포로 가정하면 압축을 받는 콘크리트 단면이 산정되며 이 값은 복부가 받는 몫을 뺀 상부 플랜지의 면적이 된다. 필요시 가정단면을 수정한다.

$$A_c{}' = \frac{M_n}{0.85f_{ck} \times z}$$

    (4) 복부 폭은 전단강도에 의해 정해지거나 긴장재와 기타 철근의 피복두께를 고려하여 정한다.

    (5) PS력은 부재의 처짐 특성을 고려하여 선택한다.

    (6) 부착된 PS 강재 및 스터럽 지지용 철근은 사용하중하에서의 균열을 미세한 균열이 되게 고르게 분포시킨다.

  ② 하중평형에 의한 방법 : 총 고정하중과 평형이 될 수 있도록 프리스트레스힘과 편심을 먼저 산정하고 긴장재는 허용인장응력을 다 발휘하는 것으로 보고 긴장재 단면적 구한다.

    (1) 지간 대 보의 높이의 비(l/h) 또는 설계경험에 의해 보의 높이를 가정한다. 상부 플랜지의 치수는 기능상의 요구 또는 기타를 고려하여 정한다.

    (2) 복부 폭은 전단강도 또는 긴장재와 스터럽의 피복두께를 고려하여 정한다.

    (3) PS력의 크기는 생각하는 하중에 대하여 요구되는 처짐이 일어나도록 정한다. PS력과 총 고정하중이 작용하는 상태에서의 처짐이 0이 되도록 하는 것이 일반적이다. 긴장재의 허용응력을 사용하여 긴장재 단면적 A_p 를 계산한다.

(4) 계수하중을 사용하여 소요휨강도 M_u를 산정하고 공칭휨강도 M_n을 산정한다.

(5) 소요 모멘트하에서 요구되는 총인장력을 계산한다. 이 인장력은 긴장재 단면적 A_p와 추가로 배근되는 철근 단면적 A_s가 공동으로 부담한다. 예비계산에서 PS 강재는 $0.9f_{pu}$, 철근은 f_y로 가정한다.

(6) 보의 휨강도를 검토하고 필요하면 설계를 수정한다.

(7) 사용하중하에서 콘크리트 응력을 검사한다. 콘크리트의 인장응력이 휨인장 응력을 초과하면 균열폭을 검사해 보아야 한다.

5) 실제로 Full Prestressing과 Partial Prestressing을 분명하게 구분하기는 어렵다. 이것은 설계에 사용된 하중에 의한 구분이지 실제로 설계하중보다 큰 하중이 작용할 때에는 인장응력을 받기 때문이다. 파셜 프리스트레스 보는 연성을 나타내므로 보의 파괴 형태상 유리하고 충격에너지 흡수에도 우수하나 균열이 발생하여 휨강성 저하나 텐던의 부식 등의 나쁜 영향을 미칠 수 있다.

4. 프리스트레스트 콘크리트 구조물의 균열 검증

완전 긴장(full prestressing) 프리스트레스트 콘크리트로 설계할 때에는 사용하중이 작용하는 상태에서 단면에 균열이 발생하지 않으므로 균열검증을 수행할 필요가 없으나 부분긴장(partial prestressing) 프리스트레스트 콘크리트로 설계할 때에는 사용하중이 작용하는 상태에서 단면에 균열이 발생하므로 설계기준에 따라 균열을 검증하여야 한다.

1) 강도설계법에 따른 휨 균열 검증

프리스트레스트 콘크리트 휨부재의 등급 분류에 따라 비균열등급은 균열에 대한 검증이나 제어가 필요하지 않다. 부분 균열등급의 경우 사용하중상태에서 균열이 발생하지 않는 부재로 취급하기 때문에 마찬가지로 별도의 검증이나 제어가 필요하지 않으며, 완전균열 등급 부재에 대해 검증과 제어를 수행한다.

완전균열등급 부재의 균열 검증 및 제어는 피로 또는 부식성 환경에 노출되지 않은 경우와 노출된 경우로 구분해 수행한다. 또한 피복두께나 균열폭 수준에 따라서 철근 콘크리트와 동일하게 강재의 간격을 검토하는 방법 혹은 직접 균열폭을 계산하는 방법을 적용할 수 있다.

① 피로 또는 부식성 환경에 노출되지 않은 완전균열등급 부재

$$\text{철근 배치 간격 } s = \min\left[375\left(\frac{\chi_{cr}}{\Delta f_{ps}}\right) - 2.5c_c, \quad 300\left(\frac{\chi_{cr}}{\Delta f_{ps}}\right)\right]$$

여기서, χ_{cr} 건조환경 280, 그 외 환경 210

프리스트레싱 강재와 철근이 같이 사용되고 인장연단에 철근이 더 가까이 배치된 경우에는 철근에 적용하며, 두께가 900mm를 초과하는 보에는 균열제어를 위하여 위의 식으로 결정된 간격으로 표피철근을 인장부에 배치한다.

② 피로 또는 부식성 환경에 노출된 완전균열등급 부재

(1) Δf_{ps} 또는 f_s가 140MPa 이하인 경우 : 이 경우 부재에 발생하는 균열 폭이 크지 않아 부재 내구성에 균열이 크게 문제되지 않는다. 철근의 간격제한 규정을 만족시키거나 균열폭을 계산해 허용 균열폭 이내에 두도록 철근을 배치한다.

(2) Δf_{ps} 또는 f_s가 140MPa 초과 250MPa 이하인 경우 : 강재의 배치 형태를 고려해 피로나 부식성 환경에 노출되지 않은 완전균열등급에 대해 산정된 철근 배치간격을 부착된 긴장재만 배치된 경우는 2/3으로, 인장연단에 부착된 긴장재와 철근을 배치한 경우는 5/6로 보정한다.

부착된 긴장재만 배치된 경우 $s = \dfrac{2}{3} \times \min\left[375\left(\dfrac{\chi_{cr}}{\Delta f_{ps}}\right) - 2.5c_c, \quad 300\left(\dfrac{\chi_{cr}}{\Delta f_{ps}}\right)\right]$

긴장재와 철근을 배치한 경우 $s = \dfrac{5}{6} \times \min\left[375\left(\dfrac{\chi_{cr}}{\Delta f_{ps}}\right) - 2.5c_c, \quad 300\left(\dfrac{\chi_{cr}}{\Delta f_{ps}}\right)\right]$

(3) Δf_{ps} 또는 f_s가 250MPa 초과인 경우 : 허용균열폭을 설정하고 균열폭을 산정해 허용 균열폭 이내임을 검증한다.

$\omega_d \leq \omega_a, \ \omega_d = \chi_{st}\omega_m = \chi_{st}l_s(\epsilon_{sm} - \epsilon_{cm})$

χ_{st} : 균열폭의 변동성을 고려하는 균열폭 평가계수, 최대 균열폭 계산 시 1.7, 평균 1.0

l_s : 평균 균열 간격(mm), 강재의 중심간격의 크기에 따라 결정

ϵ_{sm} : 균열 간격 내 강재의 평균 변형률

ϵ_{cm} : 균열 간격 내 콘크리트의 평균 변형률

강재의 종류	강재 부식 환경조건			
	건조환경	습윤환경	부식성 환경	고부식성 환경
이형철근	0.4mm, $0.006t_c$ 중 큰 값	0.3mm, $0.005t_c$ 중 큰 값	0.3mm, $0.004t_c$ 중 큰 값	0.3mm, $0.0035t_c$ 중 큰 값
프리스트레싱 강재	0.2mm, $0.005t_c$ 중 큰 값	0.2mm, $0.004t_c$ 중 큰 값	–	–

1) 균열폭의 직접 계산 $\omega_d \leq \omega_a$, $\omega_d = \chi_{st}\omega_m = \chi_{st}l_s\,(\epsilon_{sm} - \epsilon_{cm})$

2) 평균 균열 간격 l_s

① 강재의 중심간격 $\leq 5(c_c + d_b/2)$ $l_s = 2c_c + \dfrac{0.25k_1k_2d_b}{\rho_e}$

② 강재의 중심간격 $> 5(c_c + d_b/2)$ $l_s = 0.75(h-x)$

여기서, k_1 : 부착강도 계수, 이형철근 0.8, 원형철근과 긴장재 1.6

k_2 : 부재의 하중작용에 따른 계수(휨부재 0.5, 직접 인장력 받는 부재 1.0, 편심을 가진 직접

인장받는 부재, 국부적 균열 검증 시 $(\epsilon_1 + \epsilon_2)/(2\epsilon_1)$, 표면의 인장변형률 $\epsilon_1 \geq \epsilon_2$)

d_b : 철근, 긴장재의 지름 또는 다발철근의 등가지름

ρ_e : 콘크리트 유효인장면적에 대한 강재비

$\rho_e = \dfrac{A_s}{A_{cte}} = \dfrac{A_s}{bd_{cte}}$, $d_{cte} = \min[2.5(h-d),\ (h-x)/3]$, x는 중립축

3) 철근과 콘크리트의 변형률 차이 $\epsilon_{sm} - \epsilon_{cm}$

$$\epsilon_{sm} - \epsilon_{cm} = \frac{f_{so}}{E_s} - 0.4\frac{f_{cte}}{E_s\rho_c}(1 + n\rho_e) \geq 0.6\frac{f_{so}}{E_s}$$

여기서, f_{so} : 균열면에서 계산한 철근 인장응력

f_{cte} : 첫 균열이 발생할 때 유효한 콘크리트 인장강도, $f_{ctm} = 0.3(f_{cm})^{2/3}$

n : 탄성계수비(E_s/E_c)

2) 한계상태설계법의 휨 균열 검증

교량설계기준(한계상태설계법)에서는 설계등급별로 규정된 사용하중조합에서 영응력 한계상태와
균열폭 한계상태를 동시에 만족하도록 성능요구조건을 규정하고 있다. 앞서 제시된 A~E 설계등
급 중 B~E등급은 사용한계상태 하중조합 III, IV 또는 V에서 콘크리트 연단 표면의 균열폭이
0.2~0.3mm를 초과하지 않도록 해야 한다.

1) 균열폭의 직접 계산 $\omega_k \leq \omega_a,\ \omega_k = l_{r.\max}(\epsilon_{sm} - \epsilon_{cm})$

2) 최종균열 최대간격

(부착된 강재 중심간격이 $5(c_c + d_b/2)$ 이하인 경우) $l_{r,\max} = 3.4c_c + \dfrac{0.425k_1k_2d_b}{\rho_e}$

(부착된 강재 중심간격이 $5(c_c + d_b/2)$ 초과 또는 부착된 강재가 배치되지 않은 경우) $l_{r,\max} = 1.3(h - c)$

여기서, c_c : 최외단 인장철근이나 긴장재의 표면과 콘크리트 표면 사이의 최소 피복두께

k_1 : 부착강도에 따른 계수, 이형철근(0.8), 원형철근과 긴장재(1.6)

k_2 : 부재의 하중작용에 따른 계수, 휨모멘트 부재(0.5), 직접인장력 받는 부재(1.0)

ρ_e : 콘크리트의 유효인장면적을 기준으로 한 강재비

d_b : 철근 콘크리트나 긴장재와 철근이 같이 사용된 프리스트레스트 콘크리트의 경우에는 가장 큰 인장철근의 지름을 긴장재만 사용된 프리스트레스트 콘크리트의 경우 프리스트레싱 강재의 등가지름($d_{p,eq}$)을 적용

3) 철근과 콘크리트의 변형률 차이 $\epsilon_{sm} - \epsilon_{cm} = \dfrac{f_{so}}{E_s} - 0.4\dfrac{f_{cte}}{E_s\rho_c}(1 + n\rho_e) \geq 0.6\dfrac{f_{so}}{E_s}$

여기서, ϵ_{sm} : 적합한 하중조합에 의해 발생된 철근 평균변형률로 인장강화효과를 고려한 값

ϵ_{cm} : 인접된 균열 사이 콘크리트의 평균변형률

f_{so} : 균열면에서 계산한 철근 인장응력

f_{cte} : 첫 균열이 발생할 때 유효한 콘크리트 인장강도, 28일 이후의 f_{ctm}

k_t : 단기하중(0.6), 장기하중(0.4)

n : 탄성계수비 (E_s/E_c)

ρ_e : 유효 철근비 $\rho_e = \dfrac{A_s + \xi_1^2 A_p}{A_{cte}}$

A_{cte} : 콘크리트 유효 인장면적으로 d_{cte} 의 크기 결정

① 보 $d_{cte} = 2.5(h - d)$, ② 슬래브 $d_{cte} = 2.5t_c \leq (h - c)/3$, ③ 벽체 $d_{cte} = 2.5t_c \leq t/2$

$\xi_1 = \sqrt{\xi\dfrac{d_b}{d_{p,eq}}}$, 긴장재만 배치된 경우 $\xi_1 = \sqrt{\xi}$, ξ 긴장재의 부착강도비

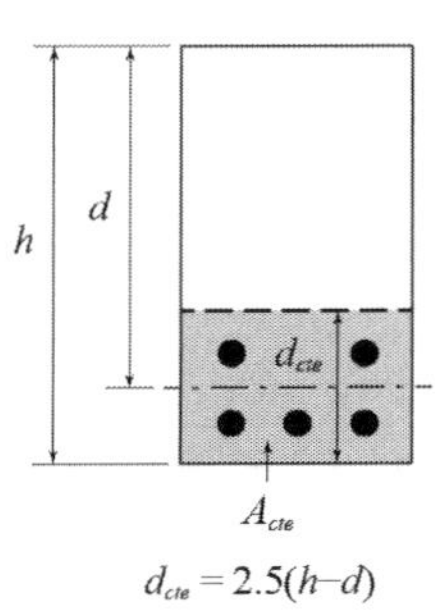
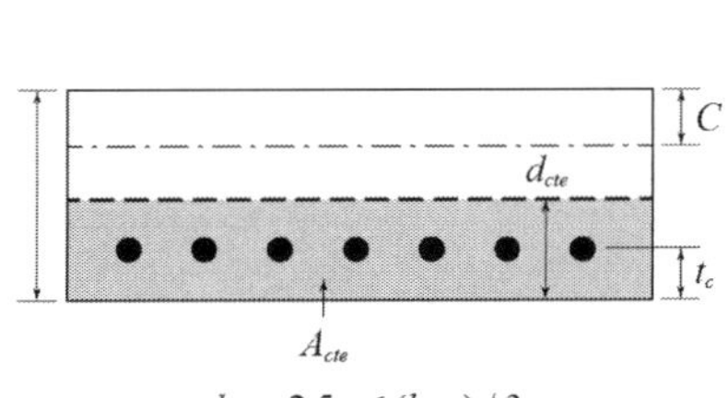
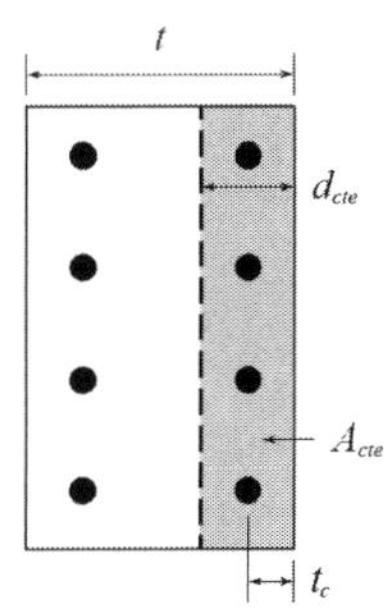

$d_{cte} = 2.5(h-d)$ $d_{cte} = 2.5t_c \leq (h-c)/3$ $d_{cte} = 2.5t_c \leq t/2$

강재의 종류	부착강도비 ξ			
	프리텐션 강재	부착된 포스트텐션 강재		
		$f_{ck} \leq 50\text{MPa}$	$50 \leq f_{ck} < 70$	$f_{ck} > 70\text{MPa}$
원형 강봉과 강선	–	0.3	직선보간	0.15
강연선	0.6	0.5		0.25
이형 강선	0.7	0.6		0.3
이형 강봉	0.8	0.7		0.35

$d_{p,eq}$ 긴장재의 등가지름

다발 긴장재 $d_{p,eq} = 1.6\sqrt{A_p}$, 7연선 1가닥 $d_{p,eq} = 1.75 d_{wire}$, 3연선 1가닥 $d_{p,eq} = 1.20 d_{wire}$

크기가 다른 긴장재를 조합하여 사용하는 경우, $d_{p,eq} = \dfrac{n_1 d_{p,eq1}^2 + n_2 d_{p,eq2}^2}{n_1 d_{p,eq1} + n_2 d_{p,eq2}}$

PSC 균열 검증 : 강도설계법과 한계상태설계법

사용하중 휨모멘트 $M_s = 1,600$kNm가 작용하는 프리스트레스트 부재에 대하여 콘크리트 설계기준 강도설계법 부록 III와 교량설계기준 한계상태설계법에 따라 균열을 검증하라.

조건

(1) 강연선

SWPC7BL 15.2mm 강연선 9가닥 $A_p = 1,248$mm^2

긴장재 편심 $e_p = 400$mm

(2) 철근

SD 400 D22 철근 5개 $A_s = 1,935$mm^2, 수평간격 60mm

(3) 콘크리트

$f_{ck} = 35$MPa, $E_c = 28,800$MPa, $A_c = 480,000$mm^2

$I_g = 57.6 \times 10^9$mm^4, $S_t = S_b = 96 \times 10^6$mm^3

(4) 유효 긴장력

강도설계법 검토 시 : $P_e = 1,275$kN

한계상태설계법 검토 시 : $\gamma_{ps,u} P_e = 1,275$kN(그라우팅으로 부착된 텐던)

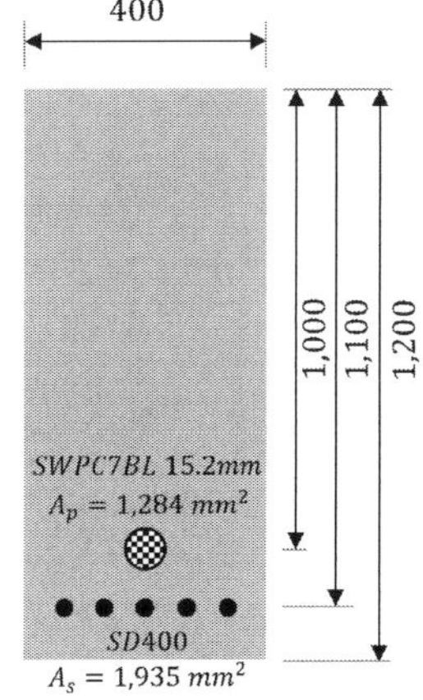

풀 이

▶ 균열 발생 여부 판단

1) 콘크리트의 인장강도

① 강도설계법　$f_r = 0.63\lambda\sqrt{f_{ck}} = 0.63 \times \sqrt{35} = 3.7$MPa

② 한계상태설계법

$$f_{cm} = f_{ck} + \Delta f = 35 + 4 = 39\,\text{MPa}, \quad f_{ctm} = 0.3(f_{cm})^{2/3} = 0.3(39)^{2/3} = 3.5\,\text{MPa}$$

2) 균열 발생 여부 판단

① 균열 휨모멘트 이용 해석

$$M_{cr} = f_{ctm}S_b + P_e\left(\frac{S_b}{A_c} + e_p\right)$$

$$= \left[3.5 \times 96 \times 10^6 + 1,275 \times 10^3\left(\frac{96 \times 10^6}{480 \times 10^3} + 400\right)\right] \times 10^{-6} = 1,101\text{kN} \ < \ M_s$$

∴ 균열이 발생한다.

② 응력 이용 해석

$$f_b = \frac{P_e}{A_c} + \frac{P_e e_p}{S_b} - \frac{M_s}{S_b} = \frac{1{,}275 \times 10^3}{480 \times 10^3} + \frac{1{,}275 \times 10^3 \times 400}{96 \times 10^6} - \frac{1{,}600 \times 10^3}{96 \times 10^6}$$

$$= 2.7 + 5.3 - 16.7 = -8.7\,\text{MPa} > f_{ctm} \qquad \therefore \text{균열이 발생한다.}$$

▶ 균열 단면의 응력과 중립축 깊이 산정

1) 유효 긴장력에 의한 강재의 변형률 ϵ_1

유효 인장응력 $f_{pe} = \dfrac{P_e}{A_{ps}} = \dfrac{1{,}275 \times 10^3}{1{,}248} = 1{,}022\,\text{MPa}$

강재 변형률 $\epsilon_1 = \dfrac{f_{pe}}{E_p} = \dfrac{1{,}022}{200{,}000} = 0.00511$

2) 콘크리트 영응력 상태의 강재 변형률 ϵ_2

$$r_c^2 = \frac{I}{A} = 120{,}000\,\text{mm}^2$$

$$\epsilon_2 = \frac{P_e}{E_c A_c}\left(1 + \frac{e_p^2}{r_c^2}\right) = \frac{430 \times 10^3}{28{,}800 \times 480{,}000}\left(1 + \frac{400^2}{120{,}000}\right) = 0.00022$$

$\therefore$ 콘크리트 영응력 상태까지 긴장재에 작용하는 응력 f_{dc} 는

$$f_{dc} = (\epsilon_1 + \epsilon_2)E_p = (0.00511 + 0.00022) \times 200{,}000 = 1{,}066\,\text{MPa}$$

3) ϵ_3, $\Delta\epsilon_{ps}$ 의 산정

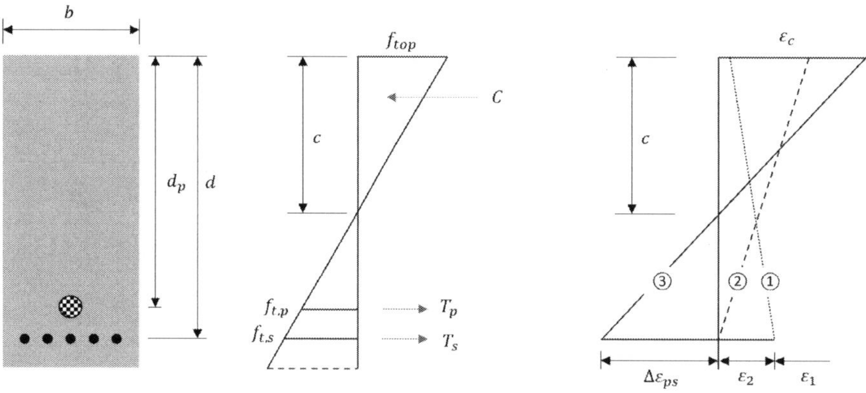

콘크리트 상단응력을 f_{top}, 중립축 깊이를 c라고 하면, 압축력 C는

$$C = \frac{1}{2} f_{top} bc = \frac{1}{2} f_{top} 400 \times c = 200 f_{top} c$$

긴장재에 작용하는 인장력 T_p는

$$T_p = (\Delta f_{ps} + f_{dc}) A_{ps} = \left[n\left(f_{top} \frac{d_p - c}{c} \right) + f_{dc} \right] A_{ps}$$

$$= \left[6.9\left(f_{top} \frac{1,000 - c}{c} \right) + 1,066 \right] \times 1,248 = 8,611\left(f_{top} \frac{1,000 - c}{c} \right) + 1,330,400$$

인장철근에 작용하는 인장력 T_s는

$$T_s = f_s A_s = n f_{top} \left(\frac{d - c}{c} \right) A_s = 6.9 f_{top} \frac{1,100 - c}{c} \times 1,935 = 13,352 f_{top} \left(\frac{1,100 - c}{c} \right)$$

$C = T$;

$$200 f_{top} c = 8,611\left(f_{top} \frac{1,000 - c}{c} \right) + 1,330,400 + 13,352 f_{top} \left(\frac{1000 - c}{c} \right)$$

$$\therefore f_{top} = \frac{1,330,400}{200c - 8,611\left(\frac{1,000 - c}{c} \right) - 13,352\left(\frac{1,100 - c}{c} \right)}$$

내력 휨모멘트는

$$M_{int} = T_p\left(d_p - \frac{c}{3} \right) + T_s\left(d - \frac{c}{3} \right)$$

$$= \left[8,611\left(f_{top} \frac{1,000 - c}{c} \right) + 1,330,400 \right] \times \left(1,000 - \frac{c}{3} \right)$$

$$+ 13,352 f_{top} \left(\frac{1,100 - c}{c} \right)\left(1,100 - \frac{c}{3} \right) = M_s = 1,600 \times 10^6$$

시산법을 통한 c값 산정

① Assume $c = 450$mm

$$f_{top} = \frac{1,330,400}{200c - 8,611\left(\frac{1,000 - 450}{450} \right) - 13,352\left(\frac{1,100 - 450}{450} \right)} = 22.1\,\text{MPa}$$

$$M_{int} = \left[8,611 \times 22.1 \times \frac{1,000 - 450}{450} + 1330,400 \right] \times \left(1,000 - \frac{450}{3} \right)$$

$$+ 13,352 \times 22.1\left(\frac{1,100 - 450}{450} \right)\left(1,100 - \frac{450}{3} \right) = 1,733 \times 10^6$$

② Assume $c = 475$mm

$$f_{top} = \cfrac{1,330,400}{200c - 8,611\left(\cfrac{1,000-475}{475}\right) - 13,352\left(\cfrac{1,100-475}{475}\right)} = 19.6\,\text{MPa}$$

$$M_{int} = \left[8,611 \times 19.6 \times \frac{1,000-475}{475} + 1330,400\right] \times \left(1,000 - \frac{475}{3}\right)$$
$$+ 13,352 \times 19.6\left(\frac{1,100-475}{475}\right)\left(1,100 - \frac{475}{3}\right) = 1,601 \times 10^6 \approx M_s$$

$$\therefore c = 475\text{mm},\ f_{top} = 19.6\text{MPa},\ \Delta f_{ps} = nf_{top}\frac{d_p - c}{c} = 149\text{MPa}$$

$$f_{ps} = f_{dc} + \Delta f_{ps} = 1,066 + 149 = 1,215\text{MPa} < f_{py}(=1,680\text{MPa}) \quad \therefore 탄성상태$$

$$f_s = nf_{top}\left(\frac{d-c}{c}\right) = 178\,\text{MPa}$$

▶ 강도설계법에 따른 균열 직접 검증

1) 평균 균열간격 산정

① 인장철근과 프리스트레싱 강재 전체의 유효깊이 d_{sp}

$$d_{sp} = \frac{A_s d + A_p d_p}{A_s + A_p} = \frac{1,935 \times 1,100 + 1,248 \times 1,000}{1,935 + 1,248} = 1,061\,\text{mm}$$

② 콘크리트 유효 인장깊이 d_{cte}

$$d_{cte} = \min\left[2.5(h-d),\ (h-x)/3\right] = \min\left[2.5(1,200-1,061),\ (1,200-475)/3\right]$$
$$= 242\text{mm}$$

③ 콘크리트의 유효 인장면적 A_{cte}

$$A_{cte} = bd_{cte} = 400 \times 242 = 96,800\text{mm}^2$$

④ 강재비 ρ_e

$$d_{p,eq} = 1.6\sqrt{A_p} = 1.6\sqrt{1,248} = 565\,\text{mm}$$

$$\xi = 0.5,\ \xi_1 = \sqrt{\xi\frac{d_b}{d_{p,eq}}} = \sqrt{0.5 \times \frac{22.2}{565}} = 0.4117,\ \xi_1^2 = 0.169$$

$$\rho_e = \frac{A_s + \xi_1^2 A_p}{A_{ctc}} = \frac{1,935 + 0.169 \times 1,248}{96,800} = 0.0222$$

⑤ 평균 균열간격 l_s

$$c_c = h - d - d_s/2 = 1,200 - 1,100 - 22.2/2 = 88.9\,\text{mm}$$

$$5\left(c_c + \frac{d_b}{2}\right) = 500\,\text{mm} > \text{인장철근 중심간격 } 60\text{mm}$$

$$\therefore l_s = 2c_c + \frac{0.25k_1k_2d_b}{\rho_e} = 0.2 \times 88.9 + \frac{0.25 \times 0.8 \times 0.5 \times 22.2}{0.0222} = 189.1\text{mm}$$

2) 평균 변형률

$$f_{cte} = f_{ctm} = 0.3\left(f_{cm}\right)^{2/3} = 0.3\left(39\right)^{2/3} = 3.5\,\text{MPa}$$

$$\epsilon_{sm} - \epsilon_{cm} = \frac{f_{so}}{E_s} - 0.4\frac{f_{cte}}{E_s\rho_c}\left(1 + n\rho_e\right) = \frac{1}{200,000}\left[178 - 0.4 \times \frac{3.5}{0.0222}\left(1 + 6.9 \times 0.0222\right)\right]$$

$$= 0.000526 < 0.6\frac{f_{so}}{E_s} = 0.6 \times \frac{178}{200,000} = 0.000534$$

$$\therefore \epsilon_{sm} - \epsilon_{cm} = 0.000534$$

3) 강도설계법에 따른 균열폭 검증

① 평균 균열폭 평가 시 $\chi_{st} = 1.0$

$$\omega_d = \chi_{st}\omega_m = \chi_{st}l_s\left(\epsilon_{sm} - \epsilon_{cm}\right) = 1.0 \times 189.1 \times 0.000534 = 0.101$$

② 최대 균열폭 평가 시 $\chi_{st} = 1.7$

$$\omega_d = \chi_{st}\omega_m = \chi_{st}l_s\left(\epsilon_{sm} - \epsilon_{cm}\right) = 1.7 \times 189.1 \times 0.000534 = 0.172$$

③ 허용균열폭

구조물이 노출되는 환경조건이 습윤환경이라고 가정하면,

$$w_a = \max[0.2\text{mm},\ 0.004t_c] = \max[0.2\text{mm},\ 0.004c_c] = \max[0.2\text{mm},\ 0.356] = 0.356\text{mm}$$

$$\therefore \omega_d(= 0.172\text{mm}) \leq \omega_a(= 0.356\text{mm}) \qquad \text{O.K}$$

➤ 한계상태설계법에 따른 균열 직접 검증

1) 평균 균열간격 산정

① 인장철근과 프리스트레싱 강재 전체의 유효깊이 d_{sp}

$$d_{sp} = \frac{A_s d + A_p d_p}{A_s + A_p} = \frac{1,935 \times 1,100 + 1,248 \times 1,000}{1,935 + 1,248} = 1,061\,\text{mm}$$

② 콘크리트 유효 인장깊이 d_{cte}

$$d_{cte} = \min\left[2.5\left(h - d\right),\ \left(h - x\right)/3,\ h/2\right] = \min\left[348,\ 242,\ 600\right] = 242\text{mm}$$

③ 콘크리트의 유효 인장면적 A_{cte}

$$A_{cte} = bd_{cte} = 400 \times 242 = 96,800\text{mm}^2$$

④ 강재비 ρ_e

$$d_{p,eq} = 1.6\sqrt{A_p} = 1.6\sqrt{1,248} = 565\text{mm}$$

$$\xi = 0.5, \ \xi_1 = \sqrt{\xi\frac{d_b}{d_{p,eq}}} = \sqrt{0.5 \times \frac{22.2}{565}} = 0.4117, \ \xi_1^2 = 0.169$$

$$\rho_e = \frac{A_s + \xi_1^2 A_p}{A_{ctc}} = \frac{1,935 + 0.169 \times 1,248}{96,800} = 0.0222$$

⑤ 평균 균열간격 l_s

$$c_c = h - d - d_s/2 = 1,200 - 1,100 - 22.2/2 = 88.9\text{mm}$$

$$5\left(c_c + \frac{d_b}{2}\right) = 500\text{mm} > \text{인장철근 중심간격 } 60\text{mm}$$

$$\therefore l_{r,\max} = 3.4c_c + \frac{0.425k_1k_2d_b}{\rho_e} = 3.4 \times 88.9 + \frac{0.425 \times 0.8 \times 0.5 \times 22.2}{0.0222} = 472\text{mm}$$

2) 평균 변형률

$$f_{cte} = f_{ctm} = 0.3(f_{cm})^{2/3} = 0.3(39)^{2/3} = 3.5\text{MPa}$$

$$\epsilon_{sm} - \epsilon_{cm} = \frac{f_{so}}{E_s} - 0.4\frac{f_{cte}}{E_s\rho_c}(1 + n\rho_e) = \frac{1}{200,000}\left[178 - 0.4 \times \frac{3.5}{0.0222}(1 + 6.9 \times 0.0222)\right]$$

$$= 0.000526 < 0.6\frac{f_{so}}{E_s} = 0.6 \times \frac{178}{200,000} = 0.000534$$

$$\therefore \epsilon_{sm} - \epsilon_{cm} = 0.000534$$

3) 한계상태설계법에 따른 균열폭 검증

① 균열폭 산정

$$\omega_k = l_{r.\max}(\epsilon_{sm} - \epsilon_{cm}) = 472 \times 0.000534 = 0.25\text{mm}$$

② 허용균열폭

설계등급 B에서는 사용한계상태 하중조합 I에서 허용균열폭은 0.2mm

$$\therefore \omega_k(= 0.25\text{mm}) > \omega_a(= 0.2\text{mm}) \quad \text{N.G. 설계등급 B의 균열한계상태를 만족하지 못한다.}$$

PSC 사용성 설계비교

프리스트레스트 콘크리트 부재는 비균열등급, 부분균열등급, 균열등급으로 구분된다. 이러한 3등급의 프리스트레스트 콘크리트 부재와 철근 콘크리트 부재에 대하여 사용성에 관한 설계요구조건을 다음과 같은 항목으로 비교하시오.

1) 처짐 계산 근거
2) 사용하중에서 응력을 계산할 때 단면성질
3) 허용응력
4) 균열 제어를 위한 철근의 응력 계산
5) 사용하중에 의한 연단인장응력

풀 이

> **개요**

PSC 휨부재는 균열 발생 여부에 따라 그 거동이 달라지며, 응력의 계산이나 사용성의 검토에 이러한 점을 고려하도록 하고 있다. 균열의 정도에 따라 비균열등급, 부분균열등급, 균열등급으로 구분하고 등급에 따라 응력 및 사용성을 검토한다. 여기서 등급의 구분은 미리 압축을 가한 인장구역(precompressed tensile zone)에서 사용하중으로 계산된 인장연단 응력 f_t에 따라서 분류한다.

> **프리스트레스 부재와 철근 콘크리트 부재의 등급별 사용성 요구조건 항목 비교**

구분	PSC 부재			RC 부재
	비균열등급	부분균열등급	균열등급	
사용하중에 의한 연단 인장응력	$f_t \leq 0.63\sqrt{f_{ck}}$	$0.63\sqrt{f_{ck}} < f_t \leq 1.0\sqrt{f_{ck}}$	$f_t > 1.0\sqrt{f_{ck}}$	조건 없음
거동	비균열 상태	비균열과 균열의 중간 상태	균열 상태	균열 상태
사용하중에서의 응력 계산 시 단면 성질	비균열 전단면	비균열 전단면	균열 단면	조건 없음

허용응력 (RC 부재: 조건 없음)

적용 구분		허용응력(MPa)	비고	
PS 도입 직후	휨 압축응력	$0.60f_{ci}$	단순지지 단부 이외	
		$0.70f_{ci}$	단순지지 단부	
	휨 인장응력	$0.25\sqrt{f_{ci}}$	단부 이외	초과 시 추가강재배치
		$0.50\sqrt{f_{ci}}$	단부	
사용하중 작용 시	휨 압축응력	$0.45f_{ck}$	유효 PS + 지속하중	
		$0.60f_{ck}$	유효 PS + 전체하중	

구분	비균열등급	부분균열등급	균열등급	RC 부재
처짐 계산 시 근거	비균열 전단면 2차 모멘트(I_g)	균열단면 유효단면 2차 모멘트(I_e)	균열단면 유효단면 2차 모멘트(I_e)	유효단면 2차 모멘트(I_e)
균열제어	조건 없음	조건 없음	$s = \min\left[375\left(\dfrac{\chi_{cr}}{\Delta f_{ps}}\right) - 2.5c_c,\ 300\left(\dfrac{\chi_{cr}}{\Delta f_{ps}}\right)\right]$	
균열제어를 위한 f_s 계산	–	–	균열단면 해석	$\dfrac{M}{A_s}$, $0.6f_y$

※ 2방향 프리스트레스트 콘크리트 슬래브는 $f_t \leq 0.5\sqrt{f_{ck}}$를 만족하는 비균열등급 부재로 설계되어야 한다.

완전 및 부분 프리스트레싱

완전 프리스트레싱과 부분 프리스트레싱에 대하여 설명하시오.

풀 이

▶ 개요

PSC는 프리스트레스력이 가해졌을 때 사용하중 또는 초과하중하에서 콘크리트에 휨 인장응력의
작용을 허용하지 않고 이에 따라 균열을 허용하지 않는 완전 프리스트레싱 보(fully prestressed
beam)와, 부분적으로 휨 인장응력을 허용하고 일부 균열이 발생하나 일반적으로 작고 잘 분포되며
균열을 발생시킨 하중이 제거되면 그 균열이 폐합되는 부분 프리스트레싱 보(partially prestressed
beam)로 구분된다. 부분 프리스트레싱 보는 사용하중 하에서 부재에 얼마 간의 인장응력이 일어
나는 것을 허용하며, 부분 프리스트레싱에 대해서는 인장을 받는 부분에 추가적인 철근을 배근하
여 사용한다.

▶ 완전 프리스트레싱과 부분 프리스트레싱

균열 발생은 RC부재에서는 용인된 특징이며, PSC에서는 허용하지 않음으로써 설계를 불리하게
할 이유가 없다는 사유로 설득력이 있게 주장되고 있다. 인장응력의 작용이 없는 PSC 구조는 거
의 없으며 전단과 비틀림의 조합된 영향을 생각한 주 인장응력은 콘크리트의 인장응력을 초과한
다. 집중하중을 받는 구역이나 긴장재를 정착하는 곳에서는 인장응력의 작용을 피할 수 없기 때
문에 이러한 관점에서 휨 균열 발생을 배제하는 완전 프리스트레스트 보 구조의 성립은 어려운
일이다. 사용하중하에서 일반적으로 콘크리트의 휨인장응력은 $0.50\sqrt{f_{ck}}$ 까지 허용하고 있다. 이
는 콘크리트의 파괴계수 $0.63\sqrt{f_{ck}}$ 보다는 작은 값이며 따라서 콘크리트의 인장응력을 이 값 이
하로 제한하면 균열은 일어나지 않는 비균열 단면인 완전 프리스트레싱이 된다. 환산균열 단면과
모멘트-처짐관계를 기초로 해석하면 처짐과 피복 두께가 소정의 규정을 만족하는 경우 콘크리트
의 인장응력을 $1.0\sqrt{f_{ck}}$ 까지 허용하는데, 이는 콘크리트의 파괴계수 이상으로 콘크리트에 균열
이 발생되며 이는 부분 균열단면으로 부분 프리스트레싱이 된다. 부분 프리스트레싱 보는 보다
작은 프리스트레스 힘으로 성립되기 때문에 긴장재의 수와 정착장치의 수를 줄일 수 있고 철근을
배치함으로써 긴장재와 철근의 조합된 힘으로 휨강도를 얻는 특징을 가진다.
실제로 완전 프리스트레싱과 부분 프리스트레싱을 분명하게 구분하기는 어렵다. 이것은 설계에
사용된 하중에 의한 구분이지 실제로 설계하중보다 큰 하중이 작용할 때에는 인장응력을 받기 때
문이다. 부분 프리스트레스 보는 연성을 나타내므로 보의 파괴 형태상 유리하고 충격에너지 흡수
에도 우수하나 균열이 발생하여 휨강성 저하나 텐던의 부식 등의 나쁜 영향을 미칠 수 있다.

부분 프리스트레싱 보의 구조적 특징

장점	단점
① 솟음의 조정이 용이하다.	① 균열이 조기에 발생할 수 있다.
② 텐던이 절약된다.	② 과대하중에 의해 처짐량이 크다.
③ 긴장 정착비가 절약된다.	③ 설계하중에 주인장응력이 크게 발생할 수 있다.
④ 구조물의 탄력이 증가한다(연성, toughness 증가).	④ 동일 강재량에 비해 극한 휨강도가 감소한다.
⑤ 철근이 경제적으로 이용된다.	

TIP │ **부분 프리스트레싱 보 유형** │

1) 파셜 프리스트레스 보의 프리스트레스 힘 조절 방법

① 텐던을 적게 사용하는 방법 : 강재 절약, 극한강도 감소

② 텐던의 일부를 긴장하지 않는 방법 : 정착비 절약, 극한강도 감소

③ 모든 텐던을 약간 낮게 긴장하는 방법 : 정착비 절약 없음, 극한강도 감소

④ 텐던의 양을 적게 사용하고 완전히 긴장하되 일부는 철근으로 보강하는 방법 : 극한강도 증가, 균열 전 큰 탄력

2) 철근에 의해 보강된 파셜 프리스트레스 보 : 텐던을 긴장하여 하중의 대부분을 분담케 하고, 하중의 일부에 의해서 생기는 인장응력을 철근이 부담하게 한다. PSC보에 배치된 철근의 역할은

① 프리스트레스 전달 직후의 보의 강도를 보강한다.

② 보의 취급, 운반 및 가설 도중에 발생하는 과대하중에 대한 안전성을 높인다.

③ 설계하중이 작용할 때 보의 소요강도를 보강한다.

Chapter 05

처짐

처짐

01 PSC의 처짐

PSC 부재는 고강도 재료를 사용하기 때문에 RC 부재보다 날씬하며 활하중에 대한 사하중의 비가 낮아서 장지간에 사용된다. 따라서 처짐에 대한 주의가 필요하다. 프리스트레스 힘은 부재에 솟음(camber)을 일으킨다. 콘크리트의 건조수축, 크리프 및 PS의 릴랙세이션은 이 솟음을 점차 감소시킨다. 그러나 프리스트레스 힘의 손실이 일어나는 동안 콘크리트 크리프 변형률은 일반적으로 솟음을 증가시킨다. 크리프의 두 번째 영향이 더 크기 때문에 PS 감소에도 불구하고 시간과 더불어 솟음은 증가한다.

일반적으로 PSC에서는 다음의 두 가지 상태에 대한 처짐을 검토하여야 한다.

① PS 힘과 부재자중이 작용하는 상태
② 사용하중이 작용하는 상태

1. 처짐에 관한 설계기준 [77회]

【 기출유형 ① 】 PSC 교량설계시 처짐(허용처짐, 하중재하방법, 사용단면)

구조물의 설계과정에서 처짐을 제어하는 방식은 다음의 두 가지로 고려될 수 있다.

① 처짐해석을 수행하는 방법 : 처짐한계를 설정하고 처짐을 계산해 예측되는 처짐 값이 처짐한계를 넘지 않도록 설계하는 방법
② 부재의 최소 두께 이상으로 설정하는 방법 : 처짐한계를 넘지 않을 정도의 부재의 최소두께를 설정하고 부재를 그 두께 이상으로 설계하는 방법

1) KDS 14 20 콘크리트구조 설계기준, 강도설계법

① 허용처짐 : 계산된 처짐이 제한값을 초과하지 않도록 하는 규정

〈KDS 14 20 일반구조에 대한 허용처짐〉

구분	처짐	처짐한계
활하중에 의한 탄성처짐	과도한 처짐에 의해 손상되기 쉬운 비구조 요소를 지지 또는 부착하지 않은 평지붕구조	$l/180$
	과도한 처짐에 의해 손상되기 쉬운 비구조 요소를 지지 또는 부착하지 않은 바닥구조	$l/360$
지속하중 장기처짐+ 활하중 탄성처짐 (전체 처짐)	과도한 처짐에 의해 손상되기 쉬운 비구조 요소를 지지 또는 부착하지 않은 지붕 또는 바닥구조	$l/480$
	과도한 처짐에 의해 손상되기 어려운 비구조 요소를 지지 또는 부착하지 않은 지붕 또는 바닥구조	$l/240$

〈KDS 14 20 동하중을 받는 구조물의 허용처짐〉

구분	부재 형태	보행자 이용 여부	처짐한계
활하중과 충격에 의한 처짐	단경간 또는 연속경간 부재	보행자가 이용하지 않는 구조물	$l/800$
		보행자가 이용하는 구조물	$l/1,000$
	캔틸레버	보행자가 이용하지 않는 구조물	$l/300$
		보행자가 이용하는 구조물	$l/370$

② 처짐해석을 수행하지 않아도 되는 부재의 최소 두께

	최소두께 $t_{\min}$			
	단순지지	1단 연속	양단 연속	켄틸레버
1방향슬래브	$l/20$	$l/24$	$l/28$	$l/10$
보	$l/16$	$l/18.5$	$l/21$	$l/8$

※ $f_y \neq 400\mathrm{MPa}$인 경우에는 $t_{\min}$ 에 $\lambda_{sts} = (0.43 + f_y/700)$을 곱한다.

2) KDS 24 14 20 콘크리트교 설계기준, 한계상태설계법

① 허용처짐 : 처짐해석에 적용하는 하중은 충격의 영향을 포함한 차량 활하중이며, KDS 14 20의 동하중을 받는 구조물의 허용처짐과 같다.

구분	부재 형태	보행자 이용 여부	처짐한계
활하중과 충격에 의한 처짐	단경간 또는 연속경간 부재	보행자가 이용하지 않는 구조물	$l/800$
		보행자가 이용하는 구조물	$l/1,000$
	캔틸레버	보행자가 이용하지 않는 구조물	$l/300$
		보행자가 이용하는 구조물	$l/370$

② 처짐해석을 수행하지 않아도 되는 부재의 최소 유효깊이

(1) $\rho \le \rho_0$; $\quad \left(\dfrac{l}{d}\right)_{max} = k\left[11 + 1.5\sqrt{f_{ck}}\,\dfrac{\rho_0}{\rho} + 3.2\sqrt{f_{ck}}\left(\dfrac{\rho_0}{\rho} - 1\right)^{3/2}\right]$

(2) $\rho > \rho_0$; $\quad \left(\dfrac{l}{d}\right)_{max} = k\left[11 + 1.5\sqrt{f_{ck}}\,\dfrac{\rho_0}{\rho - \rho'} + \dfrac{1}{12}\sqrt{f_{ck}}\sqrt{\dfrac{\rho'}{\rho}}\right]$

여기서, k : 부재의 지지조건을 반영하는 계수

$\rho_0 = \sqrt{f_{ck}} \times 10^{-3}$: 기준 철근비

ρ : 지간중앙(캔틸레버의 경우 지지단)의 인장 철근비

ρ' : 지간중앙(캔틸레버의 경우 지지단)의 압축 철근비

구조계	k	높은 콘크리트 응력 $\rho = 1.5\%$	낮은 콘크리트 응력 $\rho = 0.5\%$
단순지지보, 1방향 또는 2방향 단순지지 슬래브	1.0	14	20
연속보의 외측지간, 1방향 또는 2방향 단순지지 슬래브의 외측판	1.3	18	26
보와 슬래브의 내측지간	1.5	20	30
플랫슬래브(지지보 없이 기둥만으로 지지되는 슬래브)	1.2	17	24
캔틸레버	0.4	6	8

2. PSC 구조물의 처짐

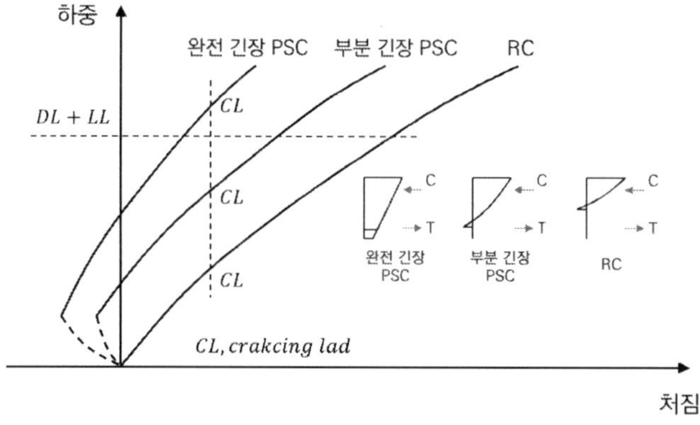

프리스트레스트 콘크리트는 긴장력 도입에 따른 구조 특성과 콘크리트 및 긴장재의 재료 특성으로 철근콘크리트에 비해 복잡한 처짐거동을 보인다. 긴장력 도입 직후 자중(GL)이 작용하는 상태에서 부재 중앙부가 상향으로 솟은 상태가 될 수 있으며 이를 상향처짐, 솟음이라고 하며, 추가 고정하중과 활하중이 작용하는 사용하중(DL+LL)에서 하향처짐(deflection)이라고 한다. 완전 긴

장(full prestressing) 부재로 균열하중이 사용하중보다 큰 경우에는 사용하중에서 균열이 발생하지 않으며 이때는 선형탄성 처짐거동을 보이는 반면, 부분긴장(partial prestressing) 부재로 설계되어 균열하중이 사용하중보다 작으면 사용하중 상태에서 균열이 이미 발생하므로 비선형 처짐거동을 보인다. 또한 오랫동안 하중이 작용하는 상태가 지속되면 압축을 받는 콘크리트의 크리프로 인하여 곡률이 변화하게 되어 지속하중(sustain load) 상태에서 솟음 또는 처짐이 증가하게 된다. 따라서, 프리스트레스트 콘크리트 부재의 처짐은 비균열단면의 처짐과 균열 단면의 처짐, 단기하중에 의한 탄성처짐, 지속하중에 의한 장기처짐을 구분해 해석해야 한다.

3. 비균열 단면의 탄성처짐

프리스트레싱에 의한 솟음은 곡률의 원리를 이용하거나 모멘트 면적법, 공액보법 또는 등가하중법으로 구할 수 있다.

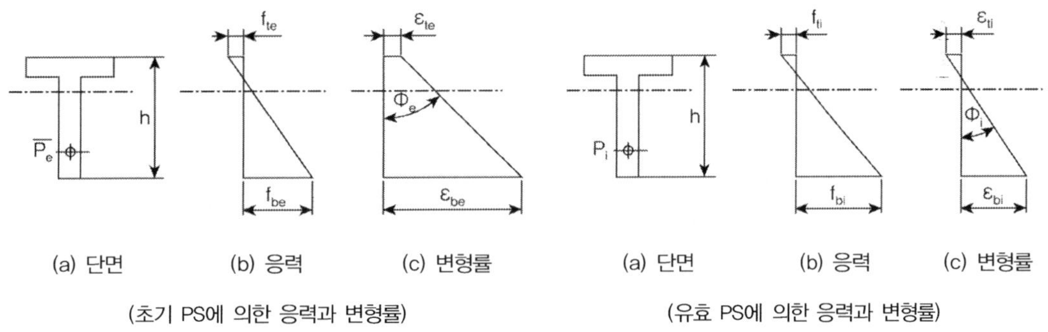

(a) 단면　　　(b) 응력　　　(c) 변형률　　　　　(a) 단면　　　(b) 응력　　　(c) 변형률

(초기 PS에 의한 응력과 변형률)　　　　　　　　(유효 PS에 의한 응력과 변형률)

초기 P_i에 의한 임의 단면 곡률　$\phi_i \fallingdotseq \tan\phi_i = \dfrac{\epsilon_{bi} - \epsilon_{ti}}{h}$

모든 손실 후 임의 단면 곡률　$\phi_e = \dfrac{\epsilon_{be} - \epsilon_{te}}{h} = \phi_i + d\phi_1 + d\phi_2$

여기서, $d\phi_1$: 릴랙세이션, 건조수축 및 크리프에 의한 PS 감소에 기인하는 곡률 변화량

　　　　$d\phi_2$: 지속되는 압축력으로 인한 콘크리트의 크리프에 의한 곡률 변화량

$$\phi = \frac{1}{\rho} = \frac{M}{EI} = \frac{Pe}{EI}$$

∴ 모멘트 면적법 등을 이용하여 △ 산정

PSC 형상	초기 솟음($\triangle_i$)
	$M = Pe$ $\therefore \triangle_{center(5)} = \dfrac{Ml^2}{8EI} = \dfrac{Pel^2}{8EI}$
	$P \cdot e = \dfrac{ul^2}{8}$, $u = \dfrac{8Pe}{l^2}$ $\therefore$ $\triangle_{center(1)} = \dfrac{5l^4}{384EI} \times \left(\dfrac{8Pe}{l^2}\right) = \dfrac{5Pel^2}{48EI}$
	$\sin\theta = 2e/l$, $2P\sin\theta = 4Pe/l$ $\therefore \triangle_{center(2)} = \dfrac{l^3}{48EI} \times \left(\dfrac{4Pe}{l}\right) = \dfrac{Pel^2}{12EI}$
	$P\sin\theta = P(3e/l) = \dfrac{3Pe}{l}$ $M_c{}' = \dfrac{Fl^2}{9}\dfrac{l}{2} - \left(\dfrac{1}{2}\dfrac{Fl}{3}\dfrac{l}{3}\right) \times \left(\dfrac{l}{3}\dfrac{1}{3} + \dfrac{l}{3}\dfrac{1}{2}\right)$ $\quad - \left(\dfrac{1}{2}\dfrac{Fl}{3}\dfrac{l}{3}\right) \times \left(\dfrac{1}{2}\dfrac{l}{3}\dfrac{1}{2}\right) = \dfrac{23}{648}Fl^3$ $\therefore \triangle_{center(3)} = \dfrac{M_c{}'}{EI} = \dfrac{23l^3}{648EI} \times F$ $\quad = \dfrac{23l^3}{648EI}\left(\dfrac{3Pe}{l}\right) = \dfrac{23Pel^2}{216EI}$

PSC 형상	초기 솟음(Δ_i)
	$P\sin\theta = P(4e/l) = \dfrac{4Pe}{l}$ $M_c' = \dfrac{3Fl^2}{32}\dfrac{l}{2} - \left(\dfrac{1}{2}\dfrac{Fl}{4}\dfrac{l}{4}\right)\times\left(\dfrac{l}{4}\dfrac{1}{3}+\dfrac{l}{4}\right)$ $\quad - \left(\dfrac{1}{2}\dfrac{Fl}{4}\dfrac{l}{2}\right)\times\left(\dfrac{1}{2}\dfrac{l}{2}\dfrac{1}{2}\right) = \dfrac{11}{384}Fl^3$ $\therefore \Delta_{center(4)} = \dfrac{M_c'}{EI} = \dfrac{11l^3}{384EI}\times F$ $\quad = \dfrac{11l^3}{384EI}\left(\dfrac{4Pe}{l}\right) = \dfrac{11Pel^2}{96EI}$
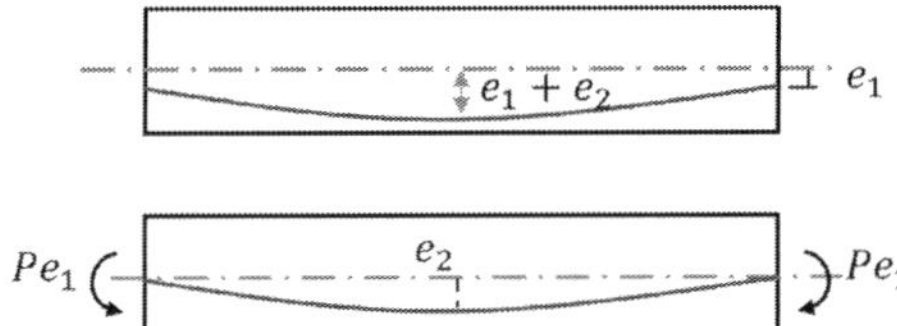	$\therefore \Delta_{center(6)} = \Delta_{center(1)} + \Delta_{center(5)}$ $\quad = \dfrac{5Pe_2l^2}{48EI} + \dfrac{Pe_1l^2}{8EI}$
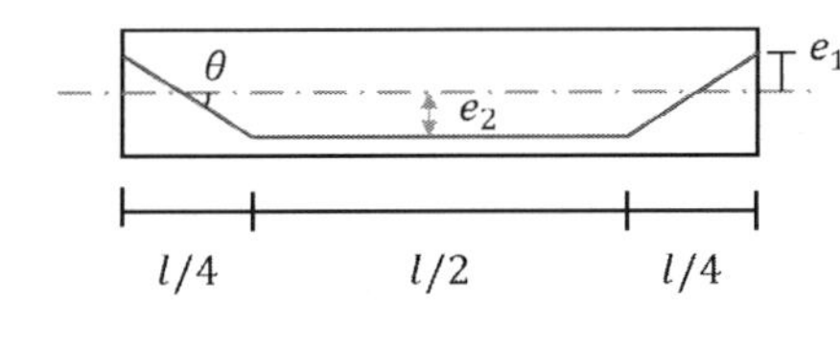	$\therefore \Delta_{center(6)} = \Delta_{center(4)} - \Delta_{center(5)}$ $\quad = \dfrac{11Pe_2l^2}{96EI} - \dfrac{Pe_1l^2}{8EI}$

4. 비균열 단면의 장기처짐

RC 부재와 달리 프리스트레스트 콘크리트는 긴장력과 지속하중의 영향에 따라 상향으로 장기솟음이 발생할 수도 있고 하향으로 장기처짐이 발생할 수도 있다. 장기처짐의 주된 원인은 크리프와 수축이다.

1) 콘크리트 크리프에 의한 장기처짐

PSC 부재에 긴장력과 지속하중이 작용할 때 단면의 단기 곡률(short-term curvature)과 장기 곡률(long-term curvature)은 다르게 나타난다. 단기 곡률 ϕ_i에서의 상하단의 변형률을 ϵ_{ti}, ϵ_{bi}, 이때의 단기처짐을 Δ_i라고 하고, 장기 곡률 ϕ_e에서의 상하단의 변형률을 ϵ_{te}, ϵ_{be}, 이때의 장기처짐을 Δ_e라고 하면,

$$\text{(단기)} \ \phi_i = \frac{\epsilon_{bi} - \epsilon_{ti}}{h}, \quad \Delta_i = \alpha \phi_i l^2 = \alpha \left(\frac{Pe}{EI} \right) l^2, \ \alpha \ \text{지점조건과 하중에 따른 상수}$$

$$\text{(장기)} \ \phi_e = \frac{\epsilon_{be} - \epsilon_{te}}{h}, \quad \Delta_e = \alpha \phi_e l^2$$

여기서, 장기곡률과 단기곡률은

$$\phi_e = \phi_i + \Delta \phi_{pl} + \Delta \phi_{cp} \ \text{(크리프, 건조수축, 릴랙세이션에 의한 긴장력 감소 등)}$$

이 식은 수학적 모델을 이용하더라도 복잡한 관계식으로 표현되며, 정확한 예측이 어렵기 때문에 PSC의 장기처짐의 해석 목적에 따라 다음의 정밀해석법이나 근사해석법을 선택적으로 이용한다.

① 증분 시간단계해석(incremental time-step analysis) : 정교한 수학적 모델 이용, 정보 필요
② 근사 시간단계해석(approximate time-step analysis) : 정밀해석 단순화한 근사해법
③ 장기 계수법(long-term multiplier method) : 설계 간편화 적용, 미국 PCI 추천
④ 유효 탄성계수법(effective elastic modulus Mehod) : 교량설계기준(한계상태설계법)

2) 콘크리트 크리프에 의한 장기처짐 : 근사 시간단계해석

최종 곡률, ψ_{cp}는 유효긴장력 P_e가 작용하는 시간에서의 크리프 계수

$$\phi_e = \phi_i + \Delta \phi_{pl} + \Delta \phi_{cp} = \phi_i + (P_i - P_e) \frac{e_x}{E_c I_c} + \left[\phi_{i0} + \left(\frac{P_e + P_i}{2} \right) \frac{e_x}{E_c I_c} \right] \psi_{cp}$$

이때 최종 곡률분포를 적분해 처짐을 구하는 대신 처짐을 유발하는 각 성분을 구분하여 각 성분에 의한 처짐을 구하고 이를 합하여 단순해법을 적용할 수 있다. 즉 초기긴장력과 자중에 의한 처짐을 구할 때 두 성분에 의한 곡률을 구분해 적분하면 각 성분에 의한 처짐을 Δ_{pi}와 Δ_0로 구별할 수 있으므로

$$\Delta_i = \int x \phi_i dx = \int x (\phi_{ip} + \phi_{i0}) dx = \Delta_{pi} + \Delta_0$$

예를 들어 긴장재의 편심이 일정하고 자중이 등분포로 작용하는 부재의 중앙에서는,

$$\Delta_i = \Delta_{pi} + \Delta_0 = -\frac{P_i e l^2}{8 E_c I_c} + \frac{5wl^4}{384 E_c I_c}$$

따라서 최종곡률은 다음과 같이 표현된다.

$$\Delta_e = \Delta_i + \Delta_{pl} + \Delta_{cp}$$

$$\Delta_{pl} = \Delta_{pe} - \Delta_{pi} = -\frac{P_e e_x l^2}{8 E_c I_c} + \frac{P_i e_x l^2}{8 E_c I_c}$$

$$\Delta_{cp} = \left[\Delta_0 + \left(\frac{\Delta_{pe} + \Delta_{pi}}{2} \right) \right] \psi_{cp}$$

$$\therefore \ \Delta_e = \Delta_i + \Delta_{pl} + \Delta_{cp} = (\Delta_{pi} + \Delta_0) + (\Delta_{pe} - \Delta_{pi}) + \left[\Delta_0 + \left(\frac{\Delta_{pe} + \Delta_{pi}}{2} \right) \right] \psi_{cp}$$

$$= \Delta_{pe} + \left(\frac{\Delta_{pe} + \Delta_{pi}}{2} \right) \psi_{cp} + \Delta_0 (1 + \psi_{cp})$$

3) 콘크리트 크리프에 의한 장기처짐 : 장기 계수법

장기 계수법은 일반적인 시공방법을 사용하는 프리스트레스트 콘크리트 부재의 설계에 간편하게 적용하는 방법으로 미국 PCI가 추천하는 방법이다. 이방법에서는 긴장력에 의해 솟음과 자중에 의한 처짐을 구분하여 계산하고 각각의 탄성 변위에 해당 장기 계수를 곱하고 이들을 다시 합산하여 장기처짐을 구한다.

$$\Delta_{long} = C_2 \Delta_{el}, \quad C_2 = \frac{C_1 + A_s / A_{ps}}{1 + A_s / A_{ps}}$$

구분		C_1	
		합성슬래브 없는 경우	합성슬래브 있는 경우
가설	1. 하향 처짐 : 자중에 의한 탄성처짐에 곱하는 계수	1.85	1.85
	2. 상향 솟음 : 긴장력에 의한 탄성 솟음에 곱하는 계수	1.8	1.8
최종	3. 하향 처짐 : 자중에 의한 탄성처짐에 곱하는 계수	2.7	2.4
	4. 상향 솟음 : 긴장력에 의한 탄성 솟음에 곱하는 계수	2.45	2.2
	5. 하향 처짐 : 추가 고정하중의 탄성처짐에 곱하는 계수	3.0	3.0
	6. 상향 솟음 : 합성슬래브에 의한 탄성처짐에 곱하는 계수	–	2.3

4) 콘크리트 크리프에 의한 장기처짐 : 유효 탄성계수법

유효 탄성계수법은 콘크리트 탄성계수에 크리프 계수를 반영하여 유혀 탄성계수를 구하고 이를 처짐해석에 적용하는 근사해법으로 교량설계기준(한계상태설계법)에서 규정하는 방법이다. 콘크리트 유효 탄성계수는 다음과 같다.

$$E_{ce} = \frac{E_c}{1+\phi(t,t_0)}, \quad \phi(t,\ t_0) \ \text{지속시간에 해당하는 크리프 계수}$$

유효 탄성계수법을 적용하여 장기처짐을 해석할 때에는 장기거동을 고려한 단면 2차모멘트를 사용하는 것이 합리적이다. 이때 다음과 같은 유효 탄성계수비를 이용해 강재의 단면적을 콘크리트의 단면적으로 환산하고 환산단면에 대한 중립축과 단면 2차모멘트를 구하여 장기처짐 해석에 적용한다.

$$n_e = \frac{E_p}{E_{ce}}$$

균열이 발생하지 않은 위치의 강재에는 단면적에 (n_e-1)을 곱하고, 균열이 발생한 인장부 강재에는 단면적에 n_e를 고합여 환산단면을 구성한다.

5) 콘크리트 수축에 의한 장기처짐

프리스트레스트 부재는 단면의 모든 위치에서 동일한 크기로 수축되지 않는 경우가 많기 때문에 이로 인해 부재 단면에 곡률이 유발되어 처짐이 발생될 수 있다. 또한 강재가 비대칭적으로 배치된 경우에도 수축량의 차이로 시간이 경과함에 따라서 하향으로 처지는 것이 일반적으로 나타난다. 이러한 장기처짐은 크리프에 의한 처짐과 동시에 일어나기 때문에 구분이 어렵기 때문에 강도설계법에서는 콘크리트 수축에 의한 처짐은 별도 고려하지 않으나 한계상태설계법에서는 콘크리트 수축에 의한 처짐을 따로 계산하도록 규정하고 있다.

$$\phi_{sh} = \frac{1}{r_{sh}} = n_e \epsilon_{sh} \frac{S}{I}$$

여기서, ϕ_{sh}, $1/r_{sh}$: 콘크리트 수축에 의한 곡률

$\qquad r_{sh}$: 콘크리트 수축에 의한 회전 반지름

$\qquad n_e$: 콘크리트 유효 탄성계수를 적용한 탄성계수비(E_s/E_{ce}, E_p/E_{ce})

$\qquad S$: 단면 도심에 대한 부착된 강재 단면적의 1차 모멘트

지속하중에서 균열이 발생하지 않은 경우 전체 단면 2차 모멘트 I_g, 균열이 발생한 경우에는 유효 단면 2차 모멘트 I_e를 사용한다. 강재의 1차 모멘트 S는 균열 여부를 반영하여 구한 중립축을 기준으로 다음의 값으로 산정한다. 이때 A_{st}는 부착된 강재의 총단면적이며, x는 중립축의 깊이로서 비균열 단면의 경우에는 전체 단면의 중립축 깊이이다.

$$S = A_{st}(d-x)$$

5. 균열 단면의 탄성처짐 해석

균열이 발생한 콘크리트와 프리스트레스트 부재의 탄성처짐은 균열의 진전 수준에 따라 전체 단면의 단면 2차 모멘트 I_g와 균열이 충분히 진전된 단면의 균열 단면 2차 모멘트 I_{cr}을 이용해 해석한다. 어떤 방식으로 균열을 고려하느냐에 따라 다음의 세 가지 방법으로 구분할 수 있다.

① 휨모멘트-곡률 해석법(incremental moment-curvature computation method)
② 2개 직선 휨모멘트-처짐 해석법(bilinear moment-deflection computation method)
③ 유효 단면 2차 모멘트 해석법(effective moment of inertia computation method)

1) 휨모멘트-곡률 해석법

변형이 시작될 때부터 파괴될 때까지의 휨모멘트-곡률 관계를 해석한 후 부재 각 위치에 작용하는 휨모멘트에 대응하는 곡률로 곡률분포를 구하고 이를 적분하여 처짐을 구하는 방법이다. 휨모멘트-곡률해석은 콘크리트와 강재의 응력-변형률 관계로 선정하고 단면 상단의 변형률이나 곡률을 증가시켜가면서 평형조건과 적합조건을 이용해 휨모멘트와 곡률의 관계를 구한다.

$$\Delta_{AB} = \int_{A}^{B} x \phi_e dx$$

2) 2개 직선 휨모멘트-처짐 해석법

균열이 발생한 부재의 하중-처짐 관계를 기울기가 각각 I_g와 I_{cr}인 2개의 직선으로 단순화하고 고정하중과 활하중의 합인 사용하중을 균열하중과 그 외의 잔존하중으로 구분하여 처짐을 구하는 방법이다. 이 해석법은 콘크리트 구조설계기준 강도설계법에서 근사법으로 사용하고 있다.

3) 유효 단면 2차 모멘트 해석법

균열의 발생 여부와 균열의 진전 수준을 반영하여 부재가 갖는 단면 2차 모멘트의 대푯값을 이용하는 방법이다. 유효 단면 2차 모멘트값은 I_e로 표현하며 이때의 α 값은 1.0 이하로 I_g와 I_{cr}의 중간값을 가진다.

$$I_e = \alpha I_g + (1 - \alpha) I_{cr}$$

미국 PCI에서 제시하는 프리스트레스트 콘크리트 부재의 I_{cr} 값은

$$I_{cr} = n_p A_p d_p^2 (1 - 1.6 \sqrt{n_p \rho_p})$$

프리스트레싱 강재와 인장철근을 같이 배치한 파셜프리스트레스 보의 경우

$$I_{cr} = (n_p A_p d_p^2 + n_s A_s d^2)(1 - 1.6 \sqrt{n_p \rho_p + n_s \rho})$$

6. KDS 콘크리트 설계기준 강도설계법에 따른 균열 단면 처짐 해석

강도설계법을 사용하는 KDS 14 00 00 콘크리트 설계기준, 도로교설계기준(2010)에서는 균열 단면의 탄성처짐해석법으로 유효 단면 2차 모멘트 해석법을 근간으로 하고 있으며, KDS 14 00 00 콘크리트 설계기준에서는 근사해법으로 2개 직선 휨모멘트–처짐 해석법도 사용할 수 있도록 규정하고 있다.

1) 유효 단면 2차 모멘트 해석법

Branson 등이 제안한 다음의 철근 콘크리트 식을 수정하여 사용한다. 이는 최대 휨모멘트 M_a와 균열휨모멘트 M_{cr}은 프리스트레스트력으로 인해 하중에 따라 중립축의 위치가 변화하는 프리스트레스트 콘크리트의 특성을 반영하기 위해서이다.

철근콘크리트 균열 단면의 유효 단면 2차 모멘트는

$$I_e = \left(\frac{M_{cr}}{M_a}\right)^3 I_g + \left[1 - \left(\frac{M_{cr}}{M_a}\right)^3\right] I_{cr} \leq I_g, \qquad I_{cr} < I_e \leq I_g$$

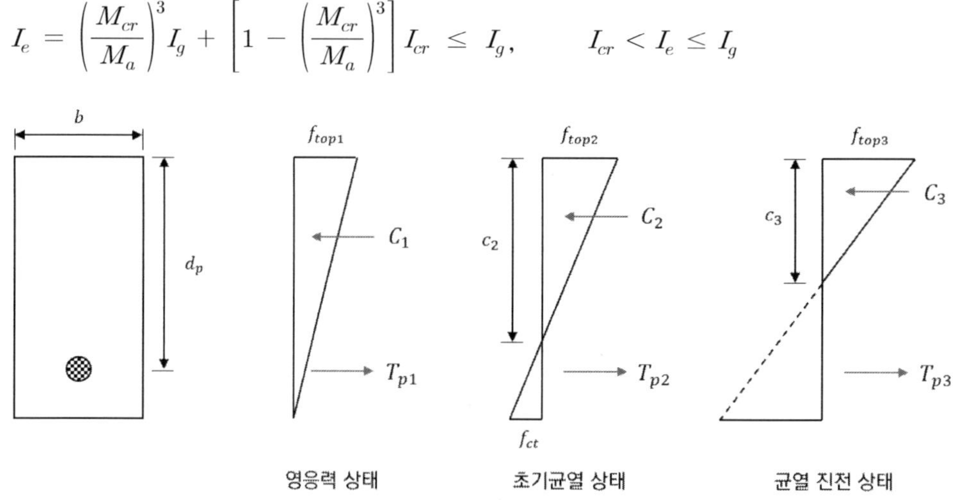

(프리스트레스트 콘크리트 단면의 응력분포와 중립축 위치)

프리스트레스트 인장연단에 대한 영응력 휨모멘트 M_{dc}는 다음과 같이 나타낼 수 있다.

$$M_{dc} = P_e\left(\frac{r_c^2}{y_{ten}} + e_p\right) = P_e\left(\frac{S_{ten}}{A_c} + e_p\right) = \frac{P_e I_g}{A_c e_p} + P_e e_p$$

따라서 프리스트레스트 부재의 유효 단면 2차 모멘트는

$$I_e = I_{cr} + \left(\frac{M_{cr} - M_{dc}}{M_a - M_{dc}}\right)^3 (I_g - I_{cr}) \leq I_g$$

미 PCI가 제안한 다음의 유효 단면 2차 모멘트의 근사식을 이용할 수도 있다.

$$I_e = I_{cr} + \left(1 - \frac{f_{sv} - f_r}{f_L}\right)^3 (I_g - I_{cr}) \leq I_g$$

여기서, f_{sv} : 긴장력과 사용하중이 작용할 때의 최종 인장연단 응력

f_r : 콘크리트의 인장강도(파괴계수)

f_L : 활하중에 의한 인장연단 응력

유효 단면 2차 모멘트는 단순보의 경우 경간 중앙 위치의 값을 취하여 사용할 수 있다. 연속보의 경우에는 양쪽 지점을 평균한 값과 경간 중앙의 값을 평균한 값을 대푯값으로 취하거나 가중평균 값을 취해 사용할 수 있다.

(단순보) $\qquad I_e = I_{e,mid}$

(양단 연속보 : 평균값) $\qquad I_e = \dfrac{0.5(I_{e,end1} + I_{e,end2}) + I_{em}}{2}$

(양단 연속보 : 가중평균값) $\qquad I_e = 0.7 I_{em} + 0.15(I_{e,end1} + I_{e,end2})$

(1단 연속보 : 가중평균값) $\qquad I_e = 0.85 I_{em} + 0.15 I_{e,end1}$

2) 2개 직선 휨모멘트–처짐 해석법

사용하중 휨모멘트 M_a는 고정하중(DL)과 활하중(LL)에 의한 휨모멘트의 합으로 나타내며, 사용하중 처짐 Δ_{sv}은 긴장력에 의한 솟음 Δ_p를 고려하여 다음과 같이 나타낼 수 있다.

$$M_a = M_D + M_L. \quad \Delta_{sv} = -\Delta_p + \Delta_D + \Delta_L$$

또는, 사용하중 휨모멘트를 균열하중(CL) 휨모멘트 M_{cr}와 나머지 활하중(RL) 휨모멘트 M_{RL}의 합으로 간주해 해석할 수도 있다.

$$M_a = M_{cr} + M_{RL}. \quad \Delta_L = \Delta_g + \Delta_{cr} - \Delta_D$$

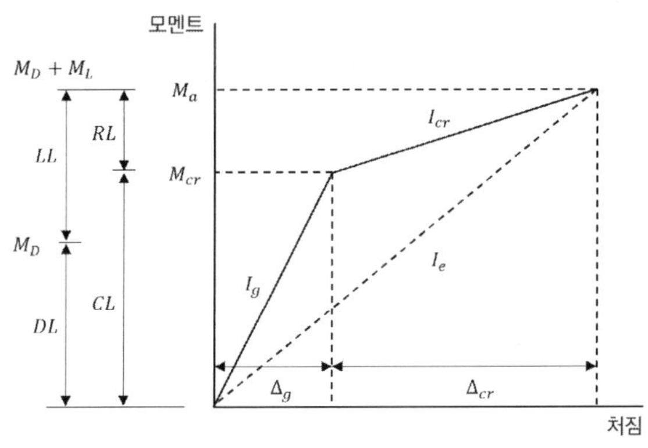

7. KDS 교량설계기준(콘크리트교) 한계상태설계법에 따른 균열 단면 처짐 해석

유럽형 한계상태설계법을 기본 설계이념으로 고려해 균열이 발생하는 단면의 경우 균열의 진전
수준을 반영해 다음과 같이 처짐을 해석하도록 하고 있다.

$$\Delta_e = \xi \Delta_{crack} + (1-\xi)\Delta_{uncrack}, \quad \phi_{eff} = \xi \phi_{cr} + (1-\xi)\phi_{uc}$$

여기서, Δ_e : 처짐, 곡률, 축변형량 등을 포함한 부재 전 경간에 걸친 평균 유효 변형량

$\quad\quad \Delta_{crack}$: 균열 상태일 때의 변형량

$\quad\quad \Delta_{uncrack}$: 비균열 상태일 때의 변형량

$\quad\quad \xi$: 분포계수, $\xi = 1 - \beta\left(\dfrac{f_{sr}}{f_{so}}\right)^2$

$\quad\quad \beta$: 평균 변형률에 미치는 하중 반복 지속기간 반영 계수(단기하중 1.0, 장기·반복
하중 0.5)

$\quad\quad f_{sr}$: 단면에 첫 균열이 발생한 직후 인장철근에 작용하는 응력

$\quad\quad f_{so}$: 처짐을 구하고자 하는 하중에 의하여 인장철근에 발생하는 응력

1) 프리스트레스트 콘크리트 부재의 탄성처짐 해석 : 분포계수 산정 방법

분포계수 ξ는 일장철근의 응력을 변수로 나타내므로 이를 하중작용에 따라 단면력을 나타낼 수도
있으므로 영응력 휨모멘트를 고려해 다음과 같이 표현할 수도 있다.

$$\text{콘크리트 부재 } \xi = 1 - \beta\left(\frac{M_{cr}}{M_a}\right)^2 \qquad \text{프리스트레스트 부재 } \xi = 1 - \beta\left(\frac{M_{cr} - M_{dc}}{M_a - M_{dc}}\right)^2$$

$$\text{여기서, } M_{dc} = P_e\left(\frac{r_c^2}{y_{ten}} + e_p\right) = P_e\left(\frac{S_{ten}}{A_c} + e_p\right) = \frac{P_e I_g}{A_c e_p} + P_e e_p$$

2) 프리스트레스트 콘크리트 부재의 탄성처짐 해석 : 유효단면 2차 모멘트 산정 방법

곡률과 분포계수간의 관계로부터

$$\phi_{eff} = \xi \phi_{cr} + (1-\xi)\phi_{uc}, \quad \frac{M}{EI_e} = \xi\frac{M}{EI_{cr}} + (1-\xi)\frac{M}{EI_g}$$

$$\therefore\ I_e = \frac{I_g I_{cr}}{\xi I_g + (1-\xi)I_{cr}}$$

3) 콘크리트 수축에 의한 처짐

$$\phi_{sh} = \frac{1}{r_{sh}} = n_e \epsilon_{sh}\frac{S}{I}$$

PSC 처짐 : KDS 강도설계법과 한계상태설계법 비교

다음 그림과 같은 프리텐션 직사각형 단면에 SWPC7BL 15.2mm 강연선 12가닥($A_p = 1,664\text{mm}^2$)이 배치되어 있다. 콘크리트의 설계기준 압축강도 $f_{ck} = 35\text{MPa}$이고, 보의 지간 l=24m, 단면 폭 b= 400mm, 높이 h=1,200mm, $d_p = 1,000$mm, 중앙단면에서 긴장재 편심 $e_p = 400$mm, 텐던의 유효긴장력 $P_e = 1,700$kN이다. 자중과 추가 고정하중에 의한 고정하중이 등분포하중으로 $w_D = 13.89$kN/m가 작용하고, 활하중은 등분포하중으로 $w_L = 8.33$kN/m가 작용한다.

1) KDS 14 00 00 콘크리트 설계기준(강도설계법)에 따라 유효 단면 2차 모멘트 해석법과 2개 직선 휨모멘트–처짐 해석법을 이용해 활하중에 의한 처짐을 계산하라.
2) KDS 24 14 21 콘크리트교 설계기준(한계상태설계법)에 따라 활하중 처짐을 계산하라.

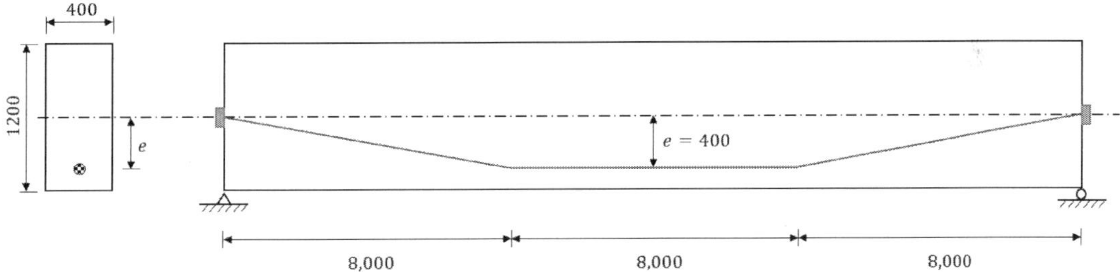

▶ 강도설계법 : 단면의 상수

1) 탄성계수비

$$f_{cm} = f_{ck} + \Delta f = 35 + 4 = 39\,\text{MPa}, \qquad f_r = 0.63\lambda\sqrt{f_{ck}} = 0.63\sqrt{35} = 3.7\,\text{MPa}$$

$$E_c = 8,500\sqrt[3]{f_{cm}} = 28,800\,\text{MPa}$$

$$n_p = \frac{E_p}{E_c} = \frac{200,000}{28,800} = 6.9$$

2) 비균열 단면

$$I_g = \frac{bh^3}{12} = \frac{0.4 \times 1.2^3}{12} = 0.0576\,\text{m}^4 = 57.6 \times 10^9\,\text{mm}^4$$

$$S_b = \frac{I_g}{h/2} = \frac{57.6 \times 10^9}{600} = 96 \times 10^6\,\text{mm}^3$$

$$A_c = bh = 400 \times 1200 = 480 \times 10^3\,\text{mm}^2$$

3) 균열 단면

균열 발생으로 인장부의 콘크리트를 무시하고 강재의 단면적을 콘크리트 단면적으로 환산하면,

$$nA_p = 6.9 \times 1,664 = 11,480\,\text{mm}^2$$

① 중립축(x) 산정

$$bx\left(\frac{x}{2}\right) = nA_p(d_p - x)$$

$$\frac{400x^2}{2} = 11,480(1,000 - x)$$

$$x^2 + 57.4x - 57,400 = 0 \qquad \therefore \ x = 213\,\text{mm}$$

② I_{cr} 산정

$$I_{cr} = \frac{bx^3}{3} + nA_p(d_p - x)^2 = \frac{400 \times 213^3}{12} + 11,480(1,000 - 213)^2 = 8.40 \times 10^9\,\text{mm}^4$$

③ 근사식 사용과 비교

$$\rho_p = \frac{A_p}{bd_p} = \frac{1,664}{400 \times 1,000} = 0.00416$$

$$\begin{aligned}
I_{cr} &= n_p A_p d_p^2 (1 - 1.6\sqrt{n_p \rho_p}) \\
&= 6.9 \times 1,664 \times 1,000^2 (1 - 1.6\sqrt{6.9 \times 0.00416}) = 8.37 \times 10^9\,\text{mm}^4
\end{aligned}$$

▶ 강도설계법 : 휨모멘트 산정

1) 경간 중앙에서 발생하는 휨모멘트

$$M_D = \frac{w_D l^2}{8} = \frac{13.89 \times 24^2}{8} = 1,000\,\text{kNm}$$

$$M_L = \frac{w_L l^2}{8} = \frac{8.33 \times 24^2}{8} = 600\,\text{kNm} \qquad \therefore \ M_a = M_D + M_L = 1,600\,\text{kNm}$$

2) 경간 중앙 균열 휨모멘트

$$\begin{aligned}
M_{cr} &= f_r S_b + P_e\left(\frac{r_c^2}{y_2} + e_p\right) = 3.7 \times 96 \times 10^6 + 1700 \times 10^3 \times \left(\frac{96 \times 10^6}{480 \times 10^3} + 400\right) \\
&= 1375 \times 10^6\,\text{Nmm} \\
&= 1,375\,\text{kNmm}
\end{aligned}$$

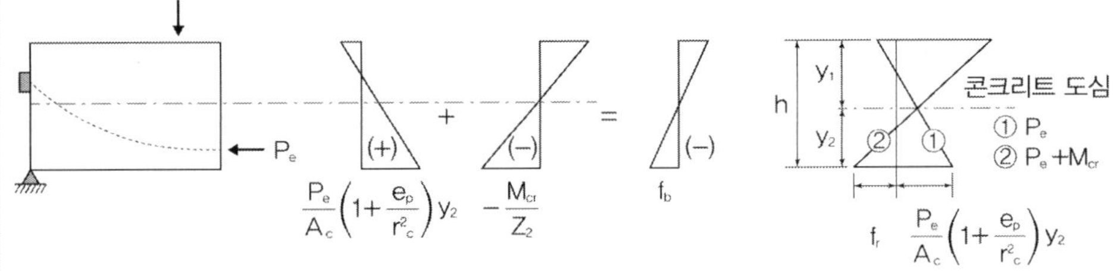

$$f_b = -f_r = \frac{P_e}{A_c}\left(1 + \frac{e_p}{r_c^2}y_2\right) - \frac{M_{cr}}{Z_2}, \quad f_r = 0.63\lambda\sqrt{f_{ck}}$$

$$\therefore M_{cr} = f_r Z_2 + P_e\left(\frac{r_c^2}{y_2} + e_p\right) \quad \text{균열에 대한 안전율} \quad S.F_{cr} = \frac{M_{cr} - M_{d1} - M_{d2}}{M_l}$$

(균열모멘트 : 압력선 C를 PS 강재도심으로부터 상핵점까지 이동시키는 데 소요되는 모멘트)

3) 영응력 휨모멘트

$$M_{dc} = P_e\left(\frac{S_{ten}}{A_c} + e_p\right) = 1700 \times 10^3\left(\frac{96 \times 10^6}{480 \times 10^3} + 400\right) = 1{,}020 \times 10^6\,\text{Nmm} = 1{,}020\text{kNm}$$

▶ 강도설계법 : 유효 단면 2차 모멘트 산정

1) 유효 단면 2차 모멘트 산정

$$I_g = 57.6 \times 10^9\,\text{mm}^4, \qquad I_{cr} = 8.40 \times 10^9\,\text{mm}^4$$

$$I_e = I_{cr} + \left(\frac{M_{cr} - M_{dc}}{M_a - M_{dc}}\right)^3(I_g - I_{cr})$$

$$= I_{cr} + \left(\frac{1{,}375 - 1{,}020}{1{,}600 - 1{,}020}\right)^3(I_g - I_{cr}) = I_{cr} + 0.229(I_g - I_{cr}) = 0.771 I_{cr} + 0.229 I_g$$

$$= 0.771 \times 8.4 \times 10^9 + 0.229 \times 57.6 \times 10^9 = 19.5 \times 10^9\,\text{mm}^4$$

2) PCI 근사식 이용한 유효 단면 2차 모멘트 산정

① 긴장력과 총 사용하중이 작용할 때 단면 하단의 응력 f_s

$$f_s = \frac{P_e}{A_c} + \frac{P_e e_p}{S_b} - \frac{M_a}{S_b} = \frac{1{,}700 \times 10^3}{480 \times 10^3} + \frac{1{,}700 \times 10^3 \times 400}{96 \times 10^6} - \frac{1{,}600 \times 10^6}{96 \times 10^6}$$

$$= 3.5 + 7.1 - 16.7 = -6.1\text{MPa (인장)}$$

$$\therefore f_{sv} = |f_s| = 6.1\text{MPa (절댓값으로 표현)}$$

② 활하중이 작용할 때 단면 하단의 응력 f_L

$$f_L = \frac{M_L}{S_b} = \frac{600 \times 10^6}{96 \times 10^6} = 6.25\,\text{MPa}$$

③ PCI 근사식 이용한 유효 단면 2차 모멘트

$$I_e = I_{cr} + \left(1 - \frac{f_{sv} - f_r}{f_L}\right)^3 (I_g - I_{cr}) = I_{cr} + \left(1 - \frac{6.1 - 3.7}{6.25}\right)^3 (I_g - I_{cr})$$

$$= I_{cr} + 0.234(I_g - I_{cr}) = 0.766 I_{cr} + 0.234 I_g$$

$$= 0.766 \times 8.4 \times 10^9 + 0.234 \times 57.6 \times 10^9 = 19.8 \times 10^9\,\text{mm}^4$$

▶ 강도설계법 : 유효 단면 2차 모멘트를 이용한 활하중 처짐 산정

단순보에서 등분포하중 w_L이 작용할 때 처짐값은

$$\Delta_L = \frac{5 w_L l^4}{384 E_c I_e} = \frac{5 M_L l^2}{48 E_c I_e} = \frac{5 \times 600 \times 10^6 \times 24{,}000^2}{48 \times 28{,}800 \times 19.5 \times 10^9} = 64\,\text{mm}$$

▶ 강도설계법 : 2개 직선 휨모멘트-처짐 해석법을 이용한 활하중 처짐 산정

① 고정하중에 의한 처짐: 균열이 발생하지 않은 상태이므로

$$\Delta_D = \frac{5 w_D l^4}{384 E_c I_g} = \frac{5 M_D l^2}{48 E_c I_g} = \frac{5 \times 1{,}000 \times 10^6 \times 24{,}000^2}{48 \times 28{,}800 \times 57.6 \times 10^9} = 36\,\text{mm}$$

② 균열 휨모멘트에 의한 처짐 : 균열 모멘트와 같은 크기의 휨모멘트가 작용할 때는 아직 균열이 발생하지 않은 상태이므로

$$\Delta_g = \frac{5 M_{cr} l^2}{48 E_c I_g} = \frac{5 \times 1{,}375 \times 10^6 \times 24{,}000^2}{48 \times 28{,}800 \times 57.6 \times 10^9} = 50\,\text{mm}$$

③ 사용하중 휨모멘트와 균열휨모멘트 차이의 휨모멘트에 의한 처짐

$$M_{RL} = M_a - M_{cr} = 1{,}600 - 1{,}375 = 225\,\text{kNm}$$

M_{RL}에 의한 처짐 Δ_{cr}은 균열이 발생된 이후이므로

$$\Delta_{cr} = \frac{5 M_{RL} l^2}{48 E_c I_{cr}} = \frac{5 \times 225 \times 10^6 \times 24{,}000^2}{48 \times 28{,}800 \times 8.4 \times 10^9} = 56\,\text{mm}$$

④ 활하중에 의한 처짐

$$\therefore\ \Delta_L = \Delta_g + \Delta_{cr} - \Delta_D = 50 + 56 - 36 = 70\,\text{mm}$$

유효 단면 2차 모멘트를 이용한 처짐 값보다 9%가량 과대 평가된다.

➤ **한계상태설계법 : 단면의 상수**

1) 콘크리트

$$f_{cm} = f_{ck} + \Delta f = 35 + 4 = 39\,\text{MPa}, \qquad E_c = 8{,}500\sqrt[3]{f_{cm}} = 28{,}800\,\text{MPa}$$

$$f_{ctm} = 0.3(f_{cm})^{2/3} = 0.3(39)^{2/3} = 3.5\,\text{MPa}$$

$$n_p = \frac{E_p}{E_c} = \frac{200{,}000}{28{,}800} = 6.9$$

2) 전체 단면의 환산 단면 2차 모멘트

　① 프리스트레싱 강재의 콘크리트 환산 단면적

$$(n_p - 1)A_p = (6.9 - 1) \times 1{,}664 = 9{,}818\,\text{mm}^2$$

　② 중립축 산정 : 단면 상단을 중심으로 단면 1차 모멘트를 이용하면

$$x_g = \frac{bh \times \dfrac{h}{2} + (n_p - 1)A_p \times d_p}{dh + (n_p - 1)A_p} = \frac{400 \times 1{,}200 \times 600 + 9{,}818 \times 1{,}000}{400 \times 1{,}200 + 9{,}818} = 608\,\text{mm}$$

　③ 중립축에 대한 단면 2차 모멘트

$$I_{g,tr} = \frac{bh^3}{12} + bh\left(x_g - \frac{h}{2}\right)^2 + (n_p - 1)A_p(d_p - x_g)^2$$

$$= \frac{400 \times 1{,}200^3}{12} + 400 \times 1{,}200 \times (608 - 600)^2 + 9{,}818 \times (1{,}000 - 608)^2$$

$$= 59.1 \times 10^9\,\text{mm}^4$$

3) 단면 하단에 대한 단면 상수

$$S_b = \frac{I_{g,tr}}{h - x_g} = \frac{59.1 \times 10^9}{1{,}200 - 608} = 99.8 \times 10^6\,\text{mm}^3$$

4) 균열 단면에서의 중립축 x_0와 환산 단면 2차 모멘트 I_{cr}

　앞선 계산 결과에 따라 $x_0 = 213\,\text{mm}, \quad I_{cr} = 8.40 \times 10^9\,\text{mm}^4$

➤ **한계상태설계법 : 사용하중 휨모멘트, 균열 휨모멘트, 영응력 휨모멘트**

1) 사용하중 휨모멘트

$$M_D = \frac{w_D l^2}{8} = 1{,}000\,\text{kNm}, \quad M_L = \frac{w_L l^2}{8} = 600\,\text{kNm} \quad \therefore M_a = M_D + M_L = 1{,}600\,\text{kNm}$$

2) 균열 휨모멘트

$$M_{cr} = f_{ctm}S_b + P_e\left(\frac{r_c^2}{y_2} + e_p\right) = 3.5 \times 99.8 \times 10^6 + 1,700 \times 10^3 \times \left(\frac{99.8 \times 10^6}{480 \times 10^3} + 400\right)$$

$$= 1,382 \times 10^6 \, \text{Nmm} = 1,382 \, \text{kNmm}$$

3) 영응력 휨모멘트

$$M_{dc} = P_e\left(\frac{S_b}{A_c} + e_p\right) = 1,700 \times 10^3\left(\frac{99.8 \times 10^6}{480 \times 10^3} + 400\right) = 1,033 \times 10^6 \, \text{Nmm} = 1,033 \, \text{kNm}$$

▶ 한계상태설계법 : 활하중의 처짐 산정

1) 분포계수를 이용한 활하중 처짐 산정

① 분포계수 산정

$$\xi = 1 - \beta\left(\frac{M_{cr} - M_{dc}}{M_a - M_{dc}}\right)^2 = 1 - 1.0\left(\frac{1,382 - 1,033}{1,600 - 1,033}\right)^2 = 0.621, \ \text{단기하중으로} \ \beta = 1.0$$

② 균열상태일 때의 활하중 처짐

$$\Delta_{L,cr} = \frac{5M_Ll^2}{48E_cI_{cr}} = \frac{5 \times 600 \times 10^6 \times 24,000^2}{48 \times 28,800 \times 8.4 \times 10^9} = 148.8 \, \text{mm}$$

③ 비균열상태일 때의 활하중 처짐

$$\Delta_{L,nc} = \frac{5M_Ll^2}{48E_cI_{g,tr}} = \frac{5 \times 600 \times 10^6 \times 24,000^2}{48 \times 28,800 \times 59.1 \times 10^9} = 21.2 \, \text{mm}$$

④ 활하중 처짐량 산정

$$\Delta_L = \xi\Delta_{L,cr} + (1-\xi)\Delta_{L,uc} = 0.621 \times 148.8 + (1-0.621) \times 21.2 = 100 \, \text{mm}$$

2) 유효 단면 2차 모멘트를 이용한 활하중 처짐 산정

① 유효 단면 2차 모멘트 산정

$$I_e = \frac{I_gI_{cr}}{\xi I_g + (1-\xi)I_{cr}} = \frac{59.1 \times 8.4 \times 10^9}{0.621 \times 59.1 + (1-0.621) \times 8.4} = 12.44 \times 10^9 \, \text{mm}^4$$

② 활하중 처짐량 산정

$$\Delta_L = \frac{5w_Ll^4}{384E_cI_e} = \frac{5M_Ll^2}{48E_cI_e} = \frac{5 \times 600 \times 10^6 \times 24,000^2}{48 \times 28,800 \times 12.44 \times 10^9} = 100 \, \text{mm}$$

1. 처짐의 근사해법

1) 즉시처짐(프리스트레스 도입 직후) $\triangle = -\triangle_{pi}(P_i$에 의한 솟음$) + \triangle_0$(자중에 의한 처짐)

2) 장기처짐

   ① 크리프 계수(C_u)를 이용하는 방법

      (1) 유효긴장력(P_e)에 의한 처짐 : $-\triangle_{pe} - \left(\dfrac{\triangle_{pi}+\triangle_{pe}}{2}\right)C_u, \ \triangle_{pe} = \triangle_{pi}\left(\dfrac{P_e}{P_i}\right)$

      (2) 자중에 의한 처짐 : $\triangle_0(1+C_u)$

      (3) 추가 사하중에 의한 처짐 : $\triangle_d(1+C_u)$

      (4) 활하중에 의한 처짐 : $\triangle_l$

$$\therefore \ \text{총처짐} \ -\triangle_{pe} - \left(\frac{\triangle_{pi}+\triangle_{pe}}{2}\right)C_u + (\triangle_0 + \triangle_d)(1+C_u) + \triangle_l$$

      여기서 임의의 시간(t)에서의 크리프 계수(C_t)

$$C_t = \frac{t^{0.60}}{10+t^{0.60}}C_u, \ C_u(\text{최종 크리프 계수}), \ t(\text{재하 후의 시간(일)})$$

   ② 장기처짐의 승수를 이용하는 근사해법(PCI Design handbook)

      " 장기처짐 = 즉시처짐 $\times$ 승수(multiplier)

2. 파셜 PSC의 처짐(사용하중 검토)

1) 유효단면 2차 모멘트(I_e) $I_e = \left(\dfrac{M_{cr}}{M_a}\right)^3 I_g + \left[1 - \left(\dfrac{M_{cr}}{M_a}\right)^3\right]I_{cr} \leq I_g, \qquad I_{cr} < I_e \leq I_g$

   ① M_{cr}/M_a의 계산 : 직접계산하거나 PCI식 이용

      $M_{cr}, \ M_a$는 사용 활하중(Service live load)에 의한 모멘트임을 주의

      (직접계산하는 경우) $M_{cr} = f_r\dfrac{I_g}{y_t}$(RC와 같은 기준)   check $\neq M_{cr} = f_r Z_2 + P_e\left(\dfrac{r_c^2}{y_2} + e_p\right)$

      (PCI식 이용하는 경우) $\dfrac{M_{cr}}{M_a} = 1 - \dfrac{f_{tl} - f_{cr}}{f_l}$ (f_{tl} : 총 사용하중 시 , f_l : 사용 활하중 시 응력)

   ② I_{cr} 산정

      (1) 중립축(x) 산정 $bx\left(\dfrac{x}{2}\right) = nA_p(d-x)$ x에 관한 2차 방정식

      (2) I_{cr} 산정 $I_{cr} = \dfrac{bx^3}{3} + nA_p(d-x)^2$

2) bilinear method

    $I_{cr} = n_p A_p d_p^2 (1 - 1.6\sqrt{n_p\rho_p})$ $(\triangle_e + \triangle_{cr})_{by \ I_e} \fallingdotseq (\triangle_e)_{by \ I_g} + (\triangle_{cr})_{by \ I_{cr}}$

    파셜프리스트레스 보의 $I_{cr} = (n_p A_p d_p^2 + n_s A_s d^2)(1 - 1.6\sqrt{n_p\rho_p + n_s\rho})$

PSC 비균열 단면의 처짐 : 솟음

다음 그림과 같은 단순보에서 긴장재가 지간 중앙에서 e, 지점에서 0의 편심거리를 가지고 배치되었을 때, 프리스트레스 힘 P에 의한 지간 중앙에 발생하는 솟음의 값을 구하시오(단, 보의 탄성계수는 E, 단면 2차 모멘트는 I, 지간 길이는 L로 한다).

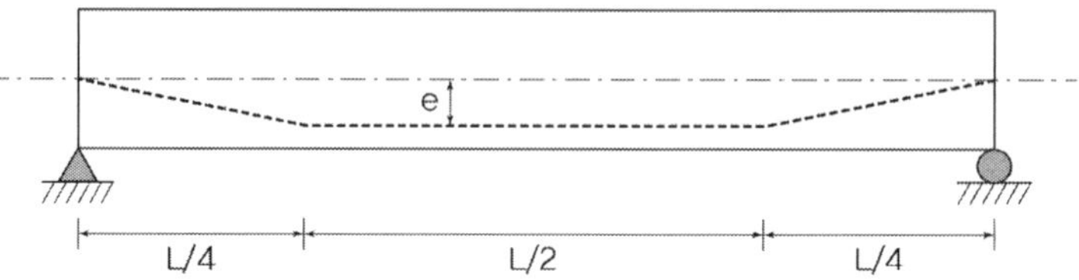

풀 이

▶ 개요

PS력을 다음과 같이 하중으로 고려하여 솟음값을 산정한다.

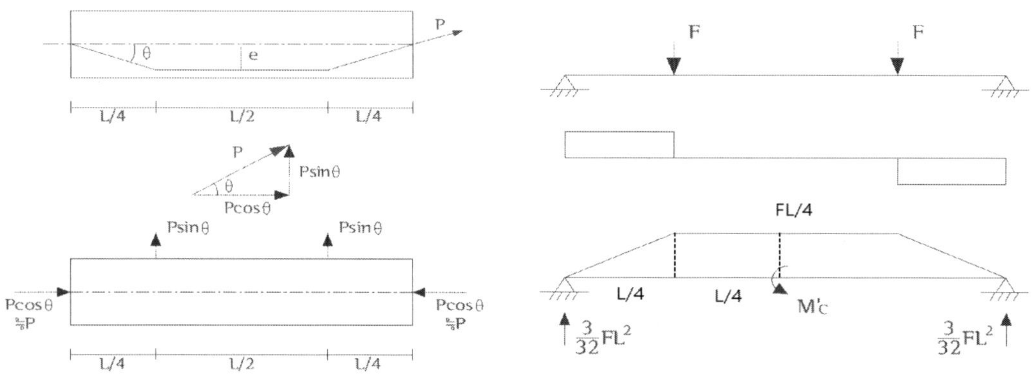

▶ PS력에 의한 솟음 산정

수직분력 $P\sin\theta = P(4e/l) = \dfrac{4Pe}{l}$

수직분력을 F라고 할 때, M/EI의 선도로부터 C점의 처짐 값을 산정하면,

$$M_c{}' = \frac{3Fl^2}{32}\frac{l}{2} - \left(\frac{1}{2}\frac{Fl}{4}\frac{l}{4}\right)\times\left(\frac{l}{4}\frac{1}{3}+\frac{l}{4}\right) - \left(\frac{1}{2}\frac{Fl}{4}\frac{l}{2}\right)\times\left(\frac{1}{2}\frac{l}{2}\frac{1}{2}\right) = \frac{11}{384}Fl^3$$

$$\therefore \triangle_{center} = \frac{M_c{}'}{EI} = \frac{11l^3}{384EI}\times F = \frac{11l^3}{384EI}\left(\frac{4Pe}{l}\right) = \frac{11Pel^2}{96EI}$$

PSC 비균열 단면의 처짐 : 솟음

단순지지된 비균열 단면의 프리스트레스 보가 있다. 긴장재의 배치는 다음 그림과 같고 보의 단면은 일정하다. 이 보의 프리스트레스 힘 P에 의한 지간 중앙의 솟음량을 구하시오(단, 보의 탄성계수는 E, 단면2차 모멘트는 I, 지간의 길이는 l로 한다).

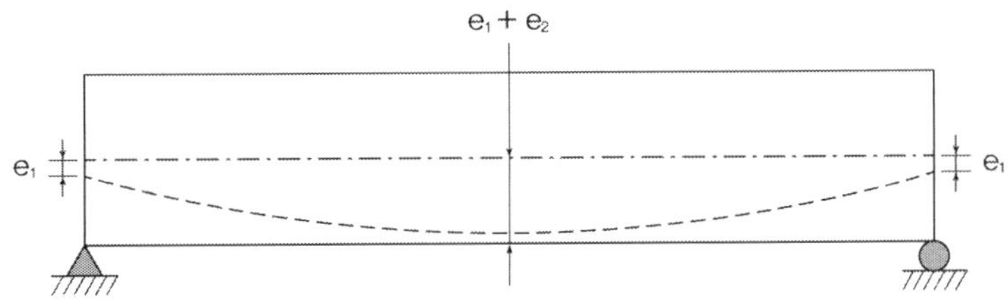

풀 이

> **개요**

편심 배치된 PSC 단순보의 처짐 산정은 다음과 같이 2개의 구조물로 구분하여 산정할 수 있다.
① 편심거리 e_1에 의한 솟음량($M_1 = Pe_1$)
② 포물선 배치 e_2에 의한 솟음량

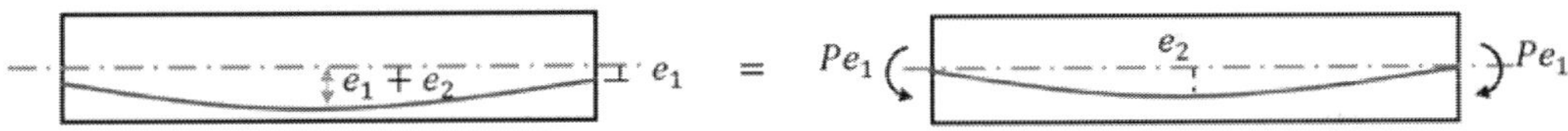

> **편심거리 e_1에 의한 중앙점에서의 솟음량(공액보)**

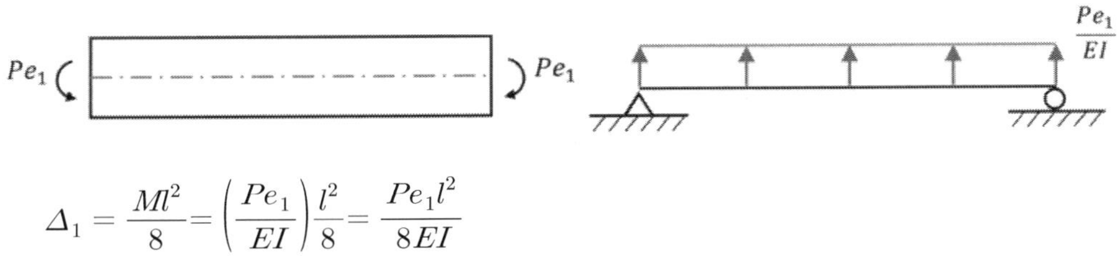

$$\Delta_1 = \frac{Ml^2}{8} = \left(\frac{Pe_1}{EI}\right)\frac{l^2}{8} = \frac{Pe_1 l^2}{8EI}$$

➤ 포물선 배치로 인한 중앙점에서의 솟음량(등가하중법)

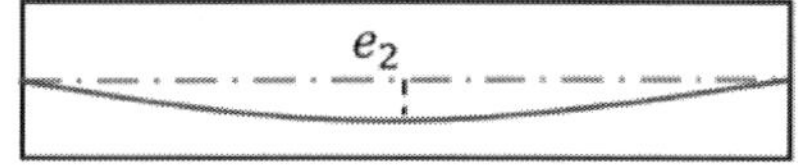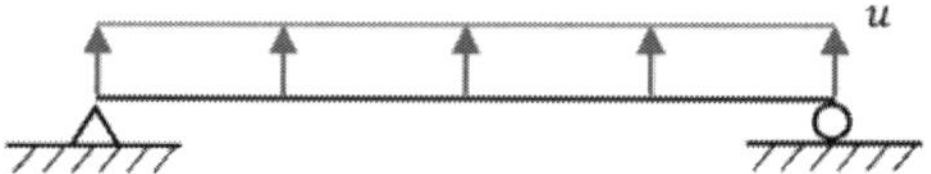

$$\frac{ul^2}{8} = Pe_2 \quad \therefore \quad u = \frac{8Pe_2}{l^2}$$

$$\Delta_2 = \frac{5ul^4}{384EI} = \left(\frac{8Pe_2}{l^2}\right)\frac{5l^4}{384EI} = \frac{5Pe_2l^2}{48EI}$$

➤ 프리스트레스 힘 P에 의한 지간 중앙의 솟음량

$$\Delta = \Delta_1 + \Delta_2 = \frac{5Pe_2l^2}{48EI} + \frac{Pe_1l^2}{8EI}$$

➤ 총 처짐량

총 처짐량은 PS력에 의한 솟음량과 함께 자중에 의한 처짐량을 산정하여 합산한다.

PSC 처짐 : 2012 콘크리트 구조설계기준

사용 활하중 16.4kN/m, 추가 사하중 1.5kN/m를 받고 있는 파셜 프리스트레스 보가 있다. 콘크리트의 설계기준강도는 $f_{ck}=40$MPa, $f_{ci}=30$MPa일 때 프리스트레싱하였으며, 보의 자중은 12.14kN/m이다. 긴장재는 7연선 12.4mm 강연선 14개($A_p=13.01$cm²)를 사용하였으며, 초기인장력 $P_i=1836$kN, 유효인장력 $P_e=1500$kN, 총 단면에 대한 단면 2차 모멘트 $I_g=7.04\times10^6$cm⁴이다. $E_{ci}=2.6\times10^4$MPa, $E_c=2.9\times10^4$MPa, $I_{cr}=10.0\times10^5$cm⁴

1) 사용하중으로 인한 지간 중앙단면 하연의 인장응력 5.6MPa를 얻었다. 지간 중앙에 일어나는 즉시처짐을 계산하라.

2) 사용 활하중 16.4kN/m에 의해 일어나는 즉시처짐을 계산하라.

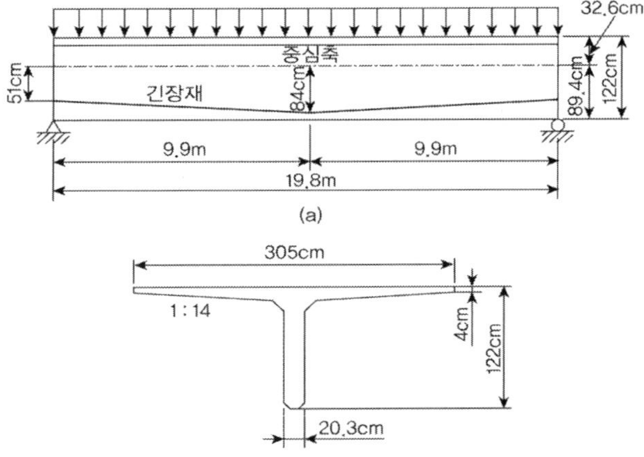

▶ 프리스트레스 도입 직후 솟음량

$$E_c = 8500\sqrt[3]{f_{ck}}=2.9\times10^4\text{MPa}, \quad E_{ci}=8500\sqrt[3]{f_{ci}}=2.6\times10^4\text{MPa}$$

지점에서의 편심량 $e_e=51$cm, 중앙에서의 편심량 $e_c=84$cm라고 하면

1) 편심량 e_e(51cm)로 인한 솟음량

$$M=Pe$$

$$\therefore \triangle_{center(5)}=\frac{Ml^2}{8EI}=\frac{Pel^2}{8EI}$$

$$\therefore \Delta_{p1} = \frac{P_i e_e l^2}{8 E_{ci} I_g} = \frac{1836 \times 10^3 \times 510 \times 19800^2}{8 \times 2.6 \times 10^4 \times 7.04 \times 10^6 \times 10^4} = 25.1\,\text{mm}$$

2) 편심량 $e_c - e_e$ (33cm)로 인한 솟음량

$$\Delta_{p2} = \frac{P_i (e_c - e_e) l^2}{12 E_{ci} I_g} = \frac{1836 \times 10^3 \times (840 - 510) \times 19800^2}{12 \times 2.6 \times 10^4 \times 7.04 \times 10^6 \times 10^4} = 10.8\,\text{mm}$$

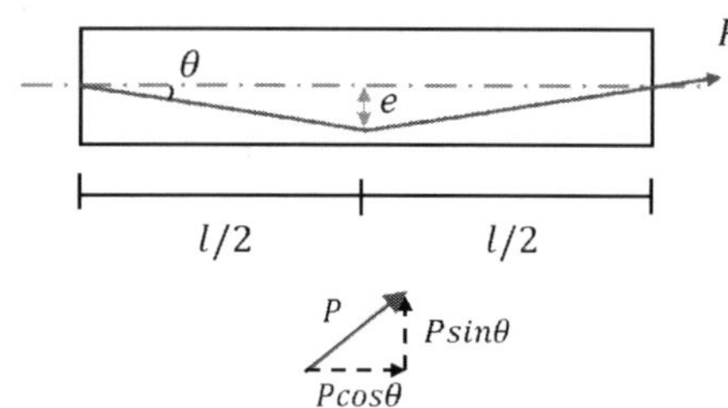

$$\sin\theta = 2e/l, \quad 2P\sin\theta = 4Pe/l$$

$$\therefore \Delta_{center(2)} = \frac{l^3}{48EI} \times \left(\frac{4Pe}{l}\right) = \frac{Pel^2}{12EI}$$

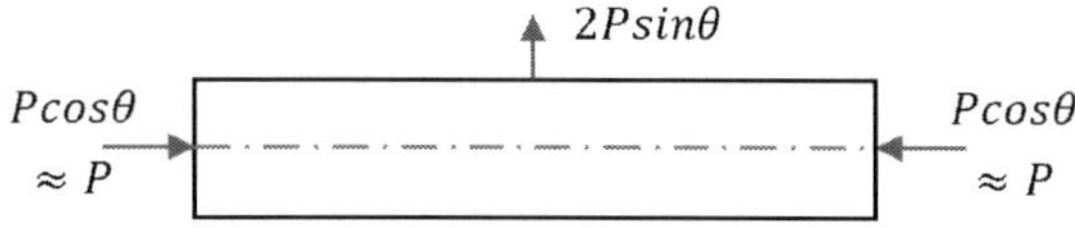

$$\therefore \Delta_p = \Delta_{p1} + \Delta_{p2} = 36\,\text{mm}\,(\uparrow)$$

▶ 자중에 의한 처짐량 산정

$$\Delta_d = \frac{5wl^4}{384 E_{ci} I_g} = \frac{5 \times 12.14 \times 19800^4}{384 \times 2.6 \times 10^4 \times 7.04 \times 10^6 \times 10^4} = 13\,\text{mm}$$

$$\therefore \text{프리스트레스 도입 직후 처짐량 } \Delta_i = \Delta_d - \Delta_p = -23\,\text{mm(상향 처짐)}$$

▶ 활하중에 의한 즉시처짐량 산정

$$0.63\sqrt{f_{ck}}\,(= 4\,\text{MPa}) < f_t = 5.6\,\text{MPa} < 1.0\sqrt{f_{ck}}\,(= 6.3\,\text{MPa}) \quad \therefore \text{ 부분균열 단면, } I_e \text{ 적용}$$

1) PCI식을 이용한 검토

$$M_l = \frac{1}{8} w_l l^2 = \frac{1}{8} \times 16.4 \times 19.8^2 = 803.7\,\text{kNm}$$

$$Z_t = \frac{I_g}{y_t} = \frac{7.04 \times 10^6}{89.4} = 78747\,\text{cm}^3 = 7.875 \times 10^7\,\text{mm}^3$$

① 활하중에 의한 단면 하연 응력

$$f_l = \frac{M_l}{S_t} = \frac{803.7 \times 10^6}{7.875 \times 10^7} = 10.2\,\text{MPa}$$

② 총사용하중 시 단면 하연 응력

$$f_{tl} = 5.6\,\text{MPa}$$

③ $f_{cr} = 0.63\sqrt{f_{ck}} = 4\,\text{MPa}$

$$\therefore \frac{M_{cr}}{M_a} = 1 - \frac{f_{tl} - f_{cr}}{f_l} = 1 - \frac{5.6 - 4}{10.2} = 0.843,$$

$$I_e = \left(\frac{M_{cr}}{M_a}\right)^3 I_g + \left[1 - \left(\frac{M_{cr}}{M_a}\right)^3\right] I_{cr} = 4.624 \times 10^{10}\,\text{mm}^4$$

$$\therefore \Delta_l = \frac{5w_l l^4}{384 E_c I_e} = \frac{5 \times 16.40 \times 19800^4}{384 \times 2.9 \times 10^4 \times 4.624 \times 10^{10}} = 25\,\text{mm}$$

▶ 추가 사하중에 의한 처짐 산정

$$\Delta_{sd} = \frac{5w_{sd} l^4}{384 E_c I_e} = \frac{5 \times 1.5 \times 19800^4}{384 \times 2.9 \times 10^4 \times 4.624 \times 10^{10}} = 2\,\text{mm}$$

▶ 총 처짐량 산정

$$\Delta = \Delta_p + \Delta_d + \Delta_{sd} + \Delta_l = -36 + 13 + 2 + 25 = 4\,\text{mm}$$

PSC 처짐 : 2012 콘크리트 구조설계기준

다음 그림과 같은 PSC 단순보에서 다음 사항에 답하시오.

1) 긴장 시 지간중앙에 발생하는 즉시처짐량
2) 360일 후 지간중앙에 발생하는 장기처짐량
3) 360일 후 지간중앙에 집중하중 P＝50kN 작용 시 지간중앙의 총 처짐량
4) PSC 단순보의 개략적인 하중─처짐 관계곡선

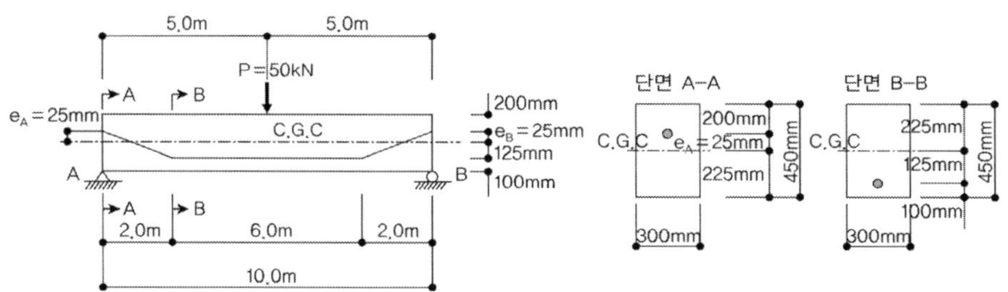

조건

(1) 보의 자중 w＝3.375kN/m
(2) 콘크리트 탄성계수 E_c＝30GPa
(3) PS강연선 단면적 A_p＝800mm^2
(4) 초기 프리스트레스 P_i＝1000MPa
(5) 360일 시점의 유효프리스트레스 P_e＝800MPa
(6) 콘크리트의 장기 크리프 계수 C_u＝2.35

풀 이

▶ 개요

PSC의 처짐은 즉시처짐과 장기처짐으로 구분되며 즉시처짐은 PS력에 의한 상향처짐과 자중에 의한 하향처짐의 합으로 산정된다. 장기처짐은 크리프와 건조수축에 의한 장기크리프 계수를 통해서 산정할 수 있다.

편심 배치된 PSC 단순보의 처짐 산정은 다음과 같이 구조물로 치환하여 산정할 수 있다.
① 편심거리 e_1에 의한 처짐량($M_1 = Pe_1$)
② 편심거리 $e_1 + e_2$에 의한 솟음량

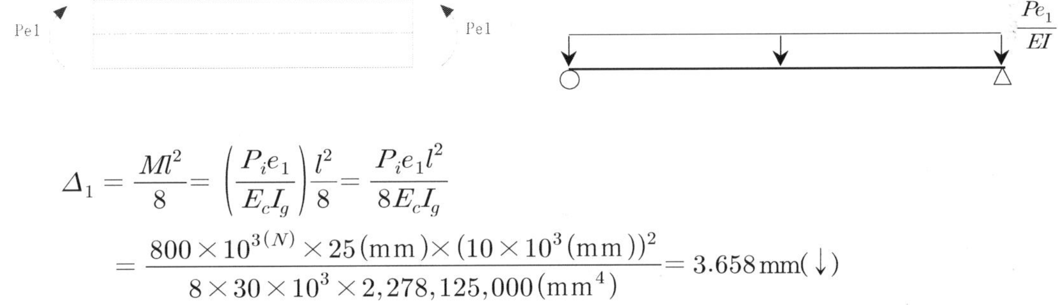

▶ 긴장 시 지간중앙에 발생하는 즉시 처짐량(공액보법)

1) 단면의 상수 계산

$$P_i = A_p f_i = 800 \times 1000 = 800\,\text{kN}, \quad P_e = A_p f_e = 800 \times 800 = 640\,\text{kN}$$

$$I_g = \frac{bh^3}{12} = \frac{300 \times 450^3}{12} = 2{,}278{,}125{,}000\,\text{mm}^4$$

2) 편심거리 e_1에 의한 처짐량($M_1 = Pe_1$)

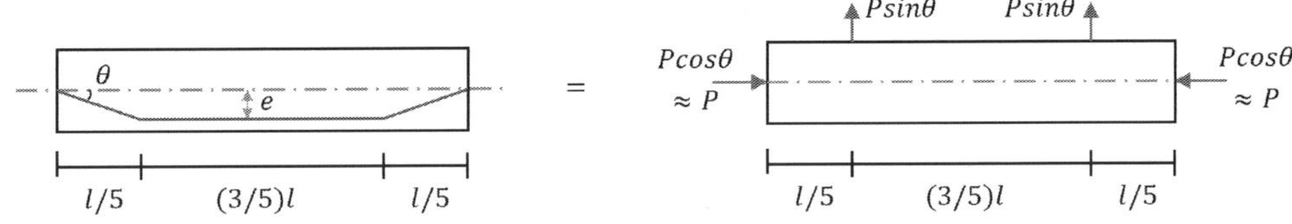

$$\Delta_1 = \frac{Ml^2}{8} = \left(\frac{P_i e_1}{E_c I_g}\right)\frac{l^2}{8} = \frac{P_i e_1 l^2}{8 E_c I_g}$$

$$= \frac{800 \times 10^{3\,(N)} \times 25\,(\text{mm}) \times (10 \times 10^3\,(\text{mm}))^2}{8 \times 30 \times 10^3 \times 2{,}278{,}125{,}000\,(\text{mm}^4)} = 3.658\,\text{mm}(\downarrow)$$

3) 편심거리 e_2에 의한 솟음량

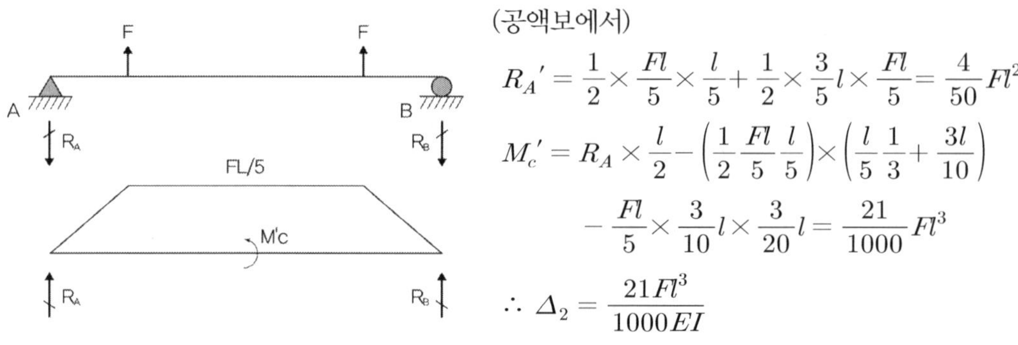

(공액보에서)

$$R_A' = \frac{1}{2} \times \frac{Fl}{5} \times \frac{l}{5} + \frac{1}{2} \times \frac{3}{5}l \times \frac{Fl}{5} = \frac{4}{50}Fl^2$$

$$M_c' = R_A \times \frac{l}{2} - \left(\frac{1}{2}\frac{Fl}{5}\frac{l}{5}\right) \times \left(\frac{l}{5}\frac{1}{3} + \frac{3l}{10}\right)$$

$$- \frac{Fl}{5} \times \frac{3}{10}l \times \frac{3}{20}l = \frac{21}{1000}Fl^3$$

$$\therefore \Delta_2 = \frac{21Fl^3}{1000EI}$$

$$F = P\sin\theta \fallingdotseq P\theta = P(5e/l) = \frac{5P(e_1 + e_2)}{l} = 60\,\text{kN}$$

$$\therefore \Delta_2 = \frac{21Fl^3}{1000EI} = -\frac{21 \times 60 \times 10^3 \times 10000^3}{1000 \times 30 \times 10^3 \times 2,278,125,000} = -18.44\,\text{mm}(\uparrow)$$

$$\therefore \text{PS에 의한 솟음량은 } \Delta_i = \Delta_1 + \Delta_2 = -14.78\,\text{mm}(\uparrow)$$

4) 자중에 의한 처짐량

$$\Delta_d = \frac{5wl^4}{384EI_g} = \frac{5 \times 3.375\,\text{N/mm} \times (10 \times 10^3\,\text{mm})^4}{384 \times 30 \times 10^3 \times 2,278,125,000\,(\text{mm}^4)} = 6.43\,\text{mm}(\downarrow)$$

$$\therefore \text{긴장 시 지간중앙에 발생하는 즉시 처짐량}$$
$$\Delta = \Delta_1 + \Delta_2 + \Delta_d = 3.658\,\text{mm} - 18.44\,\text{mm} + 6.43\,\text{mm} = -8.35\,\text{mm}(\uparrow)$$

▶ 360일 후 지간중앙에 발생하는 장기 처짐량

콘크리트의 크리프계수 산정

$$C_t = \frac{t^{0.60}}{10 + t^{0.60}}C_u = \frac{360^{0.6}}{10 + 360^{0.6}} \times 2.35 = 1.818$$

$$\Delta_{pe} = \left(\frac{P_e}{P_i}\right)\Delta_{pi} = \left(\frac{P_e}{P_i}\right)(\Delta_1 + \Delta_2) = -14.78 \times \left(\frac{640}{800}\right) = -11.82\,\text{mm}(\uparrow)$$

$$\therefore \Delta = \Delta_{pe} + \left(\frac{\Delta_{pe} + \Delta_{pi}}{2}\right)C_t + \Delta_d(1 + C_t)$$

$$= -11.82 + \left(\frac{-11.82 - 14.78}{2}\right) \times 1.818 + 6.43(1 + 1.818) = -17.88\,\text{mm}$$

➤ 360일 후 지간중앙에 집중하중 P=50kN 작용 시 지간중앙의 총 처짐량

50kN으로 인한 지간중앙부에서 발생모멘트 $M_l = \dfrac{50 \times 10}{4} = 125\,\mathrm{kNm}$

$$f_c = \frac{P_e}{A_c} + \frac{P_e e}{I}y - \frac{M_d}{I}y - \frac{M_l}{I}y = 8.475 - 12.3457 = -3.87\,\mathrm{MPa}$$

$E_c = 30\,\mathrm{GPa}$로부터 $f_{ck} \fallingdotseq 44\,\mathrm{MPa}$ $f_r = -0.63\sqrt{f_{ck}} = -4.18\,\mathrm{MPa}$

$$\therefore f_c > 1.0\sqrt{f_{ck}}\ \ \text{비균열}$$

$$\triangle_l = \frac{Pl^3}{48EI_g} = \frac{50 \times 10^3 \times 10^3 \times 10^9}{48 \times 30 \times 10^3 \times 2,278,125,000} = 15.24\,\mathrm{mm}(\downarrow)$$

$$\therefore \triangle_{total} = \triangle_{pe} + \left(\frac{\triangle_{pe} + \triangle_\pi}{2}\right)\phi + \triangle_d(1+\phi) + \triangle_l = -17.88 + 15.24 = -2.64\,\mathrm{mm}$$

➤ 하중처짐곡선

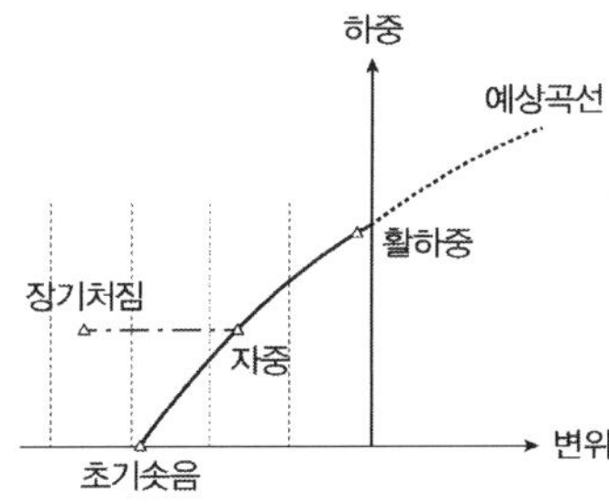

일반적인 PSC 구조물에서는 DL과 LL 하중작용 시 단면 내에 인장응력이 발생하지 않도록 프리스트레스력을 조절한다. 주어진 보에서는 활하중 재하 시의 장기처짐을 살폈을 때 변위가 0에 가깝게 거동하며 추가 사하중을 고려할 경우 일반적인 PSC 구조물에 가까운 거동으로 탄성영역 내에서 거동할 것으로 예상된다.

TIP | 유효 단면2차모멘트 사용 시 |

➤ 360일 후 지간중앙에 집중하중 P=50kN 작용 시 지간중앙의 총 처짐량

$f_{ck} = 35\,\mathrm{MPa}$로 가정할 경우 $f_r = -0.63\sqrt{f_{ck}} = -3.727\,\mathrm{MPa}$

$$\therefore 0.63\sqrt{f_{ck}} < f_c < 1.0\sqrt{f_{ck}}\ \ \text{인 부분 균열 단면이다.}$$

$$n = \frac{E_p}{E_c} = \frac{2.0 \times 10^5}{3.0 \times 10^4} = 6.7$$

$$bx\left(\frac{x}{2}\right) = nA_p(d-x)\ \ \therefore\ x = 95.385\,\mathrm{mm}$$

$$I_{cr} = \frac{bx^3}{3} + nA_p(d-x)^2 = \frac{300 \times 95.385^3}{3} + 6.7 \times 800 \times (350 - 95.385)^2$$

$$= 3.11 \times 10^8\,\mathrm{mm^4}$$

$$M_{cr} = f_r \frac{I_g}{y} = \frac{0.63\sqrt{35} \times 2278125000}{225} = 37.74\,\text{kNm}$$

$$I_e = \left(\frac{M_{cr}}{M_l}\right)^3 I_g + \left[1 - \left(\frac{M_{cr}}{M_l}\right)^3\right] I_{cr} = 3.65 \times 10^8\,\text{mm}^4$$

$$\therefore \ \Delta_l = \frac{Pl^3}{48EI_e} = \frac{50 \times 10^3 \times 10^3 \times 10^9}{48 \times 30 \times 10^3 \times 3.65 \times 10^8} = 95.13\,\text{mm}$$

$\therefore \ \triangle$ 캠버 조정 필요

▶ 하중과 처짐곡선

일반적으로 PSC는 초기 캠버조절이나 PS력을 통해서 하중이 작용하기 이전에는 처짐이 '0' 이하로 하고 장기처짐과 활하중으로 인하여 발생하는 처짐에 대하여서도 PS력에 의하여 RC보다 더 강성이 커서 처짐이 작은 것이 일반적이다.

PSC 구조체는 활하중으로 인하여 균열이 발생되기 이전에는 인장부의 콘크리트도 단면이 유효한 것으로 보기 때문에 탄성해석 영역으로 간주하고 처짐이 발생된 이후 PS강재가 항복되기 전까지를 천이영역이라 하고 PS 강재가 항복되고 파단될 때까지를 소성영역으로 본다.

PS 강재량이 적정한 PSC 구조물에서는 소성영역에서 파괴가 발생하나 PS 강재량이 매우 적을 경우에는 균열하중과 동시에 파괴되기도 한다.

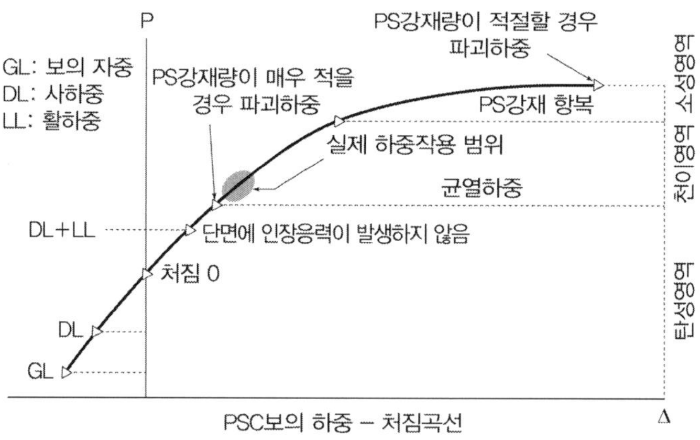

Chapter 06

전단과 비틀림

전단과 비틀림

01 PSC 전단설계

1. PSC보와 RC보의 전단차이 78회/109회/120회/129회/134회

【 기출유형 ① 】 RC와 PSC의 전단거동 비교, 사인장 균열에 대해 Mohr원을 이용해서 설명
【 기출유형 ② 】 PSC Beam이 전단에 강한 이유

1) PSC 보는 프리스트레스 힘의 경사로 인해서 전단력(V_p)이 발생하며 이 PS에 의한 전단력은 하중에 의한 전단력(V_l)과 반대방향으로 작용한다.

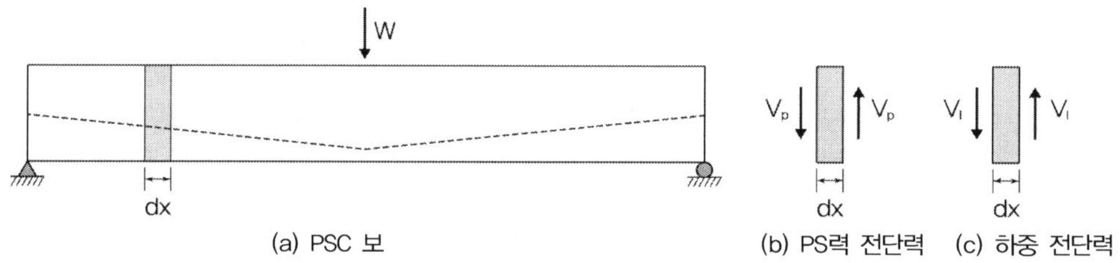

$$V_c = V_l - V_p$$

2) RC보와 PSC보의 전단력

① RC보는 45°로 작용하는 주인장응력(f_1)에 의해서 45° 방향의 균열이 발생한다.

$$(중립축\ f = 0,\ \tau = v = \frac{VQ}{Ib})$$

② PSC보에서는 주인장응력(f_1)이 RC의 주인장응력보다 훨씬 작고 따라서 45°보다 큰 각에서 작용하며 이로 인하여 균열이 RC보다 더 뉘어서 발달한다.

$$\left(f \neq 0, \ f_x = \frac{P}{A_c} \pm \frac{Pe_p}{Z} \mp \frac{M}{Z}\right)$$

③ PSC보에서는 사인장 균열이 RC보보다 더 옆으로 뉘며 전단철근으로 스터럽을 사용할 경우 RC보다 더 많은 Stir-up이 균열과 교차하기 때문에 더 효과적이다.

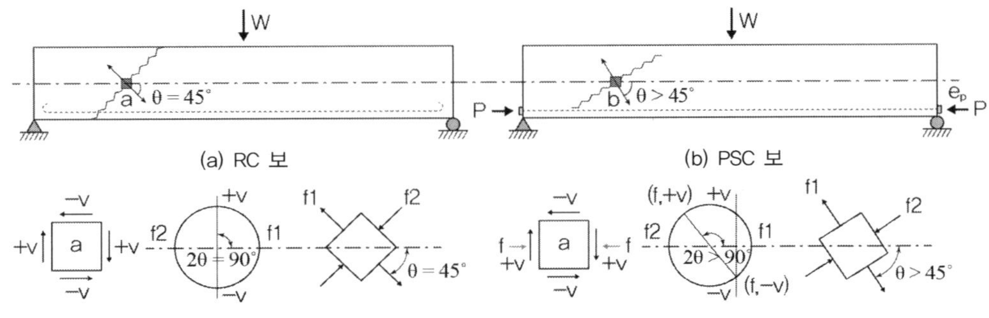

프리스트레스트 부재의 주인장 응력 $f_1 = \sqrt{v^2 + \left(\dfrac{f}{2}\right)^2} - \dfrac{f}{2}, \ f_2 = \sqrt{v^2 + \left(\dfrac{f}{2}\right)^2} + \dfrac{f}{2}$

2. PSC의 전단균열과 파괴 형태 87회/100회/120회/132회

【 기출유형 ① 】 PSC 전단파괴의 종류, 복부전단파괴, 사인장 균열의 발생 원인과 파괴 형태, 대책
【 기출유형 ② 】 PSC 전단균열, 전단파괴의 종류

PSC의 전단균열(사인장 균열)은 ① 휨 전단균열과 ② 복부 전단균열로 구분할 수 있다.

1) 휨 전단균열(flexure-shear crack)

휨 전단균열은 휨 균열이 발생한 후에 발생하며 휨 균열은 인장면에서 시작해서 보에 수직하게 번진다. 휨과 전단이 조합된 응력이 휨 균열의 선단에서 발달할 때 경사 방향으로 진행된다. 복부철근이 없다면 전단압축파괴를 유도할 것이다. 이러한 파괴를 휨전단 파괴(flexure-shear failure)라 하고 휨 전단균열은 전단력과 휨모멘트 둘 다 큰 곳에서 발생한다.

2) 복부 전단균열(web-shear crack)

복부가 비교적 얇은 PSC보의 지점근처에서는 복부에 경사균열(inclined crack, 사인장균열)이 발생한다. 이를 복부전단균열(사인장균열)이라 하며 콘크리트의 주인장응력이 콘크리트의 휨 인장강도와 같게 될 때 휨 균열 없이 복부에서 시작된다. 전단력에 비해 휨모멘트가 작거나 PS힘이 큰 경우 일어나기 쉽다.

만약 복부철근이 없다면, 다음과 같은 복부전단 파괴(web-shear failure)를 야기한다. 일반적으로 복부전단파괴는 휨 전단파괴보다 급격하다.

① 전단 인장파괴 : 경사균열이 지점을 향해 수평발전, 복부와 인장 플랜지 분리
② 복부 압축파괴 : 보가 타이드 아치 작용, 사인장 균열에 평행하게 작용하는 큰 압축응력으로 복부 압축파괴
③ 지점 근처의 2차적인 사인장 균열이 복부와 압축 플랜지 분리

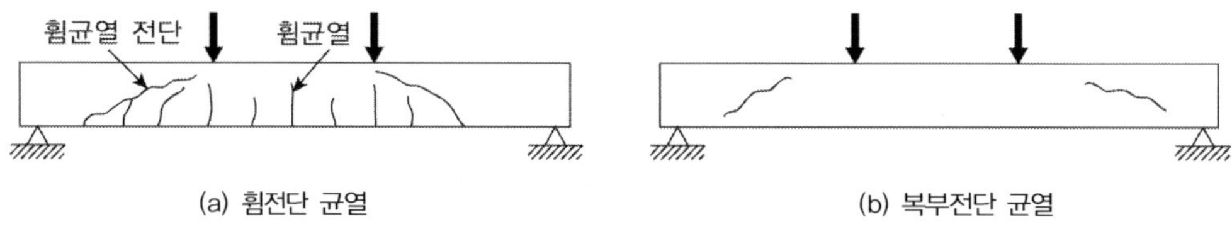

3) 전단균열(사인장 균열) 강도

주인장응력 f_1이 콘크리트의 인장강도 f_{ct}에 도달하면 균열이 발생되므로 다음과 같이 표현할 수 있다.

$$f_{ct} = \sqrt{v_{cr}^2 + \left(\frac{f_{pc}}{2}\right)^2} - \frac{f_{pc}}{2} \qquad \therefore v_{cr} = f_{ct}\sqrt{1 + \frac{f_{pc}}{f_{ct}}}$$

여기서 f는 PC로 발생되는 압축력이므로 f_{pc}로 표현하고, 이때의 전단강도는 균열 전단강도(cracking shear strength)이므로 v_{cr}로 표현한다.

1. 해석모델

1) 트러스 모델

콘크리트와 강재가 트러스를 구성하여 콘크리트가 압축력을 받는 상현재와 경사재의 역할을 하고 강재가 인장력을 받는 수직재와 하연재의 역할을 한다. 하현재로 배치된 강재는 휨모멘트를 저항하도록 배치된 철근이나 프리스트레싱 강재가 그 역할을 하고 수직재로 배치된 강재는 전단력을 정항하도록 배치된 철근이 그 역할을 한다. 전단철근은 전단력에 저항하는 역할 외에도 다음과 같은 추가의 기능을 발휘한다.

① 전단력에 저항하여 콘크리트 부재의 전단강도를 증가시킨다.
② 콘크리트에 사인장 균열이 진전될 때 균열폭의 증가를 억제하고 골재 맞물림 작용에 의한 균열면의 전단강도를 증가시킨다.
③ 인장 주철근을 감싸서 인장 주철근과 인장연단의 콘크리트 피복에 의하여 전단력을 장부작용(dowel action)의 성능을 증가시킨다.
④ 폐합된 형태의 전단철근은 피복을 제외한 단면 내부의 콘크리트를 감싸서 압축응력을 받는 부분의 콘크리트 압축강도를 증가시키는 횡구속 효과를 제공한다.

2) 45° 트러스 모델

균질한 재료의 부재에 휨모멘트가 장용하지 않은 상태에서 전단력만 작용하면 주응력은 부재 축에 45°의 각도로 작용한다. 국내 설계기준(2017 콘크리트 구조기준, 2022 KDS 14 20 콘크리트 구조기준)과 ACI 318에서는 이 모델을 채택해 적용하고 있다. 그러나 실제 콘크리트 부재에 작용하는 주응력과 균열의 각도는 45°보다 작은 것이 일반적이므로 45° 트러스 모델은 실제의 전단강도를 과소평가하여 실험으로 구한 값보다 작은 값의 전단강도가 계산된다. 따라서 설계기준에서는 이 차이를 콘크리트가 부담하는 전단강도의 항으로 추가하여 콘크리트가 부담하는 전단강도와 전단철근이 부담하는 전단강도의 합으로 부재의 전단강도를 결정한다.

1. 경사 전단철근 배치된 경우

인장력 T와 압축력 C 사이의 거리를 jd(=z)이라고 하면, 균열면 내에 배치된 전단철근의 수 n은

$$n = \frac{jd(\cot\theta + \cot\alpha)}{s}$$

전단철근에 작용하는 인장력에 의하여 전단철근의 배치방향으로 균열면에 작용하는 평균응력 v_{scm} 과 경사진 균열면의 길이 $jd/\sin\theta$로부터

$$v_{scm} = \frac{nA_vf_v}{b_w(jd/\sin\theta)} = \frac{jd(\cot\theta + \cot\alpha)A_vf_v}{sb_w(jd/\sin\theta)} = \frac{A_vf_v(\cot\theta + \cot\alpha)\sin\theta}{b_ws}$$

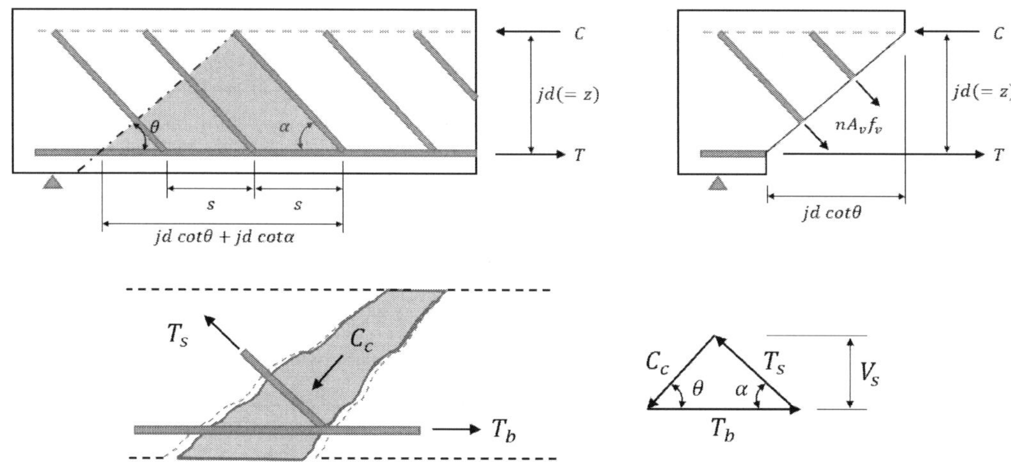

경사진 전단철근의 인장력 T_s, 콘크리트 스트럿 압축력 C_c, 주철근의 인장력 T_b로부터

$$V_s = T_s\sin\alpha = A_vf_v\sin\alpha \qquad\qquad \therefore A_vf_v = \frac{V_s}{\sin\alpha}$$

$n=1$일 때, $s = jd(\cot\theta + \cot\alpha)$이며, 전단력의 인장력을 전단철근의 간격으로 나누면 단위길이당 인장력이므로

$$\frac{A_vf_v}{s} = \frac{V_s}{\sin\alpha(jd)(\cot\theta + \cot\alpha)} \qquad\qquad \therefore V_s = \frac{A_vf_v}{s}(\cot\theta + \cot\alpha)\sin\alpha(jd)$$

유효깊이 jd가 d와 같고, 균열의 각도가 45°이면

$$V_s = \frac{A_vf_vd}{s}(1+\cot\alpha)\sin\alpha = \frac{A_vf_vd}{s}(\sin\alpha + \cos\alpha)$$

2. 수직 전단철근 배치된 경우

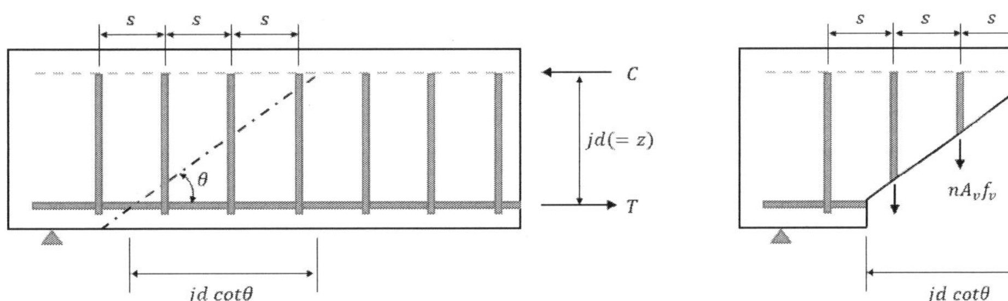

전단철근이 수직으로 배치되면 α 가 90°이므로 $V_s = \dfrac{A_v f_v (jd)}{s} \cot\theta$

유효깊이 jd 가 d 와 같고, 균열의 각도가 45°이면 $V_s = \dfrac{A_v f_v d}{s}$

3) 변각 트러스 모델(variable angle truss model)

실제 콘크리트에서는 탄성계수가 매우 큰 철근을 보강하므로 철근이 배치된 방향으로 강성이 증가한다. 만일 휨철근이 전단철근보다 상대적으로 많은 양이 배치되면 균열의 각도는 작아지고 전단철근이 휨철근보다 많으면 균열의 각도는 커지게 된다. 따라서 전단력만 작용하는 경우도 주응력 각도가 항상 45°라고 할 수 없는데 이는 휨모멘트도 같이 작용하기 때문이다. 콘크리트 부재를 트러스로 이상화하면 위치와 조건에 따라 각기 다른 각도를 가진 변각트러스 모델로 이상화할 수 있다. 그러나 이는 해석과 설계가 복잡해지므로 하나의 대푯값의 각도로 트러스를 모델링하는 것이 간편하다.

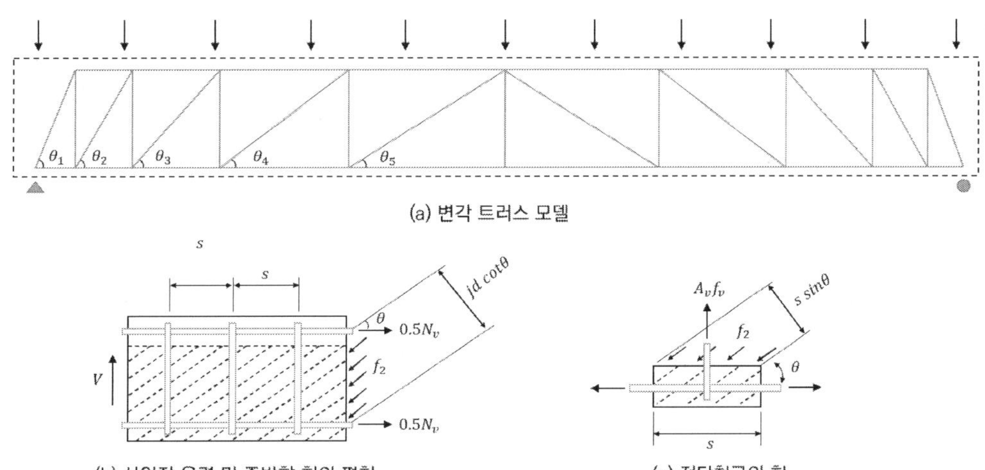

(a) 변각 트러스 모델

(b) 사인장 응력 및 종방향 힘의 평형

(c) 전단철근의 힘

힘의 평형관계로부터

$$\sum F_y = 0 \ ; \ V = f_2(b_{wjd}\cos\theta)\sin\theta \qquad \therefore f_2 = \frac{V}{b_w jd}\frac{1}{\sin\theta\cos\theta} = \frac{V}{b_w jd}(\tan\theta + \cot\theta)$$

$$\sum F_x = 0 \ ; \ N_v = f_2(b_w jd\cos\theta)\cos\theta$$

$$\therefore N_v = V\cos^2\theta\left(\frac{\sin\theta}{\cos\theta} + \frac{\cos\theta}{\sin\theta}\right) = V\left(\sin\theta\cos\theta + \frac{\cos\theta}{\sin\theta}(1 - \sin^2\theta)\right) = V\cot\theta$$

여기서 인장력 N_v는 트러스 모델의 상·하현재에 1/2씩 작용한다고 가정하므로 휨모멘트에 의한 인장철근의 인장력이 전단작용으로 $0.5N_v$인 $V\cot\theta$만큼 감소한다.

전단위험단면(Shear critical section)에서 지점으로 갈수록 전단력에 의한 인장력이 감소한다. 연속부재의 지점에서 전단위험단면 사이의 균열 형상이 부챗살 상태로 전단위험단면에서 지점으로 갈수록 균열의 각도가 커지는데 이는 전단력에 의한 인장력 $0.5N_v$는 $\cot\theta$와 비례하므로 전단위험단면에서 지점으로 갈수록 θ가 90°에 가까워져 $N_v{\rightarrow}0$이 된다.

4) 소성 변각 트러스 모델

전단철근이 항복하는 경우 f_v는 f_y로 상수화시키고 연립방정식의 해를 구할 수 있다. 재료조건에 의해 영향을 받는 사인장 균열 각도 θ를 예측하기 위해 소성트러스 이론(plasticity truss theory)을 적용한다. 소성트러스 이론은 부재가 파괴에 도달했을 때 재료가 소성상태에 도달한다고 가정한다. 즉 전단철근과 콘크리트가 모두 소성 상태로 각각의 최대 응력에 도달한다고 가정하여 균열의 각도를 산정한다. Eurocode 2, KDS 24 14 21 콘크리트교 설계기준(한계상태설계법) 등이 이 전단설계모델을 채택하고 있다.

5) 수정 압축장 모델(modified compression field theory)

45° 트러스 모델과 소성 변각 트러스 모델은 힘의 평형조건으로 전단력을 간편하게 계산한다. 그러나 균열각도를 45°로 가정하고 콘크리트 인장강도를 고려하지 않아서 실제 전단강도를 과소평가하는 경향이 있다. 소성 변각트러스 모델은 균열의 각도를 구하기는 하지만 콘크리트의 인장강도를 고려하지 않고 단순화한 것이다. 콘크리트 부재의 전단거동을 역학적으로 설명하기 위해서는 힘의 평형뿐 아니라 변형률 적합조건과 재료의 응력－변형률 관계를 고려해야 한다. 수정 압축장 이론은 이러한 관계를 고려해 제안된 이론으로 설계에 이용하기 위해서 단순화된 모델이 제안되었다. 부재에 발생하는 축방향 변형률을 구하고 이에 따라 균열의 각도와 전단강도를 구하는 방식이다. 캐나다 CSA-A23.3, CSA-S6과 미국의 AASHTO-LRFD 등 교량설계기준에 수정 압축장 모델이 전단설계 모델로 채택되어 있다.

모델	균열(스트럿) 각도	평형 조건	적합 조건	콘크리트 인장	적용 설계기준
45° 트러스 모델	$\theta = 45°$	반영	무시	무시	KDS 14 20 콘크리트구조 설계기준 2017 콘크리트 구조기준, ACI 318
소성 변각 트러스 모델	$22° \leq \theta \leq 45°$	반영	무시	무시	KDS 24 14 21 콘크리트교 설계기준 (한계상태설계법), Eurocode 2
수정 압축장 모델	$27.6° \leq \theta \leq 50°$	반영	반영	반영	캐나다 설계기준 미국 AASHTO-LRFD

 |압축장 이론과 수정 압축장 이론 |

수정 압축장 이론은 Mitchell과 Collins가 제안한 압축장 이론을 수정한 이론이다. 강구조 I형 플레이트 거더의 후좌굴 거동을 설명하면서 제시된 인장장(tension field) 이론과 유사 개념 이론으로 I형 플레이트 거더의 얇은 복부판에 인장 응력장이 나타내는데 중간 수직보강재 사이의 복부판이 주 압축응력의 작용으로 좌굴된 후 인장장이 형성되어 인장응력만으로 추가의 하중에 저항한다는 개념이다.

1. 압축장 이론(compression field theory)

압축장 이론은 인장장 이론과 반대로 압축 응력만으로 하중에 저항한다. 철근콘크리트 부재에 사인장 균열이 발생한 후에는 균열에 평행한 방향으로 압축 응력장이 형성되어 트러스 작용으로 하중에 저항한다고 가정한다.

2. 수정 압축장 이론(modified compression field theory)

압축장 이론의 가정에 균열면의 직각 방향으로 콘크리트가 인장응력에 저항한다는 개념을 추가한 트러스 모델 개념이다. 사인장 균열이 발생한 콘크리트 스트럿에서 압축응력의 직각방향으로 작용하는 인장응력 f_1을 콘크리트가 저항한다고 가정한다. 모어원을 통해 축방향과 직각방향 응력, 전단력에 따라 스트럿의 경사각 θ가 결정되고 주인장응력 f_1, 주압축응력 f_2가 결정되고, 부재단면의 전단강도가 결정된다. 응력의 관계는 변형률의 관계로 변환될 수 있으며 변형률 ϵ_x, ϵ_y, γ_{xy}는 축방향 철근과 횡방향 철근에 따라 각 방향으로 강성에 영향을 받고 따라서 변형률 ϵ_1, ϵ_2도 영향을 받게 된다.

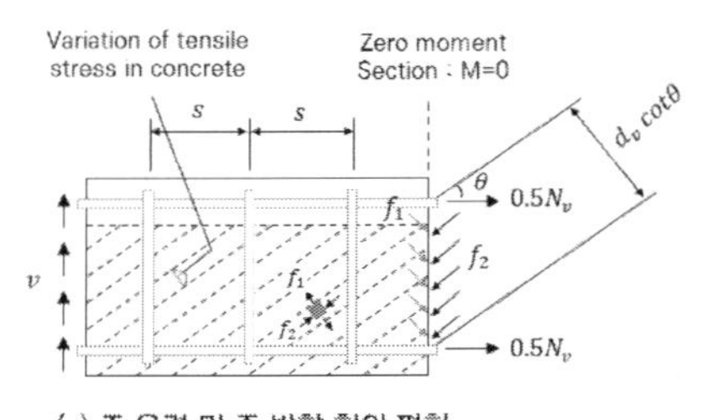

(a) 주 응력 및 종 방향 힘의 평형

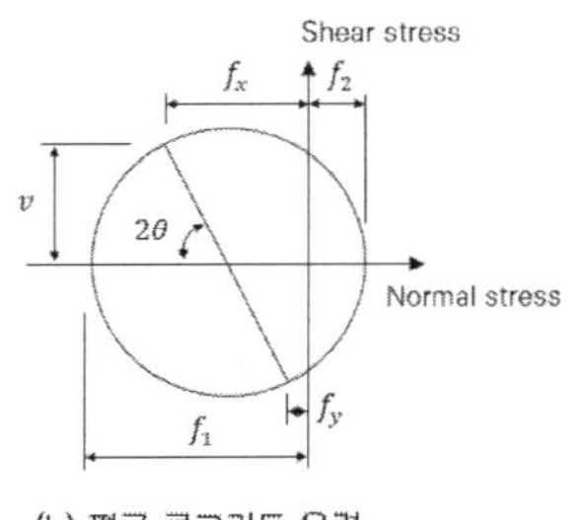

(b) 평균 콘크리트 응력

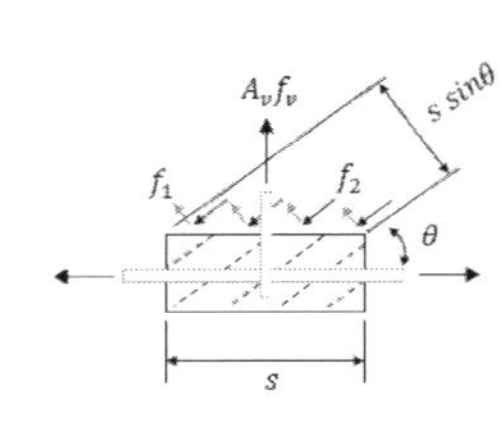

(c) 전단 철근의 힘

2. 45° 트러스 모델의 전단저항 매커니즘 ^{95회/108회}

1) 전단 보강이 없는 경우 사인장 균열은 매우 취성적인 파괴를 가져온다. 따라서 일부의 경우를 제외하고는 최소전단철근을 배근해야 한다. 경간에 비해 보의 깊이가 큰 깊은 보(Deep Beam)에서는 갑작스러운 파괴가 일어나지 않는다.

2) 하중에 의해 전단균열이 발생하면 전단력은 크게 네 가지 내부저항력과 평형을 이룬다.

① 균열이 생기지 않은 콘크리트가 분담하는 전단력(V_{cz})

② 균열이 생긴 콘크리트 단면에서의 골재의 맞물림(aggregate interlocking : 골재연동)에 의한 전단저항(V_{iy})

③ 휨철근의 다웰작용(dowel action)에 의한 전단저항(V_d)

④ 전단철근에 의한 전단저항(V_s)

$$V_{int} = V_{cz} + V_d + V_{iy} + V_s, \quad V_{ext} = V_{int}$$

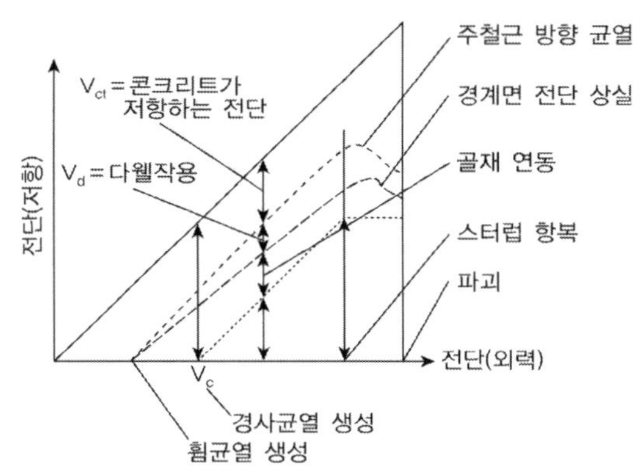

⑤ 사인장 균열 발생 이전 콘크리트만 전단력 부담 → 사인장 균열 발생 이후 콘크리트 인장철근 Dowel action, 맞물림 분담력은 일정, 전단철근 부담력은 직선적으로 증가 → 전단철근 항복하면 V_d, V_{iy}는 급격히 떨어지나 V_{cz}, V_s는 일정하게 유지 → 균열이 보 전체에 이르면 스터럽이 항복하고 V_d, $V_{iy} = 0$, V_{cz}와 V_s로 설계한다.

3) 전단철근(Shear reinforcement, 복부철근 web reinforcement)은 시공의 편의성 때문에 수직스터럽을 가장 많이 사용하며, 전단균열이 발생한 후에 전단에 저항한다. 주로 D10~D16 철근을 사용한다.

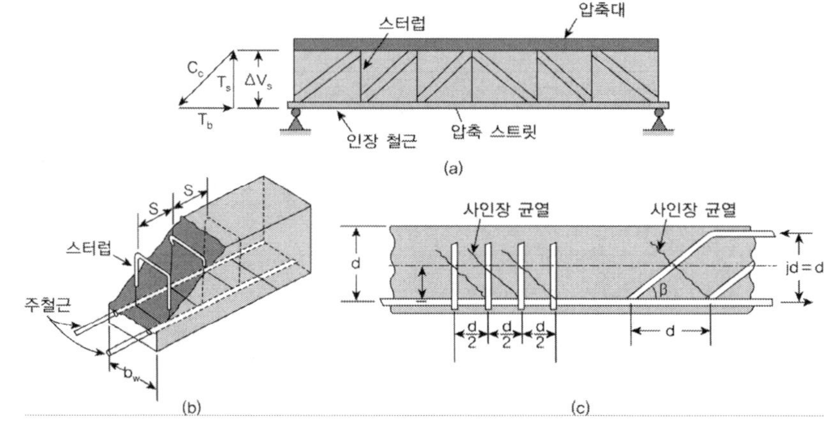

1. 강도설계법의 전단강도

KDS 14 00 00 콘크리트 설계기준, 도로교설계기준(2010)은 45° 트러스 모델을 전단설계모델로 채택하고 있다.

$$\phi V_n \geq V_u, \ V_n = V_c + V_s, \ \phi = 0.75$$

이때 콘크리트에 의한 전단강도 V_c는 간편식을 사용하거나 정밀식을 사용할 수 있으며, 정밀식을 사용할 때에는 휨 전단균열에 대한 강도 V_{ci}와 복부 전단균열에 대한 강도 V_{cw} 중 작은 값을 V_c로 결정한다(전단위험단면은 받침부 내면에서 지간 중앙 쪽으로 $h/2$ 지점).

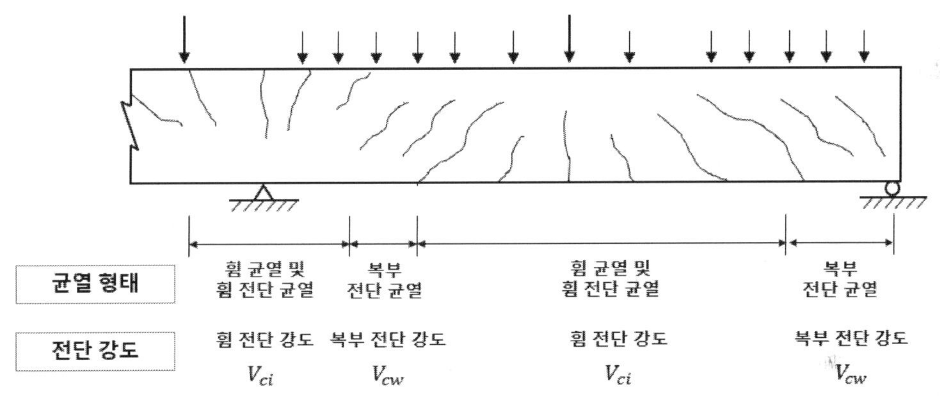

1) 콘크리트 휨 전단강도 : 정밀식

$$V_{ci} = 0.05\lambda \sqrt{f_{ck}}\, b_w d_p + V_d + \frac{V_i M_{cr}}{M_{\max}} \geq 0.17\lambda \sqrt{f_{ck}}\, b_w d$$

① $d_p \geq 0.8h$

② V_d : 하중계수를 적용하지 않은 자중에 의한 전단력

③ $M_{\max}$: 하중계수를 적용한 최대 계수 휨 모멘트, $M_{\max} = w_u \dfrac{x(l-x)}{2}$

④ V_i : 하중계수를 적용한 $M_{\max}$과 동시에 일어나는 작용하중의 계수 전단력, $V_i = w_u \left(\dfrac{l}{2} - x \right)$

⑤ M_{cr} : 균열모멘트

보의 하면 콘크리트 인장응력이 콘크리트 파괴계수(휨 인장강도) $0.5\lambda \sqrt{f_{ck}}$ 같다고 계산한다.

$$f_d + \frac{M_{cr}}{I_c}y_t - f_{pcc} = 0.5\lambda\sqrt{f_{ck}} \qquad \therefore M_{cr} = \frac{I_c}{y_b}(0.5\lambda\sqrt{f_{ck}} + f_{pcc} - f_d)$$

f_d : 하중계수를 적용하지 않은 자중에 의한 인장 연단의 콘크리트 휨응력$\left(f_d = \dfrac{M_d}{I_c}y_b\right)$

f_{se} : 유효 PS힘에 의해 인장 연단의 콘크리트 압축응력$\left(f_{se} = \dfrac{P_e}{A_c} + \dfrac{P_e e_p}{I_c}y_b\right)$

2) 콘크리트 복부 전단강도 : 정밀식

$$V_{cw} = (0.29\lambda\sqrt{f_{ck}} + 0.3f_{pc})b_w d_p + V_p$$

① $d_p \geq 0.8h$

② V_p 긴장력의 수직성분

3) 정밀식에 따른 PSC 콘크리트의 전단강도 $V_c = \min[\,V_{ci}, \quad V_{cw}\,]$

4) 간편식에 의한 PSC 콘크리트의 전단강도

유효 프리스트레스 힘이 긴장재 인장강도의 40%이상인 경우 다음의 간편식을 사용할 수 있다.
$f_{se} \geq 0.4f_y$인 경우

$$V_c = \left(0.05\lambda\sqrt{f_{ck}} + 4.9\frac{V_u d_p}{M_u}\right)b_w d$$

① $d_p \geq 0.8h$

② $\dfrac{1}{6}\lambda\sqrt{f_{ck}}\,b_w d \leq V_c \leq \dfrac{5}{12}\lambda\sqrt{f_{ck}}\,b_w d, \quad \dfrac{V_u d}{M_u} \leq 1.0$

5) 전단철근에 의한 전단강도

$$V_s = \frac{A_v f_{yt} d}{s}(\sin\alpha + \cos\alpha), \text{ 수직 배근된 경우 } V_s = \frac{A_v f_{yt} d}{s} \leq \frac{2}{3}\lambda\sqrt{f_{ck}}\,b_w d$$

$$s = \frac{\phi A_v f_{vy} d}{V_u - \phi V_c}$$

6) 최소 전단철근량

계수전단력 V_u가 $\dfrac{1}{2}\phi V_c$를 초과하는 모든 휨부재는 최소 전단철근량을 배치하여야 한다.

$$A_{v.\min} = \min\left[0.0625\sqrt{f_{ck}}\frac{b_w s}{f_y} \geq 0.35\frac{b_w s}{f_y}, \quad \frac{A_p}{80}\frac{f_{pu}}{f_y}\frac{s}{d}\sqrt{\frac{d}{b_w}}(f_{se} \geq 0.4f_y \text{일 경우})\right]$$

7) 철근의 간격

① 철근간격 $s = \dfrac{\phi A_v f_{vy} d}{V_u - \phi V_c}$

② 최대간격

$$s_{\max} = \max\left[\min\left[\frac{A_v f_{yt}}{0.0625\sqrt{f_{ck}}\,b_w},\ \frac{A_v f_{yt}}{0.35 b_w}\right],\ \frac{80 A_v f_{yt} d}{A_p f_{pu}\sqrt{d/b_w}}\right]$$

③ 최소간격

$$s_{\min} \le \min[0.75h,\ 600\text{mm}]$$
단, $V_s > \dfrac{1}{3}\lambda\sqrt{f_{ck}}\,b_w d$이면 간격을 1/2로 줄인다.

조건		최소철근량 규정	전단철근 최대간격
$V_u \le \dfrac{1}{2}\phi V_c$		−	−
$\dfrac{1}{2}\phi V_c < V_u \le \phi V_c$	$V_s \le \dfrac{1}{3}\lambda\sqrt{f_{ck}}\,b_w d$	(1) $0.0625\sqrt{f_{ck}}\dfrac{b_w s}{f_y}$ (2) $0.35\dfrac{b_w s}{f_y}$ (3) $\dfrac{A_p}{80}\dfrac{f_{pu}}{f_y}\dfrac{s}{d}\sqrt{\dfrac{d}{b_w}}$ min [max [(1), (2)], (3)]	(1) $\dfrac{A_v f_{yt}}{0.0625\sqrt{f_{ck}}\,b_w}$ (2) $\dfrac{A_v f_{yt}}{0.35 b_w}$ (3) $\dfrac{80 A_v f_{yt} d}{A_p f_{pu}\sqrt{d/b_w}}$ (4) (3/4)h (5) 600mm max [min[(1), (2)], (3)] ≤ min [(4), (5)]
$\dfrac{1}{2}\phi V_c < V_u \le \phi V_c$	$V_s > \dfrac{1}{3}\lambda\sqrt{f_{ck}}\,b_w d$	(1) $0.0625\sqrt{f_{ck}}\dfrac{b_w s}{f_y}$ (2) $0.35\dfrac{b_w s}{f_y}$ (3) $\dfrac{A_p}{80}\dfrac{f_{pu}}{f_y}\dfrac{s}{d}\sqrt{\dfrac{d}{b_w}}$ min [max [(1), (2)], (3)]	(1) $\dfrac{A_v f_{yt}}{0.0625\sqrt{f_{ck}}\,b_w}$ (2) $\dfrac{A_v f_{yt}}{0.35 b_w}$ (3) $\dfrac{80 A_v f_{yt} d}{A_p f_{pu}\sqrt{d/b_w}}$ (4) (3/8)h (5) 300mm max [min[(1), (2)], (3)] ≤ min [(4), (5)]

2. 한계상태설계법의 전단강도

한계상태설계법 설계기준에서는 프리스트레스트 콘크리트 부재의 전단강도를 다음의 4가지로 구분해 결정한다.
① 전단 무보강 비균열 단면의 전단강도
② 전단 무보강 균열 단면의 전단강도
③ 전단보강 단면의 전단강도
④ 깊은 보 거동 구간의 전단강도

1) 전단 무보강 비균열 단면의 전단강도

① 사인장 균열이 발생하게 되는 균열 전단강도 $v_{cr} = f_{ct}\sqrt{1 + \dfrac{f_{pc}}{f_{ct}}}$

② 전단력과 전단응력의 관계 $v = \dfrac{VQ}{Ib_w}$

$$\therefore\ V_{cr} = \frac{Ib_w}{Q}\sqrt{f_{ct}^2 + f_{pc}f_{ct}} = \frac{Ib_w}{Q}\sqrt{f_{ctd}^2 + f_{pc}f_{ctd}}\quad (\text{인장강도 } f_{ct}\text{에 설계인장강도 } f_{ctd})$$

③ KDS 교량설계기준(한계상태설계법) 적용

$$f_{ctd} = \phi_c\alpha_{ct}f_{ctk},\ \ f_{ctm} = 0.3(f_{cm})^{2/3},\ f_{ctk} = 0.7f_{ctm}$$

α_{ct}는 압축대의 쪼갬인장강도를 산정할 때 0.85, 그 외에는 1.0이므로 $f_{ctd} = \phi_c f_{ctk}$

$$\therefore\ V_{cd} = \frac{Ib_w}{Q}\sqrt{(\phi_c f_{ctk})^2 + \alpha_l f_n \phi_c f_{ctk}}$$

여기서, $f_n = \dfrac{N_u - A_s\phi_s f_y}{A_c}$, $\alpha_l = \dfrac{l_x}{l_{pr2}} \le 1.0$, $\phi_c = 0.65$, $\phi_s = 0.9$

       l_x : 전달길이의 시작접부터 검토하는 단면까지의 거리

       l_{pr2} : 프리스트레싱 긴장재의 전달길이

2) 전단 무보강 균열 단면의 전단강도

휨균열이 발생한 부재는 전단력에 저항하는 능력이 감소되는데 균열이 발생한 이후의 거동과 전단강도는 이론식으로 나타내기가 매우 어렵기 때문에 설계기준에서는 경험식을 바탕으로 설계 전단강도 V_{cd}를 결정하도록 하고 있다. 이때 V_{cd}는 휨균열이 이미 발생한 상태에서 극한한계상태에 도달할 때 콘크리트에 의해 저항하는 전단력을 의미하며, 최솟값 $V_{cd,\min}$ 이상이어야 한다.

$$V_{cd} = \left[0.85\phi_c\chi(\rho f_{ck})^{1/3} + 0.15f_n\right]b_w d \ge V_{cd,\min} = (0.035\chi^{3/2}f_{ck}^{1/2} + 0.15f_n)b_w d$$

여기서, $\chi = 1 + \sqrt{\dfrac{200}{d}} \le 2.0$, $\rho = \dfrac{A_s}{b_w d} \le 2.0$, $f_n = \dfrac{N_u}{A_c} \le 2.0\phi_c f_{ck}$, $\phi_c = 0.65$

3) 전단 보강 단면의 전단강도

KDS 24 14 21 콘크리트 설계기준(한계상태설계법)에서는 전단철근의 종류에 따라 보강된 부재의 설계전단강도를 다음과 같이 산정한다. 여기서 α는 경사전단철근과 주인장철근 사이의 경사각이고, θ는 복수 스트럿의 경사각으로 $1 \leq \cot\theta \leq 2.5$의 범위에서 선택해야 한다.

① 수직 스터럽

$$V_{sd} = \frac{\phi_s f_{vy} A_v z}{s}\cot\theta \leq \alpha_{cw} \times \frac{\nu\phi_c f_{ck} b_w z}{\cot\theta + \tan\theta}$$

여기서, ϕ_s : 철근의 재료저항계수

$\qquad\ \phi_s$: 0.90(극한하중조합 I, II, III, IV, V)

$\qquad\ f_{vy}$: 전단철근의 항복강도

$\qquad\ A_v$: 전단철근량

$\qquad\ z$: 단면 내부 팔길이, 0.9d

$\qquad\ s$: 전단철근 간격

$\qquad\ \nu = 0.6\left(1 - \dfrac{f_{ck}}{250}\right)$ 콘크리트 압축강도 유효계수

최대 허용 전단철근량 $\quad \dfrac{\phi_s f_y A_{v.max}}{b_w s} \leq 0.5\nu\phi_c f_{ck}$

② 경사 스터럽

$$V_{sd} = \frac{\phi_s f_{vy} A_v z}{s}(\cot\theta + \cot\alpha)\sin\alpha \leq \alpha_{cw} \times \nu\phi_c f_{ck} b_w z \frac{\cot\theta + \cot\alpha}{1 + \cot^2\theta}$$

최대 허용 전단철근량 $\quad \dfrac{\phi_s f_y A_{v.max}}{b_w s} \leq 0.5\nu\phi_c f_{ck}\dfrac{\sin\alpha}{1 - \cos\alpha}$

③ α_{cw}는 압축응력의 영향을 고려하는 계수로 다음의 세 가지 영역으로 구분한다.

(1) $0 < f_n \leq 025\phi_c f_{ck}$ $\qquad\qquad$ $\alpha_{cw} = 1 + \dfrac{f_n}{\phi_c f_{ck}}$

(2) $0.25\phi_c f_{ck} < f_n \leq 0.5\phi_c f_{ck}$ $\qquad$ $\alpha_{cw} = 1.25$

(3) $0.5\phi_c f_{ck} < f_n \leq 1.0\phi_c f_{ck}$ $\qquad$ $\alpha_{cw} = 2.5\left(1 - \dfrac{f_n}{\phi_c f_{ck}}\right)$

④ 최소 전단철근량

$$\rho_v = \frac{A_s}{sb_w\sin\alpha} \geq \rho_{v,min} = \frac{0.08\sqrt{f_{ck}}}{f_{vy}} \qquad \therefore s_{max} = \frac{A_v}{\rho_{v,min}b_w\sin\alpha} \leq 600\text{mm}$$

4) 깊은 보 거동 구간의 전단강도

집중하중이 지점에 가까운 위치에 작용하는 경우에는 받침점 근처 구간이 깊은 보와 같이 거동하여 다른 구간보다 전단강도가 증가한다. KDS 24 14 21 콘크리트 설계기준(한계상태설계법)과 Eurocode2는 이와 같은 깊은 보 거동구간에 전단강도증진 효과를 고려하여 다음과 같이 전단성능을 검증하거나 STM 모델을 적용하도록 규정하고 있다.

받침점 내면으로부터 단면 유효깊이 d의 0.5배와 2배 위치 사이에 집중하중이 작용하는 경우 설계전단 강도를 증가시킬 수 있으며 이때 증가된 전단강도는 전단철근이 배치되지 않은 경우와 배치된 경우를 구분해 규정한다.

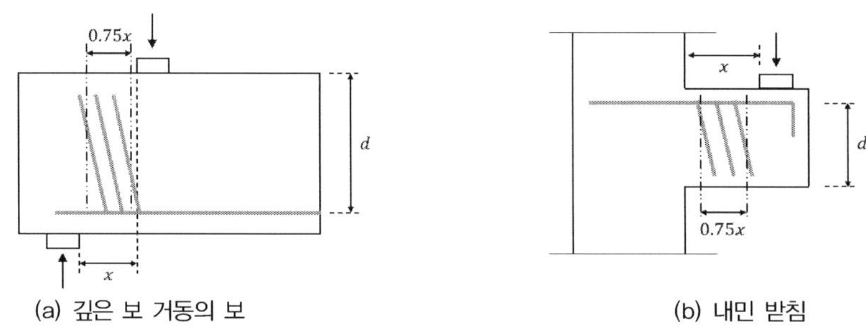

(a) 깊은 보 거동의 보　　　　　(b) 내민 받침

(깊은 보로 거동하는 부재)

① 깊은 보 거동 구간의 전단강도 : 전단철근이 배치되지 않은 경우

전단철근이 배치되지 않은 경우에는 다음의 증가된 V_{cd}를 설계전단강도 V_d로 하며, 이 값은 최대 전단철근강도 $V_{cd,\max}$를 초과할 수 없다.

$$V_{cd} = \left[0.85\phi_c\chi\,(\rho f_{ck})^{1/3}\left(\frac{2d}{x}\right) + 0.15f_n\right]b_wd \geq \left[0.035\chi^{3/2}f_{ck}^{1/2}\left(\frac{2d}{x}\right) + 0.15f_n\right]b_wd$$

$$V_{cd} \leq V_{cd,\max} = 0.5\phi_c\nu f_{ck}b_wd$$

여기서, $\chi = 1 + \sqrt{\dfrac{200}{d}} \leq 2.0$, $\rho = \dfrac{A_s}{b_wd} \leq 0.02$, $f_n = \dfrac{N_u}{A_c} \leq 0.02\phi_c f_{ck}$, $\nu = 0.6\left(1 - \dfrac{f_{ck}}{250}\right)$

② 깊은 보 거동 구간의 전단강도 : 전단철근이 배치된 경우

전단철근이 배치된 경우에는 설계전단강도 V_d는 다음과 같다. 이때 전단철근은 전단경간 중앙부 $0.75x$의 구간 안에 배치된 전단철근만을 고려해야 한다. 이는 부재가 전단으로 파괴될 때 하중 작용 근처에 배치된 전단철근과 받침 근처에 배치된 전단철근이 항복하지 않은 실험 결과에 따른 것이다.

$$V_d = \phi_s f_{vy}A_v\sin\alpha\left(\frac{2d}{x}\right) \rightarrow \phi_s f_{vy}A_v\left(\frac{2d}{x}\right) \text{ ; 수직전단철근 배치 시}$$

PSC 전단강도 특성

PSC BEAM이 전단에 강한 이유에 대하여 설명하시오.

풀 이

> ### 개요

PSC 보는 프리스트레스 힘의 경사로 인해서 전단력(V_p)이 발생하며 이 PS에 의한 전단력은 하중에 의한 전단력(V_l)과 반대방향으로 작용한다. 또한 프리스트레스 힘은 주인장응력이 RC보 보다 더 큰 각에서 작용하게 되며 이는 전단철근을 더 효율적으로 사용할 수 있도록 하기 때문에 RC보에 비해 유리한 특성을 갖는다.

> ### PSC보와 RC보의 전단차이

1) PSC 보는 프리스트레스 힘의 경사로 인해서 전단력(V_p)이 발생하며 이 PS에 의한 전단력은 하중에 의한 전단력(V_l)과 반대방향으로 작용한다.

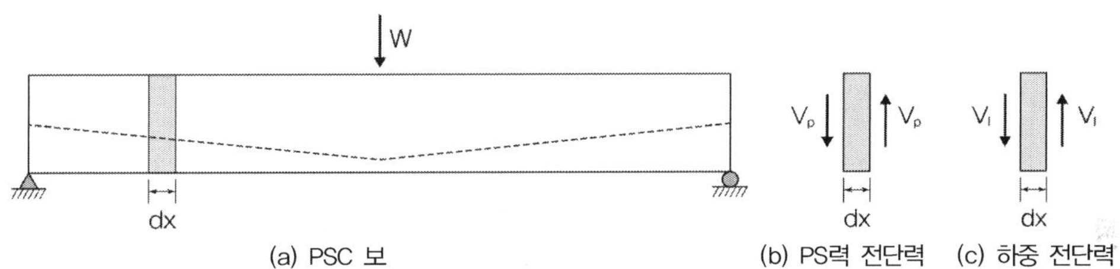

$$V_c = V_l - V_p$$

2) RC보와 PSC보의 전단력

① RC보는 45°로 작용하는 주인장응력(f_1)에 의해서 45° 방향의 균열이 발생한다.

(중립축 $f = 0$, $\tau = v = \dfrac{VQ}{Ib}$)

② PSC보에서는 주인장응력(f_1)이 RC의 주인장응력보다 훨씬 작고 따라서 45°보다 큰 각에서 작용하며 이로 인하여 균열이 RC보다 더 뉘어서 발달한다.

($f \neq 0$, $f_x = \dfrac{P}{A_c} \pm \dfrac{Pe_p}{Z} \mp \dfrac{M}{Z}$)

③ PSC보에서는 사인장 균열이 RC보보다 더 옆으로 뉘며 전단철근으로 스터럽을 사용할 경우
  RC보다 더 많은 Stirrup이 균열과 교차하기 때문에 더 효과적이다.

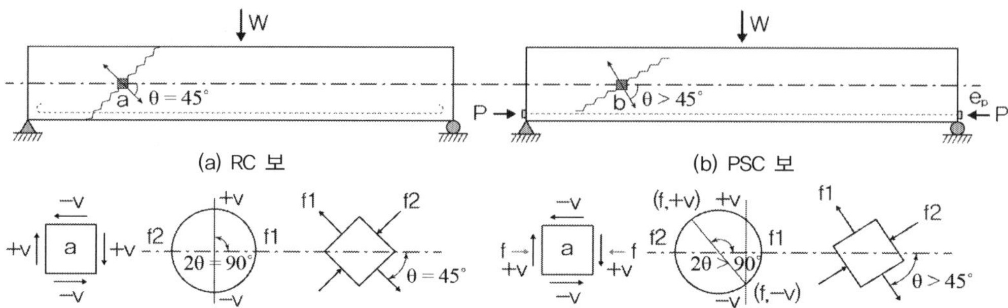

RC 보는 45°로 작용하는 주인장응력(f_1)에 의해서 45° 방향의 균열이 발생하는 데 비하여, PSC
보에서는 주인장응력(f_1)이 RC의 주인장응력보다 훨씬 작고 따라서 45°보다 큰 각에서 작용하며
이로 인하여 균열이 RC보다 더 뉘어서 발달하게 된다. 따라서 PSC 보에서는 사인장 균열이 RC
보보다 더 옆으로 뉘며 전단철근으로 스터럽을 사용할 경우 RC보다 더 많은 Stirrup이 균열과 교
차하기 때문에 더 효과적이다. 콘크리트구조기준에서는 이를 고려하여 전단철근의 최대 간격을
RC보에서는 0.5d, PSC에서는 0.75h로 고려하도록 하고 있다.

PSC 전단파괴

프리스트레스트 콘크리트 전단 특성과 전단파괴의 종류에 대하여 설명하시오.

풀 이

▶ PSC보 전단 특성

RC보는 45°로 작용하는 주인장응력(f_1)에 의해서 45° 방향의 균열이 발생하는 데 비하여, PSC보에서는 주인장응력(f_1)이 RC의 주인장응력보다 훨씬 작고 따라서 45°보다 큰 각에서 작용하며 이로 인하여 균열이 RC보다 더 뉘어서 발달하게 된다. 따라서 PSC보에서는 사인장 균열이 RC보보다 더 옆으로 뉘며 전단철근으로 스터럽을 사용할 경우 RC보다 더 많은 Stirrup이 균열과 교차하기 때문에 더 효과적이다. 콘크리트구조기준에서는 이를 고려하여 전단철근의 최대 간격을 RC보에서는 0.5d, PSC에서는 0.75h로 고려하도록 하고 있다.

1) PSC 보는 프리스트레스 힘의 경사로 인해서 전단력(V_p)이 발생하며 이 PS에 의한 전단력은 하중에 의한 전단력(V_l)과 반대방향으로 작용한다.

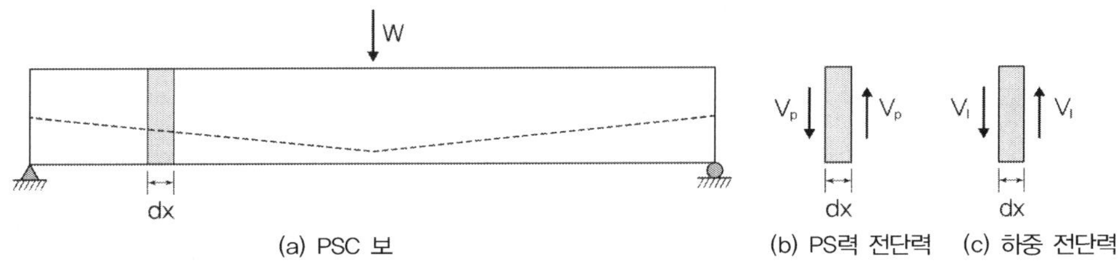

$$V_c = V_l - V_p$$

2) RC보와 PSC보의 전단력

① RC보는 45°로 작용하는 주인장응력(f_1)에 의해서 45° 방향의 균열이 발생한다.

$$\left(\text{중립축 } f = 0, \ \tau = v = \frac{VQ}{Ib}\right)$$

② PSC보에서는 주인장응력(f_1)이 RC의 주인장응력보다 훨씬 작고 따라서 45°보다 큰 각에서 작용하며 이로 인하여 균열이 RC보다 더 뉘어서 발달한다.

$$\left(f \neq 0, \ f_x = \frac{P}{A_c} \pm \frac{Pe_p}{Z} \mp \frac{M}{Z}\right)$$

③ PSC보에서는 사인장 균열이 RC보보다 더 옆으로 뉘며 전단철근으로 스터럽을 사용할 경우 RC보다 더 많은 Stirrup이 균열과 교차하기 때문에 더 효과적이다.

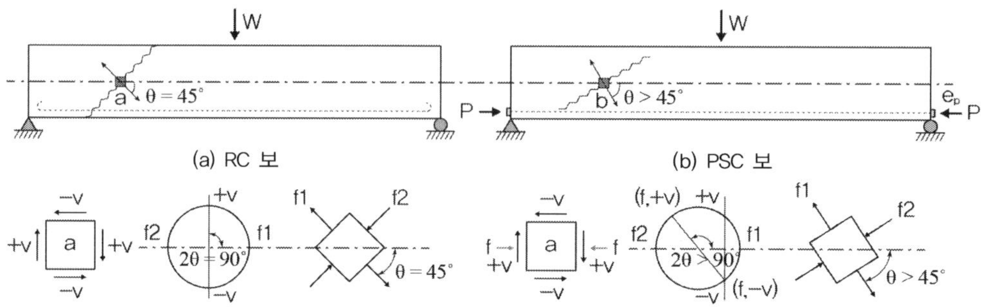

(a) RC 보   (b) PSC 보

➤ PSC보 전단파괴의 종류

PSC의 전단균열(사인장 균열)은 ① 휨 전단균열과 ② 복부전단균열로 구분할 수 있다.

1) 휨 전단균열(Flexure-shear crack) : 휨 전단균열은 휨 균열이 발생한 후에 발생하며 휨 균열은 인장면에서 시작해서 보에 수직하게 번진다. 휨과 전단이 조합된 응력이 휨 균열의 선단에서 발달할 때 경사방향으로 진행된다. 복부철근이 없다면 전단압축파괴를 유도할 것이다. 이러한 파괴를 휨 전단파괴(flexure-shear failure)라 하고 휨 전단균열은 전단력과 휨모멘트 둘 다 큰 곳에서 발생한다.

2) 복부전단균열(web-shear crack) : 복부가 비교적 얇은 PSC 보의 지점근처에서는 복부에 경사균열(inclined crack, 사인장균열)이 발생한다. 이를 복부전단균열(사인장균열)이라 하며 콘크리트의 주인장응력이 콘크리트의 휨 인장강도와 같게 될 때 휨 균열 없이 복부에서 시작된다. 전단력에 비해 휨모멘트가 작거나 PS 힘이 큰 경우 일어나기 쉽다. 만약 복부철근이 없다면, 다음과 같은 복부전단 파괴(web-shear failure)를 야기한다. 일반적으로 복부전단파괴는 휨 전단파괴보다 급격하다.

① 전단 인장파괴 : 경사균열이 지점을 향해 수평발전, 복부와 인장 플랜지 분리
② 복부 압축파괴 : 보가 타이드 아치 작용, 사인장 균열에 평행하게 작용하는 큰 압축응력으로 복부 압축파괴
③ 지점 근처의 2차적인 사인장 균열이 복부와 압축 플랜지 분리

(a) 휨전단 균열   (b) 복부전단 균열

RC와 PSC의 전단 비교

다음 그림과 같은 단순보 중앙에 집중하중 P만 작용하는 철근콘크리트(RC)보와 집중하중 P와 단면의 도심에 압축력 P_e가 작용하고 있는 프리스트레스트 콘크리트(PSC)보가 있다. 지점 A로부터 1m 떨어진 도심축상에 있는 C점의 평면응력 상태를 각각 그리고, Mohr 원을 통하여 주응력의 크기와 인장균열(tension crack)의 방향을 결정하여 어떤 차이가 있는지 서로 비교 설명하라. 또한 이러한 현상을 반영하기 위하여 콘크리트구조기준(KCI 2012)에서 두고 있는 규정에 대하여 설명하시오(단, 전단응력은 평균전단응력을 사용한다).

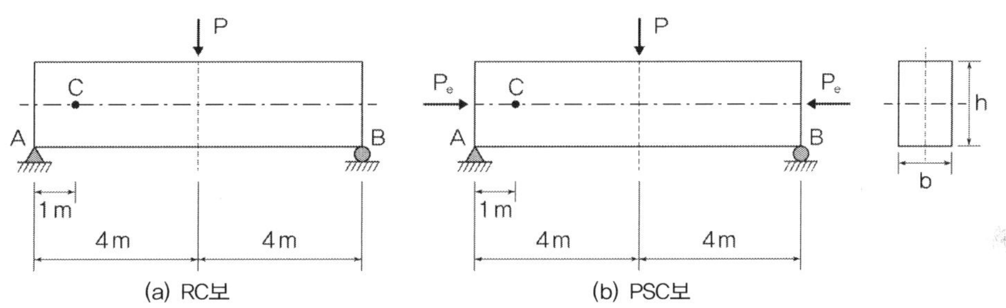

> **조건**
>
> 지간 $L = 8$m, 집중하중 $P = 1{,}000$kN, 압축력 $P_e = 2{,}000$kN, 보의 폭 $b = 30$cm, 보의 높이 $h = 60$cm

풀 이

▶ 구조물의 해석 개요

구조물의 자중은 25kN/m로 가정한다.
$$A = 0.3 \times 0.6 = 0.18\,\text{m}^2, \quad w_d = 25\,\text{kN/m}^3 \times 0.18\,\text{m}^2 = 4.5\,\text{N/mm}$$

▶ RC 구조물과 PSC 구조물의 응력산정

단순보의 집중하중으로 인한 A점에서 1m 떨어진 지점 C의 전단력은
$$R_{AL} = V_{CL} = 500\,\text{kN} \quad (\text{중립축에서의 응력 산정이므로 휨응력은 무시})$$

단순보의 자중으로 인한 A점에서 1m 떨어진 지점 C의 전단력은
$$R_{AD} = V_{CD} = 13.5\,\text{kN} \quad (\text{중립축에서의 응력 산정이므로 휨응력은 무시})$$

1) RC 구조물

$$f_R = 0, \quad f_v = \frac{513.5 \times 10^3}{0.18 \times 10^6} = 2.85\,\text{MPa}$$

$$\text{주응력 산정}\ f_{\max(\min)} = \frac{f_R + f_v}{2} + \sqrt{\left(\frac{f_R}{2}\right)^2 + f_v^2} = \pm\,2.85\text{MPa}$$

2) PSC 구조물

프리스트레스력 $P_e = 2{,}000\text{kN}$를 고려하면,

$$f_R = \frac{P_e}{A} = -11.11\text{MPa(C)}, \quad f_v = \frac{513.5 \times 10^3}{0.18 \times 10^6} = 2.85\text{MPa}$$

$$\text{주응력 산정}\quad f_{\max(\min)} = \frac{f_R + f_v}{2} + \sqrt{\left(\frac{f_R}{2}\right)^2 + f_v^2} = -11.79\text{MPa},\ 0.69\text{MPa}$$

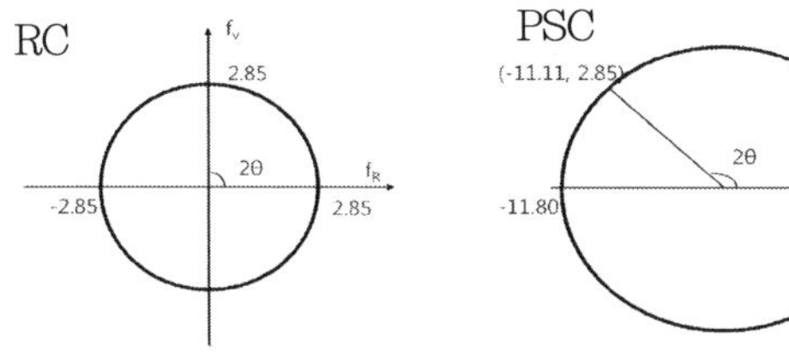

➤ **주응력의 크기와 인장균열(tension crack)의 방향**

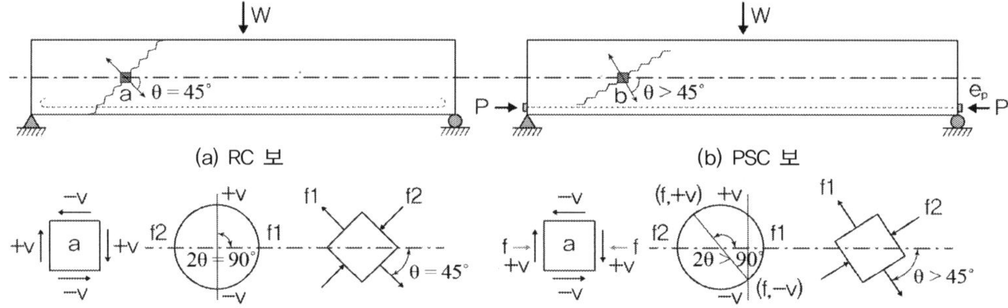

RC보는 45°로 작용하는 주인장응력(f_1)에 의해서 45° 방향의 균열이 발생하는 데 비하여, PSC보에서는 주인장응력(f_1)이 RC의 주인장응력보다 훨씬 작고 따라서 45°보다 큰 각에서 작용하며 이로 인하여 균열이 RC보다 더 뉘어서 발달하게 된다. 따라서 PSC보에서는 사인장 균열이 RC보보다 더 옆으로 뉘며 전단철근으로 스터럽을 사용할 경우 RC보다 더 많은 Stirrup이 균열과 교차하기 때문에 더 효과적이다. 콘크리트구조기준에서는 이를 고려하여 전단철근의 최대 간격을 RC보에서는 0.5d, PSC에서는 0.75h로 고려하도록 하고 있다.

PSC 전단설계

그림과 같은 I형 단면의 보와 강선배치도가 있다. 지점으로부터 3.6m 떨어진 위치에 대해 도로교 설계기준으로 전단설계를 하시오.

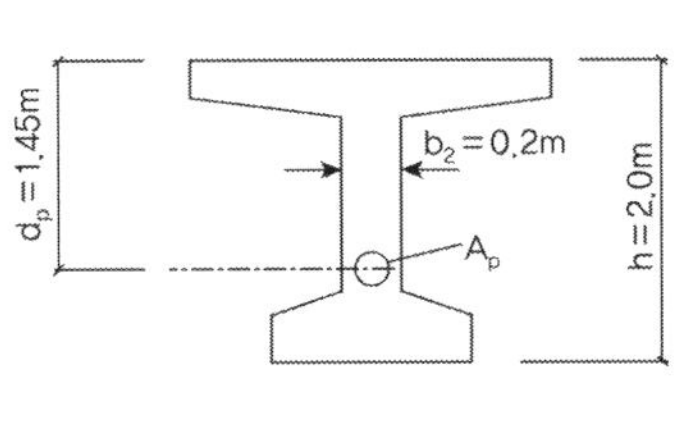

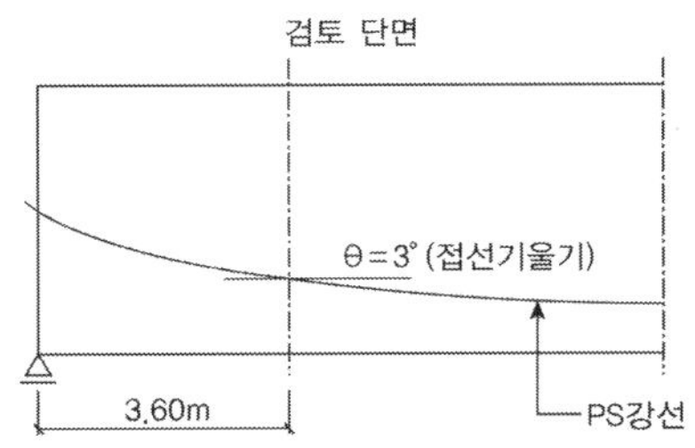

조건

- $f_{ck} = 40$MPa
- $f_{pe} = 11.5$MPa
- $A_c = 0.70$m^2

- $Z_b = 0.365 \times 10^3$m^3
- $P_e = 4450$kN

철근 SD30 D13 $A_s = 127.0$mm^2

- $V_{ci} = 0.05\sqrt{f_{ck}} \cdot b_w \cdot d + V_{d0} + \dfrac{V_i \cdot M_{cr}}{M_{max}}$
- $V_{cw} = (0.29\sqrt{f_{ck}} + 0.3 f_{pc}) \cdot b_w \cdot d + V_p$
- $M_{cr} = Z_b(0.5\sqrt{f_{ck}} + f_{pe} - f_{d0})$
- $V_i =$ 자중을 제외한 전단력
- $A_{v\,min} = 0.35\dfrac{b_w \cdot S}{f_y}$

$\phi_v : 0.75$

M_{max} : 자중을 제외한 휨모멘트

구분	자중	1차 고정하중	2차 고정하중	활하중
사용하중 전단력	185kN	200kN	75kN	350kN
사용하중 휨모멘트	821kN·m	860kN·m	325kN·m	1,240kN·m

풀 이

▶ 개요

콘크리트 설계기준상에서는 콘크리트의 전단강도 V_c는 위의 두 식 중 작은 값으로 하거나 실용식을 이용하여 적용할 수 있도록 하고 있다(실용식 적용조건 $f_{pe} > 0.4f_y$).

문제에서는 실용식을 적용할 수 있는 조건이 되지 않으므로 주어진 식에 따라 검토한다.

➤ **휨 전단균열을 일으키는 공칭 전단강도 V_{ci}**

$$V_{ci} = 0.05\sqrt{f_{ck}}\,b_w d + V_{d0} + \frac{V_i M_{cr}}{M_{\max}}$$

여기서 $d \geq 0.8h\,(=1,600\text{mm})$이어야 하며, V_{d0}는 사용하중, V_i, $M_{\max}$는 계수하중이다.

Use $d = 1700\,\text{mm}$

1) 보의 자중에 의한 주어진 지점에서의 V_d, M_d

$$V_{d0} = 185\,\text{kN}, \ M_{d0} = 821\,\text{kN-m}$$

2) M_{d0}에 의한 주어진 지점에서의 하연응력 f_{d0}

$$f_{d0} = \frac{M_{d0}}{Z_b} = \frac{821 \times 10^6\,(\text{Nmm})}{365 \times 10^9\,(\text{mm}^3)} = 0.002249\,\text{N/mm}^2$$

3) M_{cr} 산정(주어진 식으로부터 $f_{se} = f_{pe}$)

$$M_{cr} = \frac{I_c}{y_b}\left(0.50\sqrt{f_{ck}} + f_{se} - f_d\right) = Z_b\left(0.50\sqrt{f_{ck}} + f_{pe} - f_{d0}\right)$$

$$= 365\text{m}^3 \times (0.5 \times \sqrt{40}\,\text{MPa} + 11.5\text{Mpa} - 0.002249\text{MPa}) = 5.3509 \times 10^6\,(\text{kNm})$$

4) V_i, $M_{\max}$ 산정

$$V_i = 1.2 \times (200 + 75) + 1.6 \times 350 = 890\,\text{kN}$$

$$M_{\max} = 1.2 \times (860 + 325) + 1.6 \times 1240 = 3406\,\text{kNm}$$

5) V_{ci}

$$V_{ci} = 0.05\sqrt{f_{ck}}\,b_w d + V_{d0} + \frac{V_i M_{cr}}{M_{\max}}$$

$$= 0.05 \times \sqrt{40} \times 200 \times 1700 + 185 \times 10^3 + \frac{890 \times 10^3 \times 5.3509 \times 10^{12}}{3406 \times 10^6}$$

$$= 1.39849 \times 10^6\,\text{kN}$$

➤ **복부 전단균열을 일으키는 공칭 전단강도** V_{cw}

$$V_{cw} = (0.29\sqrt{f_{ck}} + 0.3f_{pc})b_w d + V_p$$

여기서, $V_p = P_e\sin\theta = 4450 \times \sin 3° = 232.895\,\text{kN}$ (유효프리스트레스 힘의 수직분력)
$$f_{pc} = P_e / A_c = 4450 \times 10^3 / 0.70 \times 10^6 = 6.357\,\text{MPa}$$

$$V_{cw} = (0.29\sqrt{40} + 0.3 \times 6.357)200 \times 1700 + 232.895 \times 10^3 = 1504.91\,\text{kN}$$

$$\therefore\ V_c = \min[V_{ci},\ V_{cw}] = 1504.91\,\text{kN}$$

$$\phi V_c = 1128.68\,\text{kN}$$

➤ **전단철근 산정**

$$V_u = 1.2 \times (185 + 200 + 75) + 1.6 \times 350 = 1,112\,\text{kN} < \phi V_c$$

$$\therefore\ \frac{1}{2}\phi V_c (= 564.34\text{kN}) < V_u < \phi V_c (= 1128.68\text{kN}) \rightarrow \text{최소 전단철근 배치}$$

➤ **최소 전단철근 배치 산정**

$f_{pe} > 0.4f_y$ 인 경우 $A_{v.\min} = \dfrac{A_p}{80}\dfrac{f_{pu}}{f_y}\dfrac{s}{d}\sqrt{\dfrac{d}{b_w}}$ 에 대해서도 검토하여야 하나, 주어진 조건에서

$f_{pe}(= 11.5\text{MPa}) < 0.4f_y(= 12\text{MPa})$ 이므로 위의 식은 생략한다.

$$A_{v.\min} = 0.0625\sqrt{f_{ck}}\,\frac{b_w s}{f_y}(= 0.001318s) \geq 0.35\frac{b_w s}{f_y}(= 0.2333s)$$

$$\therefore\ A_{v.\min} = 0.35\frac{b_w s}{f_y} \qquad s \leq \frac{127}{0.2333} = 544\,\text{mm} \ (\text{SD30 D13}\ A_v = 127\,\text{mm}^2)$$

$$s \geq \min[0.75h,\ 600\text{mm}] = 600\,\text{mm}$$
$$s_{use} = 500\,\text{mm}$$

$\therefore$ 최소 전단철근 D13을 500mm 간격으로 배치한다.

PSC 전단설계

그림과 같이 I형 단면의 보가 3900N/m의 자중 외에 추가되는 사하중(고정하중) 4,500N/m와 활하중 19kN/m를 받고 있다. 지간은 13.70m이고 긴장재는 그림과 같이 절선상으로 배치되어 있다. 콘크리트의 설계기준 강도는 $f_{ck} = 35$MPa이고 PS강재의 인장강도 $f_{pu} = 1,925$MPa인 강선을 사용하였다. $A_p = 1130\text{mm}^2$이고 유효인장력 $P_e = 1,306$kN이다. 왼쪽 지점으로부터 3.05m 떨어진 단면 aa에서 U형 수직 스터럽의 간격을 결정하라. 단, 스터럽 철근의 항복강도 $f_y = 300$MPa이다.

$$A_c = 162,500\,\text{mm}^2, \; y_1 = 330\,\text{mm}, \; y_2 = 410\,\text{mm}, \; I_c = 10,335 \times 10^6\,\text{mm}^4$$

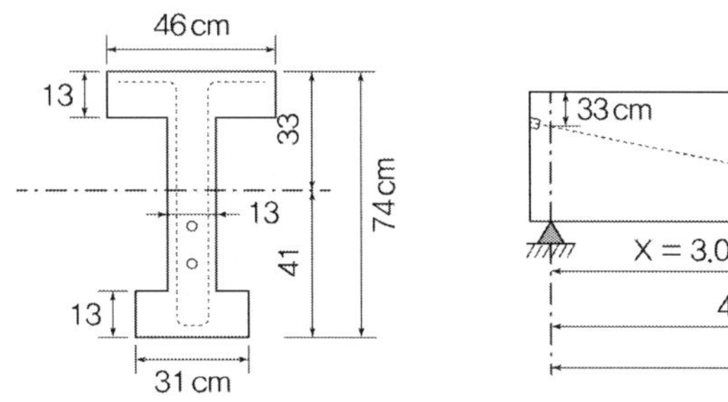

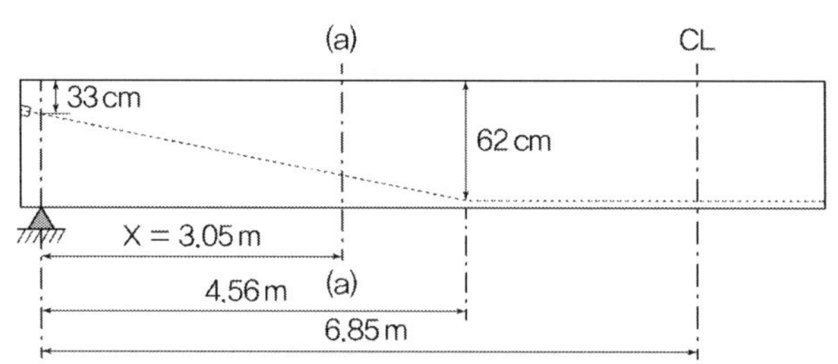

▶ d_p 산정

지간 중앙에서 편심거리 $e_p = 62 - 33 = 29$cm, 지점에서 $e_p = 0$

$\therefore$ aa 단면에서 편심거리 $e_p = 29 \times \dfrac{305}{456} = 19.4\text{cm} = 194\,\text{mm}$

$\therefore d_p = e_p + y_1 = 330 + 194 = 524\,\text{mm} < 0.8h = 0.8 \times 740 = 592\,\text{mm}$ N.G

d_p는 $0.8h$ 보다 커야 하므로 Use $d_p = 592\,\text{mm}$

▶ M_{cr} 산정

콘크리트 하면의 응력

$$f_{se} = \frac{P_e}{A_c} + \frac{P_e e_p}{I_c} y_2 = \frac{1,306,000}{162,500} + \frac{1,306,000 \times 194}{10,335 \times 10^6} \times 410 = 18\,\text{MPa}$$

보의 자중 $w_d = 3900$N/m로 인한 전단력과 모멘트

$$V_d = \frac{1}{2} \times (3900 \times 13.7) - 3900 \times 3.05 = 14,820\,\text{N}$$

$$M_d = \frac{1}{2} \times 3900 \times 13.7 \times 3.05 - 3900 \times 3.05 \times \frac{3.05}{2} = 63,340\,\text{Nm},$$

$$f_d = \frac{M_d}{I_c} y_2 = 2.5\,\text{MPa}$$

$$\therefore\ M_{cr} = \frac{I_c}{y_b}(0.50\sqrt{f_{ck}} + f_{se} - f_d) = \frac{10,335 \times 10^6}{410}(0.5\sqrt{35} + 18 - 2.5) = 466\,\text{kNm}$$

> V_i, $M_{\max}$ **산정**

추가사하중과 활하중에 의한 aa 단면에서 계수 전단력과 계수 휨모멘트는 하중계수를 적용하여

$$V_i = \frac{1}{2}(1.2 \times 4,500 + 1.6 \times 19,000) \times 13.7 - (1.2 \times 4,500 + 1.6 \times 19,000) \times 3.05$$

$$= 136,000\,\text{N}$$

$$M_{\max} = \frac{1}{2}(1.2 \times 4,500 + 1.6 \times 19,000) \times 13.7 \times 3.05 - \frac{1}{2}(1.2 \times 4,500 + 1.6 \times 19,000)$$

$$\times 3.05^2 = 581,400\,\text{Nm}$$

> V_{ci} **산정**

$$V_{ci} = 0.05\sqrt{f_{ck}}\,b_w d + V_{d0} + \frac{V_i M_{cr}}{M_{\max}}$$

$$= 0.05\sqrt{35} \times 130 \times 592 + 14,820 + \frac{136,000 \times 46,600 \times 10^4}{581,400 \times 10^3} = 146,600\,\text{N}$$

$$V_{ci} \geq 0.14\sqrt{f_{ck}}\,b_w d (= 0.14\sqrt{35} \times 130 \times 592 = 63,800\,\text{N}) \qquad\qquad \text{O.K}$$

> V_{cw} **산정**

P_e에 의한 단면 도심의 콘크리트 응력 $f_{pc} = \dfrac{P_e}{A_c} = \dfrac{1,306,000}{162,500} = 8\,\text{MPa}$

$$V_p = P_e \sin\theta = 1306 \times \frac{0.29}{4.56} = 83\,\text{kN}$$

$$V_{cw} = (0.29\sqrt{f_{ck}} + 0.3 f_{pc})b_w d + V_p = (0.29\sqrt{35} + 0.3 \times 8) \times 130 \times 592 + 83000$$

$$= 398,500\,\text{N}$$

$$\therefore\ V_{ci} < V_{cw},\ V_c = V_{ci} = 146,600\,\text{N}$$

► 전단철근 산정

$$V_u = \frac{1}{2}[1.2 \times (3900 + 4500) + 1.6 \times 19000] \times 13.7 - [1.2 \times (3900 + 4500) + 1.6 \times 19000]$$
$$\times 3.05 = 153,800\,\mathrm{N}$$

$$\phi V_s = V_u - \phi V_c = 153,800 - 0.75 \times 146,600 = 43,850\,\mathrm{N}$$

$$\phi\left(\frac{2}{3}\sqrt{f_{ck}}\,b_w d\right) = 0.75 \times \frac{2}{3}\sqrt{35} \times 130 \times 592 = 227,000\,\mathrm{N} > \phi V_s$$

$$\phi\left(\frac{1}{3}\sqrt{f_{ck}}\,b_w d\right) = 0.75 \times \frac{1}{3}\sqrt{35} \times 130 \times 592 = 113,500\,\mathrm{N} > \phi V_s$$

Use D10($A_s = 2 \le g \times 71.3 = 142.6\,\mathrm{mm^2}$)

$$s = \frac{\phi A_v f_y d}{V_u - \phi V_c} = \frac{0.75 \times 142.6 \times 300 \times 592}{43850} = 433\,\mathrm{mm} < 0.75h\,(= 555\,\mathrm{mm}),\ 600\,\mathrm{mm}\ \ \mathrm{O.K}$$

► 최소전단철근 검토

$$A_{v.\min} = 0.0625\sqrt{f_{ck}}\,\frac{b_w s}{f_y}(= 0.16s) \ge 0.35\frac{b_w s}{f_y}(= 0.15s)$$

$$\therefore A_{v.\min} = 0.16s \qquad s \le \frac{142.6}{0.16} = 891\,\mathrm{mm} \qquad\qquad \mathrm{O.K}$$

$$A_{v.\min} = \frac{A_p}{80}\frac{f_{pu}}{f_y}\frac{s}{d}\sqrt{\frac{d}{b_w}} = 0.32s \qquad \therefore s \le \frac{142.6}{0.32} = 446\,\mathrm{mm} \qquad \mathrm{O.K}$$

따라서 aa단면에서 스터럽(D10)의 최대간격을 400mm로 한다.

PSC 전단설계

다음과 같은 단순지지된 PSC 구조물을 합성단면으로 만들고자 한다. 접합면은 충분한 깊이로 거칠게 처리할 계획이다. 접합면의 공칭수평전단을 검토하고, 1/2 지간에 설치할 U형 스터럽(D13, $A_s = 119\text{mm}^2$)의 개수를 구하시오(단, 고정하중 및 활하중 등을 합한 계수 하중 = 50kN/m, 지간 = 18m, $A_p = 1{,}774\text{mm}^2$, $f_{ps} = 1{,}700\text{MPa}$, $\phi_v = 0.75$, $f_y = 400\text{MPa}$, 슬래브 콘크리트의 $f_{ck} = 21\text{MPa}$, 거더 콘크리트의 $f_{ck} = 35\text{MPa}$).

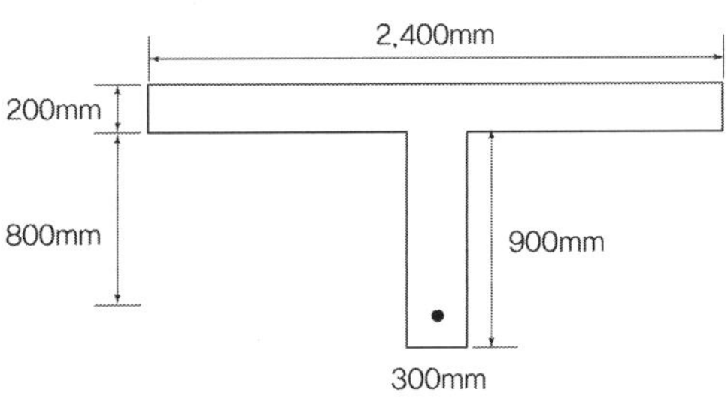

▶ 개요

표면은 충분히 거칠고 최소 전단철근량을 전단연결재로 사용하였을 경우

$$V_{nh} = 3.5 b_v d_p = 3.5 \times 300 \times 1000 = 1050\,\text{kN}$$

그 외의 경우 $V_{nh} = 0.56 b_v d_p = 168\,\text{kN}$

▶ 독립 T형보 판단

$$t_f > \frac{1}{2} b_w, \ b < 4 b_w (= 1{,}200\text{mm}) \qquad \text{N.G}$$

$$\therefore \ b_e = 4 t_f = 1{,}200\text{mm}$$

▶ V_u 산정

Assume $f_{py}/f_{pu} > 0.85 \qquad \gamma_p = 0.85, \ \rho_p = \dfrac{A_p}{b_e d} = \dfrac{1774}{1200 \times 1000} = 0.001478$

$$f_{ps} = f_{pu}\left[1 - \frac{\gamma_p}{\beta_1} \rho_b \frac{f_{pu}}{f_{ck}}\right] = 1700 \times \left[1 - \frac{0.85}{0.85} \times 0.001478 \times \frac{1770}{21}\right] = 1488.22\,\text{MPa}$$

$$T = A_p f_{ps} = 1774 \times 1488.22 = 2640.11 \, \text{kN}$$

$$C = 0.85 f_{ck} b_e t_f = 0.85 \times 21 \times 1200 \times 200 = 4284 \, \text{kN}$$

$$\therefore \ V_u = \min[T, \ C] = 2640.11 \, \text{kN}$$

▶ 전단연결재 검토

$$V_u > \phi V_{nh} \, (= 0.75 \times 168 = 126 \text{kN}) \qquad \therefore \ \text{전단연결재 보강 필요}$$

$$\phi V_n = \phi \mu A_{vf} f_y = 0.75 \times 1.0 \times 400 A_{vf} > V_u$$

$$\therefore \ A_{vf} > 8800.36 \, \text{mm}^2$$

$$n > \frac{8800.36}{2^{\leq g} \times 119} = 36.9 \, \text{EA} \qquad \text{Use } n = 37 \, \text{EA}$$

04 PSC 비틀림 설계

종래의 콘크리트 구조물에서는 비틀림에 영향을 2차적인 것으로 보고 무시하였으나 최근 구조물의 대형화, 제한된 입지조건으로 인한 비대칭 구조 채택 등으로 인해 다음의 캔틸레버 슬래브나 박스거더 교량의 비틀림을 받는 경우처럼 비틀림의 영향을 설계에 고려하는 경우가 많아졌다.

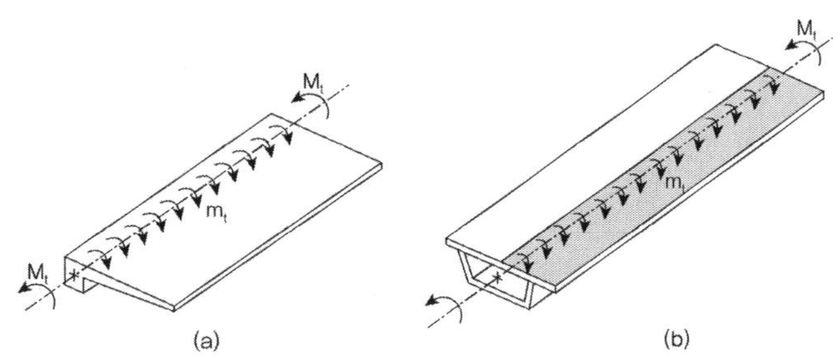

1. PSC부재의 균열 비틀림 모멘트

1) 복부철근이 없는 보

복부철근이 없고 PS힘의 작용도 없는 콘크리트 보에서 비틀림 모멘트 T를 받을 경우 콘크리트가 탄성을 나타내는 동안에는 비틀림 전단응력은 그림과 같은 분포를 나타낸다. 이때 최대전단응력은 긴 변의 중앙에서 발생하며 콘크리트가 비탄성 변형을 나타내면 응력은 파선으로 나타낸 분포를 보인다.

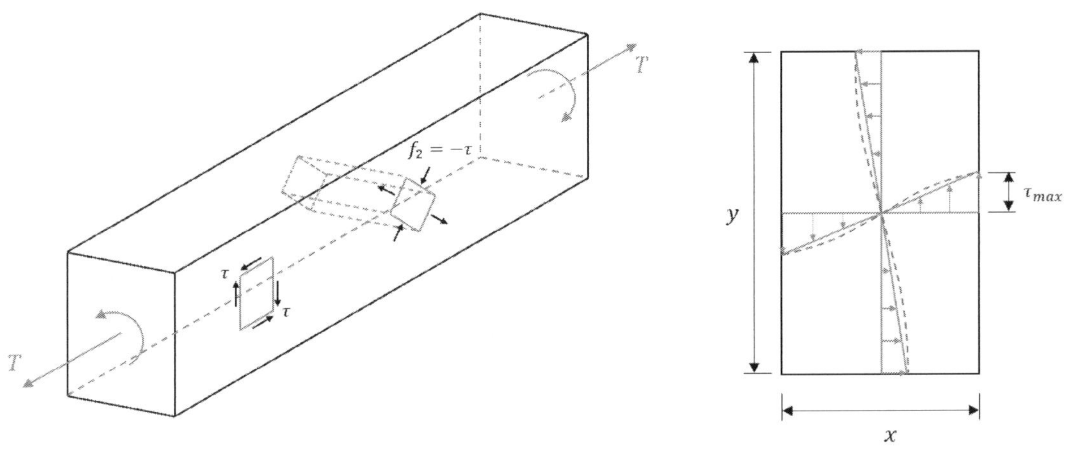

사인장 응력이 콘크리트의 인장강도를 초과하면 균열이 발생하며 이때의 비틀림모멘트를 균열 비틀림 모멘트라 하고 T_{cr} 로 나타낸다.

2) 박벽관 입체 트러스 이론(Thin-walled tube, space truss analogy)

전단응력은 부재 둘레를 둘러감은 두께 t에 걸쳐서 일정한 것으로 보고 그림과 같은 박벽관으로 되어 있다고 본다. 관의 벽 안에서 비틀림 모멘트는 전단흐름(shear flow) q에 의해 저항된다. 이 때의 q는 관의 둘레 길이에 따라 일정한 것으로 본다.

비틀림 모멘트 T_{cr} 에 의해서 나선형 균열이 발생하며 발생된 균열을 따라 나선형 콘크리트를 사재(Spiral concrete diagonal)로 보고 폐쇄 스터럽은 횡방향 인장타이(tension tie), 종방향 철근은 인장현(tension chord)으로 이루어진 입체 트러스(space truss)로 취급하는 이론이다.

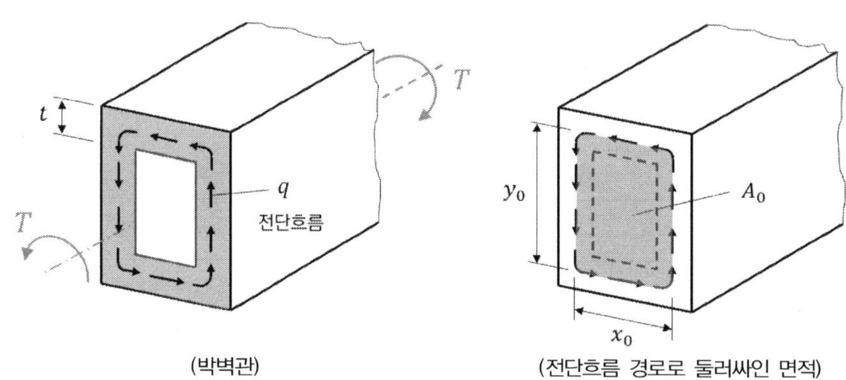

(박벽관)　　　　(전단흐름 경로로 둘러싸인 면적)

$$T = 2qx_0y_0/2 + 2qx_0y_0/2 = 2qx_0y_0 = 2qA_0, \; (\because \; A_0 = x_0y_0)$$

$$\tau = \frac{q}{t} = \frac{T}{2A_0 t}$$

3) RC보의 균열 비틀림 모멘트

$$T_{cr} = \frac{1}{3}\lambda\sqrt{f_{ck}}\frac{A_{cp}^2}{p_{cp}} \qquad (f_{pc} : P_e \text{에 의한 단면 도심에서 콘크리트 압축응력})$$

4) PSC보의 균열 비틀림 모멘트

비틀림 균열하중이 프리스트레스에 의하여 증가되는 것을 고려하여 RC부재의 균열 비틀림 모멘트에 $\sqrt{1 + \dfrac{f_{pc}}{\lambda\sqrt{f_{ck}}/3}}$ 배를 취한다. 이때 $(1/3)\lambda\sqrt{f_{ck}}$ 는 콘크리트의 인장강도 f_{ct} 이다.

콘크리트구조설계기준

$$\phi T_{cr} = \phi\frac{\lambda\sqrt{f_{ck}}}{3}\frac{A_{cp}^2}{p_{cp}} \times \sqrt{1 + \frac{f_{pc}}{\lambda\sqrt{f_{ck}}/3}}$$

여기서 f_{pc} 는 P_e 에 의한 단면 도심에서 콘크리트 압축응력

2. PSC 부재의 비틀림 설계 : 강도설계법

1) $T_u \leq \phi T_n (\phi = 0.75)$

2) 비틀림 영향 고려 여부 확인

$$T_u < \phi \frac{1}{4} T_{cr} = \phi \frac{\lambda \sqrt{f_{ck}}}{12} \frac{A_{cp}^2}{p_{cp}} \times \sqrt{1 + \frac{f_{pc}}{\lambda \sqrt{f_{ck}}/3}} \quad \text{이면 비틀림 영향을 무시한다.}$$

$(A_{cp} = xy(\text{전체 면적}),\ p_{cp} = 2(x+y)(\text{둘레길이}))$

위의 값 이상인 경우에는 콘크리트의 비틀림 강도의 영향은 무시하고 스터럽만 비틀림에 저항하는 것으로 보고 설계한다.

3) 비틀림 강도 산정

$$T_n = \frac{2A_0 A_t f_{yv}}{s} \cot\theta \ (A_0 = 0.85 A_{oh}) \qquad \therefore \frac{2A_t}{s} = \frac{T_n}{A_0 f_{yt} \cot\theta}$$

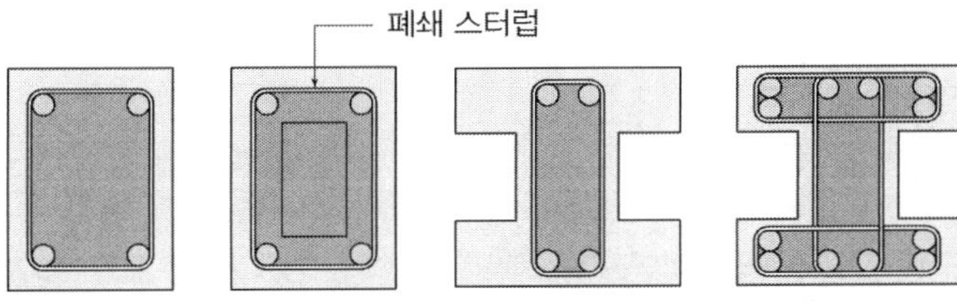

A_{cp} : 외부둘레로 둘러싸인 전체 면적

p_{cp} : A_{cp}의 둘레면적

A_{oh} : 스터럽의 중심선으로 둘러싸인 면적

$A_0 = 0.85 A_{oh}$

p_h : A_{oh}의 둘레면적

4) 스터럽 철근량 및 간격 결정

$$\frac{A_{v+t}}{s} = \frac{A_v}{s} + \frac{2A_t}{s}, \qquad s \leq \min[p_h/8,\ 300\text{mm}]$$

(최소 횡방향 철근량) $A_v + 2A_t \geq 0.0625 \sqrt{f_{ck}} \frac{b_w s}{f_{yv}} \geq 0.35 \frac{b_w s}{f_{yv}}$

단, 비틀림 철근은 $b_t + d$ 이상 연장배치

5) 종방향 철근량 결정(PSC의 $\theta = 37.5°$)

$$A_l = \frac{A_t}{s} p_h \frac{f_{yt}}{f_{tl}} \cot^2\theta \qquad\qquad s \le 300\,\text{mm},\ D_l > (1/24)s$$

(최소 종방향 철근량) $A_l \ge 0.42 \dfrac{\sqrt{f_{ck}}}{f_{yl}} A_{cp} - \left(\dfrac{A_t}{s}\right) p_h \dfrac{f_{yv}}{f_{yl}}$, 단, $\dfrac{A_t}{s} \ge 0.175 \dfrac{b_w}{f_{yv}}$

6) 최소 비틀림 철근

(최소 횡방향 철근량)

$$A_v + 2A_t \ge 0.063\sqrt{f_{ck}}\, b_w \frac{s}{f_{yv}} \ge 0.35 b_w \frac{s}{f_{yv}} \qquad \text{단, 비틀림 철근은 } b_t + d \text{ 이상 연장배치}$$

(최소 종방향 철근량)

$$A_l \ge 0.42 \frac{\sqrt{f_{ck}}}{f_{yl}} A_{cp} - \left(\frac{A_t}{s}\right) p_h \frac{f_{yv}}{f_{yl}} \qquad\qquad \text{단, } \frac{A_t}{s} \ge 0.175 \frac{b_w}{f_{yv}}$$

7) 사용성 검토

사용하중하에서 전단과 비틀림의 조합작용으로 인한 경사균열의 폭은 계수 전단력 및 계수 비틀림 모멘트로 계산된 전단응력 $\tau_{\max}$ 를 다음과 같이 제한함으로써 규제한다.

$$\tau_{\max} \le \phi \left(\frac{V_c}{b_w d} + \frac{2}{3} \sqrt{f_{ck}} \right)$$

(Hollow Section)	(Solid Section)
$\dfrac{V_u}{b_w d} + \dfrac{T_u p_h}{1.7 A_{oh}^2} \le \phi\left(\dfrac{V_c}{b_w d} + \dfrac{2}{3}\sqrt{f_{ck}}\right)$	$\sqrt{\left(\dfrac{V_u}{b_w d}\right)^2 + \left(\dfrac{T_u p_h}{1.7 A_{oh}^2}\right)^2} \le \phi\left(\dfrac{V_c}{b_w d} + \dfrac{2}{3}\sqrt{f_{ck}}\right)$

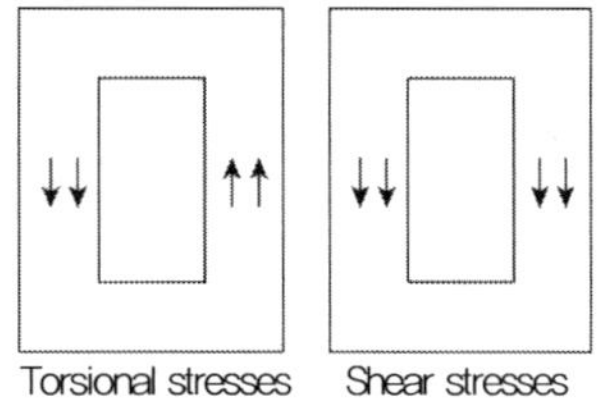

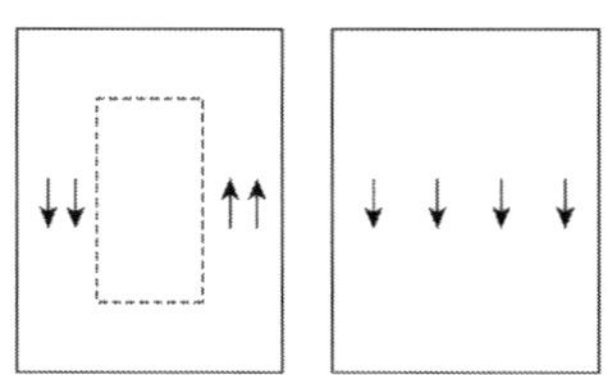

(전단과 비틀림 조합을 받는 부재의 전단응력)

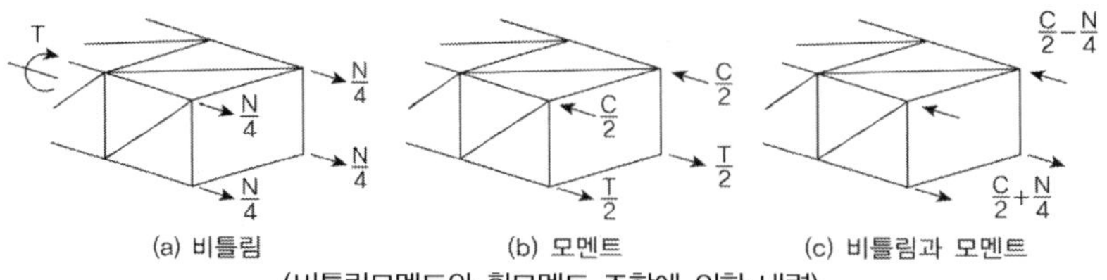

(비틀림모멘트와 휨모멘트 조합에 의한 내력)

KDS 24 14 21 콘크리트교 설계기준(한계상태설계법)의 비틀림 설계기준은 기본적으로 강도설계법의 비틀림설계기준과 유사하나, 표현 방법에서 다소 차이가 있다. 비틀림 작용을 유효 벽두께 t_i에 작용하는 전단력으로 변환한 후 유효 벽두께 부분에 작용하는 전단력과 합하여 계수 전단력 $V_{u,i}$를 결정하고 이 계수 전단력을 대상으로 강도를 검증하여 설계한다. 이때 전단철근이 보강되지 않은 균열 단면의 설계전단강도 $V_{cd,i}$ 이상일 경우 소요 전단철근량 이상의 횡방향철근을 배치하도록 한다.

$$V_{cd,i} < V_{u,i} \leq V_{d,\max,i}$$

1. 전단철근이 보강되지 않은 균열 단면의 설계전단강도 $V_{cd,i} = [0.85\phi_c\chi(\rho f_{ck})^{1/3} + 0.15f_n]t_i d$

2. 계수전단력 $V_{u,i}$: 비틀림 계수전단력 $V_{u,ti}$ + 전단력 작용 계수전단력 $V_{u,vi}$

   ① 비틀림 계수 전단력 : $V_{u,ti} = qy_i = v_{t,i}t_i y_i = \left(\dfrac{q}{t_i}\right)t_i y_i = \left(\dfrac{T}{2A_0 t_i}\right)t_i y_i$, $t_i = \dfrac{A_{cp}}{p_{cp}}$,

   Hollow 단면의 경우 $t_i \leq t$, Solid 단면의 경우 $2t_c \leq t_i \leq A_{cp}/p_{cp}$

   ② 계수 전단력 : $V_{u,ti} = v_{v,i}t_i y_i = \left(\dfrac{V_u}{b_w d}\right)t_i y_i$

   ③ 합력 $V_{u,i} = V_{u,ti} + V_{u,vi} = (v_{t,i} + v_{v,i})t_i y_i$

3. 유효 벽두께의 최대설계전단강도 $V_{d,\max,i}$

$$V_{d,\max,i} = \dfrac{\alpha_{cw}\nu\phi_c f_{ck}t_i z}{\cot\theta + \tan\theta}$$ $\alpha_{cw} : 1 + f_n/\phi_c f_{ck}(0 \leq f_n \leq 0.25\phi_c f_{ck})$, $1.25(0.25\phi_c f_{ck} \leq f_n \leq 0.5\phi_c f_{ck})$,

$$2.5(1 - f_n/\phi_c f_{ck})(0.5\phi_c f_{ck} \leq f_n \leq 1.0\phi_c f_{ck})$$

4. 소요 횡방향 철근량 $s_{\max} = \min\left[p_{cp}/8,\ 0.75d,\ \text{단면치수 중 제일 작은 값}\right]$

   ① 비틀림만 작용하는 경우 $T_d = 2\phi_s f_{vy}A_v A_0 \dfrac{\cot\theta}{s} \leq T_{d,\max} = 2\alpha_{cw}\nu\phi_c f_{ck}t_i A_0 \sin\theta\cos\theta$

   $$\left(\dfrac{A_{v,i}}{s}\right)_{req} = \dfrac{T_u}{\phi_s(2A_0)f_{vy}}\tan\theta$$

   ② 전단력과 비틀림 모두 작용하는 경우 $\left(\dfrac{A_{v,i}}{s}\right)_{req} = \dfrac{V_{u,i}}{\phi_s f_{vy}z}\tan\theta$, $\rho_{v,\min} = \dfrac{0.08\sqrt{f_{ck}}}{f_{vy}}$

5. 부재의 최대 강도 검증

   ① 속찬(solid) 단면 $\left(\dfrac{T_u}{T_{d,\max}}\right)^2 + \left(\dfrac{V_u}{V_{d,\max}}\right)^2 \leq 1.0$, 여기서 $T_u \leq \dfrac{V_u b_w}{4.5}$, $V_u\left(1 + \dfrac{4.5T_u}{V_u b_w}\right) \leq V_{cd}$

   $$V_{d,\max,i} = \dfrac{\alpha_{cw}\nu\phi_c f_{ck}b_w z}{\cot\theta + \tan\theta}, \quad T_{d,\max} = 2\alpha_{cw}\nu f_{cd}A_k t_i \sin\theta\cos\theta, \quad V_{cd} = [0.85\phi_c\chi(\rho f_{ck})^{1/3} + 0.15f_n]b_w d$$

   ② 속빈(hollow) 단면 $\left(\dfrac{T_u}{T_{d,\max}}\right) + \left(\dfrac{V_u}{V_{d,\max}}\right) \leq 1.0$

6. 종방향 비틀림 철근 $\sum A_{sl} = \dfrac{T_u p_0}{2\phi_s f_y A_0}\cot\theta$

PSC 비틀림설계

그림과 같은 단면을 가진 단순보가 24.8kN/m의 추가 사하중과 17.8kN/m의 활하중을 둘 다 22cm의 편심거리로 받고 있다. 보는 $P_e = 1,360$kN의 유효 프리스트레스 힘이 $d_p = 61$cm의 유효 깊이를 가지고 작용하고 있다. 받침부로부터 $h/2$ 떨어진 단면의 전단철근과 비틀림 철근을 설계하라(단, $f_{ck} = 35$MPa, $f_y = 300$MPa이다).

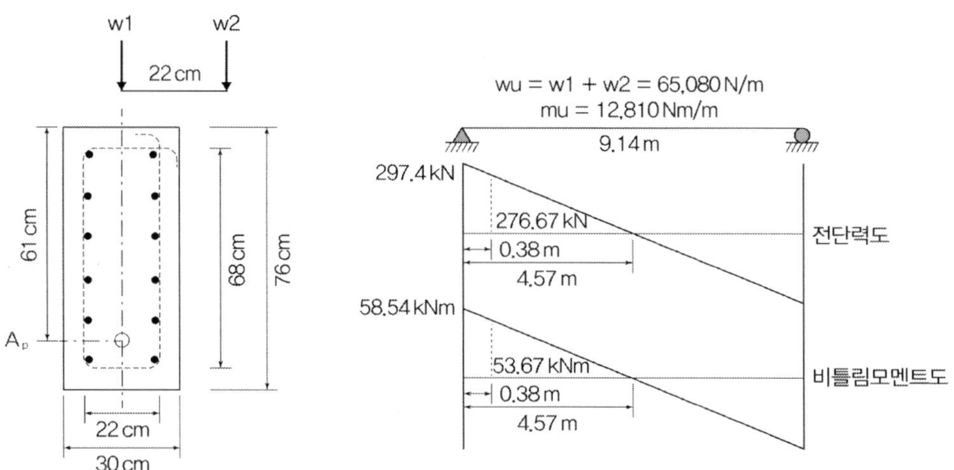

▶ 하중

1) 보의 자중 $2,500(\text{kg/m}^3) \times 0.3 \times 0.76 = 570kgf/m= 5,700$N/m

2) 계수하중 $w_1 = 1.2w_d = 6,840$N/m$= 6.84$kN/m

$$w_2 = 1.2w_{d1} + 1.6w_l = 1.2 \times 24.8 + 1.6 \times 17.8 = 58.24\text{kN/m}$$

▶ 지점의 계수 전단력과 비틀림 모멘트

$$V_u = \frac{1}{2}(w_1 + w_2)l = 297.416\,\text{kN}$$

$$T_u = (w_2 \times 0.22) \times \frac{l}{2} = 58.55\,\text{kNm}$$

$$V_u = 297.416 - (6.84 + 58.24) \times \frac{0.76}{2} = 272.686 \text{ kN}, \ T_u = 53.686 \text{kNm}$$

➤ **비틀림 철근 보강 여부**

$$A_{cp} = 760 \times 300 = 228,000 \text{mm}^2 \ p_{cp} = 2 \times (760 + 300) = 2,120 \text{mm}$$

$$f_{pc} = \frac{P_e}{A_c} = \frac{1360 \times 10^3}{228,000} = 5.96 \text{MPa}$$

$$T_{\min} = \phi \frac{1}{4} T_{cr} = \phi \frac{1}{12} \sqrt{f_{ck}} \frac{A_{cp}^2}{p_{cp}} \times \sqrt{1 + \frac{f_{pc}}{\sqrt{f_{ck}/3}}}$$

$$= 0.75 \times \frac{1}{12} \times \sqrt{35} \times \frac{228,000^2}{2120} \times \sqrt{1 + \frac{5.96}{\sqrt{35/3}}} = 15.02^{kNm} < T_u$$

비틀림 철근 보강 !!

➤ **단면 적정성 검토**

$$A_{oh} = 220 \times 680 = 149,600 \text{ mm}^2$$

$$A_0 = 0.85 A_{oh} = 127,160 \text{ mm}^2$$

$$p_h = 2(220 + 680) = 1800 \text{ mm}$$

$$\sqrt{\left(\frac{V_u}{b_w d}\right)^2 + \left(\frac{T_u p_h}{1.7 A_{oh}^2}\right)^2} (= 2.94) \leq \phi \left(\frac{V_c}{b_w d} + \frac{2}{3} \sqrt{f_{ck}}\right) = \phi \frac{5}{6} \sqrt{f_{ck}} (= 3.697) \quad \text{O.K}$$

➤ **비틀림 철근과 전단철근**

$$M_u = V_{지점} \times 0.38 - \frac{(w_1 + w_2)}{2} \times 0.38^2 = 297.416 \times 0.38 - \frac{(6.84 + 58.24)}{2} \times 0.38^2$$

$$= 108.319 \text{ kNm}$$

실용식 적용

$$V_c = \left(0.05 \sqrt{f_{ck}} + 4.9 \frac{V_u d}{M_u}\right) b_w d = \left(0.05 \sqrt{35} + 4.9 \frac{272.686 \times 610 \times 10^3}{108.319 \times 10^6}\right) \times 300 \times 610$$

$$= 950.83 \text{kN}$$

여기서 $\dfrac{1}{6} \sqrt{f_{ck}} b_w d (= 180.4\text{kN}) \leq V_c \leq \dfrac{5}{12} \sqrt{f_{ck}} b_w d (= 451.1\text{kN})$ 이어야 하므로

$$V_c \fallingdotseq \frac{1}{6} \sqrt{f_{ck}} b_w d = 180.4 \text{kN}$$

$$\phi V_s = \phi A_v f_y \frac{d}{s} = V_u - \phi V_c$$

$$\therefore \frac{A_v}{s} = \frac{V_u - \phi V_c}{\phi f_y d} = \frac{272.686 \times 10^3 - 0.75 \times 180.4 \times 10^3}{0.75 \times 300 \times 610} = 0.672\,\text{mm}^2/\text{mm}$$

$$T_u = \phi T_n = \phi \frac{2A_0 A_t f_{yv}}{s} \cot\theta$$

$$\therefore \frac{2A_t}{s} = \frac{T_u}{\phi A_o f_{yt} \cot 37.5} = \frac{53.686 \times 10^6}{0.75 \times 127160 \times 300 \times \cot 37.5} = 1.44\,\text{mm}^2/\text{mm}$$

$$\frac{A_{v+t}}{s} = \frac{A_v}{s} + \frac{2A_t}{s} = 2.112\,\text{mm}^2/\text{mm}$$

최소철근량 $A_v + 2A_t \geq 0.063\sqrt{f_{ck}}\, b_w \frac{s}{f_{yv}} \geq 0.35 b_w \frac{s}{f_{yv}}$ 로부터

$$\frac{A_{v+t}}{s} = \frac{A_v}{s} + \frac{2A_t}{s} = 2.112\,\text{mm}^2/\text{mm} \geq 0.063\frac{\sqrt{f_{ck}}}{f_{yv}} b_w = 0.37,\ 0.35\frac{b_w}{f_{yv}} = 0.35 \quad \text{O.K}$$

비틀림 철근의 간격 $s \leq \min[p_h/8,\ 300\,\text{mm}] = 225\,\text{mm}$

전단철근의 간격 $s \leq \min[0.75h,\ 600\,\text{mm}] = 570\,\text{mm}$

D16 스터럽 사용 시 $A_s = 2 \leq g \times 198.6 = 397\,\text{mm}^2$

$\quad \therefore s \geq 187.9\,\text{mm}$ Use D16@150mm

▶ 종방향 철근

$$A_l = \frac{A_t}{s} p_h \frac{f_{yt}}{f_{tl}} \cot^2\theta = 0.72 \times 1800 \times 1 \times \cot^2 37.5 = 2{,}231\,\text{mm}^2$$

$$A_{l.\min} \geq 0.42\frac{\sqrt{f_{ck}}}{f_{yl}} A_{cp} - \left(\frac{A_t}{s}\right) p_h \frac{f_{yv}}{f_{yl}} = 0.42\frac{\sqrt{35}}{300} \times 228000 - 0.72 \times 1{,}800 = 592.4\,\text{mm}^2$$

D16 사용 시 $A_s = 198.6\,\text{mm}^2$

$$n = \frac{2231}{198.6} = 11.2\text{EA} \qquad \therefore 12\text{개 사용}$$

2개씩 5열 배치 $s = \dfrac{680}{5} = 136\,\text{mm} \leq 300\,\text{mm} \qquad \text{O.K}$

정착부 설계와 STM

정착부 설계와 STM

01 긴장재의 정착

1. 프리스트레싱 방식에 따른 긴장재의 정착과 주의사항

프리스트레스트 콘크리트 부재에서 설계자가 의도한 압축력을 콘크리트 단면에 작용하려면 긴장재 양단이 충분히 정착되어야 하는데 긴장재가 콘크리트에 정착되는 구간을 정착구역(anchorage zone)이라고 한다. 프리텐션 부재의 경우 긴장재와 콘크리트 사이의 부착에 의하여 압축력이 전달되고 정착되기 때문에 긴장재의 단부에서 일정한 길이 l_t(전달길이)만큼 떨어진 위치부터 완전한 긴장력이 작용한다. 포스트텐션 부재의 경우 부재 단부에서 정착판을 통한 지압에 의하여 콘크리트에 압축력이 전달되어 정착되기 때문에 긴장재에는 단부부터 전체 길이에 걸쳐 일정한 긴장력이 작용하는 차이가 있다.

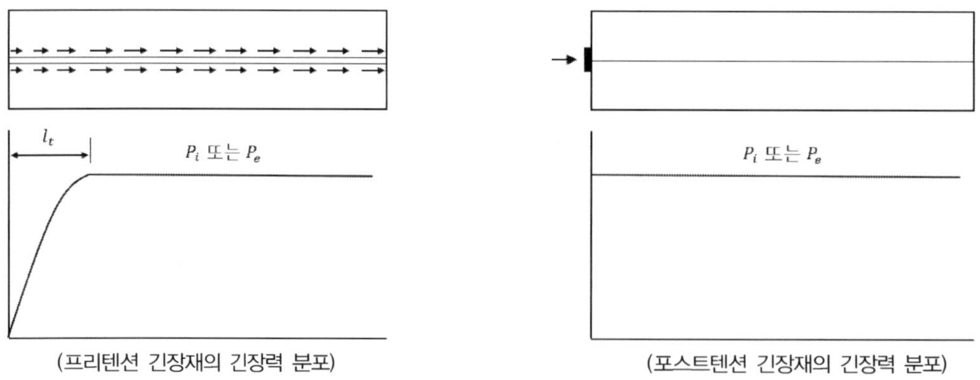

(프리텐션 긴장재의 긴장력 분포)   (포스트텐션 긴장재의 긴장력 분포)

부재가 휨 파괴되기 전에 긴장재 정착구역에서 파괴가 발생하면 부재는 취성 파괴 양상을 보이게 된다. 따라서 휨 파괴될 때까지 정착구역에서는 파괴가 발생되지 않도록 설계해야 한다.

1) 프리텐션 부재의 휨 파괴 단계의 긴장재 정착

긴장재와 콘크리트의 부착으로 정착되는 프리텐션 부재는 긴장재의 단부에서 전달길이 내의 인장응력이 긴장응력보다 작게 나타난다. 이때 하중에 의한 휨모멘트가 작용하면 강재의 변형률과 응력이 증가해 각각 ϵ_{ps}와 f_{ps}에 도달하고 PS 강재와 콘크리트의 부착응력도 증가한다. 이때 부착응력은 긴장력이 도입될 때의 부착응력보다 커서 긴장재의 단부에서 전달길이보다 더 긴 정착길이가 필요하다.

2) 포스트텐션 부재의 휨 파괴 단계의 긴장재 정착

지압에 의하여 긴장되는 포스트텐션 부재는 부착여부에 따라 다른 거동을 보인다. 길장력이 도입된 후 그라우팅 작업으로 긴장재가 콘크리트와 부착된 경우에는 하중에 의해 휨모멘트가 작용하더라도 정착구역까지 그 영향이 미치지 않는 것이 일반적이다. 포스트텐션 부재의 경우 최대 휨모멘트가 작용하는 위치에는 정착구역을 두지 않도록 설계하는 것이 일반적이기 때문이다. 또한 프리스트레싱 강재가 콘크리트에 부착되어 있기 때문에 증가된 휨모멘트에 의하여 증가된 프리스트레싱 강재의 변형률과 응력은 그 위치에만 국부적으로 나타나고 정착구역까지 전달되지 않기 때문이다. 그러나 비부착 긴장재를 사용하는 포스트텐션의 경우 하중에 의하여 휨모멘트가 작용하면 프리스트레싱 강재의 전체 길이에 걸쳐서 변형률과 응력이 증가한다. 따라서 경우에 따라 긴장력이 도입되는 단계보다 하중이 작용하는 단계의 검증이 더 중요하다.

포스트텐션 부재는 정착장치의 정착판에 의해 압축력이 콘크리트에 작용하기 때문에 콘크리트 단면에서 주인장응력이 콘크리트 인장강도를 초과하면 균열이 발생할 수 있다. 때문에 포스트텐션 부재의 정착구역에서는 긴장력에 의한 최대 압축력에 대해 지압파괴나 파열파괴, 할렬파괴가 발생되지 않도록 설계해야 한다.

프리텐션 부재는 프리스트레싱 강재를 인장한 상태에서 콘크리트를 타설한다. 프리스트레싱 강재를 인장하면 포아송 효과에 의하여 프리스트레싱 강재가 길이방향으로 늘어날 때 그 직각방향인 단면 도심 방향으로 수축하는데, 타설 양생 후 긴장재가 이완하면 원래의 상태로 돌아가려 한다. 즉 길이방향으로 줄어들려 하며 방사선 방향으로 팽창하려 하기 때문에 긴장재의 단부가 쐐기 형상으로 부재 내부로 미끄러지며 정착하게 된다. 이와 같은 쐐기 작용을 호이어(Hoyer) 효과라고 한다.

1. 강도설계법에 따른 전달길이와 정착길이 ^{88회/112회/116회}

【 기출유형 ① 】 프리텐션 방식(Pre-tensioning System)의 부재에서 전달길이와 정착길이

1) PSC보에는 PS 강재가 콘크리트 속에서 미끄러지려는 힘이 있으며 이 힘이 강재와 콘크리트 사이에 부착응력과 전단응력을 일으킨다. 미끄러지려는 경향은 두 재료 사이의 부착력, 마찰력 및 기계적 결합력에 의해서 저항된다. 부착응력에는 휨 부착응력(flexural bond stress)과 전달부착응력(transfer bond stress)의 두 종류가 있다. 휨 부착응력은 서로 이웃한 단면에서의 휨모멘트의 차로 인한 긴장재의 인장력의 변화 때문에 발생하며, 균열 발생 전에는 매우 작으나 균열 발생 후에는 매우 크다. 그러나 PSC 설계 시에는 국부적인 부착파괴가 일어나더라도 긴장재의 단부 정착이 유지되는 동안은 전반적인 파괴가 발생하지 않기 때문에 휨 부착응력을 고려할 필요는 없다.

2) 전달길이(transfer length, 도입길이)와 정착길이(development length)

① 전달길이 : 부재단으로부터 소정의 프리스트레스가 도입된 단면까지의 거리, 프리스트레스 힘을 부착에 의해 PS 강재로부터 콘크리트에 전달하는 데 필요로 하는 길이를 말한다. 전달길이는 PS 강재의 인장력의 대소, PS 강재의 지름, PS 강재의 단면형태(강선, 강연선), PS 강재의 표면 상태, 콘크리트의 품질, 재킹 힘의 해제 속도 등에 좌우된다.

$$l_t = 0.145\left(\frac{f_{pe}}{3}\right)d_b = \left(\frac{f_{pe}}{21}\right)d_b \qquad l_t \fallingdotseq 50d_b(\text{강연선}),\ 100d_b(\text{단일강선})$$

② 정착길이 : 유효 프리스트레스 f_{pe}는 사용하중하에서는 일정하지만 초과하중하에서는 PS 강재의 응력은 인장강도 f_{pu}에 가까운 파괴응력 f_{ps}까지 증가한다. 이와 같이 PS 강재가 그 파괴응력 f_{ps}에 도달하는 데 필요로 하는 부착 길이를 정착길이라고 한다. 부착에 의해서 정착력이 강재의 파괴 시까지 견디는 데 필요로 하는 길이를 말한다.

$$l_d = l_t + {l_t}' = 0.145\left(\frac{f_{pe}}{3}\right)d_b + 0.145\left(f_{ps} - f_{pe}\right)d_b = 0.145\left(f_{ps} - \frac{2}{3}f_{pe}\right)d_b$$

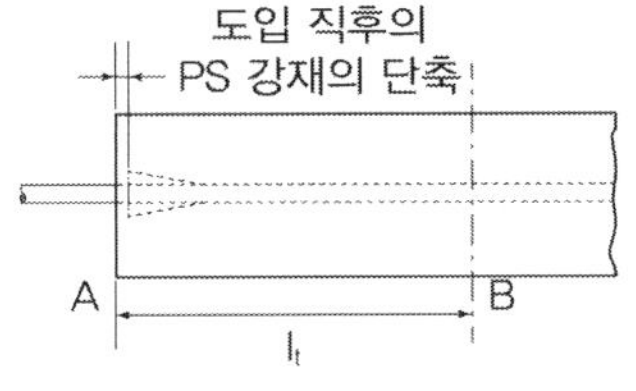

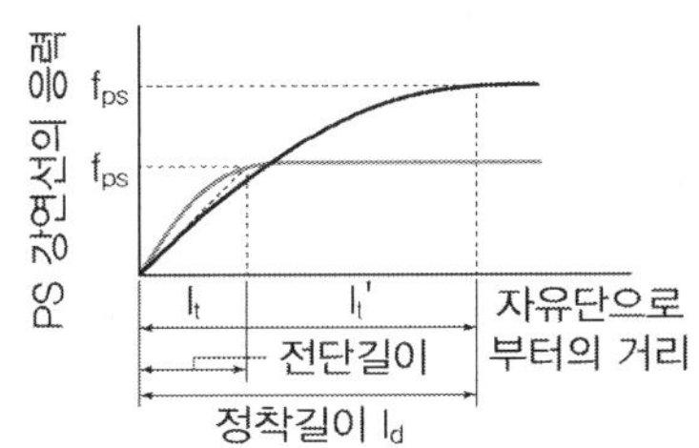

2. 한계설계법에 따른 정착길이

KDS 교량설계기준(한계상태설계법)에서 7가닥 강연선에 대해 다음과 같이 정착길이 산정식에 대해 두 가지 방법으로 규정하고 있다.

$$l_d = \chi\,(0.15 f_{ps} - 0.1 f_{pe})d_b, \qquad \chi = 1.0(\text{보}),\ 1.6(\text{슬래브, 말뚝})$$

$$l_d = \frac{4 f_{pbt} d_b}{f_{ck}} + \frac{6.4\,(f_{ps} - f_{pe})d_b}{f_{ck}} + 250$$

여기서, f_{pbt} 는 프리스트레스 도입 직전 프리스트레싱 강재의 응력(응력제거 강연선 $0.7 f_{py}$, 저릴랙세이션 강연선 $0.75 f_{py}$)

3. 부분 비부착 프리텐션 긴장재 ^{124회}

【 기출유형 ① 】 PSC구조에서 부착 강선, 비부착 강선의 단면 응력에 대한 구조적 거동 특성

긴장재를 하단에 직선 배치하고 완전 부착된 프리텐션 부재는 긴장력에 의한 휨모멘트와 자중에 의한 휨모멘트의 합력 분포가 지점 근처에서 휨균열 모멘트보다 크게 발생하여 균열이 발생할 수 있다. 이러한 균열을 방지하기 위해서는 긴장재를 절곡해 여러 개의 직선으로 구성하는 절곡 긴장재를 사용할 수 있으나 긴장재 방향을 바꾸는 방향전환장치(deviator)를 설치해야 하기 때문에 작업이 복잡하고 비용이 소요된다. 이에 대한 대안으로 긴장재를 직선 배치하면서 지점부에서만 프리스트레스를 감소시키기 위하여 지점부 근처 긴장재 일부를 비부착(debonding)시키는 방법을 사용할 수 있다.

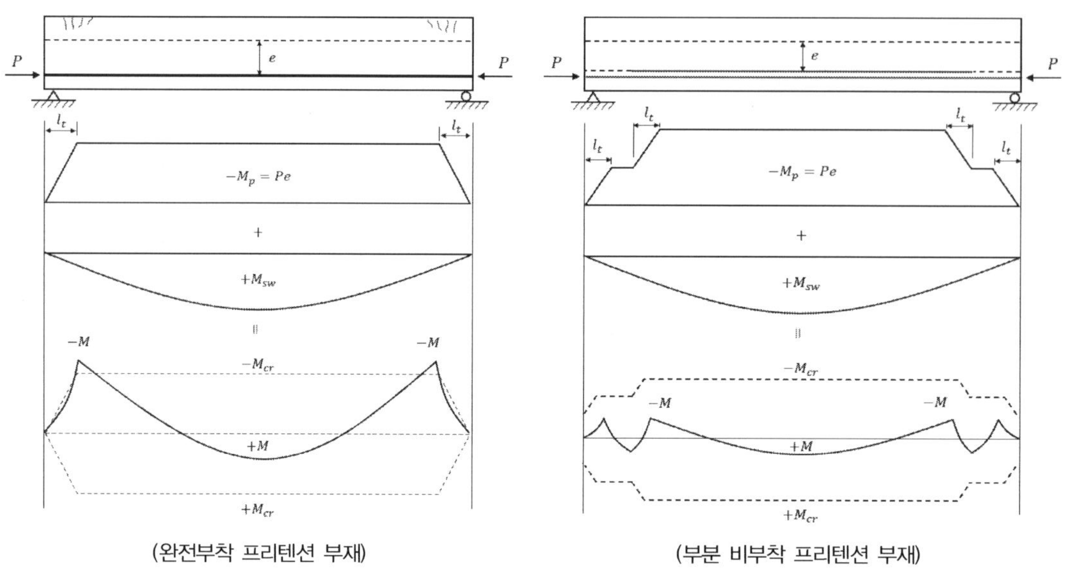

(완전부착 프리텐션 부재)　　　　　　(부분 비부착 프리텐션 부재)

1) 부분 비부착 프리텐션 긴장재의 거동

긴장재의 일부를 단부에서만 부착시키지 않으면 부분 비부착된 긴장재의 비부착 길이가 단부까지 부착된 긴장재의 전달길이 l_t 보다 길게 되어 긴장력과 편심에 의한 휨모멘트 M_p 의 분포가 단부 근처에서 감소하게 된다. 이 휨모멘트 분포는 모든 긴장재가 부착된 경우보다 단부 근처의 휨모멘트가 크게 감소하게 되므로 부재 전체길이에 걸쳐서 휨 균열강도보다 작은 휨모멘트가 작용하게 되어 부재에 균열이 발생되지 않는 특성을 가진다.

2) 비부착 긴장재 구성 방법

긴장재를 비부착시키는 방법으로는 콘크리트를 타설하기 전에 원하는 부분의 긴장재를 플라스틱 튜브 등으로 감싸는 방법이나 긴장재에 그리스 등을 칠한 후 콘크리트와 직접 접촉하지 않도록 보호막을 씌우는 방법 등이 있다.

3) 비부착 긴장재 설계 시 주의사항

프리스트레스트 콘크리트 부재에서 긴장재의 정착파괴가 발생하면 철근 콘크리트 부재에 비해 매우 취성적인 파괴 형태가 나타날 수 있다. 따라서 일부 구간에서 긴장재의 일부가 콘크리트와 부착되지 않는 부분 비부착 프리텐션을 설계할 때에는 정착길이 검증에 보수적 설계가 필요하다.

또한, 부분 비부착 프리텐션 강연선은 정착길이가 길어지는 특성이 있기 때문에 강도설계법에서는 계산된 정착길이를 2배로 증가시키도록 규정하고 있으며, 한계상태설계법(교량설계기준)에서는 χ 값을 2.0을 적용해 부분 비부착 경연선의 정착길이를 결정하도록 규정과 너무 많은 부분적 비부착 강연선을 사용하지 못하도록 총 강연선 수의 25% 이하에만 적용하고, 한 수평열에서 부착되지 않은 강연선의 수는 그 열에 배치된 강연선 수의 40%를 초과하지 않도록 하고 있다.

4. 프리텐션 부재 정착구역 균열 제어 ^{111회/114회}

【 기출유형 ① 】 프리텐션 부재 정착구역의 균열 제어 설계방안

교량에 사용하는 프리텐션 I형 거더에 하중이 작용하기 전에 발생하기 쉬운 균열은 다음의 4가지로 구분된다.

1) 프리텐션 I형 거더의 정착구역 균열 유형

① 복부수평균열(Horizontal web cracks) : 부재 단부의 복부에 넓은 구간에 발생하는 수평균열로 긴장재의 편심작용에 의하여 발생하는 균열이다. 이 균열들은 외부에서 하중이 작용하면 균열폭이 감소하는 경향을 보이며 긴장재의 배치형태나 긴장력의 도입순서에 따라 완화될 수 있다.

② 경사균열(inclined craks) : 부재 단부에서 상부플랜지와 가까운 복부 상단에서부터 단면 중앙부로 다소 길게 발생하는 균열로 절곡배치 되어 경사진 방향으로 배치된 긴장재에 의하여 발생하는 균열이다. 이 균열도 역시 외부에서 하중이 작용하면 균열폭이 감소하는 경향을 보이며 긴장재의 배치 형태나 긴장력 도입 순서를 바꿈으로 완화될 수 있다.

③ 하부 플랜지 Y형 균열(bottom flange Y cracks) : 부재 단부에서 하부 플랜지와 복부가 만나는 부분에 발생하여 아래쪽으로 진전되는 균열로 T형 형태로 나타나기도 한다. 이 균열은 외부에서 하중이 작용하여도 균열폭이 감소하지 않지만 현장타설 콘크리트로 단부 격벽이 설치되는 경우 균열이 구속되기도 한다.

④ 수직 횡방향 균열(vertical cracks) : 부재 단부에서 하부플랜지 윗부분에 부재축과 직각방향으로 발생하는 균열로 긴장력에 의한 압축력이 콘크리트에 도입될 때 지점부의 구속 작용에 의하여 발생하는 균열이다.

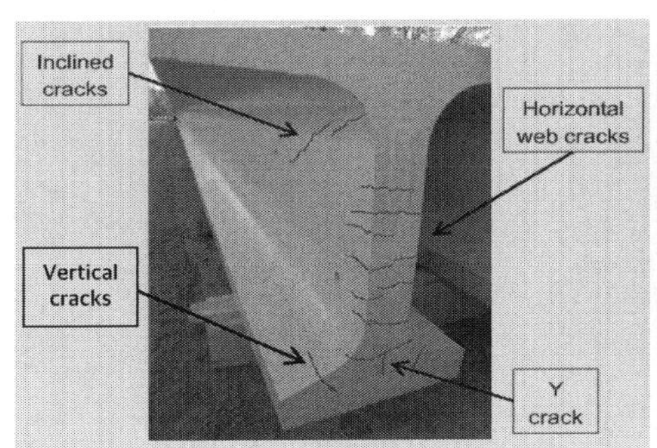

(정착부 균열)

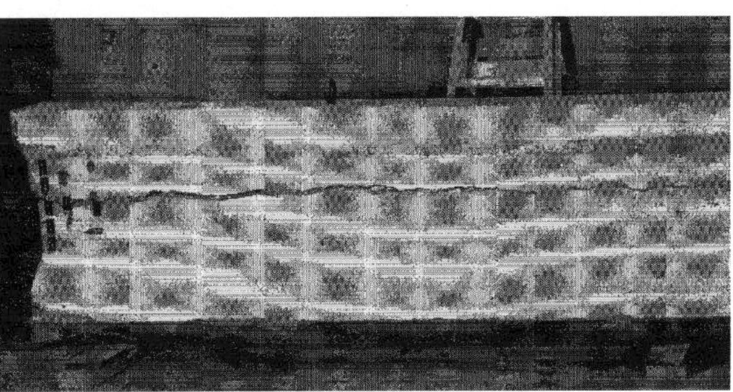

(단부에서 발생되는 수평균열)

2) 균열 저감 방안

① 인양용 장치 설치 위치 : 부재 단부에서 부재 높이 정도 떨어진 위치에 인양용 장치를 설치

② 긴장력 도입 순서 : 단면의 중심방향으로 가장 안쪽에 배치된 긴장재부터 바깥쪽에 배치된 긴장재 순서로 긴장재를 이완시켜 균열 제어

③ 절곡 긴장재 : 절곡 긴장재 배치 시 가능한 절곡 긴장재의 경사각을 감소시키고 분산시켜 제어

④ 부분 비부착 : 긴장재의 일부를 단부에서 비부착해 균열 제어, 특히 하부 플랜지 Y형 균열 제어에 효과가 크다.

⑤ 복부 철근 보강 : 프리텐션 단부에 발생하기 쉬운 균열과 방향을 파악해 효과가 있는 방향으로 철근을 보강한다.

PSC 프리텐션 부재의 전달길이와 정착길이

프리텐션 방식의 프리스트레스트 콘크리트 부재에서 전달길이와 정착길이에 대하여 설명하시오.

풀 이

> ### 개요

PSC보에는 PS 강재가 콘크리트 속에서 미끄러지려는 힘이 있으며 이 힘이 강재와 콘크리트 사이에 부착응력과 전단응력을 일으킨다. 미끄러지려는 경향은 두 재료 사이의 부착력, 마찰력 및 기계적 결합력에 의해서 저항된다. 부착응력에는 휨 부착응력(flexural bond stress)과 전달 부착응력(transfer bond stress)의 두 종류가 있다. 휨 부착응력은 서로 이웃한 단면에서의 휨모멘트의 차로 인한 긴장재의 인장력의 변화 때문에 발생하며, 균열 발생 전에는 매우 작으나 균열 발생 후에는 매우 크다. 그러나 PSC 설계 시에는 국부적인 부착파괴가 일어나더라도 긴장재의 단부 정착이 유지되는 동안은 전반적인 파괴가 발생하지 않기 때문에 휨 부착응력을 고려할 필요는 없다.

> ### 전달길이와 정착길이

1) 전달길이(transfer length, 도입길이) : 부재단으로부터 소정의 프리스트레스가 도입된 단면까지의 거리, 프리스트레스 힘을 부착에 의해 PS 강재로부터 콘크리트에 전달하는 데 필요로 하는 길이를 말한다. 전달길이는 PS 강재의 인장력의 대소, PS 강재의 지름, PS 강재의 단면 형태(강선, 강연선), PS 강재의 표면 상태, 콘크리트의 품질, 재킹 힘의 해제 속도 등에 좌우된다.

$$l_t = 0.145\left(\frac{f_{pe}}{3}\right)d_b \quad (설계기준)\ l_t \fallingdotseq 50d_b(강연선),\ 100d_b(단일강선)$$

2) 정착길이 : 유효 프리스트레스 f_{pe} 는 사용하중하에서는 일정하지만 초과하중하에서는 PS 강재의 응력은 인장강도 f_{pu} 에 가까운 파괴응력 f_{ps} 까지 증가한다. 이와 같이 PS 강재가 그 파괴응력 f_{ps} 에 도달하는 데 필요로 하는 부착 길이를 정착길이라고 한다. 부착에 의해서 정착력이 강재의 파괴 시까지 견디는 데 필요로 하는 길이를 말한다.

$$l_d = l_t + l_t{}' = 0.145\left(\frac{f_{pe}}{3}\right)d_b + 0.145(f_{ps} - f_{pe})d_b = 0.145\left(f_{ps} - \frac{2}{3}f_{pe}\right)d_b$$

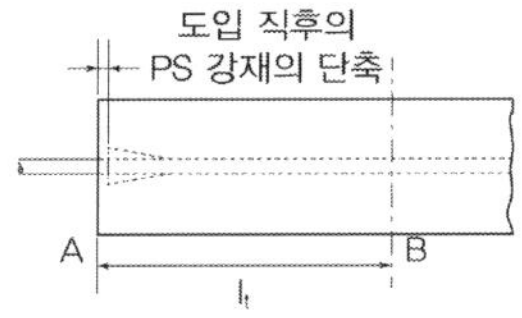

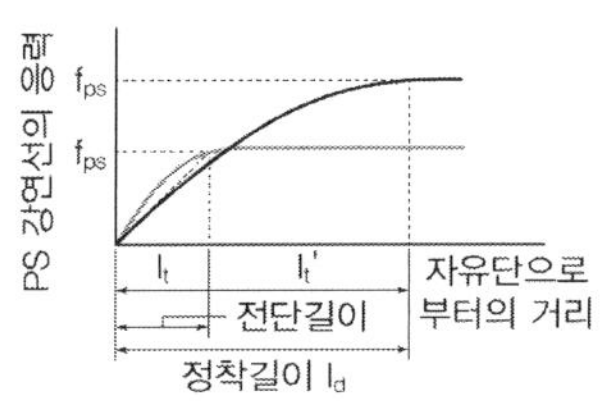

부착 강선과 비부착 강선의 거동

프리스트레스트 콘크리트(PSC)구조에서 부착(Bonded)강선, 비부착(Unbonded)강선의 단면 응력에 대한 구조적 거동 특성을 설명하시오.

풀 이

▶ 개요

프리스트레스트 콘크리트 부재는 일반적으로 프리스트레스 강재가 단면 내부에 설치되고 또한 그라우팅으로써 부착되어 시공된다. 최근 들어 상대적으로 시공이 간편하고, 유지관리가 손쉬운 장점을 가지고 있는 비부착 강선을 갖는 PSC 부재가 장대 교량의 신설이나 기존 교량의 보강공사 등 에 자주 이용되고 있다.

▶ 부착 강선, 비부착 강선의 구조적 거동 특성 차이

① 일반적으로 부착 강선을 갖는 PSC보의 해석은 콘크리트와 강선이 완전히 부착되어 거동한다는 가정하에 단면 적합조건을 이용하게 되나, 비부착 강선을 갖는 부재는 부착 강선을 가진 부재와는 다르게 강선을 정착하는 정착부(anchorage)나 강선과 콘크리트가 접촉하는 부위에서만 부재와 일체거동을 하므로 강선의 응력이 부재의 전체 변형에 영향을 받는 것이 특징이다.

② 비부착 강선 중 외부 강선을 갖는 부재는 부재 변위가 발생할수록 편심량이 변화하여 편심량 변화로 인한 2차 효과가 발생하는 등의 특징을 가지고 있다.

③ 편향부 또는 콘크리트와 강선이 접촉하는 부위는 비부착 강선의 방향전환 역할을 수행하며 낮은 하중효과에서는 고정단처럼 거동하나, 하중효과가 증가하여 강선의 마찰력을 초과하면 슬립현상이 발생하여 강선의 이동 및 프리스트레스 효과가 급격히 감소하는 현상을 유발하는 것으로 알려져 있다

④ 강선의 프리스트레스 효과에 의한 모멘트는 거의 전 구간에 동일한 부모멘트가 발생하게 되며, 다만 전달길이(transfer length)로 알려진 강선의 긴장력이 콘크리트로 완전히 전달되지 않는 구간(대략 단부에서 1m 내외 구간)만 직선 분포를 갖게 된다. 따라서 모든 하중이 작용하는 최종 상태에서 중앙부는 외력과 프리스트레스가 상쇄되어 발생 모멘트가 0에 근접하게 되지만 단부에서는 외력에 의한 모멘트가 적게 발생되어 결과적으로 큰 부모멘트가 발생하게 된다. 이러한 부모멘트는 PSC 거더 상부에 큰 인장응력을 발생시키고 이 응력으로 말미암아 상연에는 균열이 발생하는 문제점이 생긴다. 부착과 비부착 강연선의 개수를 최적화해 조정하면 모든 하중이 작용하는 최종상태에서는 외력과 프리스트레스가 상쇄되도록 단면력을 조정할 수 있다.

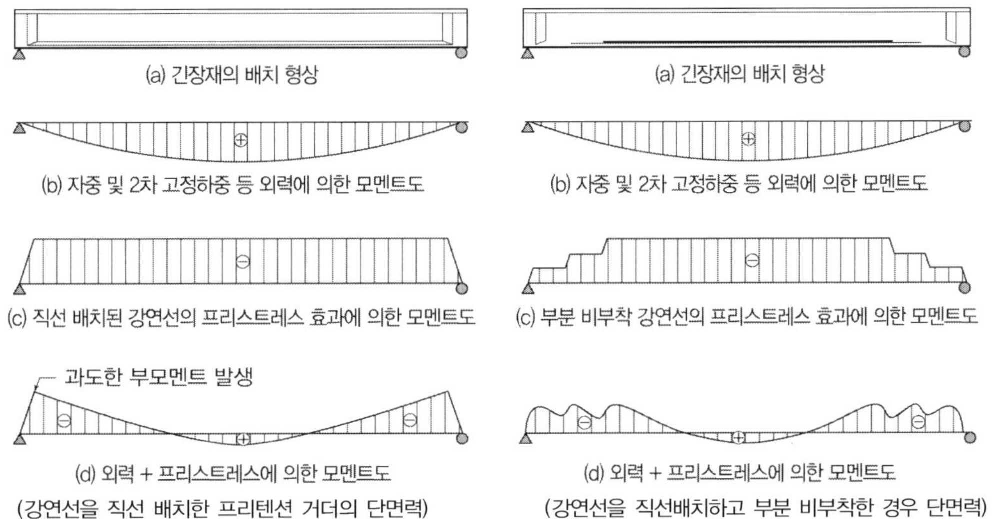

➤ 도로교 설계기준의 제한사항

국내외 설계기준에서 제시하고 있는 비부착 강선의 개수 제한 및 정착 및 전달길이 규정을 적용하면 단면 응력 조절이 용이하지 못하여 거더 단부 상연에서 여전히 균열 발생의 가능성이 있게 되고, 반대로 비부착량을 임의로 과도하게 늘리면 균열의 제어는 용이하나 단부 구역의 취성파괴에 대한 위험이 증대된다.

국내에서는 프리스트레스 콘크리트 거더에 균열을 허용하지 않는 기술자들의 관습으로 인하여 단면 상연 균열의 억제에만 초점을 맞추고 강연선의 비부착량을 한계 이상으로 증가시키기도 하는데 이 경우 반대로 전단강도가 취약해지는 역효과가 발생할 수 있다는 점을 간과할 수 있다. 이에 대하여 설계기준에서는 단면 내의 강연선 비부착량을 총량의 25% 내로 제한하고 있다. 국내에서는 다양한 제품을 프리텐션 공법으로 공장 제작하고 있지만 거더 제품에 관한한 도로 및 운송의 제약으로 아직까지 제품에의 상용화 사례가 많지 않고, 거동에 대한 이해 또한 깊지 않아 강연선의 비부착량을 고려하지 않고 설계 및 시공을 수행하고 있는 실정이다.

정착구역 균열

프리텐션 부재 정착구역의 균열 제어 설계방안을 설명하시오.

풀 이

▶ 개요

프리텐션 PSC 부재는 강연선의 유효 긴장력을 강연선과 이를 둘러싸고 있는 콘크리트의 부착응력에 의해 콘크리트에 전달함으로써 콘크리트 부재의 단점인 인장응력의 발생을 감소시키고자 하는 부재이다. 그러나 프리텐션 중 I형 거더와 같이 세장한 경우 단부에 국부적으로 프리스트레스트가 집중되는 하중에 전단지연이나 국부적 휨으로 인해 균열이 발생되기 쉬우며, 이로 인해 일반적으로 수평균열, 수직균열, 경사균열 등이 발생될 수 있다.

▶ 프리텐션 I형 거더 정착부 균열 유형

프리텐션 I형 거더 정착부 인근에서는 콘크리트 단면부족으로 인한 수평균열(horizontal cracks)과 하부 플랜지에서 긴장력이 전달되는 과정에서 발생하는 수직균열(vertical end cracks), 방사균열(radial cracks), 경사균열(angular cracks), 스트랜드 균열(strand cracks) 등이 발생된다. 이러한 정착부에서의 균열 원인은 재킹 힘을 해제하는 과정에서 강연선에서 부재로 힘이 전달되는 과정에서 발생된다.

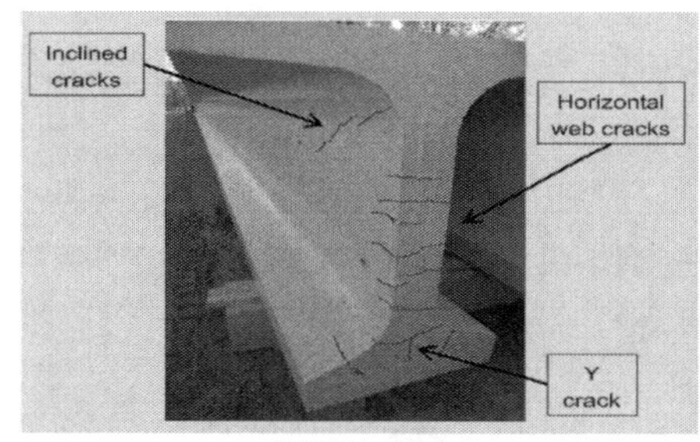

(정착부 균열)

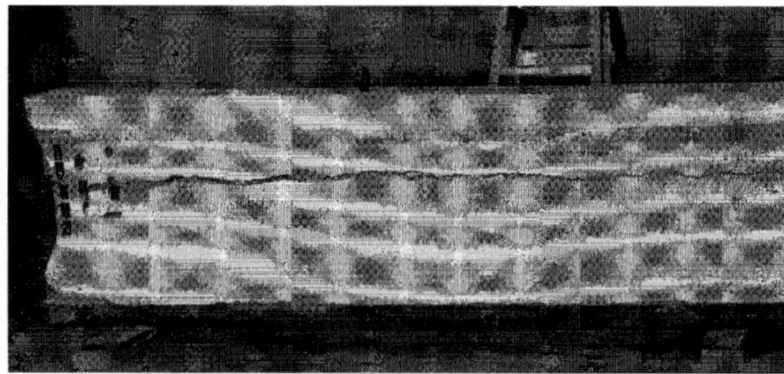
(단부에서 발생되는 수평균열)

1) 정착부 인근 수평균열 : 수평 균열은 대개 중심 축 근처에서 발생되며 I형이나 역 T형 거더의 경우 웨브와 하부 플랜지의 접합부에 가깝게 발생된다. 이러한 수평균열은 인장력에 견딜 수 있는 콘크리트의 단면이 작기 때문에 발생된다.

2) 수직균열 : 하부 플랜지에서 긴장력이 전달되는 과정에서 작은 균열이 발생된다. 수평균열과 합쳐져서 Y형 균열이 발생되기도 한다.

3) 경사균열(Inclined cracks) : 전단지연이나 국부적 휨으로 인해 발생된다.

➤ **정착부 균열제어 설계방안**

PSC 정착구에서는 프리스트레스 힘의 작용방향으로 매우 큰 파열응력(bursting stress)이 단부 안쪽 짧은 거리에 작용하고 하중면 가까이에는 매우 큰 할렬응력(spalling stress)이 작용한다. 파열인장과 할렬인장에 대비한 폐쇄 스터럽의 배치와 폐쇄 스터럽 정착을 위한 모서리 종방향 철근을 배근한다.

1) 정착구역 해석 및 보강철근 산정
   ① 선형응력 해석(linear stress analysis) : 선형탄성해석과 함께 유한요소해석을 포함한다. 유한요소법은 콘크리트 균열에 대한 정확한 모델개발의 어려움에 의해 제약받는다.

   (1) 보강철근 산정

   $$T = \frac{M_{\max}}{h - x}, \ A_t = \frac{T}{f_{sa}}$$

   (2) 콘크리트의 지압응력(f_b)

   (긴장재 정착 직후) $f_b = 0.7 f_{ci} \sqrt{\dfrac{A_b{}'}{A_b} - 0.2} \leq 1.1 f_{ci}$

   (프리스트레스 손실 후) $f_b = 0.5 f_{ck} \sqrt{\dfrac{A_b{}'}{A_b}} \leq 0.9 f_{ck}$

   여기서, A_b : 정착판의 면적
   　　　　$A_b{}'$: 정착판의 도심과 동일한 도심을 가지도록 정착판의 닮은꼴을 부재단부에 가장 크게 그렸을 때 그 도형의 면적

   ② 평형조건에 근거한 소성모델(STM) : 평형의 원리에 따라 프리스트레스 힘을 트러스 구조로 이상화하여 해석하는 방법이다. 콘크리트 구조물이나 부재의 저항능력은 구조물의 소성이론 중 하부한계정리(lower bound theorem)를 적용하여 보수적으로 추정할 수 있다. 만약 충분한 연성이 구조계 내에 존재한다면 스트럿-타이 모델은 정착구역의 설계조건을 만족시킬 수 있다. STM모델을 적용할 때에는 콘크리트의 제한된 연성을 고려해 탄성해와 크게 차이나지 않는 모델로 구성해야 하며, 균열이 가장 발생하기 쉬운 곳에 철근을 보강하도록 해야 한다.

   ③ 간이 계산법(simplified equation) : 근사해법으로 불연속부 없이 직사각형 단면에 안전측의 결과를 보여주는 방식이다. 다만, 부재의 단면이 직사각형이 아니거나, 일반구역 내부 또는 인접한 부위의 불연속으로 인하여 힘의 흐름경로에 변화를 유발하는 경우, 최소 단부거리가 단부 방향의 정착장치 치수의 1.5배 미만인 경우, 여러 개의 정착장치가 서로 근접되지 않아 한 개의 정착그룹으로 볼 수 없는 경우에는 간이 계산법을 사용할 수 없다.

(1) 압축응력의 계산

(2) 파열력의 계산 : 정착장치가 1개 이상인 경우 긴장순서를 고려해야 한다.

$$T_{burst} = 0.25 \sum P_{pu}\left(1 - \frac{h_{anc}}{h}\right), \quad d_{burst} = 0.5\left(h - 2e_{anc}\right)$$

여기서, $\sum P_{pu}$: 개개의 긴장재에 대한 P_{pu} 의 합

h_{anc} : 검토 방향에서 하나의 정착장치 또는 가까운 정착장치 그룹의 깊이(mm)

e_{anc} : 정착장치 또는 근접한 정착장치 그룹의 단면중심에 대한 편심(mm)

1. 정착구역 67회/77회/90회/99회/113회/118회

【 **기출유형 ①** 】 PC 정착부에 발생하는 주요 응력과 거동, 해석 및 설계방법
【 **기출유형 ②** 】 포스트텐션부재 정착구역설계(일반구역/국소구역), 설계방법과 검토사항

포스트텐션 부재는 프리스트레싱 강재에 작용하는 긴장력이 단부의 정착장치를 통하여 콘크리트 단면에 압축력으로 작용하는 형식이므로 프리스트레스가 단면 외부에서 집중하중 형태로 작용한다. 때문에 정착장치에 집중된 프리스트레스 힘이 횡방향으로 분산되어 단면 전체에 선형의 응력 분포가 될 때까지의 영역인 정착구역에 대한 해석과 설계가 중요하다.

1) 정착구역의 일반

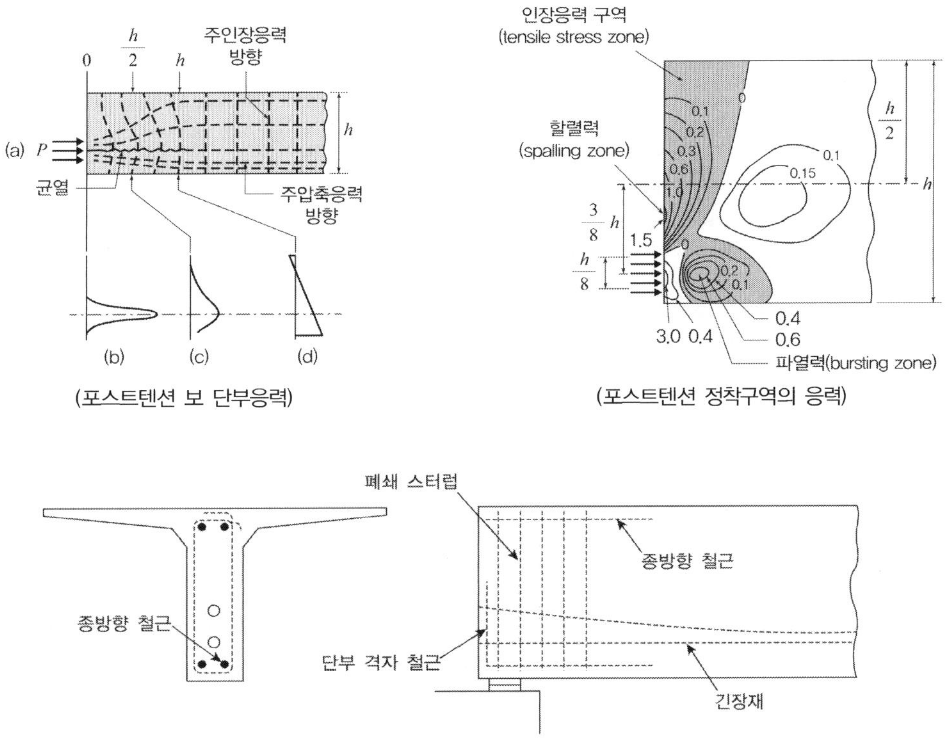

① 구조물의 일부구간에 하중의 집중이나 단면형상이 변화가 있을 경우 그 근처에서 응력 상태의 교란이 발생하여 응력피크(stress peak)를 일으킨다. 포스트 텐션 보에서 정착구역(anchorage zone)에서도 이로 인하여 균열, 박리, 국부적 파괴를 야기할 수 있다.

② St. Vernant의 원리에 따라 부재 단부로부터 안쪽으로 보의 높이 h만큼 들어간 구역에서부터 응력분포가 선형적이 되며, 이전 구역에서는 비탄성거동을 하는 D구역으로 포스트텐션 보에서 긴장재를 정착시키는 부재의 단부 부분을 단블록(end block)이라고 한다.

③ 프리스트레스 힘의 작용방향으로 매우 큰 파열응력(bursting stress)이 단부 안쪽 짧은 거리에 작용하고 하중면 가까이에는 매우 큰 할렬응력(spalling stress)이 작용한다.

④ 정착구역에서는 프리스트레스 힘으로 인한 높은 응력집중 때문에 비교적 낮은 하중상태에서도 콘크리트는 비탄성 거동을 나타내어 단부의 보강철근이 유효하게 작용하기 전에 콘크리트는 균열을 일으킨다.

⑤ 단블록에서는 파열인장과 할렬인장에 대비한 폐쇄 스터럽의 배치와 폐쇄 스터럽 정착을 위한 모서리 종방향 철근이 필요하며 이들을 구속철근이라고 한다.

⑥ 국소구역(local zone) : 정착장치 및 이와 일체가 되는 구속철근과 이들을 둘러싸고 있는 콘크리트 사각기둥(rectangular prism)을 말하며 국소구역의 길이는 국소구역의 최대폭과 정착길이 중 큰 값으로 취한다.

⑦ 일반구역(general zone) : 국소구역을 포함하는 정착구역

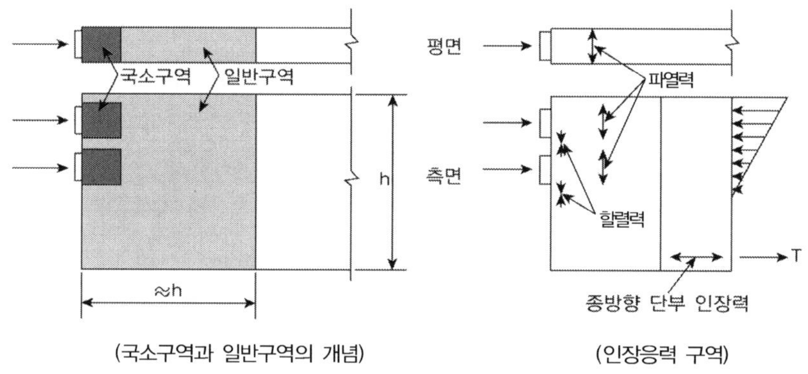

(국소구역과 일반구역의 개념)

(인장응력 구역)

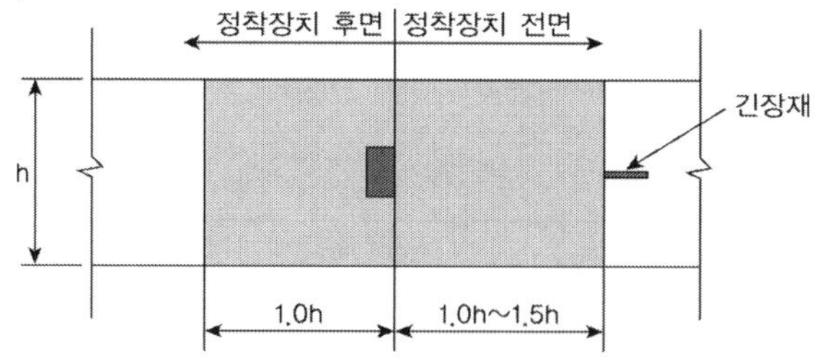

(부재단부에서 떨어진 위치의 정착장치에 대한 일반구역)

2) 일반구역의 설계방법

PSC 정착구역은 압축응력, 파열응력, 할렬응력, 종방향 단부인장력을 고려하여 설계한다. 정착구역에 대한 해석방법은 선형응력 해석이나 STM 모델, 간이 계산법을 통해 수행한다.

① 선형응력 해석(linear stress analysis) : 선형탄성해석과 함께 유한요소해석을 포함한다. 유한요소법은 콘크리트 균열에 대한 정확한 모델 개발의 어려움에 의해 제약받는다.
② 평형조건에 근거한 소성모델(STM) : 평형의 원리에 따라 프리스트레스 힘을 트러스 구조로 이상화한다.
③ 간이 계산법(simplified equation) : 근사해법으로 불연속부 없이 직사각형 단면에 적용된다.

3) 해석응력

① 압축응력 : 특수 정착장치의 앞부분 콘크리트, 정착구역 내부나 앞부분의 기하학적 또는 하중의 불연속이 응력 집중을 유발할 수 있는 곳 등에 대한 검토
② 파열응력 : 정착장치 앞부분에 긴장재 축에 횡방향으로 작용하는 정착구역 내의 인장력으로, 파열력에 대한 저항력, $\phi A_s f_y$ 또는 $\phi A_p f_{py}$ 은 나선형이나 폐쇄된 원 또는 사각띠의 형태로 된 철근 또는 PS 강재에 의해 지탱된다. 이들 보강재는 전체계수파열력에 저항할 수 있도록 설치
③ 할렬응력 : 중앙에 집중하여 힘이 작용하거나 편심으로 힘이 작용하는 정착구역 그리고 여러 개의 정착구를 사용하는 정착구역에서 발생한다.
④ 종방향 단부 인장력은 정착하중의 합력이 정착구역에 편심 재하를 야기할 때 발생한다. 단부 인장력은 탄성 응력 해석, 스트럿-타이 모델, 그리고 간이 계산법에 의해 계산한다.

2. 정착구역의 설계방법

1) 근사식에 따른 간이 계산법(simplified equation)에 의한 정착부 보강설계

근사해법으로 불연속부 없이 직사각형 단면에 안전 측의 결과를 보여주는 방식이다. 다만, 부재의 단면이 직사각형이 아니거나, 일반구역 내부 또는 인접한 부위의 불연속으로 인하여 힘의 흐름 경로에 변화를 유발하는 경우, 최소 단부거리가 단부 방향의 정착장치 치수의 1.5배 미만인 경우, 여러 개의 정착장치가 서로 근접되지 않아 한 개의 정착그룹으로 볼 수 없는 경우에는 간이 계산법을 사용할 수 없다.

① 압축응력의 계산
② 파열력의 계산

$$T_{burst} = 0.25 \sum P_u \left(1 - \frac{h_{anc}}{h}\right) + 0.5 P_u \sin\alpha, \qquad d_{burst} = \frac{1}{2}(h - 2e) + 5e_{anc}\sin\alpha$$

여기서, $\sum P_{pu}$: 개개의 긴장재에 대한 P_{pu}의 합

h_{anc} : 검토 방향에서 하나의 정착장치 또는 가까운 정착장치 그룹의 깊이(mm)

e_{anc} : 정착장치 또는 근접한 정착장치 그룹의 단면중심에 대한 편심(mm)

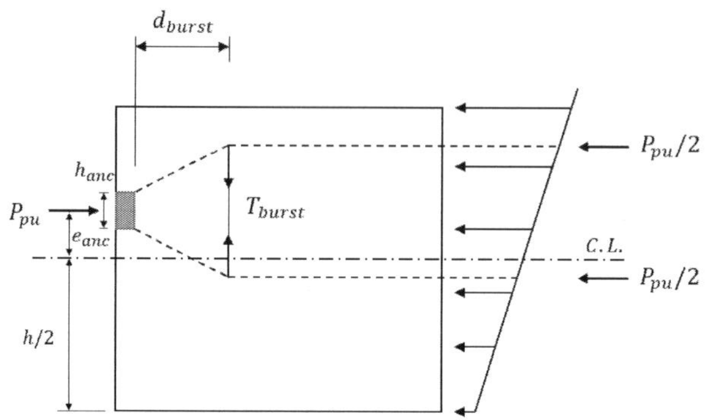

③ 할렬응력의 계산

할렬응력은 크기는 크지만 매우 좁은 범위에서 작용하기 때문에 할렬력은 크지 않다. 발생하는 위치는 정착구의 배치 위치나 방향에 따라 크기가 변화하기 때문에 할렬력에 대해 제안된 식은 없다. 일반적으로 할렬력은 포스트텐션 긴장력의 2% 내외로 결정해 적용한다.

④ 지압응력의 계산

국소구역에 작용하는 지압응력은 허용지압강도 이하가 되도록 설계한다. A_{pt} 정착판 면적

$$f_{bearing} = \frac{P}{A_{pt}} \le f_{b,allow}$$

2) 선형해석에 의한 정착구역 설계

선형탄성이론에 근거해 힘의 평형을 이용한 수계산이나 유한요소해석을 통해 파열력과 할렬력을 계산한다. 이때에는 다음과 같이 깊은 보 유사해석을 적용할 수 있다.

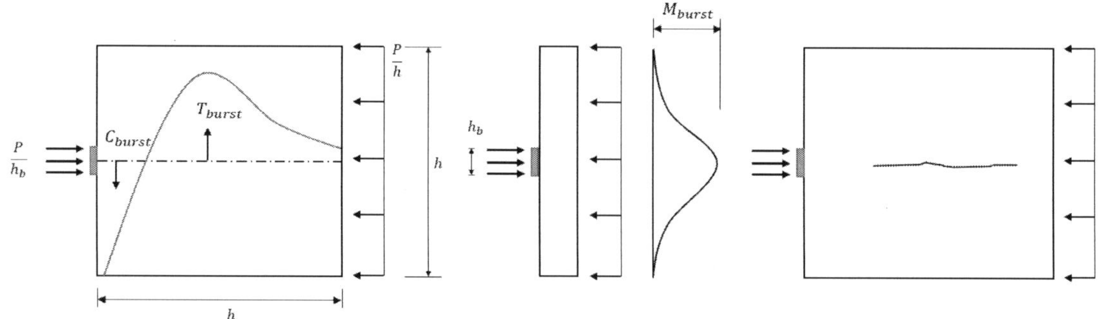

정착판의 높이가 h_b라면 단위 높이당 P/h_b의 응력이 작용하며 h만큼 떨어진 지점에서 균일한 크기의 P/h가 작용된다. 이때 정착구역에는 부재축의 직각방향으로 파열력 T_{burst}가 작용한다. 90° 회전해 정착판을 지점으로 보면지점의 좌우에서 캔틸레버 보로 거동한다고 가정하면, 등분포 하중 P/h가 작용하는 보이며 지점 중앙에서 최대 부모멘트 M_{burst}가 작용한다.

$$M_{burst} = \frac{P}{2}\left(\frac{h}{4} - \frac{h_b}{4}\right) = \frac{P}{8}(h - h_b)$$

부모멘트가 작용하는 보는 윗부분에 인장응력, 아래부분에서는 압축응력이 작용한다. 깊은 보이므로 베르누이 원리가 적용되지 않아 비선형 응력분포를 보이며 인장응력의 합을 T_{burst}, 압축응력의 합을 C_{burst}라고 하면 두 힘에 의한 내력 모멘트가 외력 모멘트 M_{burst}와 같은 값을 갖는다. 이때 팔길이를 h/2라고 가정하면,

$$T_{burst} = M_{burst} \times \frac{2}{h} = \frac{P}{4h}(h - h_b) = \frac{P}{4}\left(1 - \frac{h_b}{h}\right)$$

이 인장력에 의해 정착구역에는 파열 균열이 발생할 수 있으며, 균열의 직각방향으로 철근을 배치한다면 철근의 단면적은 다음과 같이 결정될 수 있다.

$$A_s = \frac{T_{burst}}{f_s} \qquad f_s : 철근의 응력$$

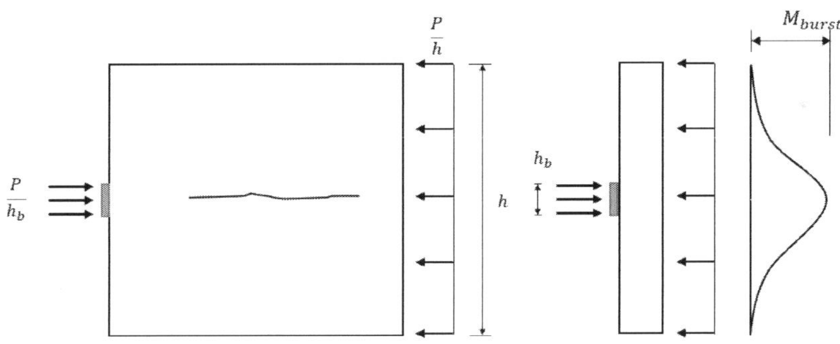

(단면 중앙에 정착구가 있는 경우)

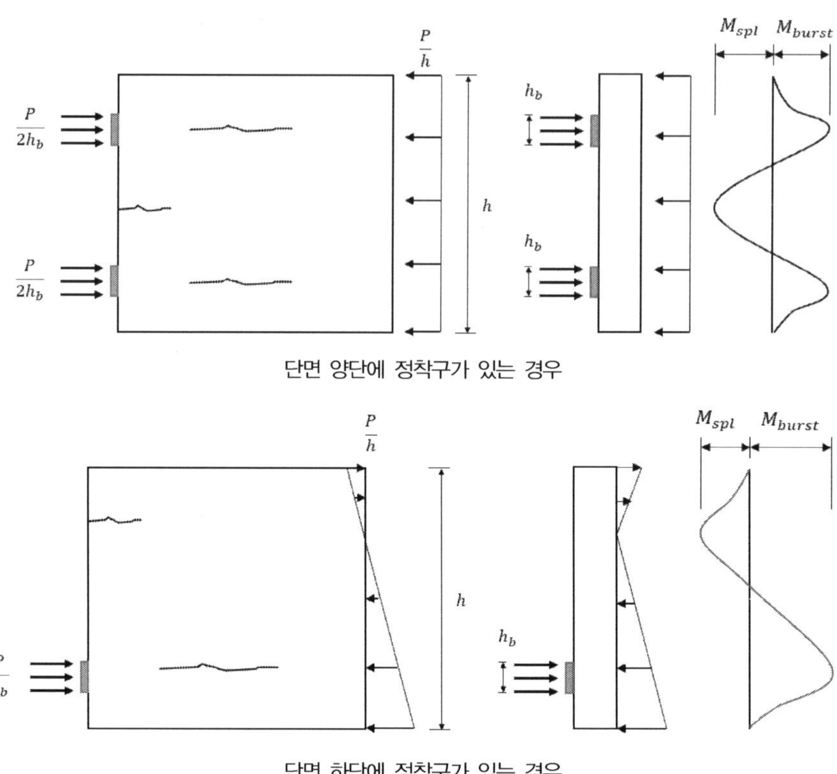

할렬력이 설계를 지배하는 경우는 M_{spl}이 M_{burst}보다 큰 경우이고 파열력이 설계를 지배하는 경우는 M_{burst}가 더 큰 경우이다. 두 값 중 최댓값을 $M_{\max}$라고 하고, T가 단부에서 x만큼 떨어진 위치에서 작용한다고 하면

$$T = \frac{M_{\max}}{h-x},\ A_t = \frac{T}{f_{sa}}$$

콘크리트의 지압응력(f_b)은

(긴장재 정착 직후) $f_b = 0.7 f_{ci} \sqrt{\dfrac{A_b{'}}{A_b} - 0.2} \leq 1.1 f_{ci}$

(프리스트레스 손실 후) $f_b = 0.5 f_{ck} \sqrt{\dfrac{A_b{'}}{A_b}} \leq 0.9 f_{ck}$

여기서, A_b : 정착판의 면적

$A_b{'}$: 정착판의 도심과 동일한 도심을 가지도록 정착판의 닮은꼴을 부재단부에 가장 크게 그렸을 때 그 도형의 면적

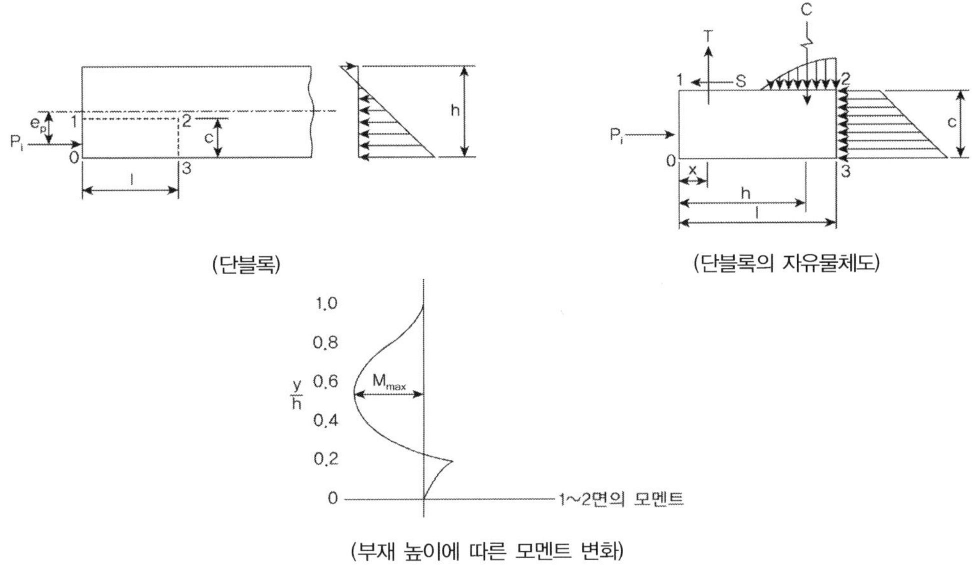

3) 정착구역 STM 모델

콘크리트 구조물이나 부재의 저항능력은 구조물의 소성이론 중 하부한계정리(Lower bound theorem)를 적용하여 보수적으로 추정할 수 있다.

만약 충분한 연성이 구조계 내에 존재한다면 스트럿–타이 모델은 정착구역의 설계조건을 만족시킬 수 있다. 다음 그림은 슬라이(Schlaich)가 제안한 두 개의 편심된 정착구를 갖는 정착구역의 경우에 대한 선형 탄성응력장과 이에 적용되는 STM 모델이다. 콘크리트의 제한된 연성 때문에 응력분포를 고려한 탄성해와 크게 차이나지 않는 STM 모델이 적용되어야 하며, 이 방법은 정착구역에서 요구되는 응력의 재분배를 줄이며 균열이 가장 발생하기 쉬운 곳에 철근을 보강하도록 해준다.

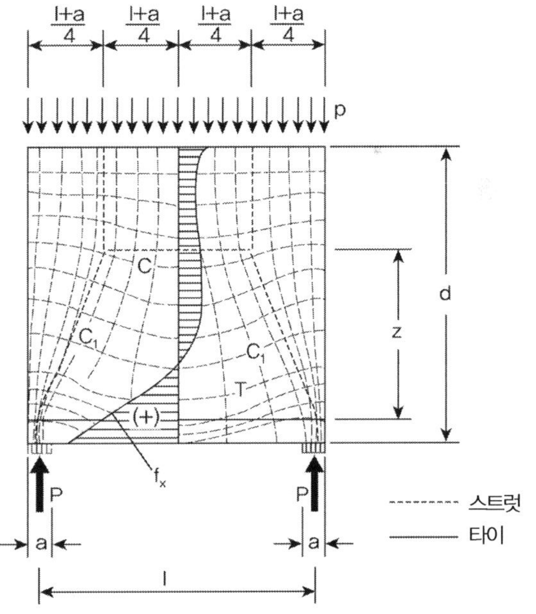

다음은 몇 개의 전형적인 정착구역에 대한 하중상태에서의 STM 모델이다.

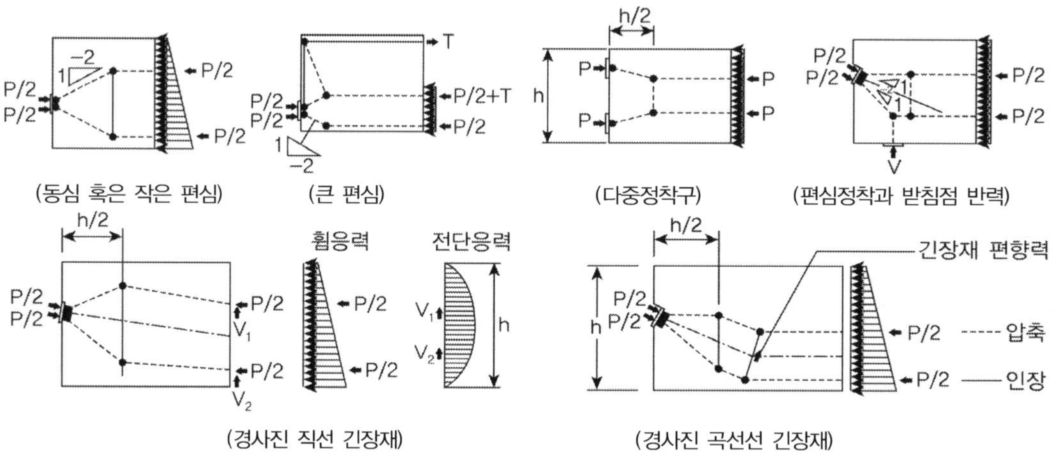

① 정착구역에서 전체 국소구역은 가장 중요한 절점 또는 절점그룹으로 구성되어 있다. 정착장치 하의 지압응력을 제한함으로써 국소지역의 적합성을 보장하므로 정착장치의 승인시험에 의해 검증되면 무시할 수 있다. 따라서 STM 모델 시 국소구역의 절점들은 정착판의 앞 a/4만큼 떨어진 곳을 선택해도 좋도록 규정한다.

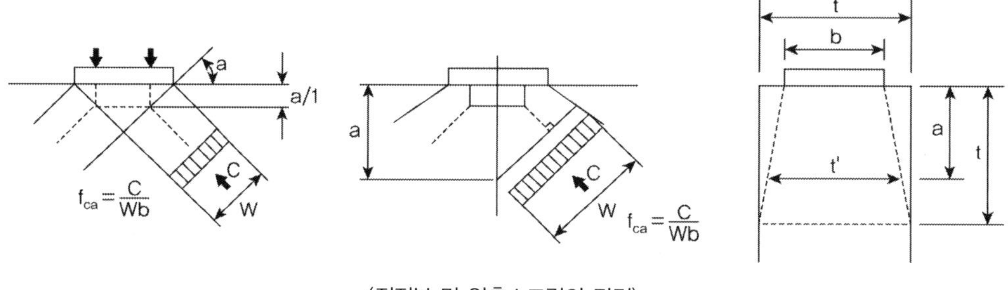

② STM 모델은 탄성응력분포에 기초하여 구성할 수 있다. 그러나 적용한 STM 모델이 탄성응력분포와 비교해 차이가 클 경우 큰 소성변형이 예상되며 콘크리트의 사용강도를 감소시켜야 한다. 또한 다른 하중의 영향으로 콘크리트에 균열이 발생해도 콘크리트 강도를 감소시켜야 한다.

③ 인장하에서 콘크리트 강도를 신뢰할 수 없기 때문에 인장력을 저항하는 데 콘크리트의 인장강도를 완전히 무시한다.

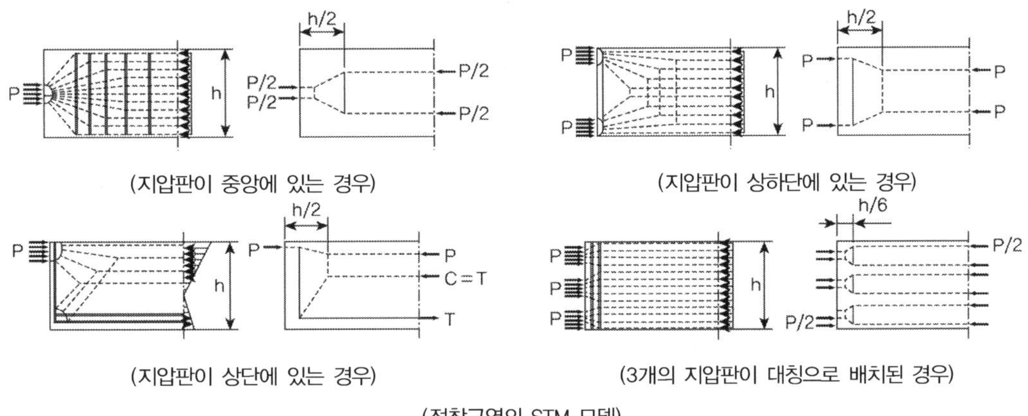

(정착구역의 STM 모델)

3. KDS 14 20 00 정착구역의 설계

포스트텐션 부재 정착구역은 국소구역과 일반구역으로 나누고 계수 긴장력 P_{pu} 는 최대 허용긴장력에 하중계수를 곱하여 결정한다. 긴장력에 대한 하중계수 γ_p 는 1.2를 적용하고 최대 허용긴장력은 일반적으로 $0.94f_{py}$ 를 기준으로 하지만 짧은 시간에 작용하는 긴장력은 $0.8f_{pu}$ 를 기준으로 한다.

$$P_{pu} = \gamma_p(0.80f_{pu})A_{ps} = 1.2(0.80f_{pu})A_{ps} = 0.96f_{pu}A_{ps}$$

국소구역은 P_{pu} 에 대해 콘크리트 설계강도 ϕP_c 가 P_{pu} 이상이도록 검증한다. 이때 콘크리트의 설계강도는 긴장력이 도입될 때의 콘크리트 압축강도 f_{ci} 를 기준으로 강도감소계수 0.85를 적용한다.

$$\phi P_c = \phi f_{ci}A_{pt} = 0.85f_{ci}A_{pt}$$

정착장치가 부재 단부에 위치한 경우 정착구역의 크기는 근사적으로 h와 같다. 단부에서 멀리 떨어진 경우 정착장치 전면과 후면에 정착구역이 존재하며 정착장치 전면은 1.0~1.5h 위치에 정착장치 후면으로는 1.0h까지를 정착구역으로 한다.

일반구역을 설계할 때에는 다음 세 가지 방식 중 하나를 적용할 수 있다.

① 평형조건에 근거한 소성모델, STM
② 선형응력 해석
③ 근사식에 의한 간이 계산법

PSC 정착구역의 설계

그림과 같은 포스트텐션 부재에 SWPC7BL 15.2mm($A_{ps1}=138.7mm^2$) 강연선 7가닥이 배치되어 있다. 정착판은 가로가 150mm이고 세로가 180mm인 직사각형이며 정착구에서 부재 중심축에 대한 긴장재의 경사각 α는 6°이다. $f_{pu}=1,860$MPa

1) 근사식을 이용한 간이 계산법에 따라 정착구역(파열력)을 설계하라.
2) 스트럿-타이 모델을 이용하여 정착구역(파열력)을 설계하라.

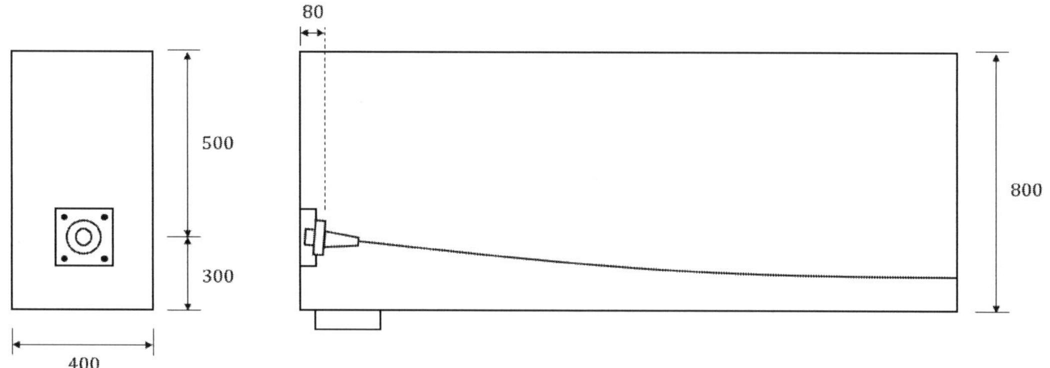

▶ 근사식에 따른 계수 긴장력과 파열력 산정

1) 계수 긴장력

$$P_{pu} = \gamma_p(0.80f_{pu})A_{ps} = 1.2(0.80f_{pu})A_{ps}$$
$$= 1.2 \times 0.8 \times 1,860 \times 7 \times 138.7 \times 10^{-3} = 1,734\text{kN}$$

2) 파열력

$$T_{burst} = 0.25\sum P_u\left(1 - \frac{h_{anc}}{h}\right) + 0.5P_u\sin\alpha$$
$$= 0.25 \times 1,734 \times \left(1 - \frac{180}{800}\right) + 0.5 \times 1,734 \times \sin 6° = 517\text{kN}$$
$$d_{burst} = \frac{1}{2}(h - 2e) + 5e_{anc}\sin\alpha = \frac{1}{2}(800 - 2 \times 100) + 5 \times 100\sin 6° = 352\text{mm}$$

➤ 근사식에 따른 파열력에 대한 철근량 산정

1) 보강철근의 배치구간

파열보갱재는 정착구에서 $2.5d_{burst}$ 떨어진 위치와 단면높이의 1.5배 떨어진 위치 중에서 가까운 위치까지 배열해야 하며 파열 보강재의 간격은 보강재 지름의 24배와 300mm 중 작은 값 이하로 배치해야 한다.

① $2.5d_{burst} = 880\text{mm}$,　　② $1.5h = 1{,}200\text{mm}$　　　　∴ 880mm까지 보강철근을 배치한다.

2) 보강철근량

SD400철근을 사용하고 강도감소계수 $\phi = 0.85$를 적용한다.

$$A_{s,req} = \frac{T_{burst}}{\phi f_y} = \frac{517{,}000}{0.85 \times 400} = 1{,}521\,\text{mm}^2$$

U형 스터럽 D13철근을 사용하면 $A_b = 126.7\,\text{mm}^2$이므로,

$$n_{req} = \frac{A_{s,rq}}{2A_b} = \frac{1{,}521}{2 \times 126.7} = 6.0$$

이때, ϕf_y를 기준으로 파열력에 대한 철근을 배근하면 균열폭을 작게 제어하기 어려울 수 있으므로 f_s를 250MPa로 선택할 경우 필요철근량은 8.16개로 산정되어 9개의 보강철근을 배치한다. 이때 보강철근은 철근들의 중심의 d_{burst}인 352mm에 있게 하고 880mm까지 배치하여야 한다.

➤ 근사식에 따른 할렬력에 대한 철근량 산정

할렬력의 크기를 경험적으로 계수 인장력의 2%로 가정해 계산하면

$$T_{spl} = 0.02 P_{pu} = 0.02 \times 1{,}734 = 34.7\,\text{kN}$$

균열폭 제어를 위해 f_s를 250MPa로 선택하면

$$A_{sp,req} = \frac{T_{spl}}{f_s} = \frac{34{,}700}{250} = 138.8\,\text{mm}^2$$

따라서 파열력에 대한 보강철근과 동일한 D13 U형 보강철근 1개를 단부에 가까이 수직방향으로 배치한다. 이 위치는 부재의 단부에서 140mm인 위치로 한다. 또 부재 단부에 수직으로 할렬균열이 발생할 수 있으므로 ㄷ형상의 D10 철근 5개를 단부에 가까이 수평방향으로 배치한다.

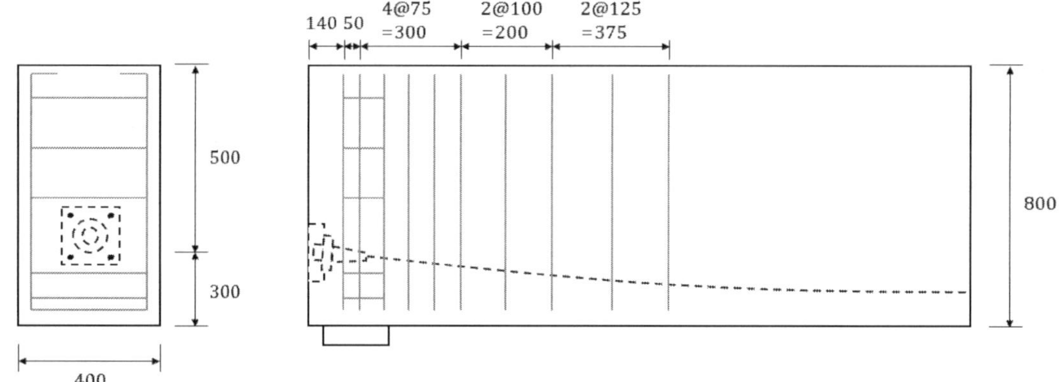

정착구역 보강철근의 배치도

➤ STM에 따른 계수 긴장력

정착구 경사각 6°임을 감안해 긴장력이 약 10% 증가된 것으로 가정한다.

$$P_{pu} = 1.1 \times \gamma_p (0.80 f_{pu}) A_{ps} = 1.1 \times 1.2 (0.80 f_{pu}) A_{ps}$$
$$= 1.1 \times 1.2 \times 0.8 \times 1,860 \times 7 \times 138.7 \times 10^{-3} = 1,910 \text{kN}$$

➤ 스트럿 타이 모델의 구성

지압판 높이 180mm에 작용하는 하중을 집중하중이 2개로 각각 높이 90mm인 지압판에 작용하는 것으로 가정한다. 집중하중이 단면 도심에서 100mm 떨어진 위치에 있으므로 두 개의 집중하중은 단면도심에서 55mm, 145mm 위치에 작용하는 것으로 보고 집중하중이 작용하는 절점은 단부에서 50mm 안쪽에 위치하는 것으로 한다. 타이는 부재높이의 1/2 위치인 단부에서 400mm 떨어진 곳에 위치하는 것으로 가정한다.

$$A_c = 400 \times 800 = 320,000 \, \text{mm}^2$$

$$I_g = \frac{400 \times 800^3}{12} = 17.07 \times 10^9 \, \text{mm}^4$$

D영역과 B영역의 경계면의 상단과 하단응력은

$$f_{top} = \frac{P_u}{A} - \frac{P_u e_{anc}}{I_g} y = \frac{1,910 \times 10^3}{320 \times 10^3} - \frac{1,910 \times 10^3 \times 100}{17.07 \times 10^9} \times 400$$
$$= 5.97 - 4.48 = 1.49 \, \text{MPa}$$

$$f_{bot} = \frac{P_u}{A} + \frac{P_u e_{anc}}{I_g} y$$
$$= 5.97 + 4.48 = 10.45 \, \text{MPa}$$

응력분포를 둘로 나눈 하나의 합력이 $P_u/2$와 같은 위치를 상단에서 y_1, 하단에서 y_2 위치라고 하면,

$$\frac{P_u}{2} = \left[f_{top} + \frac{y_1}{h} \frac{f_{top} - f_{bot}}{2} \right] y_1 b$$

$$\frac{1,910 \times 10^3}{2} = \left[1.49 + \frac{y_1}{800} \frac{(10.45 - 1.49)}{2} \right] y_1 \times 400$$

$$\therefore \ y_1 = 533\text{mm}, \ y_2 = 800 - 533 = 267\text{mm}$$

$$f_{mid} = f_{top} + \frac{y_1}{h}(f_{top} - f_{bot}) = 7.47\text{MPa}$$

y_1 이내에 작용하는 응력의 합력 작용점을 x_1, y_2는 x_2라고 하면,

$$x_1 = \frac{1.49 \times \dfrac{533^2}{2} + \dfrac{(7.47 - 1.49)}{2} \times 533 \times 533 \times \dfrac{2}{3}}{(1.49 + 7.47) \times \dfrac{533}{2}} = 326\text{mm}$$

$$x_2 = \frac{7.47 \times \dfrac{267^2}{2} + \dfrac{(10.45 - 7.47)}{2} \times 267 \times 267 \times \dfrac{1}{3}}{(7.47 + 10.45) \times \dfrac{267}{2}} = 126\text{mm}$$

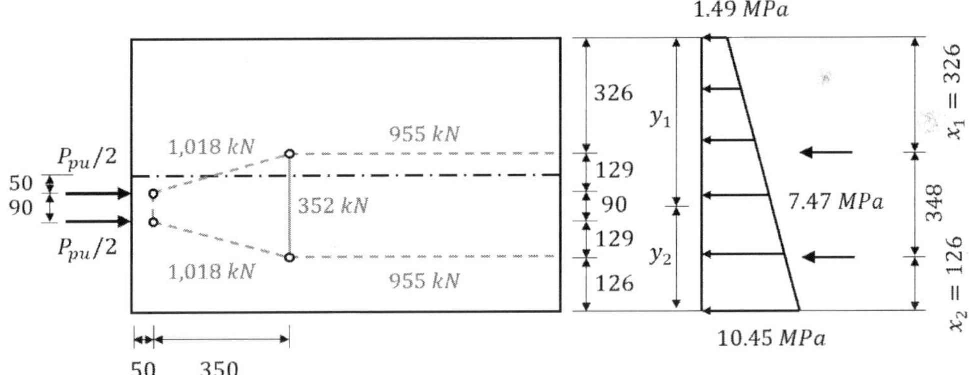

경사 스트럿과 부재축 사이의 수평각 $\theta = \tan^{-1}\left(\dfrac{129}{350}\right) = 20.2°$

경사 스트럿의 압축력 C_{st}과 수직 타이의 인장력 T_{tie}

$$C_{st} = \frac{P_u/2}{\cos\theta} = \frac{955}{\cos 20.2°} = 1,018\text{kN}$$

$$T_{tie} = C_{st}\sin\theta = 1,018 \times \sin 20.2° = 352\text{kN}$$

➤ 스트럿 타이 모델에 따른 파열력 보강철근 산정

철근의 응력한계를 150MPa로 선택하고 철근의 소요단면적과 D13 U형 스터럽의 소요 수량을 산정하면,

$$A_{s,req} = \frac{T_{burst}}{f_s} = \frac{352,000}{150} = 2,347\,\text{mm}^2$$

$$n_{req} = \frac{A_{s,req}}{2A_b} = \frac{2,347}{2 \times 126.7} = 9.26 \qquad \therefore \text{D13 U형 스터럽 보강철근 10개를 배치한다.}$$

PSC 정착구역

프리스트레스트 콘크리트 부재 중 포스트텐션 부재에서 설계를 위한 정착구역의 의미와 국소구역 및 일반구역에 대하여 개념도를 그려서 설명하시오.

풀 이

▶ 포스트텐션 부재의 정착구역 개요

구조물의 일부 구간에 하중의 집중이나 단면 형상 변화가 있을 경우 그 근처에서 응력 상태의 교란이 발생하여 응력피크(stress peak)를 일으킨다. 포스트 텐션 보에서 정착구역(anchorage zone)에서도 이로 인하여 균열, 박리, 국부적 파괴를 야기할 수 있다. St. Vernant의 원리에 따라 부재 단부로부터 안쪽으로 보의 높이 h만큼 들어간 구역에서부터 응력분포가 선형적이 되나, h 깊이 이전의 정착구역에서는 비탄성거동을 하는 D구역으로 특히, 포스트텐션 보에서 긴장재를 정착시키는 부재의 단부 부분을 단블록(end block)이라고 한다.

▶ 포스트텐션 부재의 정착구역의 특징

프리스트레스 힘의 작용 방향으로 매우 큰 파열응력(bursting stress)이 단부 안쪽 짧은 거리에 작용하고 하중면 가까이에는 매우 큰 할렬응력(spalling stress)이 작용한다. 정착구역에서는 프리스트레스 힘으로 인한 높은 응력집중 때문에 비교적 낮은 하중상태에서도 콘크리트는 비탄성 거동을 나타내어 단부의 보강철근이 유효하게 작용하기 전에 콘크리트는 균열을 일으킨다. 단블록에서는 파열인장과 할렬인장에 대비한 폐쇄 스터럽의 배치와 폐쇄 스터럽 정착을 위한 모서리 종방향 철근이 필요하며 이들을 구속철근이라고 한다.

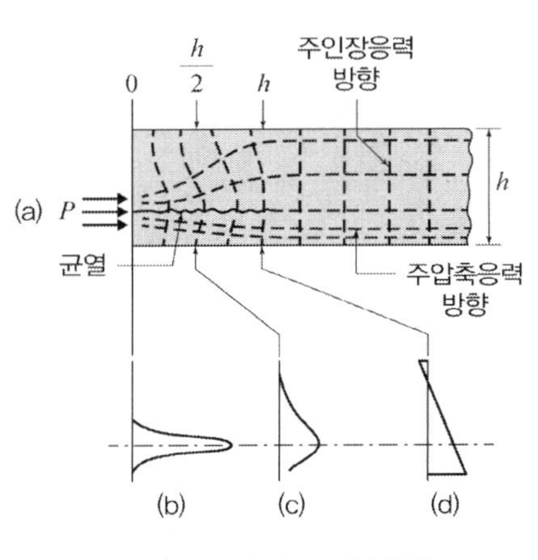

(포스트텐션 보 단부응력)

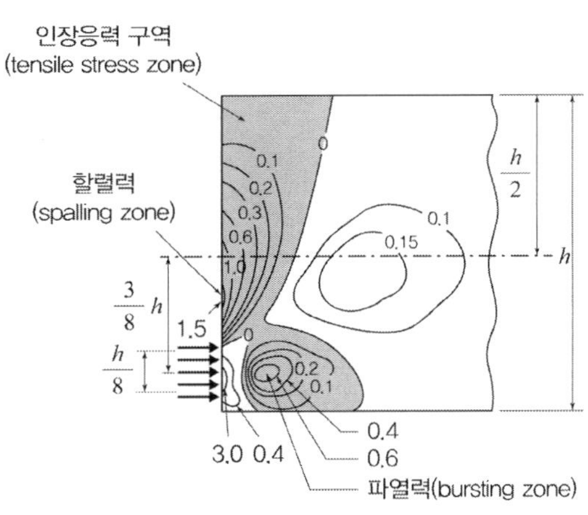

(포스트텐션 정착구역의 응력)

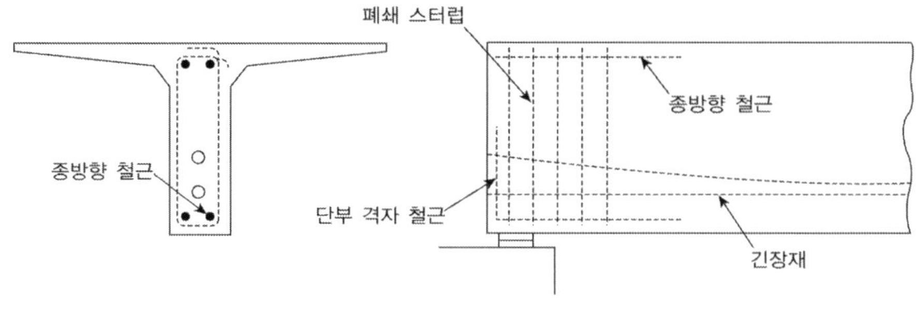

(포스트텐션 보 정착구역의 보강)

➤ 국소구역과 일반구역의 개념도

비탄성거동을 하는 정착구역 중 정착장치와 이를 구속하는 콘크리트를 포함한 구역을 국소구역, 국소구역을 포함한 정착구역을 일반구역으로 정의한다.

① 국소구역(local zone) : 정착장치 및 이와 일체가 되는 구속철근과 이들을 둘러싸고 있는 콘크리트 사각기둥(rectangular prism)을 말하며 국소구역의 길이는 국소구역의 최대폭과 정착길이 중 큰 값으로 취한다.

② 일반구역(general zone) : 국소구역을 포함하는 정착구역

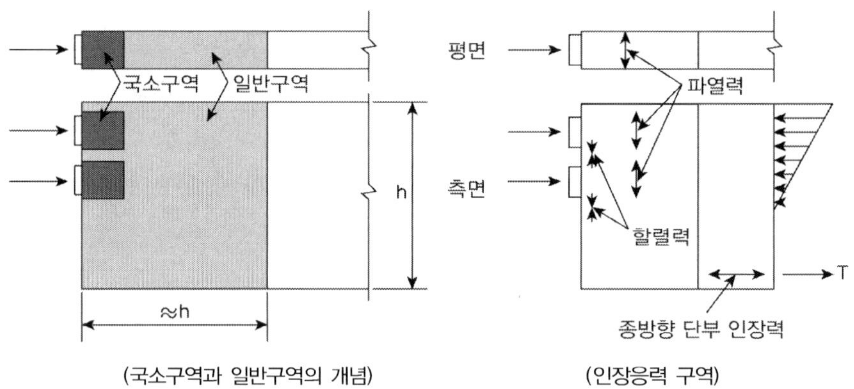

(국소구역과 일반구역의 개념)   (인장응력 구역)

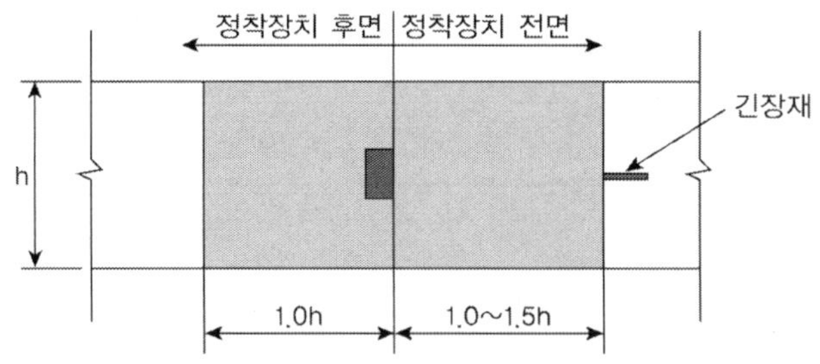

(부재단부에서 떨어진 위치의 정착장치에 대한 일반구역)

➤ **단구역(end zone, end block)의 특징**

① 하중의 집중으로 이 구역에서는 응력 상태의 교란이 발생하여 응력피크(stress peak)를 일으
   킨다. 포스트 텐션 보에서 정착구역은 이로 인하여 균열, 박리, 국부적 파괴를 야기할 수 있다.

② 이 구역에서는 비탄성거동을 하며 D구역(응력교란구역)으로 구분한다.

③ 프리스트레스 힘의 작용방향으로 매우 큰 파열응력(bursting stress)이 단부 안쪽 짧은 거리에
   작용하고 하중면 가까이에는 매우 큰 할렬응력이 작용한다.

④ 정착구역에서는 프리스트레스 힘으로 인한 높은 응력집중 때문에 비교적 낮은 하중상태에서도
   콘크리트는 비탄성 거동을 나타내어 단부의 보강철근이 유효하게 작용하기 전에 콘크리트는
   균열을 일으킨다.

⑤ 단블록에서는 파열인장과 할렬인장에 대비한 폐쇄 스터럽의 배치와 폐쇄 스터럽 정착을 위한
   모서리 종방향 철근이 필요하며 이들을 구속철근이라고 한다.

PSC 응력교란구역

PSC 긴장재 정착구역의 응력교란영역에 대하여 설명하시오.

풀 이

▶ 개요

PSC 긴장재 정착구역과 같이 구조물의 일부 구간에 하중의 집중이나 단면 형상 변화가 있을 경우 그 근처에서 응력상태의 교란이 발생하여 응력피크(stress peak)를 일으킨다. 이는 균열, 박리, 국부적 파괴를 야기할 수 있다. 이러한 특정 영역 안에서 St. Vernant의 원리에 따라 선형적 응력 분포가 발생되지 않는 영역을 D영역이라고 하며, 별도의 해석법을 통해 보강하도록 하고 있다.

▶ 정착구역의 응력교란영역

① 구조물의 일부 구간에 하중의 집중이나 단면 형상 변화가 있을 경우 그 근처에서 응력 상태의 교란이 발생하여 응력피크를 일으킨다. 포스트 텐션 보에서 정착구역(anchorage zone)에서도 이로 인하여 균열, 박리, 국부적 파괴를 야기할 수 있다.

② St. Vernant의 원리에 따라 부재 단부로부터 안쪽으로 보의 높이 h만큼 들어간 구역에서부터 응력분포가 선형적이 되며, 이전 구역에서는 비탄성거동을 하는 D구역으로 포스트텐션 보에서 긴장재를 정착시키는 부재의 단부 부분을 단블록(end block)이라고 한다.

③ 프리스트레스 힘의 작용방향으로 매우 큰 파열응력(bursting stress)이 단부 안쪽 짧은 거리에 작용하고 하중면 가까이에는 매우 큰 할렬응력(spalling stress)이 작용한다.

④ 정착구역에서는 프리스트레스 힘으로 인한 높은 응력집중 때문에 비교적 낮은 하중상태에서도 콘크리트는 비탄성 거동을 나타내어 단부의 보강철근이 유효하게 작용하기 전에 콘크리트는 균열을 일으킨다.

⑤ 단블록에서는 파열인장과 할렬인장에 대비한 폐쇄 스터럽의 배치와 폐쇄 스터럽 정착을 위한 모서리 종방향 철근이 필요하며 이들을 구속철근이라고 한다.

⑥ 국소구역(local zone) : 정착장치 및 이와 일체가 되는 구속철근과 이들을 둘러싸고 있는 콘크리트 사각기둥(rectangular prism)을 말하며 국소구역의 길이는 국소구역의 최대폭과 정착길이 중 큰 값으로 취한다.

⑦ 일반구역(general zone) : 국소구역을 포함하는 정착구역

➤ 정착구역의 설계방법

PSC 정착구역은 압축응력, 파열응력, 할렬응력, 종방향 단부인장력을 고려하여 설계한다. 정착구역에 대한 해석방법은 선형응력 해석이나 STM 모델, 간이 계산법을 통해 수행한다.

① 선형응력 해석(linear stress analysis) : 선형탄성해석과 함께 유한요소해석을 포함한다. 유한요소법은 콘크리트 균열에 대한 정확한 모델 개발의 어려움에 의해 제약받는다.

② 평형조건에 근거한 소성모델(STM) : 평형의 원리에 따라 프리스트레스 힘을 트러스구조로 이상화

③ 간이 계산법(simplified equation) : 근사해법으로 불연속부 없이 직사각형 단면에 적용된다.

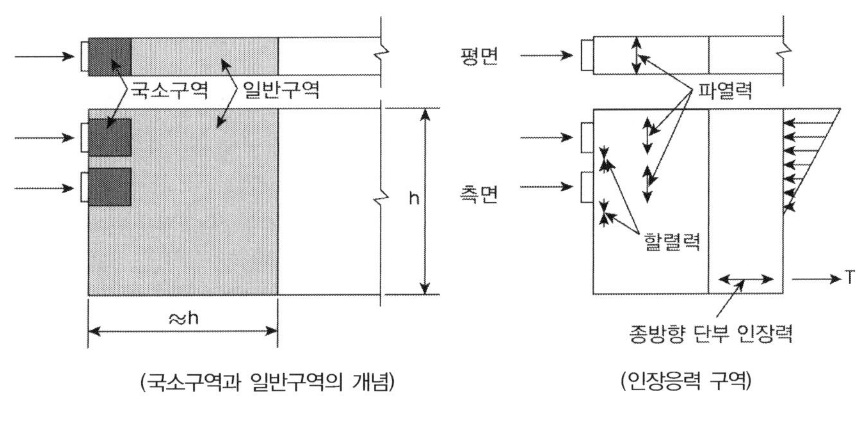

(국소구역과 일반구역의 개념)　　(인장응력 구역)

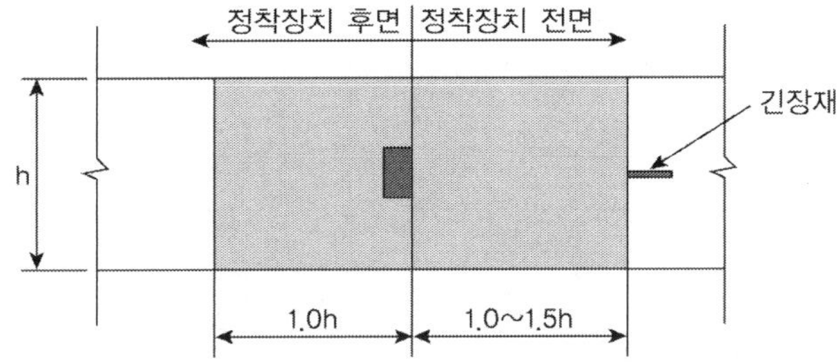

(부재단부에서 떨어진 위치의 정착장치에 대한 일반구역)

PSC 정착구역

포스트텐션 공법이 적용된 프리스트레스트 콘크리트 부재의 정착구역 중 국소구역에 대하여 설명하고, 지압응력에 대한 안전검토 방법에 대하여 설명하시오.

풀 이

> **개요**

PSC 정착구에서는 프리스트레스 힘의 작용방향으로 매우 큰 파열응력이 단부 안쪽 짧은 거리에 작용하고 하중면 가까이에는 매우 큰 할렬응력이 작용한다. 일반적으로 구조물의 일부 구간에 하중의 집중이나 단면 형상 변화가 있을 경우 그 근처에서 응력 상태의 교란이 발생하여 응력피크를 일으킨다.

PSC에서도 정착구역에서도 이로 인하여 균열, 박리, 국부적 파괴를 야기할 수 있다. St. Vernant의 원리에 따라 부재 단부로부터 안쪽으로 보의 높이 h만큼 들어간 구역에서부터 응력분포가 선형적이 되며, 이전 구역에서는 비탄성거동을 하는 D구역으로 PSC 보(포스트텐션)에서 긴장재를 정착시키는 부재의 단부 부분을 단블록이라고 한다. PSC 정착구역은 국소구역과 일반구역으로 구분되며, 다음과 같이 정의한다.

① 국소구역(local zone) : 정착장치 및 이와 일체가 되는 구속철근과 이들을 둘러싸고 있는 콘크리트 사각기둥(rectangular prism)을 말하며 국소구역의 길이는 국소구역의 최대폭과 정착길이 중 큰 값으로 취한다.

② 일반구역(general zone) : 국소구역을 포함하는 정착구역

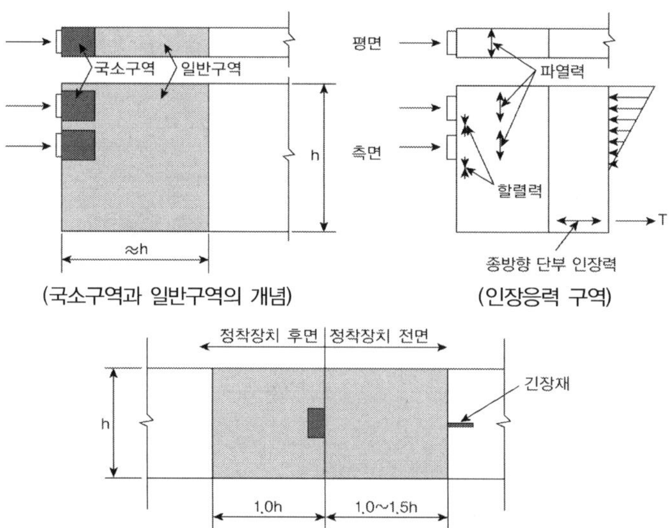

➤ 지압응력에 대한 안전검토 방법

정착구역에서는 프리스트레스 힘으로 인한 높은 응력집중 때문에 비교적 낮은 하중상태에서도 콘크리트는 비탄성 거동을 나타내어 단부의 보강철근이 유효하게 작용하기 전에 콘크리트는 균열을 일으킨다.

단블록에서는 파열인장과 할렬인장에 대비한 폐쇄 스터럽의 배치와 폐쇄 스터럽 정착을 위한 모서리 종방향 철근이 필요하며 이들을 구속철근이라고 한다.

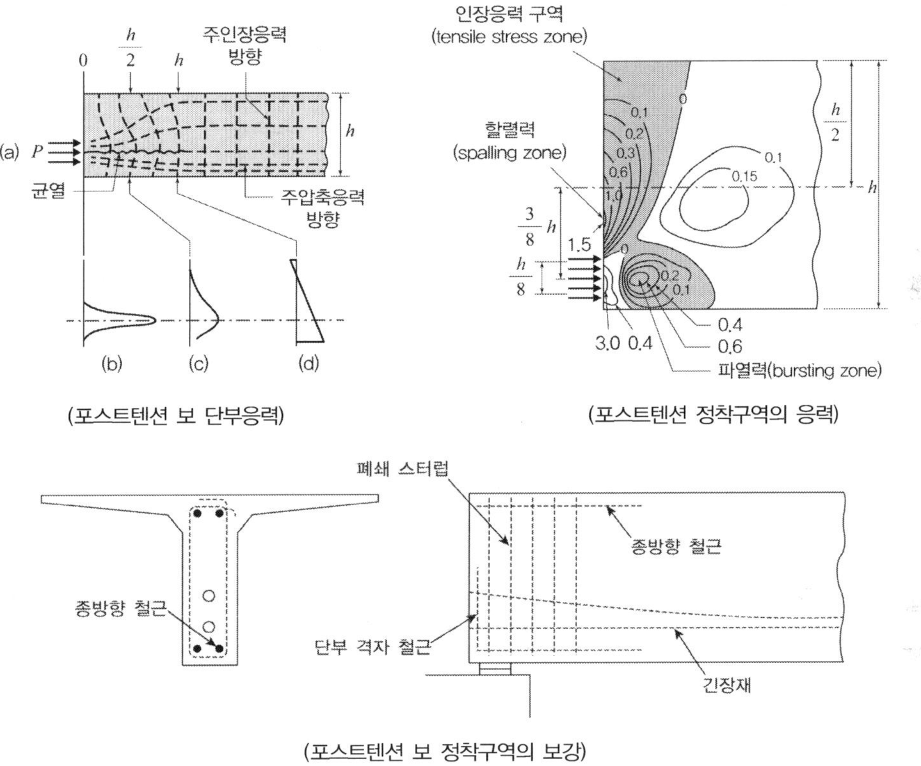

(포스트텐션 보 단부응력)

(포스트텐션 정착구역의 응력)

(포스트텐션 보 정착구역의 보강)

PSC 정착구역은 압축응력, 파열응력, 할렬응력, 종방향 단부인장력을 고려하여 설계한다. 정착구역에 대한 해석 방법은 선형응력 해석이나 STM 모델, 간이 계산법을 통해 수행한다.

1) 해석응력

① 압축응력 : 특수 정착장치의 앞부분 콘크리트, 정착구역 내부나 앞부분의 기하학적 또는 하중의 불연속이 응력 집중을 유발할 수 있는 곳 등에 대한 검토

② 파열응력 : 정착장치 앞부분에 긴장재 축에 횡방향으로 작용하는 정착구역 내의 인장력으로, 파열력에 대한 저항력, $\phi A_s f_y$ 또는 $\phi A_p f_{py}$ 은 나선형이나 폐쇄된 원 또는 사각띠의 형태로 된 철근 또는 PS 강재에 의해 지탱된다. 이들 보강재는 전체계수파열력에 저항할 수 있도록 설치

③ 할렬응력 : 중앙에 집중하여 힘이 작용하거나 편심으로 힘이 작용하는 정착구역 그리고 여러 개의 정착구를 사용하는 정착구역에서 발생한다.

④ 종방향 단부 인장력은 정착하중의 합력이 정착구역에 편심 재하를 야기할 때 발생한다. 단부 인장력은 탄성 응력 해석, 스트럿-타이 모델, 그리고 간이 계산법에 의해 계산한다.

2) 정착구역 해석방법

① 선형응력 해석(linear stress analysis) : 선형탄성해석과 함께 유한요소해석을 포함한다. 유한 요소법은 콘크리트 균열에 대한 정확한 모델개발의 어려움에 의해 제약받는다.

(1) 보강철근 산정

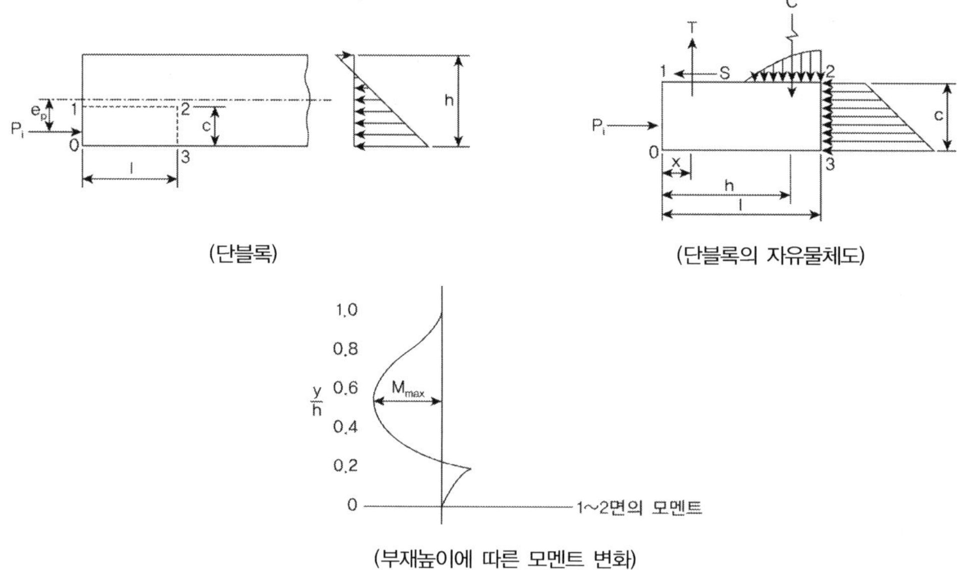

$$T = \frac{M_{\max}}{h - x}, \quad A_t = \frac{T}{f_{sa}}$$

(2) 콘크리트의 지압응력(f_b)

(긴장재 정착 직후) $f_b = 0.7 f_{ci} \sqrt{\dfrac{A_b{}'}{A_b}} - 0.2 \leq 1.1 f_{ci}$

(프리스트레스 손실 후) $f_b = 0.5 f_{ck} \sqrt{\dfrac{A_b{}'}{A_b}} \leq 0.9 f_{ck}$

A_b : 정착판의 면적

$A_b{}'$: 정착판의 도심과 동일한 도심을 가지도록 정착판의 닮은꼴을 부재단부에 가장 크게 그렸을 때 그 도형의 면적

② 평형조건에 근거한 소성모델(STM) : 평형의 원리에 따라 프리스트레스 힘을 트러스구조로 이상화하여 해석하는 방법이다. 콘크리트 구조물이나 부재의 저항능력은 구조물의 소성이론 중 하부한계정리(lower bound theorem)를 적용하여 보수적으로 추정할 수 있다. 만약 충분한 연성이 구조계 내에 존재한다면 스트럿-타이 모델은 정착구역의 설계조건을 만족시킬 수 있다. 다음 그림은 Schlaich가 제안한 두 개의 편심된 정착구를 갖는 정착구역의 경우에 대한 선형 탄성응력장과 이에 적용되는 STM 모델이다. 콘크리트의 제한된 연성 때문에 응력분포를 고려한 탄성해와 크게 차이나지 않는 STM 모델이 적용되어야 하며, 이 방법은 정착구역에서 요구되는 응력의 재분배를 줄이며 균열이 가장 발생하기 쉬운 곳에 철근을 보강하도록 해준다.

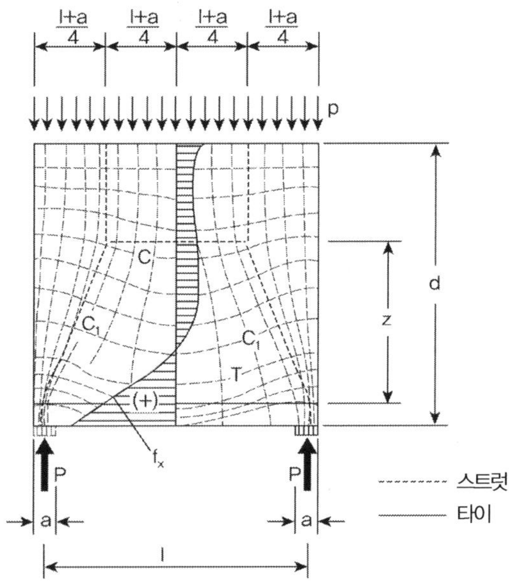

다음은 몇 개의 전형적인 정착구역에 대한 하중상태에서의 STM 모델이다.

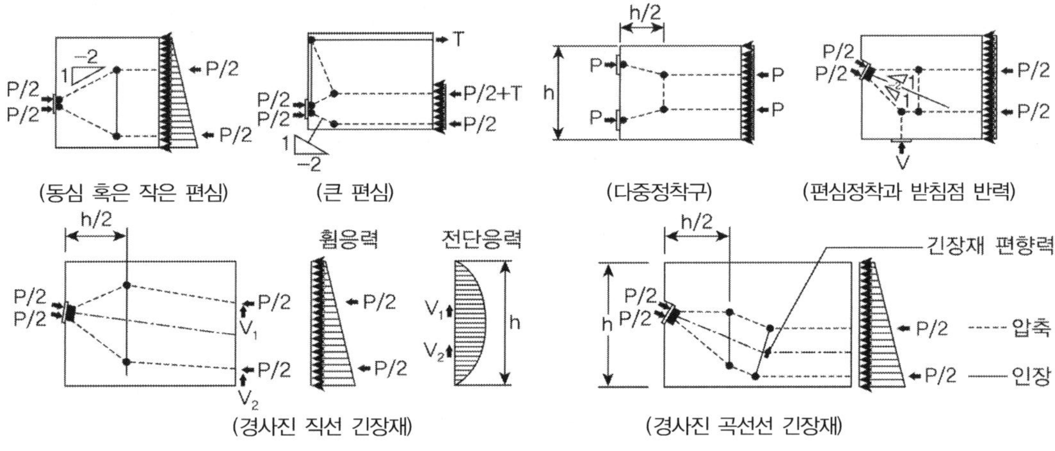

(1) 정착구역에서 전체 국소구역은 가장 중요한 절점 또는 절점그룹으로 구성되어 있다. 정착 장치 하의 지압응력을 제한함으로써 국소지역의 적합성을 보장하므로 정착장치의 승인시 험에 의해 검증되면 무시할 수 있다. 따라서 STM 모델 시 국소구역의 절점들은 정착판의 앞 a/4만큼 떨어진 곳을 선택해도 좋도록 규정한다.

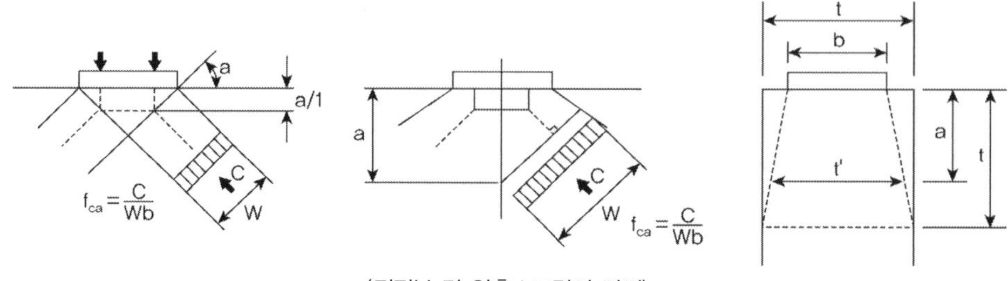

(절점부 및 압축스트럿의 단면)

(2) STM 모델은 탄성응력분포에 기초하여 구성할 수 있다. 그러나 적용한 STM 모델이 탄성응 력분포와 비교하여 차이가 많을 경우 큰 소성변형이 예상되며 콘크리트의 사용강도를 감소 시켜야 한다. 또한 다른 하중의 영향으로 콘크리트에 균열이 발생해도 콘크리트 강도를 감 소시켜야 한다.

(3) 인장하에서 콘크리트 강도를 신뢰할 수 없기 때문에 인장력을 저항하는 데 콘크리트의 인 장강도를 완전히 무시한다.

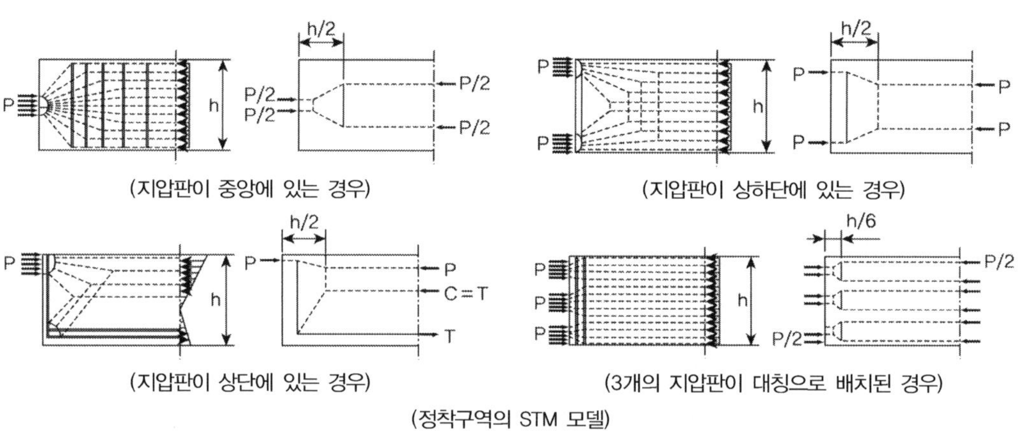

(정착구역의 STM 모델)

③ 간이 계산법(simplified equation) : 근사해법으로 불연속부 없이 직사각형 단면에 안전측의 결과를 보여주는 방식이다. 다만, 부재의 단면이 직사각형이 아니거나, 일반구역 내부 또는 인접한 부위의 불연속으로 인하여 힘의 흐름경로에 변화를 유발하는 경우, 최소 단부거리가 단부 방향의 정착장치 치수의 1.5배 미만인 경우, 여러 개의 정착장치가 서로 근접되지 않아 한 개의 정착그룹으로 볼 수 없는 경우에는 간이 계산법을 사용할 수 없다.

(1) 압축응력의 계산

(2) 파열력의 계산 : 정착장치가 1개 이상인 경우 긴장순서를 고려하여야 한다.

$$T_{burst} = 0.25 \sum P_{pu}\left(1 - \frac{h_{anc}}{h}\right), \quad d_{burst} = 0.5\left(h - 2e_{anc}\right)$$

여기서, $\sum P_{pu}$: 개개의 긴장재에 대한 P_{pu} 의 합

$\quad\quad\quad h_{anc}$: 검토 방향에서 하나의 정착장치 또는 가까운 정착장치 그룹의 깊이(mm)

$\quad\quad\quad e_{anc}$: 정착장치 또는 근접한 정착장치 그룹의 단면중심에 대한 편심(mm)

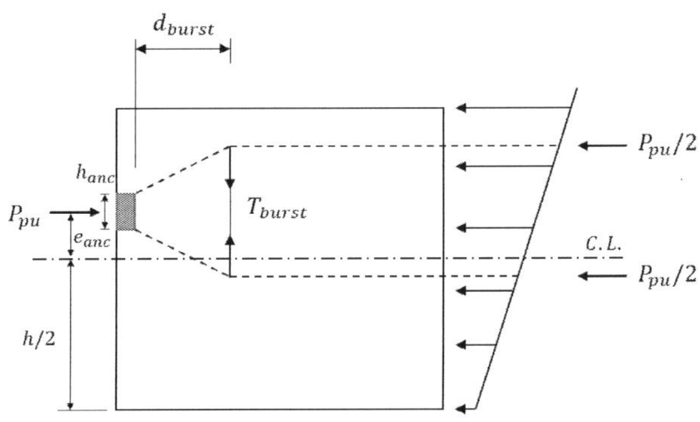

PSC 정착부 STM 설계

포스트텐션 I형보의 정착구역에서 각 긴장재는 인장강도가 $f_{pu} = 1,860$MPa인 지름 12.7mm($A_p = 98.71$mm²)의 저릴랙세이션 PS 강연선 4개로 이루어져 있다. 긴장재는 $0.75 f_{pu} (= 1,395$MPa)로 인장(jacking)하였고 인장작업 시의 콘크리트 강도 $f_{ci} = 34.5$MPa이고 보의 단면적은 623,000mm² 이다. 정착부의 보강철근을 스트럿–타이 모델로 설계하라.

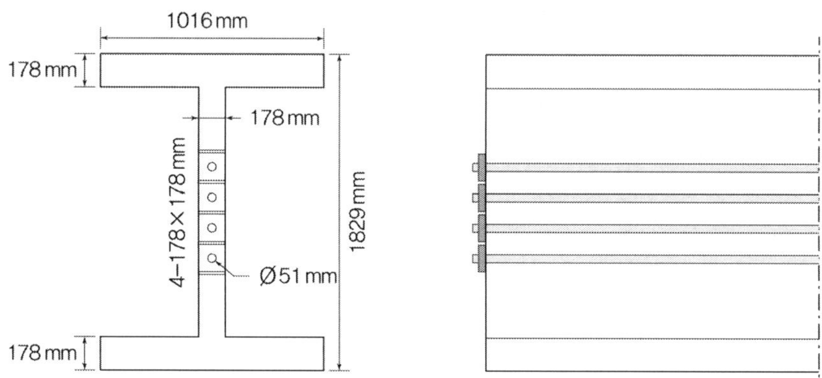

➤ 긴장재의 인장강도

$$P = f_{pu} \times A_p = 1860 \times 98.71 \times 4 = 734\,\text{kN}$$

➤ 정착판의 지압응력

$$A_n = 178^2 - \frac{\pi \times 51^2}{4} = 29,600\,\text{mm}^2$$

$$\therefore f_b \left(= \frac{P}{A_n} = \frac{734 \times 10^3}{29,600} = 24.8\text{MPa} \right) < 0.85\phi f_{ci} (= 0.85 \times 0.85 \times 34.5 = 24.9\text{MPa})$$

➤ D 영역 이외에서의 응력분포

St. Vernant 원리에 따라 D 영역 이외에서의 응력은 등분포된다고 보면,

$$f_c = \frac{P}{A_c} = \frac{734 \times 10^3 \times 4}{623000} = 4.7\,\text{MPa}$$

(플랜지) $4.7 \times (1016 \times 178) = 852\text{kN}$

(웨브) $4.7 \times 178 \times (1829 - 2 \times 178) = 1,235\text{kN}$

복부를 지나 플랜지에 이르는 압축응력의 흐름은 STM 모델로 표현할 수 있으며, 높이 $178 \times 4 = 712$mm의 지압면에 작용하는 총지압력은 $4.7 \times 623 = 2,934$kN으로 플랜지 쪽으로 흐르는 두 힘과 복부로 흐르는 두 힘으로 분할해야 한다.

총지압력의 1/2을 플랜지 면적과 복부의 1/2 면적에 따라 비례배분하면 하나의 플랜지에 걸리는 힘은 다음과 같고,

$$\frac{1016 \times 178}{1016 \times 178 + 178 \times \dfrac{(1829 - 2 \times 178)}{2}} \times \frac{2934}{2} = 850.48\,\text{kN}$$

복부의 1/2 면적에 걸리는 압축력은

$$\frac{2934}{2} - 850 = 617\,\text{kN}$$

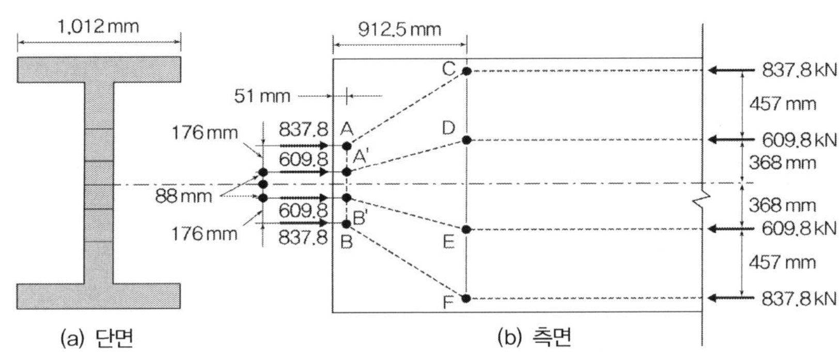

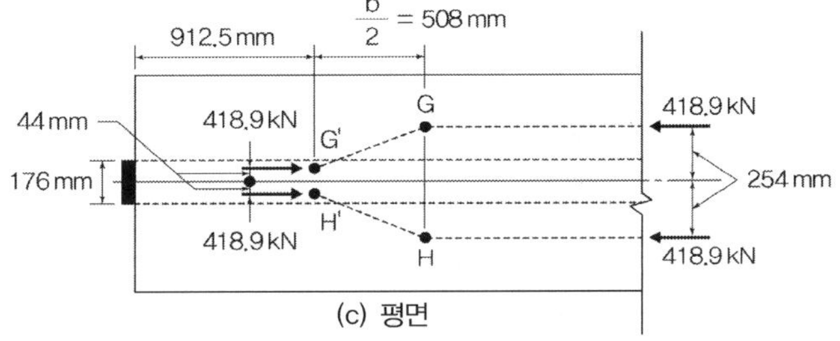

➤ 인장타이의 인장력

① 압축스트럿 AC

압축스트럿 $AC : l = \sqrt{(914 - 51)^2 + [457 + 368 - (178 + 75)]^2} = 1.035$mm

수평면과 이루는 각을 θ 라고 하면,

$$\cos\theta = \frac{914-51}{1035} = 0.8338, \quad \sin\theta = \frac{457+368-178-75}{1035} = 0.5526$$

$$\therefore\ C_{AC} = \frac{850}{\cos\theta} = 1019\,\text{kN}$$

② 인장타이 CD

$$\sum V_C = 0 : T_{CD} = C_{AC} \times \sin\theta = 563\,\text{kN}, \quad \therefore\ T_{EF} = 772\,\text{kN}$$

③ 동일한 방법으로

$$T_{DE} = 772\,\text{kN},\ T_{GH} = 175\,\text{kN}$$

▶ 보강철근의 계산

1) 웨브

$f_y = 400\,\text{MPa},\ \text{D13}(A_s = 126.7\,\text{mm}^2)$ 폐쇄 스터럽 사용

극한 인장강도 : $T_u = \phi f_y A_s = 0.85 \times 400 \times (2^{\leq g} \times 126.7) = 86\,\text{kN}$

복부 폐쇄 스터럽 수 : $n = 772/86 \fallingdotseq 9.0$

∴ D13 폐쇄 스터럽 10개를 210mm 간격으로 배근한다.

2) 플랜지

D13 단일 스터럽 배치 시

극한 인장강도 : $T_u = \phi f_y A_s = 0.85 \times 400 \times 126.7 = 43\,\text{kN}$

플랜지 폐쇄 스터럽 수 : $n = 175/43 \fallingdotseq 5.0$

∴ D13 폐쇄 스터럽 5개를 250mm 간격으로 상하부에 각각 배근한다.

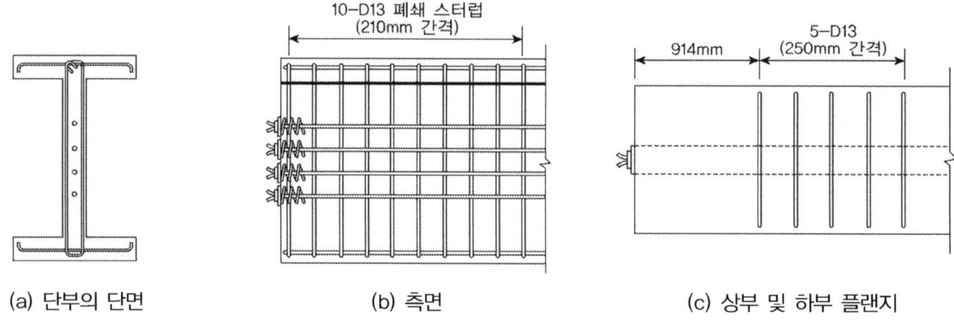

(a) 단부의 단면　　　　(b) 측면　　　　(c) 상부 및 하부 플랜지

PSC 정착부 설계

다음 그림과 같은 포스트텐션 I형 보의 정착구역에서 각 긴장재는 인장강도 $f_{pu} = 1,820\text{MPa}$인 저릴랙세이션 PS 강연선 4개($\phi12.7 \times 4$, $A_p = 98.71 \times 4 = 394.84\text{mm}^2$)로 이루어져 있고, 긴장재는 $0.75 f_{pu}(= 1,365\text{MPa})$로 긴장(Jacking)하는 경우 정착부의 보강철근을 설계하시오.

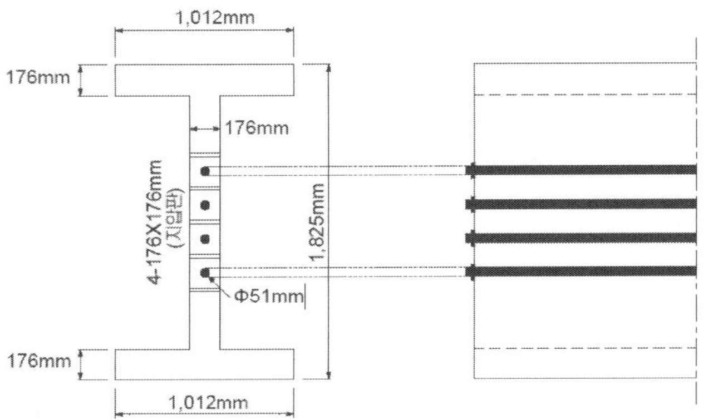

조건

(1) 철근의 항복강도 $f_y = 400\text{MPa}$

(2) D13 스터럽 사용 (D13의 개당 철근 단면적 $A_s = 126.7\text{mm}^2$)

(3) 긴장 작업 시의 콘크리트의 강도 $f_{ci} = 36.5\text{MPa}$

(4) I형 보의 단면적은 $616,000\text{mm}^2$

(5) $\phi51\text{mm}$는 지압판의 홀(hole) 직경임

풀 이

▶ 긴장재의 인장강도

$$P = f_{pu} \times A_p = 1820 \times 98.71 \times 4 \times 10^{-3} = 718.6\text{kN}$$

▶ 정착판의 지압응력

$$A_n = 176^2 - \frac{\pi \times 51^2}{4} = 28,933.2 \text{ mm}^2 \quad \therefore f_b = \frac{P}{A_n} = \frac{718.6 \times 10^3}{28,933.2} = 24.8\,\text{MPa}$$

$$f_b(= 24.8\text{MPa}) \ < \ 0.85\phi f_{ci}(= 0.85 \times 0.85 \times 36.5 = 26.4\text{MPa}) \qquad \text{O.K}$$

St. Vernant 원리에 따라 D 영역 이외에서의 응력은 등분포된다고 보면,

$$f_c = \frac{P}{A_c} = \frac{718.6 \times 10^3 \times 4}{616,000} = 4.7\text{MPa}$$

(플랜지)　$4.7 \times (1,012 \times 178) \times 10^{-3} = 840.6\text{kN}$
(웨브)　　$4.7 \times 176 \times (1,825 - 2 \times 176) \times 10^{-3} = 1,209.7\text{kN}$

▶ STM 모델 해석

복부를 지나 플랜지에 이르는 압축응력의 흐름은 STM 모델로 표현할 수 있으며, 높이 $176 \times 4 = 704\text{mm}$의 지압면에 작용하는 총지압력은 $4.7 \times 616,000 \times 10^{-3} = 2,895.2\text{kN}$으로 플랜지 쪽으로 흐르는 두 힘과 복부로 흐르는 두 힘으로 분할해야 한다. 총지압력의 1/2를 플랜지 면적과 복부의 1/2 면적에 따라 비례배분하면 하나의 플랜지에 걸리는 힘은,

$$\frac{1,012 \times 176}{1,012 \times 176 + 176 \times \dfrac{(1,825 - 2 \times 176)}{2}} \times \frac{2,895.2}{2} = 837.8\text{kN}$$

복부의 1/2 면적에 걸리는 압축력은　$\dfrac{2,895.2}{2} - 837.8 = 609.8\text{kN}$

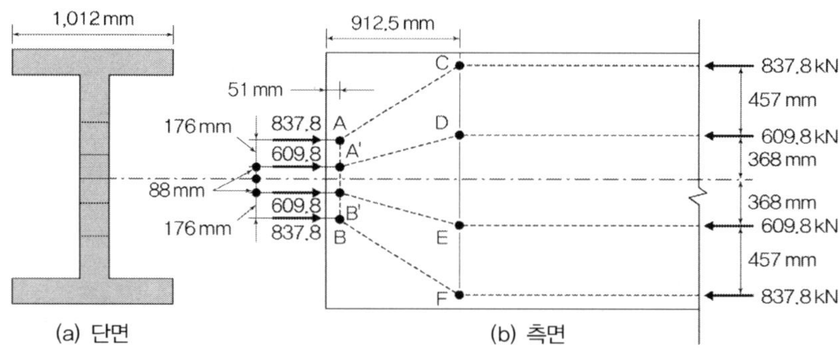

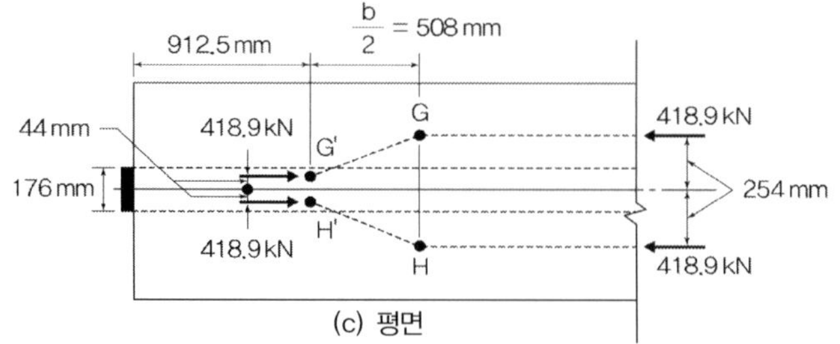

➤ **인장타이의 인장력**

① 압축스트럿 AC

압축스트럿 AC : $l = \sqrt{(912.5-51)^2 + [457+368-(176+88)]^2} = 1,028\text{mm}$

수평면과 이루는 각을 θ 라고 하면,

$$\cos\theta = \frac{912.5-51}{1028} = 0.838, \quad \sin\theta = \frac{457+368-176-88}{1028} = 0.546$$

$$\therefore \ C_{AC} = \frac{837.8}{\cos\theta} = 999.83\text{kN}$$

② 인장타이 CD

$$\sum V_C = 0 \ : \ T_{CD} = C_{AC} \times \sin\theta = 545.6\text{kN}, \qquad \therefore \ T_{CD} = T_{EF} = 545.6\text{kN}$$

③ 압축스트럿 A′D

수평면과 이루는 각을 θ 라고 하면,

$$\theta = \tan^{-1}\left(\frac{368-88}{912.5-51}\right) = 0.314(\text{rad}), \qquad \therefore \ \cos\theta = 0.951, \quad \sin\theta = 0.310$$

$$\therefore \ C_{A'D} = \frac{609.8}{\cos\theta} = 641.2\text{kN}$$

④ 인장타이 DE

$$T_{DE} = 2C_{A'D}\sin\theta = 396.4\text{kN}$$

⑤ 압축스트럿 G′G

수평면과 이루는 각을 θ 라고 하면,

$$\theta = \tan^{-1}\left(\frac{254-44}{508}\right) = 0.392 \ (\text{rad}), \qquad \therefore \ \cos\theta = 0.924, \quad \sin\theta = 0.382$$

$$\therefore \ C_{G'G} = \frac{418.9}{\cos\theta} = 453.3\text{kN}$$

⑥ 인장타이 GH

$$T_{GH} = 2C_{G'G}\sin\theta = 346.3\text{kN}$$

➤ 보강철근의 계산

1) 웨브

$f_y = 400\,\text{MPa},\ \text{D13}(A_s = 126.7\,\text{mm}^2)$ 폐쇄 스터럽 사용

극한 인장강도 : $T_u = \phi f_y A_s = 0.85 \times 400 \times (2^{leg} \times 126.7) = 86\,\text{kN}$

복부 폐쇄 스터럽 수 : $n = 545.6\,/\,86 \fallingdotseq 7.0$

∴ D13 폐쇄 스터럽 10개를 210mm 간격으로 배근한다.

2) 플랜지

D13 단일 스터럽 배치 시

극한 인장강도 : $T_u = \phi f_y A_s = 0.85 \times 400 \times 126.7 = 43\,\text{kN}$

플랜지 폐쇄 스터럽 수 : $n = 346.3\,/\,43 \fallingdotseq 9.0$

∴ D13 폐쇄 스터럽 10개를 210mm 간격으로 상하부에 각각 배근한다.

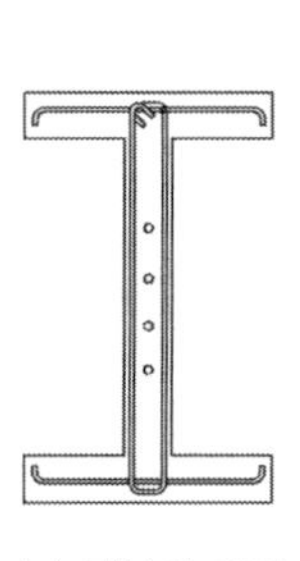

(a) 단부의 단면

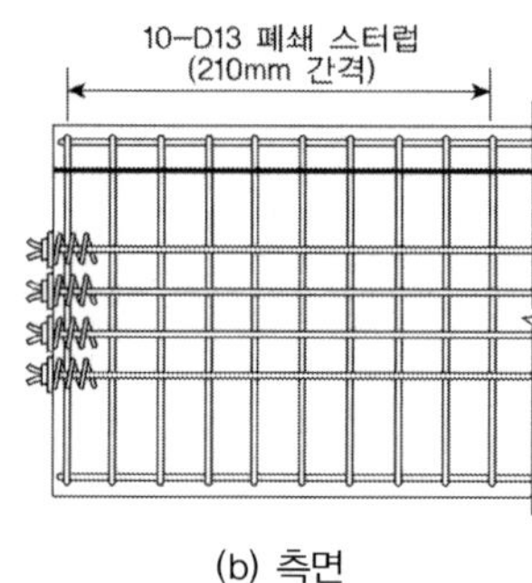

(b) 측면

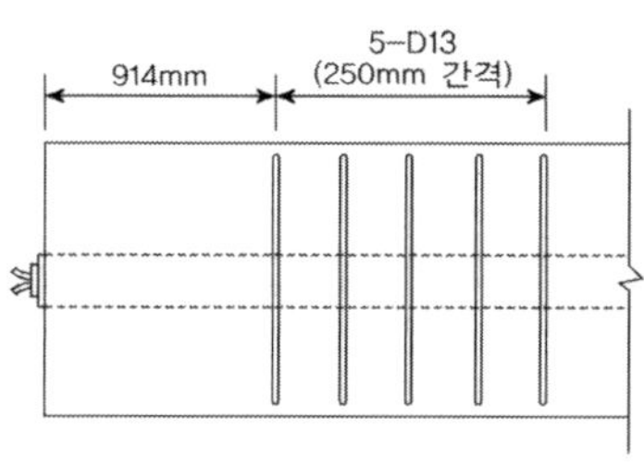

(c) 상부 및 하부 플랜지

PSC 정착부 근사해법

일반적인 PSC 박스거더교의 돌출정착구에 대하여 현행 도로교설계기준의 근사해석법을 이용하여 필요철근량을 구하시오(단위는 mm임).

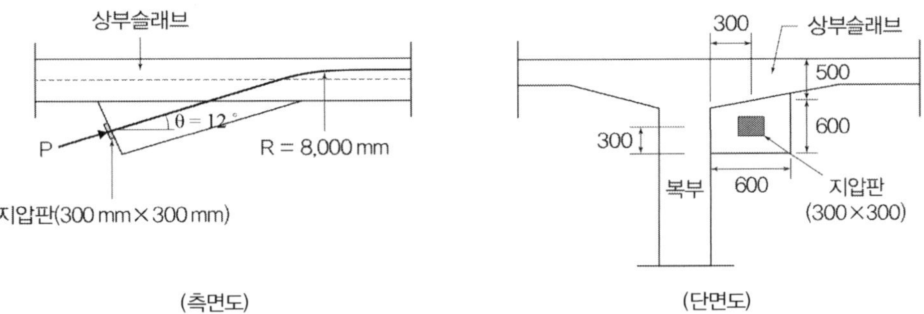

조건

PC강연선 제원
- 극한강도 $f_{pu} = 1,860$MPa
- 항복강도 $f_{py} = 1,600$MPa
- 횡단면적 $A_p = 2,635$mm^2

풀 이

▶ 도설 정착부의 근사해석법

1) 지압응력(도설 4.6.3.3 정착부 검토)

설계기준에서 정착으로 인한 콘크리트의 지압응력이 다음 값을 넘지 않도록 규정하고 있다.

① 긴장재 정착 직후

$$f_b = 0.7 f_{ci}' \sqrt{\frac{A_b'}{A_b} - 0.2} \leq 1.1 f_{ci}$$

② 프리스트레스 손실 직후

$$f_b = 0.5 f_{ck} \sqrt{\frac{A_b'}{A_b}} \leq 0.9 f_{ck}$$

여기서, A_b : 정착판의 면적(mm^2)

A_b' : 정착판과 닮은 꼴 도형면적(mm^2)

파열과 할렬구역에 대해서는 도설 4.6.3.9에 따른다.

2) 정착구역 근사해법(도설 4.6.3.9 포스트텐션부재의 정착구역)

① 파열력

파열력의 크기와 재하면으로부터의 거리에 대한 값들은 각각 식(4.6.29)와 식(4.6.30)으로부터 산정된다. 이들 식을 적용하는 데 있어 만일 긴장재가 한 개 이상이라면 규정된 긴장 순서를 고려해야 한다.

$$T_{burst} = 0.25 \sum P_u (1 - a/h) + 0.5 P_u \sin \alpha$$
$$d_{burst} = 0.5(h - 2e) + 5e \ \sin \alpha$$

➤ 필요철근량 산정

$$P_u = f_{pu} A_p = 1860 \times 2635 = 4901.1 \, \text{kN}$$

$$a = 300 \, \text{mm}, \ h = 600 \, \text{mm}, \ \alpha = 12°$$

$$\therefore \ T_{burst} = 0.25 \sum P_u \left(1 - \frac{a}{h}\right) + 0.5 P_u \sin \alpha$$

$$= 0.25 \times 4901.1 \times \left(1 - \frac{300}{600}\right) + 0.5 \times 4901.1 \times \sin 12 = 1122.14 \, \text{kN}$$

$$f_y = 400 \, \text{MPa}라고 \ 하면, \ f_a = 0.6 f_y = 240 \, \text{MPa}$$

$$\therefore \ A_s = \frac{T_{burst}}{f_a} = 4675.58 \, \text{mm}^2$$

PSC 정착부 근사해석

다음 그림과 같은 텐던 정착구의 정착구 배면 콘크리트 지압응력에 대해 최대 프리스트레스 도입 직후 및 설계하중 작용 시의 경우에 대해 구조안전성을 확인하시오(단, $f_{ck}=40\text{MPa}$, $f_{ci}=32\text{MPa}$, 사용텐던 : 12EA/12.7mm, 강연선 1가닥의 단면적은 98.71mm^2 정착판의 크기 : $250\times250\text{mm}$, 정착판 홀직경 : 100mm, 텐던의 항복강도 $f_{py}=1{,}600\text{MPa}$).

프리스트레스 도입 직후 허용지압응력 $f_{ba}=0.7f_{ci}\sqrt{\dfrac{A_b{'}}{A_b}}-0.2\le 1.1f_{ci}$

설계하중 작용 시 허용지압응력 $f_{ba}=0.5f_{ck}\sqrt{\dfrac{A_b{'}}{A_b}}\le 0.9f_{ck}$

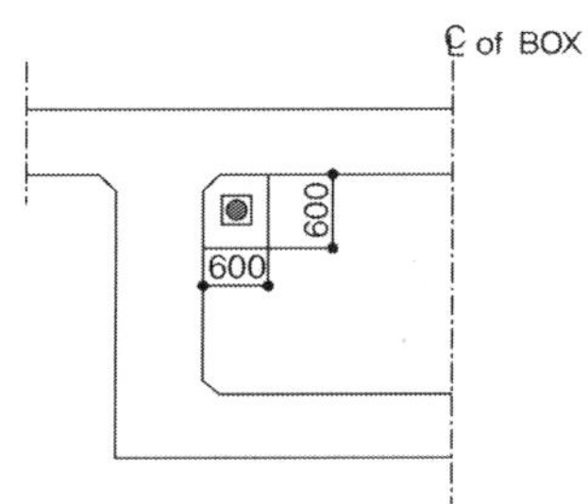

풀 이

▶ PS 도입 직후

$$P_i=0.9P_t=0.9f_{py}nA_p=1.9\times1600\times12\times98.71=1705.709\,\text{kN}$$

정착판의 단면적 $A_b=250^2=62{,}500\,\text{mm}^2$

정착판의 유효단면적 $A_e=250^2-\dfrac{\pi\times100^2}{4}=54{,}646\,\text{mm}^2$

투영면적 $A_b{'}=600^2=360{,}000\,\text{mm}^2$

$$\therefore f_{ba}=0.7f_{ci}\sqrt{\dfrac{A_b{'}}{A_b}}-0.2=0.7\times32\times\sqrt{\dfrac{360000}{62500}}-0.2$$
$$=52.82\,\text{MPa} > 1.1f_{ci}(=35.2\,\text{MPa})$$

$$\therefore f_b=\dfrac{P_i}{A_e}=31.2\,\text{MPa} < f_{ba} \qquad \text{O.K}$$

➤ **설계하중 작용 시**

$$P_e = 0.8P_t = 1516.186\,\text{kN}$$

$$\therefore f_{ba} = 0.5f_{ck}\sqrt{\frac{A_b'}{A_b}} = 0.5 \times 40 \times \sqrt{\frac{360000}{62500}} = 48\,\text{MPa} > 0.9f_{ck}(= 36\,\text{MPa})$$

$$\therefore f_b = \frac{P_e}{A_e} = 27.75\,\text{MPa} < f_{ba} \qquad \text{O.K}$$

곡선 긴장재

도로교설계기준(한계상태설계법, 2016)에서 곡선의 영향을 고려한 긴장재의 부재 상세를 설명하시오.

풀 이

▶ 개요

곡선 긴장재는 긴장재 곡률면 내에 곡률중심방향으로 면내력을 유발하며 강연선 다발이나 강선 다발로 구성된 곡선 긴장재는 긴장재 곡률면의 직각방향으로 면외력을 유발한다. 이 때문에 도로교 설계기준에서는 곡선 거더의 면외력에 대한 저항강도를 증가시키기 위하여 덕트에 대한 콘크리트 피복두께를 증가시키거나 횡구속 철근을 추가하는 등의 규정을 두고 있다.

▶ 곡선의 영향을 고려한 긴장재의 부재 상세 기준

면외력은 돌출정착부와 곡선 복부에 발생한다. 적절한 보강을 하지 않으면 긴장재 반향 변환력에 의해 곡선 긴장재 안쪽의 피복 콘크리트가 파손되거나 불균형 압축력에 의해 곡선 긴장재 바깥쪽의 콘크리트가 밀려날 수 있다. 면내력에 의한 인장응력은 작은 경우에는 콘크리트의 인장강도로 지지될 수 있다. 다발강연선 포스트텐션 긴장재의 면외력은 강연선이나 강선이 덕트내에서 퍼짐에 따라 발생된다. 면외력이 작을 때에는 콘크리트 전단강도로 지지될 수 있으나 그렇지 않을 경우 나선철근으로 면외력을 저항하도록 보강하는 것이 효과적이다.

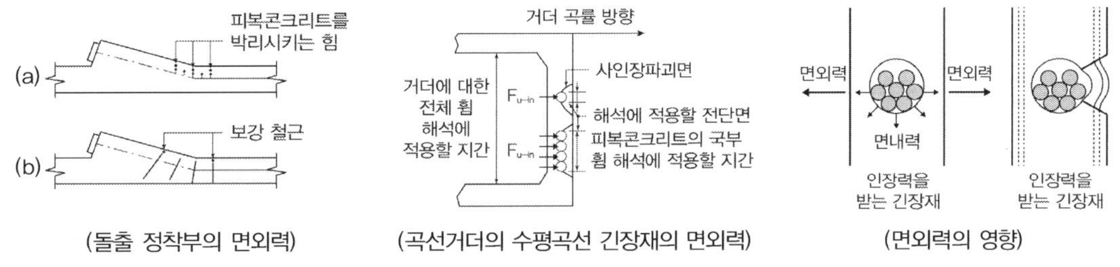

다음은 도로교설계기준(한계상태설계법, 2016)의 긴장재 부재 상세 기준이다.

1) 곡선 긴장재는 철근으로 횡구속시켜야 한다. 횡구속 철근은 사용한계상태에서의 철근응력이 0.6 f_y를 초과하지 않도록 하여야 하며 f_y의 가정값은 420MPa 이하여야 한다. 횡구속철근의 간격은 덕트 외측지름의 3배 또는 600mm 이하여야 한다.

2) 긴장재가 곡선 복부나 플랜지에 배치되거나 오목한 모서리나 내부 공동에 인접하여 곡선배치된 경우, 콘크리트 피복두께를 증가시키거나 횡구속철근을 배치하여야 한다. 오목한 모서리나 내부 공동은 인근 덕트와의 거리가 덕트 지름의 1.5배 이상이어야 한다.

3) 긴장재가 양방향으로 곡선을 이룰 때에는 면내력과 면외력을 벡터합으로 더하여야 한다.
　① 면내력의 영향 검토
　　(1) 긴장재의 배치방향의 변화로 발생하는 면내력은 다음과 같다.

$$F_{u-in} = \frac{P_u}{R}$$

　　　여기서, F_{u-in} : 긴장재의 단위길이당 곡률면내 방향변환력(N/mm)
　　　　　　P_u 　: 계수 긴장력(N)
　　　　　　R 　 : 검토대상 위치의 긴장재의 곡률 반지름(mm)

　　(2) 최대 방향변환력은 예비의 긴장재를 포함한 모든 긴장재가 인장을 받고 있다는 기본가정 하에서 결정되어야 한다.

　　(3) 방향변환력에 의한 박리(pull-out)에 저항하는 콘크리트 피복의 전단강도 $V_r = V_d$

$$V_d = 0.33d_c\sqrt{\phi_c f_{ci}}$$

　　　여기서, V_d : 단위길이당 전단저항면 2면의 설계전단강도(N/mm)
　　　　　　d_c : 덕트의 최소 콘크리트 피복두께 + 덕트 지름의 1/2(mm)
　　　　　　ϕ_c : 콘크리트 재료계수
　　　　　　f_{ci} : 초기 재하 시 또는 긴장 시의 콘크리트 압축강도(MPa)

　　(4) 계수 면내 방향변환력이 콘크리트 피복의 설계전단강도를 초과하면, 면내 방향 변환력에 저항할 수 있도록 완전히 정착된 철근이나 긴장재로 묶어서 보강하여야 한다.

　　(5) 여러 단으로 쌓은 덕트가 곡선 거더에 사용되는 경우 콘크리트 피복두께의 휨강도를 검토하여야 한다.

　　(6) 곡선거더에 대해서는 면내력에 의한 전체적인 휨의 영향을 검토해야 한다.

　　(7) 약 90°로 교차하지 않는 긴장재의 곡선 덕트에서 한 긴장재에 의한 면내력 방향이 다른 긴장재 쪽을 향하도록 배치되어 있을 경우 덕트는 횡구속되어야 한다.

　② 면외력의 영향
　　(1) 강연선의 쐐기작용에 의하여 덕트에 작용하게 되는 면외력은 다음과 같이 산정할 수 있다.

$$F_{u-out} = \frac{P_u}{\pi R}$$　여기서, F_{u-in} : 긴장재의 단위길이당 곡률면내 방향변환력(N/mm)

　　(2) 콘크리트 피복의 설계전단강도 V_d가 충분하지 않은 경우, 총 면외력에 저항하도록 곡선구간을 국부적인 횡구속 철근으로 보강하여야 한다. 이때의 보강은 나선철근을 사용하는 것이 좋다.

PSC 균열

그림은 PSC보의 단부를 나타낸 것이다. PS강연선에 의해 포스트텐션 도입 시 균열이 발생하였다. A~E까지의 균열을 발생 원인별로 분류하고 대책을 설명하시오.

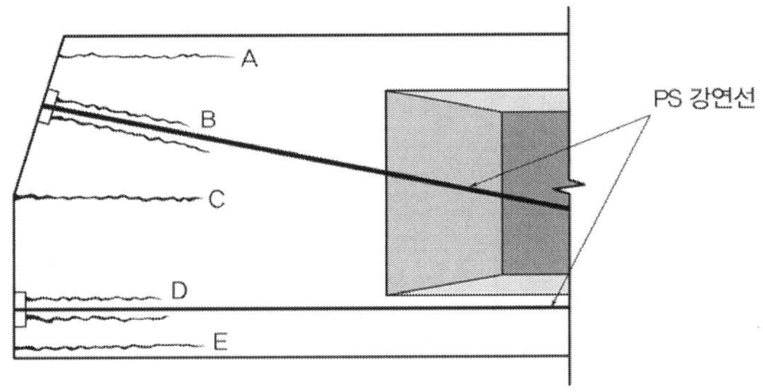

풀 이

➤ 개요

구조물의 일부구간에 하중의 집중이나 단면형상이 변화가 있을 경우 그 근처에서 응력상태의 교란이 발생하여 응력피크를 일으킨다. 포스트텐션 보에서 정착구역에서도 이로 인하여 균열, 박리, 국부적 파괴를 야기할 수 있다. 특히 프리스트레스 힘의 작용방향으로 매우 큰 파열응력이 단부 안쪽 짧은 거리에 작용하고 하중면 가까이에는 매우 큰 할렬응력이 작용한다.

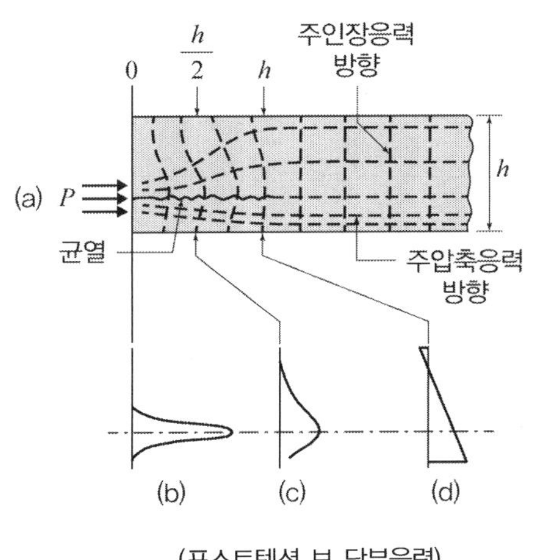

(포스트텐션 보 단부응력)

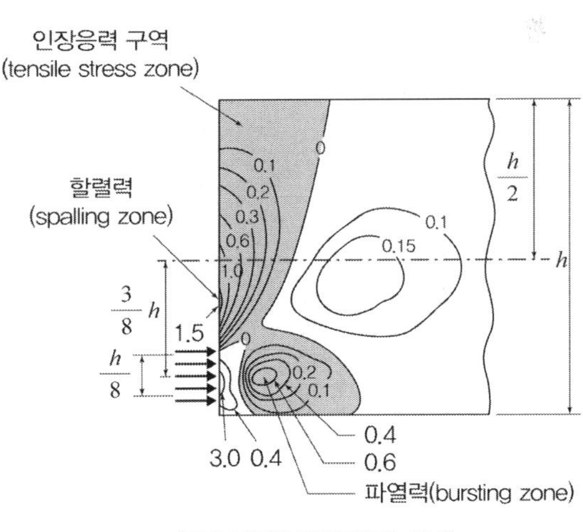

(포스트텐션 정착구역의 응력)

① A, E균열 : 프리스트레스 힘의 작용이 콘크리트에 전달이 지연되면서 발생하는 할렬균열이다. 응력의 집중은 St. Vernant의 원리에 따라 부재 단부로부터 안쪽으로 보의 높이 h만큼 들어간 구역에서부터 응력분포가 선형적으로 분포하기 때문에 응력 전달이 지연됨에 따라 발생된다.

② B, D균열 : 프리스트레스 힘의 작용이 직접 전달되는 면을 따라 발생한 파열균열이다. 강선의 방향을 따라 집중된 응력을 콘크리트의 인장력이 받아주지 못하면서 발생한다.

② C균열 : 위아래 텐던의 프리스트레스 힘의 차이로 발생하는 분할균열이다. 프리스트레스력의 차이가 크거나 시공단계에서 순차적으로 프리스트레스력을 가하지 않아서 발생한다.

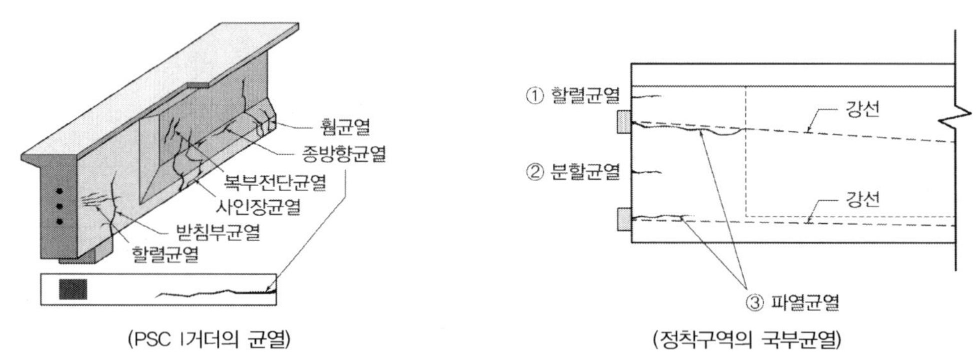

(PSC I거더의 균열)   (정착구역의 국부균열)

정착구역에서는 프리스트레스 힘으로 인한 높은 응력집중 때문에 비교적 낮은 하중상태에서도 콘크리트는 비탄성 거동을 나타내어 단부의 보강철근이 유효하게 작용하기 전에 콘크리트는 균열을 일으킨다. 따라서 할렬균열(A, E)과 파열균열(B, D)에 저항하기 위해 정착구역에 폐쇄 스터럽 철근을 배근하고 폐쇄 스터럽 철근 정착을 위해 모서리에 종방향 철근을 배근하여 구속시킨다. 이와함께 분할균열(C)에 대한 대처와 보강철근이 유효하게 작용하게 하기 위해서 긴장 시 단계적으로 순차 긴장을 실시한다.

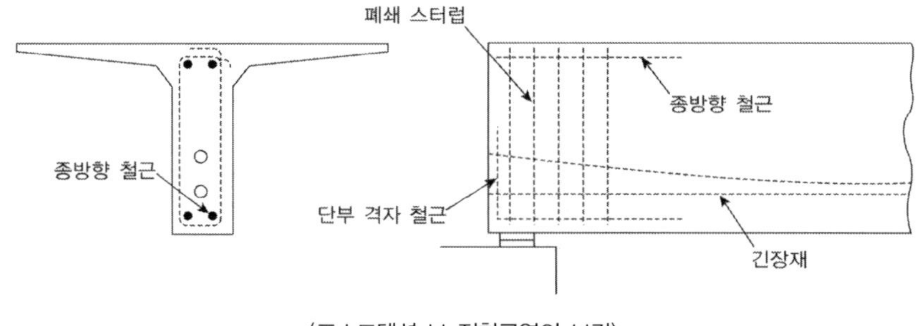

(포스트텐션 보 정착구역의 보강)

Chapter 08

연속보와 합성보

연속보와 합성보

01 PSC 연속보

1. PSC 부정정 구조물 [94회]

【기출유형 ①】 부정정 프리스트레스트 콘크리트 구조물의 장단점

PC 단순보와 같은 정정 구조물은 PS 힘의 작용선, 즉 압력선이 긴장재 도심과 일치하지만 PC 연속보와 같은 부정정 구조물에서는 일치하지 않는 것이 보통이다. 이로 인하여 PC 연속보에는 2차 모멘트가 생겨서 설계를 복잡하게 만든다.

1) PSC 부정정 구조물의 장단점

장점	단점
① 모멘트와 처짐은 작아지고, 강성은 커진다.	① 가외의 비용과 노력이 든다(RC의 현장타설에 비해).
② 긴장작업 및 정착장치의 수가 덜 든다.	② 최대 모멘트로 긴장재의 단면적이 결정되어 전길이에
③ 라멘 절점이 PS로 강결됨으로써 안정성이 증가한다.	사용됨으로써 비경제적인 설계로 된다.
	③ 긴장재의 굴곡배치가 어렵고, 마찰의 응력손실이 크다.
	④ 2차 모멘트 발생으로 압력선과 긴장재 도심이 일치하지 않는다.

2) PC 부재 부정정 구조물의 설계 방법

① PC 강재의 컨코던트 배치 : PS 도입 시 2차 응력이 발생하지 않도록 PC 강재를 배치한다. 즉 변형을 구속하는 지점에서 PC 강재의 긴장에 의해 변형이 발생하지 않도록 강재를 배치한다.

② 일시적 힌지를 두는 방법 : 부정정 구조물을 구성하는 부재에 PS를 도입할 때 2차 응력을 적게 하기 위하여 일시적 힌지를 두어 변형구속을 저하시킨다. PS 도입 후 힌지부를 모르터나 콘크리트로 채워서 연결체를 만든다.

③ Precast 부재의 결합에 의한 방법

    (1) Precast PC 보를 중간지점에서 Cap cable로 결합

    (2) Precast PC 보를 중간지점에서 연속보로 하는 방법

    (3) 기둥부재와 보부재를 결합하여 라멘을 구성하는 방법

④ Precast Block에 의한 방법 : Precast Block을 프리스트레스를 이용하여 동바리가 불필요한 구조물을 형성해가는 방법이다. 구조물 하부공간이 높은 경우에 사용되고 이음부는 block에 key를 설치도 하고 접합면을 도포하기도 하며 block 사이의 강재는 커플러로 연결시킨다.

2. 연속보의 해석 ^{65회}

1) 2경간 연속보에서 PS 강재를 직선배치하고 프리스트레스를 도입할 경우 중앙지점이 구속되지 않았다면 보는 위로 솟음이 발생한다. 그러나 연속보에서는 중앙지점의 구속으로 인하여 이 솟음에 대한 반력이 발생하며, 이러한 하향의 반력 R에 의해서 양 지점부에 R/2의 반력이 발생하고 이로 인해서 임의 면에서 $Rx/2$의 모멘트가 발생한다. 이를 2차 모멘트(secondary moment)라고 하며, 중간지점에 구속이 없다고 가정함으로써 솟음을 일으키게 했던 최초의 모멘트를 1차 모멘트(primary moment)라고 한다.

2) 단순보에서는 압력선(C선)이 긴장재 도심과 일치하지만 연속보에서는 2차 모멘트 때문에 일치하지 않는 것이 보통이며, 보 임의 단면의 2차 모멘트 $M_2(= Rx/2)$는 모멘트 $Cy(= Py)$와 같아야 하므로

$$y = \frac{M_2}{P}$$

3) 1차, 2차 모멘트는 프리스트레스 힘 P에 비례하므로 초기프리스트레스 힘 P_i가 유효 프리스트레스 힘 P_e로 감소하여도 y는 변하지 않는다.

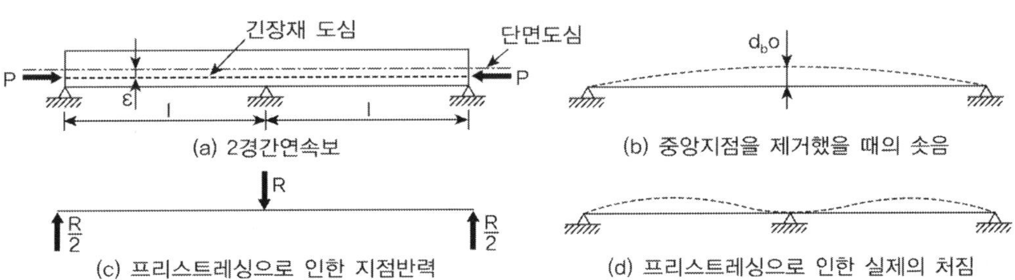

4) 연속보의 해석방법

① 변형일치의 방법(Method of Superposition)

(1) 1차 모멘트 계산 $\quad M_1 = Pe$

(2) 중앙지점의 반력 R_b 산정 $\quad \delta_{b0} + R_b \delta_{bb} = 0$

$\quad \delta_{b0}$: 중앙지점 구속을 제거한 단순보에서의 중앙부 처짐

$\quad \delta_{bb}$: 단위하중에 의한 중앙부 처짐

(3) 단부 반력(R_a, R_c) 산정

(4) 단부 반력에 의한 2차 모멘트 산정 $\quad M_2 = R_a \times x \,(\text{또는 } R_c \times x)$

(5) 압력선 위치 산정($y = M_2/P$, 긴장재 도심에서부터의 거리)

② 등가하중법(Method of Equivalent load)

(1) 등가 상향력 및 모멘트 산정

(2) 1차 모멘트 계산 $\quad M_1 = Pe$

(3) 최종 모멘트 M_t 계산(모멘트 분배법, 3연 모멘트법)

(4) 2차 모멘트 계산 $\quad M_2 = M_t - M_1$

(5) 압력선 위치 산정($y = M_2/P$, 긴장재 도심에서부터의 거리)

$\quad (y = M_t/P$, 단면 도심에서부터의 거리)

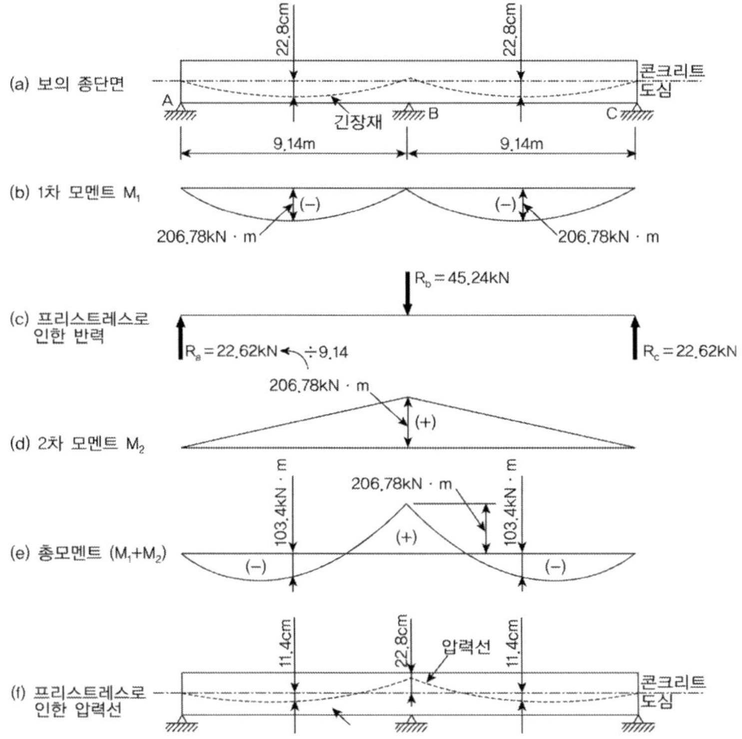

3. 컨코던트 긴장재(Concordant Cable)

1) 긴장재의 직선이동(linear transformation)

긴장재 도심선을 지간 내에서 그 형상을 변화시키는 일이 없이 한쪽 끝을 중심으로 회전시키는 것을 긴장재의 직선이동이라 한다.

2) 직선이동의 법칙(law of transformation)

긴장재의 직선이동에 따라 긴장재의 배치가 달라지면 Prestressing에 의한 지점반력이 달라지고 1차 모멘트 및 2차 모멘트도 달라지지만 두 모멘트의 합계인 총 모멘트(1, 2차 합성모멘트)는 변하지 않는다. 그러므로 압력선은 동일 위치에 있게 된다. 이와 같이 연속보의 중간지점위에서 긴장재를 직선운동시켜 편심량을 변화시켜도 콘크리트에 일어나는 PS는 변하지 않는다. 이것을 긴장재 배치의 직선이동의 법칙이라 한다.

3) 컨코던트 긴장재(concordant cable)

연속보의 중간지점에서 직선이동의 법칙에 따라 편심량을 무수히 변화시켜도 압력선(C-Line)은 변화하지 않는데 이 압력선과 긴장재의 도심선을 일치시키면 중간지점에서 반력도 일어나지 않고 2차 모멘트도 발생하지 않는다. 이러한 긴장재를 컨코던트 긴장재(concordant cable)라 한다.

긴장재의 도심선을 지간 내에서 형상의 변화 없이 한쪽 끝을 중심으로 회전시키는 긴장재의 직선이동을 수행하면 총모멘트의 변화 없이 반력과 1, 2차 모멘트의 변화만 발생하며 이러한 성질을 이용하여 반력으로 인한 2차 모멘트가 발생하지 않도록 압력선과 긴장재의 도심을 일치시켜 다음과 같이 배치할 경우 경제적인 설계가 가능하다.

① 컨코던트 긴장재를 얻으려면 연속보에 임의의 하중이 작용할 때 일어나는 휨모멘트도와 닮은 꼴이 되도록 PC강재를 배치

② 가장 경제적인 설계는 일반적으로 PC강재의 도심을 지점에서는 될 수 있는 대로 높게 하고, 지간중앙 근처에서는 될 수 있는 대로 낮게 설치

1. 모멘트 재분배

1) 부정정보나 라멘, 연속교 등 RC구조물이나 PSC구조물에서는 하나의 단면의 항복은 곧 붕괴를 가져 오는 것이 아니며 항복과 붕괴 사이에는 상당한 강도의 여유가 있다. 즉 파괴에 이르기 전까지 하중 이 증가하면 높은 응력을 받는 단면에서 소성힌지가 발생되고 이로 인하여 모멘트가 재분배되는 현 상이 발생한다.

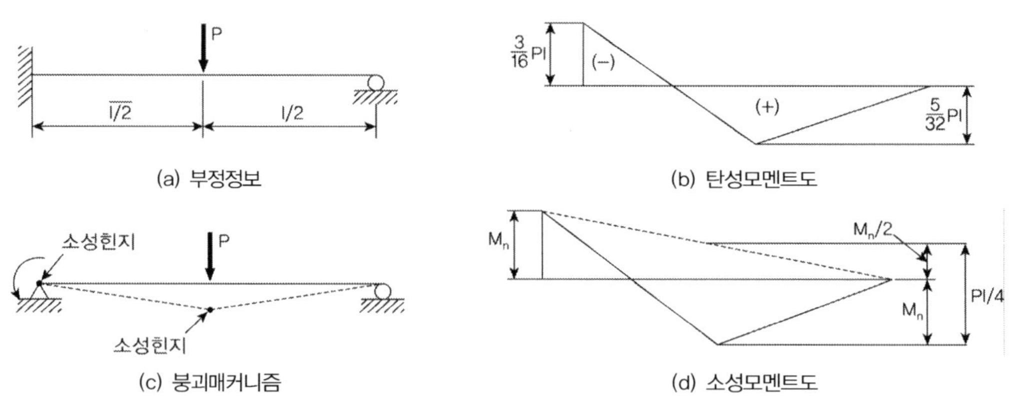

2) 강재량이 비교적 적은 PSC 단면은 상당한 소성회전을 일으키지만 강재량이 비교적 많은 PSC 단면 은 보다 더 취성적인 거동을 나타낸다. 2003년도 설계기준에서는 강재지수에 입각한 탄성모멘트 재 분배 방법을 채택하였으나 2007년도 설계기준 이후부터는 강재의 순인장변형률에 따라 모멘트 재 분배를 규정하고 있다.

3) KDS 14 20 00 강도설계법에 따른 모멘트의 재분배

① 탄성해석을 이용하여 받침부 계수 휨모멘트 계산, $\epsilon_t \geq 0.0075$로 가정하므로 $\phi = 0.85$

② ϵ_t 계산. $\epsilon_t \geq 0.0075$이면 모멘트 재분배율 $\delta = 1000\epsilon_t \leq 20\%$ 계산

$$\text{RC의 경우 } \epsilon_t = 0.003\left(\frac{d_t}{c} - 1\right), \qquad \leq t, \ \gamma = \frac{c}{d_t} \quad \therefore c = \gamma d_t$$

$$C = 0.85 f_{ck}ab = 0.85 f_{ck}b(\beta_1 c) = 0.85 f_{ck}b(\beta_1 \gamma d_t)$$

$$M_n = C\left(d - \frac{a}{2}\right) = 0.85 f_{ck}b(\beta_1 \gamma d_t)\left(d - \frac{\beta_1 \gamma d_t}{2}\right)$$

③ 받침부의 부모멘트를 조정하고 평행을 이루도록 정모멘트도 조절

4) KDS 24 14 21 교량 설계기준(한계상태설계법)에 따른 모멘트의 재분배

인접한 부재와의 지간의 비가 0.5와 2.0 사이인 경우 단면의 유효 깊이에 대한 중립축의 깊이 비 c/d를 기준으로 다음과 같이 휨모멘트 재분배를 규정하고 최대 15%까지 허용한다. 콘크리트의 압축강도가 증가함에 따라 ϵ_{cu}는 감소하므로 고강도 콘크리트에서는 압축강도가 클수록 재분배 비율은 감소하도록 규정하고 있다.

$$\eta_{\lim} = 1 - \frac{0.0033}{\epsilon_{cu}}\left(0.6 + \frac{c}{d}\right) \leq 0.15$$

PSC 연속보 해석

다음 그림과 같은 2경간 PSC연속보에 대하여 프리스트레스트힘에 의한 1차 모멘트와 2차 모멘트를 구하고, 최종 전단력도와 휨모멘트도를 그리시오(단, $P_e = 4000\text{kN}$, 강선의 편심거리 $e_p = 400\text{mm}$이며, 보 자중의 영향은 무시한다).

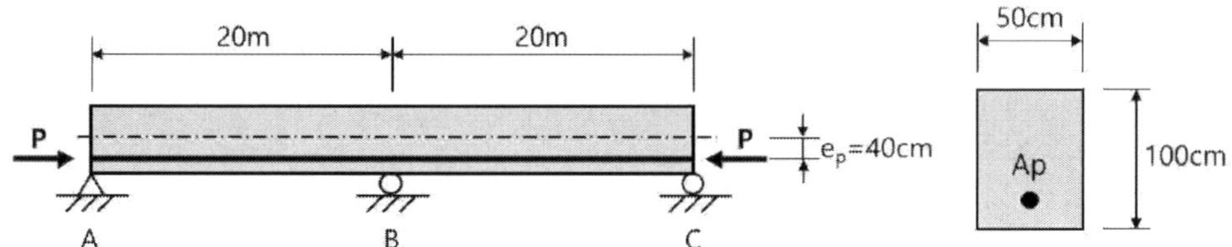

풀 이

▶ PS에 의한 1차 모멘트

B점의 반력을 부정정 모멘트로 보고, PS력에 의해 발생하는 1차 모멘트는

$$M_1 = P_e e_p = 4000 \times 0.4 = 1600\,\text{kNm}$$

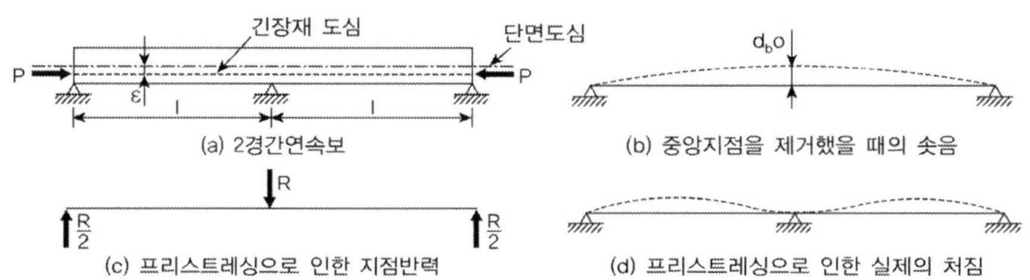

▶ PS에 의한 2차 모멘트

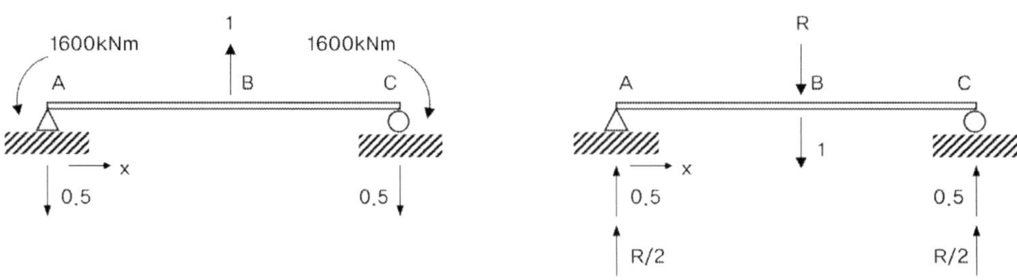

1) 중앙지점을 제거했을 때 M_1으로 인한 상향 처짐 δ_1

$$\delta_1 = 2 \times \frac{1}{EI} \int_0^{20} mM\ dx = \frac{2}{EI} \int_0^{20} 0.5x \times 1600 dx = \frac{320000}{EI}$$

2) 중앙지점에 부정정력 R로 인한 하향 처짐 δ_2

$$\delta_2 = 2 \times \frac{1}{EI} \int_0^{20} mM\ dx = \frac{2}{EI} \int_0^{20} 0.5x \times \frac{Rx}{2} dx = \frac{4000R}{3EI}$$

3) B점의 반력 산정

$$\delta_1 = \delta_2 \qquad \therefore R = 240\text{kN}$$

➤ 최종 전단력도와 휨모멘트

1) 최종 전단력도

$$R_B = 240\text{kN}$$
$$\therefore R_A = R_C = 120\text{kN}$$

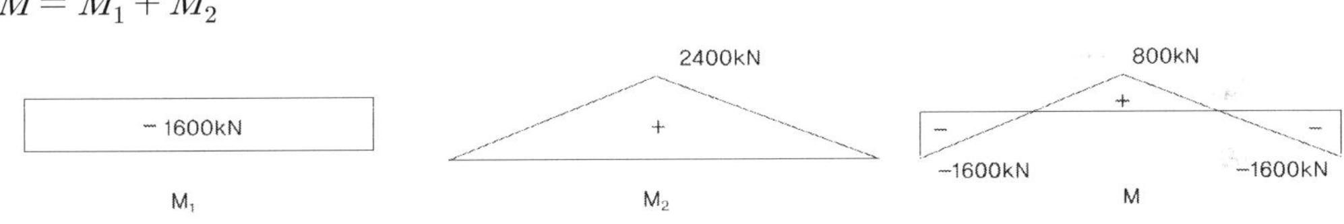

2) 최종 휨모멘트도

$$M = M_1 + M_2$$

PSC 연속보

다음 그림과 같이 한 경간의 길이 20m인 3경간 PSC 연속보에서 보의 자중을 고려하여 각 지점의 반력을 구하고, PSC 연속보의 전단력도와 휨모멘트도를 작성하시오(단, 콘크리트 단위중량 γ은 25kN/m³, 도입긴장력 P는 2,000kN, 편심거리 e는 500mm이다).

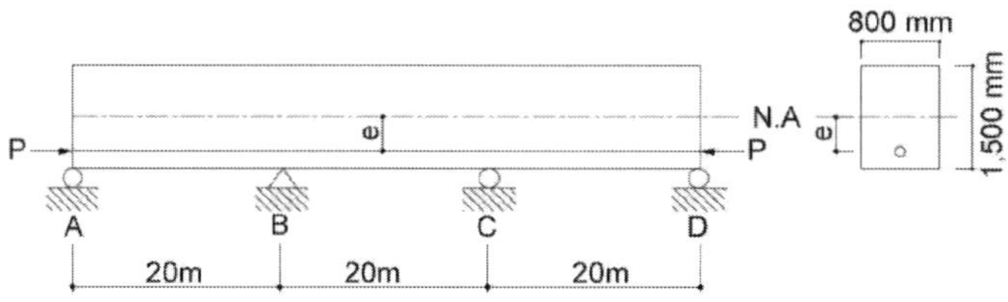

풀 이

> **개요**

B점과 C점을 부정정력으로 보고 가상일의 원리로 풀이한다. 대칭 구조물이므로 $R_B = R_C$이다.

> **하중 산정**

① 고정하중으로 인한 등분포 하중 $w = 25 \times 0.8 \times 1.5 = 30\text{kN/m}$
② 긴장력으로 인한 모멘트 $M_1 = Pe = 2000 \times 0.5 = 1,000\text{kNm}$

> **반력 산정**

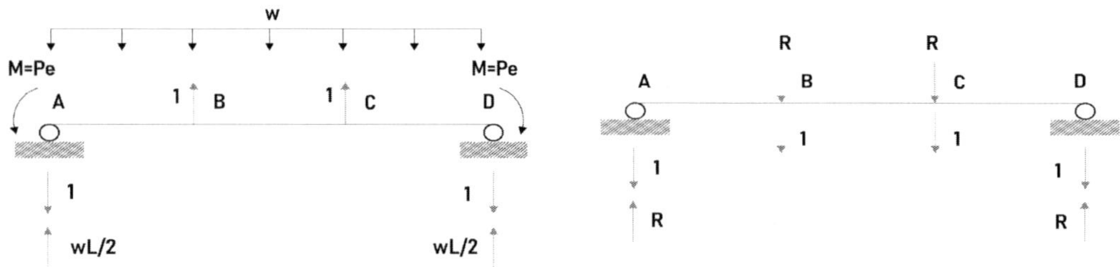

1) B, C 반력을 제거했을 때 B, C점의 M_1으로 인한 상향 처짐 δ_1

$$\delta_1 = \frac{2}{EI}\int_0^{30} mM\,dx = \frac{2}{EI}\int_0^{20} x \times 1000\,dx + \frac{2}{EI}\int_{20}^{30}(20) \times 1000\,dx = \frac{800,000}{EI}$$

2) B, C반력을 제거했을 때 B, C점의 자중으로 인한 하향 처짐 δ_2

$$\delta_2 = \frac{2}{EI}\int_0^{30} mM\ dx = \frac{2}{EI}\int_0^{20} x \times \left(\frac{wx^2}{2} - \frac{wL}{2}x\right)dx + \frac{2}{EI}\int_{20}^{30}\left((20)\times\left(\frac{wx^2}{2} - \frac{wL}{2}x\right)\right)dx$$

$$= -\frac{8,800,000}{EI}$$

3) B, C의 부정정 반력으로 인한 B, C점의 하향 처짐 δ_3

$$\delta_1 = \frac{2}{EI}\int_0^{30} mM\ dx = \frac{2}{EI}\int_0^{20} x \times Rx dx + \frac{2}{EI}\int_{20}^{30}\left((20)\times 20R\right)dx = \frac{40,000R}{3EI}$$

4) B, C의 반력

$$\delta_1 + \delta_2 + \delta_3 = 0, \quad \therefore R = 600\text{kN}, \qquad R_B = R_C = 600\text{kN}, \quad R_A = R_D = 300\text{kN}$$

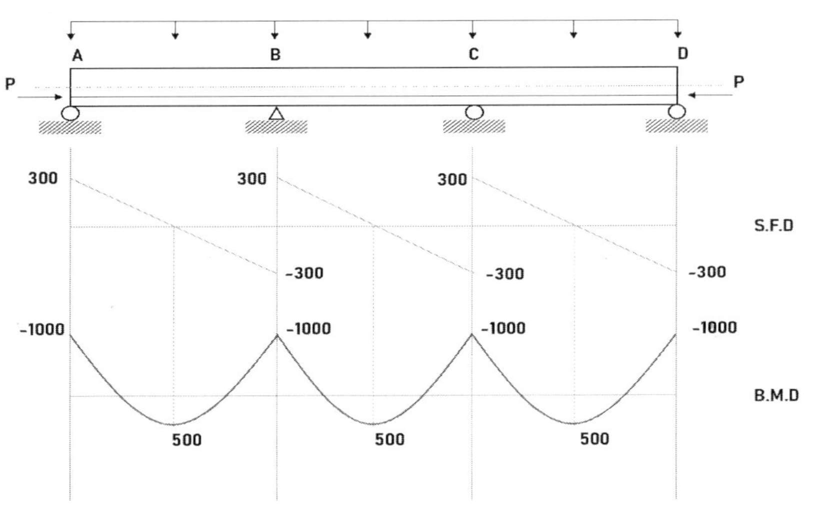

PSC 컨코던트 배치

그림과 같이 긴장재가 포물선으로 배치된 Post-Tension 부재에서 3,000kN의 프리스트레스 힘(P_e)이 작용하고 있다.

1) P_e에 의해서 발생되는 긴장재의 편심모멘트(M_1), 2차 모멘트(M_2) 및 최종모멘트(M_t)와 A, B, C점의 반력을 구하시오.
2) 또한 컨코던트(concordant) 긴장재가 되도록 긴장재를 배치하고 컨코던트 긴장재 특성과 배치 방법을 설명하시오.

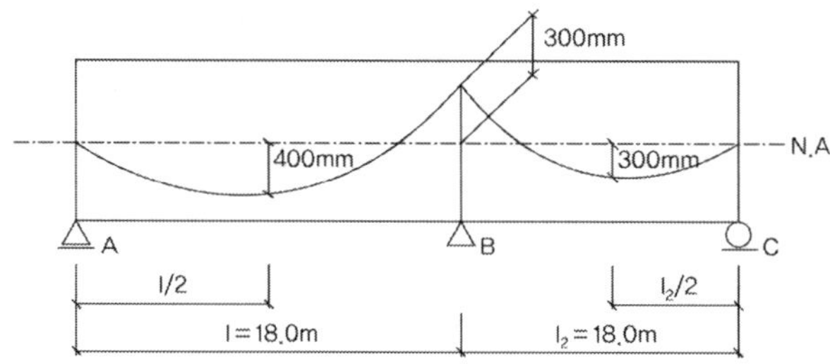

풀 이

> **개요**

비대칭 프리스트레스 구조물의 등가상향력을 각각 구하여 긴장재에 의한 편심모멘트를 구하고 반력에 의한 2차 모멘트를 구하여 2차 모멘트가 발생되지 않도록 컨코던트 긴장재 배치를 수행한다.

> **긴장재에 의한 편심모멘트 계산(M_1)**

AB 구간 중앙의 $M_{1(AB)} = P_e \times (-400\,\mathrm{mm}) = -1200\,\mathrm{kNm}$

BC 구간 중앙의 $M_{1(BC)} = P_e \times (-300\,\mathrm{mm}) = -900\,\mathrm{kNm}$

B점에서의 $M_{1(B)} = P_e \times 300 = 900\,\mathrm{kNm}$

1) M_1의 BMD

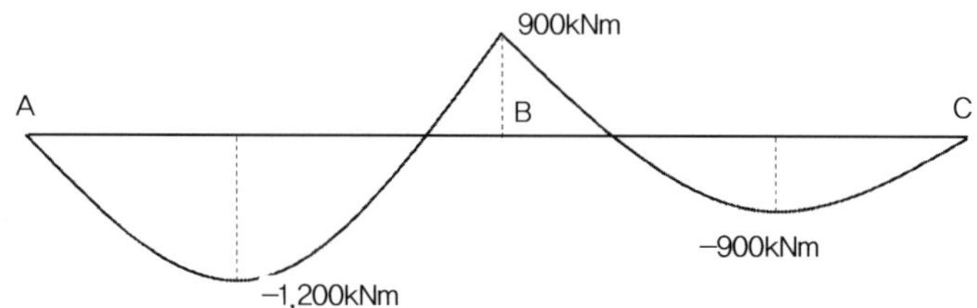

➤ **등가상향력의 계산**

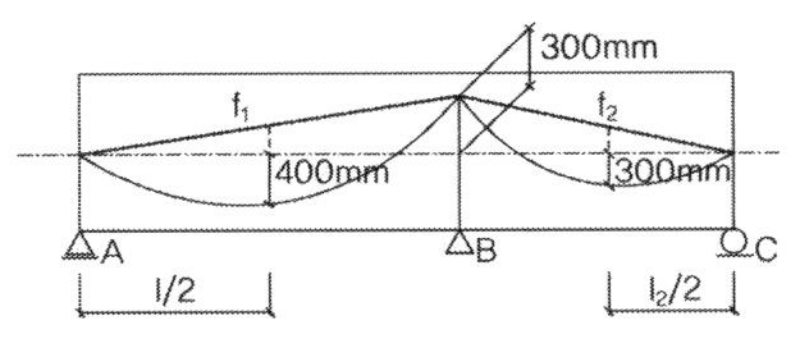

$$f_1 = 400 + 300/2 = 550\,\text{mm} \qquad \frac{f_1}{L} = \frac{0.55}{18} < \frac{1}{12}$$

$$f_2 = 300 + 300/2 = 450\,\text{mm} \qquad \frac{f_2}{L} = \frac{0.45}{13.5} < \frac{1}{12}$$

$$\therefore \ P\cos\theta \fallingdotseq P$$

$\dfrac{ul^2}{8} = P_e \times f$ 로부터, $u = \dfrac{8P_e \times f}{l^2}$ 이므로

$$\therefore \ u_1 = \frac{8 \times 3000\,(\text{kN}) \times 0.55\,(\text{m})}{18^2\,(m^2)} = 40.74\,\text{kN/m},$$

$$u_2 = \frac{8 \times 3000\,(\text{kN}) \times 0.45\,(\text{m})}{13.5^2\,(m^2)} = 59.26\,\text{kN/m}$$

➤ **최종모멘트(M_t)의 계산**

3연 모멘트 방정식으로 푼다.

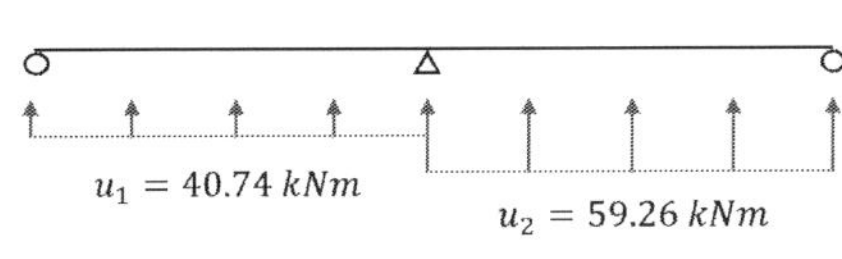

$$M_A L_1 + 2M_B(L_1 + L_2) + M_C L_2 = -\frac{u_1 L_1^3}{4} - \frac{u_2 L_2^3}{4}$$

$$2M_B(18 + 13.5) = -\frac{-40.74 \times 18^3}{4} - \frac{-59.26 \times 13.5^3}{4}$$

$$\therefore \ M_B = 1521.42\,\text{kNm}$$

1) 반력 산정

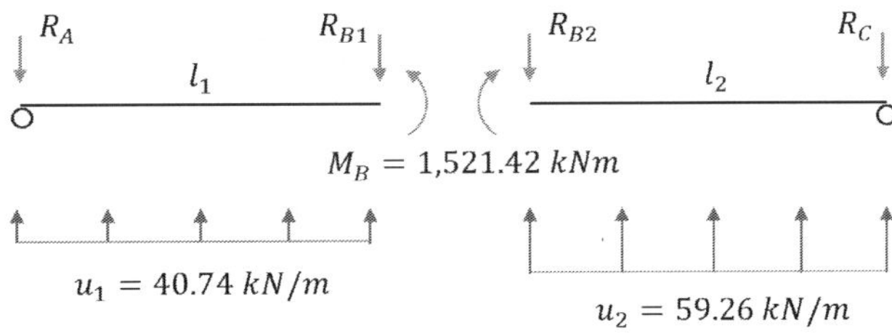

AB부재에서 $\sum M_B = 0$ (clockwise +) : $R_A \times l_1 + 40.74 \times \dfrac{l_1^2}{2} - M_B = 0$

$$\therefore \ R_A = -282.14\,\text{kN}(\downarrow), \ R_{B1} = 40.74 \times 18 - 282.14 = 451.18\,\text{kN}(\uparrow)$$

BC부재에서 $\sum M_B = 0 \,(\text{clockwise } +)$: $-R_C \times l_1 - 59.26 \times \dfrac{l_2^2}{2} + M_B = 0$

$\therefore R_C = -287.31\,\text{kN}(\downarrow),\ R_{B2} = 59.26 \times 13.5 - 287.31 = 512.7\,\text{kN}(\uparrow)$

$R_B = R_{B1} + R_{B2} = 963.88\,\text{kN}(\uparrow)$

2) 모멘트 산정

$$\text{AB구간 중앙의 } M_{t(AB)} = \frac{40.74 \times 18^2}{8} - R_A \times \frac{l_1}{2} = -889.29\,\text{kNm}$$

$$\text{BC구간 중앙의 } M_{t(BC)} = \frac{59.26 \times 13.5^2}{8} - R_C \times \frac{l_2}{2} = -589.33\,\text{kNm}$$

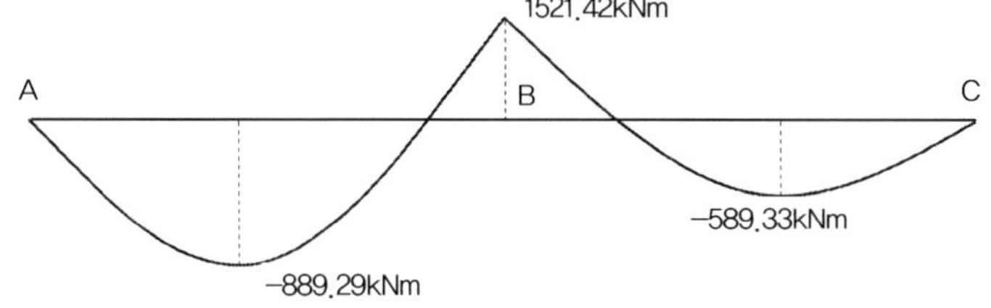

➤ 2차모멘트(M_2)의 계산

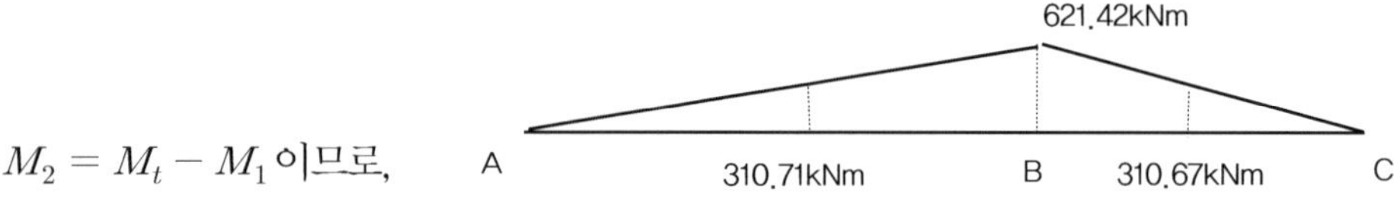

$M_2 = M_t - M_1$ 이므로,

➤ 2차모멘트(M_2)에 의한 반력 산정

$$R_{A(2)} = 621.42/18 = 34.52kN,\ R_{C(2)} = 621.42/13.5 = 46.03kN,$$

$$R_{B(2)} = R_{A(2)} + R_{C(2)} = 80.55kN$$

➤ 컨코던트 긴장재 배치

컨코던트 긴장재 배치방법은 다음의 두 가지 방법으로 구할 수 있다.

① 전체 모멘트(M_t)를 통해서 현재 배치된 긴장재의 편심거리와 상관없이 중심점(N.A)에서의 편심거리를 산정하는 방법

② 2차 모멘트(M_2)를 통해서 현재 배치된 긴장재에서의 M_2로 인한 편심거리를 산정하여 현재 긴장재 배치범위에서 빼는 방법

①의 방법에 의한 편심거리 산정

AB구간 중앙의 $y_{AB} = -\,889.29/3000 \times 10^3 = -\,296.43\,\text{mm}$

BC구간 중앙의 $y_{BC} = -\,589.33/3000 \times 10^3 = -\,196.44\,\text{mm}$

B점 $y_B = 1521.42/3000 \times 10^3 = 507.14\,\text{mm}$

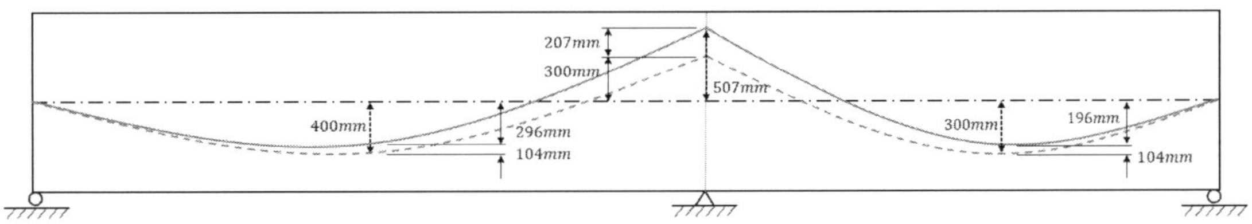

➤ 컨코던트 배치방법 및 컨코던트 배치의 특징

1) 컨코던트 배치의 정의 및 특성

컨코던드 긴장재 배치는 압력선(C-Line)과 긴장재의 도심이 일치할 때를 말하며, 컨코던트 배치 시에는 긴장재로 인한 2차 모멘트가 발생하지 않아 2차모멘트로 인한 반력이 발생되지 않는다.

2) 컨코던트 배치방법

① 컨코던트 긴장재의 배치는 PSC 긴장재의 직선이동(linear transformation), 즉 긴장재 배치 모양의 변화 없이 한쪽 끝단을 중심으로 회전하면 긴장재로 인한 1, 2차 모멘트는 변화하나 최종 모멘트는 변화하지 않는 성질을 이용하여 긴장재로 인한 2차 모멘트가 발생되지 않도록 배치하게 된다.

② 컨코던트 긴장재의 배치는 연속보에서 임의의 하중이 작용할 때 일어나는 휨모멘트도와 닮은 꼴이 되도록 긴장재를 배치하면 된다.

③ 일반적으로 PS 강재의 도심을 지점에서는 되도록 높게 하고 지간의 중앙에서는 되도록 낮게 배치할수록 컨코던트 긴장재 배치방법이 된다.

PSC 컨코던트 배치

긴장재가 포물선으로 배치된 Post-tension 부재에서 5,000kN의 프리스트레스 힘(Pe)이 작용하고 있다. 다음 사항에 대하여 설명하시오.

1) Pe에 의해서 발생하는 긴장재의 편심모멘트(M1), 2차 모멘트(M2) 및 최종모멘트(Mt)를 구하시오.
2) 컨코던트 긴장재가 되도록 긴장재를 배치하고, 컨코던트 긴장재의 특성에 대하여 설명하시오.

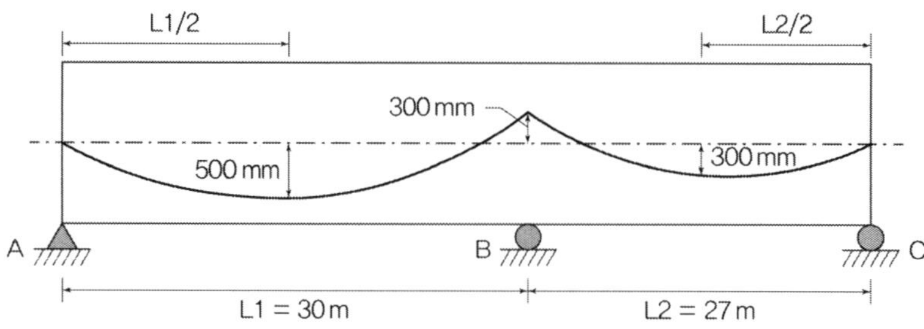

풀 이

➤ 개요

비대칭 프리스트레스 구조물의 등가상향력을 각각 구하여 긴장재에 의한 편심모멘트를 구하고 반력에 의한 2차 모멘트를 구하여 2차 모멘트가 발생되지 않도록 컨코던트 긴장재 배치를 수행한다.

➤ 긴장재에 의한 편심모멘트 계산(M_1)

AB 구간 중앙의 $M_{1(AB)} = P_e \times (-0.5) = -2,500 \text{kNm}$

BC 구간 중앙의 $M_{1(BC)} = P_e \times (-0.3) = -1,500 \text{kNm}$

B점에서의 $M_{1(B)} = P_e \times 0.3 = 1,500 \text{kNm}$

1) M_1의 BMD

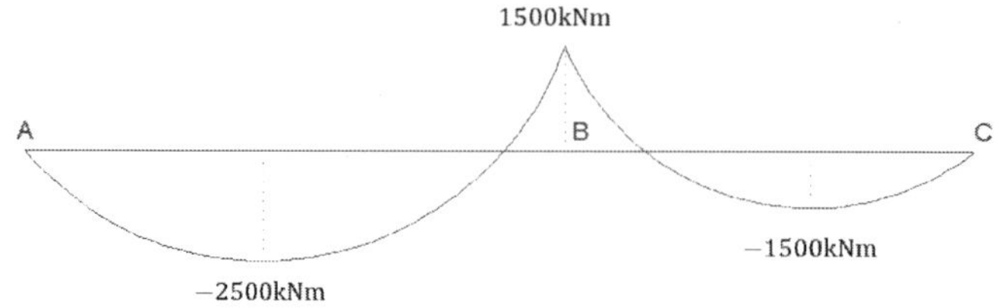

➤ **등가상향력의 계산**

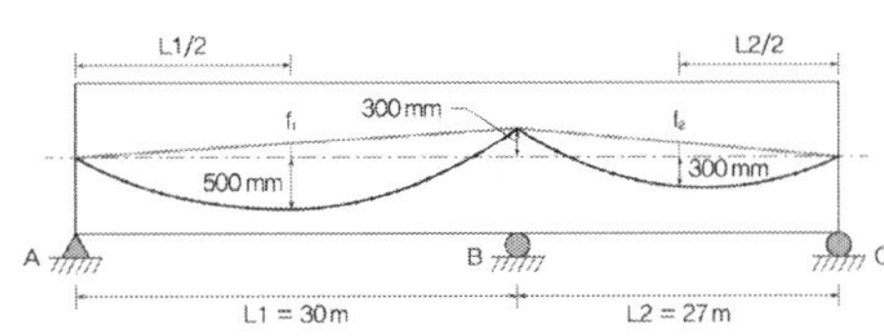

$$f_1 = 500 + 300/2 = 650\,\text{mm} \qquad \frac{f_1}{L} = \frac{0.65}{30} < \frac{1}{12}$$

$$f_2 = 300 + 300/2 = 450\,\text{mm} \qquad \frac{f_2}{L} = \frac{0.45}{27} < \frac{1}{12}$$

$$\therefore\ P\cos\theta \fallingdotseq P$$

$\dfrac{ul^2}{8} = P_e \times f$ 로부터, $u = \dfrac{8P_e \times f}{l^2}$ 이므로

$$\therefore\ u_1 = \frac{8 \times 5000 \times 0.65}{30^2} = 28.89\,\text{kN/m}, \quad u_2 = \frac{8 \times 5000 \times 0.45}{27^2} = 24.69\,\text{kN/m}$$

➤ **최종모멘트(M_t)의 계산**

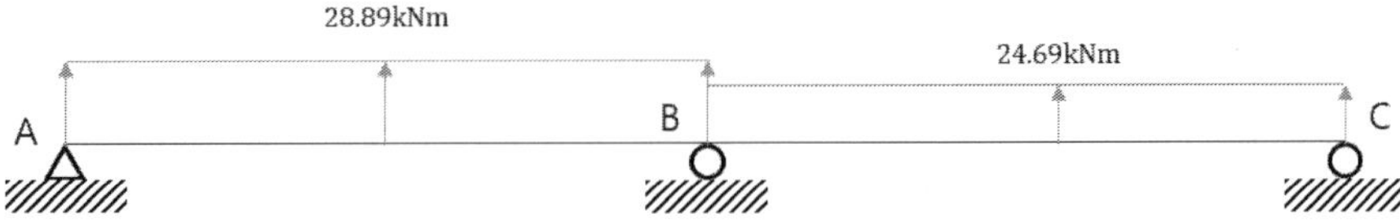

3연 모멘트 방정식으로부터, $M_A L_1 + 2M_B(L_1 + L_2) + M_C L_2 = -\dfrac{u_1 L_1^3}{4} - \dfrac{u_2 L_2^3}{4}$

$$2M_B(30 + 27) = -\frac{-28.89 \times 30^3}{4} - \frac{-24.69 \times 27^3}{4} \qquad \therefore\ M_B = 2776.32\,\text{kNm}$$

1) 반력산정

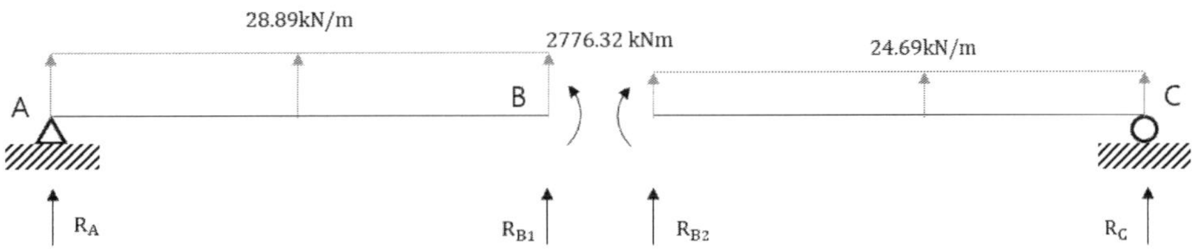

AB부재에서 $\sum M_B = 0\,(\text{clockwise }+)$: $R_A \times l_1 + 28.89 \times \dfrac{l_1^2}{2} - M_B = 0$

$$\therefore\ R_A = -340.81\,\text{kN}(\downarrow),\ R_{B1} = 28.89 \times 30 + R_A = 525.89\,\text{kN}(\uparrow)$$

BC부재에서 $\sum M_B = 0$ (clockwise +) : $-R_C \times l_2 - 24.69 \times \dfrac{l_2^2}{2} + M_B = 0$

$$\therefore R_C = -230.49\,\text{kN}(\downarrow),\ R_{B2} = 24.69 \times 27 - 230.49 = 436.14\,\text{kN}(\uparrow)$$

$$R_B = R_{B1} + R_{B2} = 962.04\,\text{kN}(\uparrow)$$

2) 모멘트 산정

$$\text{AB구간 중앙의 } M_{t(AB)} = \frac{28.89 \times 30^2}{8} + R_A \times \frac{l_1}{2} = -1862.03\,\text{kNm}$$

$$\text{BC구간 중앙의 } M_{t(BC)} = \frac{24.69 \times 27^2}{8} + R_C \times \frac{l_2}{2} = -861.74\,\text{kNm}$$

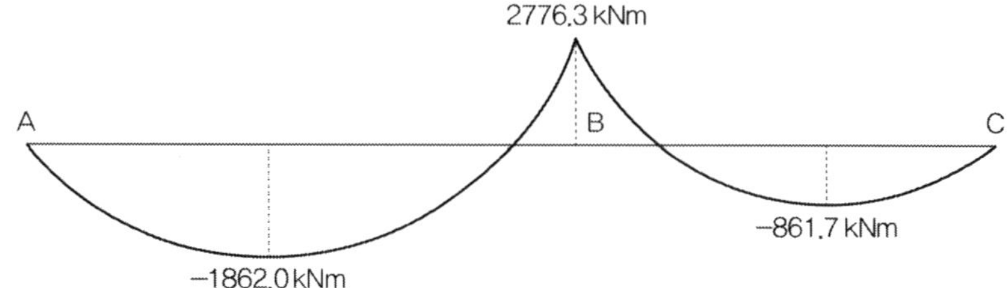

▶ 2차모멘트(M_2)의 계산

$M_2 = M_t - M_1$ 이므로,

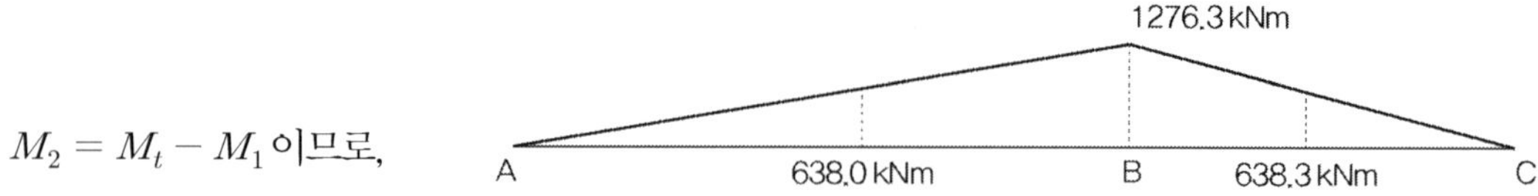

▶ 2차모멘트(M_2)에 의한 반력 산정

$$R_{A(2)} = 1276.3/30 = 42.54\,\text{kN}$$

$$R_{C(2)} = 1276.3/27 = 47.27\,\text{kN}$$

$$R_{B(2)} = R_{A(2)} + R_{C(2)} = 89.81\,\text{kN}$$

▶ 컨코던트 긴장재 배치

1) 컨코던트 긴장재 배치

컨코던트 긴장재 배치방법은 다음의 두 가지 방법으로 구할 수 있다.

① 전체 모멘트(M_t)를 통해서 현재 배치된 긴장재의 편심거리와 상관없이 중심점(N.A)에서의 편심거리를 산정하는 방법

② 2차 모멘트(M_2)를 통해서 현재 배치된 긴장재에서의 M_2로 인한 편심거리를 산정하여 현재 긴장재 배치범위에서 빼는 방법

2) ①의 방법에 의한 편심거리 산정, 컨코던트 긴장재 배치

AB구간 중앙의 $y_{AB} = -1862.0/5000 \times 10^3 = -372.41\,\text{mm}$

BC구간 중앙의 $y_{BC} = -861.7/5000 \times 10^3 = -172.35\,\text{mm}$

B점 $y_B = 2776.3/5000 \times 10^3 = 552.26\,\text{mm}$

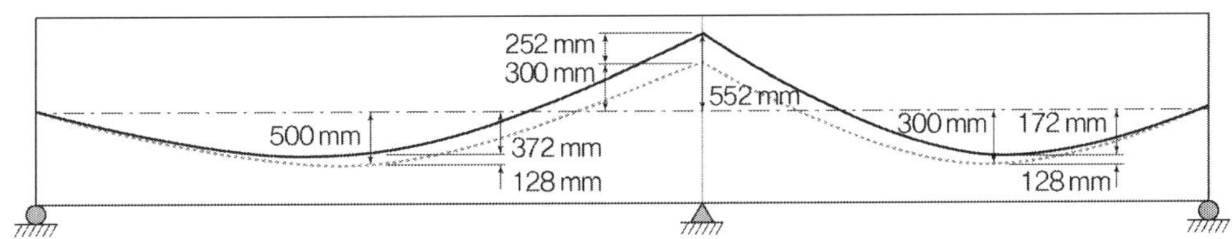

> **➤ 컨코던트 배치방법 및 컨코던트 배치의 특징**

1) 컨코던트 배치의 정의 및 특성

컨코던드 긴장재 배치는 압력선(C-Line)과 긴장재의 도심이 일치할 때를 말하며, 컨코던트 배치 시에는 긴장재로 인한 2차 모멘트가 발생하지 않아 2차 모멘트로 인한 반력이 발생되지 않는다.

2) 컨코던트 배치방법

① 컨코던트 긴장재의 배치는 PSC 긴장재의 직선이동, 즉 긴장재 배치 모양의 변화없이 한쪽 끝단을 중심으로 회전하면 긴장재로 인한 1, 2차 모멘트는 변화하나 최종모멘트는 변화하지 않는 성질을 이용하여 긴장재로 인한 2차 모멘트가 발생되지 않도록 배치하게 된다.

② 컨코던트 긴장재의 배치는 연속보에서 임의의 하중이 작용할 때 일어나는 휨모멘트도와 닮은 꼴이 되도록 긴장재를 배치하면 된다.

③ 일반적으로 PS 강재의 도심을 지점에서는 되도록 높게 하고 지간의 중앙에서는 되도록 낮게 배치할수록 컨코던트 긴장재 배치방법이 된다.

PSC 컨코던트 긴장재

다음 그림과 같은 PSC 연속보에 $P = 600\,ton$의 프리스트레스가 주어질 때 프리스트레스에 의한 B
점에서의 2차 모멘트를 구하시오(P는 보의 전 구간에 걸쳐 일정하다고 가정).

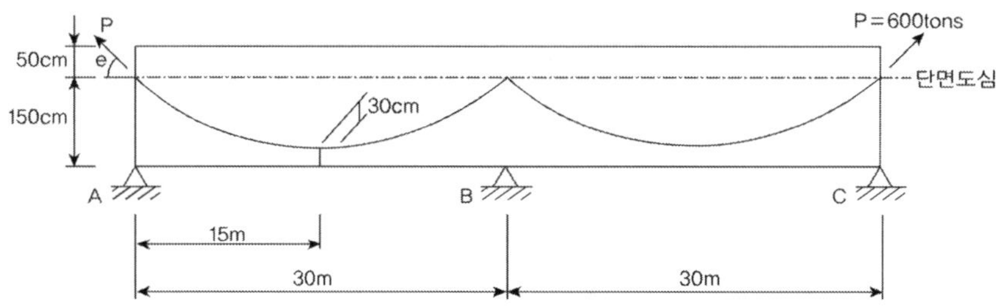

풀 이

▶ 등가상향력

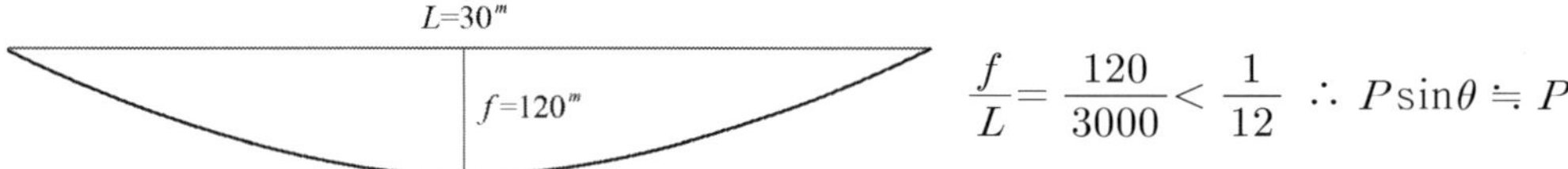

$$\frac{f}{L} = \frac{120}{3000} < \frac{1}{12} \quad \therefore \ P\sin\theta \fallingdotseq P$$

$$Pf = \frac{ul^2}{8} \quad \therefore \ u = \frac{8Pf}{l^2} = \frac{8 \times 600 \times 1.2}{30^2} = 6.4^{ton/m}$$

▶ 1차 모멘트 산정(편심거리 상향을 양으로 정의)

$$M_{A1} = M_{B1} = M_{c1} = 600 \times 0.5 = 300^{tonm}, \quad M_{AB1} = M_{BC1} = 600 \times -0.7 = -420^{tonm}$$

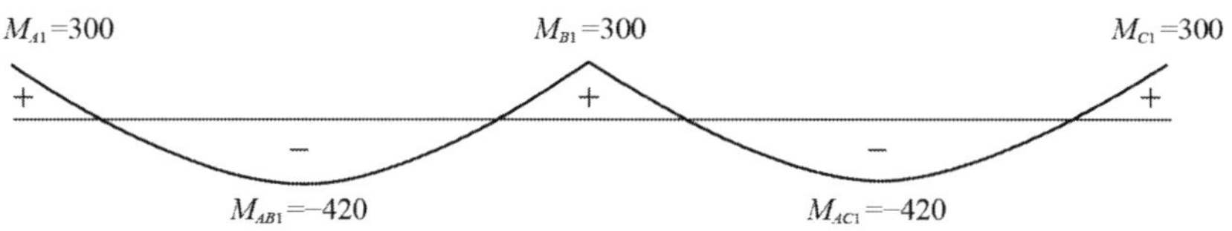

➤ **최종모멘트 산정(M_t) : 3연 모멘트법 이용**

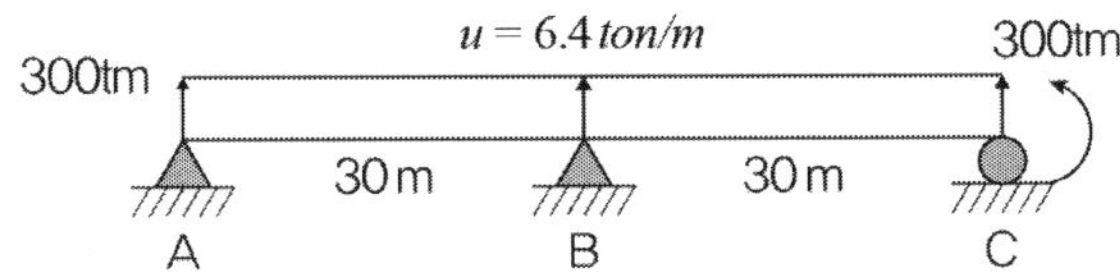

$$M_A(30) + 2M_B(30+30) + M_c(30) = -\frac{(-6.4)(30)^3}{4} \times 2 = 86400$$

$$M_A = M_C = 300^{tm} \quad \therefore \quad M_B = 570^{tm}$$

➤ **B점의 2차 모멘트 산정**

$$M_{B(2)} = M_{B(t)} - M_{B(1)} = 570 - 300 = 270^{tm}$$

PSC 연속보

그림과 같이 편심 600mm인 긴장재(그림에서 점선 표시)에 1차 긴장력 $P_1 = 1,000\,kN$을 도입하여 제작한 길이 30m의 PSC 빔 2개를 연결하여 2경간 연속보를 시공하였다. 이 연속보에 추가 긴장재(그림에서 실선 표시)를 배치하고 $P_2 = 3,000\,kN$의 긴장력을 도입하였을 때 긴장력에 의한 중간지점 B와 경간중앙부의 최종 모멘트를 구하시오(단, 보에 작용하는 사하중과 손실의 영향은 무시함).

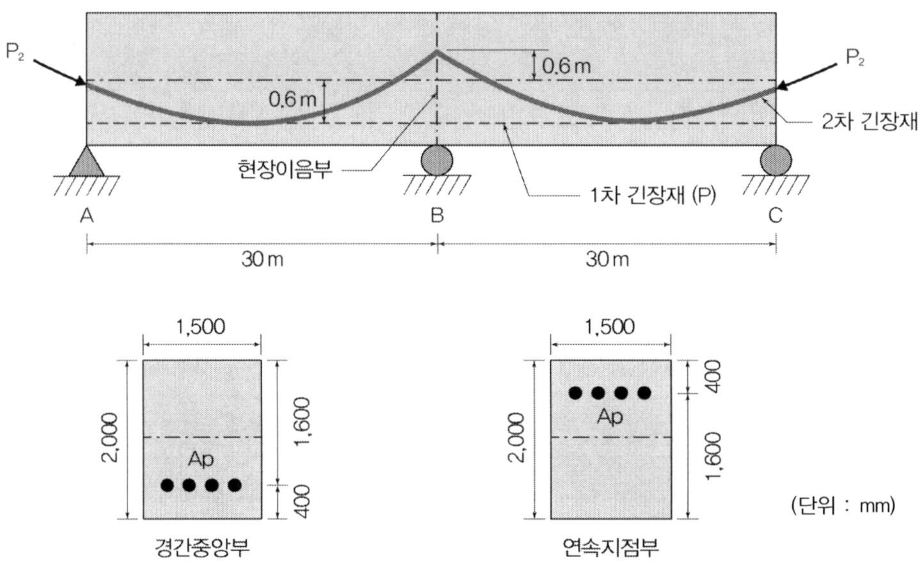

풀 이

▶ PS 1차 긴장 모멘트

B점의 반력을 부정정 모멘트로 보고, PS력에 의해 발생하는 1차 모멘트는

$$M_{11} = P_e e_p = 1000 \times 0.6 = 600\,kNm$$

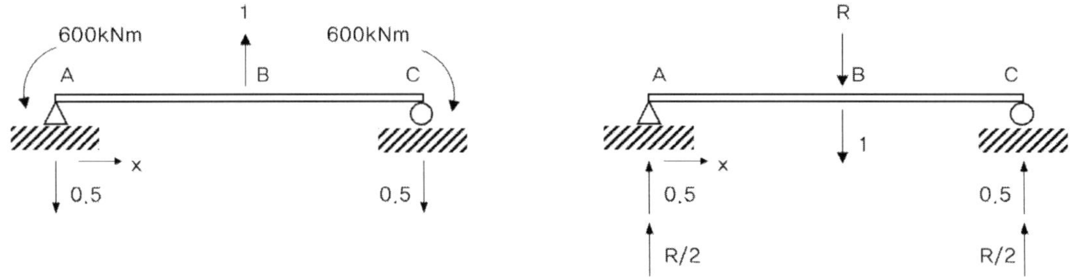

1) 중앙지점을 제거했을 때 M_1으로 인한 상향 처짐 δ_1

$$\delta_1 = 2 \times \frac{1}{EI} \int_0^{30} mM \, dx = \frac{2}{EI} \int_0^{30} 0.5x \times 600 dx = \frac{270000}{EI}$$

2) 중앙지점에 부정정력 R로 인한 하향 처짐 δ_2

$$\delta_2 = 2 \times \frac{1}{EI} \int_0^{30} mM \, dx = \frac{2}{EI} \int_0^{30} 0.5x \times \frac{Rx}{2} dx = \frac{4500R}{EI}$$

3) B점의 반력 산정

$$\delta_1 = \delta_2 \qquad \therefore R = 60 \text{ kN} (\downarrow)$$

4) PS 1차 긴장으로 인한 모멘트

$$R_B = 60 \text{ kN}, \ R_A = R_C = 30 \text{ kN}(\uparrow) \qquad \therefore M_{12} = 30 \times 30 = 900 \text{ kNm}$$

$$\therefore M_1 = M_{11} + M_{12}, \ M_{1B} = -600+900 = 300\text{kNm}, \ M_{1m-span} = -600+450 = -150\text{kNm}$$

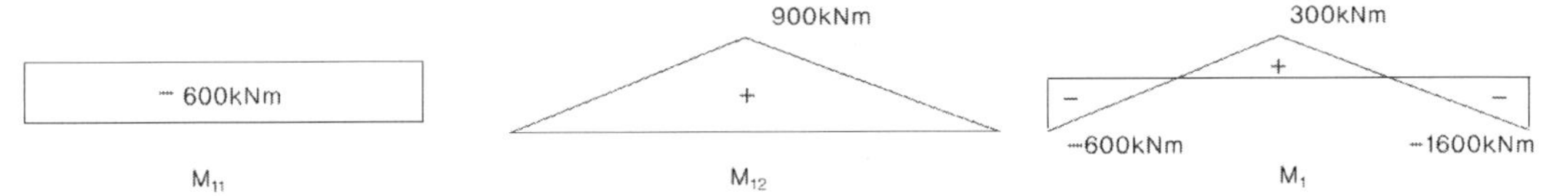

> ## PS 2차 긴장 모멘트

프리스트레스 구조물의 등가 상향력을 구하여 변형일치의 방법(Support Displacement Method)으로 부재의 응력을 산정한다.

1) 긴장재에 의한 편심모멘트(M_{21})

AB구간 중앙의 $M_{21(AB)} = P_2 \times (-0.6\text{m}) = -1,800\text{kNm}$

BC구간 중앙의 $M_{21(BC)} = P_2 \times (-0.6\text{m}) = -1,800\text{kNm}$

B점에서의 $M_{21(B)} = P_2 \times (0.6\text{m}) = 1,800\text{kNm}$

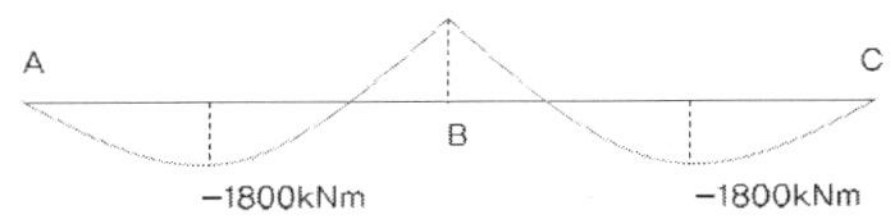

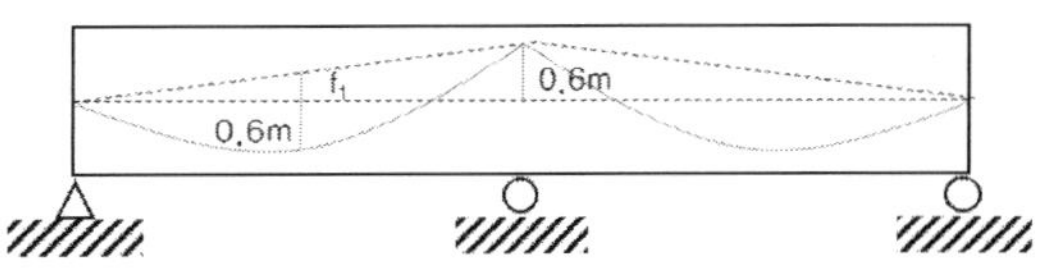

2) 등가상향력 산정

$$f_1 = 0.6 + 0.6/2 = 0.9\,\text{m}, \quad \frac{f_1}{L} = \frac{0.9}{30} < \frac{1}{12} \qquad \therefore \ P\cos\theta \fallingdotseq P$$

$$\frac{ul^2}{8} = P_2 \times f \text{ 로부터}, \quad u = \frac{8P_2 \times f}{l^2} \text{ 이므로}$$

$$\therefore \ u = \frac{8 \times 3000 \times 0.9}{30^2} = 24\text{kN/m}$$

3) PS 2차 긴장으로 인한 모멘트

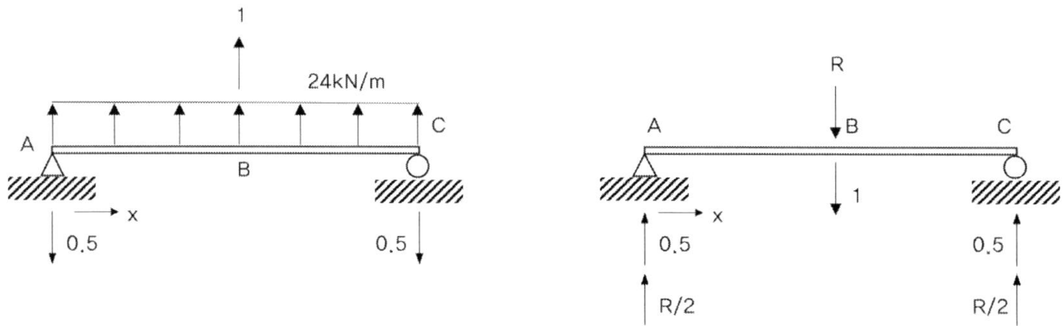

(1) 중앙지점을 제거했을 때 M_1으로 인한 상향 처짐 δ_1

$$\delta_1 = 2 \times \frac{1}{EI} \int_0^{30} mM \ dx = \frac{5uL^4}{384EI} = \frac{4050000}{EI}$$

(2) 중앙지점에 부정정력 R로 인한 하향 처짐 δ_2

$$\delta_2 = 2 \times \frac{1}{EI} \int_0^{30} mM \ dx = \frac{RL^3}{48EI} = \frac{4500}{EI}$$

(3) B점의 반력 산정

$$\delta_1 = \delta_2 \qquad \therefore \ R = 900\text{kN}$$

(4) PS 2차 긴장으로 인한 모멘트

$$R_B = 900\text{kN} \ (\downarrow), \quad \therefore \ R_A = R_C = \frac{1}{2}(u \times 2L - R_B) = 270\,\text{kN} \ (\downarrow)$$

A점에서부터 x거리에 위치한 M_x는

$$M_x = - R_A x + \frac{ux^2}{2} = 12x^2 - 270x \,\text{kNm}$$

$$\frac{\partial M_x}{\partial x} = 0 \; ; \; x = 11.25\text{m}, \quad M_{x=11.25} = -1518.75\text{kNm}$$

$$x = 15\text{m}, \quad M_{x=15} = -1,350\text{kNm}$$

$$x = 30\text{m}, \quad M_B = 2,700\text{kNm}$$

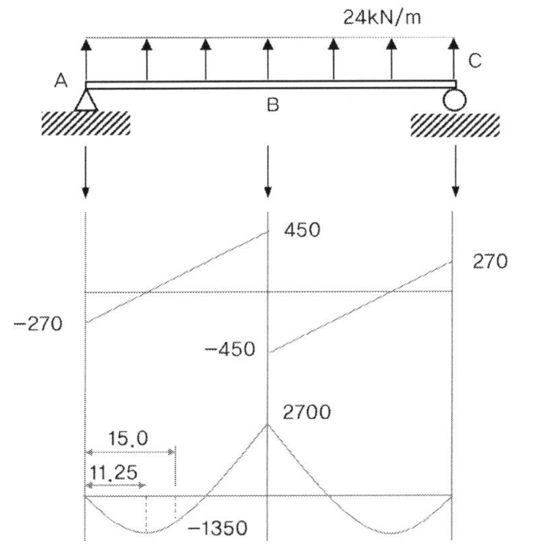

$$\therefore\, M_{2B} = 2,700\text{kNm},$$
$$M_{2m-span} = -1,350\text{kNm}$$

> ### 최종 모멘트

1) B점의 최종모멘트 : $M_{tB} = 300 + 2,700 = 3,000\text{kNm}$

2) 지간 중앙의 최종모멘트 : $M_{tm-span} = -150 - 1,350 = -1,500\text{kNm}$

PSC 연속보 응력

아래 2경간 연속 PSC보를 유효긴장력 P_e로 긴장(prestressing)하였다. 보의 전단력도와 휨모멘트도를 변형일치의 방법(support displacement method)으로 작성하고 중간지점 B에서 콘크리트의 상·하연응력을 각각 구하시오.

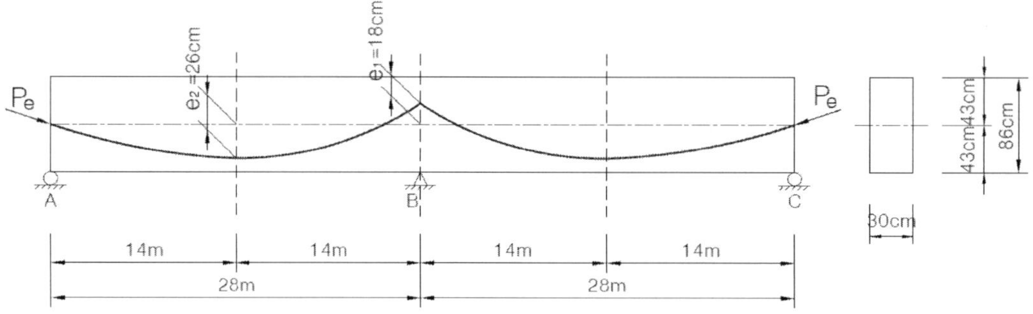

조건

유효긴장력 P_e =1,300kN, 보의 지간(span)장 L =28m, 보의 폭 b =30cm, 보의 높이 h =86cm
지점 B에서의 편심 e_1 =18cm, 지간 중앙에서의 편심 e_2 =26cm

풀 이

➤ 개요

프리스트레스 구조물의 등가 상향력을 구하여 변형일치의 방법으로 부재의 응력을 산정한다.

➤ 긴장재에 의한 편심모멘트 계산(M_1)

AB구간 중앙의 $M_{1(AB)} = P_e \times (-260\text{mm}) = -338\,\text{kNm}$

BC구간 중앙의 $M_{1(BC)} = P_e \times (-260\text{mm}) = -338\,\text{kNm}$

B점에서의 $M_{1(B)} = P_e \times 180 = 234\,\text{kNm}$

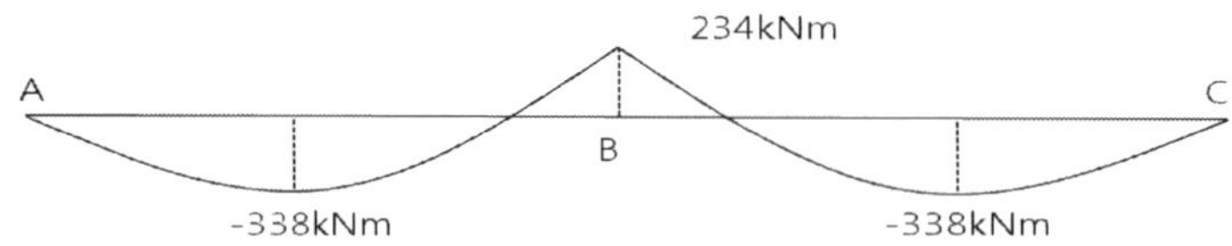

➤ **등가상향력의 계산**

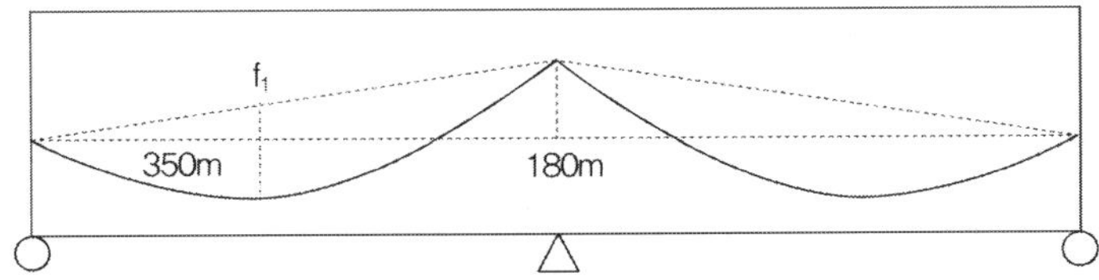

$$f_1 = 260 + 180/2 = 350\,\mathrm{mm}, \quad \frac{f_1}{L} = \frac{0.35}{28} < \frac{1}{12} \qquad \therefore P\cos\theta \fallingdotseq P$$

$$\frac{ul^2}{8} = P_e \times f \text{ 로부터}, \quad u = \frac{8P_e \times f}{l^2} \text{ 이므로}$$

$$\therefore u_1 = \frac{8 \times 1300\,(\mathrm{kN}) \times 0.35\,(\mathrm{m})}{28^2\,(\mathrm{m}^2)} = 4.64\,\mathrm{kN/m}$$

➤ **최종모멘트(M_t)의 계산 : 변형일치법**

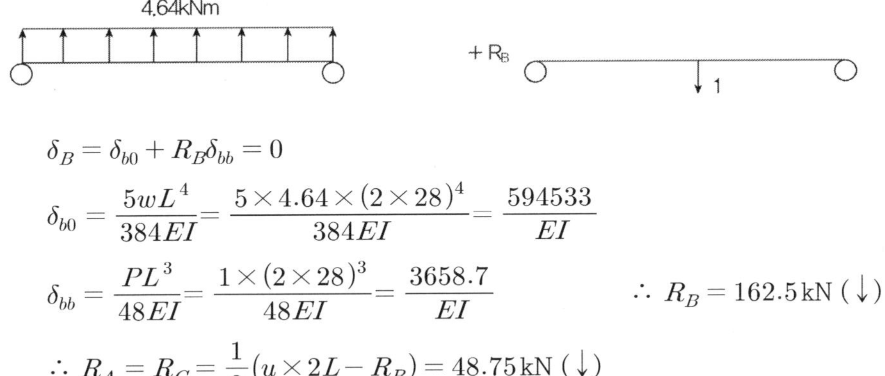

$$\delta_B = \delta_{b0} + R_B\delta_{bb} = 0$$

$$\delta_{b0} = \frac{5wL^4}{384EI} = \frac{5 \times 4.64 \times (2 \times 28)^4}{384EI} = \frac{594533}{EI}$$

$$\delta_{bb} = \frac{PL^3}{48EI} = \frac{1 \times (2 \times 28)^3}{48EI} = \frac{3658.7}{EI} \qquad \therefore R_B = 162.5\,\mathrm{kN}\,(\downarrow)$$

$$\therefore R_A = R_C = \frac{1}{2}(u \times 2L - R_B) = 48.75\,\mathrm{kN}\,(\downarrow)$$

A점에서부터 x거리에 위치한 M_x는

$$M_x = -R_A x + \frac{ux^2}{2} = 2.32x^2 - 48.75x\,\mathrm{kNm}$$

$$\frac{\partial M_x}{\partial x} = 0 \;;\; x = 10.5\mathrm{m}, \qquad M_{x=10.5} = -255.94\mathrm{kNm}$$

$$x = 28\mathrm{m}, \qquad M_B = 455\mathrm{kNm}$$

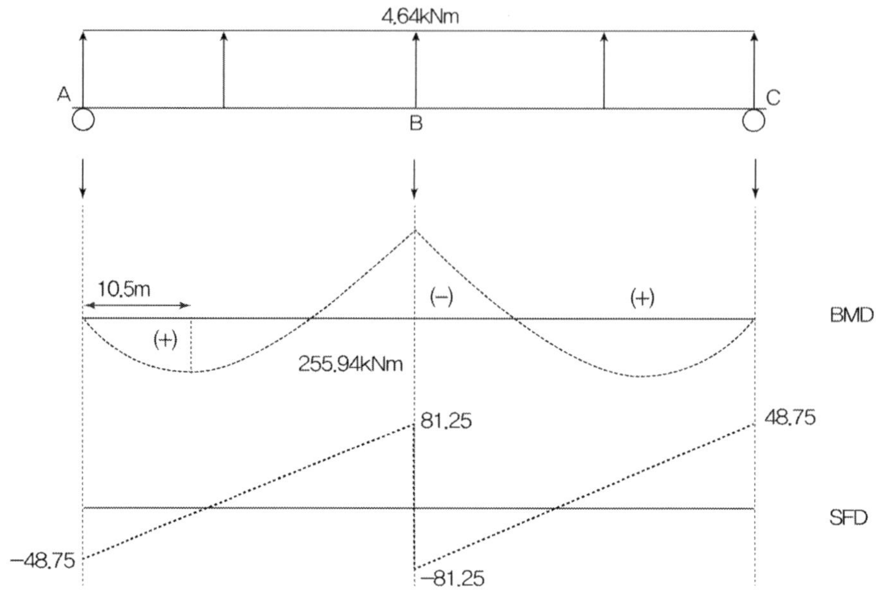

➤ B점의 상하연 응력

긴장재로 인한 모멘트와 축력에 의해 발생되는 B점의 응력 산정

$$A = 0.3 \times 0.86 = 0.258\,\mathrm{m}^2, \quad I = \frac{0.3 \times 0.86^3}{12} = 0.015901\,\mathrm{m}^2$$

$$\therefore f_{tB} = \frac{P_e}{A} + \frac{M_B}{I}\frac{h}{2} = -5.039 - 12.304 = -17.343\,\mathrm{MPa(compression)}$$

$$f_{bB} = \frac{P_e}{A} - \frac{M_B}{I}\frac{h}{2} = -5.039 + 12.304 = 7.265\,\mathrm{MPa(tension)}$$

PSC 컨코던트 긴장재

다음과 같은 포스트 텐션 PSC보에서 다음에 답하라.

1) 1080kN의 프리스트레스 힘으로 인한 압력선을 구하라.
2) 프리스트레스 힘으로 인하여 고정지점에 일어나는 1차 모멘트, 2차 모멘트 및 총 모멘트를 계산하라.
3) 프리스트레싱에 의하여 롤러지점에 일어나는 반력을 계산하라.
4) 컨코던트 긴장재 배치 방법에 대하여 써라.

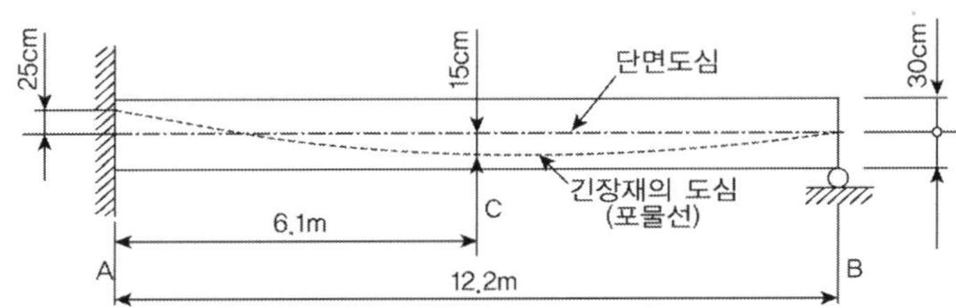

풀 이

▶ 등가상향력 산정

$$L = 12.2\,\text{m},\ f = 12.5 + 15 = 27.5\,\text{mm}$$

$$\frac{f}{L} = 0.0225 < \frac{1}{12} \qquad \therefore P\sin\theta \approx P$$

$$P \times f = \frac{ul^2}{8} \qquad \therefore u = \frac{8Pf}{l^2} = \frac{8 \times 1080 \times 0.275}{12.2^2} = 15.96\,\text{kN/m}$$

▶ 1차 모멘트 산정

$$M_A = P \times e = 1080 \times (-0.25) = -270\,\text{kNm}$$

$$M_C = P \times e = 1080 \times 0.15 = 162\,\text{kNm}$$

$$M_C = P \times e = 1080 \times 0 = 0$$

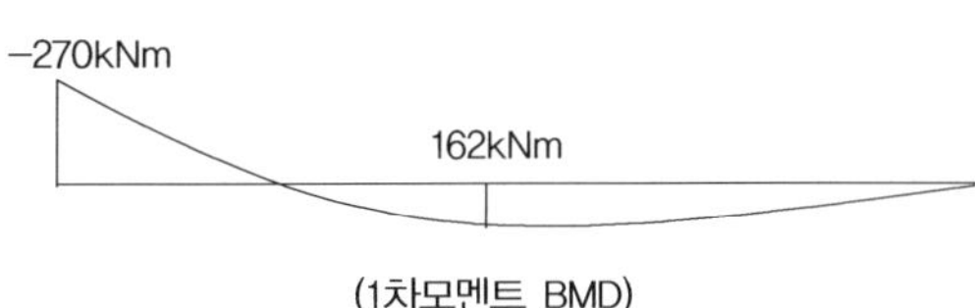

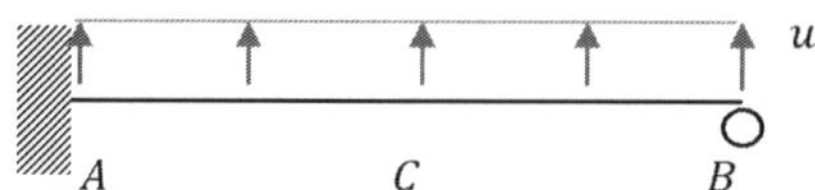

$$M_{AB} = -\frac{ul^2}{12} - \frac{1}{2}\frac{ul^2}{12} = -\frac{ul^2}{8} = -296.94\,\text{kNm}$$

$$R_A = \frac{ul}{2} + \frac{M_{AB}}{l} = \frac{15.96 \times 12.2}{2} + \frac{296.44}{12.2} = 121.695\,\text{kN}\,(\downarrow)$$

$$R_B = \frac{ul}{2} - \frac{M_{AB}}{l} = 73.017\,\text{kN}\,(\downarrow)$$

$$\therefore\ M_C = R_B \times \frac{l}{2} - u \times \frac{l}{2} \times \frac{l}{4} = 148.47\,\text{kNm}$$

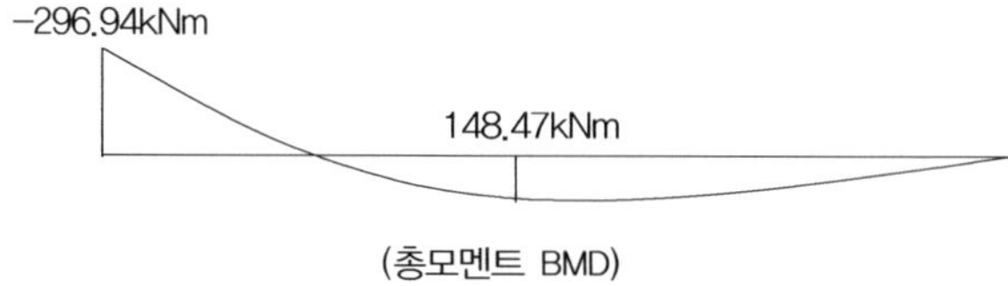

※ 3연 모멘트 방정식 등 다른 방식을 이용하여 풀 수도 있다.

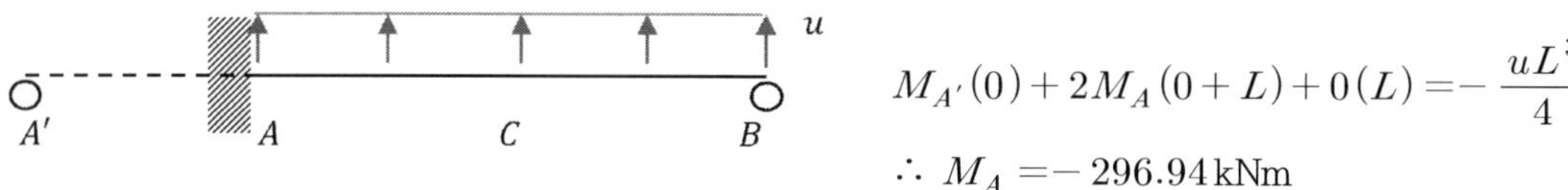

$$M_{A'}(0) + 2M_A(0+L) + 0(L) = -\frac{uL^3}{4}$$

$$\therefore\ M_A = -296.94\,\text{kNm}$$

◆ **2차 모멘트 산정**

$$M_2 = M_t - M_1 \ \text{이므로}$$

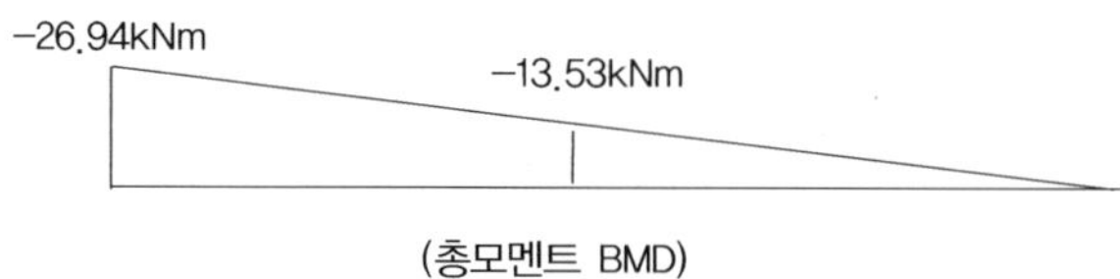

2차 모멘트에 의한 반력 $M_{2(A)} = 26.9\,\text{kNm}$ $\therefore\ R_B' = -R_A' = \frac{M_2}{l} = 2.2\,\text{kN}\,(\uparrow)$

➤ 컨코던트 배치 산정

$e_A{}' = M_2/P = -24.9\,\text{mm}$, $e_C{}' = M_2/P = -12.5\,\text{mm}$ 또는 $e_{A(C)} = M_l/P$로 산정할 수도 있다.

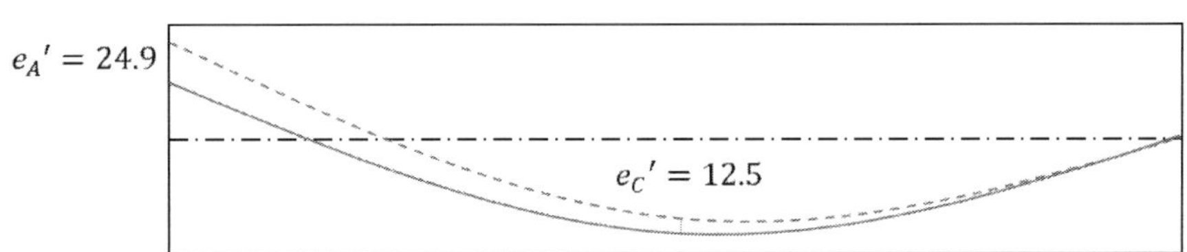

02 PSC 합성보

1. PSC 합성보

콘크리트만으로 이루어진 합성보는 콘크리트를 한 번에 타설하지 않고 두 번 이상 나누어 타설하며 나누어 타설된 부분이 완전히 접합되어 하나의 단면으로 거동하는 부재를 말한다. PSC 합성보는 프리캐스트 보를 제작 가설 후 슬래브 콘크리트를 현장타설하여 시공해 완성하는 방법이 일반적으로 사용된다.

1) PSC 합성보의 특성

① 합성보를 프리캐스트 부재로 제작하여 가설할 때 시공 기간을 크게 단축시킬 수 있다.

② 프리캐스트 PSC 보를 가설한 후에는 슬래브에 대한 거푸집을 보에 설치하여 현장에서 타설되는 슬래브 콘크리트의 중량을 지지할 수 있어 동바리 설치 및 해체 공사비 절감과 공기를 단축할 수 있다.

③ 물량이 많은 경우 프리텐션 방식이 경제적이며, 공장 제작으로 품질관리와 고강도 콘크리트를 사용할 수 있다.

④ 프리캐스트 부재를 나란히 배치하고 현장타설 콘크리트를 추가하는 경우 하중의 횡분배 성능이 향상되어 연결부에서의 누수를 방지할 수 있다.

⑤ 현장타설 콘크리트로 슬래브 시공 시 프리캐스트 보의 지점부 격벽까지 한 번에 시공하면 단순보를 연속보로 변환하여 구조적 장점을 얻을 수 있다.

⑥ 프리캐스트 보와 현장타설 슬래브의 크기를 적절하게 설계하면 부재의 처짐을 관리하는 데 효과적이나 시공에서는 콘크리트 압축강도가 다른 종류를 사용하여 탄성계수, 크리프, 수축의 변동성에 따라 장기처짐의 관리가 어려운 경우도 있다.

2) PSC 합성보 시공 및 설계 시 고려사항

① 가설 방법에 따른 비합성단면 또는 합성단면으로의 거동을 고려한 하중 작용단계

② 프리캐스트 보와 현장타설 슬래브가 합성단면으로 거동하도록 하기 위한 접촉면(계면)에서의 수평전단 저항성능의 검증 및 설계

③ 보와 슬래브의 강도 및 강성 차이를 고려한 플랜지의 환산 유효폭

2. 합성보의 전단설계

프리캐스트 보나 강재보 위에 현장치기 슬래브를 시공할 경우 보와 슬래브가 함께 거동하는 것으로 가정한다. 이를 합성 휨부재라고 하며 현장치기 슬래브와 보간의 접촉면에서의 전단저항은 다음의 3가지로 저항할 수 있다.

① 표면 마찰 ② 접착제 ③ 전단연결재

1) 강도설계법(KDS 14 20 66)에 따른 합성부재의 수평전단강도

$$v_h = \tau_h = \frac{VQ}{Ib} \simeq \frac{V}{b_v d} \qquad \therefore\ V_{nh} = v_h b_v d,\ \ V_u \leq \phi V_{nh}\ (\phi = 0.75)$$

여기서 v_h 는 실험에 의해서 결정한다. 유효깊이 d 는 긴장재와 종방향 인장철근의 중심에서 압축측 연단까지의 거리로 PSC 부재는 0.8h 이상이어야 한다.

① 접촉면이 청결하고 부유물이 없으나 표면이 거칠게 만들어진 경우
$$V_{nh} \leq 0.56 b_v d \quad (N)$$

② 최소 전단연결재가 있고 접촉면이 청결하고 부유물은 없으나 표면이 거칠게 만들지 않은 경우
$$V_{nh} \leq 0.56 b_v d \quad (N)$$

③ 최소 전단연결재가 있고 접촉면이 청결하고 부유물이 없으며 표면 거칠기를 6mm 정도의 깊이로 한 경우

$$V_{nh} = (1.8 + 0.6\,\rho_v f_y)\lambda b_v d \leq 3.5 b_v d, \quad \rho_v = A_v/(b_v s)$$

$$\text{여기서,}\ A_{v.\min} = \max\left[0.0625\frac{\sqrt{f_{ck}}}{f_y}b_w s,\ \ 0.35\frac{b_v s}{f_y}\right]$$

④ 전단연결재의 수평전단력방향 간격은 지지요소의 최소 치수의 4배, 600mm 이하로 한다.

2) 전단마찰 이론(KDS 14 20 22)

$V_u > \phi(3.5 b_v d_p)$ 인 경우 전단연결재의 설계는 전단마찰 이론에 의한다.

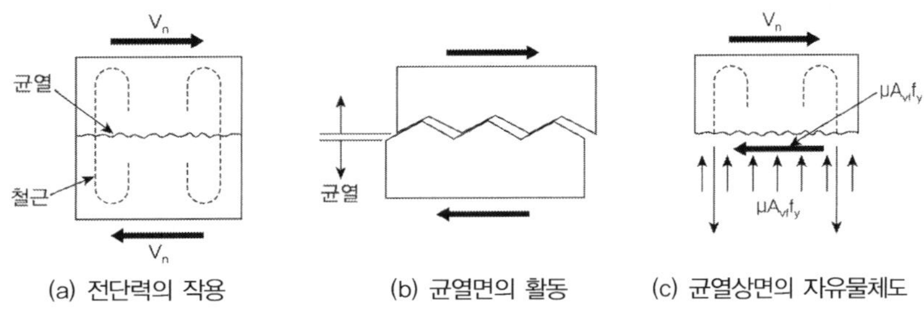

(a) 전단력의 작용　　　(b) 균열면의 활동　　　(c) 균열상면의 자유물체도

① $V_n = \mu A_{vf} f_y$ 철근이 경사진 경우 $V_n = A_{vf} f_y (\mu \sin \alpha_f + \cos \alpha_f)$

여기서, α_f : 전단마찰철근과 전단면 사이각

      μ : 마찰계수

접촉면의 표면조건	마찰계수 μ
일체로 친 콘크리트	1.4λ
표면을 약 6mm 깊이의 요철로 거칠게 만든 굳은 콘크리트에 새로 친 콘크리트	1.0λ
일부러 거칠게 하지 않은 굳은 콘크리트에 새로 친 콘크리트	0.6λ
전단연결재에 의하거나 철근에 의해 구조용 강재에 정착된 콘크리트	0.7λ

$$V_u \leq \phi V_n = \phi \mu A_{vf} f_y \qquad \therefore A_{vf} \geq \frac{V_u}{\phi \mu f_y}$$

(1) 일체로 친 콘크리트나 표면을 거칠게 만든 굳은 콘크리트에 새로 친 보통콘크리트의 경우
$$V_n \leq \min \left[0.2 f_{ck} A_c, \ (3.3 + 0.08 f_{ck}) A_c, \ 11 A_c \right]$$

(2) 그 외의 경우
$$V_n \leq \min \left[0.2 f_{ck} A_c, \ 5.5 A_c \right]$$

(3) $f_{vy} \leq 500 \, \text{MPa}$

② V_u

$$V_u = \min \left[T, \ C \right]$$

$T = A_p f_{ps}$ (긴장재가 발휘하는 인장력)

$C = 0.85 f_{ck} b_e t_f$ (슬래브 콘크리트가 발휘하는 압축력)

3) 한계상태설계법(KDS 24 14 21 콘크리트교)에 따른 합성부재 T형 플랜지와 복부 사이의 계면 전단

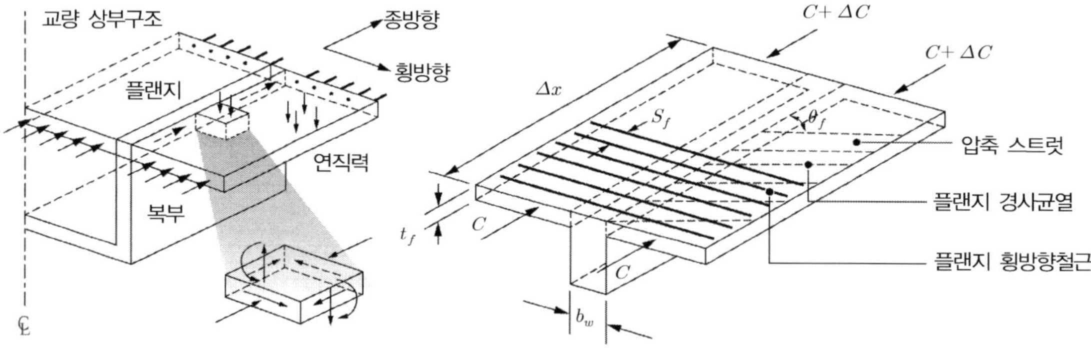

① 전단응력

$$v_{uf} = \frac{\Delta C}{t_f \Delta x}, \quad v_{uf} < \phi_c \nu f_{ck}\sin\theta_f\cos\theta_f$$

여기서, ΔC 는 그림에서 보인 것처럼 구간 Δx 에서 플랜지 단면에 작용하는 종방향력의 차이이며, t_f 는 계면에서 플랜지의 두께이고, Δx 는 검토하는 구간 길이로 휨모멘트가 0인 단면에서 최대 휨모멘트가 발생하는 단면까지 거리의 1/2 이하이어야 하며, 집중하중이 작용하는 부재에서는 집중하중 간의 간격보다 크지 않게 취하여야 한다.

② 횡방향 소요 철근량

$$\frac{A_{vf}}{s_f} \geq \frac{v_{uf}t_f}{\phi_s f_y \cot\theta_f}$$

여기서, s_f : 플랜지 내의 횡방향 철근 간격

θ_f : 정밀한 계산법을 적용하지 않는 경우

$1.0 \leq \cot\theta_f \leq 2.0(45° \geq \theta_f \geq 26.5°)$: 압축플랜지인 경우

$1.0 \leq \cot\theta_f \leq 1.25(45° \geq \theta_f \geq 38.6°)$: 인장플랜지인 경우

③ $V_{uf} \leq 0.4\phi_c f_{ctk}$ 휨철근량 이상의 추가적인 횡방향 철근 배치 필요 없음

4) 한계상태설계법(KDS 24 14 21 콘크리트교) 서로 다른시기에 타설한 콘크리트 계면 전단

$$v_u \leq v_d$$

① 전단응력

$$v_u = \frac{\beta V_u}{z b}$$

여기서, β : 새로 친 콘크리트에 작용하는 종방향력과 총 종방향력의 비

V_u : 계수전단력

z : 단면의 내부 모멘트 팔길이

b : 계면의 폭

② 설계전단강도 $\quad v_d = \phi_c\mu_1 f_{ctk} + \mu_2 f_n + \phi_s\rho f_y(\mu_2\sin\alpha + \cos\alpha) \leq 0.5\phi_c\nu f_{ck}$

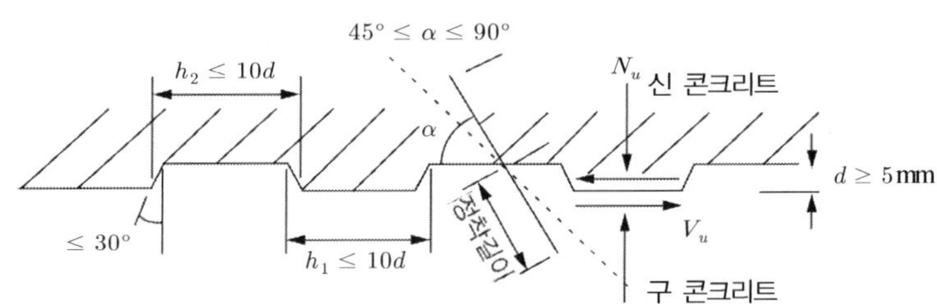

여기서, f_n : 계면에 전단력과 동시에 작용하는 최소 법선응력(압축이 +)

(압축) $f_n < 0.6\phi_c f_{ck}$, (인장) $\phi_c \mu_1 f_{ctk} = 0$

ρ : A_s/A_c, A_s는 계면을 가로지르는 철근량, A_c는 계면의 면적

α : 사잇각, $45° \leq \alpha \leq 90°$

ν : 콘크리트 압축강도 유효계수, $\nu = 0.6\left(1 - \dfrac{f_{ck}}{250}\right)$

μ_1과 μ_2 : 계면 거칠기에 따른 계수

구분	표면상태	계면 거칠기 계수	
		μ_1	μ_2
매우 매끄러움	강재, 플라스틱 또는 특별히 제작된 목재 거푸집에 타설한 표면	0.25	0.5
매끄러움	슬립폼 또는 사출 성형 거푸집에 타설한 표면 및 진동 다짐 후 더 이상의 표면처리하지 않은 자유 표면	0.35	0.6
거침	표면을 긁어 거칠게 하거나 골재를 노출시키거나 또는 기타 방법을 통해 약 40 mm 간격에 적어도 3 mm 거침이 있는 표면	0.45	0.7
요철 표면	5 mm 이상의 깊은 요철을 가지면 위의 그림 규정에 맞게 사전 제작된 표면	0.50	0.9

합성PSC의 해석

다음 그림과 같은 3경간 교량을 PSC합성거더로 연속화하고자 한다.

1) PSC 합성거더에 발생하는 응력검토를 위한 단계별 작용하는 하중, 단면 제계수, 설계기준강
   도, 프리스트레스힘 및 부재력 계산을 위한 구조해석 모델링(구조계)에 대해 구분하여 설명하
   시오(단 2차 응력은 무시한다).
2) 상기 거더의 안전성 검토를 위한 설계관리 항목을 설명하시오(단 철근은 무시한다).
3) 연속지점부의 교축방향 바닥판 철근 설계에서 고려하여야 할 하중, 단면 제계수, 철근량 산정
   방법에 대해 설명하시오.

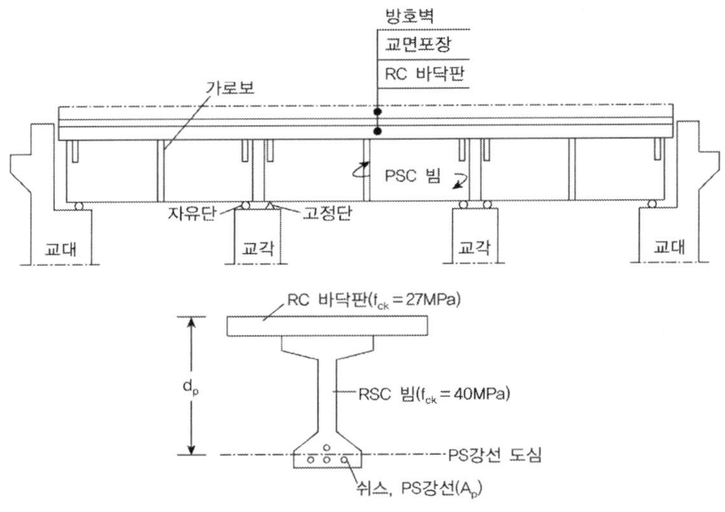

풀 이

> **합성보의 하중단계**

합성보의 합성은 다음의 두 가지로 구분한다.
① 사활하중 합성 : 현장에서 콘크리트를 이어 칠 때 프리캐스트 PSC보를 중간부에서 동바리로
   지지하고 이어 친 콘크리트가 경화한 후에 동바리를 제거하는 방법으로 이어 친 콘크리트의
   자중뿐만 아니라 그 후에 실리는 사하중 및 활하중 모두 합성단면이 받게 된다. 사활하중 합성
   단면은 경제적이지만 동바리 비용이 더 드는 단점이 있다.
② 활하중 합성 : 프리캐스트 PSC보를 중간에서 지지하지 않고 PSC보 위에 직접 거푸집을 조립
   하여 슬래브 콘크리트를 쳐서 합성시키는 방법으로 슬래브 콘크리트의 무게는 PSC보가 받게
   되고 활하중은 합성단면이 받게 된다. 일반적으로 활하중 합성을 많이 이용하며 활하중 합성

단면의 해석과 설계는 다음의 하중단계에 대하여 검토해야 한다.

(1) 도입 직후의 초기 프리스트레스 힘 P_i

(2) 초기 프리스트레스 힘 P_i와 프리캐스트 부재 자중의 조합작용 $P_i + M_{d1}$

(3) 유효 프리스트레스 힘 P_e와 부재 자중의 조합작용 $P_e + M_{d1}$

(4) 유효 프리스트레스 힘 P_e와 부재 자중, 현장치기 콘크리트의 중량 등 합성 전 모든 사하중과의 조합작용 $P_e + M_{d1} + M_{dp}$

(5) 유효 프리스트레스 힘 P_e와 부재 자중, 합성 전 및 합성 후의 사하중, 활하중의 조합

$$P_e + M_{d1} + M_{dp} + M_{d2} + M_l$$

(6) 계수하중

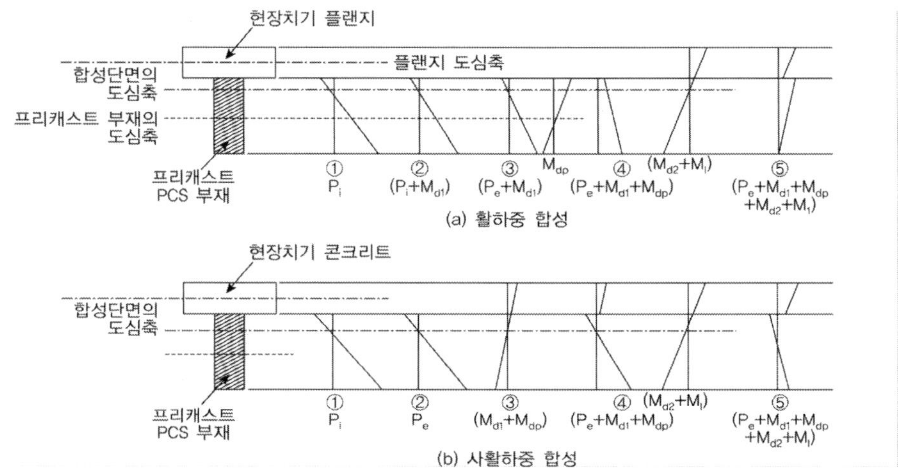

③ 합성되기 전의 하중은 프리캐스트 부재의 도심 축에 대해 휨이 발생되고, 합성 후 하중은 합성단면의 도심축에 대해 휨이 발생된다. 합성 PSC 부재의 설계를 지배하는 하중단계는 (2), (5), (6)이며, (2) 단계에서 프리캐스트 부재의 하면의 압축응력 및 상면의 인장응력이 각각 허용응력 이내이어야 하며, (5)의 사용하중이 작용 시에는 합성단면의 상하면의 응력이 각각 허용응력 이내이어야 하며, (6)의 계수하중에 대해서도 적절한 안전율을 가지고 있어야 한다.

➤ 합성보의 단면계수 및 탄성계수

구분	비합성보(프리텐션)		합성보(포스트텐션)	
	단면계수	탄성계수	단면계수	탄성계수
프리스트레스	PS 강재 환산단면	PS 도입 시	순단면	PS 도입 시
자중	PS 강재 환산단면	PS 도입 시	순단면	PS 도입 시
합성 전 고정하중	PS 강재 환산단면	교면 포장 시	PS 강재 환산단면	바닥판 타설 시
합성 후 고정하중	–	–	바닥판 합성단면	바닥판 타설 시
활하중	PS 강재 환산단면	교면 포장 시	바닥판 합성단면	바닥판 타설 시

➤ **합성단면의 응력**

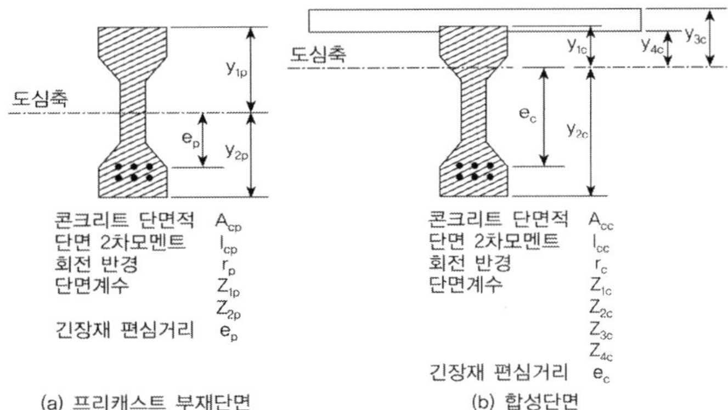

(a) 프리캐스트 부재단면   (b) 합성단면

합성보의 응력은 프리캐스트 보에 작용하는 하중과 현장에서 콘크리트를 이어 친 후에 작용하는 하중을 구별해서 계산한다. 이때 부재에는 균열이 발생하지 않는다고 가정한다.

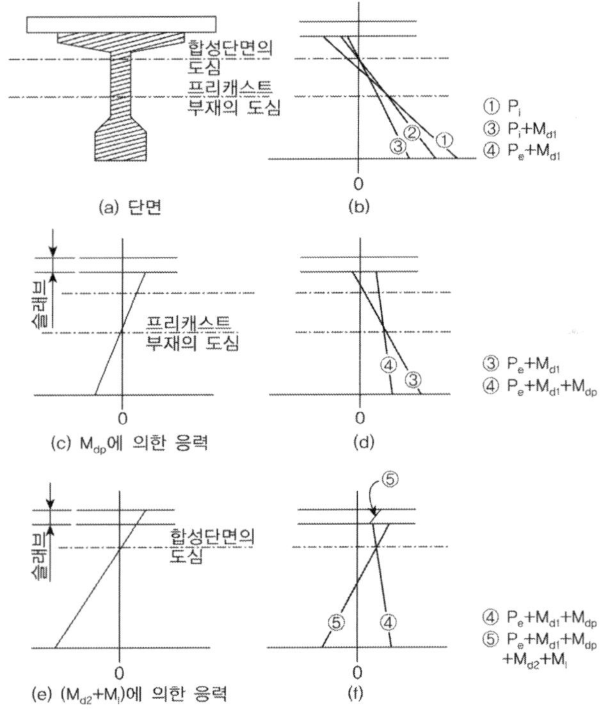

(a) 합성단면

(b) 프리스트레스 힘과 프리캐스트 부재자중의 합성응력

(c) 현장치기 콘크리트 슬래브의 중량에 의한 프리캐스트 부재의 휨모멘트 M_{dp}에 의한 응력

(d) (b)의 ③ + (c)

(e) 합성 후 사하중과 활하중에 의한 M_{d2}와 M_l에 의한 응력

(f) (d)의 ④ + (e)

① 프리스트레스 도입 직후 PSC 상하부 응력

그림 (b)의 ②와 같이 되며, 응력은

$$f_t = \frac{P_i}{A_{cp}}\left(1 - \frac{e_p y_{1p}}{r_p^2}\right) + \frac{M_{d1}}{Z_{1p}} \,, \quad f_b = \frac{P_i}{A_{cp}}\left(1 + \frac{e_p y_{1p}}{r_p^2}\right) - \frac{M_{d1}}{Z_{2p}}$$

② 프리스트레스 모든 손실 후 슬래브 현장치기 후 PSC 상하부 응력

그림 (d)의 ④와 같이 되며, 응력은

$$f_t = \frac{P_e}{A_{cp}}\left(1 - \frac{e_p y_{1p}}{r_p^2}\right) + \frac{M_{d1} + M_{dp}}{Z_{1p}} \,, \quad f_b = \frac{P_e}{A_{cp}}\left(1 + \frac{e_p y_{1p}}{r_p^2}\right) - \frac{M_{d1} + M_{dp}}{Z_{2p}}$$

여기서, M_{dp} : 현장에서 이어 친 굳지 않은 슬래브 콘크리트 무게에 의한 PSC 부재의 휨모멘트

③ 합성된 후 추가사하중(포장, 관, 보도, 연석 등)과 활하중에 의한 응력

그림 (f)의 ⑤와 같이 되며, 응력은

$$f_t = \frac{P_e}{A_{cp}}\left(1 - \frac{e_p y_{1p}}{r_p^2}\right) + \frac{M_{d1} + M_{dp}}{Z_{1p}} + \frac{M_{d2} + M_l}{Z_{1c}} \,, \quad f_b = \frac{P_e}{A_{cp}}\left(1 + \frac{e_p y_{1p}}{r_p^2}\right) - \frac{M_{d1} + M_{dp}}{Z_{2p}} - \frac{M_{d2} + M_l}{Z_{2c}}$$

$$Z_{1c} = \frac{I_{cc}}{y_{1c}} \,, \quad Z_{2c} = \frac{I_{cc}}{y_{2c}}$$

여기서, I_{cc} : 합성단면 도심축에 대한 합성단면의 단면2차 모멘트

$\quad\quad y_{1c}$: 합성단면 도심축에서 프리캐스트 부재 상면까지의 거리

$\quad\quad y_{2c}$: 합성단면 도심축에서 프리캐스트 부재 하면까지의 거리

④ 슬래브 콘크리트 상하면의 발생 응력 f_{ts}, f_{bs}

$$f_{ts} = \frac{M_{d2} + M_l}{Z_{3c}} \,, \quad f_{bs} = \frac{M_{d2} + M_l}{Z_{4c}}$$

$$Z_{3c} = \frac{I_{cc}}{y_{3c}} \,, \quad Z_{4c} = \frac{I_{cc}}{y_{4c}}$$

여기서, y_{3c} : 합성단면 도심축에서 슬래브 상면까지의 거리

$\quad\quad y_{4c}$: 합성단면 도심축에서 슬래브 하면까지의 거리

➤ **PSC 합성거더의 안전성 검토를 위한 설계관리 항목(도로설계편람)**

PSC 합성거더 설계 시에는 다음의 사항을 유의해서 설계하도록 한다.

① 일반적으로 PSC 합성거더는 직선이므로 곡선평면상에 설치할 경우에는 지간 중앙부 캔틸레버 길이의 확장으로 인하여 외측거더에 과도한 하중이 재하될 우려가 있으므로 이에 대한 충분한 검토가 필요하다.

② 캔틸레버의 길이(외측 거더 중앙에서 바닥판 끝단까지의 거리)는 거더 중심간격의 1/2 이하로 하는 것이 좋으며, 캔틸레버에 고정하중이나 특수하중이 과대하게 재하될 경우에는 주거를 충분히 검토해야 한다.

③ 충분한 단면 검토를 통해 내외측 거더의 응력이 비슷한 수준이 되도록 단면을 계획하도록 한다.

④ 지점부에서 바닥판의 연속 처리하여 발생하는 부모멘트의 영향을 고려하여 종방향 철근을 배근함으로써 바닥판의 균열을 최소화시킨다.

⑤ 받침 중심간 간격 및 좌표를 산정할 때와 받침 상면에 소울플레이트를 부착할 경우에는 교량의 종단구배를 반드시 고려해야 한다.

➤ **연속형교의 중간받침점부의 설계(도로교 설계기준 4.11.6)**

연속거더교는 시공단계별로 구조계가 변하므로 이를 고려하여 설계해야 하며 프리캐스트 거더 가설방식 연속거더교에서는 연결 전에 작용하는 하중에 대해서는 단순형으로 연속 후에 작용하는 하중에 대해서는 연속 격자형으로 해석하는 것을 원칙으로 한다. 이 경우 시공 중과 완성 후의 구조계가 상이하므로 구조 해석 시 콘크리트의 크리프와 건조수축에 의한 부정정력의 영향을 고려해야 한다.

1) 중간받침점부의 주거더 연결을 철근 콘크리트 구조로 하는 경우 주거더는 가로보와 확실하게 결합하여야 하며 이 경우 연결철근의 겹침이음길이는 철근지름의 25배 이상이어야 한다.

① 프리캐스트 단순 T형 거더나 I형 거더를 가설한 후 중간받침점을 연결하여 연속 구조로 되는 형식의 교량에서 연결부를 철근 콘크리트 구조로 하는 경우 연속거더교의 연결부의 일반적인 구조는 다음과 같다.

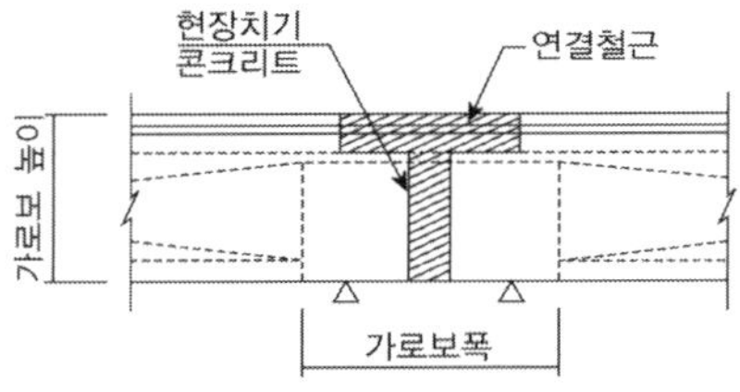

(a) 가로보를 PS 강재로 연결하지 않는 경우

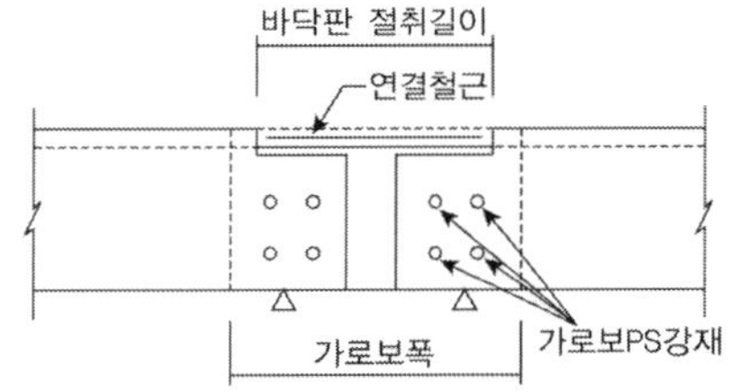

(b) 가로보를 PS 강재로 연결하는 경우

② 받침점이 두 곳에 있고 강성이 큰 가로보에 의해 주거더가 연결되어 있는 경우 겹침이음을 동일 단면에 집중적으로 배치해도 좋다. 다만 특별한 검토를 하지 않는 경우에는 주하중만의 하중조합에 대하여 발생하는 철근의 인장응력을 160MPa 이하로 하고 균열 등의 사용성을 검토한다.

2) 중간받침점의 주거더 연결을 PSC 구조로 하는 경우 주거더와 바닥판 콘크리트의 결합면에 있어서의 전단응력은 전단력에 의한 전단력 이외에 바닥판에 작용하는 프리스트레스 힘에 의한 전단력도 고려하는 것을 원칙으로 한다.

프리캐스트 단순 I형거더를 가설한 후 바닥판 및 중간 받침점 부분을 현장타설하여 프리스트레스트 콘크리트 구조로 연속시키는 경우의 연속거더교에서는 시공 중과 완성 후의 구조계가 다르므로 크리프 및 건조수축에 의한 부정정력을 고려해야 한다.

Chapter 09

축방향 부재

축방향 부재

01 PSC 축방향 압축부재

1. PSC 압축부재의 좌굴 ^{83회/91회/131회}

【 기출유형 ① 】 축방향 하중을 받는 PSC 부재의 프리스트레스 힘에 의한 좌굴의 영향
【 기출유형 ② 】 축력과 휨을 받는 압축부재에 PSC 도입 시 구조적 장점
【 기출유형 ③ 】 PSC와 강거더의 횡좌굴 비교

1) PS에 의한 기둥작용

프리스트레스가 도입된 기둥부재 또는 축력부재에서는 콘크리트와 PS 강연선이 부착되어 있을 경우에는 축하중에 의한 좌굴하중과 PS 강선에 의한 직선으로 회귀하려는 성질이 서로 상쇄되기 때문에 좌굴작용, 기둥작용이 발생되지 않는다. 만약 부재가 좌굴한다 하더라도 PS 강재와 콘크리트가 함께 좌굴되기 때문에 프리스트레스 힘의 편심에는 변화가 일어나지 않으며 좌굴로 인한 모멘트에 변화가 없고 기둥작용도 일어나지 않는다.

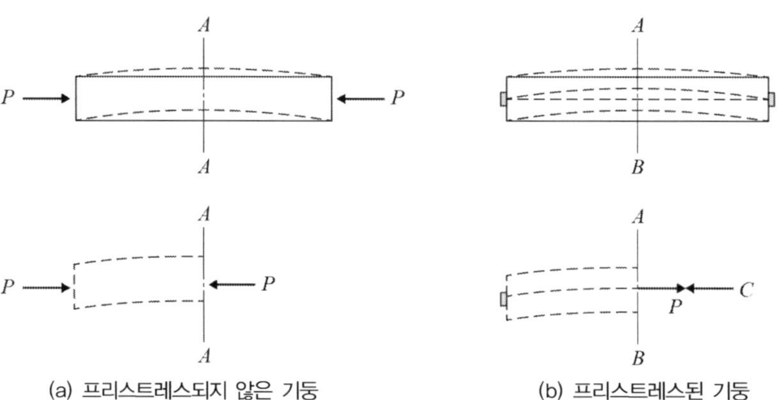

(a) 프리스트레스되지 않은 기둥   (b) 프리스트레스된 기둥

2) 비부착된 PSC의 기둥작용

부착된 경우와 달리 프리스트레스 힘으로 인한 압축력에 의해 콘크리트는 좌굴하려고 할 것이나 PS 강재는 같이 좌굴하지 않으므로 콘크리트 단면에는 프리스트레스 힘의 편심의 변화가 있게 되고 그 결과 기둥작용을 유발하게 된다. 얼마 간의 좌굴이 일어난 후 PS 강재가 콘크리트에 접촉하게 되면 함께 좌굴하게 된다.

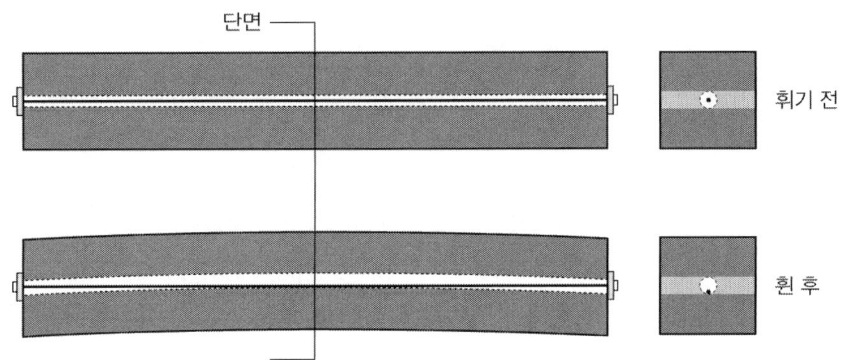

3) 단면도심과 PS 강재 도심을 일치시키고 두 재료가 전 길이에 걸쳐서 직접 접촉되어 있으면 프리스트레스 힘으로 인한 좌굴은 발생하지 않는다.

4) 축력과 휨모멘트를 동시에 받을 경우

횡방향 하중과 같은 하중에 의해 휨모멘트가 발생하게 되면 콘크리트의 인장응력이 발생하지만 PS력에 의해서 상쇄되기 때문에 축력과 휨모멘트를 동시에 받는 부재에서는 PSC 부재가 더 유리하며, 횡방향 하중으로 인한 처짐을 감소시키는 데에도 PSC 부재가 더 유리하다.

$$f_c = \frac{P_e}{A_c} + \frac{P}{A_t} \pm \frac{M}{I_t} y$$

여기서, A_t : 환산단면적

I_t : 환산단면 2차 모멘트

1. 인장부재의 거동 [84회]

【 기출유형 ① 】 인장력을 받는 PSC 부재의 종류 및 특징

이전에는 콘크리트를 인장부재에 사용할 수 없는 것으로 생각하였으나 PS를 도입함으로써 제조가 가능해졌으며 PSC 트러스의 인장부재나 아치의 타이 부재 등에서 적용되고 있다.
PSC 인장부재의 기본적인 거동은 다음의 세 가지 관점으로 설명된다.

1) PSC 인장부재의 기본원리 : 콘크리트에 균등한 압축력을 도입함으로써 외력에 의한 인장력을 받게 할 수 있다. 즉 콘크리트에 균열이 없다면 콘크리트에 미리 도입한 압축력과 콘크리트 자신의 인장응력의 합계와 같은 크기의 인장하중을 받을 수 있다.

2) 고인장강을 사용함으로써 하중으로 인한 변형을 감소시킬 수 있도록 미리 늘어나게 할 수 있다. 이러한 관점으로부터 PSC 인장부재의 극한 강도는 강재의 인장강도에 좌우되지만 이용가능한 강도는 균열 후의 강재의 과도한 늘음에 의해 제약을 받는다.

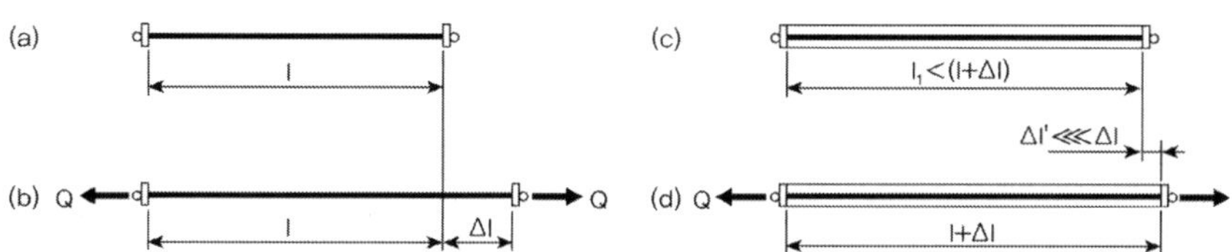

3) 인장부재의 탄성이론 해석 : PSC 인장부재는 강재와 콘크리트가 탄성거동한다고 가정하고 또 콘크리트의 건조수축과 크리프의 영향을 고려함으로써 그들이 변형률과 응력을 구할 수 있는 두 재료의 조합된 부재로 볼 수 있다.

2. 인장부재의 해석

단면도심과 긴장재 도심을 일치시킨 PSC 인장재 인장부재 해석

① PS 도입 직후 콘크리트 압축응력 $f_{cs} = \dfrac{P_i}{A_c}$

② PS 모든 손실 후 콘크리트 응력 $f_{ce} = \dfrac{P_e}{A_c}$

③ 긴장재의 인장응력 $f_{pe} = \dfrac{P_e}{A_p}$

④ 균열 발생 전 환산단면적 $A_t = A_g + (n-1)A_p$

⑤ 인장하중 Q에 의한 인장응력 $\triangle f_c = -\dfrac{Q}{A_t}$, $\triangle f_p = n\dfrac{Q}{A_t}$

⑥ 부재의 응력 $f_c = \dfrac{P_e}{A_c} - \dfrac{Q}{A_t}$, $f_p = \dfrac{P_e}{A_p} + n\dfrac{Q}{A_t}$

⑦ 균열 발생 후 인장재의 공칭강도 $Q_n = A_p f_{pu}$, $Q_d = \phi Q_n\,(\phi = 0.85)$

⑧ 부재의 단축량

　　(초기 PS(P_i)에 의한 감소량) $\triangle_i = \dfrac{P_i l}{A_c E_c}$

　　(Creep) $\triangle_e = \triangle_{pe} + \left(\dfrac{\triangle_{pi} + \triangle_{pe}}{2}\right)C_u = \dfrac{l}{A_c E_c}\left[P_e + \left(\dfrac{P_e + P_i}{2}\right)C_u\right]$

　　(사용하중에 의한 부재길이의 늘음량) $\triangle_s = \dfrac{Ql}{A_t E_c}$

3. 인장부재의 설계(강도설계)

인장재의 설계는 허용응력보다는 강도에 근거를 두고 설계를 하여야 한다. PSC 인장재는

① 초과하중에 저항할 수 있는 적당한 강도를 가져야 하고
② 설계하중하에서 부재 길이의 늘음이 제어될 수 있어야 하며
③ 설계하중하에서의 균열이 조절될 수 있도록 설계되어야 한다.

1) 강재량 산정

극한하중하에서 콘크리트에 균열이 발생하므로 콘크리트를 무시하고 소요강도 전부 PS 강재가 받는 것으로 보고 강재단면적을 산정한다.

① 설계하중 $Q_u = f_1 Q_d + f_2 Q_l$

② 설계강도 $Q_n = A_p f_{pu}$ $\therefore A_p = \dfrac{Q_u}{\phi f_{pu}}$

2) 단면적 산정

설계하중하에서 부재 길이의 최대 늘음 $\triangle_s$ 일 때의 소요 환산 단면적 A_t 는

$$\triangle_s = \dfrac{Ql}{A_t E_c} \qquad \therefore A_t = \dfrac{(Q_d + Q_l)l}{\triangle_s E_c}$$

부재의 총 단면적 $A_g = A_t - (n-1)A_p$, 콘크리트 단면적 $A_c = A_g - A_{duct}$

3) 유효 프리스트레스 힘 산정

사용하중하에서의 콘크리트 응력이 0이 된다고 보고 구한다.

$$f_c = \frac{P_e}{A_c} - \frac{Q}{A_t} = 0 \quad \therefore P_e = \frac{A_c}{A_t}(Q_d + Q_l)$$

4) 손실량 검토

$$\triangle_s = \triangle_{cr} + \triangle_{sh} = \frac{\triangle PL}{A_p E_p} \quad \therefore \triangle P = \triangle_s\left(\frac{A_p E_p}{L}\right)$$

5) 초기 프리스트레스 힘 산정

$$P_i = P_e + \triangle P$$

PSC와 강거더의 횡좌굴 비교

PSC 거더와 강거더의 횡좌굴에 대하여 비교 설명하시오.

풀 이

▶ 개요

강재 기둥부재와 달리 프리스트레스가 도입된 기둥부재 또는 축력부재에서는 콘크리트와 PS강연선이 부착되어 있을 경우에는 축하중에 의한 좌굴하중과 PS 강선에 의한 직선으로 회귀하려는 성질이 서로 상쇄되기 때문에 좌굴작용, 기둥작용이 발생되지 않는다. 그러나 PSC 거더가 장경간화되어감에 따라 거더에 설치되는 강연선이 많아지고, 거더형고는 높아지면서 강축방향으로는 큰 강성을 갖게 되지만 상대적으로 횡방향 강성은 더 취약해, 장경간 PSC 거더에서 좌굴 현상과 유사하게 횡방향으로 변형이 유발되는 횡만곡 현상이 발생될 수 있다.

▶ 강거더와 PSC 거더의 횡 좌굴

1) 강거더의 횡좌굴

강거더는 수직하중에 대해 경제적으로 설계하기 위해 복부에 평행한 수직축인 약축에 대해 휨과 비틀림이 상대적으로 약한 성질을 갖는다. 이 때문에 휨 변형이 발생하면 휨모멘트가 어느 한계값에 도달할 때 압축 플랜지는 압축응력에 의해 횡방향으로 좌굴하게 되고 보의 단면에는 비틀림 변형을 발생하게 되며 휨감도가 감소되는 현상이 발생하는데, 이러한 현상을 횡좌굴(lateral buckling) 또는 횡비틀림좌굴(lateral torsional buckling)이라고 한다. PSC 거더와 달리 강거더의 경우 재료적, 단면적 특성으로 인해서 일정하게 발생되는 현상으로 설계 시에는 이러한 횡좌굴로 인한 강도 저감을 단면에 따라 감안해 설계하도록 규정한다.

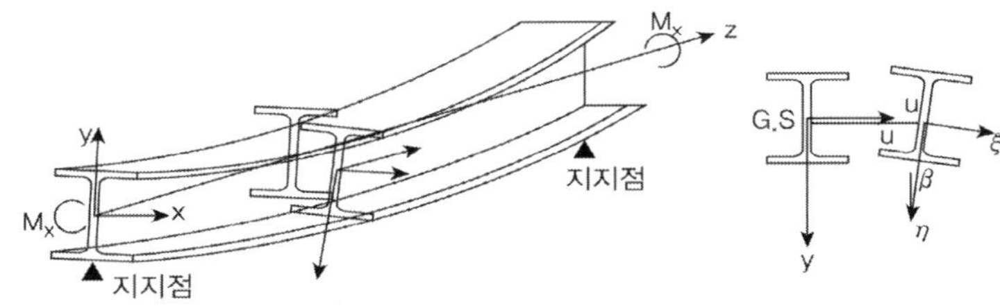

$$M_{cr} = \sqrt{EI_y GJ\left(\frac{\pi}{L}\right)^2 + E^2 I_y C_w \left(\frac{\pi}{L}\right)^4} = \frac{\pi}{L}\sqrt{EI_y GJ + \left(\frac{\pi E}{L}\right)^2 I_y C_w}$$

$$f_{cr} = \frac{M_{cr}}{S} = \frac{\pi}{LS}\sqrt{EI_y GJ + \left(\frac{\pi E}{L}\right)^2 I_y C_w}$$

2) PSC 거더의 횡 좌굴

강거더와는 달리 PSC 거더는 주로 제작상의 문제로 발생되며, 통상 횡만곡이라 표현된다. 강거더가 좌굴이 발생되면 횡방향으로의 급격하게 Snap-through현 상이 발생되는 것과는 달리, PSC 거더에서는 급격한 변위가 발생되지는 않지만 거더의 일직선으로 분포되지 않아 하중 전달이 원활하지 못하게 될 수 있다. 횡만곡이 발생되는 원인은 통상 아래와 같다.

① PSC 압축 응력 도입 시 : PSC 텐던이 좌우 대칭되어 설계되어 있다 하더라도 현장 제작시의 쉬스관의 조립오차, 긴장력의 순차적 도입에 따른 탄성변형으로 인한 하중 비대칭성, 도입된 강연선의 파단 등으로 인해 비대칭이 발생될 수 있고 이로 인해 횡만곡이 발생할 수 있다.

② 거푸집 변형, 재료의 불균질, 온도노출 편차 : 제작대 설치 오차나 거푸집의 변형이나, 골재나 혼화재의 품질 불균질, 직사광선에 노출되는 정도로 인한 온도 구배 등으로 인해 거더의 외형이나 응력 불균질을 유발할 수 있고 이로 인해 횡만곡이 발생될 수 있다.

③ 제작장 부등침하 : 긴장력 도입 시 지지조건을 이루는 제작장이 부등침하한 경우 긴장력에 편심이 도입될 수 있으며 이로 인해 횡만곡이 유발될 수 있다.

④ 인양 과정에서 무게 중심 변동 : 인양 과정에서 연직 방향으로 작용해야 자중의 작용방향이 변화될 경우 텐던에 도입되는 압축력과 텐던의 편심에 의해 발생하는 모멘트가 변경될 수 있고 미세한 하중의 변화는 만곡을 증가시키거나 신규로 생성시킬 수 있다.

⑤ 콘크리트 크리프로 인한 추가 변형 : 발생된 횡만곡은 콘크리트 크리프로 인해 추가 하중이 없어도 변형이 지속될 수 있으며, 이는 횡만곡을 더 심화시키는 요인으로 작용한다.

PSC 축방향 부재

프리텐션 PSC 압축부재에서 부재의 중앙단면에 일어나는 콘크리트 응력과 처짐으로 인한 2차 모멘트를 계산하라(단, PS강선 8개(지름 9mm, 공칭단면적 63.62mm^2), 긴장재의 유효프리스트레스 $f_{pe}=700\text{MPa}$, $f_{ck}=35\text{MPa}$, $E_c=2.8\times10^4\text{MPa}$, $n=7$).

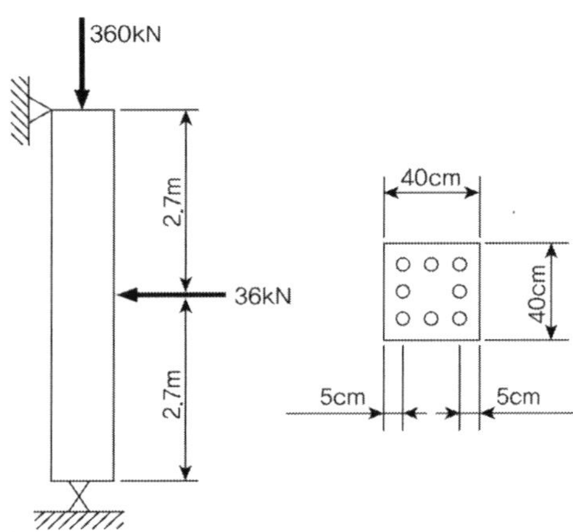

풀 이

➤ PS에 의한 콘크리트 응력

$$\frac{P_e}{A_c}=\frac{A_pf_{pe}}{A_c}=\frac{(8\times63.62)\times700}{400\times400-8\times63.62}=2.2\,\text{MPa}$$

➤ 축방향 압축하중에 의한 응력

$$\frac{P}{A_t}=\frac{P}{A_g+(n-1)A_p}=\frac{360\times10^3}{400^2+(7-1)\times8\times63.62}=2.2\,\text{MPa}$$

➤ 횡방향 하중 휨모멘트 응력

1) 환산단면 2차 모멘트 산정

$$I_t=\frac{bh^3}{12}+(n-1)A_pd^2=\frac{400^4}{12}+(7-1)(8-2)\times63.62\times\left(\frac{400}{2}-50\right)^2$$
$$=2.185\times10^9\text{mm}^4$$

2) 중앙단면에서의 힘모멘트 산정

$$M = \frac{1}{2} \times 36 \times 2.7\text{m} = 48.6\,\text{kNm}$$

3) 휨응력 산정(균열 발생 여부 체크)

$$f_{b(t)} = \frac{M}{I_t}y = \frac{48.6 \times 10^6}{2.185 \times 10^9} \times 200 = \pm 4.4\,\text{MPa}$$

$$\therefore \text{중앙단면의 응력 } f_{b(t)} = 2.2 + 2.2 \pm 4.4 = 8.8\,\text{MPa(압축)},\ 0$$

$$f_{b(t)} > f_{cr} = -0.63\sqrt{f_{ck}} = -3.73\,\text{MPa}$$

4) 횡방향 하중에 의한 변위 산정

$$\triangle = \frac{PL^3}{48E_cI_t} = \frac{36 \times 10^3 \times (5.4 \times 10^3)^3}{48 \times 2.8 \times 10^4 \times 2.185 \times 10^9} = 1.9\,\text{mm}$$

5) 처짐에 의한 2차 모멘트 산정

$$M_2 = P \times \triangle = 360 \times 10^3 \times 1.9 = 684,000\,\text{Nmm} = 684\,\text{Nm}$$

PSC 축방향 부재

그림과 같은 철근 콘크리트로 된 라멘구조물이 있다. 모든 사하중과 활하중하에서 이 라멘을 해석한 결과 그림의 PSC 타이부재에는 사하중에 의하여 $Q_d = 185\text{kN}$, 활하중에 의하여 $Q_l = 386\text{kN}$의 축방향 인장력이 작용한다는 것과 최대 8mm의 인장변위가 일어난다는 것을 알았다. 이 타이부재를 PSC 인장재로 설계하라(단, PS 강재 $f_{pu} = 1750\text{MPa}$, $E_p = 2.0 \times 10^5\text{MPa}$, 콘크리트 $E_c = 2.5 \times 10^4\text{MPa}$, $n = 8$).

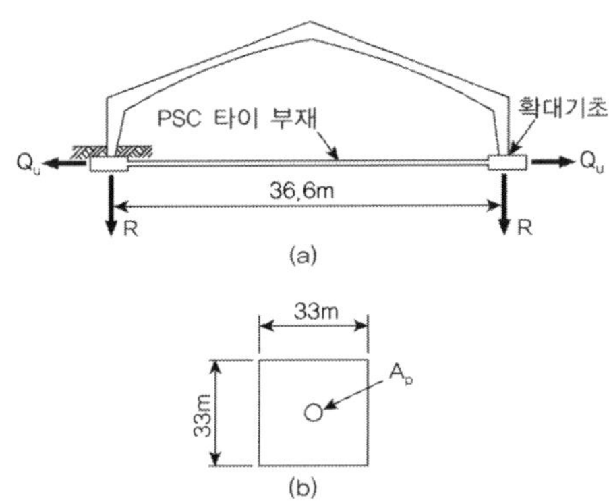

▶ 극한하중의 산정

PSC 인장부재는 강도를 기준으로 검토한다.

$$Q_u = 1.2Q_d + 1.6Q_l = 1.2 \times 185 + 1.6 \times 386 = 839.6\,\text{kN}$$

▶ A_p 산정

강연선이 전체 인장하중을 지지하는 것으로 보고 설계한다(콘크리트 인장력 무시).

$$\phi A_p f_{pu} = Q_u \quad \therefore \quad A_{p(req)} = \frac{839.6 \times 10^3}{0.85 \times 1750} = 564.437\,\text{mm}^2$$

SWPC 7B 7연선 12.7mm의 $A_p = 98.71\,\text{mm}^2$이므로

USE 6^{EA} $A_p = 592.26\,\text{mm}^2$

➤ **단면적 산정**

최대 허용변위는 8mm이므로 신장량 제한을 위해 필요한 환산단면적은

$$\triangle_{all} = \frac{(Q_d + Q_l)L}{A_t E_c} \qquad \therefore A_t = \frac{(185 + 386) \times 10^3 \times 36.6 \times 10^3}{8 \times 2.5 \times 10^4} = 104,493\,\text{mm}^2$$

$$A_t = A_g + (n-1)A_p$$

$$\therefore A_g = 104,493 - (8-1) \times 592.26 = 100,347.2\,\text{mm}^2$$

정사각형 단면을 사용한다고 하면 한 변의 길이 $B = \sqrt{A_g} = 316.8\,\text{mm}$

$$\therefore B \times L_{use} = 330 \times 330\,\text{mm} \qquad A_{g(use)} = 330^2 = 108,900\,\text{mm}^2$$

➤ **P_e의 결정**

$$A_{g(use)} = 330^2 = 108,900\,\text{mm}^2$$

덕트의 직경을 73mm라고 하면, $A_{duct} = \frac{\pi}{4}D^2 = 4185.4\,\text{mm}^2$

$$A_c = A_g - A_{duct} = 104,714.6\,\text{mm}^2$$

$$\therefore A_t = A_g + (n-1)A_p = 330^2 + (8-1) \times 592.26 = 104,754.2\,\text{mm}^2$$

총 사용하중하에서 콘크리트 응력이 0이 되기 위한 P_e는

$$f_c = \frac{P_e}{A_c} - \frac{Q}{A_t} = 0 \qquad \therefore P_e = \frac{A_c}{A_t}(Q_d + Q_l) = 570.78\,\text{kN}$$

➤ **손실량 검토**

1) Creep

크리프 계수를 2.3으로 보고 $\dfrac{P_i + P_e}{2} = 1.15P_e$ 라고 가정하면,

$$\triangle_{cr} = \left(\frac{\triangle_{pi} + \triangle_{pe}}{2}\right)C_u = \frac{L}{A_c E_c}\left(\frac{P_e + P_i}{2}\right)C_u = \frac{L}{A_c E_c}(1.15P_e)C_u$$

$$= \frac{36.6 \times 10^3}{104714.6 \times 2.5 \times 10^4} \times 1.15 \times 570.78 \times 10^3 \times 2.3 = 21.107\,\text{mm}$$

2) Shrinkage

$$\triangle_{sh} = \epsilon_{sh}L = 800 \times 10^{-6} \times 36.6 \times 10^3 = 29.28\,mm$$

➤ **가정사항 검토**

$$\triangle_s = \frac{\triangle PL}{A_p E_p}, \quad \triangle P = \triangle_s \left(\frac{A_p E_p}{L} \right) = 50.39 \times \frac{592.26 \times 2.0 \times 10^5}{36.6 \times 10^3} = 163.08 \, \text{kN}$$

$$P_i = P_e + \triangle P = 570.78 + 163.08 = 733.86 \, \text{kN}$$

$$\therefore \frac{P_i + P_e}{2} \fallingdotseq 1.15 P_e \qquad \text{O.K}$$

➤ **설계**

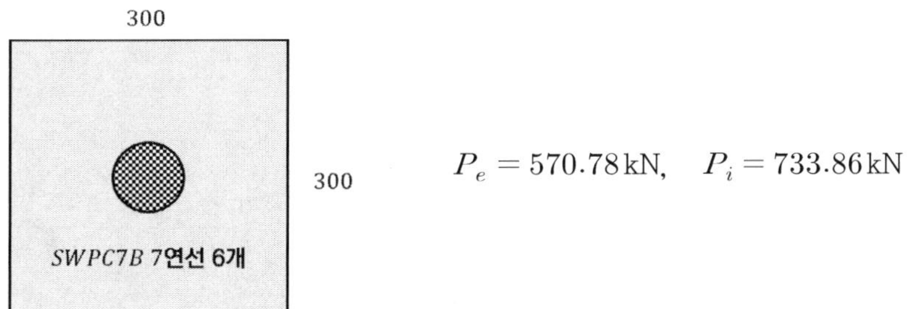

$$P_e = 570.78 \, \text{kN}, \quad P_i = 733.86 \, \text{kN}$$

PSC 축방향 부재

그림과 같은 콘크리트 사장교의 사재가 고정하중에 의한 인장력 $T_d = 50\text{ton}$ 활하중에 의한 인장력 $T_l = 30\text{ton}$을 받고 있으며 최대인장변위는 15mm이다. 이 부재를 PSC 균일단면 인장부재로 설계하시오.

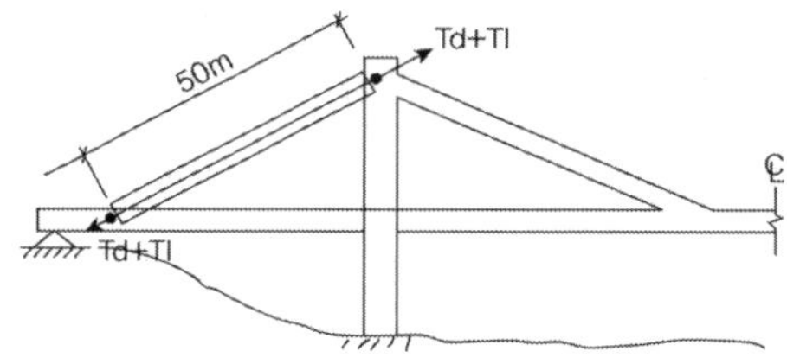

조건

PS 강재 $f_{pu} = 190\text{kgf/mm}^2$, $E_p = 2.0 \times 10^6 \text{kgf/cm}^2$, 콘크리트 $E_c = 3.0 \times 10^5 \text{kgf/cm}^2$, $n = 7$이다. 크리프계수는 1.3이며, 최종건조수축 변형률은 600×10^{-6}으로 한다.

계산 중 $\dfrac{P_i + P_e}{2} = 1.15 P_e$로 가정하고 크리프와 건조수축에 의한 손실만을 고려한다. PS강연선은 SWPC 7B 7연선 12.7mm($A_p = 98.71\text{mm}^2$)을 사용하고 닥트는 직경 73mm으로 한다.

풀 이

▶ 극한하중의 산정

PSC 인장부재는 강도를 기준으로 검토한다.

$$Q_u = 1.2 T_d + 1.6 T_l = 1.2 \times 50 + 1.6 \times 30 = 108\,\text{ton} = 1,080\text{kN}$$

▶ A_p 산정

강연선이 전체 인장하중을 지지하는 것으로 보고 설계한다(콘크리트 인장력 무시).

$$\phi A_p f_{pu} = Q_u \qquad \therefore A_{p(req)} = \frac{1080 \times 10^3}{0.85 \times 1900} = 668.73\,\text{mm}^2$$

$$\text{USE } 7^{EA} \qquad A_p = 690.97\,\text{mm}^2$$

▶ 단면적 산정

최대 허용변위는 15mm이므로 신장량 제한을 위해 필요한 환산단면적은

$$\triangle_{all} = \frac{(T_d + T_l)L}{A_t E_c} \qquad \therefore A_t = \frac{(500+300)\times 50 \times 10^3 \times 10^3}{15 \times 3.0 \times 10^4} = 88888.9\,\text{mm}^2$$

$$A_t = A_g + (n-1)A_p$$

$$\therefore A_g = 88888.9 - (7-1)\times 690.97 = 84743.1\,\text{mm}^2$$

정사각형 단면을 사용한다고 하면 한 변의 길이 $B = \sqrt{A_g} = 291.1\text{mm}$

$$\therefore B \times L_{use} = 300 \times 300\text{mm}$$

➤ P_e의 결정

$$A_{g(use)} = 90000\,\text{mm}^2 \qquad A_c = A_g - A_{duct} = 85814.6\,\text{mm}^2$$

$$\therefore A_t = A_g + (n-1)A_p = 300^2 + (7-1)\times 690.97 = 94145.8\,\text{mm}^2$$

총 사용하중하에서 콘크리트 응력이 0이 되기 위한 P_e는

$$f_c = \frac{P_e}{A_c} - \frac{T}{A_t} = 0 \qquad \therefore P_e = \frac{A_c}{A_t}(T_d + T_l) = 729.21\,\text{kN}$$

➤ 손실량 검토

1) Creep

$$\triangle_{cr} = \left(\frac{\triangle_{pi} + \triangle_{pe}}{2}\right)C_u = \frac{L}{A_c E_c}\left(\frac{P_e + P_i}{2}\right)C_u = \frac{L}{A_c E_c}(1.15 P_e)C_u$$

$$= \frac{50 \times 10^3}{85814.6 \times 3.0 \times 10^4} \times 1.15 \times 729.21 \times 10^3 \times 1.3 = 21.173\,\text{mm}$$

2) Shrinkage

$$\triangle_{sh} = \epsilon_{sh}L = 800 \times 10^{-6} \times 50 \times 10^3 = 40\,\text{mm}$$

➤ 가정사항 검토

$$\triangle_s = \frac{\triangle TL}{A_p E_p}, \quad \triangle T = \triangle_s\left(\frac{A_p E_p}{L}\right) = 61.173 \times \frac{690.97 \times 2.0 \times 10^5}{50 \times 10^3} = 169.32\,\text{kN}$$

$$P_i = P_e + \triangle T = 729.21 + 169.32 = 898.53\,\text{kN}$$

$$\therefore \frac{P_i + P_e}{2} \fallingdotseq 1.15 P_e \qquad\qquad \text{O.K}$$

➤ **설계**

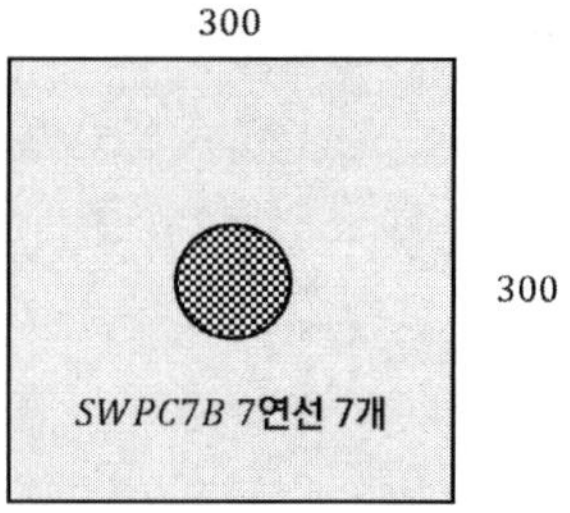

$$P_e = 729.21\,\mathrm{kN}, \quad P_i = 870.64\,\mathrm{kN}$$

PSC 인장부재

한 변이 250mm인 정사각형 단면으로 된 길이 30.5m의 PSC 인장부재가 있다. 인장강도 $f_{pu} = 1,750$MPa, 항복강도 $f_{py} = 1,500$MPa인 PS강선 12개($A_p = 400$mm²)를 사용하여 포스트텐션방식으로 제조하였을 때 다음을 구하시오.

1) 콘크리트에 인장응력이 발생되지 않도록 하는 최대 인장하중 Q_0

2) 균열하중 Q_{cr}

3) 파괴하중 Q_u

4) 균열 및 파괴에 대한 안전율

5) P_i, P_e 및 사용하중하에서의 부재 길이의 늘음길이

> **조건**
>
> 쉬스의 지름은 40mm, $P_i = 490$kN, $P_e = 420$kN,
> 콘크리트의 크리프 계수 $C_u = 2.0$, $E_p = 2.0 \times 10^5$MPa, $E_c = 2.88 \times 10^4$MPa,
> 탄성계수비 $n = 7$, 콘크리트의 인장강도 $f_t = -1.48$MPa

풀 이

▶ 개요

인장부재의 설계는 허용응력보다는 강도를 근거로 두고 설계를 하여야 한다.

▶ 콘크리트에 인장응력이 발생되지 않도록 하는 최대 인장하중 Q_0

$$\text{부재의 응력 } f_c = \frac{P_e}{A_c} - \frac{Q_0}{A_t} = 0 \qquad \therefore Q_0 = P_e \frac{A_t}{A_c} = P_e \times \frac{A_g + (n-1)A_p}{A_c}$$

$$A_g = 250^2 = 62,500\,\text{mm}^2, \quad A_p = 400\,\text{mm}^2, \quad A_{duct} = \frac{\pi D^2}{4} = 1256.64\,\text{mm}^2$$

$$A_c = A_g - A_{duct} = 61,243.36\,\text{mm}^2, \quad n = 7$$

$$A_t = A_g + (n-1)A_p = 64,900\,\text{mm}^2$$

$$\therefore Q_0 = 420\text{kN} \times \frac{62500\,\text{mm}^2}{61243.36\,\text{mm}^2} = 428.62\,\text{kN}$$

➤ **균열하중 Q_{cr}**

$$\text{부재의 응력 } f_c = \frac{P_e}{A_c} - \frac{Q_{cr}}{A_t} = f_t$$

$$\therefore Q_{cr} = \left(\frac{P_e}{A_c} - f_t\right)A_t = \left(\frac{420 \times 10^3}{61243.36} + 1.48\right) \times 64900 = 541.13\,\text{kN}$$

➤ **파괴하중 Q_u**

구조물의 파괴는 PS 강선 파단 시 발생하므로

$$Q_u = \phi Q_n = \phi A_p f_{pu} = 0.85 \times 400 \times 1750 = 595\,\text{kN}$$

➤ **균열 및 파괴에 대한 안전율**

1) 균열에 대한 안전율 $S.F_{cr} = \dfrac{Q_{cr}}{Q_0} = \dfrac{541.13}{428.62} = 1.26$

2) 파괴에 대한 안전율 $S.F_u = \dfrac{Q_u}{Q_0} = \dfrac{595}{428.62} = 1.39$

※ 일반적으로 PSC 인장재에 있어서는 균열과 파괴에 대한 안전율 사이에는 큰 차이가 없다. 이것은 콘크리트 허용인장응력에 바탕을 둔 설계가 위험하다는 것을 의미한다.

➤ **$P_i,\ P_e$ 및 사용하중 하에서의 부재 길이의 늘음길이**

1) 초기 PS(P_i)에 의한 감소량 $\triangle_\pi = \dfrac{P_i l}{A_c E_c} = \dfrac{490 \times 10^3\,(\text{N}) \times 30.5 \times 10^3\,(\text{mm})}{61{,}243.36\,(\text{mm}^2) \times 2.88 \times 10^4\,(\text{MPa})}\,\text{mm}$

2) 크리프에 의한 감소량

$$\triangle_e = \triangle_{pe} + \left(\frac{\triangle_{pi} + \triangle_{pe}}{2}\right)C_u = \frac{l}{A_c E_c}\left[P_e + \left(\frac{P_e + P_i}{2}\right)C_u\right] = 24.21\,\text{mm}$$

3) 사용하중에 의한 부재길이의 늘음량

콘크리트에 인장응력이 발생되지 않도록 하는 최대 인장하중 Q_0를 사용하중이라고 하면,

$$\triangle_s = \frac{Q_0 l}{A_t E_c} = \frac{428.62 \times 10^3 \times 30.5 \times 10^3}{64{,}900 \times 2.88 \times 10^4} = 6.99\,\text{mm}$$

외부 PS 방법

콘크리트에 프리스트레스를 도입하는 방식 중 내적 프리스트레싱 방식과 외적 프리스트레싱 방식을 비교하여 설명하시오.

풀 이

참조. 외부 프리스트레스를 도입하는 구조물의 설계 및 시공에 관한 연구(1995.12. 한국건설기술연구원)

➤ 개요

외부 프리스트레스를 도입하는 콘크리트 구조물은 일반적으로 프리스트레스 콘크리트 구조물보다 텐던 선형이 단순하고 시공이 용이하며 복부치수 등 단면 제원을 줄일 수 있고 텐던 그라우팅에 관련된 문제점이 거의 발생하지 않으며 사용 중에 텐던 상태를 상세 조사할 수 있는 등의 장점을 가지고 있다. 다만 텐던을 격벽에 정착하여 외부로 노출시키므로 정착부에 큰 텐던력이 집중되고 이에 따라 정착부 상세 설계에 많은 문제점이 발생할 수 있으므로 외부 프리스트레스 구조물의 격벽 정착부에 대한 해석 및 설계에 대한 주의가 필요하다.

➤ 외부 프리스트레스 구조물

1) 외부 프리스트레스 구조물의 분류

넓은 의미로 볼 때 외부 프리스트레스 구조물은 사장교, 엑스트라도즈드교 등을 포함할 수 있으며, 좁은 의미로 볼 때에는 주탑 없이 거더 위치에만 케이블이 설치된 경우로 볼 수 있다.

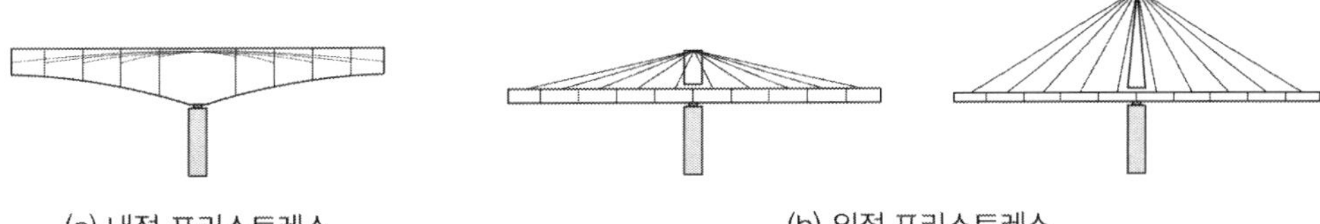

(a) 내적 프리스트레스　　　　　　　　　　(b) 외적 프리스트레스

캔틸레버 PC교 : 거더높이 변화　　ED PC교: 거더높이 일정　　　　ED PC교: 거더높이 일정
　　　　　　　　　　　　　　　　케이블 최대응력 0.65 σ_{pu}　　케이블 최대응력
　　　　　　　　　　　　　　　　H/L ≒ 1/15　　　　　　　　(0.40~0.45)σ_{pu}
　　　　　　　　　　　　　　　　　　　　　　　　　　　　H/L ≒ 1/5

2) 외부 프리스트레스 방식에 따른 분류

외부 프리스트레스 방식을 케이블 배치 방식에 따라 집중적 외부 케이블 방식, 분산식 외부 케이블 방식, 분산식 혼합케이블 방식으로 분류할 수 있다.

① 집중적 외부 케이블 방식 : 모든 케이블이 외부 케이블이며 지점에 배치되는 격벽에 모든 외부 케이블을 정착시키는 방식(미국, 프랑스)

② 분산식 외부 케이블 방식 : 모든 케이블이 외부 케이블이나 정착부를 경간내부로 분산해서 배치하는 방법(일본)

③ 분산식 혼합케이블 방식 : 외부 케이블과 내부 케이블을 병용하는 방법

3) 외부 프리스트레스 방식 특징

외부 프리스트레스 방식에서는 콘크리트 구조물에 프리스트레스를 주기 위해 배치하는 PS 텐던을 주형단면을 구성하는 부재 밖에 배치한다. 텐던의 위치 확보 또는 정착을 위해 방향변환블록과 격벽을 설치하며 텐던 보호를 위해 보호관을 이용한다.

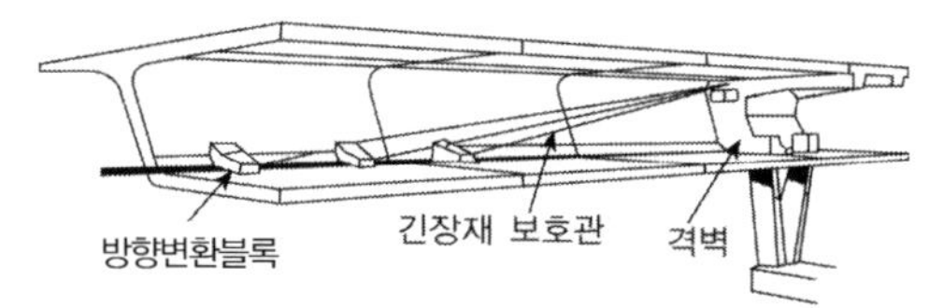

(외부 프리스트레스 구조 개요도)

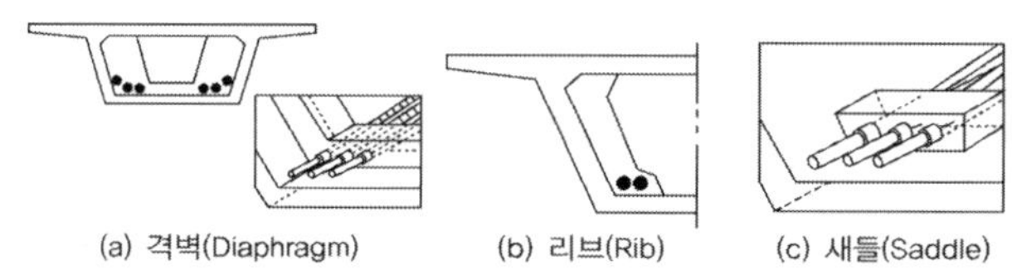

(방향변환부 구조 형식)

▶ 외부 프리스트레스 구조물 설계 시 주요 고려사항

1) 외부 프리스트레스 정착부 격벽 설계

① 외부 프리스트레스 정착부 격벽 설계를 위해서는 정착부의 파열응력(bursting stress), 박리응력(spalling stress), 휨, 전단 등에 대해 검토해야 한다.

② 파열응력이나 박리응력에 대해서는 거동의 차이가 있지만 기존의 방법을 사용하면 된다. 그러나 휨 및 전단 등에 대해서는 해석방법 선택의 어려움이 있다.

③ 3차원 입체요소(solid element)를 사용하여 유한 요소 해석을 수행하면 좋은 결과를 얻을 수 있으나 해석이 약간 복잡하다는 단점이 있다.

④ 실무에서는 일반적으로 평판이론을 가미한 단순들보 해석이나 2차원 STM 모델(프랑스)을 사용하고 있으며 격자해석법(일본)을 사용할 수도 있다.

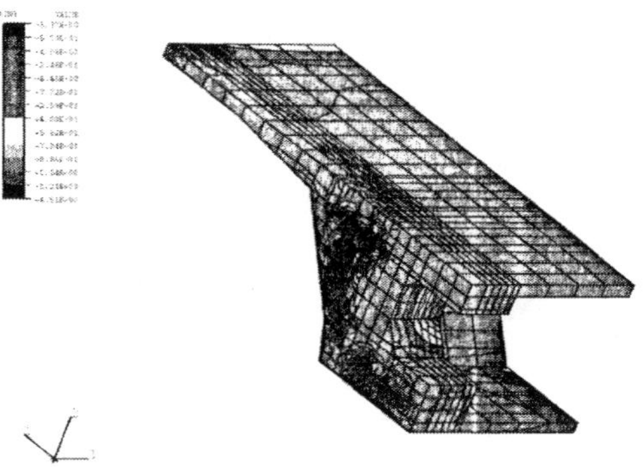

(FEM 유한요소해석 : 국부모델 정착면의 최대 주응력)

2) 외부 프리스트레스 방향변환부 설계

① 방향변환부(deviator)는 외부 공간에 노출되어 있는 텐던을 편향시켜 배치하는 경우 케이블의 형상을 유지하고 프리스트레싱에 의한 인장력을 주형에 전달하는 중요한 구조부재이다.

② 방향변환부는 케이블의 긴장 효율을 저하시키지 않도록 설계해야 할 뿐만 아니라 케이블의 배치오차, 방향 변환장치의 설치 오차 등의 시공상의 오차 문제에 대해서 조정 가능한 구조여야 한다.

③ 방향변환부의 조건사항

(1) 케이블 긴장 시의 인장력에 충분히 저항하고 이 힘을 구조체에 전달할 수 있어야한다.

(2) 편향된 케이블에 심한 굴절이 발생하지 않도록 해야 한다.

(3) 제 구조요소에 손상을 주지 않고 케이블의 해체와 교환이 가능해야 한다.

④ 방향변환부의 배치는 텐던의 편향 형상에 의해 결정되며 이에 따라서 방향 변화부의 위치, 간격 및 각 방향변환부에서 편향시킬 텐던의 개수 등이 결정된다.

⑤ 방향변환부의 서계에 가장 큰 영향을 미치는 요인은 각 방향변환부에서 수직방향으로 편향되는 텐던의 개수이며 수평방향으로 곡선형을 이루는 상판의 경우에는 텐던 긴장 시에 발생하는 수평방향 분력을 설계 시에 고려해야 한다.

⑥ 일반적으로 방향변환부의 설계는 주로 새들(saddle)을 대상으로 이루어진다. 이는 새들에 의한 방향 변환이 다른 방향변환부에 비해서 가장 취약한 구조이기 때문이며 격벽(diaphragm) 또는 리브(rib) 등의 설계 시에는 새들의 설계기준을 적용함으로써 안전측의 설계를 할 수 있다.

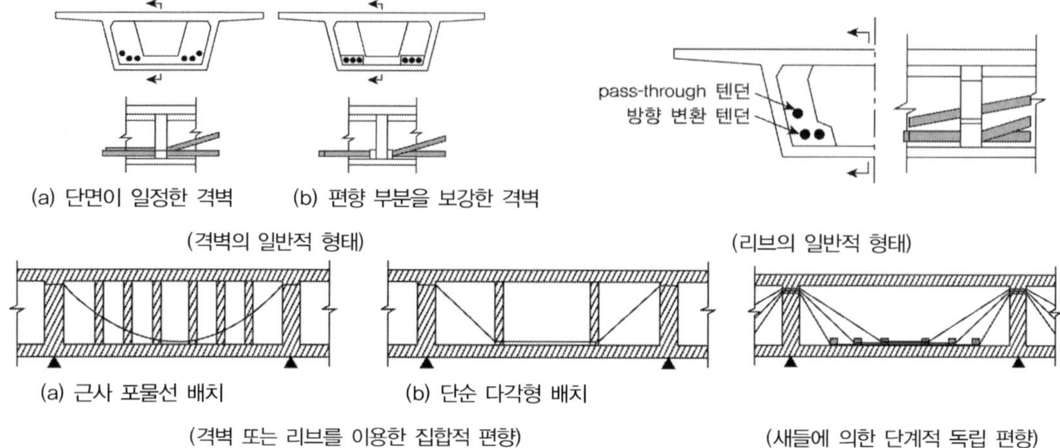

⑦ 방향변환부의 양단에서는 긴장재의 인장력이 작용하므로 이 힘을 구조부재에 전달할 수 있어야 한다. 방향변환부에 작용하는 힘에 대해서 횡방향 검토를 실시하는 경우에는 복부 위치에 지점을 가지는 교량모델에 외부 케이블의 연직분력을 작용시킨다. 이 경우 외부 케이블의 연직분련 전 후면에서의 국부적인 인장응력도에 대한 보강이 필요하다.

⑧ 국부적으로 배치된 긴장재에 작용하는 추가응력으로서는 배치오차로 인하여 휨반경이 국부적으로 작아짐에 따른 추가 휨응력도, 장력변동에 따른 긴장재의 충진재 또는 보호관의 마찰응력 등이 있다.

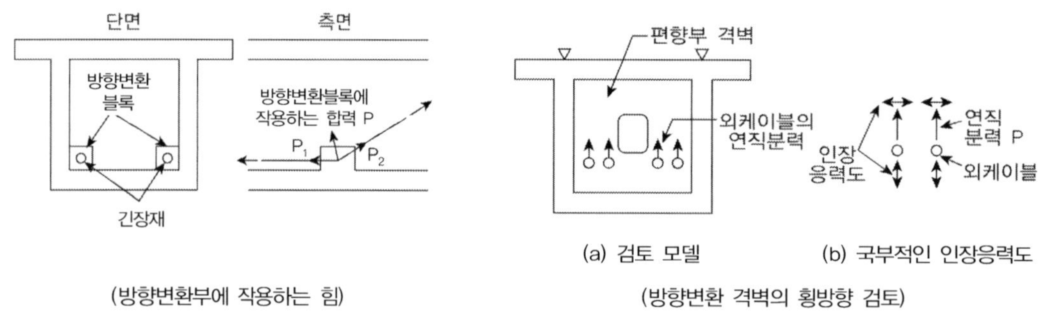

⑨ 외부 케이블 구조의 방향 변환부의 설계는 긴장재의 어떠한 장력변동이나 작용방향에 대해서도 구조적 변형을 일으키지 않고 주형 콘크리트와 분리되지 않도록 한다.

➤ 외부 프리스트레스 구조물의 극한하중상태에서의 휨강도 검사

1) 외부 케이블을 사용하는 교량의 휨강도를 정밀하게 검토하기 위해서는 하중 증가에 따른 콘크리트 부재의 변형과 그 결과로부터 발생하는 외부 케이블의 장력의 변화 및 편심 변화에 따른 프리스트레스 힘의 증감 등을 엄밀하게 고려해서 비선형 해석을 수행하여야 한다.

2) 비선형 해석의 어려움으로 인해서 실무에서는 근사적인 해석방법이 사용되고 있다.

① 내부케이블로서 부착하지 않은 케이블과 같은 개념으로 취급하는 방법
② 외부 케이블을 부재의 변형에 따른 장력증가를 고려하지 않은 인장 저항재로 보고 외부 케이블에 의한 부정정력은 극한하중 작용 시의 하중조합에 계수 1.0으로서 더하는 방법
③ PC 사장교에 있어서 사장케이블과 같이 외부 케이블에 의한 유효 프리스트레스 힘을 극한하중 작용 시의 하중조합에 편입하고 저항측에는 내부케이블과 철근을 인장저항채로서 고려하여 콘크리트 부재의 휨강도를 구한 뒤 양자를 비교하는 방법

➤ 결론

1) 텐던을 정착하는 격벽해석에는 육면2체 요소(solid element)를 사용한 유한요소해석을 수행하는 것이 바람직하다.

2) 판요소(plate element)를 사용해서 유한요소해석을 하거나 격자구조해석을 하는 경우에는 복부 및 상하부 슬래브 간의 경계조건을 회전지점으로 하는 것이 바람직하다. 그러나 이 방법들은 부분적으로 응력을 과소평가하거나 지나치게 과대평가하는 수도 있다.

3) 경험적인 분배이론에 근거하여 이 방향 판 개념으로 들보해석을 하는 것은 지나치게 근사적이며 응력을 과소평가하는 경향이 있다.

4) 단순한 평면 스트럿-타이 모델을 사용하여 해석하는 방법은 일부 경우에는 육면체 요소를 사용한 유한요소 해석결과와 유사한 결과를 보여주나 부분적으로 응력을 과소평가할 수 있다.

5) 극한상태에서의 휨거동 조사에 관한 여러 실험결과에서 외부 프리스트레스를 도입하는 구조물의 파괴매커니즘은 하중이 증가함에 따라 세그먼트 연결부에서 열림(개구부)이 발생하고 단면의 중립축이 상향으로 이동하여 압축연단 콘크리트에서의 압축응력도가 극한 내력에 도달하면서 압축파괴를 일으킨다. 상부슬래브 콘크리트가 파괴되면 케이블 장력은 평형을 잃게 되고 이때 축적되어 있던 에너지가 급작스럽게 발산되면서 연결부는 완전하게 압괴되어 전체적인 파괴로 진행된다.

	내용	외부 PS 방식	내부 PS 방식
구조	적용구조 형식	콘크리트 거더교, 슬래브교, 복부트러스구조, 강(鋼)복부합성 구조	콘크리트 거더교, 슬래브교
재료	보호관의 재료	폴리에틸렌 및 강관이 주류	강제 나선형 쉬스가 주류
설계	부재 두께	복부와 슬래브 두께 감소 가능	텐던 배치에 의해 두께 제약되는 경우 있음
설계	텐던 배치 형상	절곡선 형상, 방향변환블록에 의해 형상 확보	곡선 배치 가능, 쉬스를 둘러싸는 콘크리트에 의해 형상 확보
설계	PS 마찰 손실	마찰손실이 적음	외부 PS에 비해 비교적 큼
설계	텐던 편심양	박스거더인 경우 실내에 배치하면 내부 PS보다 작음	일반적으로 외부 PS 방식에 비해 큼
설계	정착부 응력검토	격벽에 정착되므로 국부응력 검토 필요	특별한 상세 검토는 불필요
설계	방향전환부 검토	프리스트레스 분력에 대한 검토 필요	–
설계	극한강도	내부 PS에 비해 작음	외부 PS에 비해 큼
설계	방진(防振)	텐던지지간격조절, 방진장치 부착 필요	대책 필요 없음
시공	배근	복부, 슬래브 배근 단순화	쉬스 배치를 고려한 배근 필요, 현장배근 조정 필요
시공	텐던 배치	외부텐던 배치는 비교적 용이함, 텐던 배치 오차 극소화 가능	텐던 배치 복잡함, 텐던 배치오차 과대할 수 있음
시공	콘크리트 타설	콘크리트 타설 용이함 콘크리트 품질 향상 기대	콘크리트 타설 어려움, 철저한 다짐 필요
시공	그라우트	아연도금강재, 폴리에틸렌 압피복강재 사용 시 그라우트 불필요, 그라우트 시 품질확인 용이	그라우트 불량시공 사례 많음, 그라우트 품질 확인 어려움
시공	공기	시공성 향상을 통해 공기단축	외부PS보다 공기단축 어려움
유지관리	텐던 점검	외부 노출되어 있으므로 점검용이	점검 불가
유지관리	텐던 교체 및 재긴장	텐던 결함 발생 시, 추가 PS 필요 시, 텐던 교체 및 재긴장 용이	어려움

PSC 방향변환블록

PS 강재의 방향변환블록(deviation block) 설계 시 고려사항에 대하여 설명하시오.

풀 이

> **개요**

외부 프리스트레스를 도입하는 콘크리트 구조물은 일반적으로 프리스트레스 콘크리트 구조물보다 텐던 선형이 단순하고 시공이 용이하며 복부치수 등 단면 제원을 줄일 수 있고 텐던 그라우팅에 관련된 문제점이 거의 발생하지 않으며 사용 중에 텐던 상태를 상세 조사할 수 있는 등의 장점을 가지고 있다. 그러나 외부 프리스트레스 방식에서는 콘크리트 구조물에 프리스트레스를 주기 위해 배치하는 PS텐던을 주형단면을 구성하는 부재 밖에 배치한다. 텐던의 위치 확보 또는 정착을 위해 방향변환블록과 격벽을 설치하며 텐던 보호를 위해 보호관을 이용한다.

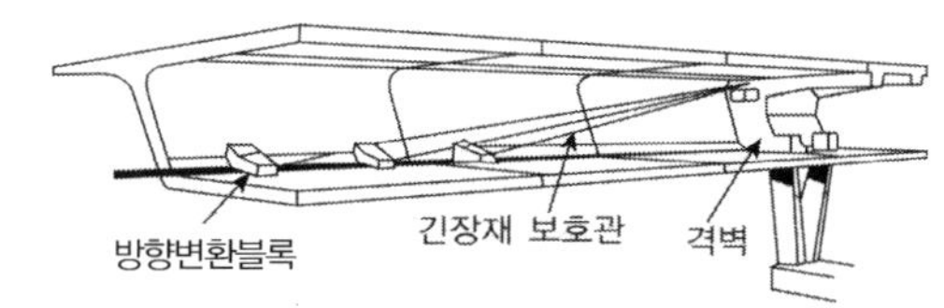

(외부 프리스트레스 구조 개요도)

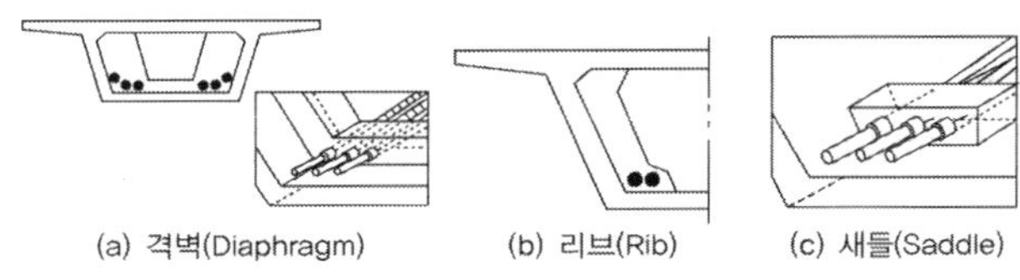

(방향변환부 구조 형식)

> **방향변환블록 설계 시 고려사항**

1) 정착부 격벽 설계

① 외부 프리스트레스 정착부 격벽 설계를 위해서는 정착부의 파열응력(bursting stress), 박리응력(spalling stress), 휨, 전단 등에 대해 검토해야 한다.

② 파열응력이나 박리응력에 대해서는 거동의 차이가 있지만 기존의 방법을 사용하면 된다. 그러나 휨 및 전단 등에 대해서는 해석방법 선택의 어려움이 있다.

③ 3차원 입체요소(solid element)를 사용하여 유한 요소 해석을 수행하면 좋은 결과를 얻을 수 있으나 해석이 복잡하다는 단점이 있다.

④ 실무에서는 일반적으로 평판이론을 가미한 단순들보 해석이나 2차원 STM모델(프랑스)을 사용하고 있으며 격자해석법(일본)을 사용할 수도 있다.

Total Model(Max.Pr.Stress)

(FEM 유한요소해석 예 : 국부모델 정착면의 최대 주응력)

2) 외부 프리스트레스 방향변환부 설계

① 방향변환부(deviator)는 외부 공간에 노출되어 있는 텐던을 편향시켜 배치하는 경우 케이블의 형상을 유지하고 프리스트레싱에 의한 인장력을 주형에 전달하는 중요한 구조부재이다.

② 방향변환부는 케이블의 긴장 효율을 저하시키지 않도록 설계해야 할 뿐만 아니라 케이블의 배치오차, 방향 변환장치의 설치 오차 등의 시공상의 오차문제에 대해서 조정 가능한 구조이어야 한다.

③ 방향변환부의 조건사항

(1) 케이블 긴장 시의 인장력에 충분히 저항하고 이 힘을 구조체에 전달할 수 있어야 한다.

(2) 편향된 케이블에 심한 굴절이 발생하지 않도록 해야 한다.

(3) 제 구조요소에 손상을 주지 않고 케이블의 해체·교환이 가능해야 한다.

④ 방향변환부의 배치는 텐던의 편향 형상에 의해 결정되며 이에 따라서 방향 변화부의 위치, 간격 및 각 방향변환부에서 편향시킬 텐던의 개수 등이 결정된다.

⑤ 방향변환부의 설계에 가장 큰 영향을 미치는 요인은 각 방향변환부에서 수직방향으로 편향되는 텐던의 개수이며 수평방향으로 곡선형을 이루는 상판의 경우에는 텐던 긴장 시에 발생하는 수평방향 분력을 설계 시에 고려해야 한다.

⑥ 일반적으로 방향변환부의 설계는 주로 새들(saddle)을 대상으로 이루어진다. 이는 새들에 의한 방향 변환이 다른 방향변환부에 비해서 가장 취약한 구조이기 때문이며 격벽(diaphragm) 또는 리브(rib) 등의 설계 시에는 새들의 설계기준을 적용함으로써 안전측의 설계를 할 수 있다.

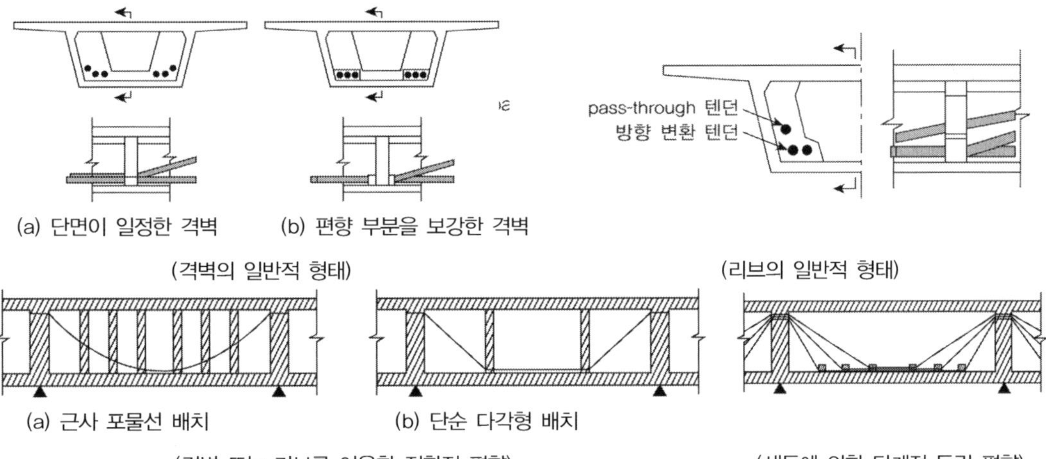

⑦ 방향변환부의 양단에서는 긴장재의 인장력이 작용하므로 이 힘을 구조부재에 전달할 수 있어야 한다. 방향변환부에 작용하는 힘에 대해서 횡방향 검토를 실시하는 경우에는 복부위치에 지점을 가지는 교량모델에 외부 케이블의 연직분력을 작용시킨다. 이 경우 외부 케이블의 연직분력 전 후면에서의 국부적인 인장응력도에 대한 보강이 필요하다.

⑧ 국부적으로 배치된 긴장재에 작용하는 추가응력은 배치오차로 인해 휨반경이 국부적으로 작아져 발생하는 추가 휨응력과 장력변동에 따른 긴장재의 충진재 또는 보호관의 마찰응력 등이 있다.

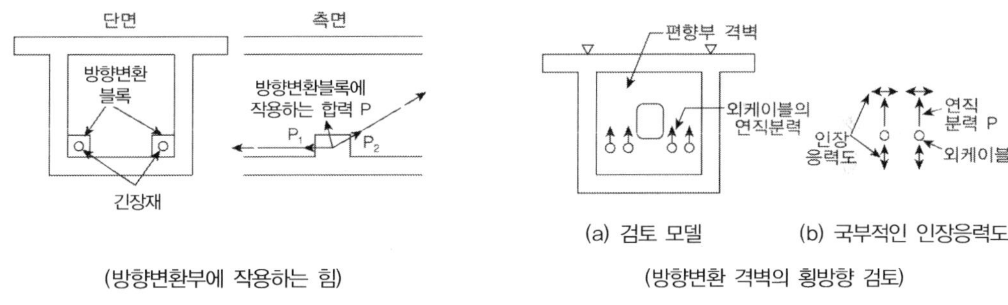

⑨ 외부 케이블 구조의 방향 변환부의 설계는 긴장재의 어떠한 장력변동이나 작용방향에 대해서도 구조적 변형을 일으키지 않고 주형 콘크리트와 분리되지 않도록 한다.

외부 긴장재 PSC 구조물

외부 긴장재를 설치한 프리스트레스트 콘크리트 구조물에 도입되는 프리스트레스 힘의 평가 방법과 설계할 때의 유의사항에 대하여 설명하시오.

풀 이

▶ 개요

외부 프리스트레스를 도입하는 콘크리트 구조물은 일반적으로 프리스트레스 콘크리트 구조물보다 텐던 선형이 단순하고 시공이 용이하며 복부치수 등 단면 제원을 줄일 수 있고 텐던 그라우팅에 관련된 문제점이 거의 발생하지 않으며 사용 중에 텐던 상태를 상세 조사할 수 있는 등의 장점을 가지고 있다. 다만 텐던을 격벽에 정착하여 외부로 노출시키므로 정착부에 큰 텐던력이 집중되고 이에 따라 정착부 상세 설계에 많은 문제점이 발생할 수 있으므로 외부 프리스트레스 구조물의 격벽 정착부에 대한 해석 및 설계에 대한 주의가 필요하다.

▶ 외부 프리스트레스 구조물 설계 시 프리스트레스 힘의 평가 방법 및 주요 유의사항

1) 외부 프리스트레스 정착부 격벽 설계

① 외부 프리스트레스 정착부 격벽 설계를 위해서는 정착부의 파열응력(bursting stress), 박리응력(spalling stress), 휨, 전단 등에 대해 검토해야 한다.

② 파열응력이나 박리응력에 대해서는 거동의 차이가 있지만 기존의 방법을 사용하면 된다. 그러나 휨 및 전단 등에 대해서는 해석방법 선택의 어려움이 있다.

③ 3차원 입체요소(solid element)를 사용하여 유한 요소 해석을 수행하면 좋은 결과를 얻을 수 있으나 해석이 약간 복잡하다는 단점이 있다.

④ 실무에서는 일반적으로 평판이론을 가미한 단순들보 해석이나 2차원 STM 모델(프랑스)을 사용하고 있으며 격자해석법(일본)을 사용할 수도 있다.

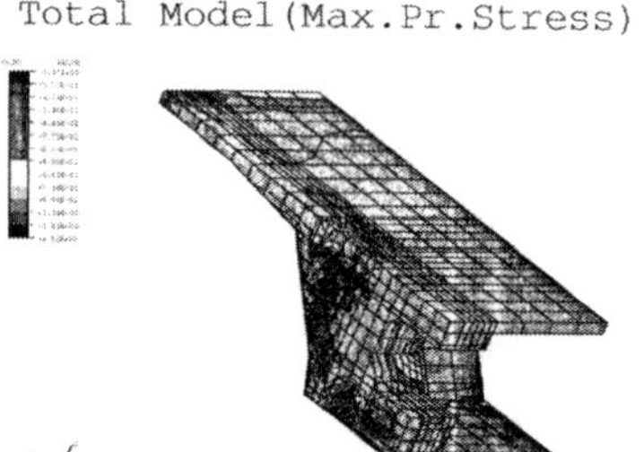

(FEM 유한요소해석 : 국부모델 정착면의 최대 주응력)

2) 외부 프리스트레스 방향 변환부 설계

① 방향변환부(deviator)는 외부 공간에 노출되어 있는 텐던을 편향시켜 배치하는 경우 케이블의
형상을 유지하고 프리스트레싱에 의한 인장력을 주형에 전달하는 중요한 구조부재이다.

② 방향변환부는 케이블의 긴장 효율을 저하시키지 않도록 설계해야 할 뿐만 아니라 케이블의 배
치오차, 방향 변환장치의 설치 오차 등의 시공상의 오차문제에 대해서 조정 가능한 구조이어
야 한다.

③ 방향변환부의 조건사항

(1) 케이블 긴장 시의 인장력에 충분히 저항하고 이 힘을 구조체에 전달할 수 있어야한다.

(2) 편향된 케이블에 심한 굴절이 발생하지 않도록 해야 한다.

(3) 제 구조요소에 손상을 주지 않고 케이블의 해체·교환이 가능해야 한다.

④ 방향변환부의 배치는 텐던의 편향 형상에 의해 결정되며 이에 따라서 방향 변화부의 위치, 간
격 및 각 방향변환부에서 편향시킬 텐던의 개수 등이 결정된다.

⑤ 방향변환부의 서계에 가장 큰 영향을 미치는 요인은 각 방향변환부에서 수직방향으로 편향되
는 텐던의 개수이며 수평방향으로 곡선형을 이루는 상판의 경우에는 텐던 긴장 시에 발생하는
수평방향 분력을 설계 시에 고려해야 한다.

⑥ 일반적으로 방향변환부의 설계는 주로 새들(saddle)을 대상으로 이루어진다. 이는 새들에 의
한 방향 변환이 다른 방향변환부에 비해서 가장 취약한 구조이기 때문이며 격벽(diaphragm) 또
는 리브(rib) 등의 설계 시에는 새들의 설계기준을 적용함으로써 안전측의 설계를 할 수 있다.

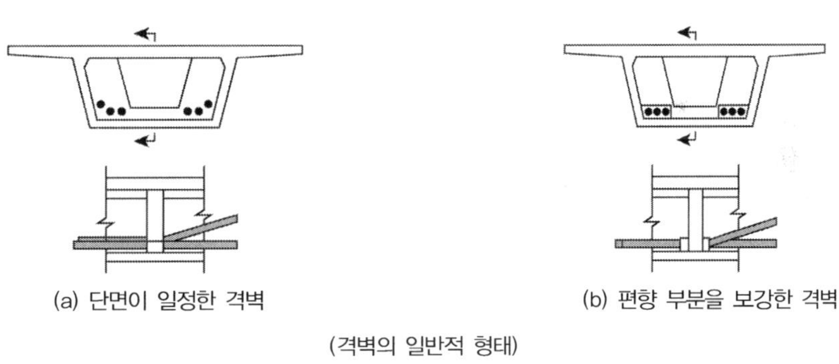

(a) 단면이 일정한 격벽   (b) 편향 부분을 보강한 격벽

(격벽의 일반적 형태)

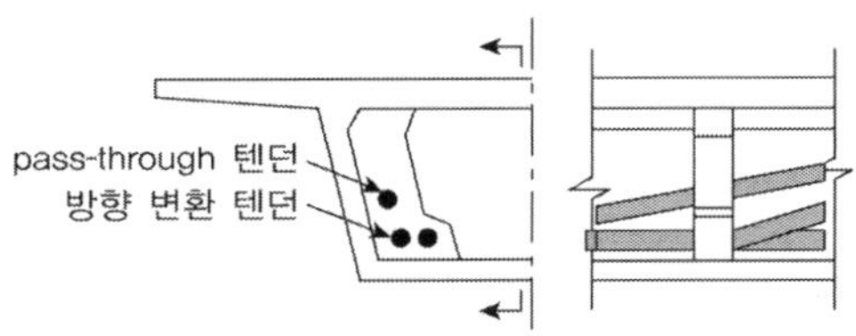

(리브의 일반적 형태)

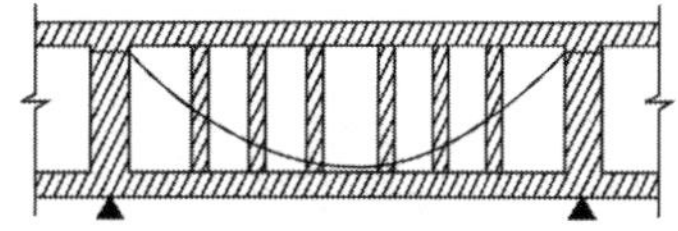
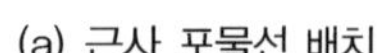
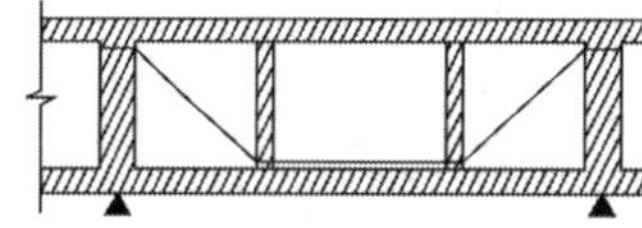

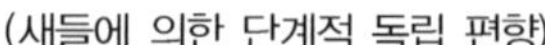

(a) 근사 포물선 배치   (b) 단순 다각형 배치

(격벽 또는 리브를 이용한 집합적 편향)   (새들에 의한 단계적 독립 편향)

⑦ 방향변환부의 양단에서는 긴장재의 인장력이 작용하므로 이 힘을 구조부재에 전달할 수 있어야 한다. 방향변환부에 작용하는 힘에 대해서 횡방향 검토를 실시하는 경우에는 복부 위치에 지점을 가지는 교량모델에 외부 케이블의 연직분력을 작용시킨다. 이 경우 외부 케이블의 연직분련 전 후면에서의 국부적인 인장응력도에 대한 보강이 필요하다.

⑧ 국부적으로 배치된 긴장재에 작용하는 추가응력으로서는 배치오차로 인하여 휨반경이 국부적으로 작아짐에 따른 추가 휨응력도, 장력변동에 따른 긴장재의 충진재 또는 보호관의 마찰응력 등이 있다.

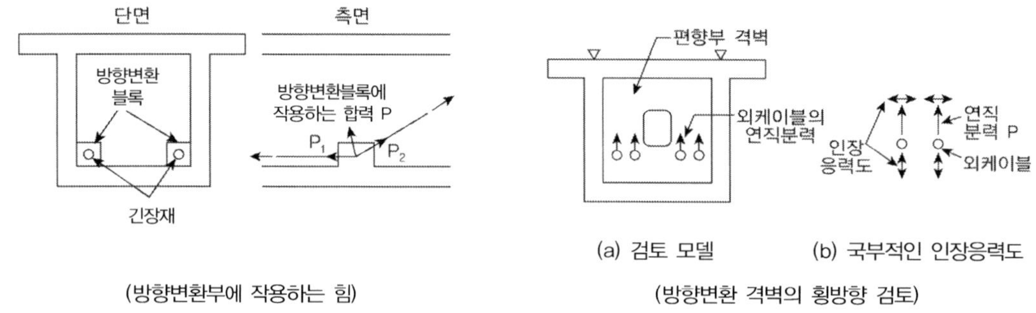

(방향변환부에 작용하는 힘)   (a) 검토 모델   (b) 국부적인 인장응력도

(방향변환 격벽의 횡방향 검토)

⑨ 외부 케이블 구조의 방향 변환부의 설계는 긴장재의 어떠한 장력변동이나 작용방향에 대해서도 구조적 변형을 일으키지 않고 주형 콘크리트와 분리되지 않도록 한다.

⑩ 방향 변환부의 설계시에는 FEM 해석 등을 실시해 보강량을 산출하는 것이 바람직하나 간이 계산법을 이용할 수도 있다.

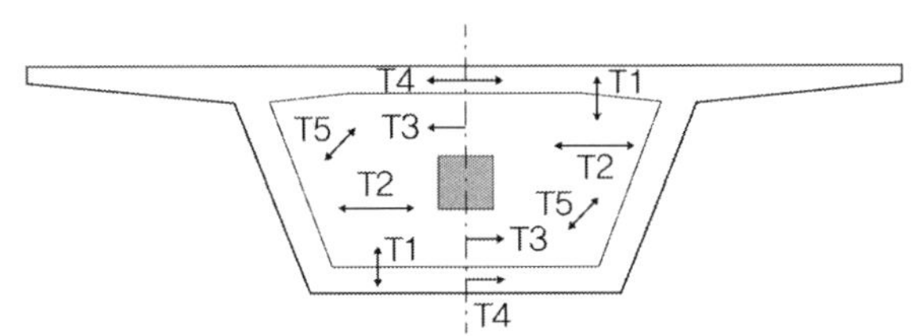

(방향변환부 발생 단면력)

방향변환부 발생 단면력		간이해석모델
T1	변환부 외측에 발생하는 국부인장력	격벽 형식과 리브 형식은 연직분력의 50%의 하중으로 설계하고 돌기형식은 100%의 하중으로 설계한다.
T2	변환부 내측에 발생하는 할렬력	할렬인장력 T2에 대하여 보강한다. $$T_2 = 0.25 P_v \left(1 - \frac{d_1}{d_2} \right)$$ 여기서, T_2 : 할렬인장력(N) P_v : PS 강재 1본당 프리스트레스 힘(N), d_1 : 외부 긴장재가 통과한 구멍의 지름(mm) d_2 : 외부 긴장재가 통과한 구멍의 중심간격(mm)
T3	변환부 격벽부에 발생하는 수평방향 인장력	인장력(T3, T4), 전단력(T5)에 대하여 보강한다. 다음 그림과 같이 웨브에 지지된 단순지지 모델에 초기응력의 연직분력을 하중으로 대치하고 산출한다. T3, T4를 산출한 경우 초기장력의 연직분력을 분포하중에, T5를 산출한 경우는 집중하중으로 재하한다. 또한 이때 상판에 배치된 횡방향 프리스트레스트의 영향을 고려하여 설계해야 한다.
T4	상판에 발생하는 인장력	
T5	변환부 격벽에 발생하는 전단응력(사인장응력)	

외부 PS 방식과 내부 PS 방식의 비교

내용		외부 PS 방식	내부 PS 방식
구조	적용구조 형식	콘크리트 거더교, 슬래브교, 복부트러스구조, 강(鋼)복부합성 구조	콘크리트 거더교, 슬래브교
재료	보호관의 재료	폴리에틸렌 및 강관이 주류	강제 나선형 쉬스가 주류
설계	부재 두께	복부와 슬래브 두께 감소 가능	텐던 배치에 의해 두께 제약되는 경우 있음
	텐던 배치 형상	절곡선 형상, 방향변환블록에 의해 형상 확보	곡선 배치 가능, 쉬스를 둘러싸는 콘크리트에 의해 형상 확보
	PS 마찰손실	마찰손실이 적음	외부 PS에 비해 비교적 큼
	텐던 편심양	박스거더인 경우 실내에 배치하면 내부 PS보다 작음	일반적으로 외부 PS 방식에 비해 큼
	정착부 응력검토	격벽에 정착되므로 국부응력 검토 필요	특별한 상세 검토는 불필요
	방향전환부 검토	프리스트레스 분력에 대한 검토 필요	−
	극한강도	내부 PS에 비해 작음	외부 PS에 비해 큼
	방진(防振)	텐던 지지 간격 조절, 방진장치 부착 필요	대책 필요 없음
시공	배근	복부, 슬래브 배근 단순화	쉬스 배치를 고려한 배근 필요, 현장배근 조정 필요
	텐던 배치	외부텐던 배치는 비교적 용이함 텐던 배치 오차 극소화 가능	텐던 배치 복잡함 텐던 배치오차 과대할 수 있음
	콘크리트 타설	콘크리트 타설 용이함 콘크리트 품질 향상 기대	콘크리트 타설 어려움, 철저한 다짐 필요
	그라우트	아연도금강재, 폴리에틸렌 압피복강재 사용 시 그라우트 불필요 그라우트 시 품질 확인 용이	그라우트 불량시공 사례 많음 그라우트 품질 확인 어려움
	공기	시공성 향상을 통해 공기단축	외부 PS보다 공기단축 어려움
유지 관리	텐던 점검	외부 노출되어 있으므로 점검 용이	점검 불가
	텐던 교체 및 재긴장	텐던 결함발생 시, 추가 PS필요 시, 텐던 교체 및 재긴장 용이	어려움

PSC 결속구조계

프리스트레스트 콘크리트 구조물의 결속 구조계(tying system)에 대해 설명하시오.

풀 이

▶ 개요

도로교설계기준(한계상태설계법)에서는 극단상황하중조합에 대하여 견디도록 설계되지 않은 구조물은 국부적인 손상 후의 하중경로에 의한 점진적인 붕괴를 방지하기 위해 적절한 결속 구조계(tying system)로 설계하도록 규정하고 있다. 결속 구조계를 사용할 수 있는 경우는 ① 주변 타이(peripheral tie), ② 내부 타이(internal tie), ③ 수평기둥 또는 벽체 타이(horizontal column or wall tie)로 구분된다. 신축이음장치에 의해 정정구조물로 구분된 구조물의 각 부분은 독립된 결속구조계로 설계해야 하며, 타이 설계 시 규정된 철근의 강도 특성과 인장력 전달능력을 가지는 것으로 가정할 수 있다. 기둥, 벽체, 보와 바닥판에 다른 목적을 위해 배치된 철근은 검토하는 하중 경우에 따라 타이의 전체 또는 일부분으로서 간주될 수 있다.

▶ 타이 시스템의 설계

1) 타이는 시공 오차 등을 고려한 구조해석에 의해 요구되는 추가적인 철근으로서가 아니라, 최소량으로 설계해야 한다.

2) 주변 타이

① 각 층과 지붕 위치에는 연단으로부터 1.2m 이내에 적절하게 연속된 주변 타이가 배치되어야 한다. 이 타이는 내부타이로 사용된 철근을 포함한다.

② 주변 타이는 다음의 인장력에 저항할 수 있어야 한다.

$$F_{tie} = l_i \cdot 10\,\text{N/m} \geq 70\,\text{kN}$$

여기서, F_{tie} : 타이의 작용인장력

l_i : 외측 경간길이

③ 구조물 내부에 테두리 보가 설치되는 구조물은 완전 정착된 외부 테두리 보의 경우와 동일한 방법으로 주변타이를 배치하여야 한다.

3) 내부 타이

① 내부 타이는 근사적으로 직각인 두 방향에서 각 바닥판 위치에 있어야 한다. 내부 타이는 타이 길이 전체에 적절하게 연속되어야 하며, 기둥 또는 벽체에 대한 수평타이로서 연속되지 않는 한 각 단부에서 주변 타이에 정착되어야 한다.

② 전체 또는 부분적으로, 내부 타이는 슬래브에 고르게 분포되거나, 보, 벽체 등 적당한 위치에서 모여 있는 것이 일반적이다. 벽체에서 내부 타이는 바닥 슬래브의 상단 또는 하단으로부터 0.5m 이내에 있어야 한다.

③ 각 방향에서 내부 타이는 다음의 인장력 F_{tie} 에 저항할 수 있어야 한다.

$$F_{tie} = 20\text{kN/m}$$

④ 타이가 지간방향을 가로질러 분포될 수 없는 경우에는 횡방향 타이는 보의 길이 방향으로 모이게 된다. 이러한 경우 내부 보 길이방향의 최소인장력은 다음과 같다.

$$F_{tie} = \left(l_1 + l_2 \right) / 2 \cdot 20\text{kN/m} \geq 70\text{kN}$$

여기서, $l_1,\ l_2$는 보의 측면에 대한 슬래브의 지간길이(m)

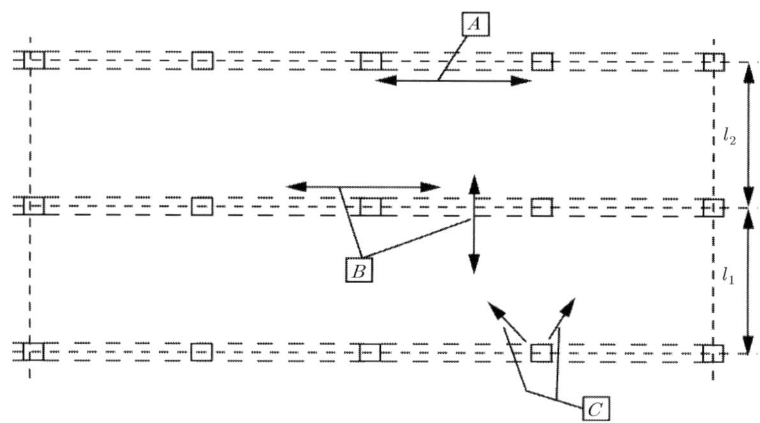

$\boxed{A}$ 주변 타이 $\boxed{B}$ 내부 타이 $\boxed{C}$ 수평기둥 또는 벽체 타이

(사고 상황에 대비한 타이)

⑤ 내부 타이는 힘의 전달을 보장하기 위해 주변 타이에 연결되어야 한다.

4) 기둥 또는 벽체에 연결된 수평타이

① 외측 단부기둥과 벽체는 각 층과 지붕 위치에서 구조물에 대해 수평으로 접합되어야 한다.
② 이때의 타이는 구조물 전면에 대해 미터(m)당 $F_{tie} = 20\text{kN}$의 인장력에 저항 할 수 있어야한다. 기둥에 대해서는 기둥당 $F_{tie} = 150\text{kN}$을 초과할 필요는 없다.

③ 모서리 기둥은 두 방향으로 접합되어야 한다. 이러한 경우 주변타이로 배근된 철근은 수평타
이로 사용될 수 있다.

5) 수직타이

① 일반적으로 연속수직타이는 기둥/벽체 위의 바닥판에 작용하는 사고설계 상황에서도 하중을
지지할 수 있도록 최저부터 최고 높이까지 전체에 걸쳐 배치해야 한다. 평형조건과 충분한 변
형성능이 검증된 경우 다른 해결방법, 예로서 잔류 벽체 부재의 격벽작용(diaphragm action)
에 근거한 방법 또는 바닥판의 막작용(membrane action)에 근거한 방법이 사용될 수 있다.

② 보나 플랫슬래브 등 기초가 아닌 다른 부재에 의해 지지되어 있는 기둥 또는 벽체의 설계에서
는 극단하중에 의한 손상을 고려하여야 하며, 하중경로가 적절한 대안으로 제공되어야 한다.

▶ 타이 시스템의 연속성과 정착

1) 두 수평방향에 대한 타이는 구조물 주위에서 적절하게 연속되고 정착되어야 한다.

2) 타이는 현장 타설 콘크리트 상단 또는 연결부 내에 전체적으로 배치해야 한다. 타이가 한쪽 면에서
연속되지 않는 곳에서는 편심에 의한 휨작용을 고려해야 한다.

3) 프리캐스트 부재 사이의 좁은 연결부에서는 일반적으로 타이의 겹침이음을 허용하지 않는다. 이러
한 경우에는 기계적 정착을 사용하여야 한다.

REFERENCE

1	KDS 14 20 콘크리트구조 설계기준	국토교통부 2022
2	KDS 24 14 20 콘크리트교 설계기준, 극한강도설계법	국토교통부 2018
3	KDS 24 14 21 콘크리트교 설계기준, 한계상태설계법	국토교통부 2021
4	도로교 설계기준	국토교통부 2016
5	도로교 설계기준 해설	대한토목학회 2008
6	도로교 설계기준(한계상태설계법) 해설	교량 및 구조공학회 2015
7	콘크리트 구조기준	국토해양부 2012
8	콘크리트 구조설계기준 해설	한국콘크리트학회 2007
9	도로설계편람	국토해양부 2008
10	한국콘크리트학회지	한국콘크리트학회
11	대한토목학회지	대한토목학회
12	콘크리트 구조설계기준 예제집	한국콘크리트학회 2010
13	프리스트레스트 콘크리트	신현묵 동명사 2008
14	Prestressed Concrete	Edward G. Nawy
15	프리스트레스트 콘크리트 구조	이정윤 동화기술
16	프리스트레스트 콘크리트	이재훈 동명사

저자 소개

안시준

• **학력 및 경력**

고려대학교 토목환경공학과 학사

고려대학교 구조공학 공학석사

The University of Sheffield 도시공학 공학석사

토목구조기술사(99회, 2013년)

• **활동 조직 및 단체**

행정안전부 재난안전관리본부 과학기술서기관

한국토지주택공사 과장

국토교통부 중앙건설기술심의위원

해양수산부 설계심의분과위원

충청남도 · 대전광역시 · 경상북도 · 인천광역시 지방건설기술심의위원

국가철도공단 설계심의분과위원 · 기술자문위원

한국수자원공사 · 경기주택도시공사 기술심의위원 등

최성진

• **학력 및 경력**

고려대학교 토목공학과 학사

한양대학교 공학대학원 첨단건설구조 공학석사

토목구조기술사(57회, 1999년)

• **활동 조직 및 단체**

한국토지주택공사 신도시계획처장

국토교통부 중앙건설기술심의위원

한국토지주택공사 기술심사평가위원

대한토목학회 편집위원 · 평위원

부산지방국토관리청 기술자문위원

서울시설공단 · 한국수자원공사 · 한국철도공사 기술자문위원

국토안전원 국토안전자문위원

국토교통과학기술진흥원 건설신기술 심사위원 등

토목구조기술사 합격 바이블 3권 제3판
프리스트레스트

1 판 발행 2014년 9월 5일
2 판 발행 2017년 2월 1일
3 판 발행 2026년 3월 20일

지 은 이 안시준, 최성진
펴 낸 이 김성배
펴 낸 곳 (주)에이퍼브프레스

책임편집 최장미
디 자 인 윤지환, 이미애
제   작 김문갑

출판등록 제25100-2021-000115호(2021년 9월 3일)
주   소 (04626) 서울특별시 중구 필동로8길 43(예장동 1-151)
전   화 02-2274-3666(대표) | **팩스** 02-2274-4666
홈페이지 www.apub.kr

I S B N 979-11-94599-18-0 (94530)
         979-11-94599-14-2 (세트)